우주,
시공간과
물질

일러두기

- 한글 전용을 원칙으로 하되, 필요한 경우 원어나 한자를 병기하였다.
- 한글 맞춤법은 '한글 맞춤법' 및 '표준어 규정'(1988), '표준어 모음'(1990)을 적용하였다.
- 외국의 인명, 지명 등은 국립국어원의 외래어 표기법을 따랐으며, 관례로 굳어진 경우는 예외를 두었다.
- 사용된 기호는 다음과 같다.

  논문, 영화, 신문 및 잡지 등 정기 간행물: 〈 〉

  책(단행본): 《 》

우주, 시공간과 물질

김항배 지음

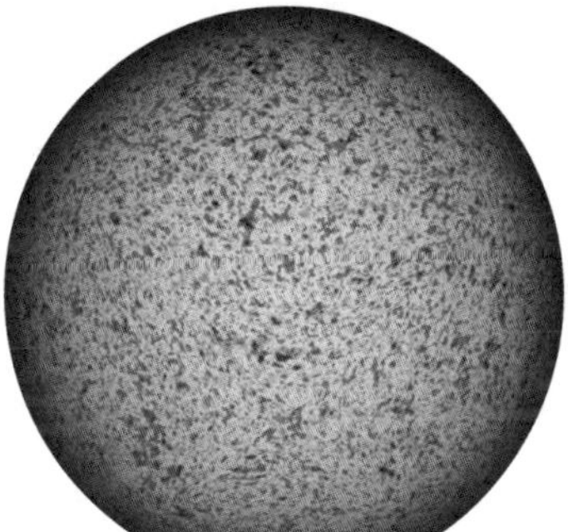

Universe,
Spacetime and
Matter

우주, 시공간과 물질

지은이 김항배
펴낸이 이리라

편집 이여진 한나래
본문 디자인 에디토리얼 렌즈
표지 디자인 엄혜리

2017년 2월 20일 1판 1쇄 펴냄
2025년 1월 20일 1판 4쇄 펴냄

펴낸곳 컬처룩
등록번호 제2011–000149호
주소 03993 서울시 마포구 동교로 27길 12 씨티빌딩 302호
전화 02.322.7019 | 팩스 070.8257.7019 | culturelook@daum.net
www.culturelook.net

Published by Culturelook Publishing Co.
Printed in Seoul

ISBN 979 – 11 – 92090 – 36 – 8 93420

★ 2017 아태이론물리센터 올해의 과학도서
★ 2017 한국과학창의재단/과학기술정보통신부 우수과학도서
★ 2017 책을만드는사람들 올해의 책

culturelook

머리말

저 산 너머 또는 저 물 건너 무엇이 있을까? 그런 생각이 땅을 넘어 하늘로 향하여 저 위에 펼쳐진 세계에는 무엇이 있고 어떤 일이 벌어질까 하는 호기심이 밤하늘을 바라보던 인간의 머릿속에 떠올랐을 것이다. 인류의 위대함은 호기심에서 그치지 않고 끈질기고 세심한 관찰을 통해서 비록 완벽하지는 않지만 그 답을 찾아냈다는 것에 있다.

세상은 어떻게 생겼는가? 세상은 무엇으로 이루어져 있는가? 세상에서 나의 존재는 어떤 의미를 갖는가? 이러한 질문들이 인류의 가장 궁극적인 호기심일 것이다. 이 중 앞의 두 질문에 대한 답으로서 가장 큰 세계와 가장 작은 세계에 대한 현재의 이해가 이 책의 주제다. 당장의 생존에는 아무런 필요도 없을 것 같은 이 궁극의 호기심은 놀랍게도 인류에게 커다란 변혁을 가져다주었다. 천체의 운동을 이해하려던 노력은 물리학을 비롯한 근대 과학을 만들었고 산업 혁명으로 이어졌다. 양자 역학을 기반으로 한 물질에 대한 이해는 지금의 디지털 문명으로 이어졌다. 지난 세기에 가장 작은 세계의 이해와 가장 큰 세계의 이해 모두에서 커다란 진전이 있었다. 지난 100년간의 눈부신 성과는 입자물리 표준 모형과 표준 우주론으로 정리가 되었다. 그리고 양자 역학의 원리와 팽창하는 우주의 발견은 우주의 시작이 양 극단에 놓인 두 세계의 연결 고리가 된다는 것을 보여 주었다. 이 책은 양 극단의 세계를 이해하는 자세한 과정을 담고 있다.

이 책은 과학사의 일화나 과학 지식의 단편들을 엮은 재미있는 책이 아니라 현재 인류가 이해하는 우주에 대하여 표준 교과서를 쓴다는 자세로 썼다. 현재의 우주론은 시공간과 물질의 동역학이란 관점에서 우주를 바라보고 있다. 따라서 시공간의 동역학을 다루는 일반 상대성과 물질의 동역학을 다루는 양자 역학과 입자물리학에 대한 기초적인 지식 없이는 제대로 이해할 수 없다. 그런 까닭에 필요한 내용들을 온전히 포함하여 우주론과 입자물리학을 한 권의 책에 담아 보려고 했다. 이러다 보니 이 책은 교양서 수준의 과학책들과는 다른 점이 몇 가지 있다.

우선 이 책은 물리학적인 내용을 이해하기 위해 필수적인 수학을 담고 있다. 수학은 과학의 기본 언어인데, 수학을 배제하면 제대로 전달되지 않는 내용이 있기 마련이다. 과학의 가장 큰 흥미는 지적 도전으로부터 온다. 평소 교양 과학서의 깊이에 갈증을 느꼈던 독자들에게는 좀 더 과학적인 토대와 원리를 이해하는 데 도움이 될 것이다.

그다음으로는 다른 관련 책들에 비해 내용이 방대하다. 우주를 이해하는 데 필요한 기본적인 지식부터 출발해 우주론의 여러 측면을 모두 넣다 보니 책이 만만치 않게 두꺼워졌다. 일반 상대성 교재의 고전인 찰스 미스너, 킵 손, 존 아치볼드 휠러가 쓴《중력》은 그 두께 때문에 중력을 알려 주는 책이 아니라 '느끼게' 해 주는 책으로 유명하다. 이 책도 우주를 담았기에 두껍다고 변명을 해 본다. 덧붙이자면 이 책은 상대성 이론, 양자 역학, 입자물리학, 우주론이 다 들어 있어서 일반 과학서 네 권과 맞먹는다. 그래서 우주를 이해를 하는 데 다른 책을 찾아보는 수고를 덜 수 있다.

이렇게 방대한 내용을 다루다 보니 그 난이도도 폭이 상당히 넓다. 1장과 2장은 일반 과학서 수준을 유지하지만, 그 뒤의 장들은 전공 수준까지 다루고 있다. 만일 어려운 부분이 나오더라도 이해할 수 있는 데까지는 이해하려고 노력하고, 엄두가 나지 않는 부분은 구경하는 것만으로도 족하다. 히말라야를 오른다고 거기 있는 산들을 모두 다 끝까지 올라가 봐야 하는 것은 아니다. 책 읽는 재미를 위하여 관련된 일화나 흥미로운 내용도 담았다. 본문 사이사이의 상자 글들에서 그런 재미를 찾기 바란다. 가장 염두에 두었던 점은 과학적 사실을 나열하는 것이 아니라 과학적 질문을 던지는 책으로 만드는 것이었다. 책을 읽으면서 많은 질문들을 만날 것이다. 책에서 던져진 질문 위에 독자 자신의 질문을 더해 가기를 기대한다.

사실 이 책은 인류의 궁극적인 호기심 같은 거창한 동기에서 쓰기 시작한 것은 아니었다. 대학에서 '천체와 우주'라는 교양 과목을 수차례 맡게 되면서 관련 내용이 잘 정리된 책의 필요성을 느꼈다. 한편으로 2009년부터 교육 과정 개편으로 고등학교 공통 과학과 물리 교과서가 우주와 소립자에 대한 내용으로 시작하는 데 참고할 만한 책이 없어서 학생과 교사가 모두 난감해한다는 얘기도 들려왔다. 이 분야를 연구하는 과학자로서 기여해 보고자 하는 마음이 생겼다. 그렇지만 모든 독자를 이해시킬 수 있는 책을 쓰는 것은 쉽게 시작할 수 있는 일이 아니었다.

마침 출판사로부터 우주론 관련 책에 대한 청탁을 받게 되었고 덜컥 계약을 해 버렸다. 게으른 탓도 있지만 학교에서 작은 보직들을 계속 맡게 되고, 쓰다 보니 내용이 계속 늘고 해서 3년이 훌쩍 지나서야 탈고할 수 있었다. 아무리 늦어도 2015년 안에 책을 내서 나름대로는 일반 상대성 100주년을 기념해 보려 했으나 이루지 못했다. 하지만 긴 시간을 들여 책을 쓰느라 이것저것 많이 배우기도 했다.

끝으로 책이 나오기까지 도움을 주신 분들께 감사의 말을 전하고자 한다. 원고를 읽고 책의 방향과 내용을 다듬어 주신 이광걸, 문순재, 이진형 교수를 비롯해 조언해 주신 전응진, 이강영 교수께 감사를 드린다. 꼼꼼하게 원고를 읽고 많은 제안을 해 주신 이석천 박사께 깊은 감사를 드리며, 독자의 관점에서 여러 조언을 해준 이관훈 학생에게도 고마운 마음을 전한다. 한 권도 책을 써본 적이 없는 초짜를 믿고 맡겨 주신 이리라 대표, 양 많고 그림 많고 수식도 많은 원고를 다듬느라 정말로 고생한 이여진 팀장과 편집팀에도 감사를 드린다. 내 첫 책이 나오길 고대해 온 아내 양희, 아들 한빛과 딸 은빛에게 이 책을 바친다.

차례

3장 시공간과 상대성

4장 원자와 양자 역학

5장 소립자와 표준 모형

6장 팽창하는 우주

7장 우주의 시작과 끝

1장

하늘의 이해

우주는 어떤 모습이고, 얼마나 넓고, 얼마나 오래되었을까? 그 우주 안에서 나는 어떻게 존재하게 되었을까? 우리 '존재의 의미'라는 형이상학적인 질문은 차치하더라도, 세상을 이해하기란 그리 쉽지 않다. 세상의 범위가 기술의 발전으로 끊임없이 확장됐기 때문이다. 한 예로 이동 수단과 통신의 발달은 지상에서 지구 위로 세상을 확장시켰다. 이제 하늘도 대기와 태양계를 넘어 별과 우리 은하를 지나 이제는 수많은 은하로 가득 찬 우주 시대에 와 있다.

우주는 인류가 그 시대에 가진 기술과 지식으로 도달할 수 있는 공간적 한계와 시간적 한계를 나타내는 것이고, 우주에 대한 이해는 당대가 가진 지식의 총체를 반영한다. 어느 한 시대에서 파악한 우주가 그다음 시대에는 그저 우주의 한 부분을 그럴듯하게 이해한 정도일 수도 있다는 것을 우리는 우주론의 역사를 통해 보아 왔다. 이 책에서 다루는 우주 역시 현재의 기술과 지식으로 도달한 '우리 시대의 우주'일 것이다. 19세기와 20세기에 인류의 과학과 기술이 비약적으로 발전한 덕분에, 우리가 도달할 수 있는 우주의 크기도 엄청나게 커졌다.

17세기까지 우주에 대한 주된 관심은 지금 우리가 태양계라 부르는 태양과 행성의 운동을 설명하는 것이었다. 고대 그리스 시대부터 2000년을 이어온 이러한 사고는 과학으로 우주를 이해하는 과정을 잘 보여 준다. 이 장에서는 그 과정을 돌아봄으로써 '과학으로 우주를 이해'한다는 것을 살펴본다. 하늘에 대한 관심으로부터 나온 꾸준한 관측 자료의 축적과 이를 설명하는 모형, 정밀 관측을 통한 모형의 검증, 새로운 관측 기술에 의한 결정적인 증거의 출현, 모형을 설명하는 과학적 이론의 성립, 이 이론의 (다른 또는 새로운 현상에) 적용 등으로 이어지는 이러한 궤적은 바로 '물리학의 탄생'으로 이어졌으며, 현대 우주론의 성립에도 똑같이 적용되었다.

1. 땅은 평평할까

우리가 살고 있는 우주의 모습을 알아보는 첫 단계로, 우리가 발을 딛고 있는 땅(지구)이 평평한지를 살펴보자. 지구는 둥글기 때문에 땅이 평평하다는 생각이 틀렸다는 현재의 지식을 말하려는 것이 아니다. 옛사람들은 어떤 근거로 땅이 평평하다고 생각했으며, 또 왜 그런 생각이 틀렸다고 판단하게 되었는지 그 과정을 알아보려고 한다.

넓은 평야의 한가운데가 아닌 우리나라의 웬만한 곳에 서 있다면 땅이 평평하지 않다는 점을 알 것이다. 우리 주변의 땅은 높은 산과 낮은 들로 이루어져 있다. 우리가 땅이 평평하다고 말할 때 이는 완전한 평면이라는 것을 의미하지 않는다. 땅의 수평 방향으로 갈 수 있는 거리에 비해서 땅 높낮이의 차이가 작다는 것을 의미할 것이다. 그런데 과연 실제로 그럴까? 옛사람들이 이를 확인하는 일은 쉽지 않았을 것이다. 그럼에도 불구하고 그들은 어느 정도 평평하다고 확신했는데, 땅이 평평한지 실제로 조사해 보았다기보다는 그렇지 않다는 것을 입증하기가 어려웠기 때문일 것이다.

우주는 '온 세상'

우리가 살고 있는 세상을 우주宇宙라 부른다. 이 말은 어디서 유래했을까? 원래 우宇는 지붕의 처마, 주宙는 들보를 가리킨다. 하지만 한漢나라의 고유高誘가 《회남자淮南子》(전한前漢의 회남왕 유안劉安이 쓴 책)를 풀이하면서 상하사방의 공간을 우宇라 하고 지나간 과거에서 다가올 미래까지의 시간을 주宙라고 한 이후, 우주는 온 세상을 뜻하는 말로 쓰였다. 우주는 시공간spacetime이란 의미와 정확히 일치한다.

옛부터 우리 선조는 우주에 대한 이해로 배움을 시작했다. 한자 기초 학습서라고 할 수 있는 《천자문千字文》은 "天地玄黃 宇宙洪荒 日月盈昃 辰宿列張"(하늘은 검고 땅은 누르며 우주는 넓고도 크다. 해와 달이 차고 기울며 별은 자리를 잡아 늘어서 있다)로 시작한다.

한편 우주를 뜻하는 universe는 라틴어 universum에서 온 것으로, 고대 로마의 정치가 마르쿠스 툴리우스 키케로Marcus Tullius Cicero(BC 106~BC 43)를 비롯해 이후의 로마 작가들이 현재의 universe와 같은 의미로 universum을 사용했다. universum은 uni(하나)와 vorsum(회전한다)을 축약해 고대 로마의 철학자 티투스 루크레티우스Titus Lucretius Carus(BC 94?~BC 55?)가 처음 사용했다. 당시 사람들이 하늘을 '하나로 회전하는 것'이라고 이해한 것을 반영한 것이다. cosmology(우주론)는 cosmos를 연구하는 학문을 의미한다. cosmos는 '질서'를 뜻하는 그리스어 *κόσμος*(kosmos)에서 온 것으로 '혼돈'을 뜻하는 chaos의 반대 개념이다. cosmos를 우주라는 의미로 처음 사용한 것으로 그리스의 철학자이자 수학자 피타고라스Pythagoras(BC 582?~BC 497?)가 알려져 있는데, 우리 우주가 보여 주는 질서 정연한 모습을 표현한 탁월한 선택이었다.

땅이 평평한지 어떻게 확인해 볼 수 있을까? 그러기 위해서는 우선 수평 방향이 정해져야 한다. 다행히 우리에게는 잘 정의된 수직 방향이 있는데, 바로 중력의 방향이다. 이는 실에 물체를 매달아 가만히 놓으면 실이 늘어지는 방향으로, 쉽게 찾을 수 있다. 이 방향에 대해 수직인 방향을 수평 방향으로 정할 수 있다. 이제 땅이 평평하다는 것은 우리가 한 지점에서 출발해 (그 지점에서 정의된) 수평 방향으로 계속 이동하면서 재는 땅의 '평균' 높이가 거의 일정하다는 것이다.

실제로 이 실험을 땅에서 하기는 쉽지 않아 보인다. 알다시피 지구는 반지름이 6400킬로미터인 구다. 구에서 수평 방향으로 이동한다면 높이는 조금씩 낮아질 것이다. 높이가 1미터 낮아지려면 수평 방향으로 얼마를 이동해야 될까? 지구의 반지름을 R, 수평 이동 거리를 d라 해 보자. 간단한 계산으로 높이의 차이는 $\Delta h = d^2/2R$임을 알 수 있다. 따라서 높이가 1미터 낮아지는 수평 이동 거리는 $d = \sqrt{2R\Delta h} = 3.6$㎞다. (이 정도 거리면 생각보다 작은 값일지 모르겠다.) 수평으로 3.6킬로미터 갔을 때 높이가 1미터나 차이가 난다면 측정을 통해서 땅이 평평하지 않다는 것을 쉽게 알 수도 있었을 텐데, 왜 이를 못하고 오랜 시간 사람들은 땅이 평평하다고 믿고 살았을까? 여기에는 두 가지 요인이 있다.

첫 번째는 관측 장비의 측정 정확도다. 과거 관측 장비는 맨눈이었을 것이고, 눈이 가진 분해능resolution[●]은 대략 1′(분, arc minute)의 각도로, 1킬로미터 거리에서 30센티미터 떨어진 것을 구별할 수 있는 정도다. 이 분해능이라면 3.6킬로미터 거리에서 1미터 차이를 간신히 구별할 수 있다.

● 두 물체가 떨어져 있는 것을 구별해 낼 수 있는 시각의 최소 크기를 말한다.

지구는 완전해야 한다

고대 그리스의 철학자들은 이미 지구가 구라고 생각했다. 월식을 태양빛으로부터 지구가 달을 가려 생기는 것으로 이해했으며, 그 그림자가 원형인 것을 보고 지구가 구라는 것을 확신했다. 물론 원과 구는 완전한 도형이며, 지구는 완전해야 한다는 철학적 신념도 한몫했다. 그리스의 수학자이자 천문학자 에라토스테네스 Eratosthenes(BC 273?~BC 192?)는 이러한 사고를 적용해 지구의 크기를 추정하기도 했다. 지구가 구라고 가정했을 때 하지에 생기는 그림자의 각도는 위도가 다른 시에네와 알렉산드리아에서 서로 다르다는 것에서 착안한 것이다. 그러나 고대 그리스의 이런 선구적 생각들은 지식인들 사이에서만 전수되었을 뿐 유럽 중세 시기의 일반인들은 땅이 평평하다는 믿음에서 벗어나지 못했다.

더 중요한 두 번째 요인으로는, 땅의 높낮이에는 (작은 수평 거리 내에서) '요동fluctuation'이 있다는 것이다. '평균 높이 차이'가 '요동'의 크기보다 커야만 그 측정값이 요동에 의해 무작위로 생긴 것이 아닌 의미 있는 값이 되고, 그래야 땅이 평평하지 않다고 증명할 수 있다. 땅의 높낮이가 가진 요동의 크기가 1미터보다 훨씬 크기 때문에, 실제로 땅이 평평하지 않다는 것을 확인하기 위해서는 3.6킬로미터보다 훨씬 더 먼 거리까지 높낮이를 관측해야만 한다.

지구가 평평하지 않다는 사실을 확인하는 과정은 이 두 요인을 극복함으로써 이루어졌다. 측정의 정확도는 망원경이라는 새로운 관측 장비를 사용함으로써 획기적으로 높아졌다. 높낮이의 요동 문제는 땅보다 요동이 훨씬 작은 바다를 측정하면 되었다. 사람들은 먼 거리에 있는 배가 항구로 들어오는 것을 망원경으로 관찰함으로써 지구가 평평하지 않고 둥글다는 것을 확신할 수 있었다. 먼 거리에서 배가 항구로 들어오는 모습은 멀리까지 무한히 평평한 바다로는 도저히 설명할 수 없다. 물과 하늘이 맞닿아 생긴 수평선 위로 배가 떠오르듯 나타나기 때문이다. 이처럼 수평선 때문에 주어진 고도에서 볼 수 있는 거리가 한정되는 것은 지구가 둥글어서 생기는 현상이다.

다시 원래의 질문으로 돌아가서, 땅은 평평한가에 대한 답은 사실 우리가 다루는(다니는) 거리와 원하는 정밀도에 따라 달라진다. 일상적으로 다니는 거리 정도에서는 높낮이의 요동이 지배적이고 땅은 그다지 평평하지 않다. 그보다 큰 거리인 수~수십 킬로미터 이내에서 땅은 대체로 평평하다고 할 수 있다. 그보다 더 큰 거리에서는 지구가 둥글다는 것이 중요하게 작용한다. 예를 들어 우리가 비행기를 타고 하루에 지구의 반대편까지 가는 상황에서는 지구를 구가 아닌 평면으로 생각한다면 당연히 잘못된 예측 결과를 얻을 것이다.

2. 너무나 먼 하늘

하늘의 규칙성에 주목하라

우리가 사는 공간은 3차원이다. 인간이 닿을 수 없는 저 위로 펼쳐진 공간을 하늘이라고 불렀다. 지구에 사는 인간에게 이 특별한 '하늘의 방향'은 중력의 방향에 의해 정해진 것이고 이는 땅이 펼쳐진 수평 방향에 수직인 방향이다. 하늘은 어디까지 펼쳐져 있으며, 그 끝은 어떨까? 이 질문은 땅끝은 어디인가라는 질문보다 훨씬 더 어려운 문제였다. 땅끝은 비록 느리더라도 걸어서, 말을 타고 달려서, 또는 배를 타고 가 볼 수 있었다. 하지만 하늘로 올라가는 것은 언제나 중력이 발목을 잡았다. 하늘 방향으로는 단 100미터를 올라가는 것도 쉬운 일이 아니었다. 19세기에 들어서야 기구를 활용하게 되었으며, 20세기에 등장한 비행기와 로켓이라는 획기적인 발명품 덕분에 하늘로 '조금 더' 올라가 볼 수 있게 되었다. 이제 지구를 둘러싼 대기와 조금 더 바깥의 공간에 대해 제법 잘 알게 되었지만 현대 과학의 기술로도 이는 여전히 어려운 문제로 남아 있다.

우리가 지표면에서 출발하여 지구를 벗어나기 위해서는 11㎞/s(시속 40,000㎞. 이 속력을 지구 탈출 속력escape velocity이라 부른다)라는 상당한 속력이 필요하다. 지구를 벗어나더라도 거기서 다시 태양의 중력을 벗어나려면 42㎞/s의 속력이 필요하다. 태양계 근처에서 우리 은하를 벗어나려면 537㎞/s라는 엄청난 속력이 필요하다. 거기에 더해 하늘 방향의 깊이는 사람들이 생각했던 것보다 훨씬 더 커서, 하늘을 직접 탐험해서 그 끝을 밝히기란 현재로서도 요원한 일이다. 이런 제약으로 인해 하늘(방향) 탐구는 하늘에서 오는 것, 그중에서도 인류가 직접적으로 감지할 수 있었던 하늘(의 물체)에서 오는 빛, 즉 우리의 눈을 통해 보는 것에 오랫동안 의존할 수밖에 없었다. 이러한 난관에도 불구하고 인류는 세심한 관찰을 통해서 하늘에 대한 놀라운 이해를 이뤄냈다.

이제 인류가 매일 보아 왔던 것에서 하늘의 모습을 그려나가 보자.● '매일'이라는 단어에는 하늘에 해가 뜨고 지는 것이 끊임없이 반복된다는 뜻

● 대부분 도시에 살고 있는 현대인은 맑은 날에도 많은 별을 보기는 어렵다. 도시의 밤을 밝히는 밝은 불빛은 대기에 의해 산란되어 밤하늘을 밝히기 때문에 도시의 밤하늘에서는 아주 밝은 별들만 볼 수 있다. 하늘을 좀 더 자주 접해 보고 싶은 사람들을 위해 컴퓨터로 밤하늘을 볼 수 있는 소프트웨어를 소개한다. 우선 스텔라리움Stellarium은 맨눈이나 망원경으로 본 진짜 밤하늘을 재현해 주는 오픈 소스 플라네타륨 프로그램(http://www.stellarium.org/)이며 셀레스티아Celestia는 NASA와 ESA에서 교육용으로 사용하는 오픈 소스 프로그램(http://sourceforge.net/projects/celestia/)이다.

1초의 탄생

우리가 시간을 재는 데 쓰는 표준 단위인 1초는 어떻게 정해진 것일까? 1초는 해의 회귀 주기인 1일(평균 태양일)로부터 정해진 단위로 1일을 24시간, 1시간을 60분, 1분을 60초로 하여 1일을 86,400초로 정한 것이다. 1태양일은 해의 고도가 가장 높아지는 정오에서 다음 정오까지 시간으로 정의된다. 달에 의한 기조력, 지구의 공전 등에 의해 작은 요동이 있기 때문에 평균을 내어 시간 단위의 기준으로 삼은 것이다.

태양의 회귀 주기인 1태양일은 (별을 기준으로 하는) 지구의 자전 주기인 1항성일에 비해 지구의 공전에 의해 약간의 차이가 생긴다. 지구는 1일 동안 대략 360°/365 = 1° 정도 공전하므로 지구의 1자전 후 1도 더 돌아가야 태양의 회귀 주기가 되고, 따라서 1태양일은 1항성일보다 대략 24시간(1440분/24시간)/365 = 4분 정도 더 길다.

최근에는 원자 시계 같은 정밀한 시계로 지구의 자전 주기를 측정해서 하루에 수ms 정도의 요동이 있고, 평균적으로 조금씩 길어지고 있다는 것을 알 수 있다. 달의 기조력에 의한 효과로 지구의 자전이 조금씩 느려져서 1일이 1.7ms/100년 정도씩 길어지고 있다. 따라서 지구의 자전 주기에 바탕을 둔 표준 시간은 현재의 원자 시계보다 정밀도가 떨어진다. 현재는 국제 표준으로 원자 시계를 바탕으로 세슘-133 원자에서 나오는 빛이 9,192,631,770번 진동하는 데 걸리는 시간을 1초로 정한다.

이 들어 있다. 해는 왜 매일 뜨고 또 지는 것일까? 지금 우리는 지구의 자전 때문이라고 쉽게 답하겠지만, 인류가 이를 확신하기까지는 상당히 오랜 시간이 걸렸다. 이러한 반복은 태양에만 일어나는 일이 아니었다. 해가 지면 하늘이 어두워지면서 달과 별이 나타나고, 별과 달 역시 뜨고 진다. 흥미롭게도 달은 매일 뜨고 지는 것에 더해서 그 모양이 30일 주기로 커졌다 작아지기를 반복한다. 조금 더 오랜 시간 꾸준히 관찰해 보면 하루 중 해가 제일 높이 오는 정오의 고도도 높아졌다 낮아졌다 반복하는데, 이것이 봄, 여름, 가을, 겨울 또는 우기와 건기 같은 계절이 반복되는 것과 연관되어 있다는 것을 그리 어렵지 않게 알아냈을 것이다.

인류는 하늘(물체)의 이러한 규칙성에 주목했다. 이를 이용해 시간의 흐름을 재게 되었는데, 해가 뜨고 지는 주기를 1일, 달이 차고 기우는 주기를 1월(한 달), 태양 고도(계절)의 변화 주기를 1년이라고 정한다.

왜 낮에는 별이 보이지 않을까

우리는 낮에는 해가 뜨고 밤에는 달과 별이 뜬다고 말한다. 실제로는 해가 뜨면 낮이 되고 해가 지면 밤이 되어 달과 별을 볼 수 있게 되는데 말이다. 왜 해가 뜨면 별이 사라질까? 왜 낮에는 별을 볼 수 없을까? 해가 있는 방향으로도 달이 올 수 있고, 낮에도 항상 별들이 있지만 우리가 그것을 못 볼 뿐이다. 그 이유는 간단히 말하면 지구에 대기가 존재하기 때문이다. 대기는 해에서 온 빛을 산란시켜 낮에는 해의 방향만이 아니라 주변 전체를 밝게 만든다. 낮이라고 달빛과 별빛이 사라지는 것은 아니다. 대기의 빛이 있더라도 그 밝기가 일정하다면, 달과 별이 있는 곳은 어쨌든 주변보다 더 밝을 것이고 우리가 구별해 낼 수 있을 것이다. 실제로 밝은 달은 낮에도 보인다.

그럼에도 낮에 달과 별을 보기 어려운 이유는 두 가지가 있다. 하나는 대기에 의해 산란된 햇빛이 달빛과 별빛보다 훨씬 밝아서 그 작은 차이를 우리의 관측 장비로 구별하기 어렵고 다른 하나는 대기가 고요하지 않고 요동치기 때문에 대기에 의해 산란된 햇빛의 밝기도 요동을 하기 때문이다. 산란된 빛의 밝기 요동이 별빛의 밝기보다 더 크면 아무리 정밀한 관측 장비를 쓰더라도 별이 있다는 것을 알 수 없다. 낮에 별을 볼 수 없는 것이 대기 때문이라면, 대기권 밖이나 대기가 없는 달에서는 낮에도 별을 볼 수 있을 것으로 추측할 수 있다. 한편 고대인들은 깊은 우물 속에 들어가면 근처의 대기에 의한 산란 효과가 크게 줄어 늦은 낮부터 별을 관측할 수 있다는 사실을 알아내 활용하기도 했다.

달력, 시간을 기록하다

인류는 시간을 기록하기 위해 달력을 사용해 왔다. 현재 널리 쓰이는 달력에는 '일,' '주,' '월,' '년'의 네 가지 주기가 사용된다. 일, 월, 년은 해와 달의 천문 주기에서 온 것이고, 주는 문화적인 배경으로 정해진 주기다. 천문 주기인 일, 월, 년이 정확하게 배수로 맞아떨어지지는 않으므로,• 세 주기 사이의 관계를 어떻게 근사하고, 이렇게 해서 생기는 오차들을 어떻게 조정해 가느냐에 따라 다양한 달력이 만들어졌다.

달력은 크게 해의 주기를 기본으로 하는 태양력과 달의 주기를 기본으로 하는 태음력으로 나뉜다. 우리가 현재 사용하는, 세계적으로 가장 널리 쓰이는 달력은 그레고리력으로 태양력의 일종이다. 그레고리력은 1년(달력년)을 365.2425일로 보고, 평년에는 1년을 365일로 하고 오차를 조정하기

• 2000년 1월 1일 기준으로 1년(회귀년)은 365.2421897일이고, 1달은 29.530588853일이다. 지구의 자전이 조금씩 느려지기 때문에 이 값은 시간이 지나면 조금씩 줄어든다.

하늘의 시계

인류가 사용해 온 하늘의 시계는 3개다. (1) 태양의 회귀, 즉 밤낮의 순환 주기인 1일, (2) 달의 상 변화 주기인 1월, (3) 태양의 (정오) 고도 순환 주기, 즉 계절의 순환 주기인 1년이다. 달이 지구를 한 바퀴 도는 공전 주기는 27.5일이지만, 달의 상 변화 주기는 약 29.5일이다. 이 차이는 1항성일 – 1태양일의 차이와 마찬가지로 지구의 공전에 의한 효과다. 달의 1공전 주기 동안 지구가 공전한 각도만큼 달이 지구를 더 돌아야 태양에 상대적으로 같은 위치(즉 같은 상)가 되므로, 상 변화 주기는 공전 주기보다 대략 27.5일 × 27.5일/365일 = 2일 더 길다.

1년(회귀년)의 정확한 정의는 춘분에서 다음 춘분까지의 주기다. 지구의 자전축은 지구의 공전면에 대해 23.5도 기울어 있어서, 천구의 황도(지구의 공전면)와 적도(지구의 적도면)는 그 각도로 기울어 있고, 두 점에서 만난다. 태양이 그 지점에 오는 시기가 춘분과 추분이다. 대개 지구의 공전 주기를 1년이라 말하지만, 1년(회귀년)과 지구의 공전 주기(1항성년) 사이에는 작은 차이가 있다. 이것은 2만 6000년 주기를 가진 지구 자전축의 세차 운동에 의한 효과로, 이로 인해 춘분점이 1년 동안 서쪽으로 약 360°/26,000 = 50초seconds of arc 이동하므로 1년은 지구 공전 주기보다 약 (1년/26,000)(365일/1년)(1440분/1일) = 20분 짧다.

위해 1년을 366일(2월 29일을 둔다)로 하는 윤년을 4년마다 4의 배수인 해에 두되 100의 배수이면서 400의 배수는 아닌 해는 예외로 하는 규칙을 둔다(400년에 97번의 윤년이 있다).

그레고리력의 달들은 실제 달의 상 변화 주기와는 관련이 없어서, 달의 상 변화를 알려면 음력 날짜를 봐야 한다. 우리 선조들은 그레고리력을 사용하기 이전에는 중국의 달력을 받아들여 썼다. 이는 기본적으로 태음력이지만, 24절기라는 태양력의 요소를 더해서 사용했다. 많은 지역에서 태음력을 전통적으로는 써 온 것은 누구나 쉽게 달의 상 변화를 관측해서 날짜를 셀 수 있다는 태음력의 큰 장점 때문이다. 태양력은 태양의 고도를 재는 체계적인 천문 관측의 도움이 필요하다. 전통적으로 태음력을 써왔지만, 농경 사회가 되면서 농사짓는 주기는 태양력을 따라야 했으므로 이를 절충한 선택이었을 것이다. 태양력이 대세인 현재에도 바닷가에서 어업으로 살아가는 사람들에게는 조수 간만 주기와 일치하는 태음력이 여전히 중요하다.

3. 천체는 움직인다: 행성의 운동

해, 달을 비롯한 모든 천체들은 매일 동쪽에서 떠서 일정한 속력으로 회전하며 서쪽으로 진다는 것을 우리는 하늘을 보고 가장 먼저 알 수 있다. 모든 별이 원을 그리며 돌고 그 중심에는 움직이지 않는 별 북극성이 있다. 해, 달, 별들의 이 질서 정연한 운동을 고대인들은 하늘의 회전으로 인식했다. 별까지의 거리를 가늠할 길이 없었던 그들은 별 전체의 일률적인 회전을 하늘의 끝은 천구天球/the celestial sphere라 부르는 구면이고 별은 그 위에 고정되어 다 같이 돌아가기 때문인 것으로 이해했다. 회전축이 지나는 천구의 북쪽 끝은 움직임이 없는 천구의 북극이 있고 북극 방향에 수직인 대원은 천구의 적도가 된다. 그렇다면 하늘의 끝인 천구는 얼마나 멀리 있으며, 땅과 천구 사이의 하늘에는 무엇이 있을까?

해와 달의 움직임은 매일같이 회전을 하기는 하지만 천구에 고정된 별들과는 조금 다르다는 것을 발견한다. 해와 달은 일정한 주기로 다른 별들 사이를 움직여 다니는 것이다(그림 1). 별들이 고정되어 있는 천구상에서

하늘의 회전 vs. 지구의 자전

고대 그리스 피타고라스 학파의 몇몇 학자들은 해, 달, 별이 뜨고 지는 것을 하늘의 회전이 아니라 지구의 자전으로 인식했다. 그러나 아리스토텔레스Aristoteles(BC 384~BC 322)는 이러한 생각들이 관측보다는 이론에 근거한다고 비판했고 천구의 개념을 확립했다. 그는 지구가 너무 크고 무거워서 자전을 할 수 없다고 여긴 것이다.

아리스토텔레스를 따른 알렉산드리아의 수학자이자 천문학자인 프톨레마이오스Ptolemaeus(85?~165?)는 만일 지구가 자전한다면 자전에 의한 강풍에 의해 지상의 모든 것이 다 파괴될 것이라고 생각했다. 이러한 사고는 16세기 천문학자 니콜라우스 코페르니쿠스Nicolaus Copernicus(1473~1543)가 태양 중심 모형을 부활시킬 때까지 지속됐다.

그렇다면 지구의 표면에 사는 우리가 지구가 자전한다는 것을 확인할 수 있는 방법이 있을까? 우리는 지구와 함께 자전하기 때문에 지구가 자전한다는 사실을 알기가 어렵다. 그렇지만 방법이 아주 없는 것은 아니다. 지구가 자전한다면 자전축에 수직 방향으로 작용하는 원심력에 의해 지구의 모양이 완벽한 구형이 아닌 적도 방향의 반지름이 극 방향의 반지름보다 조금 더 긴 타원체가 될 것이다. 아이작 뉴턴Issac Newton(1643~1727)은 《자연 철학의 수학적 원리Philosophiae Naturalis Principia Mathmatica(프린키피아)》에서 이 차이가 1/230 정도 될 것으로 예측했고, 18세기에 지구 둘레의 측정으로 이를 확인했다.

지구의 자전을 실험실에서 관측으로 확인하는 가장 좋은 방법은 지구와 같이 회전하는 좌표계가 보이는 코리올리 힘Coriolis force의 효과를 재는 것이다. 이 힘에 의해 북반구에서 자유 낙하하는 물체는 약간 동쪽으로 휘게 되는데, 18세기 말에 이르러 실험으로 확인이 되었다. 코리올리 힘의 효과를 볼 수 있는 가장 잘 알려진 장치는 1851년 프랑스의 물리학자 레온 푸코Léon Foucault(1819~1868)가 만든 푸코 진자Foucault pendulum다. 이것은 진자의 진동면이 지구의 자전에 의한 효과로 회전하는 것을 보여 준다. 물론 지금은 인공 위성으로 지구가 자전하는 모습을 직접 확인할 수 있다.

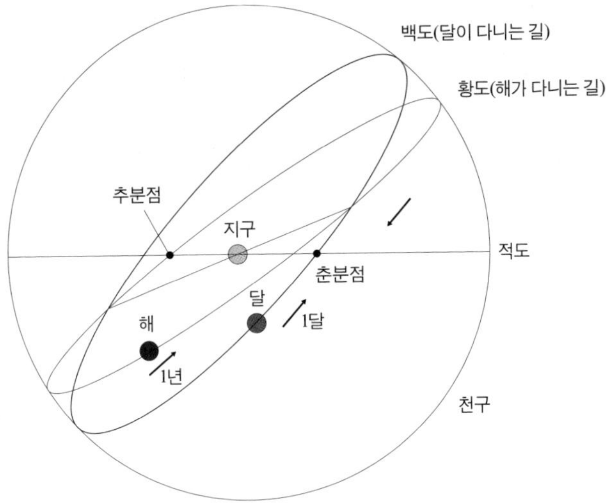

그림 1 천구상에서 해와 달의 운동. 황도는 적도에 23.5도 기울어 있고 백도는 황도에서 5도 더 기울어 있다. 황도와 적도가 만나는 곳이 춘분점과 추분점이다. 황도와 백도가 만나는 점에 해와 달이 동시에 오면 일식 또는 월식이 일어나는데, 이 주기는 18.6년이다

해가 지나는 길은 적도에 23.5도 기운 대원을 이루는데, 이를 황도黃道/the ecliptic라 부른다. 해는 황도를 따라 1년에 한 바퀴씩 돈다. 달이 지나는 길도 대원을 이루고 이를 백도白道라 부른다. 백도는 황도보다 약 5도 기울어 있고, 달은 약 27일마다 백도를 한 바퀴 돈다. 물론 엄청나게 더 크고 밝기도 했지만, 해와 달은 별과는 움직임이 다른 천체였던 것이다.

이후 해와 달 외에도 천구 위를 움직여 다니는 별 다섯 개가 더 있다는 것을 발견한다. 이 별 다섯 개가 어렵지 않게 주목을 받을 수 있었던 것은 눈에 띄게 밝은 별이라는 것과 황도 부근을 따라 주기적인 움직임을 보이기 때문이다(표 1). 그래서 행성行星/planet(움직이는 별)이란 이름을 얻었다. 그림 2에서 보듯 이들은 조금 복잡한 경로를 따르기는 하지만, 일정한 주기로 천구를 돈다.

표 1 해, 달, 5행성의 겉보기 등급과 주기.

이름	기호	겉보기 등급	주기 (일)
해	☉	−26.7	365.25
달	☽	−12.6∼⋯	27.3212
금성	♀	−4.5∼−3.9	224.701
목성	♃	−2.6∼−1.7	4,332.59
화성	♂	−2.5∼+1.6	686.971
수성	☿	−2.1∼+1.3	87.9691
토성	♄	−0.5∼+0.1	10,759.22
시리우스		−1.47	−

밝기 등급은 숫자가 작을수록 더 밝은 천체이고 5등급 차이마다 100배 밝아지는 로그 척도다. 비교를 위해 별 중에서 가장 밝은 시리우스의 겉보기 등급도 포함했다.

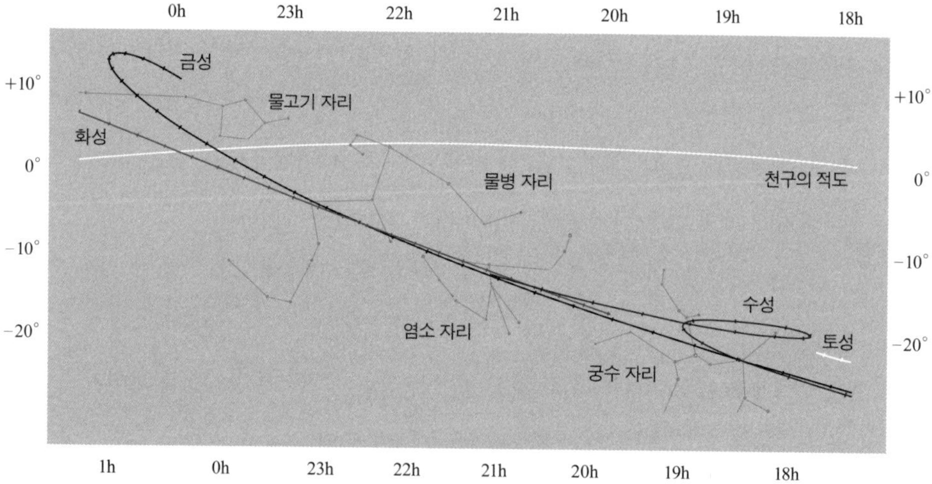

그림 2 행성들의 겉보기 운동(수성, 금성, 화성, 토성, 2016년 11월에서 2017년 2월 사이).

밤하늘에서 달 다음으로 가장 밝은 금성은 샛별 또는 개밥바라기 등의 이름으로 불렸다. 그 이름에 나타나듯이 금성은 새벽에 잠깐 보이다가 해가 뜨면서 사라지거나 해질 녘쯤 보이다가 금방 서쪽으로 져서 부지런한 사람만 볼 수 있다. 수성은 금성보다 덜 밝고 더 빨리 지기에 더 세심하게 관찰해야 한다. 수성과 금성을 오랜 기간 관찰해 보면 이렇듯 해 근처를 크게 벗어나지 않고 해를 따라 맴도는 것을 알 수 있다. 눈에 잘 띄는 행성은 단연 목성이다. 목성, 화성, 토성은 모두 순행과 역행을 반복하는데(그림 2), 화성에서 가장 두드러지게 나타난다. 이런 해, 달, 5행성들의 움직임은 사람들의 주목을 받았으며, 그 움직임 속에 하늘의 뜻이 있다는 믿음으로 발전하기도 했다. 동양에서는 이를 바탕으로 음양오행 사상이 생겨나 문화에도 큰 영향을 끼쳤다. 서양의 1주일 또한 음양오행을 담고 있다.

4. 하늘이 도는가, 땅이 도는가

고대 그리스인들은 하늘에서 일어나는 천체들의 운동에서 하늘이 가진 어떤 체계를 찾아내려고 했다. 그 결과 천체 운동의 규칙성에 주목해 그 운동을 일목요연하게 설명하는 모형들을 만들어 냈다. 우주의 중심에는 지구가 있고 하늘의 끝에는 천구가 있어서 별이 고정되어 있고 천구는 하루에 한 바퀴씩 돈다. 지구와 천구 사이에는 해, 달, 5행성이 돌고 있는데, 그 주기가 다른 것으로 보아 다른 거리에 있고, 주기가 짧을수록 더 가까이 있는 것으로 생각했다.

처음에 만든 모형은 다분히 천체의 운동에 대한 당시의 관측 결과와 고대 그리스인들이 품고 있던 이상이 결합된 형태였다(그림 3). 행성이 천구의

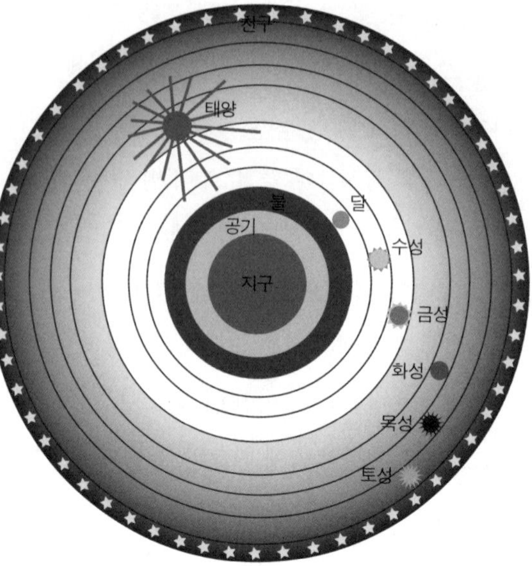

그림 3 아리스토텔레스의 우주 모형. 중심에 지구가 있고 달, 수성, 금성, 태양, 화성, 목성, 토성이 한 껍질의 하늘을 차지하고 돌고 있다. 별들은 하늘의 맨 끝 천구에 붙어 있다.

별보다는 더 빨리 회전하므로 지구(대기 포함)와 천구 사이에 행성이 존재하는 것으로 보았다. 행성까지의 거리를 도무지 알 수 없었기 때문에 행성의 배치는 각각의 행성이 양파 껍질 같은 한 층의 하늘을 차지하는 것으로 하고, 그 순서는 주기의 크기 순으로 놓았다. 모두 원 궤도를 행성마다 정해진 속력으로 도는 것으로 여겼다. 원과 구는 완벽한 도형이며, 땅과 하늘은 구형이고, 하늘의 물체는 완벽한 도형인 원 궤도를 도는 것이 당연하다고 보았다.

그리스의 자연철학자 중에는 다른 생각을 가진 사람도 있었는데, 그 대표 주자는 사모스의 아리스타코스Aristarchus of Samos(BC 310~BC 230)였다. 그는 기발한 아이디어로 지구, 달, 해의 상대 크기를 최초로 추정했다(2

자전축의 기울기와 세차 운동

태양이 지나는 황도는 적도에 23.5도 기울어 있는데, 이것은 지구의 자전축이 지구의 공전 궤도면의 수직 방향에 대해 그만큼 기울어 있다는 것을 뜻한다. 자전축이 기울어 있으면 지구의 한 지점에서 하루 동안 받는 태양 복사 에너지의 양이 공전 궤도상의 위치에 따라 달라진다. 이로 인해 나타나는 현상이 바로 계절이다.

천구의 북극은 지구 자전축의 방향이다. 현재 천구의 북극에는 북극성polaris이 있다. 하지만 지구의 자전축은 지구의 공전 궤도면(천구상의 황도)의 수직 방향에서 23.5도 기울어진 상태로 원을 그리며 도는 세차 운동precession을 한다. 이 세차 운동의 주기는 약 2만 6000년이다. 따라서 천구의 북극 방향은 아주 조금씩 이동하고 있으며, 1만 3000년 후에는 베가Vega(직녀성)가 천구의 북극이 될 것이다.

고대 그리스의 천문학자 히파르코스Hipparchus(BC 190~BC 120?)가 지구 자전축의 세차 운동을 처음 알아낸 것으로 알려져 있다. 당시 천문학을 집대성한 프톨레마이오스의 저서 《알마게스트Almagest》에 따르면, 히파르코스는 스피카Spica(처녀자리Virgo의 α성) 및 황도 근처 별들의 위치를 이전 기록과 비교해 보았더니 춘분점의 위치가 약 150년 동안 2도 이동한 것을 발견했다.

춘분점은 황도와 적도가 만나는 점으로, 자전축의 세차 운동에 의해 적도가 돌아감으로 해서 이동한다. 달력(태양력)의 1년은 태양이 춘분점에서 출발해서 다시 춘분점으로 돌아오는 주기인 회귀년tropical year을 기준으로 한다. 지구의 세차 운동에 의해서 춘분점이 1년에 360/26,000도씩 서쪽으로 이동하기 때문에 1회귀년은 지구의 공전 주기인 1항성년에 비해서 약 20분 짧다.

장 '태양계의 크기' 참조). 그는 관측을 통해 해의 크기가 지구의 크기보다 20배 이상 크다는 결론을 내렸고, 이를 근거로 더 큰 해를 중심으로 지구와 행성이 원운동을 해야 한다고 주장했다. 태양 중심 모형을 제시한 것이다.

그러나 당시에는 지구가 움직인다면 왜 우리가 그것을 느끼지 못하는지, 지구가 움직인다면 궤도상의 위치에 따라 별의 시선 방향이 달라지는 시차가 관측이 되어야 하는데 그렇지 않다는 등등의 이유를 들어 비판했다. 또 지구 중심 모형을 지지한 아리스토텔레스의 영향력으로 인해 큰 지지를 받지 못했다.

그림 3에서는 천체들을 평면에 그려 놓기는 했지만, 사실 해, 달, 5행성의 궤도면은 일치하지 않는다. 위에서 말했듯이 천구에서 황도와 백도는 5도 기울어 있는데, 이는 해의 궤도면과 달의 궤도면이 5도 기울어 있다는 것을 말한다. 마찬가지로 5행성의 궤도면도 각기 조금씩 다르게 기울어 있다.

이 간단한 지구 중심 모형은 해와 달의 운동은 잘 설명하지만, 행성의 궤도에 대한 세밀한 관측이 이루어지면서 밝혀진 행성의 다소 복잡한 운동과는 맞지 않았다. 우선 5행성의 운동은 행성의 궤도가 단순한 대원이 아니고, (그림 2에서 보듯이) 앞으로 진행했다 뒤로 진행했다 하는 것을 반복한다는 것이었다. 이는 완벽한 하늘의 물체가 마땅히 가져야 한다고 생각했던 일정 속력의 원 궤도 운동이 아니었던 것이다. 또한 관측된 수성과 금성의 움직임을 보면 항상 태양 근처를 맴도는데, 이 모형에서는 그렇게 예측되지 않는다는 것이다.

행성 궤도에 대한 세세한 관측 결과를 맞추려 아리스토텔레스의 모형을 변형한 모형들이 만들어졌지만, 여전히 천체의 운동은 완벽한 원운동이어야 한다는 신념을 버리지 못했다. 그래서 나온 것이 고대 그리스의 수학자 아폴로니우스Apollonius(BC 262~BC 190)와 히파르코스에 의해 발전되고

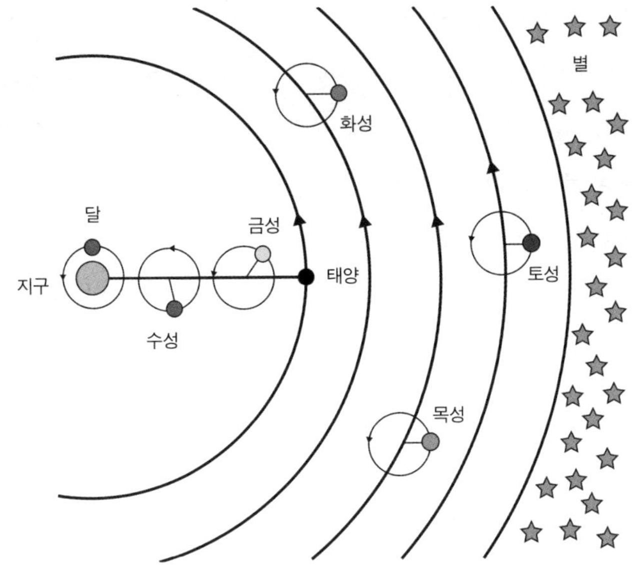

그림 4 지리학자이자 점성술가이기도 한 프톨레마이오스에 의해 완성된 지구 중심 모형.

프톨레마이오스에 의해 완성된 지구 중심 모형이다(그림 4). 이 모형에서는 행성의 순행과 역행을 행성의 운동을 중심이 지구인 주원deferent을 따라 그 중심이 움직이는 주전원epicycle이라 부르는 작은 원 궤도를 움직이는 것으로, 즉 두 원운동의 조합으로 설명했다.

또한 수성과 금성의 주전원의 중심은 항상 태양과 일직선상에서 회전한다고 가정해 수성과 금성이 태양 근처를 맴도는 것을 설명했다. 또 주전원의 크기, 주기, 기울기와 회전 속력은 관측과 맞도록 조정했다. 관측 결과를 좀 더 정확하게 맞추기 위해 지구를 주원의 중심에서 약간 벗어난 점에 놓았고(이름은 지구 중심 모형이지만 지구가 우주의 정확한 중심은 아니었다), 주전원의 중심은 주원의 중심이 아니라 주원의 중심에 대해 지구의 대칭점equant에 대해 일정한 속력으로 회전하는 것으로 했다.

좀 복잡해 보이지만 정교한 장치들을 통해 프톨레마이오스 모형은 해, 달, 5행성의 움직임을 상당히 정확하게 설명하고 예측해 낼 수 있었다. 프톨레마이오스가 《알마게스트》를 통해 모형의 완결판을 제시한 이후, 이 지구 중심 모형은 해, 달, 행성의 운동을 잘 설명하는 것으로서 아랍 지역을 넘어 아시아까지 널리 알려졌다(중국이 쓰던 회회력回回曆과 조선에서 개량한 칠정산七政算도 이 모형에 기반을 둔다). 이후 이 모형은 1400년간 하늘의 움직임에 대한 지배적인 이론이 되었다.

5. 코페르니쿠스의 혁명

중세 이후 유럽은 기독교의 지배적인 영향으로 천체의 운동과 관련된 큰 진전이 없었다. 제일 먼저 지동설을 제시했다고 알려진 아리스타코스를 비롯한 몇몇 고대 그리스의 철학자들이 주장했던 태양 중심 모형은 아리스토텔레스와 프톨레마이오스의 영향력 아래 잊혀져 버렸다.

16세기 들어 르네상스의 붐을 타고 고대 그리스의 여러 성과가 되살아났는데, 그중 하나가 태양 중심 모형이었다. 그 불을 지핀 사람은 신부인 니콜라우스 코페르니쿠스였다. 독자적으로 행성의 운동을 연구하던 그는 자신의 관측과 단순성에 근거해 태양 중심 모형을 부활시켰다. 우주의 중심에는 태양이 있고 각 행성은 주기 순으로 태양으로부터 다른 거리에서 원운동을 한다는 것이다.

행성의 역행을 설명하기 위해서 지구 중심 모형에서는 주전원을 도입했지만, 태양 중심 모형에서는 이를 행성 간 공전 속도의 차이로 설명했다. 바깥을 도는 행성은 더 천천히 돌기 때문에 지구가 이 행성을 따라잡아서 추

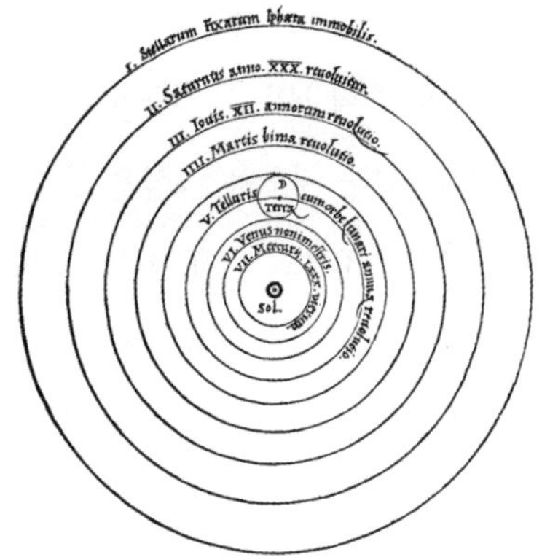

그림 5 코페르니쿠스의 태양 중심 모형.

월하는 과정을 지구에서 보면 순행과 역행으로 관찰되는 것이다. 또한 수성과 금성이 태양 근처를 맴도는 것을 지구 중심 모형에서는 수성, 금성의 주전원의 중심이 태양과 같이 돈다고 가정하는데, 태양 중심 모형에서는 단지 수성과 금성이 지구보다 안쪽인 작은 궤도에서 공전하기 때문에 일어나는 현상으로 간단히 설명할 수 있다.

코페르니쿠스의 태양 중심 모형은 행성 운동의 핵심적인 특징을 더 간단히 설명하는 장점이 있었지만, 행성 움직임을 세세하게 맞추고 예측하는 데는 지구 중심 모형보다 특별히 더 낫지 않았다. 코페르니쿠스 모형의 한계는 코페르니쿠스가 원운동이라는 아리스토텔레스의 유물을 버리지 못한 결과다. 결국 행성의 위치를 정확히 맞추기 위해서는 여전히 주전원을 도입해서 모형을 복잡하게 만들어야 했고, 그가 처음 생각했던 만큼 명쾌하지 못했다.

그럼에도 불구하고 코페르니쿠스의 모형은 당시 유럽인들에게 충격을 주기에는 충분했다. 천년이 넘도록 별다른 도전 없이 굳건하던 프톨레마이오스 모형의 정통성과, 인간이 사는 곳이 우주의 중심이라는 중세의 지배적인 세계관에 정면으로 도전한 것이다. 비록 널리 받아들여지는 데는 그 후로도 200년이란 세월이 더 소요되었지만, 태양 중심 모형은 지구가 우주의 중심이라는 믿음에 의구심을 품게 했다. 또한 이는 지구와 행성을 대등한 위치에 놓아 지상과 천상은 같은 물질로 되어 있다고 보았기에, 천상의 세계와 지상의 세계를 확연하게 구별하는 아리스토텔레스의 세계관을 버리게 되는 계기가 되었다. 지구는 우주의 중심 자리를 내어놓게 되었고, 천체의 회전revolution은 혁명이 되었다.

6. 티코의 관측

태양 중심 모형이 지구 중심 모형을 밀어내고 행성 운동에 대한 올바른 모형으로 자리 잡은 것은 태양 중심 모형의 이론적인 단순함과 아름다움에 의한 것이 아니라, 새로운 그리고 정밀한 관측 자료와 그것의 올바른 해석을 통해서였다. 이 중대하지만 지루한 작업을 수행한 사람이 티코 브라헤Tycho Brahe(1546~1601)와 요하네스 케플러Johannes Kepler(1571~1630)다.

덴마크 귀족 출신이었던 티코는 1572년 초신성을 관찰하여 《새로운 별에 대하여De nova stella》(1573)를 썼다. 그는 초신성이 관찰되는 내내 시차가 없었다는 사실을 통해 대기권 밖, 행성보다 더 먼 곳에 생기는 새로운 별임을 밝혔다. 이를 근거로 천계(달보다 더 바깥 쪽 하늘)는 영원불변하다는 아리스토텔레스의 주장에 반기를 들었다. 이 덕분에 유명세를 탄 그는 천문학을 직업으로 선택한다.

그 후 티코는 덴마크 왕 프레데릭 2세의 후원으로 벤Hven섬에 우라니보르그(1576)와 스테르네보르그(1581) 관측소를 건설했다. 그는 당시로서

그림 6 티코의 사분의mural quadrant. 사분의는 경도선과 일치하도록 설치한 벽면에 각도기를 붙인 것으로 별의 위치를 정확하게 측정하는 데 사용되었다. 별이 벽면 관측선에 오는 순간 정확한 시계로 시간을 재고, 별의 고도를 재어 별의 위치를 결정한다.

는 이례적으로 우라니보르그를 하나의 연구 센터로 만들었는데, 100여 명의 학생과 기술자가 일을 했다. 그 후 이곳은 20여 년간 천체 관측과 연금술 연구 등을 하게 된다. 별과 행성 위치에 대한 티코의 관측 자료는 정확성과 양에 있어서 이전의 자료들을 압도했다. 그는 정확하고 객관적인 측정에 대한 새로운 표준을 세웠고, 수백 개의 별과 행성의 위치를 수분minute of arc 정도의 정확도로 기록했다. 티코의 관측소는 정부의 전폭적인 지원에 의한 과학 연구소 설립과 그를 통해 탁월한 성과를 낸 초기 사례라 할 수 있다.

1588년 프레데릭 2세가 죽고 그의 아들 크리스티안 4세가 열한 살에 왕이 되면서 티코의 영향력은 점차 줄어든다. 새 왕과의 갈등으로 결국 그는 벤 섬을 떠나게 되고(1597), 신성로마제국 황제 루돌프 2세의 후원을 받아 프라하로 옮긴다(1599). 1600년 케플러를 만난 티코는 그의 수학 능력을

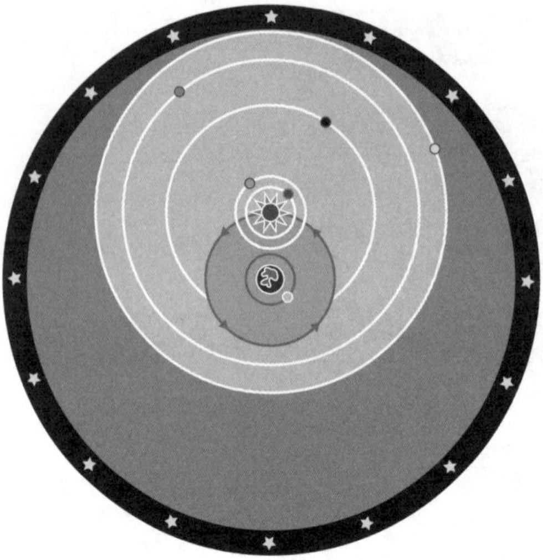

그림 7 티코의 모형. 티코는 자신의 관측 자료를 바탕으로 지구–태양 중심 모형을 제시했다. 티코의 모형에서는 5행성들은 태양 주위를 돌고, 태양과 5행성 전체는 중심에 있는 지구를 돈다. 그가 지구를 여전히 천구의 중심에 둔 것은 별의 연주 시차가 관측이 안 되었기 때문이었다.

인정해 조수로 채용한다. 티코는 자신이 만든 방대한 행성 운동 자료를 사용해 자신의 우주 모형(그림 7)을 확인하려고 했고, 이 작업을 케플러에게 맡겼다. 1601년 티코의 갑작스런 죽음으로 그의 방대한 자료는 케플러에게 전달된다. 케플러는 화성에 대한 자료를 집중적으로 연구해 행성 운동에 관한 두 법칙을 찾아냈고, 계속된 연구를 통해 행성 운동에 관한 세 개의 법칙을 완성하였다. 티코가 20년간 노력한 결실이 케플러를 통해서 빛을 보게 된 것이다.

티코 브라헤

귀족 출신인 티코는 학문적인 능력 이외에도 뛰어난 정치적 수완을 발휘해서 그의 관측소를 지속적으로 운영했다. 한편 그는 독특한 성격의 소유자이기도 했다. 1566년 로스토크Rostock대학에 다니던 스무 살 무렵 티코는 동료와 수학 문제로 옳고 그름을 두고 다투다 결국 결투까지 하게 됐다. 그때 코의 일부를 잃게 된 그는 금속으로 만든 보형물을 코에 붙이고 다녔다. 이를 계기로 의학과 연금술에 관심을 가지게 되었으며 나름의 업적을 남겼다. 1601년 그는 갑작스레 세상을 떠났는데, 그 과정도 독특하다. 케플러의 기록에 따르면 프라하의 어느 귀족의 만찬에 갔던 티코는 과음으로 방광에 문제가 생겼다. 주인보다 먼저 일어나는 것이 예의가 아니라고 생각한 그는 끝까지 앉아 있다가 집에 돌아와서 후유증으로 앓아눕고 며칠 후에 숨을 거두었다.

7. 케플러의 행성 운동 법칙

1601년 티코의 갑작스런 죽음으로 그의 자리를 물려받은 케플러는 이후 11년간 왕립 수학자로서 왕성한 연구의 결과를 내놓는다. 그 결정판이 1609년에 출판된 《새 천문학Astronomia nova》이다. 그 책에서 그는 태양 중심 모형을 지지하면서 이를 토대로 화성의 궤도를 세밀히 연구한 결과를 선보였는데, 그것이 행성 운동의 제1, 2 법칙이다. 다른 행성들로 연구를 확장해 10년 후에는 제3 법칙을 발견했다. 케플러가 티코의 관측 자료로부터 찾아낸 행성 운동에 대한 세 가지 법칙은 다음과 같다.

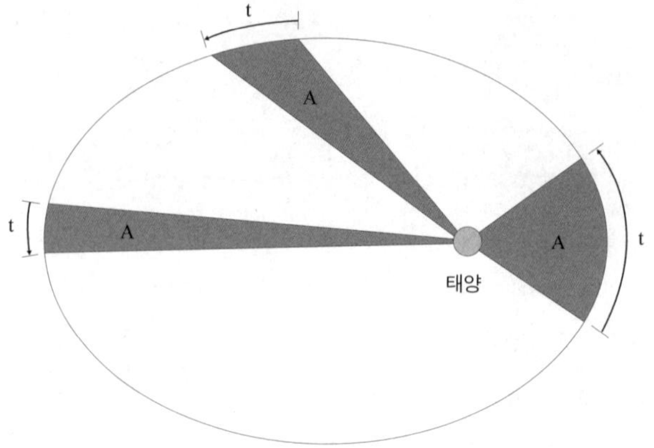

그림 8 케플러의 행성 운동 제1 법칙과 제2 법칙. (제1 법칙) 행성은 태양이 초점에 있는 타원 궤도를 돈다. (제2 법칙) 행성의 속력은 태양과 행성을 있는 선분이 쓸고 지나가는 면적의 속도가 일정하도록 변한다.

- 제1 법칙(타원 궤도 법칙)

  행성은 태양이 한 초점에 있는 타원 궤도를 돈다.

- 제2 법칙(면적 속도 법칙)

  같은 시간 동안 태양과 행성을 잇는 선이 쓸고 지나가는 면적이 일정하다.

- 제3 법칙(조화의 법칙)

  행성 주기의 제곱은 타원 궤도 긴 반지름 세제곱에 비례한다.

케플러는 제2 법칙을 제1 법칙보다 먼저 발견했다. 끈기 있는 작업을 통해 티코의 모형을 비롯한 여러 가지 지구 중심 모형을 시도한 끝에 그는 티코의 관측 자료와 2분 내외까지 맞출 수 있었다. 그렇지만 모형이 복잡하다는 것과 여전히 어떤 점에서는 최대 8분(′)의 오차가 나는 것을 비롯해 약간은 맞지 않는 것이 만족스럽지 못했다. 그래서 그는 태양 중심 모형이나, 원

케플러의 초신성

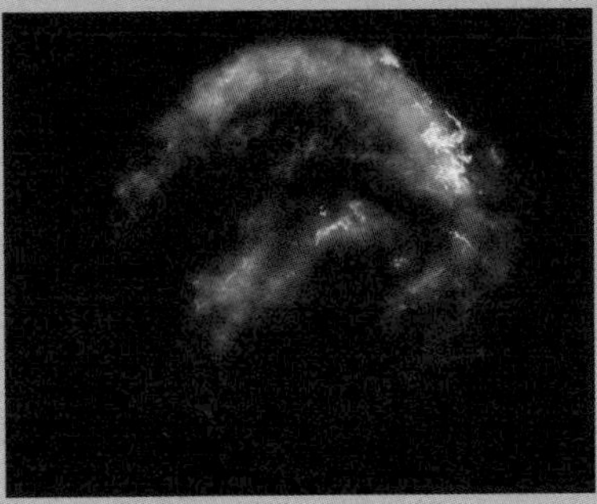

그림 9 SN 1604가 폭발한 후 남은 성운(컬러 그림 1 참조).

초신성 1604(SN 1604)는 우리 은하에서 가장 최근에 관찰된 초신성으로 '케플러의 초신성'으로도 불린다. 케플러는 이 초신성을 관찰하여 1606년 《뱀주인자리 발에 있는 신성에 관하여De Stella nova in pede Serpentarii》란 책을 썼다. 이 초신성에 대한 기록은 우리나라와 중국에서도 발견된다. 책 제목처럼 뱀주인자리의 발 부분에서 관찰이 됐으며 최대 겉보기 등급이 −2.5로 맨눈으로 18개월 정도 관찰이 가능했고, 3주 이상 낮에도 관찰이 가능했다고 한다. 케플러의 초신성은 분류상으로는 Ia형으로, 그 잔해는 현재도 관찰된다(그림 9, 컬러 그림 1). 또 이것은 초신성의 잔해로서 아주 모범적인 형태라 아직도 다양한 연구의 대상이 되고 있다.

여러 은하에서 초신성이 관찰되는 빈도는 대략 100년에 1~2회 정도인데, 현재 우리 은하에서는 케플러 초신성을 마지막으로 지난 400년 동안 관찰이 되지 않고 있다. 현재의 발전된 관측 기술을 고려할 때 우리 은하의 초신성을 관찰할 수 있게 되면 천문학과 천체물리학에 커다란 파급 효과가 있을 것이다. 하지만 400년 이상 잠잠해서 과학자들을 안타깝게 하고 있다.

궤도 대신에 계란형 궤도 등을 시도했고, 행성의 속도 변화에 대해서도 몇 가지 시도 끝에 면적 속도가 일정하다는 결론에 이르렀다. 사실 미적분학이 만들어지기 전 시대에 면적 속도가 일정하다는 것을 확인하고 이를 통해서 행성의 위치를 예측하는 것은 상당한 양의 작업을 필요로 했을 것이다.

몇 년간 이어진 이 작업을 통해 케플러는 마침내 행성의 궤도가 원이 아니라 태양이 초점인 타원임을 찾아냈다. 타원 궤도를 사용함으로써 태양 중심 모형은 지구 중심 모형보다 더 정확히 행성의 운동을 기술할 수 있게 되었다. 이를 통해 수성과 금성이 태양 앞을 통과하며 그 통과 시기를 정확하게 예측할 수 있었고, 그 예측대로 관측되었다. 아리스토텔레스라는 대가의 이상보다는 관측 자료를 맞추는 것이 더 중요하다는 것을 제1, 2 법칙의 성공이 보여 주었다.

1618년에 발견된 제3 법칙은 케플러의 《조화로운 세계Harmonices Mundi》(1619)에 나와 있다. 이는 1660년대에 와서야 그 중요성이 인식되었고 아이작 뉴턴, 영국의 천문학자 에드먼드 핼리Edmond Halley(1656~1742) 등이 중력의 법칙을 증명하는 데 쓰였다. 케플러가 쓴 《코페르니쿠스 천문학 개요Epitome astronomiae Copernicanae》(3권)는 당대에 가장 영향력 있는 천문학 교과서였다. 이 책은 태양 중심 모형이 확산되는 데 큰 기여를 하였다.

8. 갈릴레이, 망원경으로 하늘을 들여다보다

프라하에서 케플러가 티코가 축적해 놓은 방대한 관측 자료를 통해 행성 운동의 법칙들을 발견하던 시기에 이탈리아 파도바에서는 갈릴레오 갈릴레이Galileo Galilei(1564~1642)가 전혀 다른 방식으로 천문학에 일대 변혁을 가

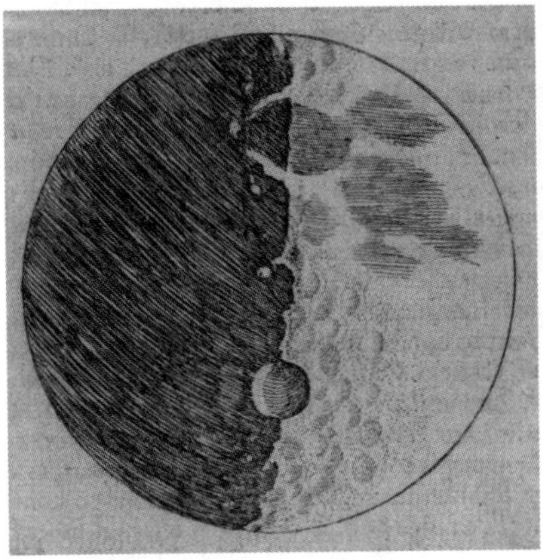

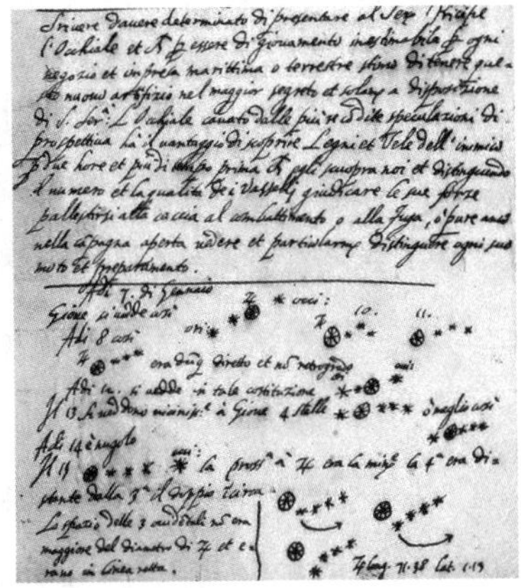

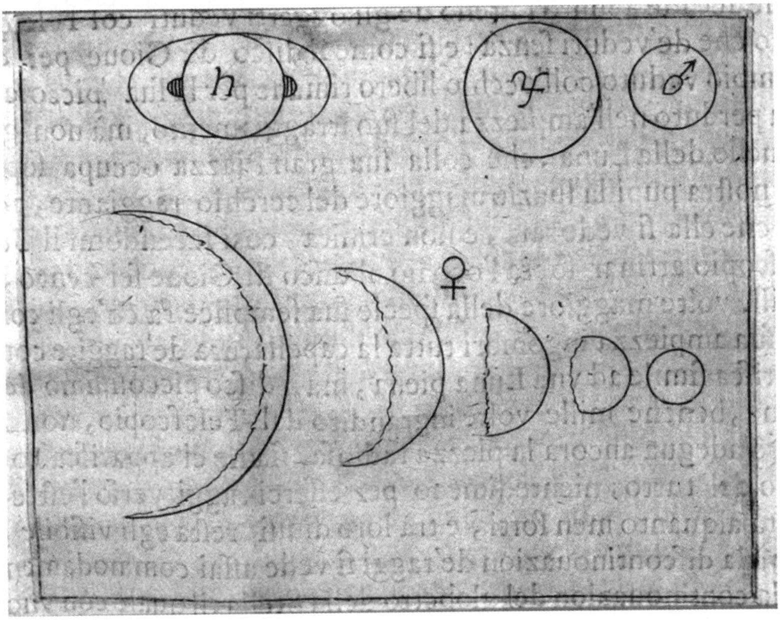

그림 10 갈릴레이가 망원경으로 관찰한 달의 모습을 그린 그림(왼쪽). 목성의 4개 위성 발견을 적은 갈릴레이의 일지(오른쪽). 갈릴레이가 그린 금성의 상 변화 양상. 금성도 달과 같이 상 변화를 한다는 것을 확인. 상 변화와 더불어 크기도 달라지는데 그 양상이 지구 중심 모형으로는 설명이 불가능했다. 이는 태양 중심 모형이 받아들여지는 결정적인 증거가 됐다(아래).

져온다. 망원경을 사용해 하늘을 관찰하기 시작한 것이다. 이 새로운 관측 장비는 천체 관측의 정밀도를 획기적으로 높여서 인류에게 더 멀고 큰 하늘을 보여 주었다.

1611년 갈릴레이는 네덜란드에서 망원경이 발명되었다는 소식을 접한다. 그는 렌즈 두 개를 적당한 거리에 놓아 만들었다는 이야기만으로 망원경 제작에 도전해 성공한다. 당시에 망원경은 황홀한 발명품이었다. 멀리 있는 물체를 확대해서 자세히 관찰할 수 있는 기능은 군사, 항해 등에서 요긴했다.

갈릴레이는 자신이 만든 망원경으로 하늘을 들여다보기 시작했고, 짧은 기간에 굵직굵직한 발견을 해냈다. 그는 달을 관찰하여 산과 분화구 등 지구의 지형들과 비슷한 구조들을 발견했다. 이는 달이 지구와 유사한 지각 구조를 가졌음을 보여 주는 것으로, 하늘의 물체는 땅의 물체와 전혀 다르다는 당시의 보편적인 생각을 반증하는 것이었다. 또한 태양의 흑점을 발견해 태양도 완벽한 천체가 아님을 보였고, 은하수가 어두운 별들의 집단이라는 것도 알아냈다.

행성의 운동과 관련해 갈릴레이의 주목할 만한 발견은 목성과 그 주변을 관찰해 목성을 돌고 있는 4개의 위성들을 찾아낸 것이다. 하늘의 모든 것이 지구를 중심으로 도는 것은 아니라는 사실을 밝혀 냈다. 더 결정적인 발견은 금성의 상 변화였다. 갈릴레이는 금성을 망원경으로 계속 관찰해 달과 같은 상 변화를 한다는 것을 확인했다. 금성의 상 변화가 달과 다른 점은 달은 지구로부터 일정한 거리를 유지하므로 크기의 변화가 없지만, 금성은 지구로부터 거리가 달라지므로 상 변화가 크기의 변화와 함께 일어난다.

지구 중심 모형과 태양 중심 모형 모두 이런 금성의 상 변화를 예견했지만 상 변화의 양상은 확연히 구별된다. 지구 중심 모형은 금성의 주전원 회전에 의해 그림 11의 왼쪽과 같은 상 변화가 예상되고, 태양 중심 모형은 오

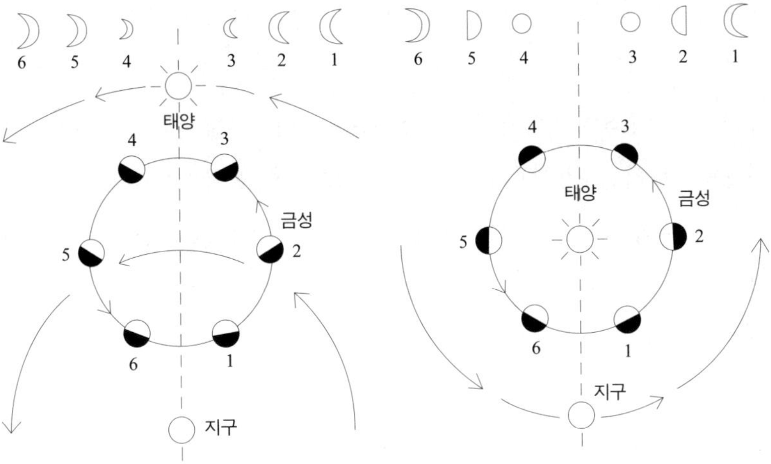

그림 11 지구 중심 모형에서 예측하는 금성의 상 변화(왼쪽)와 태양 중심 모형에서 예측하는 금성의 상 변화(오른쪽).

른쪽과 같은 상 변화가 예측되는데, 이는 금성이 멀어졌을 때 확연한 차이를 보인다. 갈릴레이가 망원경으로 관찰한 금성의 상 변화는 태양 중심 모형의 예측과 일치했다. 지구 중심 모형은 비록 복잡한 구조를 통해서이긴 하지만, 행성의 움직임은 잘 설명했다. 하지만 이 새로운 발견인 금성의 상 변화 양상은 설명이 불가능했다. 이를 통해 갈릴레이는 태양 중심 모형이 옳다고 확신하게 되었다.

갈릴레이는 이 놀라운 발견을 《두 우주 체계에 관한 대화Dialogo sopra i duo massimi sistemi del mondo》(1632)에 담았다. 이 책은 새로운 발견들과 지구 중심 모형과 태양 중심 모형에 대한 견해 등 흥미로운 내용이 있을 뿐 아니라, 서술 또한 아주 훌륭해서 많은 사람들이 읽었고 태양 중심 모형이 확산되는 데 큰 영향을 끼쳤다. 비록 갈릴레이는 그 책으로 인해서 종교 재판에 회부되고 고초를 겪게 되지만 말이다.

9. 하늘의 법칙을 알아낸 뉴턴의 운동 법칙과 중력 법칙

케플러와 갈릴레이에 의해 태양 중심 모형이 확립된 후, 사람들은 행성의 움직임을 기술하는 것에서 더 나아가 움직임의 원인을 찾으려고 했다. 행성은 왜 태양 주위를 도는가? 이런 천체들의 운동을 이해하려는 시도에 성공한 사람은 아이작 뉴턴이다. 그는 운동의 법칙과 중력의 법칙을 통해 행성의 운동을 이해하는 데 성공했고, 이를 바탕으로 일반적으로 물체의 운동을 다루는 역학 체계를 완성해 물리학이라는 새로운 학문 분야를 열었다.

물체의 운동에 대한 당시의 보편적인 생각은 아리스토텔레스의 주장에서 크게 벗어나지 못했다. 모든 움직이는 물체에는 힘이 작용하고 있고 힘을 받지 않는 물체는 저절로 멈춰서 그 상태를 유지한다는 것이었다. 이 생각을 버리고 힘이 작용하지 않으면 움직이던 속력과 방향을 유지한다고 관점을 바꾼 사람은 갈릴레이였다. 뉴턴은 갈릴레이의 고찰을 토대로 물체를 가속시키는 것, 즉 속도를 변화시키는 것을 힘의 작용으로 보았다. 뉴턴은 운동의 법칙 세 가지를 제시했다. (운동의 법칙에 관해서는 3장의 '물체의 운동과 관성계'에서 자세히 다룬다.)

- 제1 법칙(관성의 법칙)

  물체에 힘이 작용하지 않으면 물체의 속도는 변하지 않는다.
- 제2 법칙(가속도의 법칙)

  물체에 작용한 힘은 물체의 질량과 가속도의 곱과 같다.
- 제3 법칙(작용–반작용의 법칙)

  두 물체가 상호 작용할 때 서로에게 가해지는 힘은 크기는 같고 방향은 반대다.

미분방정식이라는 수학 언어가 과학에 쓰이다

뉴턴의 운동방정식은 힘과 가속도의 관계다. 가속도는 위치를 시간으로 두 번 미분한 것이다. 운동방정식을 풀어서 물체의 운동을 알아내는 것은 두 번 미분해서 힘과 같아지는 시간의 함수로서 위치를 찾는 작업이다. 이렇게 구하고자 하는 함수의 미분이 나오는 방정식을 미분방정식differential equation이라 한다. 뉴턴은 미분방정식으로 운동의 법칙을 표현했다. 미분방정식은 우리가 과학을 탐구하는 이상 피해 갈 수 없는 수학이다. 세상 모든 것은 변하는데, 변하는 것에 대한 수학적 언어가 바로 미분방정식이기 때문이다. 뉴턴의 천체에 대한 이해 방식도 수학이란 언어를 쓰는 것이었다. 그의 책 《자연철학의 수학적 원리》가 이를 말해 준다.

제2 법칙은 힘 작용의 결과가 가속도라는 것을 밝히고 있을 뿐 아니라, 같은 힘에 대해 물체마다 다른 가속도의 비로부터 물체의 (관성) 질량을 정의한다. 가속노는 위치를 시간에 대해 두 번 미분해서 얻어진다. 물체가 알려진 힘을 받았을 때 어떤 운동을 하는지 알기 위해서는 제2 법칙을 수학적으로 표현한 다음의 미분방정식을 풀어야 한다.

운동방정식(운동 제2 법칙) $$m\frac{d^2\vec{r}}{dt^2}=\vec{F}(\vec{r})$$

이 운동의 법칙을 행성의 운동에 적용해 보자. 행성의 운동은 등속 원운동에 가까운데, 등속 원운동이란 속도의 크기는 변하지 않지만 방향이 계속 변하는 가속 운동이다. 반지름 r, 속력이 v인 등속 원운동의 가속도는 크기가 $a_c=v^2/r$이고 방향은 원의 중심 방향인데, 이를 구심 가속도라 한다. 따

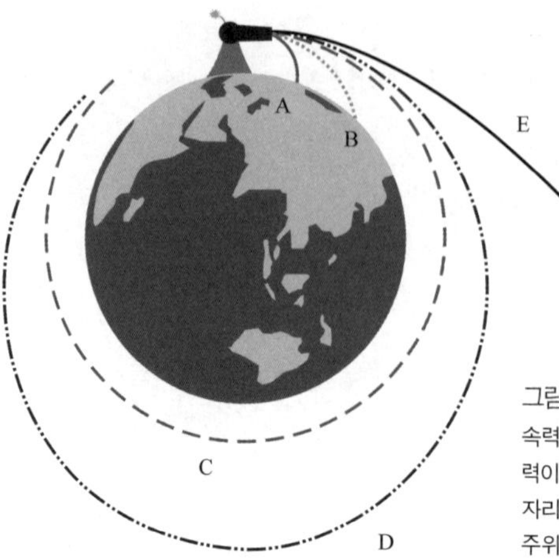

그림 12 뉴턴의 대포. 대포에서 발사된 포탄의 속력이 클수록 더 멀리 가서 떨어진다. 포탄의 속력이 충분히 크면 지구를 한 바퀴 돌아서 원래의 자리로 돌아올 수 있고, 그러면 포탄은 계속 지구 주위를 돌게 된다.

라서 원운동을 하려면 물체를 원의 중심 방향으로 끌어 주는 크기가 $F_c = mv^2/r$인 힘이 필요한데, 이 힘을 구심력이라 부른다. 행성이 태양을 중심으로 원운동을 하려면 행성을 태양 방향으로 잡아당기는 구심력이 필요하다.

이 구심력의 정체는 무엇일까? 달도 지구를 중심으로 원운동하고 있으므로 달을 끌어 주는 구심력이 필요할 것이다. 여기에서 뉴턴은 달이 지구를 도는 것과 물체가 지면으로 떨어지는 것은 같은 힘의 작용이라는 것을 깨달았다. 물체가 지면으로 떨어지는 것과 달이 지구를 도는 것이 도대체 무슨 관계가 있단 말인가? 지상에서 모든 물체는 아래로 떨어지면서 속도가 붙는다. 운동 법칙에 따르면 지구 중심 방향으로 힘을 받는 것이다.

뉴턴은 다음과 같은 유추를 했다. 물체를 가만히 놓으면 바로 아래로 떨어지지만, 옆으로 집어던지면 포물선을 그리며 아래가 아닌 옆으로 이동해 떨어진다. 더 세게 던질수록 더 먼 곳에서 떨어진다. 만약 아주 세게 던진다면 지구를 한 바퀴 돌아 던진 곳에 다시 오는 식으로 계속 지구를 돌게 되지 않을까?

등속 원운동의 속도와 가속도

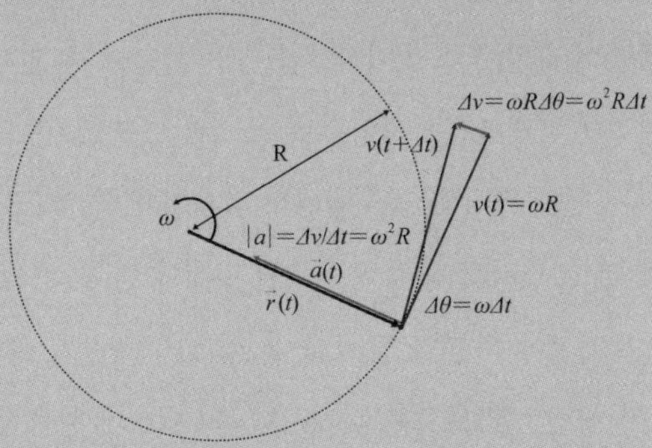

그림 13　원운동의 속도와 가속도.

아리스토텔레스의 관점에서 볼 때 행성이 등속 원운동을 유지하기 위해서는 원 궤도의 접선 방향으로 행성에 계속 힘을 가해 주는 뭔가(행성을 밀어 주는 천사?)가 있어야 한다. 뉴턴의 관점에서는 힘을 가해 주어야 하는 것은 같지만, 그 방향이 접선 방향이 아니라 원 궤도의 중심 방향이어야 한다는 점에서 다르다. 등속 원운동을 하는 물체의 속도와 가속도는 다음과 같이 간단히 알아볼 수 있다.

물체가 반지름이 r인 원 궤도를 일정한 속력 v로 움직인다고 해 보자. 물체가 dt라는 아주 짧은 시간 동안 $d\theta$만큼의 각을 회전한다면 회전 각속도는 $\omega = d\theta/dt$로 정의된다. 그동안 물체가 이동한 거리는 $ds = rd\theta$이고, 따라서 속력은 $v = rd\theta/dt = r\omega$의 관계가 있고 그 방향은 접선 방향이다. 그동안 물체의 속도는 크기는 같지만 방향이 바뀌고, 선후 속력 차의 크기는 $dv = vd\theta$가 되고 방향은 원의 중심 방향이다. 원운동을 하는 물체가 가진 이 가속도를 구심 가속도centripetal acceleration라 하고 크기는 $a_c = dv/dt = vd\theta/dt = v\omega = v^2/r$로 주어진다.

뉴턴은 이게 가능하고, 달이 지구를 중심으로 돌고 있는 것이 사실은 지구에 떨어지는 물체가 받는 힘과 똑같은 힘을 받아 지구로 떨어지고 있는 중이라는 것을 알아냈다. 이것을 행성의 운동에 적용하면 마찬가지로 행성도 똑같이 태양으로 떨어지고 있다고 설명할 수 있다. 다만 행성은 태양과의 거리에 따라 다른 속력으로 돌고 있으므로 아마도 태양의 중심으로 끌어 주는 힘의 크기도 거리에 따라 달라져야 할 것으로 보인다.

그런데 케플러의 행성 운동 제3 법칙이 이 힘의 크기가 거리에 따라서 어떻게 달라져야 하는지 말해 준다. 행성의 운동을 속력 v인 등속 원운동으로 근사하면 태양으로부터 거리가 r인 행성의 원운동에 필요한 구심력의 크기는 $F_c(r)=mv^2/r$이고 원운동의 주기는 $T=2\pi r/v$이 된다. 케플러의 제3 법칙은 주기의 제곱이 반지름의 세제곱에 비례한다는 것이므로 앞에서 구한 주기의 제곱은 $T^2=4\pi^2r^2/v^2=4\pi^2mr/F_c(r)$이고, 이것이 r^3에 비례하려면 $F_c(r)\propto 1/r^2$, 즉 힘의 크기는 거리 제곱에 반비례해야 한다. 실제로 행성의 운동은 원이 아니라 타원인데, 이 경우에도 힘이 거리의 제곱에 반비례하는 것일까? 이에 대한 확인으로 힘이 $1/r^2$에 비례한다고 가정하고 실제로 운동 방정식을 풀면 궤도가 타원이 된다는 것을 보일 수 있다.

힘의 방향은 어떻게 될까? 구심력은 원의 중심 방향으로 작용한다. 타원인 경우 원의 중심에 해당하는 초점이 있으니 방향은 태양이 있는 초점 방향이 될 것 같다. 케플러의 제2 법칙(면적 속도 법칙)은 정확하게 이를 말해 준다. 면적 속도 법칙은 운동의 법칙 입장에서 보면 각운동량 보존 법칙을 의미한다. 각운동량은 계에 작용하는 돌림힘toque(주어진 회전축을 중심으로 회전시키는 능력)이 없을 때는 보존이 된다. 중력이 작용하더라도 그 방향이 반지름 방향이면 돌림힘은 0이 된다. 행성 운동 제2 법칙이 말해 주는 것은 중력의 작용 방향이 반지름 방향, 즉 태양과 행성을 잇는 직선과 나란한 방향으로 작용한다는 것을 의미한다. 뉴턴은 케플러의 행성 운동 법칙들이 다음과 같은 중력이 태양과 행성 사이에 작용하면 설명될 수 있다는 것을 보였다.

- 뉴턴의 중력 법칙

  모든 물체 사이에는 두 물체를 잇는 직선과 나란한 방향으로 질량의 곱에 비례하고 거리의 제곱에 반비례하는 인력이 작용한다.

$$\vec{F}_g(\vec{r}) = -G\frac{m_1 m_2}{r^2}\hat{r}$$

뉴턴은 운동의 법칙과 중력의 법칙을 적용해 케플러의 행성 운동 법칙 세 가지뿐만 아니라, 지상에서 물체가 낙하하는 현상도 같이 설명할 수 있었다. 하늘(천체)의 법칙과 땅의 법칙이 다르지 않다는 것을 보인 것이다. 그의 운동 법칙은 모든 물체의 운동을 이해하는 데 적용될 수 있었기에 이후에 물체의 운동을 다루는 역학力學/mechanics의 기본이 되었다.

그런데 이 하늘과 땅 공통의 법칙이 왜 땅에서 먼저 발견되지 않고 하늘에서 먼저 발견되었을까? 땅에 있는 물체에는 중력만 작용하는 것이 아니라 배제하기 어려운 복잡한 힘들이 많이 작용하고 있어서 이 법칙들을 확인하기가 훨씬 어려웠기 때문이다. 뉴턴 시대에는 잘 이해하지 못했던 마찰과 공기 저항 같은 것들이 있었다. 이에 비해 하늘의 행성은 이런 문제를 복잡하게 만드는 요소가 없는 (사실은 아주 작은) 계였고, 그래서 이 법칙들의 결과를 깔끔하게 보여 주었던 것이다.

10. 하늘의 법칙이 땅의 법칙이 되다

코페르니쿠스에서 뉴턴까지 이어지는 행성 운동에 대한 이해는 단순히 하늘을 이해한 것으로 끝난 것이 아니라, 현대 과학의 출발점이 되었다. 여기에는 두 가지가 크게 작용했고, 그것이 과학의 사상적 토대가 되었다. 하나는 수학적 분석을 통한 엄밀함이고, 다른 하나는 실험을 통한 결과의 예측과 확인이었다. 전자는 자연을 이해하는 데 수학적 언어가 얼마나 중요한가를 보여 주었고, 후자는 사람들에게 과학의 위력을 실감하게 해 주었다.

뉴턴의 운동 법칙과 중력 법칙은 하늘을 이해한 법칙으로 땅에서 일어나는 일도 이해할 수 있다는 것을 보여 주었다. 달이 지구를 도는 것과 사과가 땅에 떨어지는 것은 같은 법칙의 지배를 받는, 본질적으로 같은 현상인 것이다. 갈릴레이는 망원경을 통해 적어도 달은 지구와 같은 물질로 되어 있을 것이라는 추측을 했는데, 이것은 하늘의 물질과 그 물질들이 따르는 법칙들이 지상의 물질과 다르지 않다는 믿음을 인류에게 심어 주기에 충분했다. 19세기에 이르러 분광학spectroscopy의 발전은 결국 태양을 이루는 물질이 지구에 있는 물질과 다르지 않다는 것과 별은 그저 멀리 있는 태양이라는 확신을 주었다.

뉴턴의 역학과 중력으로 행성의 운동은 완벽하게 이해했지만, 여전히 남은 숙제는 태양계의 크기를 알아내는 것이었다. 뉴턴의 중력은 케플러의 제3 법칙인 행성의 공전 주기와 상대적인 궤도 반지름 크기 관계를 잘 설명하지만, 궤도의 절대 크기를 구하기 위해서는 태양의 질량을 알아야 한다. 실제로 우리는 행성의 궤도 반지름과 공전 주기로부터 태양의 질량을 추정한다.

행성들이 움직이는 천구 안쪽에 놓인 하늘의 높이를 알기 위해서는 적어도 한 행성의 궤도 반지름의 크기, 예를 들면 태양에서 지구까지의 거리를 알아야 한다. 이 거리는 아리스타코스의 추정(2장 '태양계의 크기' 참조) 이후 정밀성에서 큰 진전이 없었다. 따라서 여전히 하늘은 높이를 알기 어려운 대상이었다.

또한 행성을 넘어 별이 펼쳐진 우주로 나가기 위해서는 별까지의 거리를 측정할 수 있어야 했다. 거리를 알 수 없는 상태에서는 별은 여전히 천구에 박혀 있는 빛나는 점과 다를 바가 없었고, 우주는 끝을 이루는 2차원 구면인 천구와 그 안에 놓인 태양계로 국한되었던 것이다. 우리 우주가 무한한 3차원으로 펼쳐지기 위해서는 태양계의 크기, 별까지의 거리 등, 천체까지의 거리를 어떻게 측정할 것인가라는 난제를 풀어야 했다. (2장에서는 이 난제를 풀어가는 과정을 다룬다.)

한편, 케플러와 뉴턴에 의해 태양계 행성의 운동이 이해된 이후에도 새로운 행성인 천왕성과 해왕성의 발견으로 태양계는 확장되었다. 천왕성Uranus은 맨눈으로도 보이기는 하지만 어둡고 느린 움직임 때문에 오랫동안 행성으로 인식되지 못하고 별로 취급받다가, 1781년 영국의 천문학자 윌리엄 허셜William Hershel(1738~1822)이 자신이 만든 망원경으로 관찰해 행성임을 밝혔다.

천왕성은 태양계의 일곱 번째 행성이자, 망원경으로 발견된 첫 번째 행성이다. 독일의 천문학자 요한 보데Johann Bode(1747~1826)가 그 이름을 제안했는데, 사투르누스Saturnus가 주피터Jupiter의 아버지이니, 그다음 행성은 사투르누스의 아버지 우라누스로 해야 한다고 했다. 보데의 동료인 화학자 마르틴 클라프로프Martin Klaproth(1743~1817)는 그의 생각을 지지한다는 뜻으로 자신이 새로 발견한 화학 원소의 이름을 우라늄uranium으로 지었다.

태양으로부터 여덟 번째 행성인 해왕성Neptune은 천왕성의 궤도 이상

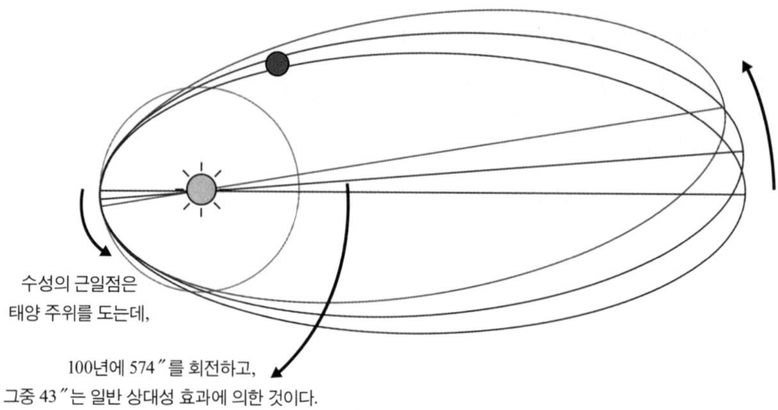

그림 14 수성 궤도 장축의 세차 운동.

을 설명하기 위해 먼저 존재를 예측한 후에 관측을 통해 발견된 행성이다. 1821년 프랑스의 천문학자 알렉시 부바르Alexis Bouvard(1767~1843)는 여러 행성들의 영향을 고려해 천왕성의 궤도를 예측하는 표들을 출판했는데, 실제 관측 결과가 이 표에서 많이 벗어났다. 그는 이러한 결과가 알려지지 않은 행성에 의한 중력 섭동perturbation에 의한 것이라 추론했다.

1845~1846년 프랑스의 천문학자 위르뱅 르베리에Urbain Le Verrier(1811~1877)가 관측 결과로 예견되는 해왕성의 위치를 계산했다. 1846년 독일의 베를린 천문대장 요한 고트프리트 갈레Johann Gottfried Galle(1812~1910)는 예측된 지점에서 해왕성을 발견했다. 이는 뉴턴 중력과 역학의 완벽함을 보인 동시에 인류에게 우주에 대해 확실한 이해를 하고 있다는 자신감, 혹은 그것을 넘어서 오만함까지 안겨 준 사건이었다.

그러나 19세기 말에도 뉴턴의 중력으로 설명되지 않는 것이 하나 있었는데, 이는 수성 궤도 장축의 세차 운동이었다. 행성의 실제 궤도는 형태가 변하지 않지만 아주 천천히 회전하는 타원에 가깝다. 거리 제곱에 반비례하는 태양의 중력만 작용하면 완전히 고정된 타원 궤도가 되지만, 태양의 불균일한 질량 분포라든지 다른 행성들의 중력에 의해 타원의 형태를 유지하면서 장축의 방향이 아주 천천히 회전하는 궤도가 된다. 태양계 좌표계에서 보면 100년에 수분(′) 정도 장축이 돌아간다. 1859년 르베리에는 수성 궤도의 세차가 다른 모든 행성들의 영향을 고려해도 뉴턴 중력이 예측하는 것보다 조금 빠르게 돌아간다는 것을 발견했다. 그 차이는 '43초(″)/100년' 이었고, 측정 오차는 '0.1초/100년'이었다. 이 차이를 설명하기 위해 행성 사이의 먼지, 태양의 찌그러짐, 발견되지 않은 수성의 달, 발견되지 않은 태양과 수성 사이의 새로운 행성(벌컨vulcan이라는 이름까지 붙였다), 뉴턴 중력의 수정(거리에 따른 중력의 크기 변화가 r^{-2}에서 조금 벗어난다) 등이 제안되었으나, 최종적으로 일반 상대성에 의한 보정 효과인 것으로 밝혀진다.

우주를 설명하는 완벽한 이론일 것 같았던 뉴턴의 중력은 20세기 초에 이르러 알베르트 아인슈타인Albert Einstein(1879~1955)에 의해 더 정확한 중력 이론인 일반 상대성으로 대치되었다. 수성 궤도의 세차 운동의 크기를 설명하는 데는 다른 행성의 영향과 더불어, 비록 그 크기가 작기는 하지만, 일반 상대성 효과도 포함되어야 했던 것이다. 일반 상대성은 우리가 우주를 이해하는 새로운 틀을 제공해 주었다.

물리학과 수학의 관계

이 책은 물리학을 다루지만 필요에 따라 수학을 사용할 것이다. 수학에 대한 압박감을 느끼는 독자들에게 위로와 변명을 대신해 리처드 파인만Richard Feynman(1918~1988)이 강연에서 한 말을 전한다.

> 수학을 알지 못하는 사람들은 자연의 아름다움, 그 가장 심오한 아름다움에 대한 진정한 느낌을 갖기 어렵다. 여러분이 자연에 대하여 배우고, 자연을 음미하고자 한다면 자연이 말하는 데 쓰는 언어를 이해할 필요가 있다.
>
> –“물리 법칙의 특성”

격려의 말을 들었으니, 이제 간단한 미분방정식을 몇 개 풀어서 미분방정식과 친숙해져 보자. 위치 x를 시간 t의 함수 $x(t)$라 했을 때, 가장 단순한 미분방정식은 $dx/dt=0$이다. 이 방정식의 해는 $x(t)=x_0$, 상수다. 물리학에 나오는 많은 보존 법칙이 위치를 해당하는 물리량으로 바꿀 뿐 같은 형태를 가지고 있다. 다음으로 힘을 받지 않는 물체의 운동방정식 $d^2x/dt^2=0$을 생각해 보자. 이 방정식의 해는 $x(t)=v_0t+x_0$이다. 두 개의 상수 v_0와 x_0는 정해진 초기 시간(예를 들어 $t_0=0$)에 $x(t_0)$와 $(dx/dt)(t_0)$의 값으로 결정된다. 단순하지 않으면서 가장 간단한 미분방정식은 무엇일까? 아마도 미분하면 자기 자신이 되는 함수 $dx/dt=x$일 것이다. 거듭제곱 함수에 대한 미분 공식 $(d/dt)t^n=nt^{n-1}$을 알고 있다면, 이 방정식을 만족하는 함수를 아래 왼쪽과 같이 급수로 적을 수 있다.

$$x(t)=1+\frac{t}{1!}+\frac{t^2}{2!}+\frac{t^3}{3!}+\cdots=\sum_{n=0}^{\infty}\frac{t^n}{n!}$$

이 함수를 미분하면 각 항의 미분이 그 앞의 항과 같아서 자기 자신이 나온다는 것은 쉽게 확인할 수 있다. 그런데 이 함수의 정체를 알기 위해서는 다른 방향에서 해를 찾아보는 것이 필요한데, 다음 함수도 미분하면 자기 자신이 된다는 것을 어렵지 않게 알 수 있다.

$$x(t) = \lim_{n\to\infty}\left(1+\frac{t}{n}\right)^n = \left[\lim_{n\to\infty}\left(1+\frac{t}{n}\right)^{\frac{n}{t}}\right]^t = x(1)^t$$

위의 식 대괄호 안의 극한은 t와 무관한 어떤 수에 수렴을 하는데, 그 값은 $t=1$일 때의 함수값 $x(1)$이다. 위의 두 함수가 같은 함수라면 $x(1)$의 값을 앞의 함수에 1을 넣어서 계산할 수 있다. 이 수는 수학에서 가장 중요한 수의 하나인 '오일러의 수 Euler's number'로 e라고 쓰며 무리수인 것이 증명되었다.

$$\lim_{n\to\infty}\left(1+\frac{1}{n}\right)^n = \sum_{n=0}^{\infty}\frac{1}{n!} = 2.718281828\cdots \equiv e$$

따라서 미분하면 자기 자신이 되는 함수는 오일러의 수를 밑으로 하는 지수함수 e^t이다. 더 흥미롭고 알아둘 필요가 있는 것은 지수 t가 허수일 경우다. 지수에 t 대신에 it를 넣으면 오일러 공식 $e^{it}=\cos t+i\sin t$를 얻는다(2장 '테일러급수와 함수값의 근사'). 따라서 삼각 함수 $\cos t$와 $\sin t$는 e^{+it}와 e^{-it}의 조합으로 쓸 수 있고 미분방정식 $d^2x/dt^2=-x$의 해가 됨을 알 수 있다. 이외에도 미분방정식은 많은 함수들을 정의하는 데 쓰인다.

2장

우주의 크기

우리가 살고 있는 세상은 얼마나 클까? 밤하늘의 깊이는 얼마나 될까? 우주를 이해하는 데 가장 먼저 우주 공간의 크기를 알아야 할 것이다. 우주의 크기(모습)를 결정하는 데 가장 기본적인 작업은 거리 측정으로, 이와 관련해 새로운 방법이 속속 등장하면서 좀 더 먼 천체까지의 거리를 잴 수 있게 되었다. 이로 인해 우리가 이해하는 우주의 범위는 계속 확장되었다. 막연히 (크기를 가늠할 수 없는) 땅과 하늘을 우주로 여겼던 것에서 시작해 태양계로 넘어가고, 별들의 바다인 우리 은하로 향했다가, 수많은 은하들의 바다로 나아가서, 지금은 우리가 볼 수 있는 최대 범위까지 이르렀다.

직접 가 보지 못하는 저 먼 하늘의 물체까지의 거리를 어떻게 잴 수 있을까? 이 장에서는 지구의 크기에서부터 태양계의 크기, 별의 거리, 우리 은하의 크기, 그리고 현재 우주의 크기를 알아내기까지 인류가 끊임없는 시도를 통해 얻어낸 놀라운 방법과 그 결과들을 알아본다. 아울러 그것을 바탕으로 현재 이해하고 있는 우주의 모습을 그려 본다.

1. 각과 거리

멀리 떨어진 물체까지의 거리를 직접 가 보지 않고 잴 수 있는 방법이 있을까? 우리의 경험을 통해 이 문제의 답을 찾아보자. 사람은 어느 정도 떨어진 물체까지의 거리를 어떻게 추정할까? 가장 기본적인 사실은 같은 크기의 물체라도 가까이 있으면 크게 보이고 멀리 있으면 작게 보인다는 것이다.

눈에 보이는 물체의 크기란 물체가 차지하는 시각視角/visual angle, 즉 눈과 물체의 양 끝을 잇는 두 직선 사이 각의 크기를 말한다(그림 15). 실제 물체의 크기를 알고 있다면 우리는 시각을 재서 물체까지의 거리를 가늠할 수 있다. 각의 크기를 기록하고 비교하기 위해서는 각의 단위를 정해 놓는 것이 편리하다. 널리 쓰이는 각의 단위는 도(°, degree of arc)로 한 바퀴의 각을 360등분한 것이다. 왜 360일까? 이것은 60진법을 쓰던 바빌로니아에서 정삼각형의 한 각을 60도로 정한 것에서 비롯되었다고 추정한다.• 이렇게 하면 직선이 되는 각은 180도, 둘레를 사방으로 나누는 수직각은 90도다. 천문학에

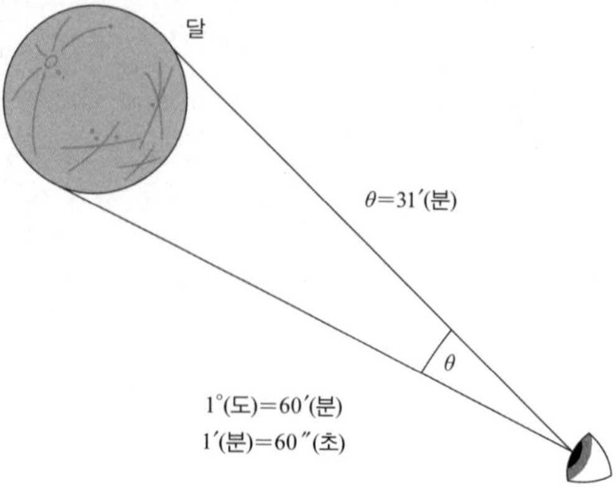

그림 15 물체의 시각이란 눈과 물체의 양 끝을 잇는 두 직선 사이의 각도다. 하늘에 보이는 물체 중 겉보기로 제일 큰 것은 해와 달인데, 두 천체의 시각의 크기는 모두 약 0.5도로, 우연 치고는 놀라울 정도로 비슷하다. 그 결과, 달이 정확히 해를 가리는 개기 일식이 가능하다.

서는 1도보다 훨씬 작은 각을 많이 다루기 때문에 도보다 더 작은 단위로, 1도를 60등분한 1분(′, minute of arc), 1분을 다시 60등분한 1초(″, second of arc)를 쓴다.

수학이나 거리 측정에 더 편리한 각의 단위는 라디안radian으로, 원에서 반지름의 길이와 각이 만드는 호의 길이의 비율이다. 원의 지름에 대한 원둘레의 비를 원주율 π(=3.141592⋯)로 정의하므로, 360도는 2π라디안이 된다. 라디안 단위의 각을 쓰면, 물체가 차지하는 시각의 크기는 대략 (물체의 크기)/(물체까지의 거리)가 된다(그림 16). 예를 들어 지름 1㎝인 물체가 57㎝ 거리에 있을 때의 시각이 1°이고, 34m 거리에 있으면 1′이 되고, 2㎞ 거리에

● 60진법은 수메르에서 사용한 것이 바빌로니아로 전파되었다. 바빌로니아 시대에 고대 천문 관측의 기초가 확립이 되었고 이러한 영향으로 천문학에 60진법이 쓰였다. 이 전통은 고대 그리스 시대로 이어졌고, 기록을 중요시하는 천문학의 전통에 따라 현재까지도 살아남았다. 정삼각형의 한 각도 60진법으로 인해 60도로 정해졌고, 원은 360도가 되었다.

테일러급수와 함수값의 근사

테일러급수Taylor series는 (무한히 미분 가능한) 함수 $f(x)$를 한 점 $x=a$에서 계산한 함수의 미분값 $f^{(n)}(a)$들을 사용하여 무한급수로 표현한 것이다.

$$f(x)=f(a)+f'(a)(x-a)+\frac{f''(a)}{2!}(x-a)^2+\frac{f^{(3)}(a)}{3!}(x-a)^3+\cdots=\sum_{n=0}^{\infty}\frac{f^{(n)}(a)}{n!}(x-a)^n$$

이 급수는 n이 커지면서 빠르게 수렴하기 때문에, 함수 $f(x)$를 $x=a$ 근처, 즉 $|x-a|\ll 1$인 영역에서 앞의 몇 항을 사용하여 근사값을 구할 수 있어서 아주 유용하다. 이 책에서도 다음 함수들의 $x=0$에서의 테일러급수를 종종 활용할 것이다.

$$(1+x)^n=1+nx+\frac{n(n-1)}{2!}x^2+\cdots$$

$$e^x=1+x+\frac{x^2}{2!}+\frac{x^3}{3!}+\cdots;\quad \log(1+x)=x-\frac{x^2}{2}+\frac{x^3}{3}-\cdots$$

$$\cos x=1-\frac{x^2}{2!}+\frac{x^4}{4!}-\cdots;\quad \sin x=x-\frac{x^3}{3!}+\frac{x^5}{5!}-\cdots$$

$|x|$가 1보다 충분히 작다면 $(1+x)^n\approx 1+nx$, $e^x\approx 1+x$, $\sin x\approx x$ 등으로 함수값을 근사할 수 있다. 한편, 지수 함수 e^x와 삼각 함수 $\cos x$, $\sin x$의 테일러급수를 비교해 보면 재미있고 중요한 사실을 하나 알 수 있다. 지수 함수에 x 대신 허수인 ix를 넣으면

$$e^{ix}=1+ix+\frac{(ix)^2}{2!}+\frac{(ix)^3}{3!}+\frac{(ix)^4}{4!}+\frac{(ix)^5}{5!}+\cdots=\left(1-\frac{x^2}{2!}+\frac{x^4}{4!}-\cdots\right)+i\left(x-\frac{x^3}{3!}+\frac{x^5}{5!}-\cdots\right)$$

가 되므로 다음의 오일러 공식을 확인할 수 있다.

$$e^{it}=\cos t+i\sin t$$

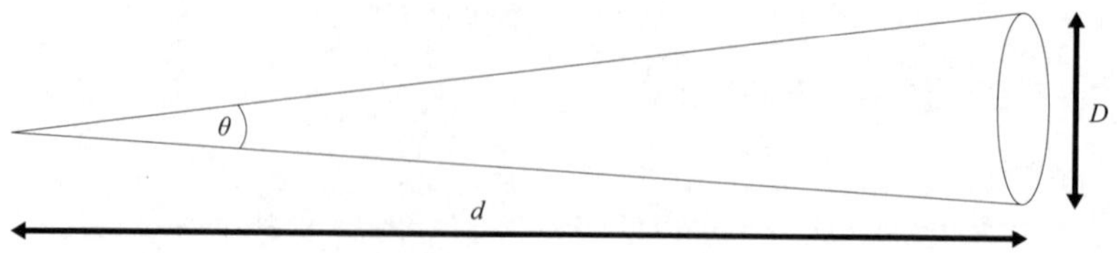

그림 16 두 직선 사이의 각(라디안)은 두 직선 사이 호의 길이를 반지름으로 나눈 것으로 정의한다. ($\theta = D/d$)

있으면 1″가 된다. 물체의 시각은 우리가 눈 또는 관측 장비를 사용해 잴 수 있는 양이고, 물체의 크기와 물체의 거리 중 하나를 알고 있다면, 시각을 측정해서 다른 하나를 알 수 있다.

시선視線/line of sight 각을 측정하여 거리를 재는 방법을 삼각법이라 한다. 예를 들어 강을 건너지 않고 강폭을 재는 방법을 알아보자. 그림 17을 보면 건너편 강가에 나무가 한 그루 있는데, 강을 건너지 않고 나무까지의

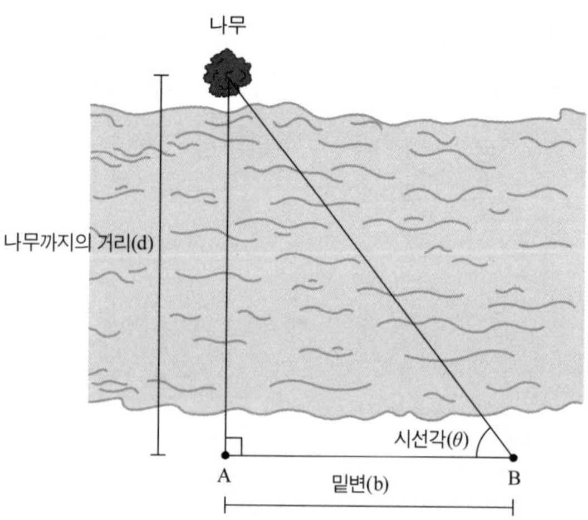

그림 17 건너편 나무까지의 거리를 삼각법으로 재는 방법. 지점 A에서 나무까지의 거리 d를 재려면, A에서 나무의 시선 방향에 수직 방향으로 일정 거리 b를 간 지점 B를 잡고, 지점 B에서 나무의 시선각을 θ를 잰다. 그러면 거리는 $d = b\tan\theta$가 된다.

거리를 어떻게 알 수 있을까? 먼저 강을 따라 직선을 그어 나무가 그 직선에 수직으로 보이는 지점을 A라 하고, A로부터 직선을 따라 거리 b만큼 간 지점 B에서 나무가 보이는 방향과 직선 사이의 각을 측정하여 θ를 얻었다 하자. 나무까지의 거리를 d라 하면 삼각 함수의 정의에 의해 $\tan\theta = d/b$이므로 $d = b\tan\theta$가 된다. 밑변의 길이 b와 시선 각 θ를 측정하면 삼각 함수 $\tan\theta$의 값으로부터 나무까지의 거리 d를 알 수 있다. 이렇게 측정한 거리의 정확도는 밑변의 길이와 시선 각을 얼마나 정확히 잴 수 있느냐에 달려 있다. 밑변의 길이에 비해 거리가 멀다면 $\pi/2 - \theta$가 아주 작은 값이 되어 정확한 측정이 어려워진다. 정확한 거리를 얻기 위해서는 밑변의 길이를 최대한 늘이고 시선 각을 정확히 측정해야 한다.

2. 지구의 크기

아리스토텔레스를 비롯한 많은 고대 그리스 학자들은 원과 구가 완전한 도형이며, 따라서 지구도 구라고 생각했다. 그러나 매우 크다고만 생각했지 실제 지구의 크기는 가늠하지 못했다. BC 240년 그리스의 수학자이자 지리학자이자 천문학자인 에라토스테네스가 지구의 둘레를 어림할 수 있는 방법을 처음으로 찾아냈다.

에라토스테네스는 이집트의 시에네(지금의 아스완)에서는 하짓날 정오가 되면 그곳에 있던 아주 깊은 우물의 수면에 해가 비친다는 것을 알게 되었다. 해가 정확하게 지면의 수직 방향으로 오는 것이다. (이 사실은 시에네가 북회귀선, 즉 북위 23.5도 근처에 위치한다는 것을 의미한다.)

그 후 그는 시에네에서 북쪽으로 5000스타디온stadia• 떨어진 알렉산

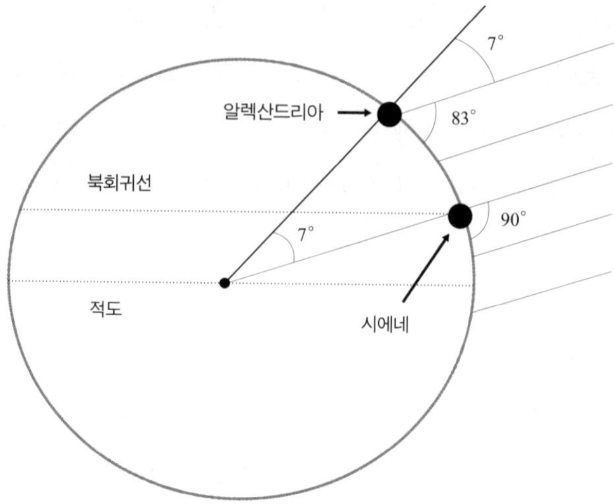

그림 18 지구(구면)의 서로 다른 두 지점에서 같은 시각에 태양의 고도를 측정해 두 지점 사이의 각을 알 수 있다. 이 각의 크기와 두 지점 사이의 거리를 알면 지구의 둘레를 알 수 있다.

드리아에서 살게 되었는데, 그곳에서는 하지의 정오에 그림자가 생기는 각도가 대략 원의 1/50이라는 것을 알았다. 그는 지구는 구이고 알렉산드리아는 시에네의 정북 방향에 있다고 가정하고 시에네와 알렉산드리아 사이의 거리를 지구 둘레의 1/50로 추정하였다. 그 결과 지구의 둘레는 5000스타디온×50=250,000스타디온이라고 어림하였다. (에라토스테네스는 이 결과를 60진법으로 어림해 252,000스타디온으로 기록했다.) 지구를 한 바퀴 돌아보지 않고도 둘레를 알아낸 것이다.

에라토스테네스의 방법은 멀리 떨어진 두 지점에서 동시에 태양의 고도를 측정하고 그 차이와 두 지점 사이의 거리로부터 지구의 둘레를 측정하는 것이다. 태양 대신 별의 고도를 이용해서도 할 수 있다. 고대 그리스

● 스타디온은 고대 그리스의 거리 단위로, 1스타디온은 약 157~185미터 사이로 추정된다.

1m와 지구의 크기

길이 단위의 국제 표준인 1m는 어떻게 정해진 단위일까? 프랑스 혁명기에 프랑스 공화국은 1792년 미터법을 제정하여 도량형을 통일했다. 이때 1m를 (파리를 지나는) 적도에서 북극까지의 경위선 길이의 1/10,000,000로 정했다. 지구의 둘레를 40,000㎞로 정한 것이다. 길이를 잴 때 매번 지구의 둘레와 길이를 비교하는 것은 실용적이지 않으므로 편의를 위해 이 표준에 맞춰 1m 길이의 자를 제작하고 미터원기로 지정해서 사용했다. 1889년 1m의 표준을 백금과 이리듐 합금으로 만든 미터원기로 바꾸었다. 그 후 1960년 진공에서 Kr−86이 내는 오렌지색 빛 파장의 1,650,763.73배로 다시 바뀌었다. 원자 시계를 사용한 시간 측정의 정확도가 월등히 높아지자 1983년 진공에서 빛이 1/299,792,458초 동안 가는 거리로 1m를 정한 것(빛의 속력을 299,792,458m/s로 정의하는 것과 같다)이 현재의 표준이다.

의 유명한 스토아 학파의 철학자이자 천문학자 포시도니우스Posidonius(BC 135∼BC 51)는 1등급별인 카노푸스canopus의 고도를 알렉산드리아와 로도스에서 측정해 지구 둘레의 값으로 더 정확한 240,000스타디온을 얻었다.

길이 스타디온은 시대에 따라 다른 크기를 가지고 있었다. 에라토스테네스가 사용한 스타디온은 185미터라고 보는데, 이 경우 그가 얻은 지구 둘레는 46,620킬로미터로 현재의 값보다 16% 정도 크다. 콜럼버스가 인도를 찾아 대서양으로 나갈 때, 지구의 둘레는 항해의 거리와 시간을 결정하는 중요한 요소였다. 그는 에라토스테네스가 추정한 지구 둘레를 알고 있었지만 스타디온의 값으로 더 작은 값을 사용했기 때문에 지구의 크기를 실제보다 작게 추정했고, 그래서 아메리카 대륙에 도착했을 때 인도에 도착했

간단한 실험으로 알아보는 지구의 크기

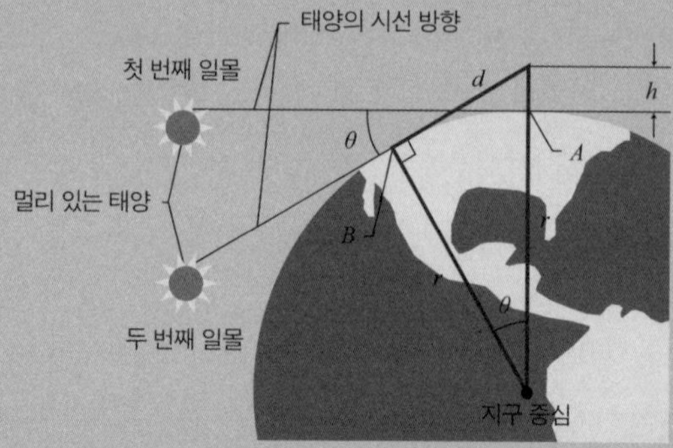

그림 19 내 키와 시계를 사용해서 지구의 크기를 추정하는 방법: 지는 해를 누워 있을 때와 일어섰을 때 관찰하면 키 높이 차이로 인한 시선 각의 차이가 있다. 시계를 이용해 지구가 이 각만큼 자전하는 데 걸리는 시간을 측정해 지구의 반지름을 추정할 수 있다.

바닷가에서 자신의 키와 시계만을 사용해 지구의 크기를 추정해 볼 수 있는 방법이 있다. 바닷가에 누워 수평선으로 지는 해를 바라보다가 해가 수평선 아래로 완전히 사라지는 순간부터 시간을 재기 시작한다. 그리고 일어나 해가 다시 수평선 아래로 사라지는 순간까지의 시간을 t라 하자. 내가 누워 있다가 일어남으로써 내 키만큼 눈의 위치가 높아져서 달라지는 수평선의 시선각을 θ라 하면, 이 각의 크기는 시간 t 동안 지구가 자전한 각이고 $\theta=2\pi(t/1\text{일})$이 된다. 지구의 반지름을 R이라 하고 내가 있는 곳의 위도를 λ라 하면 그 위도에서 지구의 회전 반지름은 $r=R\cos\lambda$가 되고, 내 키를 h라 하면, 그림 19에서 볼 수 있듯이 $\cos\theta=r/(r+h)$의 관계가 성립한다. θ는 매우 작은 각으로 $\cos\theta\approx1-\theta^2/2$으로 근사를 할 수 있고, 식의 오른쪽에서는 h/r은 매우 작으므로 테일러급수 근사를 쓰면 $1/(1+h/r)\approx1-h/r$로 근사를 할 수 있어서 $r=2h/\theta^2$를 얻는다. 위에서 잰 시간으로 각의 크기를 계산하고 이 값을 이 식에 넣으면 지구의 반지름을 알 수 있다. 예를 들어 키가 1.7m인 사람이 위도가 0°인 적도 근방의 바닷가에서 이 실험으로 $t=10s$를 얻었다면 지구의 반지름은 $R=(2\times1.7\text{m})/(2\pi\times10\text{s}/86400\text{s})^2=6.4\times10^6\text{m}$로 추정된다.

다고 믿었다.

옛날의 거리 기록을 볼 때는 단위가 그 시대에 어떤 크기였는지 잘 살펴야 한다. 우리 선조들이 썼던 자尺도 고대에 한 뼘의 길이(약 18㎝)로 정해졌던 것이 시대가 바뀌면서 차차 길어져 나중에는 약 30㎝까지 늘어났다.

3. 태양계의 크기

행성 운동의 관측을 통해 얻은 케플러의 주기 법칙과 이를 설명하는 뉴턴 역학으로는 행성의 주기들을 관측해 행성 궤도 반지름들의 상대 비를 결정할 수 있지만, 태양의 질량을 알 수 없기에 궤도 반지름의 값은 결정할 수가 없었다. (나중에 실제로 행성의 주기와 궤도 반지름으로부터 태양의 질량을 알아냈다.) 태양계의 크기를 알기 위해서는 적어도 한 행성 궤도의 반지름을 알아야 한다. 우리는 지구에 살고 있으니 지구 궤도의 반지름, 즉 지구에서 태양까지의 거리를 태양계의 기본 길이 단위로, 지구의 공전 주기를 기본 시간 단위로 삼는 것은 당연한 일이다.

지구와 태양 사이의 거리를 천문학에서는 1au(astronomical unit, 천문 단위)로 정의한다. 이는 태양계의 크기를 결정할 뿐만 아니라 연주 시차로부터 시작되는 우주 거리 측정의 기초가 되는 거리로, 정확한 값을 아는 것이 매우 중요하다. 이 거리를 어떻게 측정할 수 있을까? 현재 가장 정확한 값은 다음과 같이 구한 것이다. 우선 금성이 지구에 가장 근접하는 시점에 레이더를 쏘고 그 반향이 오는 시간을 측정하여 지구와 금성 궤도 사이의 거리를 알아낸다. 이 값과 케플러 제2 법칙으로부터 지구와 태양 사이의 거리를 구하면 그 값은 1au=149,597,870,700m($\approx 1.5\times10^{11}$m, 1억 5000만㎞)다.

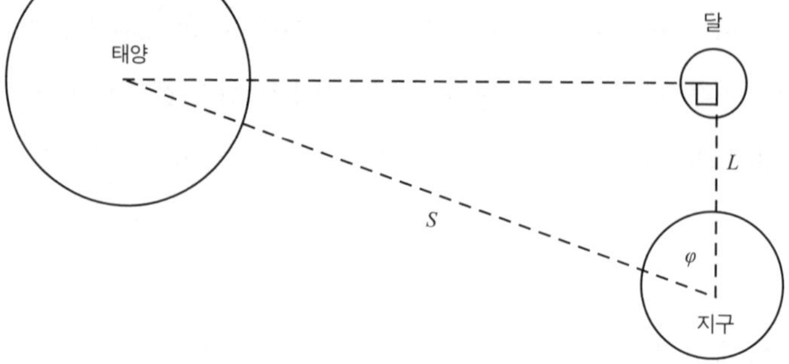

그림 20 달의 상이 반달일 때 달에서 보았을 때 지구와 태양은 수직인 위치에 있게 된다. 이때 지구에서 태양과 달 사이의 각도를 재면 태양까지의 거리와 달까지의 거리의 비를 알 수 있다.

레이더 기술이 없었던 과거에는 태양까지의 거리를 어떻게 알 수 있었을까? 기록상으로 지구와 태양 사이의 거리를 최초로 어림한 사람은 고대 그리스의 아리스타코스다. 2000년도 더 전에 이를 했다니, 정말 놀랍지 않은가! 과연 그는 어떤 방법을 썼을까?

아리스타코스는 먼저 달까지의 거리와 해까지의 거리의 비를 알 수 있는 방법을 생각했다. 그것은 달의 상이 반달일 때 해–달–지구가 이루는 각이 90도가 되므로 지구에서 해와 반달 사이의 각 φ를 측정하면 달까지의 거리 L과 해까지의 거리 S의 비를 $L/S = \cos\varphi$로 얻을 수 있다는 것이다(그림 20).

그는 관측을 통해 이 각의 크기로 다소 부정확한 값인 87도를 얻었으며, 이로부터 해까지의 거리를 달까지 거리의 약 18~20배로 추정했다(현재 이 각의 정확한 관측 값은 89.5도이며, 실제 거리 비는 395배다). 다음으로 해의 반지름을 s라 하면 해의 시각의 크기는 $\theta = 2s/S$인데, 이 크기는 약 0.5도로 관측된다. 이 시각의 크기와 태양 반지름 s와 지구 반지름 t의 비 s/t를 안다면 태양까지의 거리를 지구 반지름에 대한 비 $S/t = 2(s/t)/\theta$로 알 수 있다. 마찬

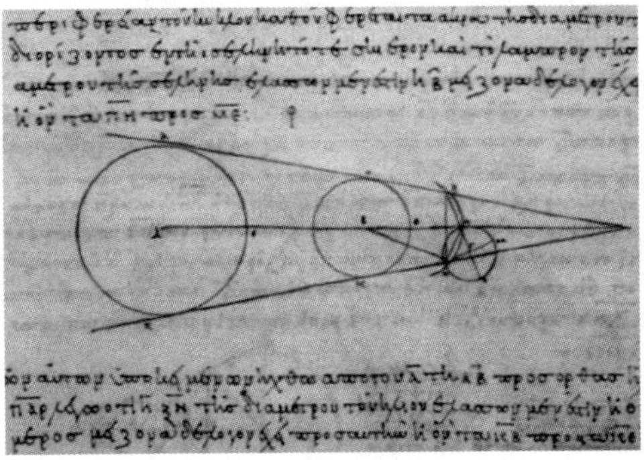

그림 21 해, 지구, 달의 상대적 크기에 대한 아리스타코스의 계산(BC 3세기 필사본의 10세기 사본). 아리스타코스는 월식을 이용하여 지구, 달, 해의 상대적 크기를 알아냈다. 그림에는 달의 크기와 월식 때 달에 생기는 지구 그림자 크기의 비를 구하는 방법을 설명한다.

가지로 달까지의 거리도 l/t을 안다면 $L/t=2(l/t)/\theta$로부터 알 수 있다. 따라서 태양과 지구의 반지름 비 또는 달과 지구의 반지름 비를 알아낼 수 있다면 태양과 달까지의 거리를 모두 알 수 있다.

아리스타코스는 이 비를 월식을 통해서 알아낼 수 있다는 기발한 착상을 했다. 우연히도 해와 달은 시각 θ의 크기가 거의 같다. 이 사실과($\theta/2=s/S=l/L$) 해와 달의 거리 비 $S/L=1/\cos\varphi\approx19$로부터 해와 달의 반지름 비 $s/l=S/L\approx19$를 알 수 있다. 이제 월식이 일어날 때 해, 지구, 달의 배치를 그린 그림 22를 보자. 여기서 D는 지구의 그림자가 점이 되는 지점까지의 거리이고, d는 달에 생기는 지구 그림자의 반지름이다. 삼각형의 비례를 이용하면 두 개의 비례식 $\frac{D}{L}=\frac{t}{t-d}$와 $\frac{S+D}{S}=\frac{s}{s-t}$를 얻을 수 있고, 뒤의 식은 $\frac{D}{S}=\frac{t}{s-t}$로 다시 쓸 수 있다. 뒤의 식을 앞의 식으로 나누면 L/S 비가 나오는데, 이것을 해와 달의 시각 크기가 같다는 식에 넣으면 $\frac{l}{s}=\frac{L}{S}=\frac{t-d}{s-t}$를 얻는다. 이제 이 식을 s/t나 l/t에 대해 풀어 $\frac{s}{t}=\frac{1+s/l}{1+d/l}$, $\frac{l}{t}=\frac{1+l/s}{1+l/d}$을 얻는다.

위에서 얻은 해와 달의 크기 비 s/l와 월식 관찰을 통해서 얻은 지구의 그림자와 달의 반지름 비 d/l를 알면(달이 지구의 그림자를 지나는데 걸리는 시간, 즉 월식이 일어나는 시간을 재서 상당히 정확히 알 수 있다), 해와 달의 지구에 대한

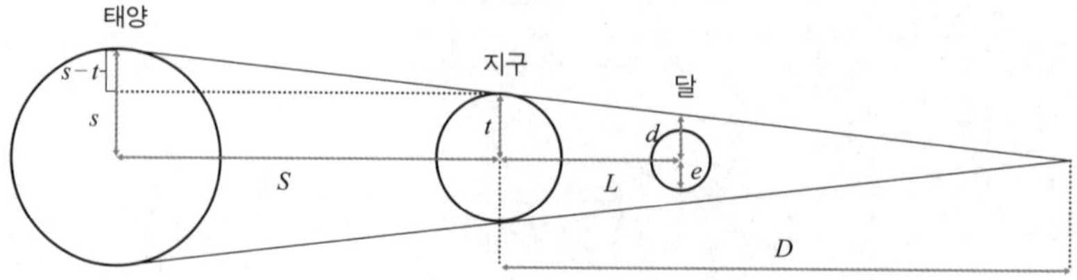

그림 22 월식이 일어날 때의 해, 지구, 달의 배치. 달에 생기는 지구 그림자와 달의 반지름 비를 구해서 지구, 달, 해의 상대적인 크기를 알 수 있다.

상대 크기를 알 수 있다. 이를 시각의 크기 식에 넣으면 해와 달까지의 거리를 지구 반지름에 대한 비로 알 수 있는 것이다.

아리스타코스는 이 방법으로 태양까지의 거리를 지구 반지름의 10,000배로 추정했다. 이 결과는 관측상의 오차 때문에 정확하지는 않지만, 시각의 기하학적 원리를 사용해 먼 거리를 측정하는 방법을 제대로 적용했다. 이는 18세기에 금성이 태양을 통과하는 것을 이용해서 더 정확한 결과를 얻기 전까지 약 2000년 동안 태양계의 크기를 추정하는 유일한 방법이었다.

지구와 태양 사이의 거리를 측정하는 데 있어 획기적인 진전은 1716년 에드먼드 핼리가 금성이 태양을 통과하는 것을 이용해 태양까지의 거리를 더 정확히 잴 수 있는 방법을 제안함으로써 이루어졌다. 금성의 태양 통과는 금성이 태양과 지구를 잇는 선상을 지나갈 때 생기는 현상으로, 달이 해를 가리는 일식과 같은 현상이다. 금성은 지구로부터 멀리 떨어져 있기 때문에 해를 일부 또는 완전히 가리는 월식과는 달리 해 위에 작은 검은 점이 지나가는 것으로 보인다. 금성의 공전 면은 지구의 공전 면에 대해 3.4° 기울어 있기에 두 공전 면이 만나는 선상에 지구와 금성이 동시에 올 때 금성의 태양 통과가 일어난다. 지구와 금성의 공전 주기 비 1:0.615에 의해 121.5년–8년–105.5년–8년 식으로 243년 안에 4번 일어나는 주기를 가진다(그림 23).

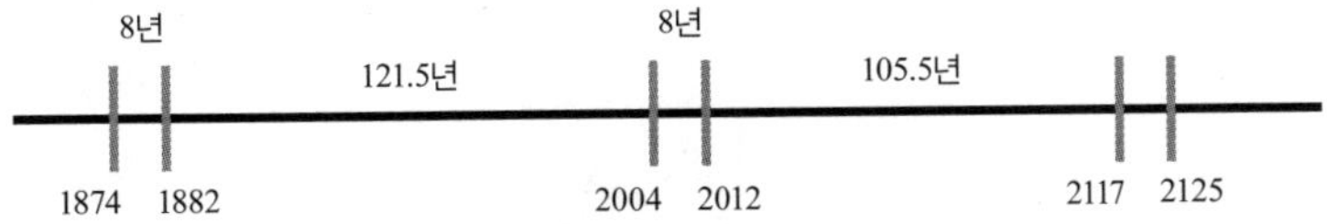

그림 23 금성이 태양을 통과하는 주기. 8년 사이로 두 번 있는 일이 121.5년과 105.5년 주기를 교대하며 일어난다.

1627년 케플러가 1631년에 금성이 태양을 통과할 것이라고 예측했으나 유럽에서는 볼 수가 없어서 그 관측은 실패했다. 1639년 영국의 천문학자 제레미아 호록스Jeremiah Horrocks(1618~1641)가 처음으로 관측하는 데 성공했다. 시차와 삼각법을 사용하고, 금성이 태양을 통과하는 것을 이용해 해와 지구 사이의 거리를 알아낸 것이다. 위도가 다른 두 지점에서 금성이 태양을 통과하는 것을 관측하면 금성이 태양 위에 다른 두 경로로 통과하는 것으로 보인다. 두 지점 간의 거리와 두 경로 사이의 시차를 재면 지구와 금성 궤도 반지름 비와 삼각법을 써서 지구와 금성 사이의 거리를 알 수 있다(그림 24). 문제는 두 경로 사이의 시차 각도가 수초 정도로 아주 작아서 직접 측정하기가 매우 어렵다는 것이다. 호록스는 앞서의 관측을 통해 지구와 태양 사이의 거리를 상당히 부정확한 값인 9560만 킬로미터로 추정했다.

1716년 핼리는 다음과 같이 제안했다. 태양을 지나는 두 경로의 길이가 다르므로 금성이 태양을 통과하는 데 걸리는 시간이 다른데, 그것을 초(시간) 단위까지 정확하게 측정하면 두 경로의 시차를 간접적으로 더 정확히 알 수 있다는 것이다.• 금성이 태양을 통과하는 주기가 너무 긴 탓에 핼리는 자신의 방법을 적용해 보지 못하고 1742년 세상을 떠났다. 핼리의 제안 이후 처음으로 금성이 태양을 통과하는 것은 1761년에 있었는데, 각국의 많은 과학자들이 그 관측에 참여해 120곳 이상에서 관측이 이루어졌다. 과

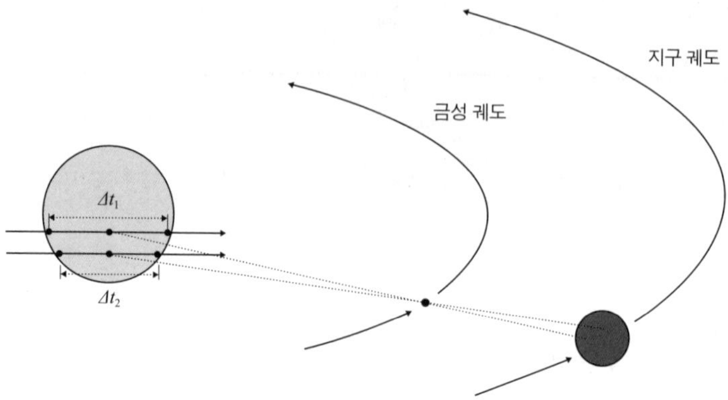

그림 24 금성이 태양을 통과하는 것을 이용한 금성까지의 거리 측정 방법. 지구 위 두 지점에서 보이는 금성의 시차를 금성이 태양을 통과하는 시간을 재어 정밀하게 측정할 수 있다.

학 실험을 위해 대규모 국제 협력이 이루어진 초기 사례다.

1761년과 1769년의 관측 결과들을 정리해 1771년 프랑스의 천문학자 제롬 라랑드Jerome Lalande(1732~1807)가 지구와 태양 사이의 거리를 1억 5300만 킬로미터로 계산해 냈다. 이 값은 현재의 정확한 값에 1% 내의 오차 범위의 결과로, 이후 1874년과 1882년의 관측에서 더 정확한 값을 얻을 수 있었다.

4. 별의 거리

우리는 보통 천체 망원경을 가지고 별을 보러 간다고 한다. 그러나 사실 별

● 태양의 시각이 0.5°이고 금성의 시차가 수초 정도이므로 1″/0.5°≈1/1800 정도의 관측 정밀도가 필요하다. 금성의 태양 통과가 5시간=5×3600초 정도 걸린다면 최소한 10초 이하의 오차로 통과 시간을 측정해야 이 정밀도를 얻을 수 있다.

축소한 태양계의 모습

태양계의 모습을 그려 보기 위해 1/10,000,000,000(100억 분의 1)로 축소된 태양계를 생각해 보자. 그러면 태양의 지름은 약 14cm로 큰 자몽 정도 크기가 된다. 지구는 1.3mm로 좁쌀 크기 정도인데, 태양으로부터 15m 떨어져 있다. 행성 중 가장 큰 목성은 지름 1.4cm로 콩 크기이고 태양으로부터 거리는 78m 떨어져 있다. 가장 먼 행성인 해왕성은 지름 4.8mm로 쌀알 크기이고 태양으로부터 450m 떨어져 있다.

태양계 행성들의 모습은 지름 1km 정도의 거대한 운동장에 콩, 쌀, 좁쌀 크기 정도의 행성들이 자몽 크기의 태양을 중심으로 띄엄띄엄 떨어져 돌고 있다고 볼 수 있다. 태양계의 실제 비율에 맞는 모형을 만들려면 제법 큰 공원이 필요하다.

을 확대해서 보려면 웬만한 천체 망원경으로는 별 도움이 안 된다. 천체 망원경을 쓰면 눈으로는 잘 안 보이는 어두운 별들을 볼 수는 있지만, 눈으로 보나 망원경을 써서 보나 별은 그냥 멀리 있는 작은 점으로 보일 뿐이다. 별은 그만큼 멀리 있다.

별까지의 거리를 가늠할 길이 없었던 옛날 사람들은 모든 별이 똑같이 일주하는 현상을 별이 하늘의 맨 바깥에 있는 천구 위에 박혀 있어 일어나는 것으로 보았다. 아리스토텔레스가 이를 공식화했다. 그러나 코페르니쿠스 이후 태양 중심 모형이 받아들여지고, 별의 일주가 지구의 자전에 의한 겉보기 현상임을 깨닫고 나서, 별까지의 거리와 하늘에서의 별의 분포에 대해서 다시 생각하기 시작했다.

영국 천문학자 토머스 딕스Thomas Digges(1546~1595)는 2차원인 천구의

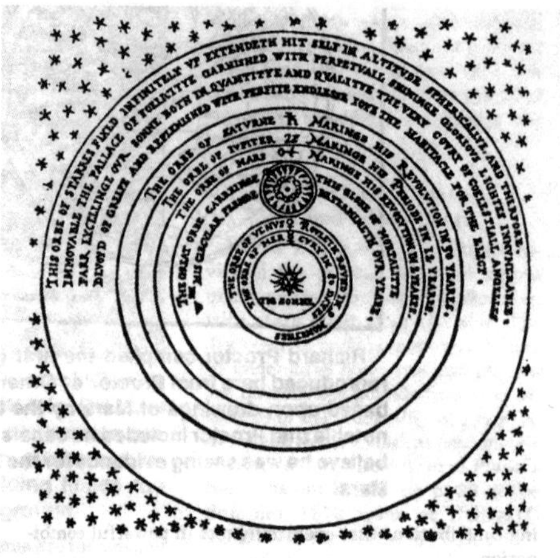

그림 25 영국 천문학자 토머스 딕스는 별들이 박혀 있는 하늘의 끝인 천구의 개념을 버리고, 태양계 바깥으로 별들이 펼쳐져 있는 무한한 3차원 우주를 제안했다. 그는 가까이 있는 별은 밝고 멀리 있는 별은 어둡다고 생각했다.

개념을 버리고 가까이 있는 별은 밝고 멀리 있는 별은 어둡다고 생각했으며 태양계 너머로 별들이 펼쳐진 3차원 공간으로 우주를 확장했다(그림 25). 하늘의 끝이 2차원 구면에서 그 너머 무한한 3차원 공간으로 확장된 것이다. 이런 우주의 확장이 상상이 아니라 현실이 되려면 별까지의 거리를 재서 별들이 각각 다른 거리에 있고 넓게 퍼져 있다는 것을 확인해야만 한다. 과연 이 별까지의 거리를 알 수 있는 방법이 있을까?

태양 중심 모형이 맞다면 계절에 따라 지구의 위치가 바뀌므로 별의 위치도 조금씩 달라지는 시차parallax 현상을 보일 것이다. 지구가 해의 주위를 공전하면 가까이 있는 별은 더 멀리 있는 별에 비해 상대적으로 더 움직이는 것처럼 보인다. 지구가 공전 궤도를 한 바퀴 도는 동안 생기는 별의 시선 방향 변화 최대치의 1/2을 그 별의 연주 시차라 한다(그림 26). 이 연주 시차를 잴 수 있다면 우리는 그 별까지의 거리를 지구와 태양 사이의 거리를 밑변으로 해서 삼각법을 적용해 알 수 있다.

고대 그리스에서는 태양 중심 모형과 지구 중심 모형의 대립이 있었기

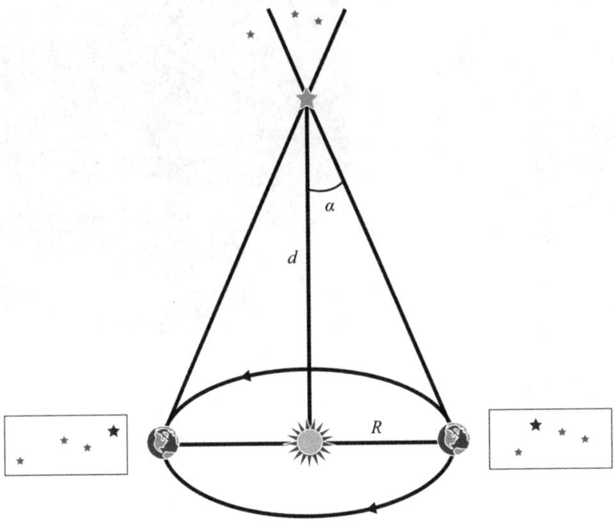

그림 26 연주 시차. 지구가 태양 주위를 공전하면서 위치가 바뀌므로 같은 별이라도 관측되는 시기에 따라 방향이 달라 보이고, 가까이 있는 별은 멀리 있는 별보다 방향이 더 크게 바뀐다. 1년 동안 바뀌는 별 방향의 각 크기를 측정하면 삼각법으로 별까지의 거리를 알 수 있다. 태양과 지구 사이의 거리를 R, 연주 시차를 α라 하면 거리는 $d=R/\alpha$이 된다.

때문에 일찍부터 연주 시차를 관측하려고 노력했지만, 오랫동안 관측되지 않았다. 한동안 이 사실은 태양 중심 모형이 틀리다는 증거로 쓰이기도 했다. 태양 중심 모형에서 연주 시차가 관측되지 않는다는 사실은 별까지의 거리가 행성의 궤도 반지름에 비해서 매우 크다는 것을 의미한다. 티코 브라헤는 태양 중심 모형이 맞다면 아홉 번째 하늘인 천구가 여덟 번째 하늘인 토성으로부터 너무 멀기 때문에, 태양 중심 모형을 받아들이지 않고 자신의 모형을 고집했다고 한다. 케플러, 갈릴레이, 뉴턴 등의 업적으로 태양 중심 모형이 받아들여진 이후에도, 이에 대한 직접적인 증거가 될 수 있는 별의 연주 시차를 측정하기 위한 부단한 노력이 이어졌다. 그럼에도 불구하고 별은 너무도 멀리 있었고, 인간의 손에 쉽게 잡히지 않았다.

그림 27 베셀이 연주 시차 측정에 사용한 헬리오미터(왼쪽). 필라마이크로미터(오른쪽)는 망원경에 마이크로미터를 장착하여 별 사이의 각을 정밀하게 측정할 수 있었다.

가장 가까운 별의 연주 시차도 1초보다 작았던 탓에 많은 사람들의 노력에도 불구하고 19세기가 되기까지 연주 시차를 측정하지 못했다. (크기가 1㎝인 물체가 2㎞ 떨어진 곳에 있을 때의 시각이 1초다.) 문제는 이 작은 시선각의 변화를 어떻게 측정할 수 있나였다. 우선 별의 상대적인 위치를 매우 정확하게 잴 수 있는 장치가 필요했고, 더불어 연주 시차 이외의 다른 효과에 의해서 생기는 별의 이동을 배제해 나가는 과정이 필요했다. 이 작업이 마냥 헛된 것은 아니어서, 그 과정에서 영국의 천문학자 제임스 브래들리James Bradley(1693~1762)는 지구의 공전 속도에 의한 별의 광행차stellar aberration 현상과 지구 자전축의 요동 현상을 발견했다(1729).

독일의 천문학자 프리드리히 베셀Friedrich Bessel(1784~1846)은 별의 연주 시차 측정을 처음으로 성공했다. 그는 1838년 헬리오미터heliometer라는 광학 장치를 이용하여 백조자리 61Cygni 61의 연주 시차 0.314초(현재의 측정값은 0.286초로 지구로부터 11광년 거리에 있다)를 성공적으로 측정했다. 이후 19세기 말까지 주로 필라마이크로미터filar micrometer라는 장치를 이용해 별 약

별의 광행차

그림 28 계절에 따른 별의 광행차가 생기는 이유는 빛이 오는(관찰되는) 방향은 상대 속도의 방향이므로 계(지구)의 (공전) 속도(의 방향)에 따라 달라지기 때문이다. 같은 이유로 수직으로 내리는 비도 뛰어가는 사람에게는 비스듬히 내리는 것으로 보인다.

지구는 태양을 공전하기 때문에 하늘에 고정된 별의 방향이 공전 속도의 방향에 따라 다르게 보인다. 움직이는 계에서는 별에서 온 빛의 상대 속도를 보게 되기 때문이다. 그래서 한 별의 위치도 현재의 방향과 공전 속도가 정반대가 되는 6개월 후의 방향이 조금 다르게 되는데, 이것을 별의 광행차stellar aberration라 한다. 빛의 속력을 c, 지구의 공전 속력을 v라 하면 광행차 $\delta\theta$의 대략적인 크기는 $\delta\theta \approx v/c \approx 20''$다. 광행차의 발견은 과학사적으로도 중요한데, 빛의 속력이 유한하다는 증거였다. 이는 빛에 대한 이론, 특히 특수 상대성 이론의 발전에도 영향을 끼쳤다.

60개의 연주 시차 측정에 성공했다. 이 장치는 기본적으로 망원경에 마이크로미터를 장착하여 별의 위치를 매우 정밀하게 측정할 수 있도록 만든 것이다.

연주 시차를 측정하는 데 성공한 일은 인류가 태양계를 넘어 별들의 바다인 우주로 나가는 첫걸음이었다. 곧 연주 시차에 근거한 새로운 천문 거리 단위를 만들었는데, 연주 시차가 1초인 거리를 1pc(parsec, 파섹)으로 정의했다. 연주 시차 측정에서 밑변은 지구와 태양 사이의 거리이므로 (1au)/(1pc)=(π/180)(1/3600)이고, 따라서 1pc=1au×(648000/π)=3.1×10^{16}m다. 이 거리를 대중적으로 널리 쓰이는 광년light-year(빛이 1년 동안 가는 거리)으로 환산하면 1pc=3.26광년이다. 우리의 별인 태양 다음으로 가장 가까운 별은 프록시마 센타우리Proxima Centauri(알파 센타우리의 쌍성 A, B의 중심으로부터 2°11′ 떨어져서 이들과 3중쌍성을 이룬다)로, 연주 시차는 (0.7687±0.0003)″다. 거리는 1.3pc으로, 빛의 속력으로도 도달하는 데 4년 이상 걸린다.

별은 정말로 멀리 있다. 현재의 첨단 기술로도 연주 시차 관측을 통해 최대 1000pc, 연주 시차 0.001초까지만 거리 측정이 가능해서, 연주 시차를 통한 거리 측정은 보이는 별 중에서 아주 일부인 가까운 별에만 적용 가능한 방법이다.

5. 세페이드 변광성

(가까운) 별의 연주 시차 측정에 성공함으로써 인류는 오랫동안 유지되어 왔던 2차원 천구의 개념을 완전히 버리고 3차원 저 멀리까지 별들이 펼쳐진 우주를 갖게 되었다. 다음 단계로 별들의 바다를 넘어서 은하의 바다인 현재의 우주로 인류를 안내한 사람은 끈기와 집념으로 최초의 표준 촛불인 세페이드 변광성을 찾아낸 한 여성 천문학자였다. 이는 20세기 현대 우주론의 디딤돌이 된 위대한 발견이다.

멀리 있어서 연주 시차가 측정이 되지 않는 별의 거리를 알 수 있는 방

태양과 별

별의 거리를 알게 되면서 얻은 큰 성과의 하나는 별의 정체를 알게 된 것이다. 별의 밝기와 거리로부터 별의 광도luminosity(별이 단위 시간당 내는 총 에너지)를 추정할 수 있게 되었는데, 별의 광도가 태양의 광도와 비슷한 크기로 나왔다. 별이 내는 빛의 양은 태양과 비슷한 크기이지만 멀리 떨어져 있어서 작고 어둡게 보였던 것이다. 별빛 스펙트럼의 흡수선과 햇빛 스펙트럼의 흡수선이 거의 같다는 사실을 통해 별과 태양은 같은 원소로 이루어져 있다는 것도 확인되었다. 비로소 사람들은 별이 먼 거리에 있는 태양임을 확신하게 되었다.

법이 있을까? 별은 빛을 냄으로써 우리에게 그 존재를 드러낸다. 어떤 별은 밝고 어떤 별은 어둡다. 밝고 어두움은 별이 낸 빛을 우리 눈이 감지할 때 느끼는 빛의 세기intensity를 나타낸다. 빛의 세기란 단위 시간당, 단위 면적당 전달되는 빛 에너지의 양을 의미한다. 별의 밝기, 즉 별빛의 세기는 별의 광도와 거리에 따라 달라진다. 별의 광도luminosity란 별이 단위 시간당 내는 빛 에너지의 총량이다.

우리가 밤을 밝히기 위해 사용하는 전구의 예를 들어 보자. 전구에 표시되어 있는 전력량, 예를 들어 20W는 전구가 사용하는 전기 에너지의 양이 1초당 20J임을 나타낸다. 이 중 일부가 빛 에너지로 전환되므로 전구의 광도는 20W보다는 작겠지만 비슷한 수준의 크기가 될 것이다. 별의 광도를 나타내는 기본 단위로 많이 쓰이는 태양의 광도는 $L_\odot$로 표시하는데, 크기는 $L_\odot = 3.846 \times 10^{26}$W다. 광도가 L인 별이 사방으로 골고루 빛을 내보낸다면 별로부터 거리 d 떨어진 곳에서의 별빛의 세기는 $I = L/4\pi d^2$로 주어질

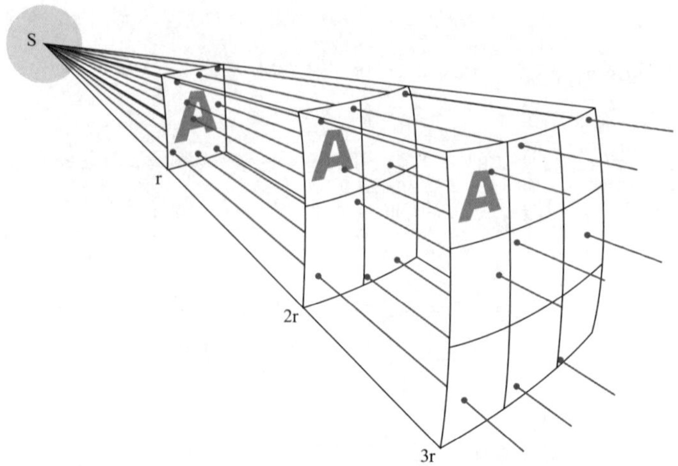

그림 29 멀리 떨어진 별의 밝기(빛의 세기)는 광도에 비례하고 거리 제곱에 반비례한다. 빛의 세기가 거리 제곱에 반비례하는 것은 구면의 면적이 거리 제곱에 비례해서 커지기 때문으로, 에너지 보존 법칙을 나타낸다.

것이다(그림 29). 이 관계는 별에서 나온 빛 에너지의 양과 반지름이 d인 구면을 지나가는 빛 에너지의 양이 같다는 에너지 보존 법칙을 나타낸다.

별빛의 세기를 측정하면 우리는 광도와 거리의 조합 L/d^2을 알 수 있지만, 광도와 거리 각각은 알 수 없다. 예를 들어, 어두운 별을 관찰했더라도 별의 광도가 작아서 어두운 것인지 별이 멀리 있어서 어두운 것인지는 알 수 없는 것이다. 만약 광도나 거리 둘 중 하나를 알고 있다면 빛의 세기를 측정하여 다른 하나를 알 수 있다. 광도를 아는 별인 경우에는 별빛의 세기를 측정하여 $d=\sqrt{L/4\pi I}$를 적용해 거리를 알 수 있다. 이렇게 측정한 거리를 광도 거리luminosity distance라 한다. 이제 문제는 광도를 어떠한 방법으로든지 알 수 있는 별이 과연 있는가 하는 것이다. 광도를 알 수 있어서 밝기 거리 측정에 사용될 수 있는 천체를 표준 촛불standard candle이라 한다.

변광성variable star은 시간에 따라 밝기가 변하는 별을 말한다. 변광성은

별의 밝기

천체의 광도를 나타내는 데는 절대 등급absolute magnitude을 쓰거나 태양의 광도를 기준으로 사용한다. 절대 등급은 천문학에서 전통적으로 사용해 오던 별의 밝기를 나타내는 방법인 겉보기 등급apparent magnitude을 빌려서 별의 광도를 나타내는 것으로 10pc 거리에 별을 놓았을 때의 겉보기 등급으로 정의한다. 고대 그리스에서 별의 밝기를 표시하는 방법으로 (겉보기) 등급을 사용했다. 히파르코스가 쓰기 시작한 것을 프톨레마이오스가 《알마게스트》에서 사용함으로써 널리 쓰이게 되었다. 원래는 가장 밝은 별들을 1등급, 눈으로 볼 수 있는 가장 어두운 별을 6등급으로 분류했다(한 등급 차이가 대략 2배 밝은 것으로 간주되었다).

이렇게 6단계로 나누었던 것을 1856년 영국의 천문학자 노먼 로버트 포그슨Norman Robert Pogson(1829~1891)이 5등급 차이가 100배 밝은 로그 척도로 등급을 연속적으로 정의하고(등급 차이가 1이면 $100^{1/5} \approx 2.512$배 밝다) 기준점으로 북극성을 2등급으로 정했다. 이후에 북극성이 밝기가 일정치 않은 변광성임이 밝혀지면서, 기준점은 베가를 0등급으로 하는 것으로 바뀌었다. 베가의 밝기를 I_{Vega}, 별의 밝기를 I라 하면 밝기 등급은 $m = -(5/2)\log_{10}(I/I_{Vega})$이 된다. 절대 등급은 별을 10pc의 거리에 놓았을 때의 밝기 등급이고 별의 밝기는 거리 제곱에 반비례해서 $m = -(5/2)\log_{10}(I/I_{Vega})$이므로, 절대 등급 M, 겉보기 등급 m, 광도 거리 d_L 사이에는 $m - M = 5\log_0(d_L/10\text{pc})$의 관계가 성립한다. 겉보기 등급과 절대 등급의 차이 $m - M$은 거리율distance modulus이라 부르며, 밝기 거리 d_L을 대신해서 많이 쓰인다. 절대 등급을 태양 광도 단위로 변환해서 나타낼 수도 있다. 태양의 절대 등급은 $M_\odot = 4.83$(겉보기 등급은 $m_\odot = -26.74$), 광도는 $L_\odot = 3.846 \times 10^{26}$W이므로, 절대 등급이 M인 별의 광도는 $L(M) = 100^{(M_\odot - M)/5} L_\odot$이 된다.

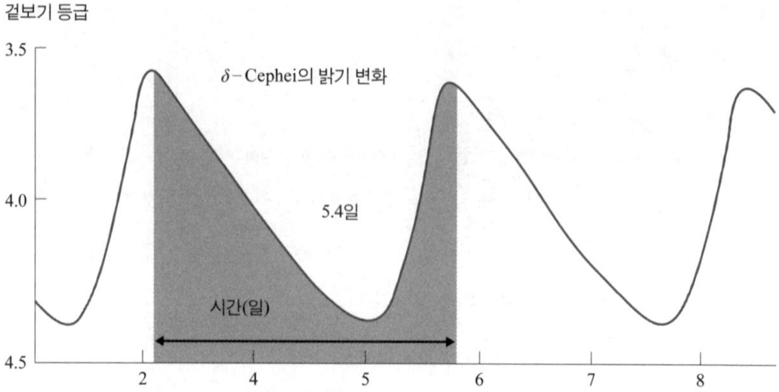

그림 30 세페이드 변광성인 δ−Cephei의 밝기 변화. 5.4일 주기의 맥동 형태로 밝기가 변하고, 가장 어두울 때와 가장 밝을 때의 밝기 차이는 약 두 배다.

몇 가지 종류로 분류된다. 그중 세페이드Cepheid 변광성은 며칠에서 몇 달 사이의 일정한 주기로 크고 밝은 상태와 작고 어두운 상태를 반복하는 아주 밝은 맥동변광성이다. 세페이드란 이름은 1784년 네덜란드 태생의 영국 아마추어 천문학자 존 구드릭John Goodricke(1764~1786)이 세페우스 자리의 δ−Cephei가 이런 종류의 변광성임을 처음으로 밝힌 데서 유래했다.

δ−Cephei의 밝기 변화를 그림 30에서 볼 수 있다. 급격히 밝아져서 최대 밝기에 도달한 후 서서히 다시 어두워지는 것을 5.4일 주기로 반복한다. 이 종류의 변광성은 맥동 주기와 광도 사이에 비례 관계가 있어서 주기를 측정해서 광도를 알 수 있기 때문에 표준 촛불로 쓰일 수 있다. 세페이드 변광성이 중요한 것은 이런 이유에서다.

1900대 초에 하버드 천문대에서 일하던 헨리에타 스완 리빗Henrietta Swan Leavitt(1868~1921)은 마젤란 성운을 찍은 수많은 사진들을 분석해 1777개 변광성의 자료를 만들었다. 그녀는 이 중 47개를 세페이드 변광성

세페이드 변광성의 맥동 메커니즘

세페이드 변광성의 맥동에 대한 설명으로 현재 받아들여진 것은 에딩턴 밸브 Eddington valve 또는 카파-메커니즘κ-mechanism(카파는 별 대기의 불투명도를 나타내는 그리스어)이라는 것이다. 별은 중심에서 일어나는 핵융합 반응에서 나오는 에너지를 맨 바깥 껍질에서 빛으로 내보내면서 균형을 유지한다. 보통의 별은 온도가 올라갈수록 바깥층이 더 투명해져 빛을 더 잘 내보내게 되어 일정 온도에서 안정이 유지된다.

그런데 별의 바깥층에 빛을 산란시키는 이온화된 기체가 많아지면 빛은 별 밖으로 나가지 못하고 그 에너지에 의해 바깥층의 온도는 올라가게 된다. 이 과정에서 가장 중요한 역할을 하는 것은 헬륨이다. 특히 2가 헬륨 이온(헬륨 원자에서 전자 하나가 떨어져 나간 상태를 1가 이온, 두 개가 떨어져 나간 상태를 2가 이온이라 한다)이 1가 헬륨 이온보다 바깥층을 더 불투명하게 만드는데, 온도가 올라갈수록 2가 헬륨 이온의 수가 더 늘어난다.

변광성은 이런 이온화된 기체에 의해 온도가 올라갈수록 더 불투명해지는 바깥층을 가지고 있어서 안정되지 못한다. 변광성이 수축된 상태에서는 불투명한 바깥층에 의해 에너지가 축적되면서 온도가 상승하게 되고, 그 결과 비깥층이 팽창하게 된다. 팽창이 되면서 온도가 내려가므로 어느 순간 바깥층이 투명해지고 많은 양의 빛을 빠르게 내보내며 밝게 빛난다. 빛을 내보내면서 바깥층은 식게 되고 중력에 의해 다시 수축된 상태로 되돌아가게 된다. 수축되면 바깥층이 다시 불투명해지면서 팽창-수축의 과정을 주기적으로 반복하게 된다.

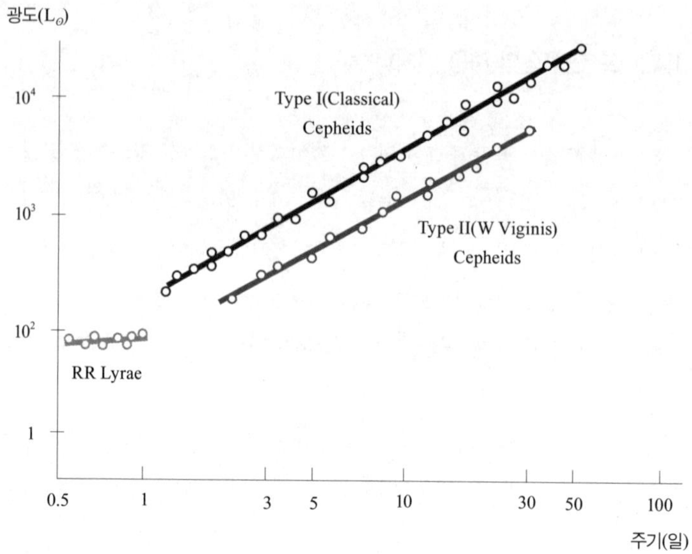

그림 31 표준 촛불로 쓰이는 변광성들의 주기와 광도 관계.

으로 분류했고, 이 변광성들은 주기가 길수록 더 밝다는 것을 알아냈다. 이들은 모두 대, 소 마젤란 성운에 속한 것으로, 마젤란 성운의 크기가 마젤란 성운까지의 거리보다 훨씬 작기 때문에 모두 지구로부터 같은 거리에 있는 것으로 보아도 무방하다. 따라서 이들 사이의 밝기(겉보기 등급) 차이는 바로 광도(절대 등급) 차이가 된다. 리빗이 이 변광성들의 주기와 광도를 그래프에 그려 보았을 때 둘 사이에 명확한 관계가 있음을 찾아냈다(그림 31).

리빗의 관측 결과, 세페이드 변광성은 주기를 측정하면 광도를 알 수 있었다. 물론 마젤란 성운까지의 거리를 알 수는 없으므로 이 정보만 가지고는 (절대 등급+결정 안 된 상수)만 알 수 있다. 이 상수 값을 결정하기 위해서는 직접 거리를 측정할 수 있는, 즉 연주 시차를 잴 수 있는 정도로 가까이 있는 세페이드 변광성이 적어도 한 개, 정확성을 위해서는 여러 개가 필

천문학 연구에 여성 인력의 유입

미국의 천문학자 에드워드 피커링Edward Pickering(1846~1919)은 1877년 하버드 대학교 천문학 교수 겸 천문대의 소장이 되었다. 그는 망원경으로 나타난 이미지를 사진으로 찍어서 분석하는 천체 사진술의 중요성을 인식하고 이를 천문대에 도입하고자 노력했다.

그는 1880년대 당시에 이루어진 혁신적인 사진 건판 기술을 도입하였는데, 그러면서 새로운 문제에 부딪히게 된다. 천체 사진은 무수히 쌓여 가는데 이를 분석할 인력이 턱없이 부족했던 것이다. 어느 정도 교육을 받은 사람이라야 천체 사진을 분석할 수 있는데, 이 작업은 꽤나 지루한 것이어서 이를 견뎌 낼 고급 인력을 구하기가 쉽지 않았다. 그래서 피커링은 교육받은 여성들을 활용할 생각을 하게 된다. 당시로서는 획기적인 발상이었는데 이런 파격적인 아이디어는 다음 사건에서 비롯됐다. 당시 고용한 남자 조수가 일을 너무 못하자 그는 "우리집 가정부보다도 못하냐"며 꾸짖고 해고한다. 이를 계기로 그는 당시 자신의 집 가정부였던 윌리아미나 플레밍Williamina Fleming(1857~1911)을 조수로 고용한다.

플레밍이 너무나 유능하게 일을 해내자 피커링은 계속해서 여성을 고용해 사진 분석 작업을 진행했다. 그 후 그가 죽을 때까지 80명 이상의 여성들이 하버드 천문대에서 일을 했다. 이들은 공식적으로 컴퓨터computer(분석 작업의 대부분은 지루한 계산이었다)라 불렸다.

이 컴퓨터들의 업무는 대개 조수 업무에 한정되었지만, 그중에 몇 명은 천문학사에서도 빛날 업적을 남겼다. 플레밍을 비롯해 안토니아 모리Antonia Maury(1866~1952), 애니 점프 캐넌Annie Jump Cannon(1863~1941), 리빗이 그들이다. 특히 캐넌은 수십만 장의 별 스펙트럼 사진을 분석한 끝에 스펙트럼의 형태에 따라 별을 분류하는 체계를 고안했다. 훗날 이는 별의 일생을 이해하는 데 중요한 단서가 되었으며 그의 분류는 현재까지도 사용되고 있다.

요하다. 이렇게 우주의 거리 측정에는 가까운 데 있는 거리 측정 방법과 그 다음 단계의 거리 측정 방법을 계속 이어 붙여 나가야 하는데, 이렇게 서로 연결된 우주 거리 측정 방법들을 우주 거리 사다리cosmic distance ladder라 한다. 더 먼 우주로 나가기 위해서는 이 거리 사다리를 타고 한 단계씩 올라가야 하는 것이다.

세페이드 변광성은 다른 별들보다 월등히 밝아서 우리 은하의 먼 곳뿐만 아니라 외부 은하에서도 발견할 수 있었다. 이 변광성을 표준 촛불로 사용한 거리 측정 방법을 통해 인류는 우리 은하의 모습을 파악하게 되었고, 한 단계 더 나가서 수많은 외부 은하들이 펼쳐진 드넓은 우주 공간에 대해 알 수 있게 되었다.

6. 우리 은하의 크기와 모습

연주 시차의 측정을 통해 가까운 별들의 거리를 알게 되면서 별은 하늘의 끝인 2차원의 천구에 붙어 있었다가 우주의 3차원 공간에 여기저기 흩어져 있게 되었다. 그렇다면 우주에서 별들은 어디까지 펼쳐져 있으며, 어떤 모습으로 분포되어 있을까? 직접적으로 이 작업을 하기 위해서는 보이는 별들의 거리를 다 알아내야 하는데, 사실 거리를 알 수 있는 별들은 전체 별 중에 극히 일부분일 뿐이다. 그렇다면 어떤 방법을 써서 별들의 분포를 알아낼 수 있을까? 이는 밤하늘을 가로지르는 하얀 띠인 은하수Milky Way의 실체를 밝히는 데서 시작한다(컬러 그림 2 참조).

아리스토텔레스가 《기상론Meteorologica》에 기록한 바에 따르면, 그리스 철학자 아낙사고라스Anaxagoras(BC 500~BC 428)와 데모크리토스

은하수

은하수銀河水는 밤하늘을 가로지르는 은빛 강물을 뜻한다. 한국, 중국, 일본에 공통으로 은하수와 그 동쪽에 있는 견우성, 서쪽에 있는 직녀성과 관련된 전설이 있다. 소를 몰고 농사를 짓는 견우와 베를 짜는 직녀는 서로 사랑하지만 은하수가 사이에 있어 만나지 못하고 칠석에만 까마귀가 만들어 주는 오작교 위에서 만난다는 것이다. 옛말로는 은하수를 미리내라고도 불렀는데, 미르(용)가 사는 냇물이라는 의미였다. 영어 milky way는 우윳빛 길이라는 라틴어 via lacteal에서 온 것이고, 이는 우윳빛 원을 뜻하는 그리스어 *γαλαξίας κύκλος*(galaxías kýklos)에서 유래한 것이다. 고대 그리스인은 하늘에 11개 원이 있다고 보았는데, 그중 하나가 우윳빛 원이었다.

그리스 신화에 따르면 이와 관련한 이야기가 나온다. 제우스는 인간인 알크메네와의 사이에서 낳은 아들 헤라클레스를 너무 아껴 그에게 신성을 주려고 아내인 헤라가 잠든 사이에 그녀의 젖을 물렸다. 잠이 깬 헤라가 모르는 아기가 자신의 젖을 빨고 있는 것을 알고 이를 뿌리쳤는데, 그때 뿜어나온 젖이 우윳빛 원이 되었다는 것이다.

우리 은하의 축소 모형을 만들어 보자. 은하수 별 원반의 지름을 100m로 놓으면, 두께는 대략 2m가 된다. 태양계의 위치는 중심에서 약 30m인 곳에 있고, 태양계의 크기는 태양계 맨 바깥의 오르트 구름Oort cloud까지 포함해도 1㎜ 이하로 모래알 크기다. 태양에서 가장 가까운 별인 프록시마 센타우리의 거리는 4.2㎜가 된다.

Democritos(BC 460?~BC 370?)는 은하수가 먼 거리의 별들로 되어 있다고 말했다. 은하수의 실체에 대해서는 고대 그리스부터 여러 설명이 있었지만, 최종적으로 갈릴레이가 망원경으로 관찰해 은하수가 별의 집단임을 증명했다.

망원경으로 밤하늘에 보이는 별의 분포를 보면, 별들의 대부분이 이 하얀 띠에 있다는 사실을 알게 된다. 별들은 왜 하늘 전체에 골고루 퍼져 있지 않고 좁은 띠 위에 몰려 있을까? 1755년 철학자 임마누엘 칸트Immanuel Kant(1724~1804)는 은하수가 수많은 별들이 중력에 의해 뭉쳐서 돌아가는 얇은 원반 형태일 것이라고 추측했다. 별들의 3차원 분포가 얇은 원반 형태라면 원반 안에 위치한 지구(태양계)에서 보았을 때 대부분의 별은 원반과 나란한 방향에 보일 것이고, 그래서 은하수로 보이는 것이다.

관측을 통해 별들의 분포와 은하수의 모습, 그 안에서 태양계의 위치를 알아내기 위해 1785년 윌리엄 허셜이 첫걸음을 뗀다. 그는 별의 밝기가 모두 같다고 가정하고, 밝기에서 거리를 유추하는 방법으로 그때까지 알려진 별의 분표를 그렸다. 태양이 중심 근처에 있고 원반 비슷한 형태의 분포를 얻었다(그림 32). 비록 지구는 우주의 중심 자리에서 내려왔지만, 태양계는 우주의 중심을 차지하고 있는 모습이다.

그러나 허셜은 은하수의 원반 방향으로는 그 안에 존재하는 먼지에 가려지기에 멀리 있는 별은 볼 수 없다는 사실을, (당시로서는 어쩔 수 없었겠지만) 알 길이 없었다. 원반 방향으로 별을 볼 수 있는 거리가 제한적이다 보니 그가 본 별들은 은하수의 일부분에 지나지 않았다. 당연히 관측 지점인 태양계가 중심에 있다고 나타날 수밖에 없었던 것이다.

우리 은하수 모습의 실체에 다가간 것은 1915년 미국의 천문학자 할로 섀플리Harlow Shapley(1885~1972)가 우리 은하 주변에 존재하는 구상 성단• 들의 분포를 조사하고 그것을 바탕으로 우리 은하의 크기와 모양을 제시하

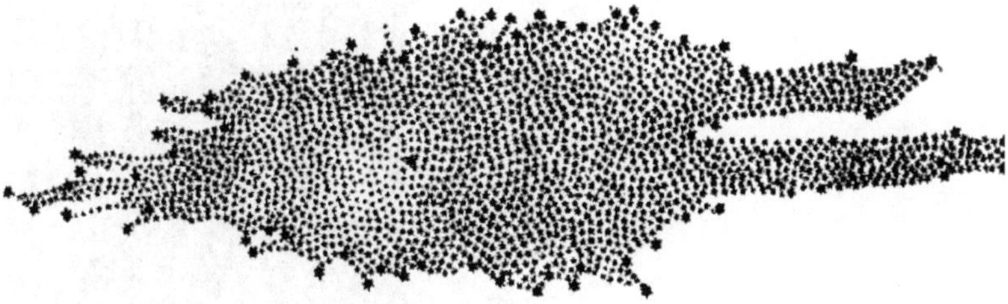

그림 32 허셜이 1785년에 그린 우리 은하의 모습. 별의 밝기는 모두 같다고 가정하고 거리를 추정하여 그때까지 알려진 별의 분포를 그린 것으로, 태양은 은하의 중심에 있고 원반 형태의 분포를 가지고 있음을 알아냈다. 그는 은하 안의 먼지 때문에 멀리 있는 별은 보이지 않고, 그래서 태양이 중심에 있는 것처럼 나타난다는 사실을 알지 못했다.

면서부터다. 그는 구상 성단들에서 세페이드 변광성들을 찾아냈고, 리빗이 제시한 방법으로 구상 성단의 거리를 구해서 그 분포를 얻었다. 섀플리는 그림 33과 같은 구상 성단의 분포를 얻었고, 구상 성단이 우리 은하의 질량 중심에서 구형으로 분포할 것이라는 가정으로 중심을 구해 은하의 크기를 추정했다.

그 결과로 얻은 중요한 발견은 태양계가 은하의 중심이 아님을 보인 것이다. 당시 사람들은 은하수가 우리 우주의 전체라고 생각했는데, 태양이 그 중심에서 밀려나게 된 것이다. 리빗의 세페이드 변광성을 사용한 거리 측정이 위력을 발휘하기 시작하는 순간이었다. 그런데 섀플리가 세페이드 변광성이라고 생각했던 것은 실제로 세페이드 변광성과는 조금 다른 RR Lyrae 변광성으로 나중에 밝혀졌고, RR Lyrae 변광성은 세페이드 변광성

● 구상 성단globular cluster은 은하의 핵을 중심으로 돌고 있는 구형의 밀집된 별 집단으로(그림 33), 은하의 핵 근처에서부터 먼 거리의 해일로까지 넓게 분포한다(그림 34). 우리 은하에는 현재 150여 개의 구상 성단이 알려져 있다.

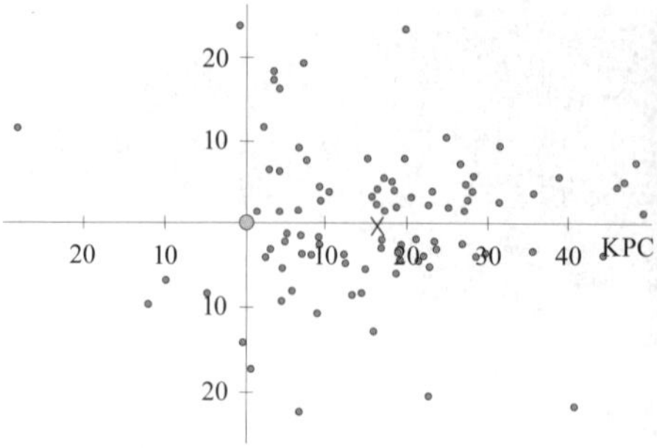

그림 33 섀플리가 얻은 우리 은하 근처의 구상 성단 분포. 노란색 원이 태양계의 위치이고, X표는 구상 성단 분포의 중심, 즉 우리 은하의 중심을 나타낸다.

그림 34 구상 성단 M80. 전갈자리에 있으며 태양으로부터 2만 8000광년 떨어져 있고, 수십만 개의 별을 포함하고 있다.

보다 어두운 변광성이어서(그림 31) 거리가 조금 과대 추정되었다. 하지만 은하수의 전체적인 모습과 크기는 현재의 그것에서 크게 벗어나지 않았다.

그림 35는 현재 여러 가지 관측 방법으로 밝혀진 은하수의 대략적인 모습을 보여 준다. 은하수의 별 원반은 지름이 대략 100,000광년(30kpc), 평균 두께는 약 1000광년(0.3kpc)이다. 태양계는 원반 내부 은하의 중심에서 27,000광년 떨어진 곳에 있다. 원반의 중심에는 별들이 밀집된 구형의 팽대부bulge가 있고, 그 중심에는 초거대 질량($M \sim 10^6 M_{\odot}$) 블랙홀이 있는 것으로 보인다.

구상 성단의 분포나 은하의 회전 곡선을 보면 원반 바깥에도 많은 양의 물질이 있는 것으로 보이는데, 이 물질들은 암흑 물질dark matter인 것으로 추정된다. 우리 은하의 질량은 추정 방법에 따라 조금씩 다른데 별과 암흑 물질 모두 포함하여 대략 $1 \sim 1.5 \times 10^{12} M_{\odot}$이고, 적어도 1000억 개, 최대 4000억 개의 별을 가지고 있는 것으로 추정된다.

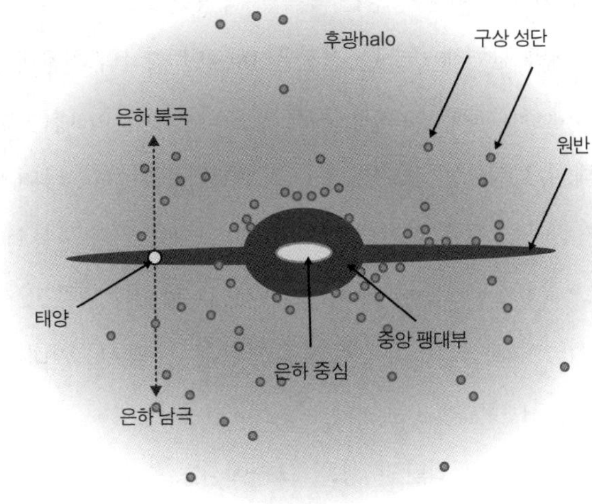

그림 35 우리 은하(은하수)의 대략적인 모습.

7. 외부 은하와 팽창하는 우주

하늘에는 별과는 다른 구름처럼 보이는 천체들도 있는데 이를 성운星雲/nebula이라 불렀다. 150년경 프톨레마이오스가 《알마게스트》에 5개의 구름처럼 보이는 별을 기록한 이후 여러 성운에 관한 관찰 기록이 남아 있다.

본격적인 성운에 대한 목록은 1770년대 프랑스의 천문학자 샤를 메시에Charles Messier(1730~1817)가 작성한 100여 개의 흐릿한 물체를 담은 〈메시에 목록Messier catalogue〉이다. 그는 혜성과 비슷해 보이지만 혜성은 아닌 천체들의 목록을 만들어 자신과 같이 혜성을 찾는 사람들을 돕고자 했다. 이 목록에 있는 성운과 은하들은 현재에도 메시에 천체Messier objects란 명칭으로 쓰이고 있다(예를 들어 안드로메다 은하Andromeda Galaxy는 M31로 불린다). 1780년대에는 윌리엄 허셜과 그의 여동생 캐롤린이 자신들이 제작한 망원경을 사용하여 1000개 이상의 성운 목록을 작성했다.

성운의 실체와 관련해 중요한 진전은 1864년 영국의 천문학자 윌리엄 허긴스William Huggins(1824~1910)가 70개 정도의 성운들이 내는 빛의 스펙트럼을 조사해, 1/3 정도는 기체의 흡수 스펙트럼을 보이고, 나머지는 연속 스펙트럼을 가진다는 것을 알아낸 것이다. 말 그대로 기체 구름인 것과 (당시의 망원경으로는 분해가 되지 않는) 거대 별 집단으로 성운이 분류된 것이다. 그 뒤 망원경의 성능이 개선되면서 성운의 대부분은 실제로는 거대한 별의 집단임이 명확해졌다(컬러 그림 3 참조).

1920년대 초에 별의 집단인 성운, 그중에서도 특히 나선 형태를 갖는 나선 성운의 실체와 우리 우주의 크기에 관한 논쟁이 천문학자들 사이에서 일어났다. 각 진영의 대표 주자들의 이름을 따서 '섀플리-커티스 논쟁'이라 불린다. 섀플리는 나선 성운은 작은 별의 집단으로 우리 은하 내부에 있다고 했고, 미국의 천문학자 히버 커티스Heber Curtis(1872~1942)는 나선 성운은 우리 은하 밖에 있는 또 다른 은하라고 주장했다.

섀플리-커티스 논쟁은 1925년 미국의 천문학자 에드윈 허블Edwin Hubble(1889~1953)이 당시 가장 큰 지름 2.5미터인 윌슨 산 천문대의 후커 망원경을 사용해 안드로메다 성운을 포함한 몇 개의 나선 성운에서 세페이드 변광성을 찾아내고 그 거리를 측정하면서 끝이 났다. 허블이 내놓은 결과는 나선 성운의 거리가 우리 은하의 지름보다 훨씬 더 커 우리 은하 외부에 있는 것이고 그 크기도 우리 은하와 비슷하다는 것이다. 안드로메다 성운을 포함한 나선 성운들은 우리 은하 바깥에 있는 또 다른 은하들이었다. 당시의 사람들은 우리 은하(은하수)가 우주의 전부라고 믿었는데, 느닷없이 우주는 은하수를 뛰어넘어 수많은 은하들이 펼쳐진 드넓은 공간으로 확장된 것이다.

망원경을 통해 보이는 많은 흐릿한 구름 같은 것들이 대부분 멀리 떨어진 은하로 밝혀지면서 우리의 우주는 이 은하들이 펼쳐져 있는 드넓은 공간으로 확장이 되었다. 이제 이 은하들이 펼쳐진 우주의 크기와 모습을 알기 위해서는 더 멀리 떨어진 은하들까지의 거리를 알아낼 수 있는 방법을 찾아야 한다. 비교적 가까운 곳에 있는 은하들은 망원경으로 세페이드 변광성을 찾아내어 거리를 알 수 있지만, 그보다 더 멀리 있어 별이 분해되지 않는 은하들의 거리는 어떻게 알 수 있을까?

우주의 모습을 파악하는 데 은하들까지 거리를 아는 것도 중요하지만, 이들의 움직임을 살펴보는 것도 중요하다. 멀리 있는 별이나 은하까지의 거리를 아는 것은 어렵지만 움직임을 알아내는 것은 그보다 쉽다. 19세기에 발전된 분광학과 도플러 효과의 발견 덕이었다. 먼저 이 두 가지를 간략하게 알아보자.

뉴턴은 햇빛을 프리즘에 통과시키면 빛이 분산되어 무지개가 나타나는 것을 발견했다. 빛의 분산 현상은 빛의 파장에 따라 물질에서의 굴절률이 달라서 나타나는 현상이다. 이는 태양빛에 모든 파장의 빛이 섞여 있음을 보여준다. 파장에 따른 빛의 양을 나타내는 것을 스펙트럼spectrum이라 한다. 연속 스펙트럼은 모든 파장의 빛이 연속적으로 나타나는 것을 말한다. 태양빛이 가진 연속 스펙트럼은 고밀도의 뜨거운 물체가 내는 빛의 특징이다.

그런데 밀도가 낮아져서 기체 수준이 되면 나오는 빛은 특정 파장의 빛에서만 나타나는 선 스펙트럼을 보인다. 개개의 원자가 특정 파장의 빛들만 내기 때문에 나타나는 이 선들을 방출선이라 부른다. 특정 파장들은 원자마다 고유한 것이어서, 방출선은 원자들을 구별하는 방법으로 쓰일 수 있다. 원자들이 내는 빛은 왜 이런 선 스펙트럼을 보이고, 뜨거운 물체가 내는 빛은 연속 스펙트럼을 보이는가는 20세기에 와서 양자 역학을 통해 이해할 수 있게 되었다.

태양빛의 연속 스펙트럼을 잘 살펴보면 사이사이에 검은 선들이 나타난다. 1814년 독일의 물리학자 요제프 폰 프라운호퍼Joseph von Fraunhofer(1787~1826)는 이 선들을 체계적으로 연구해 570개 이상의 선을 찾아내고 그 파장을 전부 측정했다. 45년 후 독일의 물리학자 구스타프 키르히호프Gustav Kirchhoff(1824~1887)와 화학자 로베르트 분젠Robert Bunsen(1811~1899)은 이 선들 중 일부가 원자들이 가열되었을 때 내는 방출선과 일치하는 것을 발견했다. 태양의 대기에 있는 화학 원소들에 의해 특정 파장들의 빛이 흡수-산란되어 사라져 검은 선들이 나타나는 것이다. 이 검은 선들을 '흡수선absorption line'이라 부른다. 별의 흡수선은 별 대기의 화학 원소들을 알아내는 도구가 된다.

19세기 후반에서 20세기 초에 이루어진 천문학의 큰 진전은 별빛의 스펙트럼, 특히 흡수선을 분석하고 분류한 덕택이었다. 별은 멀리 있는 태양이라는 것도 별과 태양의 흡수선들이 유사하다는 점에서 확실해졌다. 흡수선들이 같다는 것은 별과 태양이 같은 화학적 구성을 가지는 것을 분명하게 보여 준 것이다.

도플러 효과Doppler effect는 파원에 대해 상대적으로 움직이는 관찰자에게 관측되는 파동의 진동수가 변하는 현상이다. 1842년 오스트리아의 물리학자 크리스티안 도플러Christian Doppler(1803~1853)가 처음으로 이런 현상의 존재를 밝혔다. 뒤이어 1845년 네덜란드의 화학자 바위스 발롯Buys Ballot(1817~1890)이 음파에 미치는 도플러 효과의 존재를 확인했고, 1848년 프랑스의 물리학자 이폴리트 피조Hippolyte Fizeau(1819~1896)가 빛에 대해서도 확인했다.

일상에서도 음파의 도플러 효과를 경험할 수 있다. 지하철역으로 들어오는 전차의 소리가 나에게 다가올 때와 나를 지나 멀어질 때의 높이가 다르다는 것을 느끼는 것이 그 예다. 도플러 효과에 의한 진동수의 변화를 파원과 관찰자가 같은 선상에서 움직이는 1차원 운동의 간단한 경우에 대하여 정량적으로도 알아보자.

파원의 속도를 v_s, 관찰자의 속도를 v_0라 하면 둘 사이의 상대 속도는 $v_r = v_s - v_0$가 된다. 파원의 속도와 관찰자의 속도가 모두 파동의 전파 속력 v에 비해서 충분히 작다면, 도플러 효과에 의한 진동수의 변화는 $\Delta f/f = \pm v_r/v$로 주어지고, +부호는 파원과 관찰자가 가까워질 때, −부호는 멀어질 때 적용된다. 진동수의 변화를 측정하면 파원과 관찰자가 가까워지는지 멀어지는지와 그 속도를 알 수 있다.

도플러 효과는 자동차의 속도를 측정하는 스피드건, 초음파를 사용한 혈류 측정, 비행 물체를 감지하는 레이더 등 다양한 곳에 응용되고 있다. 별빛도 도플러 효과를 보이는데, 별이 다가올 때는 진동수가 높아져서 색이 청색 쪽으로 이동하고 멀어질 때는 진동수가 낮은 적색 쪽으로 이동한다. 이를 측정해서 별의 움직임 방향과 속도를 알 수 있다.

도플러는 별빛의 색이 다양한 것이 지구에 대해 상대적인 운동으로 인한 도플러 효과라고 생각했다. 그러나 실제로 별의 색은 별의 온도에 더 영향을 받으므로 이것으로 별의 운동에 의한 도플러 효과를 알 수는 없다. 대신 별의 운동에 의한 별빛의 도플러 효과는 스펙트럼의 흡수선을 통해 어렵지 않게 알 수 있다. 별빛은 잘 알려진 특정 파장의 흡수선들이 있기에 이 흡수선의 위치에 변화가 있는지를 보면 된다. 1848년 피조는 일부 별들의 스펙트럼에서 보이는 흡수선들의 이동이 도플러 효과 때문일 것이라고 했다. 1868년 허긴스는 이 흡수선의 이동을 이용해서 별이 지구로부터 멀어지는 속도를 처음으로 구했다. 별이 멀어질 때는 흡수선이 적색 쪽으로 이

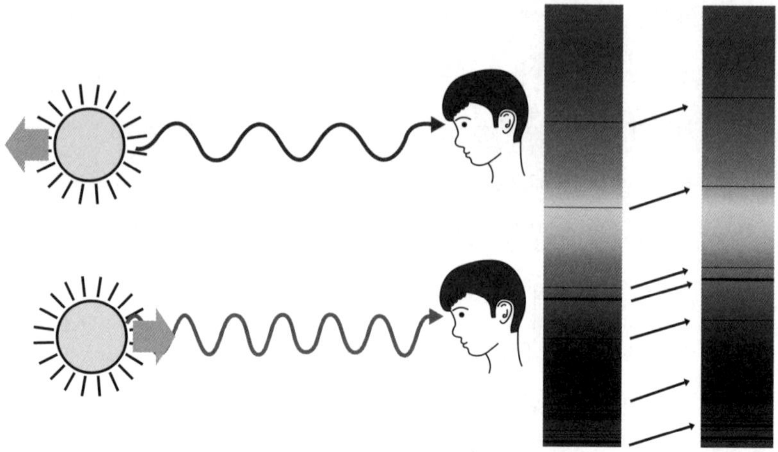

그림 36 먼 은하에서 온 빛의 흡수선(오른쪽)이 태양의 흡수선(왼쪽)에 비해 적색(진동수가 낮은 또는 파장이 긴) 쪽으로 이동해 있다.

동하고, 다가올 때는 청색 쪽으로 이동하기 때문에, 각각을 적색 이동(적색 편이), 청색 이동(청색 편이)으로 부른다.

외부 은하들의 움직임도 은하들이 내는 빛의 적색 이동을 관측하면 알 수 있다. 표준 촛불을 찾아내야만 가능한 거리 측정에 비하여 적색 이동의 측정은 충분한 밝기의 은하라면 어렵지 않게 할 수 있다. 외부 은하의 운동과 관련된 첫 단서는 1912년 미국의 천문학자 베스토 슬라이퍼Vesto Slipher(1875~1969)가 찾아냈다. 대부분의 나선 성운들은 흡수선들이 적색 쪽으로 상당히 이동되어 있는 것을 발견한 것이다. 나중에 이 나선 성운들은 모두 외부 은하들로 밝혀졌다. 관측된 적색 이동을 도플러 효과로 해석하면 대부분의 외부 은하들이 상당한 속력으로 우리에게서 멀어지고 있다는 뜻이다.

외부 은하들의 운동과 관련된 가장 중요한 발견은 1929년 외부 은하의

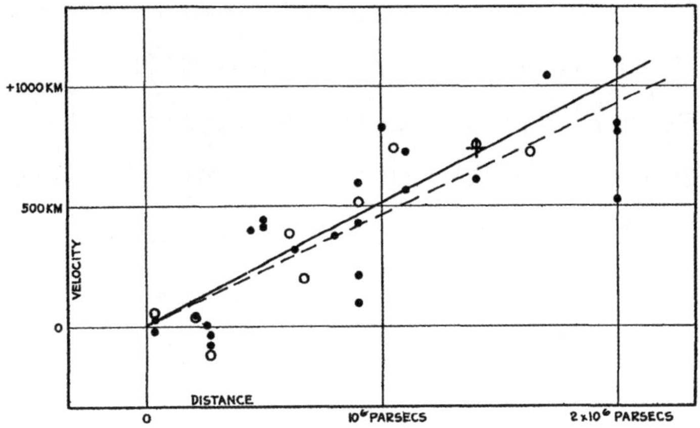

그림 37 허블의 논문에 있는 후퇴 속력-밝기 거리 관계 그림. 허블은 세페이드 변광성들을 관측하여 밝기 거리를 구함으로써, 외부 은하의 후퇴 속력의 크기가 거리에 비례함을 발견했다. 그림에서 몇 개의 점들은 후퇴 속력이 음수인데, 실제로 안드로메다 은하를 포함한 우리 은하 근처의 은하들은 우리에게서 멀어지는 것이 아니라 가까워진다.

적색 이동(후퇴 속력)의 크기가 밝기 거리에 비례한다는 것으로 허블이 찾아냈다. 허블은 윌슨 산의 직경 2.5미터 망원경으로 세페이드 변광성들을 찾아내서 구한 나선 은하들의 거리와 슬라이퍼가 구해 놓은 적색 이동(후퇴 속력)을 비교해 이 관계를 찾아낸 것이다(그림 37).

발견자의 이름을 따서 허블의 법칙이라 불리는 이 외부 은하들의 적색 이동-밝기 거리 관계는 중요한 점이 두 가지다. 첫 번째로 허블의 법칙은 우리 우주의 공간이 팽창하고 있다는 것을 의미한다. 두 번째로 모든 은하들이 허블의 법칙을 따른다면 우리는 적색 이동을 측정해서 은하들의 거리를 알 수 있다. 이 두 가지는 현재 우주의 모습을 파악하는 데 중요하므로 자세히 살펴보자.

허블의 법칙은 은하의 후퇴 속도를 $\vec{v}$, 은하의 위치를 $\vec{r}$이라 하면 $\vec{v} = H_0\vec{r}$로 표현할 수 있다.● 상수 H_0는 거리에 따라 은하들이 얼마나 빨리 멀어지는가를 나타내는 값인데, 현재 관측값은 $H_0=68$km/s/Mpc로 1Mpc에 있는 은하가 약 68km/s의 속력으로 후퇴하고 있다는 뜻이다.

모든 은하가 지구(우리 은하)로부터 '거리에 비례해서' 멀어진다는 것은 지구를 중심으로 흩어지고 있다고 생각하기 쉽지만, 사실은 그 반대로 중심 없이 모든 은하가 서로 멀어지고 있는 상태를 나타낸다. 예를 들어 은하들에 번호를 $i=1, 2, 3, \cdots$ 붙이고 지구(우리 은하)를 원점으로 해서 각 은하들의 위치를 $\vec{r}_i$, 후퇴 속도를 $\vec{v}_i$라 하면, 허블의 법칙은 $\vec{v}_i=H_0\vec{r}_i$가 된다. 이제 원점을 아무 은하, 예를 들어 1번 은하로 바꿔 잡으면 다른 은하들의 위치는 $\vec{r}_i-\vec{r}_1$이 되고 1번 은하에서 보이는 후퇴 속도는 $\vec{v}_i-\vec{v}_1$이 되는데, 이 둘 사이에는 똑같은 허블의 법칙 $\vec{v}_i-\vec{v}_1=H_0(\vec{r}_i-\vec{r}_1)$가 성립한다. 어떤 은하에서 보더라도 모든 은하는 허블의 법칙에 따라 멀어지는 것이다.

이렇게 모든 은하가 서로 '거리에 비례해서' 멀어진다는 것은 무엇을 뜻하는 것일까? 허블은 이를 우주 공간의 팽창으로 해석했다. 은하들이 놓여 있는 공간 자체의 모든 곳이 똑같은 비율로 늘어나면 허블의 법칙이 성립한다는 것이다. 수식을 사용하면 이것을 명확히 볼 수 있다.

공간이 모든 곳에서 같은 비율로 늘어난다는 것은 은하의 위치가 시간에 따라 $\vec{r}(t)=a(t)\hat{r}$($\hat{r}$은 $\vec{r}$ 방향의 단위 벡터)로 변한다는 것을 말한다. 그러면 후퇴 속도는 $\vec{v}(t)=\frac{d\vec{r}(t)}{dt}=\frac{da(t)}{dt}\hat{r}=\frac{da(t)/dt}{a(t)}\vec{r}(t)$이 된다. 공간이 늘어나는 빠르기를 팽창 속도 $H(t)=\frac{da(t)/dt}{a(t)}$로 정의하면 $\vec{v}(t)=H(t)\vec{r}(t)$로 허블의 법칙이 성립하게 된다. 이렇게 해석하면 허블 상수는 $H_0=H(t=t_0$, 현재)로 현재의 팽창 속도가 된다. 모든 공간이 같은 비율로 늘어난다는 것을 직관적으로 이해

● 후퇴 속력이 거리에 비례하고, 이는 은하의 보이는 방향에 관계가 없다는 것을 3차원의 벡터방정식으로 표현한 것이다. 벡터의 의미는 3장을 참조하라.

노새몰이꾼에서 천문학자로

은하들을 관찰해 허블의 법칙을 발견할 때 허블의 조력자로서 같이 일했지만 허블의 명성에 가려 사람들에게 그리 알려지지 않은 사람이 밀턴 휴메이슨Milton Humason(1891~1972)이다. 그는 고교 시절 산이 좋은 나머지 학교를 중퇴하고 윌슨 산에 머물렀는데, 그때 건설되는 윌슨 산 천문대의 건축 자재를 운반하는 노새몰이꾼으로 일하게 된다. 휴메이슨은 천문대 엔지니어의 딸과 사랑에 빠져, 윌슨 산에 남아 있기 위해 계속 그 일을 하게 되고 결혼까지 하게 되었다. 그 후 친척의 일을 돕느라 그곳을 떠났다가 1917년 관측소의 수위가 그만두면서 장인의 제안으로 그 자리를 맡아 돌아온다.

윌슨 산 천문대에서 수위로 일하게 된 휴메이슨은 천문 관측에 관심을 가지게 되었고, 곧 망원경과 기계 장치를 다루는 손재주를 인정받아 천문대의 야간 조수로도 자원해 일한다. 1919년 관측소장이 탁월한 그의 관측 능력을 인정해 정식 연구원으로 임명했다. 휴메이슨은 14세 이후로 정식 교육을 받은 적이 없었지만 천문 관측에 대한 열정과 노력으로 그 자리에 올랐고, 그 이후로 많은 훌륭한 업적을 남길 수 있었다.

하는 방법은 그림 38처럼 우리가 사는 세상을 풍선(2차원 구면)으로 생각해 보는 것이다. 풍선이 커지면 풍선 위의 모든 점들은 서로 멀어진다.

허블의 법칙으로 멀리 있는 은하들의 거리를 잴 수도 있다. 허블의 법칙이 세페이드 변광성을 통해 거리를 측정할 수 있는 가까운 은하뿐만이 아니라 먼 곳에 있는 은하까지 확장돼서 성립한다면, 우리는 먼 은하의 적색이동을 측정해서 그 은하까지의 거리를 알 수 있다. 물론 이 거리가 정확하려면 (가까운 곳의 거리를 잴 수 있는 은하들을 사용해서) 허블 상수 값을 정확히 결

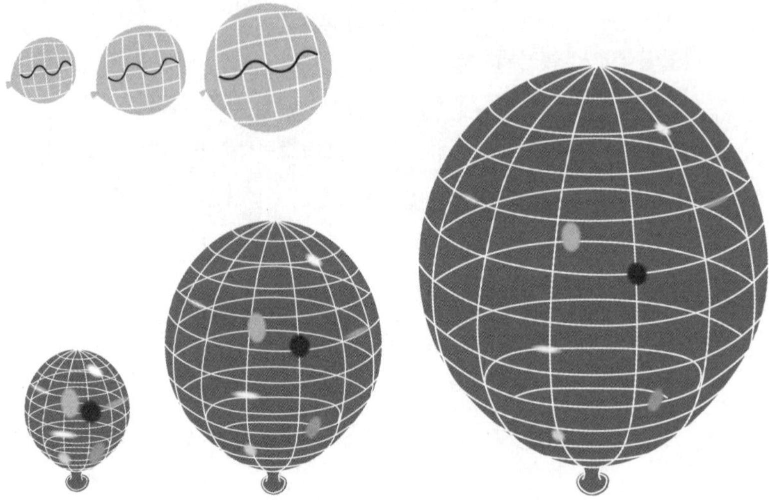

그림 38 우주의 팽창을 풍선의 팽창에 비유해 볼 수 있다. 풍선이 팽창하면 풍선 위의 점들은 서로 멀어지는데, 멀어지는 속력이 거리에 비례한다. 또한 풍선 위의 파동은 파장이 늘어나서 적색 이동이 된다.

정해야 한다. 연주 시차에서 세페이드 변광성을 이용한 광도 거리 측정으로 우주 거리 사다리를 한 칸 건너 왔듯, 광도 거리에서 허블의 법칙을 이용한 거리 측정으로 다음 한 칸을 더 이어 가게 되었다.

과연 허블의 법칙이 먼 거리의 은하들에도 성립될까? 허블의 법칙이 우주의 팽창에 의한 것이라면 적색 이동이 그리 크지 않은 은하에 대해서는 성립될 것으로 보인다. 적색 이동의 크기를 나타내기 위해 방출된 빛의 파장과 관측된 빛의 파장 비를 사용하여 적색 이동 변수를 $z=(\lambda_{관측}/\lambda_{방출})-1$로 정의한다. 적색 이동 변수 z가 1보다 충분히 작으면 허블의 법칙이 성립한다. z가 1과 비슷해지거나 더 커지면 적색 이동과 광도 거리의 관계는 더 이상 비례하지 않고, 우주 팽창의 역사에 의존하여 달라진다.

은하의 적색 이동을 은하가 우리로부터 멀어지면서 생기는 도플러 효

후커 망원경

그림 39 윌슨 산 천문대의 후커 망원경.

허블이 관측에 사용한 윌슨 산 천문대에 있는 100인치(2.5m) 반사 망원경이 후커 망원경이다. 윌슨 산 천문대는 카네기연구소가 설립한 민간 천문대로, 미국의 천문학자 조지 엘러리 헤일George Ellery Hale(1868~1938)이 설립을 주도했다. 헤일은 60인치 반사 망원경의 설치를 끝낸 직후 바로 100인치 반사 망원경에 대한 계획을 세우고 자금을 지원해 줄 후원자를 찾아 나섰다. 사업가 존 D. 후커John D. Hooker가 망원경에 자신의 이름을 붙이기로 하고 후원했다. 이 망원경이 우주의 팽창을 발견하는 데 쓰이면서 역사에 이름을 남겼으니, 후커로서는 아주 성공적인 투자였다고 볼 수 있다.

반사 망원경 제작의 핵심은 거울을 만드는 것인데, 당시에는 거대한 유리 원반을 포물면으로 깎아 은 박막을 입혀서 만들었다. (지금은 은보다 변색이 적고 반사율이 좋은 알루미늄을 쓴다.) 거대한 유리 원반을 정확하게 포물면으로 깎는 작업은 아주 고통스런 작업인데, 헤일은 이 작업을 조지 W. 리치George W.

Ritchey라는 망원경 제작자에 맡겼다.

리치는 먼저 설치된 60인치 망원경의 거울도 제작했는데, 그 기간이 2년이나 걸렸다. 이 작업 후 후유증으로 그는 정신과 치료를 받기도 했다. 그는 100인치 거울 작업은 하지 않으려고 했지만, 헤일의 설득으로 결국 다시 맡았고 5년의 작업 끝에 거울을 완성했다.

1918년 설치를 마친 후커 망원경은 당시로는 세계 최대의 망원경으로, 팔로마 천문대에 200인치 망원경이 설치될 때까지 30년간 그 지위를 유지했다. 이 망원경 덕으로 허블은 안드로메다 은하를 비롯한 외부 은하에서 세페이드 변광성들을 찾아낼 수 있었고, 우주의 팽창을 발견할 수 있었다. 허블의 업적이 위대한 만큼, 그것을 가능하게 한 헤일의 노고도 못지않게 훌륭하다.

과로 보았지만, 엄밀하게 보면 이것은 도플러 효과가 아니다. 실제 (주변 은하들의 중력에 의한 국소적 운동을 빼면) 은하들은 움직이지 않고 정지해 있고, 은하 사이의 공간이 팽창하면서 그 공간에 전파해 오는 빛의 파장이 늘어나는 것이다(그림 38). 따라서 정확하게 이름을 붙이자면 '중력 적색 이동 gravitational redshift'이 되어야 한다. 하지만 관측으로는 은하의 실제 운동에 의해서 생기는 적색 이동과 공간의 팽창에 의한 중력 적색 이동을 구별할 수 없어서 혼동해서 써도 크게 문제가 되지는 않는다.

우주가 팽창하고 있다는 사실은 인류의 우주에 대한 인식에 큰 변화를 가져왔다. 오랫동안 인류에게는 우주는 영원불변할 것이라는 생각이 지배적이었다. 하지만 이제는 적어도 우리가 볼 수 있는 우주의 범위에서 우리 우주는 영원불변한 것이 아니라 팽창하면서 변화하고 있으며, 그래서 시작과 끝이 있을 수 있다는 것을 인식하게 되었다. 물론 모든 사람이 이 사실을 단번에 받아들였던 것은 아니다. 빅뱅의 존재와 유한한 역사를 가진 우주는 상당한 논쟁을 거치는데, 우주 배경 복사의 발견과 빅뱅 핵합성의 확인 등 가시적인 성과를 통해서 확고한 자리를 잡게 되었다.

8. 우주의 모습

외부 은하와 허블의 법칙 발견 이후, 우주 탐사의 주역은 별에서 은하로 바뀌었다. 이제 우리 우주의 모습을 파악하려면 은하들의 분포와 움직임을 살펴봐야 한다. 우주의 크기에 대해서도 다시 생각해 봐야 했다.

팽창하고 있는 현재의 우주와 이를 이해하는 바탕이 되는 일반 상대성 이론에 의하면 은하가 생겨나기 시작한 후에서 현재까지의 시간이 유한하고, 그동안 빛이 갈 수 있는, 즉 우리가 볼 수 있는 거리도 유한한데, 이를 우주의 지평선이라 한다. 우주의 모습도 우주의 지평선까지만 관측을 통해 파악할 수 있기 때문에, 그보다 더 먼 거리에서 일어나는 일은 알 수 없는 상황이 된 것이다. 그렇지만 현재의 지평선 안에만 해도 수천억 개의 은하가 존재하는 것으로 보인다.

컬러 그림 4는 웬만한 망원경으로는 아무것도 보이는 것이 없는 하늘의 어두운 영역을 허블 망원경으로 긴 시간 동안 노출해 찍은 밤하늘의 사진이다. 아무것도 없다고 생각했던 그 영역에도 이렇듯 수많은 천체들이 나타나고, 그 천체들을 잘 살펴보면 모두 은하인 것을 알 수 있다. 우리의 우주는 수많은 은하들로 차 있는 것이다.

은하의 분포는 우주의 모습에 대한 중요한 정보들을 제공하기 때문에 여러 차례 체계적인 조사가 이루어져 왔다. 망원경과 디지털 이미지 기술의 발전으로 먼 거리에 있는 어두운 은하까지 볼 수 있게 되었고, 스펙트럼의 적색 이동을 측정하고 허블의 법칙을 이용해 그 거리를 알 수 있게 되었다. 대표적인 은하 조사 프로젝트로는 2dFGRS(Two-degree-Field Galaxy Redshift Survey), SDSS(Sloan Digital Sky Survey) 등이 있다. 이를 통해 100만 개 이상의 은하 목록이 만들어졌다.

은하의 분포가 보여 주는 현재 우주의 모습은 어떨까? 컬러 그림 5는 SDSS가 얻은 3차원 은하 분포의 한 단면을 보여 준다. 작은 거리 규모에서 자세히 보면 은하의 분포는 골고루 퍼져 있는 것이 아니라 많이 모인 곳과 성긴 곳이 구별된다. 그래서 작은 규모의 은하단에서부터 큰 규모의 초은하단, 은하단들을 잇는 필라멘트, 사이사이의 거대 공동void 등 여러 가지 거대 구조를 보여 준다.

그러나 큰 거리 규모에서 평균을 내보면 은하의 분포는 규모가 커질수록 점차 균일해져 우주의 모든 곳이 비슷해 보인다. 은하 분포가 보여 주는 우리 우주의 모습은 작은 규모에서는 불균일한 분포에 의해 여러 단계의 구조들이 형성되어 있지만, 큰 규모로 갈수록 점점 균일해져서 지평선 안의 우주는 어디나 다 똑같은 모습이다. 우리가 사는 지구와 태양이, 또는 우리의 은하가 우주의 중심이 아니라는 것이 명백해졌다. 우주에는 그런 특별한 곳이 없다는 게 현재의 결론이다.

은하의 분포 이외에 우리에게 우주의 모습을 보여 주는 것으로 무엇이 있을까? 우주의 팽창은 우주의 옛 모습을 살펴볼 수 있는 결정적인 흔적을 남겨 놓았는데, 우주 마이크로파 배경 복사(Cosmic Microwave Background Radiation: CMB)가 바로 그것이다. 우주 배경 복사는 빅뱅 후 38만 년 후•에 우주가 팽창에 의해 식으면서 물질(전자와 양성자)과 강하게 결합하고 있던 빛이 물질로부터 분리되어 우주를 자유롭게 돌아다니는 것이다. 이 빛은 분리 직전까지 열 평형을 유지했기 때문에 흑체 복사 스펙트럼을 유지하고 있다. 우주의 팽창으로 인해 계속 식어서 이 빛은 현재 약 3K의 온도를 가지고 있고, 그래서 중심 파장이 마이크로파 영역이다.

우주 배경 복사의 존재는 1965년 아노 펜지어스Arno Penzias(1933~)와 로버트 윌슨Robert Wilson(1936~)이 발견했으며, 이후 빅뱅 우주론의 강력한 증거가 되었다. 물질로부터 빛의 분리가 (우주 시간 기준으로) 짧은 순간에 일어나기 때문에 현재 우리가 관찰하는 우주 배경 복사는 우리를 중심으로 하는 거대한 구면에서 빅뱅 후 38만 년에 마지막으로 충돌한 후●● 우주를 날아와서 현재의 우리에게 도달한 빛이다. 우주 배경 복사는 빅뱅 후 38만 년일 때 최종 산란면의 모습을 스냅 사진으로 우리에게 보여 주는 것이고, 우리가 빛을 통해 볼 수 있는 우주의 가장 태고적 모습이다. 우주 배경 복사에는 당시의 우주에 대한 많은 정보를 담고 있는데, 우주의 물질 구성과 분포도 반영되어 있다.

펜지어스와 윌슨이 관측한 우주 배경 복사는 매우 등방isotropic이어서 하늘의 모든 방향에서 같은 온도인 것으로 나타났다. 이것은 우주가 거대 규모에서 균일하다는 사실과 상통하는 결과다. 그런데 은하의 분포는 작은 규모에서는 구조들을 보이므로 이 구조들이 생겨나기 위해서는 초기 우주에 물질 밀도의 요동이 있어야만 하고, 이 밀도 요동은 우주 배경 복사에도 흔적을 남길 것으로 예상이 된다. 1970년대부터 이 요동의 흔적을 찾기 시작했고 마침내 1992년 COBE(COsmic Background Explorer) 실험에서 관측에

● 현재로부터 따질 때 우주의 나이 138억 년에 비하면 38만 년은 너무 작아서 이 시기나 빅뱅이 시작한 시기나 대략 138억 년 전이긴 마찬가지다.

●● 그래서 이 거대한 구면을 '최종 산란면last scattering surface'이라고 부른다. 그림 40 참조.

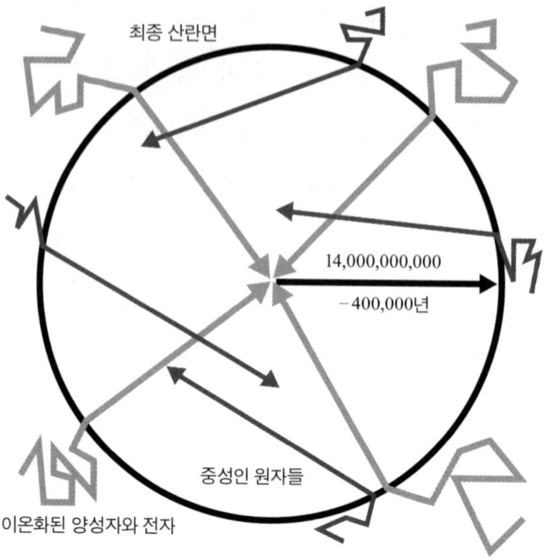

그림 40 최종의 산란면. 뜨거운 우주에서 전자, 양성자와 잦은 충돌을 통해 열평형을 유지하고 있던 빛은 빅뱅 후 38만(현재로부터 138억 년 전)에 마지막으로 전자와 충돌한 후 자유롭게 우주를 돌아다니게 된다. 현재 우리가 관측하는 우주 배경 복사는 우리 위치에서 138억 년 거리에 있는 구면에서 마지막으로 충돌한 후 우리에게 도착한 빛이다. 그동안 우주 배경 복사의 온도는 우주의 팽창에 의해 3300K에서 3K로 내려간다.

성공했다.

컬러 그림 6은 그 결과를 보여 준다. 우주 배경 복사의 온도 측정 정밀도가 (1/1000)K보다 클 때는 그림 맨 왼쪽에 보이듯이 우주 배경 복사가 등방으로 나타난다. 정밀도가 (1/1000)K에 이르면 온도 분포에 쌍극자dipole 구조가 나타난다. 그런데 이 쌍극자 구조는 우주 배경 복사에 대해 태양계가 상대적으로 움직이고 있어서 나타나는 도플러 효과 때문에 밀도 요동에 의한 효과는 가려지게 된다. 밀도 요동의 효과는 정밀도가 (1/100000)K 수준이 되었을 때 마침내 나타났다. 이 정밀도를 달성하는 데, 펜지어스와 윌슨의 관측 이후 20여 년의 세월이 걸렸던 것이다.

우주 배경 복사의 비등방성(CMB Anisotropies: CMBA)의 발견은 현대 우주론이 관측에 바탕을 둔 진정한 과학으로 한 단계 올라서는 계기가 되었다. COBE의 성공으로 더 정밀한 우주 배경 복사 비등방성의 관측에 나서게 되었으며 WMAP(Wilkinson Microwave Anisotropy Probe)와 플랑크Planck 실험으로 이어져 정밀 과학으로서 우주론을 확립하게 되었다.

한편, 우주의 팽창을 좀 더 먼 거리까지 확인해 보려는 시도도 계속되었다. 허블이 우주의 팽창을 처음 발견했던 것은 적색 이동-광도 거리 관계를 통해서였다. 후퇴 속력에 비례하는 적색 이동이 광도 거리에 비례한다는 허블의 법칙은 현재 우주가 팽창하고 있다는 사실을 말해 준다. 그런데 허블의 법칙은 적색 이동의 크기가 1보다 충분히 작을 때만 성립하고 적색 이동이 더 큰, 즉 훨씬 더 멀리 있는 은하는 이 비례 관계에서 조금씩 벗어난다. 이 벗어나는 양상은 우주의 팽창이 (과거에) 시간에 따라 어떻게 달라지는가에 따라 다르고, 팽창의 역사는 우주의 물질 구성에 따라 달라진다. 따라서 큰 적색 이동, 즉 더 먼 거리, 더 예전 과거로 거슬러 올라가며 팽창의 역사를 추적해 보면 우주의 물질 구성에 대한 정보를 얻을 수 있다.

팽창의 역사를 더 멀리까지 추적하는 방법은 무엇이 있을까? 여전히 적색 이동-광도 거리 관계를 알아보는 것이 가장 좋은 방법이긴 한데, 더 먼 은하까지의 광도 거리를 알아내는 것이 관건이다. 가까운 은하는 세페이드 변광성이라는 훌륭한 표준 촛불을 통해 밝기 거리를 구할 수 있었다. 더 먼 은하의 광도 거리를 측정하려면 세페이드 변광성보다 더 밝아서 더 멀리까지 보이는 새로운 표준 촛불이 필요하다. 이 새로운 표준 촛불로 떠오른 것이 Ia형 초신성(supernova type Ia: SN Ia)이다.

거대 망원경을 사용하여 초신성에 대한 연구가 본격화된 1930년대부터 초신성의 밝기가 대략 일정하다는 제안이 있었다. 초신성 중에서도 Ia형 초신성이 1980년대에 최종적으로 표준 촛불로 확립되었는데, 결과적으로

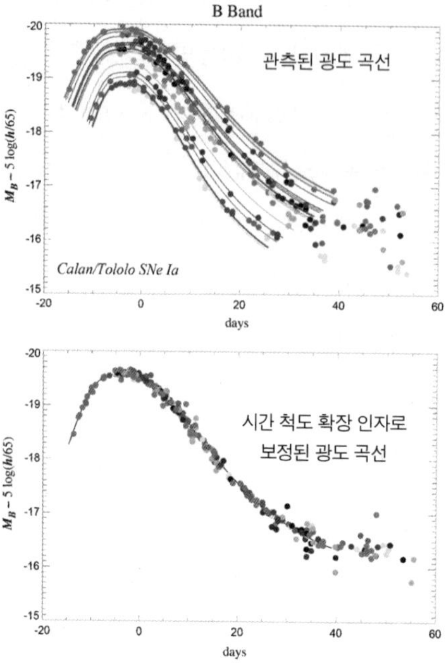

그림 41 초신성 Ia형들은 밝기가 거의 같지만 약간의 편차를 보이는데, 밝을수록 더 오래 빛을 내는 특성을 가졌다. 광도 곡선을 관측하면 밝기를 정밀하게 보정할 수 있어서 표준 촛불로 쓰인다.

이를 확인하는 데 50년이 걸린 셈이다. 초신성은 매우 밝아서 빛나는 동안 초신성이 속해 있는 은하 전체보다 밝을 수도 있다. Ia형 초신성은 밝기가 어느 정도 일정하고, 각 초신성마다 조금씩 차이 나는 것은 광도 곡선을 측정해서 밝기에 대한 정밀한 보정이 가능하다(그림 41). 아주 훌륭한 표준 촛불인 것이다. 문제는 정확한 광도 곡선을 얻으려면 초신성이 터진 직후에 바로 발견해 계속 추적을 해야 한다는 것이다. 즉 초신성이 충분히 밝아지기 전에 먼저 찾아내야 하는데, 이 작업은 먼 거리의 희미한 은하에서 일어나는 작은 변화를 지속적인 관찰로 찾아내야 하는 (비록 대부분 컴퓨터가 하긴 하지만) 지루한 작업이다. 컬러 그림 7은 이 작업의 한 예를 보여 준다.

이렇게 몇 년에 걸쳐 찾아낸 Ia형 초신성들을 모아서 적색 이동–광도

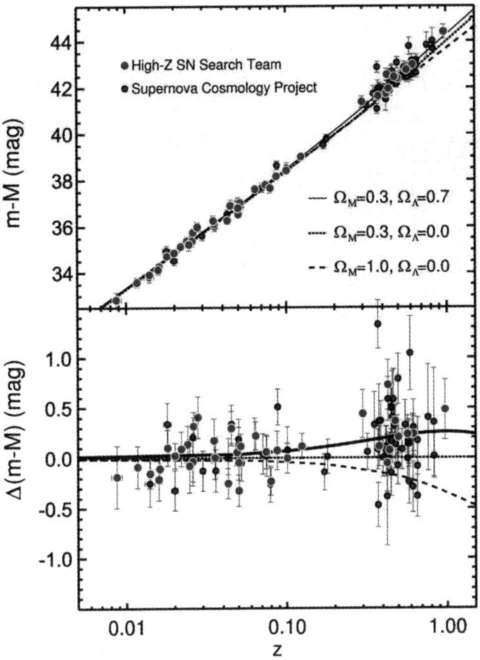

그림 42 Ia형 초신성을 사용하여 찾아낸 적색 이동-광도 거리 관계. 현재의 관측 결과를 보면 우주의 팽창이 가속되고 있다. 이를 설명하려면 암흑 에너지라는 음의 압력을 가지는 특이한 물질의 존재가 필요하다. 관측 결과를 가장 잘 맞추는 암흑 에너지의 양은 전체 에너지 밀도의 70% 정도일 때다.

거리 관계를 조사해서 얻은 결과는 놀라웠다. 우리 우주의 팽창이 가속되고 있다는 것이다. 이는 그 이전의 예상과는 반대되는 결과였다. 우리 우주는 보통의 먼지와 같은 물질이나 빛과 같은 복사로 채워져 있다고 믿어 왔고, 그럴 경우 일반 상대성 이론에 따르면 팽창은 점점 느려져야 한다.

우주의 팽창이 가속되고 있다는 것은 무엇을 뜻하는 것일까? 우리 우주의 팽창이 여전히 일반 상대성 이론으로 잘 기술될 수 있다면, 우주의 가속 팽창은 우주가 이전에 생각하고 있던 물질이 아닌 음의 압력을 가지는 특이한 물질로 채워져 있다는 것이 된다. 우주를 가속 팽창시키는 이 물질은 암흑 에너지dark energy로 불린다. 현재의 관측 결과들과 우주 배경 복사의 비등방성, 은하의 분포, 적색 이동-광도 거리 관계 등을 종합해 보면 암

초신성 Ia형

그림 43 초신성 Ia형은 백색 왜성과 적색 거성으로 구성된 이중성으로 적색 거성의 물질이 백색 왜성에 침착되면서 질량이 어떤 극한값에 접근하면 핵융합 폭주가 일어나서 폭발을 일으키는 것으로 보고 있다.

세페이드 변광성이 표준 촛불이 될 수 있었던 이유는 이들의 밝기가 일정한 편이고, 변광 주기를 통해서 교정이 가능했다는 점 때문이다. 모든 세페이드 변광성의 밝기가 대략 일정한 이유는 이들의 엔진이 기본적으로 동일한 메커니즘으로 작동하기 때문이다. 초신성 Ia형들의 밝기가 비슷한 이유도 아마도 이들이 동일한 메커니즘으로 작동하는 엔진을 가지고 있기 때문일 것이다.

현재 초신성 Ia형의 엔진에 대한 가장 유력한 이론은 탄소-산소 백색 왜성을 가진 이중성 계에서 다른 쪽 별로부터 공급되는 물질이 백색 왜성에 침착되면서 질량이 어떤 극한값($1.38M_\odot$ 정도로 백색 왜성의 붕괴가 일어나는 찬드라세카르 극한과는 개념적으로 다른 극한이다)에 접근하면 중심부의 온도가 올라가 탄소 핵융합이 점화되면서 핵융합 폭주 반응으로 이어져 폭발을 일으키는 것이다(그림 43 참조). 초신성 Ia형들이 대부분 비슷한 상황에 도달했을 때 폭발이 일어나기 때문에 거의 같은 밝기를 가진 것으로 본다.

흑 에너지는 우주 상수 또는 진공 에너지라 불리는 에너지 밀도와 같은 크기의 음의 압력을 가지는 물질일 가능성이 가장 크고, 그 양은 우주 에너지 밀도 전체의 70% 정도가 되는 것으로 나타난다(그림 42 참조). 우주는 우리가 예상하지 못했던 그런 물질들로 차 있는 것이다.

뉴턴은 운동의 법칙과 중력의 법칙을 통해서 행성의 운동을 이해했다. 앞에서 우리가 살펴본 우주의 모습은 어떻게 이해할 수 있을까? 팽창하는 우주를 이해하는 현재의 틀은 시공간과 물질의 동역학이다. 시공간의 동역학에 대한 이론이 일반 상대성 이론이고, 물질의 동역학에 대한 이론이 입자물리 표준 모형standard model이다. 다음 세 장에서는 일반 상대성 이론과 입자물리 표준 모형이 어떤 이론인지 알아보는 길고 험한 탐험을 하게 될 것이다. 이를 바탕으로 우주의 모습을 이해해 보자.

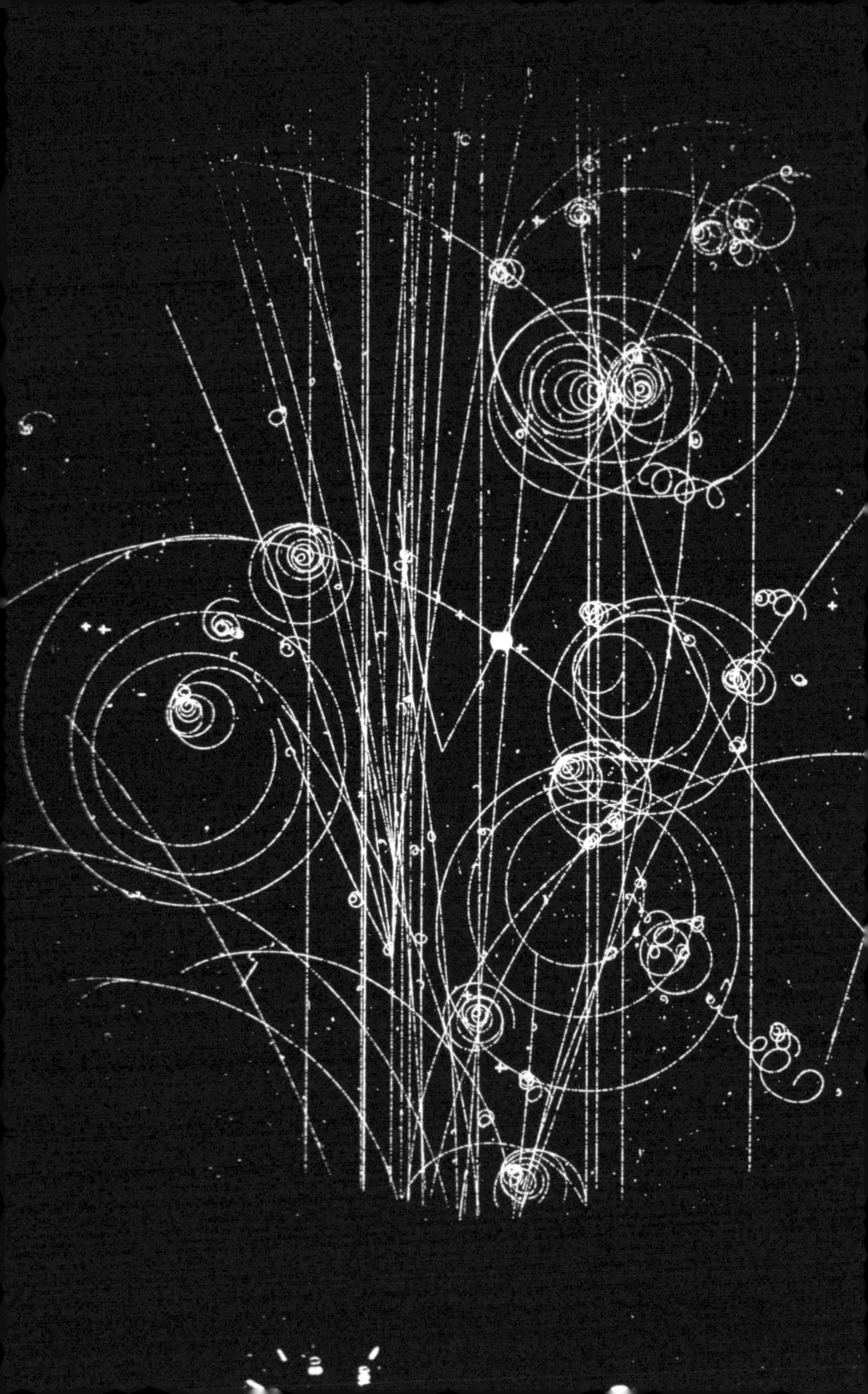

3장

시공간과 상대성

우주는 우리가 살고 있는 전체 시공간과 그 안에 담긴 모든 물질을 아우른다. 현대 우주론은 우주를 시공간과 물질이란 큰 틀에서 이해하는 것이며, 이것을 다루는 물리학의 기초가 일반 상대성과 양자 역학이다. 20세기에 들어 상대성 이론과 양자 역학에 의해 시공간과 물질에 대한 우리의 이해는 큰 변화를 겪었다. 특수 상대성은 시간과 거리 측정 결과가 관찰자마다 다를 수 있고 물질과 에너지가 서로 전환될 수 있음을 보여 주었다. 일반 상대성은 중력을 물체 사이에 작용하는 힘에서 시공간의 휘어짐으로 바꾸었으며, 시공간은 물질과 독립적으로 존재하는 것이 아니라 물질에 의해 동역학적으로 결정되는 것임을 보여 주었다.

현대 우주론을 이해하기 위해서는 일반 상대성과 양자 역학에 나오는 개념들과 기본적인 내용들을 반드시 알아야 한다. 이 장에서는 아인슈타인 방정식에 이르는 상대성 이론의 기본적인 내용을 다룬다. 되도록 쉽게 설명하겠지만 조금 낯선 내용도 있을 것이고 수식의 부담도 있을 것이다. 수식의 부담이 너무 크다면 굳이 이해하려 하지 말고 그림 감상하듯이 훑어보고 넘어가기를 권한다. 일반 상대성에 대해서 충분히 알고 있다고 생각한다면 이 장을 건너뛰고 다음 장으로 넘어가도 좋다. 그렇지만 상대성 이론의 기본적인 내용들을 천천히 음미해 보는 것도 충분히 즐거움을 줄 것이다.

이 장을 읽어 나가는 데 가장 큰 어려움은 아마도 벡터, 텐서와 행렬의 장벽일 것이다. 그러나 이를 빼고 상대성을 얘기한다는 것은 틀림없이 수박 겉핥기가 될 것이다. 이 장의 목적지인 아인슈타인 방정식이 텐서방정식이다! 갈릴레이 상대성, 특수 상대성을 거치면서 한 단계씩 올라가 일반 상대성에 이르러 마침내 아인슈타인 방정식에 이르는 기쁨을 맛보길 바란다.

1. 물체의 운동과 관성계

물리학은 물체, 그중에서도 하늘의 물체인 행성의 운동을 규명하는 역학 mechanics으로 시작했다. 역학은 물체의 운동을 기술하는 방법을 다루는 운동학kinematics에서 시작한다. 크기가 충분히 작은 점 입자인 경우에는 운동의 기술이란 시간에 따라 바뀌는 입자의 위치를 시간의 함수로 표시하는 것이다.

입자의 위치는 어떻게 나타낼까? 위치를 표시하기 위해 우리는 공간에 좌표계를 설정한다. 하나의 거리를 따라 쭉 늘어선 집들의 위치를 어떻게 나타내는지 생각해 보자. 우선 기준이 되는 한 집을 정한다. 그 집에서부터 한쪽 방향으로 1, 2, 3, …, 반대쪽으로는 −1, −2, −3, … 번호를 붙여 나가면 숫자(이 경우에는 정수)로 집의 위치를 나타낼 수 있다. 즉 원점을 잡고, 미리 정해 놓은 길이(이를 단위unit라고 한다)로 원점으로부터 거리의 비로 위치를 나타내는 것인데, 이 비를 좌표coordinate라 한다.

그런데 동네의 집들은 하나의 길을 따라 있는 것이 아니라 가로세로로 교차하는 거리들을 따라 있는 경우가 더 흔하다. 이 경우에는 가로와 세로 방향의 위치를 나타내는 두 개의 좌표를 쓰는 것이 더 편리하다. 각각의 집들이 여러 층으로 되어 있는 경우에는 수직 방향의 위치를 나타내는 하나의 좌표를 더하여 모두 세 개의 좌표를 쓰는 것이 편리하다.

우리는 경험을 통해 우리가 살고 있는 공간상의 위치를 나타내는 데 세 개의 좌표를 쓰면 되고, 이 세 좌표를 결정하는 가장 직관적인 방법은 한 점(원점이라 부른다)에서 만나는 서로 수직인 세 개의 직선을 설정하고 그 직선에 내린 수선이 만나는 위치로 정하는 것이다. 이런 좌표계를 직교 좌표계, 또는 이 좌표계를 수학에 처음 도입한 르네 데카르트René DesCartes(1596~1650)의 이름을 따서 카테시안Cartesian 좌표계라 한다. 수직인 세 직선을 각각 $x-$축, $y-$축, $z-$축이라 부르고 이 축으로부터 좌표를 $x-$좌표, $y-$좌표, $z-$좌표라 한다. 편의를 위해 이 좌표들을 괄호 안에 묶어 (x, y, z)로 표시하기도 하고, 때로는 x, y, z 대신에 자연수 첨자를 사용하여 x^1, x^2, x^3 또는 $x^i(i=1, 2, 3)$으로 쓰기도 한다.

시간은 어떻게 나타낼까? 먼저 생각해 볼 질문이 있다. 모든 사람에게 시간은 똑같이 흐를까 하는 것이다. 옛날 사람들은 이 문제를 심각하게 고민하지 않았다. 시간이란 시계로 재는 것인데, 가장 기본적인 시계는 태양이었고, 이는 모두에게 당연히 같다고 생각했다. 로마에 있든, 중국에 있든 하루는 같은 하루인 것이다. 그리고 각자가 가진 시계로 시간을 재어도 같을 거라는 데 별로 의심을 품지 않았다.

시간은 보편적인 것이었고, 시간의 원점을 언제로 정하는가만 관찰자(좌표계)마다 다를 수 있다. 이렇게 정한 시간을 이제 t로 쓰면, 물체의 운동을 기술하는 것은 위치를 표시하는 좌표를 시간의 함수 $(x(t), y(t), z(t))$로

공간의 차원과 점 입자

공간상의 위치를 표시하기 위해 필요한 독립적인 좌표의 개수를 그 공간의 차원 dimension이라고 한다. 우리가 속한 공간은 좌표 3개가 필요하므로 3차원이다. 우리의 공간은 왜 하필 3차원일까? 이 질문에 답하기 전에 우선 우리가 관측하는 공간의 차원은 상대적이라는 것을 알아야 한다. 우리가 보려는 크기에 따라 공간의 차원이 다르게 보인다는 것이다.

예를 들어 지름이 1㎝이고 길이가 1㎞인 송전탑에 걸린 전선을 생각해 보자. 송전탑 밑에서 바라보는 우리는 전선을 1차원 공간이라고 생각할 것이다. 그러나 전선 위를 돌아다니는 작은 개미들은 전선을 2차원 원통으로 여길 것이다.

더 극단적으로는 지구 위에 사는 우리는 지구를 거대한 3차원 공이라고 생각하지만, 태양계 전체를 볼 때는 지구를 1차원 점 입자로 생각해도 별 문제가 없다. 따라서 우리의 공간이 3차원이라는 것은 우리가 측정할 수 있는 가장 작은 길이(현재 대략 10^{-20}m 정도)까지 들여다봤을 때 3차원이라는 것이다. 만약 이보다 더 작은 크기의 차원이 존재하더라도 현재의 관측 기술로는 알 수가 없다.

실제로 통일장 이론이나 초끈 이론에서는 공간이 9 또는 10차원인 것까지 고려하며 3차원 이외의 여분 차원은 아주 작은 크기로 말려 있다고 본다. 이 경우 앞의 질문은 9 또는 10차원의 공간 중에 왜 하필 3차원은 크고 나머지 차원은 작은가로 바뀐다. 어쨌든 현재까지 이 질문에 대해 그럴듯한 답은 없는 상태다.

점 입자의 개념도 마찬가지로 상대적이다. 현재 우리는 쿼크와 렙톤 같은 기본 입자들을 (우리가 관측할 수 있는 한계 이내에서) 점 입자로 간주한다. 하지만 초끈 이론에서는 현재의 기술로 구별할 수 없을 정도로 작지만, 점 입자를 1차원 끈이라고 본다.

나타내면 되는 것이다. 사실 공간상의 두 점 사이의 거리가 모든 사람에게 같을 것인가 하는 질문도 할 수 있는데, 마찬가지로 이를 의심할 만한 어떤 관측이나 마땅한 이유도 없었기에 그냥 받아들였던 것이다.

시간과 위치를 표시하기 위해 우리가 선택할 수 있는 시간, 공간 좌표계는 무수히 많다. 직교 좌표계를 쓰더라도 평행 이동(시간과 공간의 원점을 어디로 할 것인가)과, 회전(세 공간 축의 방향을 어떻게 잡을 것인가)의 선택이 있다.

거기에 더 고민스러운 선택이 있다. 예를 들어, 친구를 배웅하기 위해 기차역에 갔다고 하자. 나는 승강장에 서 있고 친구가 탄 기차가 막 출발해 달리기 시작한 상황을 떠올리자. 나는 내 좌표계를 승강장에 고정된 것으로 잡을 것이고, 그 좌표계에서 나는 정지해 있고 친구는 움직인다. 친구는 기차에 고정된 좌표계를 잡을 것이고, 그 좌표계에서는 친구는 정지해 있고 내가 반대 방향으로 움직인다. 이제 친구가 여러 명이라고 해 보자. 그들이 각기 다른 기차를 타고 있고, 시간에 따라 각 기차의 속력이 변한다면, 다 각자의 좌표계를 사용하여 친구들의 운동에 대해 다르게 말할 것이다. 이 많은 좌표계 중에서 어떤 좌표계를 선택하는 것이 좋을까? 물론 어떤 좌표계를 선택하더라도 운동을 기술할 수 있다. 그렇지만 사용하기에 더 편리한 좌표계가 있을 수 있다. 어떤 좌표계가 더 편리한지 알기 위해서는 물체의 운동이 왜 일어나는지를 생각해 봐야 한다.

물체가 운동하는 데는 원인이 있다

물체가 운동하는 데는 어떤 원인이 있을 것이다. 이 원인을 힘force이라고 해 보자. 힘이 없을 때 물체는 어떤 상태에 있을까? 17세기까지 사람들(아리스토텔레스와 그 추종자들)은 물체가 운동(일정한 속도로 움직이는 것 포함)을 유지하기 위해서는 힘이 필요하고, 힘이 없는 상태에서는 저절로 정지해서 그대로 있는 것으로 생각했다. 이에 대한 증거로 모든 물체는 그냥 놓아두면 저절로 멈춘다는 점을 들었다. 예를 들자면, 달리던 말이 멈추면 말이 끌던 마차도 멈춘다는 것이다. 그러나 활을 떠난 화살은 끌어 주는 힘이 없는 것같이 보이는데도 왜 계속 날아가는가와 같은 반박을 받았다. 물론 화살도 언젠가 멈추겠지만 너무 멀리 날아가는 것 같았다.

한편 하늘의 행성들은 계속 돌고 있는데 누가(또는 무엇이) 힘을 작용하고 있는가와 같은 대답하기 어려운 질문에는 천계는 지상과 다른 법칙을 가지고 있다며 슬쩍 넘어갔다. 이런 생각에 반대하는 이들도 있었는데, 그중 가장 결정적인 역할을 한 사람이 갈릴레이다. 갈릴레이는 몇 가지 실험과 사유를 통해 물체가 힘을 받지 않는 상태에서는 일정한 속도로 계속 움직인다고 결론을 냈다. 사실 물체의 속도와 속도의 변화(가속도) 등은 기차역에 있는 친구들의 예에서 보았듯이 좌표계의 선택에 따라 달라진다. 그가 말한 물체가 힘을 받지 않으면 일정한 속력으로 움직인다는 것은 모든 좌표계에서 그렇다는 것이 아니라 그런 좌표계가 존재한다는 것을 의미한다. 그가 실험을 했던 (지면에 고정된) 실험실은 그런 좌표계였던 것이다. 물체가 아무런 힘을 받지 않았을 때 물체가 일정한 속력으로 움직이는 것으로 나타나는 좌표계를 관성계라 부른다. 이 말을 반대로 해석하면 관성계에서는 힘을 받은 물체의 속도가 변한다, 즉 가속이 된다.

뉴턴, 관성계, 운동의 법칙

역학의 창시자인 뉴턴은 운동을 기술하는 데 관성계를 쓸 것을 제안했다. 뉴턴이 행성의 운동을 설명하기 위해 운동의 법칙과 중력의 법칙을 세웠음은 이미 1장에서 다루었다. 운동의 법칙은 다음 세 가지로 구성된다.

- 제1 법칙(관성의 법칙)

  물체에 힘이 작용하지 않으면 물체의 속도는 변하지 않는다.

- 제2 법칙(가속도의 법칙)

  물체에 작용한 힘은 물체의 질량과 가속도의 곱과 같다.

- 제3 법칙(작용–반작용의 법칙)

  두 물체가 상호 작용할 때 서로에게 가하는 힘은 크기는 같고 방향은 반대다.

제1 법칙은 사실 물체의 운동을 기술하는 좌표계로 관성계를 쓰겠다고 선언하는 것이다. 이 관성계에서는 제2 법칙이 적용된다. 제2 법칙은 관성계에서 물체가 가속되는 원인으로 힘을 정의하고, 같은 힘을 받더라도 물체마다 가속도가 다를 수 있다는 것을 통해 물체의 가장 기본적인 역학적 특성인 (물체 사이에 상대적인) 질량을 정의하고 있다.

제2 법칙은 힘을 정의할 뿐, 어떤 힘들이 실제로 있는지는 말해 주지 않는다. 자연에 어떤 힘들이 있어서 물체를 가속시키는지 알아내는 것은 물리학의 연구 과제다. 뉴턴은 행성들을 가속시키는 원인으로 만유인력(중력)을 제시했고, 이를 통해 행성의 운동을 완벽하게 규명했을 뿐만 아니라 지상에서 물체가 아래로 떨어지면서 가속되는 현상도 같은 중력으로 설명할 수 있었다.

제3 법칙은 자연에 존재하는 힘의 일반적인 성질에 관한 것으로, 힘은 상호 작용이라는 것을 주장하고 있다. 즉 한쪽에서 다른 쪽으로 일방적으로 힘이 작용할 수는 없으며, 한쪽이 다른 쪽에 힘을 가하면 다른 쪽은 반대 방향으로 같은 크기의 힘이 작용한다는 것이다. 이 법칙은 두 물체 사이의 상대적인 질량을 실험적으로 쉽게 정의할 수 있게 해 준다. 또한 많은 입자가 모여 있는 경우에 입자들끼리 서로 주고받는 힘(내력)의 작용은 서로 상쇄되어서 작은 물체들이 모여 만들어진 큰 물체의 운동을 이해하는 데 중요한 역할을 한다.

내가 선택한 좌표계가 관성계인지 어떻게 알 수 있을까? 사실 실험을 해서 확인해 보는 수밖에 없다. 내가 알고 있는 모든 힘을 배제했을 때 물체가 일정한 속도로 움직이는지를 확인해 봐야 하는 것이다. 만약 그런 상황에서도 물체의 속도가 변한다면 둘 중 하나다. 내 좌표계가 관성계가 아니거나, 내가 모르고 있는 힘이 존재하는 것이다. 우리가 관성계를 별 의심이나 저항 없이 받아들일 수 있는 것은 우리가 평소에 익숙한 좌표계인 지면에 고정된 좌표계가 관성계에 충분히 가깝기 때문이다. 충분한 정밀도로 실험을 해 보면 이 좌표계는 지구 자전의 효과 때문에 엄밀하게는 관성계가 아니지만, 그 효과가 작아서 지구 위에 사는 우리는 지구가 자전한다는 사실을 쉽게 알 수 없다.

비관성계와 관성력

물체의 운동을 기술하는 데 관성계 대신 비관성계를 사용하면 어떤 문제가 있을까? 예를 들어 지금 막 출발해서 일정하게 가속되고 있는 버스에 내가 타고 있다고 해 보자. 버스가 가속되는 동안 버스의 손잡이와 나는 뒤로 힘을 받는다는 것을 알 수 있다. 그런데 버스 밖에서 (관성계에서) 나를 보는 사람은, 이를 버스는 힘을 받아서 가속이 되는데 나는 아직 손잡이와 버스 바닥으로부터 힘을 받지 않아서 관성의 법칙대로 그대로 멈춰 있기 때문이라고 생각한다.

가속되는 버스에서 내가 받은 힘처럼, 관성 좌표계에서는 없었는데 가속되는 좌표계에서는 나타나는 힘을 관성력inertial force이라 한다. 관성계에 대해서 회전하는 좌표계도 관성계가 아니며, 회전하는 좌표계에서는 원심력centrifugal force과 코리올리 힘이라는 관성력이 나타난다.

원심력은 물체의 운동과 무관하고 코리올리 힘은 물체의 속력에 비례한다는 것으로 두 관성력은 구별된다. 사실 우리가 평소에 쓰는 좌표계는 지구 표면에 부착된 좌표계로 관성계에 가깝긴 하지만 지구의 자전 때문에 회전하는 좌표계다. 그래서 지면 근처에서 물체의 운동을 정밀하게 다룰 때에는 두 관성력을 모두 고려해야 한다. 원심력은 원운동이 가속 운동이기 때문에 생기는 관성력이고, 따라서 구심 가속도의 반대 방향인 중심에서 멀어지는 방향으로 작용한다.

그런데 원심력의 작용은 지구 중력의 작용과 구별할 수가 없다. 그래서 위도가 λ인 지면에서의 중력 가속도 g는 지구의 중력에 의한 중심 방향의 가속도 $g_E = G_N M_\oplus / R^2_\oplus = 9.8\mathrm{m/s^2}$과 지구의 자전에 의한 자전축에 수직 방향인 원심 가속도 $g_c = \omega^2_\oplus R_\oplus \cos\lambda = 0.034(\cos\lambda)\mathrm{m/s^2}$ 두 성분의 합이고, 원심 가속도는 최대가 되는 적도($\lambda = 0$)에서 0.3% 정도 기여한다.

코리올리 힘은 움직이는 물체에만 나타나는데, 북반구에서는 움직이는 방향에서 오른쪽 방향으로, 남반구에서는 왼쪽 방향으로 작용한다. 코리올리 힘이 왜 나타나는지 이해하기 위해 반시계 방향으로 회전하는 원반 위를 바깥쪽에서 안쪽 중심 방향으로 걸어 들어가는 사람을 고려해 보자. 원반 밖의 관성계에서 보면 원반의 바깥쪽에 정지해 있는 사람은 원반과 같이 회전하기 때문에 접선 방향의 속도를 가진다. 이 사람이 안쪽으로 걸어 들어가면 안쪽에서 원반의 접선 속도는 반지름에 비례해서 줄어들어 이 사람이 가진 접선 속도보다 작으므로 이 사람은 회전하는 원반보다 더 앞서 회전하는 것으로 나타난다. 원반 위를 걸어가는 사람에게는 이는 중심 방향으로 들어갈 때 오른쪽 접선 방향으로 힘을 받아 가속되는 것으로 나타나는 것이다. 코리올리 힘은 작은 규모의 물체의 움직임에서는 영향이 작지만, 거대 규모의 움직임인 무역풍의 방향이나 태풍의 방향 등 지구의 기후에는 상당한 영향을 미친다.

2. 갈릴레이 상대성

뉴턴의 운동 제1 법칙을 잘 살펴보면, 이 법칙이 설정하는 관성계는 하나만 있는 것이 아니라 무수히 많다는 것을 알 수 있다. 하나의 관성계가 있으면, 시간 또는 공간 좌표의 원점을 옮겨 잡거나(평행 이동), 원점을 중심으로 좌표축의 방향을 돌린 (회전) 좌표계도 관성계다. 또한 그 관성계에 대해 일정한 속도로 움직이는 (갈릴레이 변환) 좌표계 역시 관성계가 됨을 쉽게 알 수 있다.

그렇다면 이 많은 관성계 중에서 어떤 관성계를 나의 관성계로 잡는 것이 좋을까? 운동 제2 법칙은 물체의 가속도와 힘에 대한 방정식인데, 어떤 관성계를 잡든지 가속도는 같다. 따라서 특별히 더 편리한 관성계란 없고, 모든 관성계는 운동을 기술하는 데 있어서 동등하다. 이것에서 출발하여 물리 법칙은 모든 관성계에서 같다는, 즉 그 법칙을 기술하는 방정식은 모든 관성계에서 같은 형태를 가져야 한다는 것을 '갈릴레이 상대성'이라 한다. 운동의 법칙을 포함한 모든 물리 법칙은 관성계의 선택과는 무관하게 성립한다는 것이다. 그래서 갈릴레이 상대성은 우리에게 (관성계 범위 안에서) 좌표계 선택의 자유를 부여한다.

갈릴레이 상대성이 성립한다는 것을 입증하려면 나의 관성계에서 관찰한 운동과 다른 사람의 관성계에서 관찰한 운동을 비교해서 같은 물리 법칙을 따른다는 것을 확인하면 된다. 한 물체의 운동이 서로 다른 좌표계에서 어떻게 달라 보일까? 이것을 보여 주는 것이 두 좌표계 사이의 좌표 변환이다.

두 좌표계 A와 B가 있고, 한 물체의 각 좌표계에서의 시간과 공간 좌표를 아래첨자로 구분하여 각각 (t_A, x_A, y_A, z_A)와 (t_B, x_B, y_B, z_B)로 표시하기로 하자. 이제 두 좌표계가 평행 이동, 회전, 갈릴레이 변환에 의해 서로 연

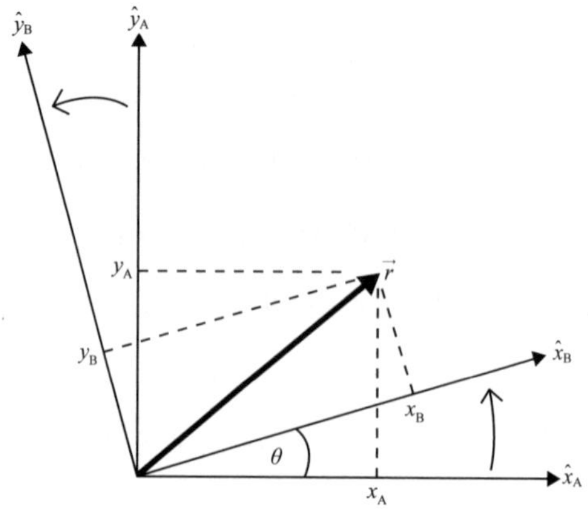

$$\begin{pmatrix} x_B \\ y_B \\ z_B \end{pmatrix} = \begin{pmatrix} \cos\theta & -\sin\theta & 0 \\ \sin\theta & \cos\theta & 0 \\ 0 & 0 & 1 \end{pmatrix} \begin{pmatrix} x_A \\ y_A \\ z_A \end{pmatrix}$$

그림 44 좌표계의 회전은 한 위치를 나타내는 좌표값들을 변환시킨다. 좌표계 A의 x, y축을 z축(지면에서 나오는 방향)을 중심으로 반시계 방향으로 각도 θ만큼 회전시켜서 새로운 좌표계 B를 잡았다고 하면, 좌표계 B의 좌표값과 좌표계 A의 좌표값 사이에는 위의 수식과 같은 관계가 있음을 그림을 통해 알 수 있다.

결되어 있는 관성계일 때 좌표 변환이 어떻게 되는지 살펴서 갈릴레이 상대성이 성립하려면 물리 법칙에 어떤 조건들이 부과되는지 알아보자. 이 과정에서 벡터의 개념과 그 중요성에 대해 알게 될 것이다.

회전 변환

한 관성계와 그 관성계의 공간 좌표를 원점을 지나는 한 축을 중심으로 일정 각도를 회전시켜 얻어지는 새로운 관성계 사이의 좌표 변환을 회전 변환이라 한다(그림 44). 공간 좌표계만 회전하므로 두 관성계에서 시간 좌표는 $t_A = t_B$로 같다. 공간 좌표들은 회전 변환에 의해 서로 섞이는데, 3×3 행렬 O를 도입하여 다음과 같이 쓸 수 있다. (예로 그림 44에 z축을 중심으로 x, y축을 반시계 방향으로 θ만큼 회전시킨 경우에 행렬 O가 어떻게 되는지를 보였다.)

$$\text{회전 변환} \quad \begin{pmatrix} x_B \\ y_B \\ z_B \end{pmatrix} = \begin{pmatrix} O^1_1 & O^1_2 & O^1_3 \\ O^2_1 & O^2_2 & O^2_3 \\ O^3_1 & O^3_2 & O^3_3 \end{pmatrix} \begin{pmatrix} x_A \\ y_A \\ z_A \end{pmatrix} \text{ 또는 } x^i_B = \sum_{j=1}^{3} O^i_j x^j_A = O^i_j x^j_A$$

행렬에 의한 좌표 변환을 적을 때 오른쪽 식과 같이 좌표와 행렬에 첨자를 사용하여 손의 수고를 덜 수 있다. 수고를 더 줄이기 위해서 합을 나타내는 기호(∑)도 생략할 수 있는데, 위의 식에서 j와 같이 위와 아래에 모두 나타나는 첨자에 대해서는 1, 2, 3을 넣은 값들을 더한 것으로 이해하기로 한다. 이제 행렬 O가 회전을 나타내려면 특별한 조건을 만족해야 하는데, 그 조건은 (좌표계의 원점으로부터의) 거리는 회전에 의해 바뀌지 않는다는 것, 즉 $x_B^2+y_B^2+z_B^2=x_A^2+y_A^2+z_A^2$로부터 온다. 이 식을 위의 변환을 넣어서 풀어 쓰면 다음 조건이 된다.

$$\delta_{ij}x^i_B x^i_B = \delta_{ij}(O^i_k x^k_A)(O^i_l x^l_A) = (\delta_{ij}O^i_k O^i_l)x^k_A x^l_A = \delta_{kl}x^k_A x^l_A$$

마지막 단계가 성립하려면 행렬 O가 다음 조건을 만족해야 하고, 이 조건을 만족하는 행렬을 직교 행렬orthogonal matrix이라 부른다. (여기서 δ^{ik}는 $i=k$이면 1, $i\neq k$이면 0을 나타내는 기호이고, 크로네커 델타Kronecker delta라 한다.)

$$\text{직교 행렬} \quad \delta_{ij}O^i_k O^i_l = \delta_{kl}$$

직교 행렬 O는 $3\times 3=9$개의 성분이 있지만 직교 조건이 (조건식은 $k\leftrightarrow l$에 대칭이어서) $3\cdot 4/2=6$개의 제한 식을 주기 때문에 독립적인 변수는 셋이다. 이것은 회전축의 방향을 나타내는 변수 둘과 그 축에 대한 회전 각도를 나타내는 변수 하나로 이해할 수 있다. 이렇게 좌표계의 회전 변환을 세 개의 회전 변수를 가진 직교 행렬로 나타낼 수 있다.

벡터의 중요성

물리와 수학을 공부해 본 사람이라면 벡터가 다양하게 정의되고 있는 것을 접해 보았을 것이다. 가장 흔하게 쓰이는 정의는 (1) 크기와 방향을 가진 양, (2) 공간 좌표와 같은 방식으로 변하는 양, (3) 덧셈과 스칼라 곱셈이 정의된 벡터 공간의 원소다. 이 다양성은 벡터가 물리와 수학에서 널리 쓰이는 중요한 개념임을 보여 준다.

상대성에서 벡터가 중요한 이유는 벡터는 상대성을 수학적으로 표현하는 가장 명확하고 아름다운 방식이기 때문이다. (그래서 수학이 주는 심리적 장벽에도 불구하고 이 책에서 벡터를 사용하는 것이다.) 좌표계의 회전에 대해 그 성분이 특정하게 변하는 것을 벡터로 정의했는데, 역설적으로 이 정의는 벡터가 좌표계와 무관하게(즉 좌표계를 잡지 않아도) 존재하는 것임을 나타낸다. 벡터와 텐서는 좌표계의 도입과 관계없이 공간에 존재하는 양들인데, 그렇기 때문에 그것을 좌표계를 써서 나타내면 이렇게 변환되어야 한다는 것이다.

물리 법칙이 벡터 또는 텐서방정식이라는 것은 그것이 좌표계의 도입과 무관하게 성립한다는 것을 말한다. 상대성은 물리 법칙을 기술할 때 우리가 가진 좌표계 선택의 자유를 의미하며, 벡터는 물리 법칙이 명백하게 좌표계의 선택과는 무관하다는 것을 표현하는 방식이다. (5장 '대칭성, 군과 표현'에서는 벡터의 정의 (2)번을 군과 표현이라는 관점에서 다시 보게 될 것이다.) 상대성은 시공간이 가지고 있는 대칭성을 나타내는 것이고, 대칭성은 대칭성군을 통해 물리 법칙에 작용하며, 벡터는 대칭성군의 한 표현이다.

좌표계를 회전시켜도 물리 법칙이, 예를 들어 뉴턴의 운동 제2 법칙이 달라지지 않는다는 것을 어떻게 알 수 있을까? 물리 법칙은 물리량들 사이의 관계식으로 표현할 수 있는데, 여기에 나타나는 물리량들을 공간 좌표계를 회전했을 때 어떻게 변환되는가에 따라 분류해 볼 수 있다. 가장 쉽게 생각할 수 있는 것은 공간 좌표계를 회전해도 바뀌지 않는 양들이다. 위에서 본 원점으로부터의 거리(일반화하면 두 점 사이의 거리) 같은 양이다. 물체의 질량도 좌표계를 회전했다 해서 바뀌지 않을 것이다. 시간도 물론 바뀌지 않는다. 이렇게 하나의 숫자로 표현되고 좌표계를 회전시켜도 그 값이 바뀌지 않는 양을 스칼라scalar라 부른다.

그다음으로 생각해 볼 수 있는 것이 공간 좌표와 같은 방식으로 변하는 양이다. 세 개의 성분으로 표현되고 공간 좌표와 같은 방식으로 변환되는 양을 벡터vector라 부른다. 보통 벡터는 크기와 방향을 가진 양이라고 한다. 벡터를 나타내는 방법으로 화살표를 많이 쓰고, 벡터를 표시할 때도 화살표를 위에 얹어서 $\vec{V}$로 쓴다. 벡터 $\vec{V}$는 직교 좌표계에서 세 개의 성분 V^i로 표시되며 회전 변환을 하면 좌표의 회전 변환과 같은 방식으로 변환된다.

$$\text{벡터} \quad V_B^i = \mathrm{O}_j^i V_A^j$$

크기와 방향을 가진 양이라고 모두 이와 같이 변환되는 것은 아니다. 즉 크기와 방향을 갖지만 벡터가 아닌 양도 있으니, 조금 주의가 필요하다. 예를 들어 위에서 다룬 3차원 공간 좌표의 회전도 방향과 크기로 나타낼 수 있지만, 벡터는 아니다. 왜일까?

어떤 물리량들이 벡터일까? 우선 벡터의 정의에 쓰이는 위치가 있다. 이것을 위치 벡터($\vec{r}=(x, y, z)$)라 한다. 위치 벡터의 미분변화량 $d\vec{r}$도 벡터이고 미분 변위 벡터라 한다. 다음으로 벡터에 스칼라를 곱하거나 나눈 것도 벡터다. 이것은 위치 벡터를 스칼라인 시간으로 미분한 속도($\vec{v}=d\vec{r}/dt$)와 가속도($\vec{a}=d^2\vec{r}/dt^2$)는 모두 벡터이고, 또한 속도에 스칼라인 질량을 곱한 운동량($\vec{p}=m\vec{v}$)도 벡터임을 말해 준다. 여기에 더해 정말로 중요한 벡터가 하나 있는데, 바로 위치로 미분을 하는 미분 연산자 벡터로 그래디언트 gradient라 부른다.

$$\text{그래디언트} \quad \vec{\nabla} = (\partial_x, \partial_z, \partial_z)$$

여기서 ∂_x는 x에 대한 편미분 ∂/∂_x를 줄여서 표시한 것이다. 이 미분연산자는 위치 벡터의 변환식과 미분 규칙을 적용하면 행렬 O의 역행렬 O^{-1}를 써서 $\partial_i^B = (O^{-1})^j{}_i \partial_j^A$로 변환이 되는데, 직교 행렬은 $(O^{-1})^j{}_i = O^i{}_j$이므로 벡터와 같은 변환임을 알 수 있다.● 미분연산자를 스칼라 함수에 적용하면 그 결과는 벡터가 된다. 예를 들어 스칼라 함수 $\phi(\vec{x})$를 미분한 $\vec{\nabla}\phi(\vec{x})$는 벡터다. 많은 물리 법칙들이 미분방정식으로 표현되기 때문에 미분연산자 벡터가 자주 등장한다.

어떤 물리량은 2개 이상의 첨자를 가지고 있으며 벡터들을 여러 개 곱해 놓은 것처럼 변환이 되는데, 이런 양들은 텐서라 부른다.

$$\text{텐서} \quad T_B^{ij\cdots} = O^i_k O^j_l \cdots T_A^{kl\cdots}$$

텐서인 물리량에는 어떤 것이 있을까? 강체나 유체의 운동을 다룰 때는 텐서인 물리량들이 나타나는데, 예를 들면 강체의 회전 운동에 대한 특성을 나타내는 관성 모멘트($I^{ij} = \int x^i x^j dm$)나, 유체의 스트레스 텐서가 있다. 상대성을 다루면서 우리가 꼭 알아두어야 할 텐서는 직교 행렬을 정의하는데 나

● 엄밀하게 행렬 O로 변환되는 것을 반변 벡터, 그 역행렬 O^{-1}로 변환되는 것을 공변 벡터로 구별하는데, 회전 행렬은 $O^{-1} = O^{\mathrm{T}}$여서 둘 사이의 구분이 사라진다.

벡터 공간과 행렬

수학에서는 물리학에서 나온 벡터의 핵심적인 성질들을 뽑아 추상화해서 벡터 공간을 정의한다. 벡터들의 집합인 벡터 공간에는 두 가지 연산, 덧셈($\vec{A}+\vec{B}$)과 스칼라 곱셈($s\vec{A}$)이 정의되어야 하고, 그 연산들이 교환 법칙, 결합 법칙, 배분 법칙을 만족해야 한다.

스칼라 곱셈과 덧셈은 벡터를 다른 벡터들의 선형 결합linear combination($\vec{C}=s\vec{A}+t\vec{B}$)으로 쓸 수 있게 한다. 그러면 서로 독립적인 n개의 벡터 $\{\vec{b}_i, i=1, \cdots, n\}$를 잡아서 모든 벡터를 이 벡터들의 선형 결합 $\vec{V}=\sum_{i=1}^{n} V^i \vec{b}_i$으로 쓸 수 있다. 이렇게 되는 n개의 벡터 $\{\vec{b}_i, i=1, \cdots, n\}$를 기저basis 벡터라 하고, n을 이 벡터 공간의 차원이라 한다.

우리가 3차원 공간에서 직교 좌표계를 잡고, x, y, z축 방향의 단위 벡터 $\hat{x}, \hat{y}, \hat{z}$를 써서 위치를 $\vec{r}=x\hat{x}+y\hat{y}+z\hat{z}$로 쓰는 것이 바로 이 과정이다. 기저를 잡으면 좋은 점은 우리가 벡터를 숫자인 성분 V^i로 표현할 수 있다는 것이다. 위치 벡터 $\vec{r}$을 성분 (x, y, z)로 표시하는 것이다.

벡터 공간이 정의되면, 그다음 과정은 벡터 공간의 함수를 다루는 것이다. 예를 들어 힘은 대개 위치의 함수 $\vec{F}(\vec{r})$로 주어진다. 벡터 공간에서 (자기 자신 또는 다른) 벡터 공간으로 가는 함수를 연산자operator라 한다. 연산자 중에서 벡터 공간에서 자기 자신으로 가는 연산자, 즉 각 벡터마다 같은 벡터 공간에 속한 다른 벡터를 대응시키는 연산자가 우리에게 중요하고, 그중에서도 선형 연산자linear operator가 가장 쓰임이 많다. 여기서 선형성linearity이 의미하는 것은 선형 결합을 보존한다는 뜻이다.

$$\text{선형성} \quad O\left(\sum_a c_a V_a\right)=\sum_a c_a O(V_a)$$

기저를 잡으면 선형 연산자는 행렬matrix로 표현할 수 있다. 연산자 O를 기저 벡터 $\vec{b}_i$에 적용한 $O(\vec{b}_i)$도 같은 벡터 공간의 벡터이므로 기저 벡터들의 선형 결합으로 $O(\vec{b}_i)=\sum_{j=1}^{n} O^j_i \vec{b}_j$로 쓸 수 있다. 그러면 O^j_i가 선형 연산자를 표현하는 행렬이 되고, 선형 연산자의 작용을 행렬과 벡터 성분의 곱셈으로 표현할 수 있다. 즉 벡터 $\vec{V}=\sum_{i=1}^{n} V^i \vec{b}_i$가 벡터 $\vec{U}=\sum_{j=1}^{n} U^j \vec{b}_j$에 연산자 O의 작용으로 $\vec{U}=O(\vec{V})$로 대응이 되면 선형성에 의해 성분은 $U^i=\sum_{j=1}^{n} O^i_j V^j$이 된다.

3차원 공간의 회전 변환은 선형 연산자다. 회전 변환을 벡터에 회전시켜 다른 벡터에 대응시키는 함수로 볼 수 있고, 이 함수는 선형성을 가진다는 것을 쉽게 알 수 있다. 따라서 회전 변환을 행렬로 표현할 수 있다.

타난 δ_{ij}이다. δ_{ij}는 상수이지만 직교 행렬의 정의 $\delta_{ij}O^i_k O^j_l=\delta_{kl}$를 다른 관점에서 보면 δ_{ij}가 텐서처럼 변환된다는 것을 나타낸다. 사실 δ_{ij}는 3차원 공간의 거리를 정의하는 메트릭 텐서이고($dl^2=\delta_{ij}dx^i dx^j$), 그래서 거리를 변화시키지 않는 변환인 회전 변환을 나타내는 행렬의 정의에 나타나는 것이다. 마지막으로 메트릭 텐서를 사용해서 두 벡터를 축약한 것도 스칼라가 되는데, 이것을 두 벡터의 스칼라곱scalar product이라 한다.

$$\text{스칼라곱} \quad \vec{V}\cdot\vec{U}=\delta_{ij}V^i U^j$$

이제 이렇게 분류한 물리량을 가지고 갈릴레이 상대성을 얘기해 보자. 우선 운동 제2 법칙은 질량×가속도=힘이다. 왼쪽의 질량×가속도($m\vec{a}$)가 벡터이므로 오른쪽의 힘($\vec{F}$)도 벡터이면 왼쪽과 오른쪽이 회전 변환에 대해 똑같이 변환되므로, 회전으로 연결되는 어떤 관성계에서도 같은 형태를 유지한다. 그러므로 운동 제2 법칙을 써서 적은 어떤 힘에 대한 물리 법칙이 회전 변환에 대해 갈릴레이 상대성을 만족하게 되는 조건은 간단히 표현하면 그 힘이 벡터이면 되는 것이다.

뉴턴의 제2 법칙 $m\vec{a}=\vec{F}$는 모든 관성계에서 성립하는 벡터 (미분)방정식이 되고, 상대성을 만족한다는 것이 명확하게 드러난다. 이렇게 좌표 변환을 했을 때 성분들의 값은 변환이 되지만 식의 형태는 그대로 유지되는 것을 그 변환에 대해 공변covariance이라고 한다. 이것을 일반화하면, 물리 법칙이 회전 변환에 대해 상대성을 만족한다는 것을 명확하게 나타내는 방법은 그것을 스칼라, 벡터, 또는 텐서방정식으로 적음으로써 공변임을 보이는 것이다.

갈릴레이 변환

일정한 상대 속도로 움직이는 두 관성계 사이의 좌표 변환을 갈릴레이 변환이라 부른다. 편의를 위해 관성계 A와 B의 공간 좌표축은 서로 일치하고 관성계 B는 관성계 A에 대하여 x축 방향으로 속력 v로 움직이고 있고 두 관성계의 원점이 일치하는 순간을 시간 좌표의 원점 $t_{\mathrm{A}}=t_{\mathrm{B}}=0$이라 정하자. 이때 갈릴레이 변환은 다음과 같이 될 것이다.

$$t_B=t_A,\ x_B=x_A-vt,\ y_B=y_A,\ z_B=z_A$$

이 변환에서도 두 관성계의 시간 좌표는 같다. 이것은 어느 관성계에서 재든 시간은 같다는, 즉 누구의 시계로 시간을 재도 같은 결과를 준다는 경험과 믿음을 반영한 것이다. 갈릴레이 상대성에서 시간은 공간과 독립적으로 존재하고 그 흐름은 보편적인 것으로 물체나 관찰자의 운동 상태와는 상관이 없다고 본 것이다. 우리의 일상 경험이 이것을 뒷받침하고 있고, 20

세기 초 특수 상대성 이론이 나올 때까지 이를 의심할 만한 마땅한 이유도 없었다.

시간의 흐름은 두 관성계에서 같기 때문에, 갈릴레이 변환에 의한 두 관성계 사이의 속도 변환은 $v_B = v_A - v$로 주어지고, 가속도는 $a_B = a_A$로 같다는 것을 알 수 있다. 우리는 이 속도 변환을 일상에서 자주 경험하고 있다. 앞에서 예로 든 기차역에서 승강장을 기준으로 어느 한 방향으로 시속 100킬로미터로 달리는 기차와 반대쪽으로 시속 100킬로미터의 속력으로 달리는 기차가 있다면, 한쪽 기차에 타고 있는 사람에게 반대쪽으로 가는 기차의 속력은 100㎞/h − (−100㎞/h) = 200㎞/h이 된다.

이 속도 변환이 말해 주는 중요한 사실은 물체의 속도는 모두 상대 속도라는 것이다. 즉 물체의 속도를 말하기 위해서는 우리는 어느 관성계에서의 속도인지를 밝혀야 한다. 반면, 가속도는 두 관성계에서 같다. 속도는 절대적인 의미가 없지만, 가속도는 관성계의 선택과는 무관한 절대적인 의미가 있다.

이는 일상에서도 경험할 수 있는데, 타고 있는 기차의 속력은 밖을 보지 않고는 알 수 있는 방법이 없지만, 기차가 가속되고 감속되는 것은 밖을 보지 않고도 알 수 있다. 일정한 속도로 움직이는 의자에 가만히 앉아 눈을 감고 있으면 거실에 정지해 있는지, 시속 100킬로미터로 움직이는 차를 타고 있는지, 시속 1000킬로미터로 날아가는 비행기를 타고 있는지 알 수가 없다. 그러나 기차가 빨라지거나 느려지는 것은 힘('관성력')의 작용을 통해 알 수 있다. 또한 두 관성계 사이의 상대 속도의 크기에는 특별한 제한이 있어 보이지 않는다. 이는 물체의 (상대) 속도의 크기에도 제한이 없다는 것을 의미한다.

이제 뉴턴의 운동 제2 법칙에 갈릴레이 변환을 적용해 보자. 가속도는 갈릴레이 변환에 의해 변하지 않으므로 힘도 갈릴레이 변환에 의해 변하지 않아야만 갈릴레이 상대성이 성립한다. 힘은 일반적으로 위치 벡터, 속도 벡터의 함수일 수 있는데, 이 경우 힘이 갈릴레이 변환에 대해 불변이 되려면 좌표 변환의 $-\vec{v}t$ 부분이 상쇄될 수 있도록 상대 위치(두 위치의 차이)의 함수여야만 한다. 그러면 운동방정식은 갈릴레이 변환으로 연결되는 어떤 관성계에서도 같은 형태를 가지게 된다. 만약 힘이 절대 위치의 함수라면, 그것은 특별한 관성계가 존재한다는 것을 의미해서, 모든 관성계가 동등하다는 갈릴레이 상대성이 성립하지 않게 된다.

뉴턴 중력과 갈릴레이 상대성

뉴턴 중력의 예를 들어 보자. 뉴턴 중력은 모든 물체 사이에는 두 물체를 잇는 직선과 나란한 방향으로 질량의 곱에 비례하고 거리의 제곱에 반비례하는 인력이 작용한다는 의미다. 이것을 식으로 표현하면 다음과 같다.

$$\vec{F}_{12} = -G_N \frac{m_1 m_2}{|\vec{r}_{12}|^2} \hat{r}_{12}$$

오른쪽의 앞부분은 힘의 크기를, 뒷부분은 힘의 방향을 나타낸다. 두 물체의 위치를 나타내는 $\vec{r}_1$과 $\vec{r}_2$가 벡터이므로 두 벡터의 차 $\vec{r}_{12}=\vec{r}_1-\vec{r}_2$도 벡터이고, 그 벡터의 크기 $|\vec{r}_{12}|$는 스칼라, $\vec{r}_{12}$ 방향의 단위 벡터 $\hat{r}_{12}=\vec{r}_{12}/|\vec{r}_{12}|$도 벡터이므로, $\vec{F}_{12}$는 벡터다. 또한 $\vec{F}_{12}$는 상대 위치 $\vec{r}_{12}=\vec{r}_1-\vec{r}_2$의 함수다. 따라서 뉴턴 중력은 갈릴레이 상대성을 만족한다.

용수철 진자의 운동방정식을 대개 $m(d^2x/dt^2)=-kx$로 많이 쓴다. 이 방정식의 오른쪽, 복원력을 보면 x만의 함수여서 갈릴레이 상대성을 위반하는 듯 보인다. 그러나 사실은 복원력은 용수철의 길이, 즉 용수철 두 끝 좌표(x_0와 x라 하자)의 차이에 비례하기 때문에 $m(d^2x/dt^2) = -kx(x-x_0)$로 적는 것이 옳고, 따라서 갈릴레이 상대성을 만족한다. 앞의 방정식은 $x_0 = 0$인 특정 관성계에서 적은 방정식인 것이다.

우리의 일상에서는 갈릴레이 상대성이 굉장히 당연하게 느껴진다. 그러나 19세기 전자기 현상에 대한 연구와 그것을 통합한 맥스웰 방정식, 그리고 전자기파로서 빛의 재발견으로 인해 갈릴레이 상대성은 그 기반이 흔들리게 된다. 어떤 문제가 생긴 것일까?

3. 빛과 상대성

빛의 실체

빛은 인류에게 가장 중요한 에너지와 정보의 전달자다. 인류의 가장 중요한 에너지원은 태양으로부터 오는 빛이다. 우리는 눈이라는 신체 기관을 통해 주변의 사물들이 내보내는 빛을 받아들여 가장 많은 정보를 얻는다.

이렇듯 우리에게 중요한 빛의 실체는 과연 무엇일까? 빛에 대한 과학적인 연구는 17세기에 본격적으로 시작되었다. 당시 빛의 실체를 입자로 보는 학자들과 파동으로 보는 학자들로 나뉘어 빛의 알려진 성질들인 직진한다는 것, 매질이 바뀔 때 반사와 굴절이 일어난다는 사실, 물체의 경계면에서 일어나는 빛의 회절 현상, 빛의 색과 삼원색의 존재 등을 설명하려고 했다.

빛을 알갱이라고 주장했던 대표적인 사람은 뉴턴으로, 물체의 운동에 주목했던 그는 빛이 직진하고 매질이 바뀔 때 반사와 굴절이 일어난다는 사실을 근거로 빛이 알갱이corpuscle라는 생각을 지지했다. 빛이 파동이라고 주장한 대표 주자는 네덜란드의 물리학자 크리스티안 하위헌스Christiaan

Huygens(1629~1695)였는데, 빛은 빛나는 에테르luminiferous ether라는 매질을 전파하는 연속적인 파동이라고 했다. 빛에 대한 두 가설의 차이는 빛의 굴절 현상을 설명하는 데서 두드러졌다.

뉴턴과 하위헌스의 주장은 매질이 바뀌면 빛의 속력이 달라져서 굴절이 일어난다는 부분에서는 같았다. 하지만 입자설은 조밀한 매질에서 속력이 더 커지기 때문이라고 본 반면 파동설에서는 더 느려지기 때문이라고 보았다. 빛의 속력을 잴 수 있었다면 쉽게 어느 쪽이 맞는지 알 수 있겠지만, 당시의 기술로 재기에는 빛이 너무 빨랐기에 쉽게 결판이 나지 않았다.

빛의 본질에 대한 입자-파동의 대립은 뉴턴의 영향력으로 인해 한동안은 입자에 무게가 실렸으나, 19세기 초 영국의 물리학자 토머스 영Thomas Young(1773~1829)이 빛의 간섭 현상을 이중 슬릿 실험으로 보인 후에 파동으로 기울게 된다. 다른 두 경로를 거쳐 온 빛이 한 점에서 만나 보강되거나 상쇄되는 간섭 현상은 파동에서는 자연스러운 현상이지만, 입자로는 설명이 불가능해 보였던 것이다.

빛의 본질에 대한 획기적인 발견은 19세기에 전자기학의 완성을 통해 이루어졌다. 전기 현상과 자기 현상은 오래전부터 알려져 있었다. 겉으로 보기에 전혀 달라 보이던 두 현상은 덴마크의 물리학자 한스 크리스티안 외르스테드Hans Christian Ørsted(1777~1851), 프랑스의 물리학자 앙드레 마리 앙페르André-Marie Ampére(1775~1836), 영국의 물리학자 마이클 패러데이Michael Faraday(1791~1867) 등에 의해 서로 연관되어 있음이 밝혀졌다. 이후 영국의 물리학자 제임스 클러크 맥스웰James Clerk Maxwell(1831~1879)은 이 발견들을 종합해 맥스웰 방정식을 완성했다.

맥스웰 방정식은 전기 현상과 자기 현상을 일으키는 전기장과 자기장이 어떻게 생기게 되는지를 말해 주는 실험 법칙 세 가지와 경험 법칙 한 가

표 2 맥스웰 방정식과 로렌츠 힘 법칙.

법칙	내용	미분방정식 표현	관련 현상
전기장에 대한 가우스 법칙 (쿨롱 법칙)	전하가 전기장을 만든다.	$\vec{\nabla}\cdot\vec{E}=\frac{\rho}{\epsilon_0}$	마찰 등에 의해 대전된 물체는 주변의 물체를 잡아당긴다.
자기장에 대한 가우스 법칙	자기장을 만드는 자하(자기 홀극)는 없다.	$\vec{\nabla}\cdot\vec{B}=0$	모든 자석은 쌍극자이고, 자하는 발견되지 않는다.
앙페르-맥스웰 법칙 (비오-사발 법칙)	전류 또는 변하는 전기장이 자기장을 만든다.	$\vec{\nabla}\times\vec{B}-\mu_0\epsilon_0\frac{\partial\vec{E}}{\partial t}=\mu_0\vec{j}$	도선에 전류를 흘리면 자석이 된다. (전동기의 원리)
패러데이 법칙	변하는 자기장이 전기장을 만든다.	$\vec{\nabla}\times\vec{E}+\frac{\partial\vec{B}}{\partial t}=0$	도선 근처에서 자석을 움직이면 전류가 흐른다. (발전기의 원리)
로렌츠 힘 법칙	전기장과 자기장에 놓인 전하는 힘을 받는다.	$\vec{F}=q(\vec{E}+\vec{v}\times\vec{B})$	전하의 운동은 전기장에 의해 가속되고, 자기장에 의해 방향이 바뀐다.

맥스웰 방정식은 전기장($\vec{E}$)과 자기장($\vec{B}$)이 전하 밀도(ρ)와 전류 밀도($\vec{j}$)로부터 어떻게 생겨나는지를 나타내고, 로렌츠 힘 법칙은 전기장과 자기장에 놓인 전하(q)의 운동을 설명한다. ϵ_0는 진공의 유전율이고, μ_0는 진공의 투자율로 진공이 전기장과 자기장에 반응하는 특성을 나타낸다.

지로 구성되어 있다. 세 실험 법칙은 쿨롱 법칙(전기장에 대한 가우스 법칙), 앙페르 법칙, 패러데이 법칙이고, 경험 법칙은 자기장에 대한 가우스 법칙이다. 각 법칙에 대한 간단한 설명과 미분방정식 표현을 표 2에 정리해 놓았다.

맥스웰 방정식의 기본적인 내용은 전기 및 자기 현상은 물질이 가진 전하electric charge라는 특성에 의해서 일어나는데, 전하와 전류(전하의 흐름)가 전기장electric field과 자기장magnetic field을 만들고 반대로 전기장과 자기장에 놓인 전하는 전자기력(로렌츠 힘)을 받는다는 것이다.

맥스웰은 전자기방정식들을 종합할 때 기존의 앙페르 법칙에 $\epsilon_0\mu_0(\partial E/\partial t)$ 항이 추가되어야 한다는 것을 발견했다. 이를 넣음으로써 앙페르 법칙과 패러데이 법칙을 조합해 그는 전하가 없는 빈 공간에서 성립하는 다음의 전자기장의 파동방정식을 찾아냈다.

전자기파 파동방정식 $$\left(-\mu_0\epsilon_0\frac{\partial^2}{\partial t^2}+\vec{\nabla}^2\right)\vec{E}=0$$

이것은 전하가 없어도 전기장과 자기장이 진동하며 공간을 전파해 가는 전자기장의 파동이 가능하다는 것을 의미한다. 파동방정식에서는 시간 미분 앞의 상수가 파동의 전파 속도를 결정하는데, 전자기장 파동의 속력은 $c=1/\sqrt{\mu_0\epsilon_0}$ 이 된다. 전자기파가 가지는 파장(λ)과 진동수(f)는 $\lambda f=c$를 만족해서 작은 값에서 큰 값까지 모두 가능하다. 그 전파 속력은 매질이 가진 유전율(ϵ_0)과 투자율(μ_0)이라는 전기적, 자기적 특성에 의해서 결정된다.

맥스웰은 이미 알려진 이 값들로부터 전자기파의 속력을 계산했는데, 놀랍게도 빛의 속력과 일치한다는 것을 발견했고, 빛이 전자기파라고 결론을 지었다. 우리가 눈으로 보는 빛(가시광선)은 전자기파의 특정한 파장 영역에 해당한다. 맥스웰 방정식은 다른 파장 영역의 전자기파도 허용하므로 가시광선 외에도 일반적인 전자기파의 존재를 예견했다. 이것이 실제로 존재한다는 것은 맥스웰의 예견으로부터 20년 후 독일의 물리학자 하인리히 헤르츠Heinrich Hertz(1857~1894)가 전파radio wave의 존재를 발견함으로써 입증되었다. 빛의 실체는 전자기파였던 것이다.

전자기력과 중력의 크기

전자기력은 우리 삶의 대부분을 지배하는 강력한 힘이다. 우리가 누리는 전기 문명에서부터 우리의 감각, 사고, 행동 모두가 전자기 현상을 바탕으로 한다. 이에 비해 중력은 아주 약한 힘이다.

전자기력과 중력의 크기를 비교해 보기 위해 우리 몸을 이루는 원소 중 가장 간단한 수소 원자를 고려해 보자. 수소 원자는 하나의 양성자와 하나의 전자로 구성된다. 둘 사이의 거리가 보어 반지름 $a_0=5.3\times10^{-11}$m라고 할 때 작용하는 전자기력 F_e와 중력 F_g의 크기를 비교해 보자.

$$F_e = k_e \frac{e^2}{a_0^2} = 9.0\times10^9\,\mathrm{Nm^2/C^2}\,\frac{(1.6\times10^{-19}\,\mathrm{C})^2}{(5.3\times10^{-11}\,\mathrm{m})^2} = 8.2\times10^{-8}\,\mathrm{N}$$

$$F_g = G\frac{m_p m_e}{a_0^2} = (6.7\times10^{-11}\,\mathrm{Nm^2/kg^2})\frac{(1.7\times10^{-27}\,\mathrm{kg})(9.1\times10^{-31}\,\mathrm{kg})}{(5.3\times10^{-11}\,\mathrm{m})^2} = 3.7\times10^{-47}\,\mathrm{N}$$

전자기력이 중력보다 10^{40}배 가까이 더 크다. 따라서 원자를 연구할 때 중력을 고려할 필요가 전혀 없다. 그렇지만 전자기력을 주는 전하는 음과 양이 있어서 서로 상쇄될 수 있고, 전기력이 워낙 강력하므로 대부분의 물질은 원자 수준에서 전하가 상쇄되어 중성인 상태로 있게 된다. 반면 중력을 주는 질량은 상쇄될 수 없기 때문에 누적된다. 따라서 지구 정도로 큰 물체가 옆에 있으면 우리는 그 중력을 무시할 수가 없고, 그렇기에 우리는 지구 중력의 영향 아래 살아간다.

완전에 가까운 상쇄에도 불구하고 여전히 전자기력은 중력보다 강력하다. 지구가 강력한 중력으로 우리를 중심으로 잡아당기지만, 우리는 물질 사이에 작용하는 불완전한 상쇄 때문에 남아 있는 미약한 전자기력으로도 중력을 이기고 지면에 머물 수 있다. 그런데 여기에 또 반전이 있다. 작은 원자는 전자기력의 지배를 받지만, 거대한 우주는 중력의 지배를 받는다. 강한 힘은 작은 구조를 만들고, 약한 힘은 거대한 구조를 만든다.

빛과 갈릴레이 상대성

빛의 실체에 대한 이 놀라운 발견 후인 19세기 말 과학자들은 새로운 고민에 빠지게 된다. 맥스웰 방정식이 갈릴레이 상대성을 만족하지 않았기 때문이었다. 전기장과 자기장은 전하와 전류에 의해 생기는데, 전류란 전하의 흐름이므로 전하의 속도와 연관되고, 따라서 사용하는 좌표계에 따라 달라진다. 그런데 전기장과 자기장이 갈릴레이 변환에 의해 어떻게 달라지고, 따라서 맥스웰 방정식이 어떻게 달라지는지가 간단하지가 않았다.

이를 극명하게 보여 주는 것이 전자기파의 파동방정식과 여기에서 유도되는 빛의 속력이다. 맥스웰 방정식에서 유도된 전자기파의 방정식은 빛의 속력을 좌표계와 무관한 하나의 상수로 고정해 버린다. 갈릴레이 상대성에 의하면 모든 속도는 상대 속도로 특정 관성계에서의 속도다. 그렇다면 이 빛의 속력은 어느 관성계에서의 속력일까? 이 말은 전자기 현상을 기술하는 맥스웰 방정식은 그 특정한 관성계에서만 성립한다는 것을 의미하고, 우리 우주에는 그런 특별한 관성계가 있다는 것이다.

갈릴레이의 상대성에 의하면 모든 관성계는 동등해야 하는데, 전자기 현상에는 왜 이런 특별한 관성계가 존재하는 것일까? 이 답을 구하려면 빛은 전자기파이고 전자기파는 파동이라는 것에 주목해야 한다. 우리가 일상에서 알고 있는 파동, 예를 들어 음파나 수면파를 생각해 보자. 음파나 수면파 모두 전파 속력이라는 것이 있는데, 이 속력은 어떤 관성계에서의 속력일까? 답은 명확하다. 음파와 수면파 모두 파동이 전달되는 매질이라는 것이 있다. 음파의 매질은 공기이고, 수면파의 매질은 물이다.

우리가 통상적으로 말하는 파동의 전파 속력은 매질이 정지해 있는 것으로 보이는 특별한 관성계, 즉 매질의 정지계에서의 속력인 것이다. 전자기파도 파동이니 파동을 전달하는 매질이 있을 거라고 기대할 수 있다. 당시의 과학자들은 이 존재를 당연시했고, 고대 그리스 시대에 만들어 놓은 단어로 이름을 붙여서 에테르ether라 불렀다. 에테르가 실제로 존재한다면, 에테르가 정지해 있는 특별한 관성계가 있을 것이고, 맥스웰 방정식이 주는 빛의 속력이란 에테르의 정지계에서의 속력으로 볼 수 있다.

눈에 보이지 않는 에테르의 존재를 확인하는 방법이 있을까? 음파의 예를 들어 보자. 음파의 매질인 공기도 눈에 보이지 않는다. 그럼에도 공기의 존재를 알 수 있는 방법이 있을까? 우리는 공기의 존재를 (공기의) 바람이 주는 자극(압력)을 피부를 통해 느껴 알 수 있다. 물론 이 바람이 우리가 찾던 음파 매질의 흐름인지 당장은 알 수 없다. 바람이 음파의 매질과 연관되어 있다는 것을 알 방법이 있을까?

여기서 수면파를 떠올려 보자. 수면파의 매질은 눈에 보이는 물이다. 공기의 바람에 해당하는 것은 물의 흐름이 될 것이다. 정지한 물과 흐르는 물에서 수면파가 퍼져나가는 데 차이가 있을까? 정지한 물에서 돌을 던져 만들어진 수면파는 구면파를 이루고 동심원을 만들면서 같은 속력으로 사방에 퍼져나간다. 흐르는 물에 돌을 던지면 수면파가 어떻게 퍼져나갈지는 정지한 물의 결과에 갈릴레이 상대성을 적용하면 쉽게 예측할 수 있다. 물이 흐르는 방향으로 수면파의 전파 속력은 물이 흐르는 속력만큼 빨라지고 반대 방향으로는 그만큼 느려질 것이다. 아마도 흐름에 수직인 방향으로는 전파 속력의 변화가 없을 것이다.

바람이 음파 매질의 흐름이라면 바람이 부는 방향과 반대 방향으로 음파가 전파되는 속력이 달라질 것이다. 이것을 확인하면 바람이 음파 매질의 흐름임을 알 수 있다. 이 실험을 그대로 전자기파와 그 매질에도 적용해 볼 수 있다. 에테르의 바람이 분다면 방향에 따라 빛의 속력이 달라지고 이것을 잴 수 있다면 우리는 에테르의 존재를 확인할 수 있다.

파동방정식

대개 파동은 진동이 퍼져나가는 것으로 에너지도 같이 전달한다. 파동의 전파를 기술하는 파동방정식은 18세기에 프랑스의 수학자이자 물리학자 장 르롱드 달랑베르Jean Le Rond d'Alembert(1717~1783), 스위스의 수학자이자 물리학자 레온하르트 오일러Leonhard Euler(1707~1783) 등이 발견했다. 이는 다음의 행태를 가진 2계 편미분방정식이다.

$$\text{3차원 파동방정식} \quad \left(\frac{1}{v^2}\frac{\partial^2}{\partial t^2} - \vec{\nabla}^2\right)\phi(\vec{r}, t) = 0$$

이 방정식은 선형 진동(진동의 변위가 충분히 작아서 복원력이 변위에 비례하는 진동)이 가장 가까운 이웃과의 상호 작용만으로 퍼져나갈 경우 일반적으로 적용되는 방정식이다. (줄의 진동에 대해 이 방정식이 어떻게 만들어지는가는 5장 '기타 줄의 라그랑지안과 파동방정식'에 나와 있다.) 이 방정식이 왜 파동방정식이 되는지, 그리고 파동의 전파 속력은 v로 주어진다는 것을 간략히 알아보자. 먼저 공간이 1차원이라고 하면 위 방정식의 일반적인 해를 쉽게 구할 수 있다.

$$\text{1차원 파동방정식} \quad \left(\frac{1}{v^2}\frac{\partial^2}{\partial t^2} - \frac{\partial^2}{\partial x^2}\right)\phi(x, t) = 0$$

변수를 t, x에서 $\xi = x - vt$, $\eta = x + vt$로 바꾸면 1차원 파동방정식은 $\partial^2\phi/\partial\xi\partial\eta = 0$이 되고 그 해는 $\phi(\xi, \eta) = \phi_R(\xi) + \phi_L(\eta)$의 형태로 ϕ_R과 ϕ_L은 (미분 가능하면) 어떤 형태의 함수라도 된다. 이것을 t, x로 다시 쓰면 다음과 같이 양의 x 방향으로 속력 v로 진행하는 파동인 ϕ_R과 음의 x 방향으로 진행하는 파동인 ϕ_L의 합이 된다.

$$\text{1차원 파동방정식의 일반해} \quad \phi(x, t) = \phi_R(x - vt) + \phi_L(x + vt)$$

1차원 파동방정식의 일반해는 3차원 파동방정식의 해로 확장이 가능해서 파동이 진행하는 방향을 단위 벡터 $\hat{k}$로 나타내면 $\phi_{\hat{k}}(\vec{r}, t)=\phi(\hat{k}\cdot\vec{r}-vt)$가 되는데, 진행하는 파면이 평면이므로 이 해를 평면파plane wave라고 한다. 3차원 파동방정식은 해가 매우 다양한데, 대표적인 것으로 앞에 소개한 평면파와 진행하는 파면이 구면인 구면파spherical wave가 있다.

4. 마이켈슨-몰리 실험

만약 빛의 매질이 정말로 에테르라면, 지구와 그 위에 사는 우리는 에테르 속에서 살고 있다. 우리가 주변에서 오는 빛을 볼 수 있다는 것은 우리 주변이 에테르로 차 있다는 것을 말한다. 우리가 태양에서 온 빛과 그것을 행성이 반사해서 온 빛을 볼 수 있다는 것은 태양계도 에테르로 채워져 있다는 것을 말한다. 훨씬 더 멀리 떨어진 별에서 온 빛도 볼 수 있는 것으로 보아 우주 전체가 에테르로 차 있어야 한다.

그런데 우리가 방향에 따라 빛의 속력이 달라지는 것을 측정해 에테르의 존재를 입증하려면 에테르 바람이 불어야 한다. 다행히 지구는 에테르 속에서 공전과 자전을 하므로 항상 에테르 바람이 불고, 계절, 시간에 따라서 그 방향과 크기가 바뀔 것이다. 따라서 지구에서 측정하는 빛의 속력은 계절, 시간, 방향에 따라서 다를 것이고, 얻을 수 있는 최대 속력 차이는 지구의 공전에 의한 것이며($v\approx30$km/s), 작게는 지구의 자전(최대 속력 $v\approx465$m/s)도 이용할 수 있다. 다만 문제는 빛의 속력($c=300{,}000$km/s)이 이들 속력보다 워낙 큰 탓에 에테르 바람의 효과가 아주 작게 나타날 것이고, 이것을 측정해 내려면 정밀한 관측 기술이 필요하다는 것이다.

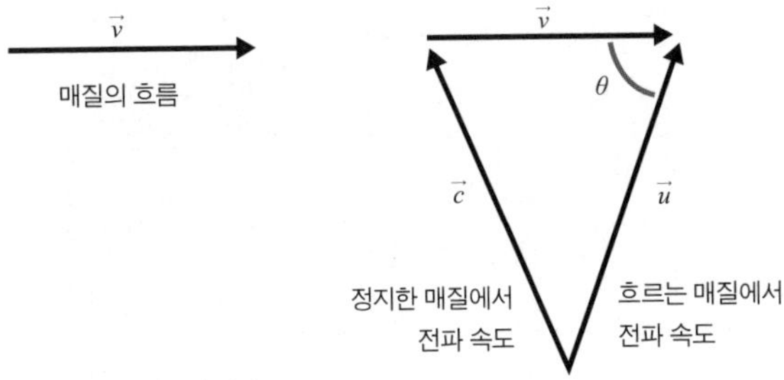

그림 45 흐르는 매질에서 파동의 전파.

미국의 물리학자 앨버트 마이켈슨Albert Michelson(1852~1931)과 에드워드 몰리Edward Morley(1838~1923)는 에테르 바람 속에서 방향에 따라 달라지는 빛의 속력을 측정해 에테르의 존재를 확인하려고 했다. 실제로 이들이 측정하려고 했던 것은 수직인 두 방향을 잡고 이 두 방향으로 진행하는 빛의 속력의 차이였다. 두 방향 중 한쪽이 에테르 바람 방향이고 다른 쪽은 그 수직 방향일 때 속력 차이는 최대가 된다. 두 방향 모두 에테르 바람 방향과 45도가 되면 속력 차이는 없다. 따라서 방향을 바꿔 가면서 속력 차이를 재면 에테르의 존재와 그 바람의 방향을 확인할 수 있는 것이다. 물론 그 속력 차이는 빛의 속력에 비해서 매우 작기 때문에 정밀한 측정 장치가 필요한데, 마이켈슨은 간섭계라는 장치를 고안해 필요한 정밀도를 얻을 수 있었다.

마이켈슨-몰리 실험을 자세히 살펴보기 위해, 먼저 에테르 바람이 불 때 빛이 진행하는 방향에 따라 속력이 어떻게 달라지는지 알아보자. 움직이는 매질에서 파동의 전파는 흐르는 물을 가로질러 헤엄쳐 건너는 것으로 이해할 수 있다(그림 45).

정지한 매질에서 파동의 진행 속도를 $\vec{c}$라 하면, 매질이 속도 $\vec{v}$로 움직일 때의 파동 진행 속도는 두 속도를 더한 $\vec{u}=\vec{c}+\vec{v}$가 된다. 매질의 속도($\vec{v}$)와 파동의 진행 속도($\vec{u}$) 사이의 각을 θ라 하면 코사인 법칙에 의해 $c^2=u^2+v^2-$

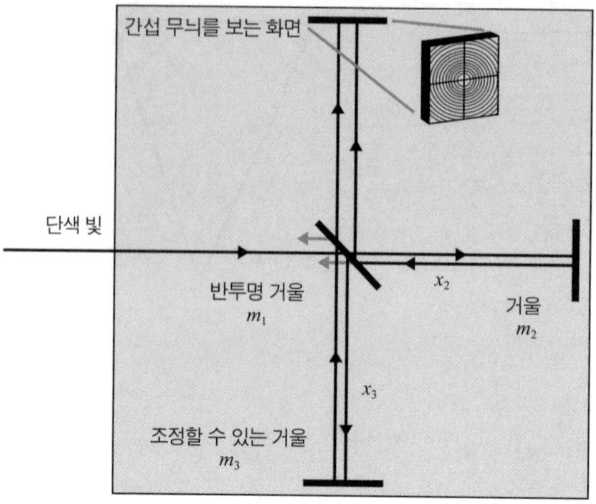

그림 46 마이켈슨 간섭계의 개념도.

$2uv\cos\theta$의 관계가 있고, 이것을 u에 대하여 풀면 $u=\sqrt{c^2-v^2\sin^2\theta}+v\cos\theta$가 된다. 매질의 흐름 방향과 파동의 진행 방향이 나란할($\theta=0°$ 또는 $180°$) 때는 $u=c\pm v$이고, 수직일($\theta=90°$) 때는 $u=\sqrt{c^2-v^2}$이 된다.

이 빛의 속력 차이를 측정하면 되는데, 문제는 필요한 실험의 정밀도다. 지구의 공전을 이용하더라도, 방향에 따른 속력 차이를 확인하려면 빛의 속력을 $v/c \approx (30\text{km/s})/(3\times10^5\text{km/s}) \approx 10^{-4}$ 이상의 정밀도로 측정할 수 있어야 한다. 이 정밀도를 얻기 위해 마이켈슨은 그림 46과 같은 마이켈슨 간섭계Michelson interferometer를 고안했다. 간섭계는 결맞는 두 빛이 경로의 차이에 의해 간섭 현상이 나타나서 밝고 어두운 무늬를 형성하는 것을 이용해 두 경로 간의 경로 차이를 재는 장치다. 두 간섭 무늬 사이의 경로 차이가 빛의 한 파장에 해당하므로 간섭계를 이용하면 대략 빛의 파장보다 작은 길이를 상당히 정확하게 잴 수 있다. 가시광선 영역 빛의 파장이 5×10^{-7}m 정도이므로, 이 간섭계로 10^{-7}m 정도의 길이를 측정할 수 있을 것이다.

마이켈슨 간섭계는 두 경로가 서로 수직이 되도록 배치한 것이다. 한쪽 방향에서 들어와 중앙의 반투명 거울에 의해 투과해 직진하는 빛과 반사되어 수직 방향으로 가는 빛으로 1/2씩 나뉜다. 그다음 양 방향 끝에 설치된 거울에 반사되어 다시 중앙의 반투명 거울로 돌아온다. 다시 1/2씩 나뉘어서 (1/4+1/4)은 원래의 방향으로 돌아가고 (1/4+1/4)은 스크린 방향으로 진행하여 합쳐진다. 합쳐진 두 빛은 스크린 상의 위치에 따라 경로 차가 다르므로 스크린에 밝고 어두운 부분이 반복되는 간섭 무늬를 만든다. (두 거울과 스크린을 완벽하게 수직으로 설치하지 않는 한 이렇게 될 것이다.) 이런 상태에서 두 경로 간에 경로 차이가 다른 요인에 의해 조금 달라지면 간섭 무늬의 위치가 바뀌는 것에서 이를 알 수 있고, 그 크기도 잴 수 있다.

마이켈슨 간섭계로 에테르 바람의 속력을 재려면 간섭계 전체를 회전시키면서 간섭 무늬의 위치가 바뀌는지를 보면 된다. 두 경로의 길이가 정확하게 같다면, 빛의 경로 차이는 다른 두 경로에서의 빛의 속력 차이로 인한 도착 시간의 차이에 따라 생긴다. 두 경로가 에테르 바람 방향에 45도 방향이면 두 경로에서 빛의 속력은 같고 경로 차이는 없다. 두 경로가 에테르 바람 방향과 나란할 때는 두 경로에서의 빛의 속력 차이가 가장 커서 경로 차이가 최대가 된다.

반투명 거울에서 반사 거울까지 거리를 L이라 하고 이 구간을 빛이 왕복할 때 시간 차이를 계산해 보자. 바람 방향과 나란한 방향의 왕복 시간은 $t_{\parallel}=L/(c+v)+L/(c-v)$이고, 수직 방향의 왕복 시간은 $t_{\perp}=2L/\sqrt{c^2-v^2}$이다. 따라서 도착 시간 차이에 의한 경로 차이는 시간 차이에 빛의 속력을 곱해서 $c(t_{\parallel}-t_{\perp})=2L[(1-v^2/c^2)^{-1}-(1-v^2/c^2)^{-1/2}]\approx L(v/c)^2$이 된다. (마지막 근사식은 v/c가 1보다 아주 작을 때 성립한다.) $v=30$km/s를 넣고 $L=10$m로 잡으면 경로차는 10^{-7}m 정도 되므로, 가시광선 영역에서 마이켈슨 간섭계로 충분히

그림 47 마이켈슨-몰리 실험에 사용되었던 실험 장치. 경로를 늘리기 위해 여러 거울을 사용하고 실험대를 진동 없이 회전시키기 위해 액체 수은 위에 띄워서 실험을 했다.

측정할 수 있을 것이다. 정확도를 높이려면 L을 길게 하면 되는데, 실제로 마이켈슨-몰리 실험에서는 여러 거울을 써서 경로의 길이를 늘렸다.

이 실험을 했을 때 어려운 점 중 하나는 마이켈슨 간섭계를 회전시키는 것이었다. 필요한 실험의 정밀도를 위해서는 간섭계의 크기가 충분히 커야 했고, 측정하는 양이 아주 작은 경로 차이기 때문에 조그만 진동에도 영향을 받아 진동을 줄이기 위해서는 아주 무거운 석판에 올려야 했다. 이 무거운 실험 장치를 진동이 생기지 않게 회전시킬 방법이 필요했는데, 마이켈슨과 몰리는 실험대 전체를 액체 수은에 띄워서 해결했다.

1881~1887년 동안 이루어진 실험에서 마이켈슨과 몰리는 여러 난관을 극복해 가며 실험의 정밀도를 계속 높였다. 하지만 에테르 바람의 효과를 측정한 결과는 실망스러웠다. 에테르 바람의 효과인 방향과 시간에 따른 빛의 속력 차이가 만드는 간섭 무늬의 변화는 검출되지 않았던 것이다. 이 결과의 해석을 놓고 사람들 사이에 논쟁이 이어졌다.

에테르의 존재를 부정하지 않으면서 이 결과를 수용하기 위해 아일랜드의 물리학자 조지 피츠제럴드George Fitzgerald(1851~1901)는 에테르 바람을 받는 방향으로 물체의 길이가 줄어든다는 피츠제럴드 수축을 제시했다. 에테르의 존재를 부정하게 되면, 원래 제기되었던 문제인 빛의 속력은 어느 기준계에서의 속력인가에 답을 제시해야 한다. 한때 빛의 속력은 광원의 정지계에서의 속력이라는 방출 이론이 제시되었지만 이중성 관측 등을 설명할 수 없어 곧 버려졌다.

이런저런 상황 끝에 1905년 아인슈타인은 빛의 속력이 모든 기준계에서 같다는 사실을 그대로 받아들이고 이에 맞도록 우리 시공간의 틀을 바꾸는 특수 상대성 이론을 제시했다. 그 뒤에 이어진 논쟁과 실험적 검증을 통해서 이 이론이 맞는 것으로 정리되었다. 결국 마이켈슨-몰리 실험은 가장 성공적인 '실패한' 실험으로 남게 되었다.

5. 특수 상대성, 시간 팽창과 길이 수축

마이켈슨-몰리 실험의 결과는 맥스웰 방정식으로 설명되는 빛과 전자기 현상이 갈릴레이 상대성과 근본적으로 맞지 않는다는 것을 확인시켜 주었다. 우리는 일상에서 갈릴레이 상대성이 옳다는 것을 경험하며 살고 있었는데, 왜 빛에서는 맞지 않을까? 사실 왜라는 질문을 던지기보다는 갈릴레이 상대성이 정말 잘 맞는지부터 돌아봐야 한다.

갈릴레이 상대성은 물체의 운동을 다루는 뉴턴 역학의 토대였는데, 그 물체들의 속력은 모두 빛의 속력에 비해서 아주 작은 속력이었다. 갈릴레이 상대성은 빛의 속력보다 아주 작은 속력에서의 경험을 바탕으로 만들어진 것으로 빛의 속력에 근접하는 속력에서도 맞으리라는 보장은 원래 없었다. 갈릴레이 상대성이 빛의 속력 영역까지 맞는지 안 맞는지는 우리가 실험을 통해서 확인해 보아야 했다. 마이켈슨-몰리 실험은 그것이 맞지 않다는 사실을 확인시켜 주었다.

1905년 아인슈타인은 빛의 속력은 모든 관성계에서(관찰자에게) 같다는 것을 실험적 사실로 받아들이고, 그 결과로서 우리가 뉴턴 역학과 갈릴레이 상대성이 가지고 있던 시간과 공간의 구조를 이 사실에 맞도록 새롭게 바꿀 것을 제안했다. 일정한 상대 속도로 움직이는 모든 관성계는 동등하다는 상대성 원리는 그대로 유지하면서, 대신 한 관성계와 다른 관성계 사이의 좌표 변환 방식을 바꾸면 된다는 것이다.

아인슈타인의 이 새로운 상대성은 특수 상대성이라 불린다. 특수 상대성이 옳은지는 갈릴레이 상대성의 경우와 마찬가지로 실험을 통해서 확인해야 한다. 앞으로 살펴볼 특수 상대성의 중요한 예측들인 시간 팽창, 길이 수축, 물질과 에너지의 전환 등은 20세기에 수많은 실험들에서 입증되었고, 특수 상대성은 확고히 정립되었다. 특수 상대성은 전자기 현상과 빛을 통해서 발견된 새로운 상대성 원리였다. 빛의 속력은 단순히 전자기파의 전파 속력이 아니라 모든 자연 현상에 나타나는 자연의 기본 상수로 받아들여지게 되었다.

아인슈타인은 다음 두 가지 가설을 세우고 특수 상대성의 모든 결과를 이끌어 낼 수 있었다.

상대성 원리: 물리 법칙은 모든 관성계에서 같다.

광속 불변: 빛의 속력은 모든 관성계에서 같다.

기적의 해 1905년

Die anerkannt beste
Hektographen-Masse
liefert billigst und empfiehlt sich zur Lieferung neuer Hektographen, sowie zum Umguss oder Neufüllung
Franz Anneler, Malerweg 9 (Längg.) u. Vereinsdruckerei.
Guss von Wälzchen für Mimiographen.

Vermischtes

Privatstunden in
Mathematik u. Physik
für Studierende und Schüler erteilt gründlichst
Albert Einstein, Inhaber des eidgen. polyt. Fachlehrerdiploms,
Gerechtigkeitsgasse 32, 1. Stock.
Probestunden gratis. ,4977°

개인 교습
수학과 물리학
전 학년 대상 철저한 지도
알베르트 아인슈타인,
연방공대 교사 자격증 소지,
게레흐티흐가이츠 가 32, 1층
시범 강의 무료

그림 48 아인슈타인이 대학 졸업 후 어려웠던 시절 신문에 낸 개인 교사 구직 광고(하단).

아인슈타인의 업적과 관련해서 1905년은 기적의 해annus mirabilis로 불린다. 이 해에 아인슈타인은 〈물리학 연보Annalen der Physik〉에 논문 4편을 발표했는데, 4편 모두 현대 물리학의 기초를 마련한 논문으로 평가를 받는다.

- 〈빛의 생성과 변환에 대한 발견적 관점에 대하여Über einen die Erzeugung und Verwandlung des Lichtes betreffenden heuristischen Gesichtspunkt〉
- 〈열의 분자운동론이 필요로 하는 정지 액체에 떠있는 작은 입자들의 운동에 대하여Über die von der molekularkinetischen Theorie der Wärme geforderte Bewegung von in ruhenden Flüssigkeiten suspendierten

Teilchen〉

- 〈움직이는 물체의 전기역학에 대하여Zur Elektrodynamik bewegter Körper〉
- 〈물체의 관성은 그것의 에너지 함량에 의존하는가?Ist die Trägheit eines Körpers von seinem Energieinhalt abhängig?〉

첫 번째 논문은 광전 효과에 대한 것으로 빛이 입자임을 제시했고, 아인슈타인에게 1921년 노벨물리학상을 안겨 주었다. 두 번째 논문은 브라운 운동Brownian motion에 관한 것으로 물질이 분자로 이루어졌음을 확립하는 데 기여했다. 세 번째 논문은 특수 상대성을 도입한 것이고, 네 번째 논문은 그의 유명한 공식 $E=mc^2$을 제시한 것이다.

당시의 물리학 거장이었던 윌리엄 톰슨William Thomson(켈빈 경Lord Kelvin, 1824~1907)이 1900년 "열과 빛의 동역학 이론에 드리운 19세기의 구름"이란 제목의 강연에서 마이켈슨-몰리 실험과 흑체 복사에 대해서 만족할 만한 설명이 없다고 언급했다. 아인슈타인의 논문은 당시의 이런 중요한 문제에 대한 해결책을 제시했다. 당시 그는 취리히 공과대학을 졸업한 후 교사 자리를 얻지 못해 전전하다 친구 마르셀 그로스만Marcel Grossmann의 아버지의 도움으로 겨우 특허청 심사관으로 취직해서 일하던 때였다. 특허청 일과 병행하면서 이전부터 꾸준히 생각한 문제들을 연구해 논문을 썼다. 아인슈타인은 이 논문 네 편으로 학계의 큰 관심을 받았고, 결국 대학의 교수 자리도 얻었다. 남들은 평생에 하나만 해도 대단한 일을 그는 한 해에 네 개나 쏟아 냈던 것이다.

여기서 관성계는 여전히 뉴턴의 운동 제1 법칙이 정의하는 관성계이고, 상대성 원리는 갈릴레이 상대성에서도 적용되었던 것이다. 특수 상대성의 핵심인 두 번째 가설에 의해서 생기는 가장 큰 변화는 갈릴레이 상대성이 지닌 시간과 거리 측정의 절대성 내지 보편성, 즉 어떤 관찰자가 재도 두 사건 사이의 시간과 거리는 같다는 사실이 더 이상 성립하지 않는다는 것이다. 빛의 속력이 모든 관성계에서 같기 위해서는 두 사건 사이의 시간과 거리가 관성계에 따라 달라져야 한다. 이제 시간과 거리가 관성계(관찰자)에 따라 어떻게 달라지는지 살펴보자.

관찰자의 운동에 따라 시간과 길이가 달라진다

빛의 속력이 관찰자의 속력에 상관없이 일정하다면 시간 측정이 관찰자마다 어떻게 달라질까? 이를 알아보기 위해, 수직으로 광선을 보내 거울에 반사되어 오는 광선을 검출하여 시간을 재는 시계를 고려해 보자(그림 49).

빛의 속력을 c, 두 거울 사이의 수직 거리를 h라 하고, 시계가 정지해 있는 관성계와 시계가 속도 v로 움직이는 관성계에서 빛의 방출과 검출이라는 두 사건 사이의 시간 간격을 비교해 본다. 시계가 정지해 있는 기준계에서(그림 49) 방출과 검출 사이에 걸리는 시간을 Δt_0라 하면 $c\Delta t_0 = 2h$의 관계가 성립하고, 따라서 $\Delta t_0 = 2h/c$이다. 시계에 대해서 속도 v로 움직이는 기준계에서(그림 49) 방출과 검출 사이에 걸리는 시간을 Δt라 하면 거울은 그 동안 $v\Delta t$만큼 이동한다. 따라서 빛이 간 거리는 $2\sqrt{h^2 + (v\Delta t/2)^2}$으로 길어지지만, 빛의 속력은 똑같이 c이므로(갈릴레이 상대성에서는 빛의 속력이 $\sqrt{c^2 + v^2}$으로 커진다고 했을 것이다) $c\Delta t = 2\sqrt{h^2 + (v\Delta t/2)^2}$의 관계가 성립한다. 따라서 $\Delta t = 2h/\sqrt{c^2 - v^2}$이 된다. 이제 두 기준계에서 재는 빛의 방출과 검출 사이의 시간을 비교해 보면 다음과 같다.

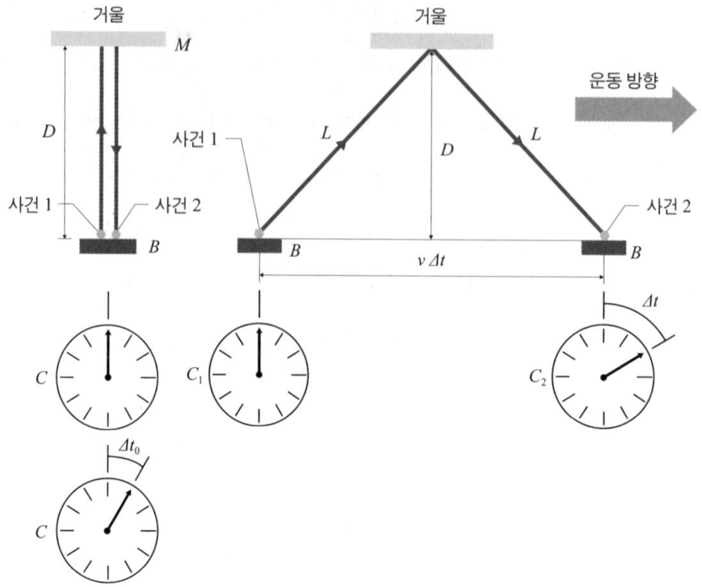

그림 49 움직이는 계에서 시간 팽창을 알아보는 실험.

$$\text{시간 팽창}\quad \Delta t=\gamma\Delta t_0,\ \gamma=\frac{1}{\sqrt{1-(v/c)^2}}$$

시계의 정지계에서 잰 시간(Δt_0)을 시계의 고유 시간proper time이라고 한다. 시계가 움직이고 있는 계에서 재는 시간(Δt)은 시계의 고유 시간보다 γ 인자만큼 더 커지는데, 이것을 시간 팽창time dilation이라 한다.●

시간 측정뿐만 아니라 길이의 측정 결과도 관찰자의 상대 속도에 따라 달라진다. 움직이는 막대의 길이를 정지한 시계를 사용해 측정한다고 생각

● 특수 상대성 이론에서는 속력을 나타낼 때 빛의 속력에 대한 상대 비 β=c/v를 자주 쓴다. 또한 $\gamma=1/\sqrt{1-\beta^2}$이 계속 쓰이는 만큼, β와 γ의 정의를 잘 기억해 두자.

해 보자. 시계의 정지계에서는 막대가 속력 v로 움직이는 것으로 보이고, 막대의 정지계에서는 시계가 속력 $-v$로 움직이는 것으로 보인다. 시계의 정지계에서 막대의 앞 끝이 시계를 지날 때와 뒤 끝이 시계를 지날 때 사이의 시간 간격을 Δt_0라 한다면 막대의 길이는 $L=v\Delta t_0$이다. 막대의 정지계에서는 그 시계가 막대 앞 끝을 지날 때와 막대 뒤 끝을 지날 때 사이의 시간 간격을 Δt라 하면 막대의 길이는 $L_0=v\Delta t$이다. 그런데 시간 팽창에 의해서 $\Delta t=\gamma\Delta t_0$이기 때문에, 두 기준계에서 측정한 길이 사이에는 다음 관계가 성립한다.

$$\text{길이 수축} \quad L=\frac{L_0}{\gamma}$$

막대가 정지해 있는 기준계에서의 길이 L_0를 막대의 고유 길이proper length라 한다. 막대가 움직이고 있는 기준계에서 측정한 길이 L은 고유 길이 L_0보다 γ 인자로 나눈 만큼 길이가 줄어드는데, 이것을 길이 수축length contraction이라고 한다.

예를 들어 철수가 정지해 있는 계에서 영희가 빛의 속력의 3/5으로 움직이면서 자신의 시계가 1초 지났다고 하면, 철수의 시계로는 $\gamma\times$(1초)$=1/\sqrt{1-(3/5)^2}\times$(1초)$=4/5$초 지난 것이 된다. 상대성을 생각하면 영희에게 철수는 빛의 속력의 3/5으로 움직이고 있을 것이다. 만약 철수가 자신의 시계로 1초 지났다고 하면, 영희의 시계로는 4/5초 지난 것이 된다. 서로 상대방의 시계가 느리게 간다고 생각할 것이다. 얼핏 듣기에 이 상황은 서로 모순처럼 보인다. 그렇기에 위에서 말한 시간 팽창의 의미를 명확히 이해해야 한다.

고유 시간은 시계의 정지계에서 잰 시간, 즉 공간적 움직임 없이 한 지

뮤온 붕괴와 시간 팽창 효과

지구에는 높은 에너지를 가진 입자들이 외부로부터 많이 날아오는데, 이 입자들을 '우주선cosmic rays'이라 부른다. 이들의 약 90%는 양성자(수소의 핵)이고, 9%는 α 입자(헬륨의 핵), 나머지는 전자와 무거운 원소 핵들이다. 이들 대부분은 대기권 상층부(고도 ~10㎞ 이상)에서 공기 분자들의 핵과 충돌하고 이로 인해 많은 수의 파이온(π^+, π^-) 입자들이 만들어진다. 이 파이온들은 금방 붕괴하는데(파이온의 평균 수명은 2.6×10^{-8}s), 뮤온(μ^+, μ^-)과 뮤온-중성미자(ν_μ, $\bar{\nu}_\mu$)로 붕괴한다. 이렇게 생성된 뮤온들은 거의 빛의 속력($v\approx0.99c$)으로 지면에 내려오면서 최종적으로 전자(e^+, e^-)와 중성미자 두 개로 붕괴한다. 뮤온의 평균 수명은 2.2×10^{-6}s이다.

갈릴레이 상대성에 의하면 빛의 속력으로 달려도 뮤온이 붕괴할 때까지 날아가는 평균 거리는 $(2.2\times10^{-6}\text{s})(3.0\times10^8\text{m/s})=660$m다. 그러므로 대부분의 뮤온은 지면에 도달하기 전에 붕괴하기에 지면에서는 뮤온이 거의 관찰되면 안 된다. 그러나 실제로 많은 수의 뮤온이 지면 근처에서 관찰되는데, 이는 뮤온이 붕괴하기 전에 660m보다 훨씬 더 먼 거리를 날아가기 때문이다. 뮤온의 수명이 2.2μs인 것은 뮤온의 정지계에서의 시간으로, 즉 고유 시간으로 그렇다는 것이다.

지상의 관찰자에게 이 시간은 시간 팽창 효과에 의해 $\gamma\approx8$배 길어지고, 날아간 거리도 그만큼 길어져서 뮤온은 지면까지 내려오는 것으로 나타난다. 반대로 지상의 관찰자에게는 수킬로미터인 이 거리가 뮤온에게는 거리 수축에 의해서 660m로 보이는데, 이는 2.2μs 동안 빛의 속력으로 날아간 거리다.

1963년에 미국의 물리학자 데이비드 프리시David Frisch(1918~1991)와 제임스 스미스James Smith는 고도가 1900m 차이 나는 두 지점에서 같은 시간 동안 뮤온의 수를 관측해 특수 상대성의 시간 팽창 효과를 정밀하게 검증하는 실험을 했다. 뮤온의 운동 에너지를 측정하여 얻은 뮤온의 속력은 높은 지점이 $0.995c$, 낮은 지점이 0.989c로 평균 γ 인자는 8.4±0.2였다(공기 분자와의 상호 작용으로 뮤온은 조금씩 에너지를 잃는다). 높은 지점에서 관측한 뮤온의 수는 시간당 563개였고, 낮은 지점에서 시간 팽창이 없으면 예상되는 수는 시간당 27개이지만, 실험에서는 시간당 412개를 관측했고, 이로부터 계산한 γ 인자는 8.4±0.8로 특수 상대성 이론의 예측과 잘 맞았다.

점에서 똑딱하는(위의 시계에서는 빛의 방출과 검출) 사이에 흐른 시간이다. 움직이는 (반대로 말하면 시계가 움직이는 것으로 보이는) 관찰자에게는 시계의 똑딱하는 것이 공간적으로 다른 지점에서 일어나고, 이때 흐른 시간이 고유 시간보다 더 크다는 것이다. 서로 상대방의 시계가 느리게 간다고 생각하는 것은 상대방의 고유 시간과 내가 미리 시간을 맞춰 놓은 다른 두 지점에 놓인 시계를 사용하여 잰 시간을 비교하기 때문이다. 따라서 서로 상대방의 시계가 느리게 간다고 생각하는 것은 두 관찰자가 시간을 재는 데 쓰는 두 사건이 서로 다르기 때문에 모순이 아니다.

길이 수축에 대해서도 서로 상대방의 길이가 짧아졌다고 생각하겠지만, 이 역시 모순은 아니다(이에 대한 설명은 '창고와 막대 역설과 동시성의 문제'를 참고하라). 상대적으로 움직이는 두 관찰자가 각자의 시계가 상대방의 시계보다 빠르게 간다고 생각하는 것이 모순이 아니라고 했는데, 만약 둘이 다시 만나서 그동안 흐른 시간을 비교하는 상황이 되면 어떻게 될까? 이런 상황에서 실제로 어떻게 되는지 궁금하면 '쌍둥이 역설'을 읽어 보기 바란다.

창고와 막대 역설과 동시성의 문제

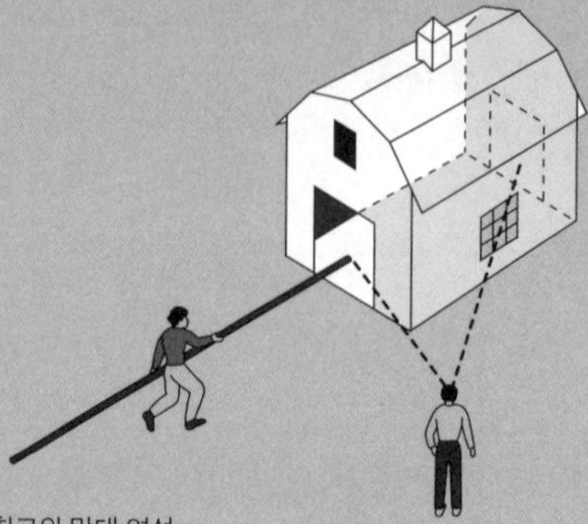

그림 50 창고와 막대 역설.

한 남자가 길이 10미터인 막대기를 들고 길이가 5미터인 창고로 빛의 속력의 86.6%($\gamma=2$)로 달려가고 있고, 또 다른 남자가 창고 옆에서 이를 관찰한다(그림 50). 정지한 관찰자에게 막대기의 길이는 5미터이고 창고의 길이도 5미터이므로 막대기 앞쪽 끝이 창고의 안쪽 벽에 닿는 순간 뒤쪽 끝은 창고의 문을 막 통과하여 막대기가 창고 안에 완전히 들어가는 것을 보게 된다. 반면, 막대기를 들고 달려가는 남자에게 막대기의 길이는 10미터이고 창고는 2.5미터로 보이므로 막대기 앞쪽 끝이 창고의 안쪽 벽에 닿는 순간 막대기 뒤쪽 끝은 창고 밖 7.5미터 지점에 있다. 정지한 관찰자는 막대기가 온전히 창고 안에 들어갈 수 있다고 생각하고, 막대기를 들고 달려가는 관찰자는 그럴 수 없다고 생각하는데, 이것은 모순이 아닐까?

막대의 앞쪽 끝이 창고의 뒷문에 도달하는 사건과 막대의 뒤쪽 끝이 창고의 앞문에 도달하는 사건을 생각해 보자. 정지해 있는 관찰자에게는 두 사건이 '동시에' 일어나기 때문에 그 순간 막대가 창고 안에 완전히 들어가 있다고 생각한다(그림 51 왼쪽). 반면 막대를 든 관찰자에게는 두 사건은 동시에 일어나지 않는다(그림 51 오른쪽). 한 관찰자에게 동시에 일어난 두 사건이 상대적으로 움직이는

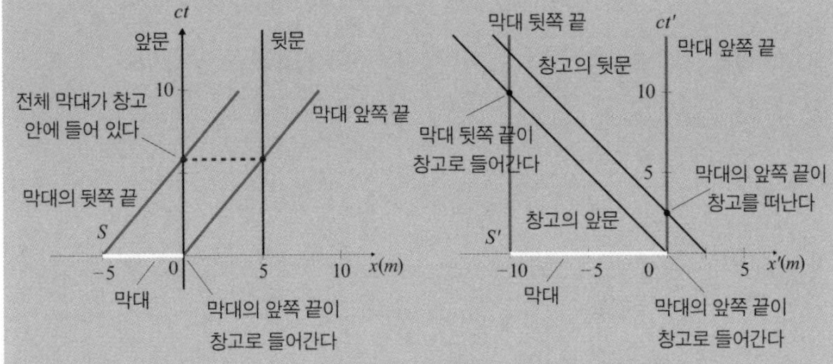

그림 51　정지한 관찰자의 시공간도(왼쪽)와 막대를 든 관찰자의 시공간도(오른쪽).

다른 관찰자에게는 동시가 아닌 것이다. 그러므로 정지한 관찰자가 막대가 창고 안에 들어갈 수 있다고 생각하는 것과 막대를 들고 달려가는 관찰자가 그럴 수 없다고 생각하는 것은 모두 옳으며 둘 사이에 모순은 없다.

쌍둥이 역설

일정한 상대 속도로 움직이는 두 관찰자는 서로 상대의 시간이 느리게 간다고 생각한다. 이렇게 상대적으로 움직이던 두 사람이 서로 만나서 그동안 흐른 시간을 비교한다면 어떻게 될까?

우주 비행사 영희에게는 쌍둥이 남동생 철수가 있다. 영희는 스무 살에 3.25광년 떨어진 우주 정거장을 왕복하는 우주선을 타게 된다. 우주선의 속력은 광속의 65%($\gamma=1.32$)이다. 지구의 철수가 보기에는 영희가 비행한 총 거리는 2×3.25광년$=6.50$광년이고, 여행에 걸리는 시간은 6.50광년$/0.65c=10.0$년이다. 우주선을 탄 영희가 보기에는 지구와 우주 정거장 사이의 거리가 수축되므로 그녀는 6.50광년/γ=4.92년의 거리를 여행하고, 왕복 여행 시간은 4.92광년/0.65c=7.57년이다.

철수는 영희가 지구에 돌아왔을 때 자신은 30.0세이고 영희는 27.57세가 될 것이라고 예상한다. 반면 영희에게는 그녀가 정지해 있고 철수는 광속의 65%로 움직인다. 따라서 영희는 철수보다 γ=1.32배 더 나이가 들어야 한다. 영희는 자신이 7.57년의 나이를 먹기 때문에 철수와 다시 만날 때 그가 20+7.57/1.32=25.8세일 거라고 기대한다. 둘 중 누구의 추론이 옳을까?

창고와 막대 역설의 경우와는 달리, 이 경우에는 영희와 철수가 동시에 서로 더 젊을 수는 없기 때문에 둘 다 옳을 수 없다. 여기서 답의 핵심은 특수 상대성이 관성계 사이에 적용된다는 것이다. 지구에 남아 있는 철수는 계속 관성계에 있었으므로 특수 상대성 이론을 적용한 그의 추론이 옳다.

그렇다면 우주 비행을 하고 돌아온 영희의 추론은 옳지 않다는 것인데, 과연 어디가 잘못 되었을까? 영희도 갈 때와 올 때 각각 관성계에 있었지만 하나의 관성계가 아니라 지구에 대해 +0.65c와 −0.65c의 상대 속도를 가진 두 개의 다른 관성계에 있었다. 두 관성계에 있는 동안에는 영희에게 7.57년의 시간이 흐르고 철수에게는 5.8년의 시간이 흐른다고 생각하는 것은 옳다. 하지만 영희는 한 관성계에서 다른 관성계로 넘어가는, 즉 우주 비행선을 감속해서 멈췄다가 반대 방향으로 가속해서 원래의 비행 속력으로 돌아오는 과정이 필요하다. 철수의 추론에는 이 과정이 큰 영향을 미치지 않지만, 직접 감속, 가속을 겪는 영희의 추론에서는 이 과정이 중요한 역할을 하며, 이것이 빠졌기 때문에 잘못된 추론을 한 것이다.

이 과정은 영희에게는 짧은 순간에 일어나지만 그동안 철수에게는 4.2년의 시간이 흘러 버리는 것이다. 왜 그럴까? 특수 상대성을 적용해서 이 과정 전체에서 영희가 보기에 철수에게 4.2년의 시간 도약이 있다는 것까지는 추론을 할 수 있다. 그러나 그 자세한 과정을 들여다보려면 좌표계의 가속이 시간의 흐름에 미치는 영향을 알아야 하는데, 이것은 뒤에 나오는 일반 상대성의 적용이 필요하다. 좌표계의 가속은 중력과 같은 효과를 주고 쌍둥이 역설은 중력이 시간의 흐름을 바꾼다는 사실을 살짝 보여 준 것이다.

6. 로렌츠 변환과 민코프스키 공간

이제 갈릴레이 상대성에서 했던 것과 마찬가지로 특수 상대성의 결과를 벡터를 도입해 수학의 언어로 포장해 보자. 일정한 상대 속도로 움직이는 두 관성계에서 측정한 시간과 길이가 어떻게 달라지는지 살펴보았는데, 이 결과를 이용하면 두 관성계 사이의 좌표 변환이 어떻게 되는지 구할 수 있다.

상대 속도 v로 움직이는 두 관성계 F와 F'를 생각해 보자. F와 F'의 좌표계는 편의를 위해 그림 52와 같이 상대 속도의 방향을 x축으로, 그리고 y축, z축은 서로 평행으로 잡고, F'가 x축을 따라서 속력 v로 움직이다 F와 F'의 원점이 일치했을 때를 $t=t'=0$으로 잡자. 이제 한 사건event E의 F에서의 좌표를 (t, x, y, z)라 하고, F'에서의 좌표를 (t', x', y', z')라 하면, 동일한 사건에 대한 두 관성계에서의 좌표들은 서로 어떻게 연결이 될까? y 좌표와 z 좌표는 두 관성계에서 같을 것이고 $(y'=y, z'=z)$, t 좌표와 x 좌표는 달라질 텐데, 앞에서 구한 길이 수축을 이용하면 이것을 구할 수 있다.

관성계 F에서 보면 사건 E의 x 좌표는 $x-vt=x'/\gamma$의 관계가 성립한다. x'를 γ 인자로 나눈 것은 F에서 보면 F'에서 잰 거리 x'가 거리 수축이 일어나는 것을 반영한 것이다. 이 식을 x'에 대해 풀면 $x'=\gamma(x-vt)$를 얻는다. 관성계 F'에서 보면 F에서 잰 거리 x가 거리 수축이 일어나므로, 같은 식이 $x/\gamma=vt'+x'$로 써진다. 이 식에 앞에서 구한 x'을 넣고 t'에 대해 풀면 $t'=\gamma[t-(v/c^2)x]$를 얻는다. 이상의 결과를 종합하면 일정한 상대 속도로 움직이는 두 관성계 사이의 이 좌표 변환(로렌츠 부스트 변환)은 다음과 같다.

$$t' = \gamma\left(t - \frac{v}{c^2}x\right),\ x' = \gamma(x - vt),\ y' = y,\ z' = z$$

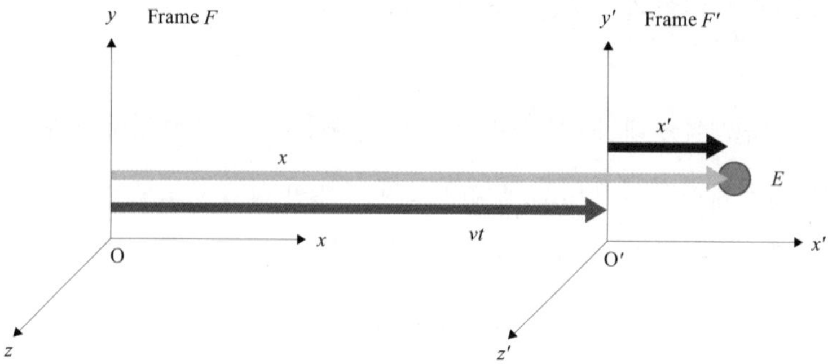

그림 52 상대 속도 v로 움직이는 두 관성계 사이의 좌표 변환.

상대 속력 v가 빛의 속력 c보다 아주 작으면 $\gamma \approx 1$이므로 이 변환은 갈릴레이 변환($t'=t, x'=x-vt$)과 같아지지만, v가 커져서 c에 가까워지면 완전히 달라짐을 알 수 있다.

부스트에 의해 다른 관성 좌표계로 변환될 때 시간 좌표와 공간 좌표가 섞여서 변환되므로 시간 좌표와 공간 좌표를 분리해서 취급하는 것보다 하나로 묶어서 동등하게 취급하는 것이 더 편리하다. 우선 t 대신에 빛의 속력 c를 곱한 ct를 쓰면 시간 좌표가 공간 좌표처럼 거리 단위가 된다. 그리고 시간 좌표와 공간 좌표를 묶어서 시공간 좌표 $x^\mu(\mu=0, 1, 2, 3)$을 도입하여 $x^0=ct, x^1=x, x^2=y, x^3=z$로 놓으면 앞에서 구한 좌표 변환은 다음과 같다.

$$x^{0'}=\gamma(x^0-\beta x^1),\ x^{1'}=\gamma(-\beta x^0+x^1),\ x^{2'}=x^2,\ x^{3'}=x^3$$

아래와 같이 행렬 Λ^μ_ν를 도입하면 이 관계식을 더 보기 좋게 쓸 수 있다. (이전처럼 같은 위첨자와 아래첨자가 나타나면 그 첨자에 0, 1, 2, 3을 넣은 값을 모두 더하는 것

상대론적 속도 더하기

두 관성계에서 물체의 속도는 어떻게 달라 보일까? 상대 속도의 방향인 x 방향과 상대 속도에 수직인 y 방향으로 움직이는 물체의 속력은 F에서는 $u_x = dx/dt$, $u_y = dy/dt$로 주어지고, F'에서는 $u_x' = dx'/dt'$, $u_y' = dy'/dt'$로 주어진다. 위에서 구한 로렌츠 부스트 좌표 변환 관계식을 이용하면 다음과 같다.

$$u_x' = \frac{u_x - v}{1 - u_x v / c^2}, \; u_y' = \frac{u_y}{1 - u_x v / c^2}$$

갈릴레이 변환에서의 속도 변환 $u_x' = u_x - v$와는 v와 u_x가 빛의 속력 c보다 작을 때는 크게 다르지 않지만, 빛의 속력과 크기가 비슷해지면 많이 달라진다. 특히 F에서 빛의 속력으로 움직이는 $(u_x = c)$ 물체는 F'에서도 빛의 속력으로 $(u_x' = c)$ 움직인다. 또한 상대 속도에 수직인 방향의 속도도 달라지는데, 이것은 시간 팽창에 따른 효과다. 상대론적 속도 더하기 공식은 로렌츠 변환으로부터 다음과 같이 쉽게 유도할 수 있다.

$$u_x' = \frac{dx'}{dt'} = \frac{\gamma(dx - \beta c dt)}{\gamma(dt - \beta dx / c)} = \frac{(dx / dt) - v}{1 - v(dx / dt) / c^2} = \frac{u_x - v}{1 - u_x v / c^2}$$

을 나타낸다. 예를 들면, 아래의 $\Lambda^{\mu}_{\nu} x^{\nu}$는 $\Lambda^{\mu}_{0} x^0 + \Lambda^{\mu}_{1} x^1 + \Lambda^{\mu}_{2} x^2 + \Lambda^{\mu}_{3} x^3$을 의미한다.)

$$\text{로렌츠 변환} \quad x^{\mu'} = \Lambda^{\mu}_{\nu} x^{\nu} \text{ 또는 } \begin{pmatrix} x^{0'} \\ x^{1'} \\ x^{2'} \\ x^{3'} \end{pmatrix} = \begin{pmatrix} \gamma & -\gamma\beta & 0 & 0 \\ -\gamma\beta & \gamma & 0 & 0 \\ 0 & 0 & 1 & 0 \\ 0 & 0 & 0 & 1 \end{pmatrix} \begin{pmatrix} x^0 \\ x^1 \\ x^2 \\ x^3 \end{pmatrix}$$

이 좌표 변환의 핵심은 두 관성계에서 빛의 속력은 같도록 되어 있다는 것이다. 예를 들어 x축 양의 방향으로 진행하는 빛의 경로라면 $x=ct$(또는 $x^1=x^0$)로 주어지는데, 좌표 변환을 해 보면 $x'=ct'$(또는 $x^{1'}=x^{0'}$)로 된다. 원점을 지나 임의의 방향으로 가는 빛의 경로는 F에서 보면 $x^2+y^2+z^2=(ct)^2$을 만족하는데, F'으로 좌표 변환을 해 보면 $x'^2+y'^2+z'^2=(ct')^2$이 돼서 F'에서도 빛의 속력은 c임을 말해 준다. 사실 두 관성계에서 빛의 속력이 같다는 것은 결국 두 좌표계 사이의 좌표 변환이 $-(ct)^2+x^2+y^2+z^2=-(ct)'^2+x'^2+y'^2+z'^2$을 만족한다는 것과 같다.

위의 행렬식과 같은 일차식의 좌표 변환으로 $-(ct)^2+x^2+y^2+z^2$의 값을 바꾸지 않는 모든 변환을 로렌츠 변환이라 한다. 위에서 로렌츠 부스트 변환은 이것을 만족한다는 것을 보았고, 여기에 더해서 시간 좌표는 그대로 두고 공간 좌표만을 회전하는 것도 로렌츠 변환에 포함된다는 것을 쉽게 확인할 수 있다.

위에서 나온 양 $s^2=-(x^0)^2+(x^1)^2+(x^2)^2+(x^3)^2$을 시공간 좌표 x^μ의 시공간 간격이라 부르는데, 3차원 공간에서 거리의 제곱을, 시간 좌표의 제곱 앞에 부호를 $-$로 해서, 4차원 시공간으로 확장한 것으로 볼 수 있다. 로렌츠 변환이 시공간 간격의 값을 바꾸지 않는다는 것을 표현하기 위해 새로운 행렬 $\eta_{\mu\nu}$를 아래와 같이 도입하여 시공간 간격을 $s^2=\eta_{\mu\nu}x^\mu x^\nu$로 쓴다.

민코프스키 메트릭 $$\eta_{\mu\nu}=\begin{pmatrix}-1&0&0&0\\0&1&0&0\\0&0&1&0\\0&0&0&1\end{pmatrix}$$

시공간 간격 $$s2=-(x^0)^2+(x^1)^2+(x^2)^2+(x^3)^2=\eta_{\mu\nu}x^\mu x^\nu$$

그러면 시공간 간격이 로렌츠 변환 전후에 같다는 것은 로렌츠 변환을 나타내는 행렬 Λ^μ_ν가 다음을 만족한다는 것과 같다.

로렌츠 변환 행렬 $\eta_{\mu\nu}\Lambda^{\mu}_{\lambda}\Lambda^{\nu}_{\rho}=\eta_{\lambda\rho}$

3차원 공간에서 회전 행렬 O_{ij}는 $\delta_{ij}O^{i}_{k}O^{j}_{l}=\delta_{kl}$를 만족해서 위치(공간 좌표) (x, y, z)의 (원점으로부터) 거리 $l^2=\delta_{ij}x^{i}x^{j}$를 바꾸지 않는 것처럼, 4차원 시공간에서 로렌츠 변환은 시공간 간격을 바꾸지 않는 변환으로, 3차원 공간의 회전을 4차원 시공간의 회전으로 확장한 것으로 볼 수 있다. 3차원 직교좌표계에서 거리를 정의하는 δ_{ij}가 메트릭 텐서였는데, 이 관점에서 보면 $\eta_{\mu\nu}$를 4차원 시공간의 메트릭 텐서로 볼 수 있다. 이렇게 $\eta_{\mu\nu}$를 메트릭 텐서로 가진 4차원 시공간을 민코프스키 공간Minkowski space이라 부른다.

로렌츠 변환은 모든 방향, 크기의 부스트와 모든 방향, 크기의 회전이 다 포함되어 있어서 갈릴레이 상대성을 다룰 때 나온 갈릴레이 변환과 회전 변환을 자연스럽게 하나로 통합한다. 부스트(갈릴레이 변환)와 (공간 좌표) 회전은 모두 민코프스키 공간에서 시공간 좌표의 회전인 것이다. 이 사실 때문에 특수 상대성이 갈릴레이 상대성보다 수학적으로는 다루기 더 간단하다.

갈릴레이 상대성을 다루면서 물리 법칙이 갈릴레이 상대성을 만족한다는 것을 명확히 보이는 방법으로 물리량을 스칼라, 벡터, 텐서로 구분하고, 물리 법칙을 명확하게 이에 해당하는 방정식으로 쓰면 된다는 것을 보았다. 마찬가지로 특수 상대성에서도 물리 법칙이 특수 상대성을 만족한다는 것을 명확하게 드러내려면 로렌츠 변환에 대한 변환 특성으로 스칼라, 벡터, 텐서 등을 구분한 후, 물리 법칙을 스칼라, 벡터, 또는 텐서방정식으로 쓰면 된다. 다만, 갈릴레이 상대성에서는 시간 좌표 t와 공간 좌표 $\vec{r}$은 각각 독립된 스칼라와 벡터였는데, 특수 상대성에서는 ct와 $\vec{r}$이 서로 묶여서 하나의 물리량처럼 변환된다는 것에 주의해야 한다. 그래서 둘을 묶어서 사건 또는 시공간 좌표 $(ct, \vec{r})$이라는 벡터로 정의하는데, 4개의 성분이 있으므로 사건 4-벡터 또는 4-변위라 부르고 다음과 같이 표시한다.

$$4\text{-변위}\quad x^{\mu}=(ct, \vec{r})=(x^0=ct, x^1=x, x^2=y, x^3=z)$$

일반적인 4-벡터는 로렌츠 변환에 대해서 x^{μ}와 같이 변환되는 물리량이다. 좌표계를 바꾸면 4-벡터 V^{μ}는 $V^{\mu\prime}=\Lambda^{\mu}_{\nu}V^{\nu}$로 변환된다. 공간 좌표계의 회전 변환을 다룰 때 미분연산자 $\vec{\nabla}$도 물리 법칙에 자주 나타나는 중요한 벡터였다. 이를 확장한 미분연산자 4-벡터 $\partial_{\mu}=(\partial_t, \vec{\nabla})$도 마찬가지로 중요한 4-벡터다.

그런데 3차원 공간의 메트릭은 δ_{ij}로 (+1, +1, +1) 구조인데 반해 4차원 시공간의 메트릭은 (−1, +1, +1, +1) 구조여서 중요한 차이가 생긴다. 4-변위의 변환과 미분 규칙을 적용하면 미분연산자 4-벡터의 변환은 $\partial_{\mu}{}'=(\Lambda^{-1})^{\nu}_{\mu}\partial_{\nu}$로 주어진다. 3차원 회전을 표현하는 직교 행렬은 $(O^{-1})^{j}_{i}=O^{i}_{j}$여서 공간 좌표계의 회전 변환에 대해서 미분변위 dx와 미분연산자 $\vec{\nabla}$는 같은 방식으로 변환되지만, 로렌츠 변환 행렬은 $(\Lambda^{-1})^{\mu}_{\nu}\neq\Lambda^{\nu}_{\mu}$이어서 로렌츠 변환에 대해서 dx^{μ}와 ∂_{μ}는 다르게 변환된다. 그래서 4-벡터를 두 종류로 구별하는데, dx^{μ}처럼 변환되는 벡터를 반변contravariant 벡터, ∂^{μ}처럼 변환되는 벡터를 공변covariant 벡터라 한다. 첨자를 위에 쓴 것은 반변 벡터, 아래에 쓴 것은 공변 벡터로 정해서 첨자의 위치로 구별한다.

$$\text{반변 벡터 변환}\quad V^{\mu\prime}=\Lambda^{\mu}{}_{\nu}V^{\nu}$$

$$\text{공변 벡터 변환}\quad V_{\mu}{}'=(\Lambda^{-1})^{\nu}{}_{\mu}V_{\nu}$$

반변 벡터와 공변 벡터는 메트릭 텐서를 축약해서 서로 전환이 가능하다. 먼저 (공변) 메트릭 텐서 $\eta_{\mu\nu}$의 역행렬로 반변 메트릭 텐서 $\eta^{\mu\nu}$를 정의한다. (행렬로 보면 둘은 같은 행렬이다.)

$$\eta_{\mu\nu}\eta^{\nu\rho}=\delta^{\rho}_{\mu}$$

이제 반변 벡터V^{μ}에 (공변) 메트릭 텐서 $\eta_{\mu\nu}$를 축약하면 공변 벡터가 되기 때문에 $\eta_{\mu\nu}V^{\nu}=V_{\mu}$로 쓸 수 있고, 반대로 공변 벡터 V_{μ}에 반변 메트릭 텐서 $\eta^{\mu\nu}$를 축약하면 반변 벡터가 되어 $\eta^{\mu\nu}V_{\nu}=V^{\mu}$로 쓸 수 있다.

벡터를 일반화한 텐서는 이전과 마찬가지로 여러 개의 벡터를 곱한 것처럼 변환되는 양인데, 반변인 첨자는 위에, 공변인 첨자는 아래에 써서 $T^{\mu\nu\cdots}_{\alpha\beta\cdots}$로 표시한다.

$$\text{텐서 변환}\quad T^{\mu\nu\cdots}_{\alpha\beta\cdots}{}'=\Lambda^{\mu}_{\lambda}\Lambda^{\nu}_{\rho}\cdots(\Lambda^{-1})^{\gamma}_{\alpha}(\Lambda^{-1})^{\delta}_{\beta}\cdots T^{\lambda\rho\cdots}_{\gamma\delta\cdots}$$

스칼라는 로렌츠 변환에 대해 불변인 양이다. 가장 중요한 스칼라는 시공간 간격 $s^2=\eta_{\mu\nu}x^{\mu}x^{\nu}=-(x^0)^2+\vec{r}^2$이다. 시공간 간격과 마찬가지로 일반적인 4-벡터의 간격 $V^2=\eta_{\mu\nu}V^{\mu}V^{\nu}=-(V^0)^2+\vec{V}^2$도 스칼라다. 4-미분 연산자의 간격 $\partial^2=-\partial_0^2+\vec{\nabla}^2$도 중요한 스칼라로 달랑베르시안d'Alembertian이라 부른다.

7. $E=mc^2$

수학의 장벽을 넘어서 로렌츠 변환과 스칼라, 벡터, 텐서의 맛을 보았으니,

특수 상대성과 맥스웰 방정식

특수 상대성이 성립되는 발단이 맥스웰 방정식이었기에, 맥스웰 방정식은 특수 상대성을 만족한다. 이것을 명확하게 보여 주는 방법은 맥스웰 방정식을 텐서방정식으로 적는 것이다. 맥스웰 방정식에 나오는 전기장과 자기장은 일견 벡터처럼 보인다. 공간 좌표계의 회전에 대해서만 고려하면 벡터가 맞다. 그러나 로렌츠 변환에 대해서는 전기장과 자기장은 서로 섞여서 변환이 된다.

이것을 쉽게 알 수 있는 것이 전기장은 전하 밀도에 의해 자기장은 전류 밀도에 의해 생기는데, 두 양은 좌표계의 선택에 따라 서로 연관되어 달라지는(변환되는) 양이므로 전기장과 자기장도 서로 연관되어 변환이 된다. 전하 밀도와 전류 밀도는 합쳐서 하나의 4-벡터인 4-전류 밀도 $j^{\mu}=(c\rho, \vec{j})$를 이룬다. 전기장과 자기장은 합쳐서 하나의 반대칭 2계 텐서인 전자기장 텐서 $F^{\mu\nu}(F^{0i}=E^{i}, F^{ij}=\epsilon^{ijk}B^{k})$가 된다. 표 3은 $F^{\mu\nu}$와 j^{μ}를 사용해서 맥스웰 방정식을 텐서방정식으로 쓴 것이다.

앞의 두 방정식은 일반적으로 풀 수 있다. 스칼라 퍼텐셜 $\phi(x)$와 벡터 퍼텐셜 $\vec{A}(x)$를 도입하여 $\vec{B}=\vec{\nabla}\times\vec{A}, \vec{E}=-\vec{\nabla}\phi-\frac{\partial}{\partial t}\vec{A}$로 쓰면 두 방정식이 만족된다. 이 ϕ와 $\vec{A}$는 서로 묶여서 하나의 4-퍼텐셜 $A_{\mu}=(\phi, \vec{A})$가 된다. 앞의 전자기장과 4-퍼텐셜의 관계를 전자기장 텐서로 쓰면 $F_{\mu\nu}=\partial_{\mu}A_{\nu}-\partial_{\nu}A_{\mu}$이 된다. 또한 A_{μ}를 사용하여 전자기파의 파동방정식을 적으면 $\eta^{\mu\nu}\partial_{\mu}\partial_{\nu}A_{\lambda}+\partial_{\lambda}(\eta^{\mu\nu}\partial_{\mu}A_{\nu})=0$으로 스칼라방정식이 된다.

표 3 텐서방정식으로 쓴 맥스웰 방정식.

(회전 변환) 벡터방정식	(로렌츠 변환) 텐서방정식
$\vec{\nabla}\times\vec{E}+\frac{\partial\vec{B}}{\partial t}=0,\ \ \vec{\nabla}\cdot\vec{B}=0$	$\partial_{\mu}F_{\nu\lambda}+\partial_{\lambda}F_{\mu\nu}+\partial_{\nu}F_{\lambda\mu}=0$
$\vec{\nabla}\cdot\vec{E}=\frac{\rho}{\epsilon_0},\ \ \vec{\nabla}\times\vec{B}-\mu_0\epsilon_0\frac{\partial\vec{E}}{\partial t}=\mu_0\vec{j}$	$\partial_{\mu}F^{\mu\nu}=-\frac{1}{c}j^{\nu}$
$\vec{F}=q(\vec{E}+\vec{v}\times\vec{B})$	$K^{\mu}=qF^{\mu\nu}U_{\nu}$

이제 특수 상대성의 가장 핵심적인 내용들을 살펴보기로 하자. 물체의 운동을 기술하는 뉴턴의 운동방정식은 특수 상대성에서는 어떻게 바뀔까? 뉴턴의 운동방정식에 나오는 속도, 가속도, 운동량, 힘이 모두 벡터였는데, 특수 상대성에 맞는 운동방정식을 적으려면 이들을 모두 4－벡터로 확장해야 한다.

뉴턴 역학에서 속도는 $\vec{v}=d\vec{r}/dt$인데, 이를 확장한 4－속도는 어떻게 될까? 일단 공간 좌표의 미분 $d\vec{r}$은 시공간 좌표의 미분 dx^{μ}로 바꾸면 될 것 같다. 문제는 분모의 dt인데, 이 자체로는 4－벡터의 한 성분이므로 dx^{μ}/dt는 로렌츠 변환에 대해 4－벡터가 아니라 좀 복잡하게 변환이 된다. 따라서 dt를 스칼라 양으로 대체할 필요가 있는데, dt가 들어가는 기본적인 스칼라에는 시공간 간격이 있고, 단위가 시간이 되도록 $-1/c^2$을 곱하면 $(d\tau)^2=(dt)^2-(d\vec{r}/c)^2$이다. 스칼라 $d\tau=\sqrt{(dt)^2-(d\vec{r}/c)^2}$를 고유 시간이라 부르는데, 그 의미는 앞에서 말한 고유 시간인 시계가 정지한 즉 $d\vec{r}=0$인 계에서 흐른 시간과 일치한다. 따라서 4－속도는 dx^{μ}를 $d\tau$로 미분한 $U^{\mu}=dx^{\mu}/d\tau$가 되고, 운동량 $\vec{p}=m\vec{v}$를 확장한 4－운동량은 $p^{\mu}=mU^{\mu}$가 된다. 이제 힘 $\vec{F}$를 확장한 4－힘 K^{μ}를 도입하면, 상대론적 운동방정식은 $dp^{\mu}/d\tau=K^{\mu}$로 써진다.

공간 좌표 $\vec{x}$를 확장한 시공간 좌표 $x^{\mu}=(x^0, \vec{x})$의 0－성분은 $x^0=ct$로 시간(×빛의 속력)이었다. 운동량 $\vec{p}$을 확장한 4－운동량을 $p^{\mu}=(p^0, \vec{p})$로 쓰면, 공간 성분은 $\vec{p}=\gamma m\vec{v}$로 상대론적 운동량인데, 0－성분은 무엇일까? 직접 계산을 해 보면 p^0는 다음과 같다.

$$p^0=mU^0=m\frac{d(ct)}{d\tau}=\frac{mc}{\sqrt{1-(v/c)^2}}=\gamma mc$$

이 양이 무엇인지 알기 위해 v가 c보다 아주 작은 경우, 즉 뉴턴 역학이 적용될 수 있는 영역에서는 cp^0가 어떻게 되는지 테일러 전개를 해서 살펴보자.

$$cp^0 = \frac{mc^2}{\sqrt{1-(v/c)^2}} = mc^2\left[1+\frac{1}{2}\left(\frac{v}{c}\right)^2+\frac{3}{8}\left(\frac{v}{c}\right)^4+\cdots\right] = mc^2+\frac{1}{2}mv^2+\frac{3}{8}m\frac{v^4}{c^2}+\cdots$$

테일러 전개의 두 번째 항에 우리에게 익숙한 운동 에너지가 나타난다. cp^0는 운동 에너지를 포함하고 있고, 그래서 입자가 가지고 있는 에너지로 해석될 수 있다. 이제 4-운동량은 $p^\mu=(E/c, \vec{p})$로 쓸 수 있고, 여기서 에너지는 $E=\gamma mc^2$이다. 그런데 이 상대론적 에너지는 속력 v가 0일 때 $E=mc^2$이 되어 0이 아니므로 질량 m인 입자는 정지해 있을 때에도 mc^2에 해당하는 에너지를 가진 것이 되는데, 이를 (정지) 질량 에너지라 부른다.

상대론적 에너지에는 물체의 운동에 의한 에너지에 더해 물체의 질량에 의한 에너지도 포함되어 있다. 이 사실은 뉴턴 역학과 상대론적 역학 사이에 중대한 차이가 있을 수 있음을 시사한다. 뉴턴 역학에서는 있던 물질이 사라지거나 없던 물질이 생겨나는 일은 생각조차 하지 않았다. 물질은 보존되는 것이다. 그렇지만 특수 상대성에서는 물질 자체가 사라지면서 에너지로 변환되거나, 반대로 에너지로부터 물질이 새로 만들어지는 것이 허용된다. 20세기의 수많은 실험들이 입자가 소멸하여 에너지로 바뀌고, 반대로 에너지로부터 새로운 입자들을 만들어 냄으로써 물질과 에너지는 서로 변환될 수 있다는 것을 실제로 보여 주었다.

4-운동량의 길이는 $p^2=-(E/c)^2+(\vec{p})^2=-m^2c^2$로 스칼라다. 따라서 물체의 질량은 스칼라이고, 모든 관성계에서 똑같다. 질량이 0보다 큰 물체의 속력이 빛의 속력에 근접하면 그 에너지가 무한대로 발산하기 때문

광속구의 위력

뛰어난 실력의 투수가 던지는 빠른 공을 종종 광속구라고 표현한다. 물론 야구공은 질량이 0이 아니므로 빛의 속력에 도달할 수는 없다. 그렇다면 빛의 속력에 근접하는 속력으로 날아가는 야구공의 위력은 어느 정도일까? 야구공의 질량을 145g으로 잡고 빛의 속력의 90%의 속력($\gamma=2.3$)으로 날아간다면, 야구공의 운동에너지(전체 에너지에서 질량 에너지를 뺀 $K=mc^2(\gamma-1)$)는 2×10^{16}J이다. 이는 히로시마에 투하된 핵폭탄이 내는 에너지(6.3×10^{13}J)의 약 300배로, 진짜 광속구를 던진다면 도시 몇 개쯤은 날려 버릴 것이다.

에 빛의 속력에 근접할 수는 있지만 도달할 수는 없다. 그러므로 빛의 속력은 단순히 빛이라는 전자기파의 전파 속력이 아니라, 모든 물체의 한계 속력인 것이고, 자연의 가장 기본적인 상수 중 하나다.

특수 상대성과 뉴턴 역학이 또 다른 이유로 질량이 없는($m=0$) 입자가 존재할 수 있다는 점을 든다. 뉴턴 역학에서는 물체의 질량이 0이면 아무리 작은 힘을 받아도 가속도가 무한대가 되기 때문에, 그런 물체를 생각할 수 없었다. 반면 특수 상대성에서는 물체의 질량이 0이면 속도 ($\vec{v}=c^2\vec{p}/E$)의 크기가 c가 되어 항상 빛의 속력을 가지며, 에너지와 운동량은 $E=c|\vec{p}|$를 만족하면서 0이 아닐 수 있다. 실제로 질량이 0인 입자가 존재하는데, 그게 바로 빛(광자)이다. 덧붙여 주목해야 할 것은 질량이 있는($m>0$) 입자와 질량이 없는($m=0$) 입자 사이의 불연속성이다. 아무리 작더라도 질량이 있는 입자는 공간상에 멈춰서 있을 수 있지만, 질량이 없는 입자는 멈춰 있을 수 없다. 반대로 질량이 없는 입자의 시간은 항상 멈춰 있지만, 질량이 있는 입

자의 시간은 멈춰 있을 수 없다.

빛의 속력은 모든 물체의 한계 속력이자 정보 전달의 한계 속력이기도 하다. 한계 속도가 없는(무한한) 경우와 유한한 경우는 사건의 인과관계에 심각한 차이가 있다. 갈릴레이 상대성에서는 속력 크기의 제한이 없었고, 따라서 두 사건 사이의 인과관계는 오로지 시간에 의해 결정된다. 예를 들어, 두 사건 A와 B의 시간이 $t_A < t_B$이면 A는 B의 과거이고, A는 B에 영향을 미칠 수 있는 것이다. 반면 특수 상대성에서는 두 사건의 A와 B의 시간이 $t_A < t_B$가 되더라도 두 사건 사이의 공간적 거리($|\vec{r}_B - \vec{r}_A|$)가 시간 $t_B - t_A$ 동안 빛의 속력으로 도달할 수 있는 거리($c(t_B - t_A)$)보다 더 크면 A는 B에 영향을 미칠 수 없다. 즉 두 사건 사이의 인과관계는 시공간 간격에 의해 정해진다. 시공간 간격 $s^2 = -c^2(t_2 - t_1)^2 + (r_2 - r_1)^2$이 양의 값 ($s^2 > 0$)이면 두 사건 사이는 빛이 속력으로도 도달할 수 없어서 인과관계가 성립할 수 없다. 과거와 미래라는 인과관계는 시공간 간격이 음이거나 0인 ($s^2 \leq 0$) 두 사건 사이에만 가능하다.

8. 뉴턴 중력과 특수 상대성

1905년 특수 상대성 이론을 발표한 아인슈타인은 중력으로 관심을 돌리게 된다. 뉴턴 역학의 기원은 운동의 법칙과 중력의 법칙으로 행성의 운동을 설명한 것이었는데, 운동의 법칙이 빛의 속력에 근접하는 물체의 운동을 다룰 때 어떻게 바뀌는지는 특수 상대성으로 명확해졌다. 그렇다면 중력의 법칙은 어떻게 바뀌어야 할까? 우선 뉴턴의 중력 법칙이 특수 상대성 입장에서 어떤 문제가 있는지 살펴보자. 질량이 있는 두 물체 사이에는 질량의 곱

상대론적 등가속도 운동

빛의 속력이 한계 속력이라면, 계속 일정하게 가속되는 물체의 속력은 어떻게 될까? 뉴턴 역학에서는 일정한 가속도로 계속 가속되면 물체의 속력은 무한대로 갈 것이다. 그러나 특수 상대성에서는 계속 가속이 되더라도 빛의 속력에 점점 근접해 가지만 그것을 넘어가지는 못한다.

지구에 있는 관찰자 A와 정지 상태에서 지구를 출발해 계속 가속되는 우주선을 탄 관찰자 B가 있다. B의 좌표계(A의 입장에서는 B의 좌표계는 계속 속력이 바뀌고 있다)에서 $\delta\tau$의 시간 동안(τ는 B의 고유 시간이다) 우주선의 속력이 δu만큼 변하였다면, 가속도 $a(\tau)$는 $\delta u=a(\tau)\delta r$로 정의되고, 이것이 B가 느끼는(가속도미터로 측정되는) 우주선의 가속도다. A의 좌표계에서 보면 우주선의 속력은 $V(\tau)$에서 $V(\tau+\delta\tau)$로 바뀌는데, $V(\tau)$로 움직이는 B의 좌표계에서 δu의 속력이 더해진 것이므로 상대론적 속도 더하기를 써서 $V(\tau+\delta\tau)$를 구해야 한다.

$$V(\tau+\delta\tau)=\frac{V(\tau)+\delta u}{1+V(\tau)\delta u/c^2}\approx V(\tau)+\left(1-\frac{V(\tau)^2}{c^2}\right)\delta u$$

여기에 $\delta u=a(\tau)\delta\tau$를 넣으면 $V(\tau)$에 대한 미분방정식이 얻어지고, 이것을 적분해 $V(\tau)$를 구할 수 있다.

$$\frac{dV(\tau)}{d\tau}=\left(1-\frac{V(\tau)^2}{c^2}\right)a(\tau),\ V(\tau)=c\tanh\left[\frac{1}{c}\int_0^\tau a(\tau')d\tau'\right]$$

$V(\tau)$에서 tanh 함수 안의 적분이 뉴턴 역학에서 가속을 통해 생기는 속력이다. 이 속력의 크기가 빛의 속력 c보다 충분이 작으면 $\tanh x\approx x$로 근사가 되므로 뉴턴 역학의 결과가 나온다. 이 적분 값은 c보다 커질 수 있지만, x가 커지면 $\tanh(x)$는 1에 접근하므로, $V(\tau)$는 c에 접근하게 된다. 위에서 B의 시간 τ를 A의 시간 t로 환산하려면 시간 팽창 관계식 $dt=d\tau/\sqrt{1-V(\tau)^2/c^2}$를 적분하여 $t=t(\tau)$를 얻은 후 이것을 τ에 대해 풀어서 위의 식에 넣으면 된다. 가속도가 $a(\tau)=g$로 일정

하다면, A가 보는 우주선의 속력은 $V(\tau)=c\tanh(g\tau/c)$로 주어지고, t와 τ의 관계는 $t=(c/g)\sinh(g\tau/c)$가 된다. 예를 들어, 중력 가속도 $g=9.8\text{m/s}^2$로 빛의 속력 99%에 도달하는 데 걸리는 고유 시간(B의 시간)은 $\tau=(c/g)\text{arctanh}(0.99)=2.5$년이고, A의 시간으로는 17.5년이 된다.

에 비례하고 거리의 제곱에 반비례하는 인력이 작용한다는 것이 뉴턴의 중력이다.

$$\text{뉴턴의 중력 법칙} \quad \vec{F}(\vec{r}) = -\frac{G_N Mm}{r^2}\hat{r}$$

이렇게 하나의 힘으로 표현된 중력의 작용을 중력장 $\vec{g}(\vec{r})$을 도입하여 2단계로 나눌 수 있다.

(1) 중력장 $\vec{g}(\vec{r})$에 놓인 질량 m인 물체는 중력 $\vec{F}_g(\vec{r})=m\vec{g}(\vec{r})$을 받는 것으로 중력장을 정의한다.

(2) 원점($\vec{r}=0$)에 놓인 질량이 M인 점 입자가 만드는 중력장은 $\vec{g}(\vec{r})=-(G_N M/r^2)\hat{r}$로 주어진다.

이제 두 번째 단계를 일반화해서 질량 분포 $\rho(\vec{r}, t)$에 의해 생기는 중력장을 구하는 문제를 생각해 보자. 점 입자가 만드는 중력장을 알고 있다면 일반적인 질량 분포가 만드는 중력장은 직접 적분을 통해 구할 수도 있고, 미분방정식으로 바꾸어 구할 수도 있다. 우리에게 필요한 것은 이 미분방정식이다.

벡터장인 중력장 $\vec{g}(\vec{r})$은 스칼라장인 중력 퍼텐셜 $\phi(\vec{r})$을 도입하여 $\vec{g}(\vec{r}) \equiv -\nabla\phi(\vec{r})$로 쓸 수 있다. 그러면 원점에 놓인 질량 M인 입자에 의한 중력 퍼텐셜은 $\phi(\vec{r}) = -G_N M/r$이 된다. 지표면에서의 중력에서는 중력장은 중력 가속도에 해당하고, 중력 퍼텐셜은 단위 질량당 중력 퍼텐셜 에너지를 나타낸다.

이제 중력 퍼텐셜 $\phi(\vec{r})$를 사용하면 뉴턴의 중력 법칙을 포아송Poisson 방정식이라 부르는 다음의 미분방정식으로 표현할 수 있다.

$$\text{뉴턴 중력방정식} \quad \nabla^2\phi(\vec{r}, t) = 4\pi G_N \rho(\vec{r}, t)$$

방정식 왼쪽의 스칼라 미분연산자는 $\nabla^2 = \partial_x^2 + \partial_y^2 + \partial_z^2$로, 이를 연구한 수학자 피에르 시몽 라플라스Pierre-Simon Laplace(1749~1827)의 이름을 따서 '라플라시안Laplacian'이라 부르는데, 물리학에 자주 나오는 중요한 미분연산자다. 굳이 수학을 이용해 뉴턴 중력을 중력 퍼텐셜에 대한 미분방정식으로 쓴 것은 상대성의 입장에서 뉴턴 중력을 이해하고 일반 상대성의 아인슈타인 방정식과 비교하는데, 이 미분방정식을 쓰는 것이 명확하기 때문이다.

이제 뉴턴 중력을 특수 상대성의 관점에서 살펴보자. 뉴턴 중력방정식의 라플라시안(∇^2)에는 시간이 나타나지 않는다. 이것은 물체가 갑자기 어느 점에 나타나면 뉴턴의 중력은 즉각 무한대로 먼 곳까지 작용한다는 것을 뜻한다. 예를 들어 태양이 어느 순간 갑자기 사라진다면 지구에 미치는 힘이 즉각 없어져서 지구는 바로 궤도를 벗어나야 한다. 뉴턴 중력은 힘의 전달 속력이 무한대인 것이다.

그런데 특수 상대성에서 물질이나 정보의 전달 속력은 빛의 속력보다 빠를 수 없다. 지구에서는 태양이 사라진 것을 빛이 태양에서 지구까지 오는 데 걸리는 시간인 8분 19초 이후에나 알 수 있어야 한다. 이런 이유로 뉴턴의 중력은 특수 상대성과 근본적으로 맞지 않는다. 뉴턴 중력이 특수 상대성에 부합하도록 수정돼야 한다고 여긴 아인슈타인은 이를 연구하기 시작한다. 이 작업은 생각보다 어려웠는지 10년이 지난 1915년에야 완성된 형태가 나오는데, 그것이 아인슈타인의 중력 이론인 일반 상대성general relativity이다.

이 새로운 중력 이론을 간단히 살펴보기 위해 먼저 뉴턴 중력을 특수 상대성과 맞추려면 어떻게 고쳐야 할지 찾아보자. 물리 법칙이 상대성을 만족한다는 것을 직접 드러나도록 표현하는 방법은 이를 텐서방정식으로 적는 것이었다. 갈릴레이 상대성의 관점에서 위의 뉴턴 중력방정식은 스칼라방정식이다. 갈릴레이 변환과 회전 변화에 대해서 중력 퍼텐셜과 질량 밀도는 모두 스칼라이고 라플라시안(∇^2)도 스칼라여서 중력에 대한 포아송 방정식은 뉴턴 중력이 갈릴레이 상대성을 만족한다는 것을 표현한 스칼라방정식인 것이다.

특수 상대성의 로렌츠 변환에 대해서는 얘기가 좀 달라진다. 방정식 왼쪽의 라플라시안(∇^2)은 로렌츠 변환에 대해 스칼라가 아니다. 그렇지만 이것은 로렌츠 스칼라 미분연산자인 달랑베르시안 $-(\partial/c\partial t)^2+\nabla^2$으로 바꿔주면 쉽게 해결이 되고, 이렇게 하면 중력의 전달 속도가 무한대에서 (유한한) 빛의 속력으로 바뀐다. 중력 퍼텐셜 ϕ가 로렌츠 변환에 대해 어떻게 바뀌어야 되는지는 아직 명확하지 않지만, 이 방정식의 오른쪽을 살펴서 그 변환에 맞추면 될 것 같다. 방정식의 오른쪽에 있는 질량 밀도는 갈릴레이 변환에 대해서는 스칼라인데, 로렌츠 변환에 대해서는 어떻게 변환이 될까?

특수 상대성에서 질량은 스칼라이지만, 질량 밀도에 해당하는 물리량에 관련해서는 질량은 에너지 ($E=\sqrt{m^2c^2+c^2\vec{p}^2}$)의 일부로서 4-운동량

뉴턴의 중력 법칙과 포아송 방정식

중력장이 거리의 제곱에 반비례해서 작아지는 것은 공간이 3차원이라는 것과 연결된다. 3차원에서는 구의 표면적이 거리 제곱에 비례하므로 중력장과 표면적을 곱한 양은 거리에 관계없이 일정하다는, 즉 보존된다는 것이다. 사실 뉴턴의 중력 법칙으로부터 중력장을 임의의 폐곡면 위에서 적분한 양은 폐곡면 안에 있는 물체들의 총 질량 M에 비례한다는 것을 보일 수 있다.

뉴턴 중력에 대한 가우스 법칙 $\oint \vec{g}(\vec{r}') \cdot d\vec{A}' = -4\pi G_N M$

19세기 독일의 수학자 요한 카를 프리드리히 가우스Johan Carl Friedrich Gauss(1777~1855)는 이 식 왼쪽에 나타나는 임의의 폐곡면 위에서 벡터장을 적분하는 것은 벡터장의 발산divergence($\vec{\nabla}$ · 로 미분한 것)을 폐곡면 안에서 부피 적분한 것과 같다는 것을 증명했다. 이를 가우스 정리라 한다.

가우스 정리 $\oint_{\partial v} \vec{g}(\vec{r}') \cdot d\vec{A}' = \int_V \vec{\nabla} \cdot \vec{g}(\vec{r}') dV'$

폐곡면 안의 총 질량은 질량 밀도를 부피 적분한 것이므로 $M = \int_V \rho(\vec{r}) dV'$이고, 위의 관계식은 임의의 폐곡면에서 성립하므로 부피 적분을 뺀 $\vec{\nabla} \cdot \vec{g}(\vec{r}) = -4\pi G_N \rho(\vec{r})$도 성립해야 한다. 여기에 중력 퍼텐셜을 도입하여 $\vec{g}(\vec{r}) \equiv \vec{\nabla}\phi(\vec{r})$로 쓰면, 뉴턴의 중력 법칙을 중력 퍼텐셜 $\phi(\vec{r})$에 대한 미분방정식 $\nabla^2 \phi(\vec{r}) = 4\pi G_N \rho(\vec{r})$로 쓸 수 있고, 이를 포아송 방정식이라 부른다.

($p^{\mu}=(E/c, \vec{p})$)의 0 – 성분에 포함된 것으로 보는 것이 자연스럽다. 따라서 오른쪽의 질량 밀도는 특수 상대성에서는 에너지 밀도가 된다. 에너지 밀도는 에너지 E를 부피 V로 나눈 것이다. 로렌츠 변환에서는 길이 수축 때문에 부피도 변환이 되는데, 잘 따져 보면 4 – 벡터(0 – 성분, dt)×부피(V)=4 – 부피(d^4_x)이고 4 – 부피는 스칼라이므로 $1/V$은 (4 – 벡터/스칼라) 형태이고, 4 – 벡터의 0 – 성분으로서 변환이 된다. 따라서 에너지 밀도 $\rho=E/V$는 로렌츠 변환에 대해서 4 – 벡터 2개를 곱해 놓은 2계 텐서의 00 – 성분으로서 변환이 된다. 이 2계 텐서를 에너지 – 운동량 텐서 또는 스트레스 – 에너지 텐서라 부르며 $T_{\mu\nu}$로 쓴다. 그러므로 뉴턴 중력이 특수 상대성과 맞으려면 뉴턴의 중력방정식은 2계 텐서방정식의 00 – 성분이 되고, 00 – 성분 외의 나머지 성분들도 모두 갖춘 완전한 2계 텐서방정식으로 확장되어야 한다.

이제 방정식의 왼쪽으로 다시 돌아가면 중력 퍼텐셜 $\phi(\vec{r}, t)$도 어떤 2계 텐서의 00 – 성분이어야 한다. 이 텐서의 정체는 과연 무엇일까? 아인슈타인이 찾아낸 답은 그 텐서는 시공간의 기하geometry를 기술하는 메트릭 텐서 $g_{\mu\nu}(x)$이고, 그렇게 해서 얻은 것이 다음의 아인슈타인 방정식이다.

$$\text{아인슈타인 중력방정식} \quad G_{\mu\nu}(x)=8\pi G_N T_{\mu\nu}(x)$$

방정식 왼쪽의 $G_{\mu\nu}(x)$는 메트릭 텐서 $g_{\mu\nu}(x)$를 시공간 좌표로 두 번 미분해서 만드는 텐서인데, 아인슈타인 텐서라 부른다. 아인슈타인 방정식은 텐서방정식이므로 이 중력방정식이 이제 특수 상대성을 만족하게 되었다고 생각해서는 안 된다. 이 텐서들은 로렌츠 변환에 대한 텐서가 아니라 일반 좌표 변환이라는 더 확장된 변환에 대해 텐서임을 알게 될 것이다.

아인슈타인이 발견한 것은, 중력은 시공간의 기하와 연결되어 있으며,

중력이 있으면 특수 상대성은 시공간의 작은 영역에서 근사적으로만 성립할 수 있다는 점이다. 특수 상대성에 부합하는 중력을 찾으려다 오히려 중력이 있을 경우 우리의 시공간이 특수 상대성이 성립하는 민코프스키 시공간이 아니라 더 일반화된 휘어진 시공간이 돼야 한다는 사실을 발견했다. 다음은 중력이 시공간의 기하와 어떻게 연결되는지, 아인슈타인 텐서 $G_{\mu\nu}(x)$와 스트레스-에너지 텐서 $T_{\mu\nu}(x)$, 그리고 이 새로운 중력방정식이 무엇을 뜻하는지 살펴보기로 하자.

9. 등가 원리와 일반 상대성

아인슈타인의 중력방정식을 이해하기 위한 첫 단계로 우리가 경험으로 알고 있는 중력의 특성을 되짚어 보자. 우리가 일상에서 보는 중력에 의한 현상은 (지구의 중력에 의해) 물체가 아래(지구 중심 방향)로 떨어진다는 것이다.

물체의 자유 낙하에 대해서 처음으로 중요한 고찰을 한 사람은 갈릴레이였다. 당시 사람들은 낙하하는 물체에 작용하는 공기의 항력을 인식하지 못해서 보이는 현상 자체에서 나름의 법칙을 찾으려고 했다. 대부분은 무거운 물체가 더 빨리 떨어진다는 아리스토텔레스의 주장을 믿었다. 그런데 갈릴레이는 모든 물체는 무게와 무관하게 똑같이 떨어진다고 생각했고, 추론과 실험을 통해서 이를 확인했다.

뉴턴은 중력의 법칙을 제시하며 행성의 운동은 물체의 자유 낙하와 같은 것이라는 것을 깨달았고, 이 갈릴레이의 생각을 중력 법칙에 반영했다. 중력장에서 움직이는 물체의 운동방정식에는 물체의 운동을 기술하는 운동 법칙과 물체에 작용하는 중력을 기술하는 중력 법칙이 동시에 적용된다.

$$m_I\vec{a}=m_G\vec{g}(\vec{r})$$

운동 법칙은 같은 크기의 힘에 대한 물체의 반응, 즉 가속도의 비로 물체의 질량을 정의한다. 이렇게 운동 법칙이 정의하는 질량을 관성 질량inertial mass이라 한다. 운동방정식의 왼쪽에 나오는 질량 m_I는 이 관성 질량이다. 중력 법칙은 같은 중력장에서 물체가 받는 중력 크기의 비로 질량을 정의하는데, 이렇게 중력 법칙이 정의하는 질량을 중력 질량gravitational mass이라 한다. 위의 운동방정식의 오른쪽에 나오는 질량 m_G는 중력 질량이다.

운동 법칙과 중력 법칙은 서로 독립적인 법칙이고, 두 법칙이 각각 정의하는 관성 질량과 중력 질량이 일치해야 할 논리적인 이유는 없다. 모든 물체가 중력장에서 똑같이 떨어진다는 사실은 모든 물체가 m_I/m_G비가 같다는 것을 의미한다. 뉴턴은 이 사실을 반영해 중력 법칙을 제시할 때 중력 질량과 관성 질량을 구별하지 않고 같은 것으로 놓았다. 이렇게 관성 질량과 중력 질량이 일치한다는 것을 '약한 등가 원리weak equivalence principle'라 한다. 이것은 중력장에서 물체의 운동은 물체가 가진 질량의 크기에 영향을 받지 않고 모든 물체가 동일하다는 사실을 표현한 것이다.

관성 질량과 중력 질량이 같다는 등가 원리의 중요한 결과는 좌표계가 가속되고 있어서 생기는 효과인 관성력과 물체로부터 받는 중력을 우리가 구분할 수 없다는 것이다. 이 점은 우리의 경험으로도 익숙하다. 승강기가 출발하면서 위로 가속될 때 우리는 살짝 무거워지고, 정지하면서 아래로 가속될 때는 살짝 가벼워지는 느낌을 받는다. 좌표계(승강기)가 관성계(지면)에 대해 가속되고 있어서 생기는 관성력이 더해진 것을 우리는 지구의 중력이 커진 것으로 느끼는 것이다.

좌표계의 가속도와 중력장의 등가성은 반대로 해석하면 중력이 존재

자유 낙하 실험

갈릴레이는 모든 물체가 똑같이 자유 낙하한다는 것을 입증하기 위해 피사의 사탑에서 다른 두 물체를 동시에 떨어뜨리는 실험을 했다고 전해진다. 하지만 실제로 이 피사의 사탑 실험을 했는지에 대한 기록은 없다. 대신 경사면에서 모든 물체가 똑같이 내려간다는 것을 실험으로 확인하고 책에 남겼다.

조금만 생각해 보면, 실제로 사탑 실험을 했을 수도 있지만 높은 곳에서 동시에 떨어지기 시작한 두 물체는 금방 가속되어 땅에 닿을 때는 이미 상당한 속력을 가지기 때문에 동시에 떨어지는 것을 눈으로 확인하기는 어려웠을 것이다. 그렇기에 갈릴레이가 원하는 정밀도를 얻지 못했을 가능성이 크다. 대신 경사면을 이용하면 더 천천히 가속되기 때문에 확인이 쉬워 더 정밀한 결과를 얻을 수 있었을 테고, 이를 기록했을 것으로 추측한다.

뉴턴은 다양한 물체들을 매단 진자의 주기가 같음을 오랜 시간 비교해 갈릴레이보다 더 정밀한 실험 결과를 얻을 수 있었다. 갈릴레이에게 피사의 사탑 전설이 있다면 뉴턴에게는 사과의 전설이 있다. 사과가 떨어지는 것을 보고 행성을 움직이는 중력에 대한 힌트를 얻었을 개연성은 충분히 있다.

하는 좌표계에서 중력 가속도로 가속되고 있는 새로운 좌표계를 잘 잡으면 그 좌표계에서는 중력이 사라진다는 것이다. 이렇게 중력이 사라진 좌표계를 '자유 낙하 좌표계'라 한다. 자유 낙하 좌표계의 예로는 줄이 끊어져서 자유 낙하하는 승강기와 지구의 궤도를 돌고 있는(자유 낙하하고 있는) 국제 우주 정거장을 들 수 있다.

자유 낙하 좌표계에서는 중력이 없기 때문에 중력에 대해 고민하지 않아도 되고, 특수 상대성과 그에 맞는 물리 법칙들이 그대로 적용될 수 있다.

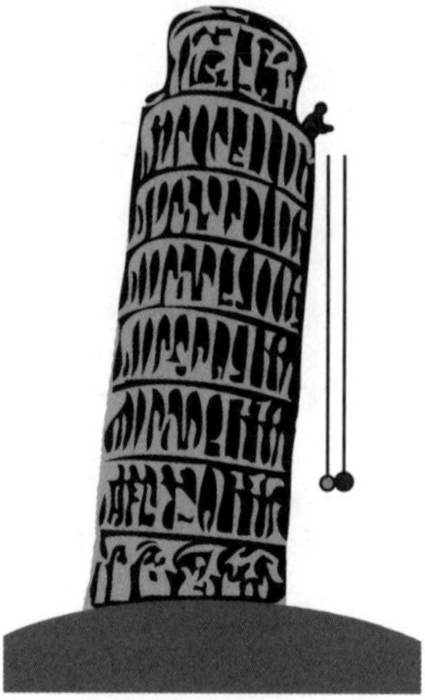

그림 53 자유 낙하와 등가 원리. 모든 물체가 똑같이 떨어진다는 사실은 중력의 등가 원리를 보여 준다.

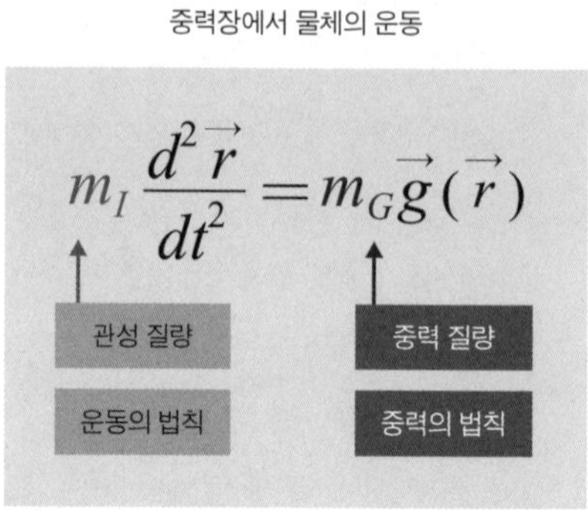

그림 54 약한 등가 원리는 관성 질량과 중력 질량은 같다는 것이다. 그 결과 중력장에서 물체의 운동은 질량과 무관하다.

중력이 있는 경우에도 모든 자유 낙하 좌표계는 중력이 없는 관성계와 동등하다는 것을 '아인슈타인의 등가 원리Einstein's equivalence principle'라 한다. 약한 등가 원리는 중력만 적용을 받지만, 아인슈타인의 등가 원리는 모든 물리 법칙들이 적용을 받는다는 점에서 더 강한 의미가 있다.

이제 자유 낙하 좌표계가 아닌 일반 좌표계를 쓰게 된다면 이 좌표계에서는 겉으로 드러나는 중력이 존재하고 물리 법칙은 중력의 효과에 의해 달라 보일 것이다. 자유 낙하 좌표계에서 일반 좌표계로 변환했을 때 물리 법칙이 (중력의 효과에 의해) 어떻게 변환돼야 할까? 이것만 정해지면 우리는 물리 법칙을 쓰기 위해 굳이 관성계(=자유 낙하 좌표계)를 고집할 필요가 없다.

우리는 뉴턴 역학과 특수 상대성을 다루면서 관성계라는 특별한 좌표계에 의존해 왔다. 관성계 사이의 상대성, 즉 물리 법칙은 모든 관성계에서 동일한 형태를 가진다는 특수한 상대성만을 인정하고, 관성계에 대해 가속

관성력과 중력

우리는 관성력과 중력을 구별할 수 없다는 것을 급출발하거나 급정차하는 버스와 요란하게 돌아가는 놀이 기구를 탔을 때의 경험으로 알고 있다. 때론 이 사실이 심각한 상황을 만들 수도 있다.

항공모함의 전투기들은 짧은 거리 내에서 이륙해야 해서 짧은 시간에 이륙 속력에 도달하도록 중력 가속도의 몇 배에 이르는 큰 가속도를 필요로 한다. 전투기 조종사는 이륙을 위해 가속할 때 커다란 가속도에 의해 중력의 방향이 비행기의 뒤쪽 방향이고 실제로는 비행기가 수평으로 날아가고 있음에도 하늘로 치솟고 있다고 느낀다. 시야가 확보되는 낮에는 괜찮지만, 칠흑 같은 어둠 속에서 이륙하는 경우에는 비행기가 정말로 하늘로 솟고 있다는 착각에 빠진 나머지 조종사가 비행기를 수평 방향으로 돌리려다가 바다에 처박히는 사고가 나기도 했다고 한다.

전투기가 급선회할 때나 우주선을 실은 로켓이 출발할 때는 중력 가속도의 10배에 이르는 가속도를 경험하게 된다. 우리 몸은 지표면의 중력 가속도에 적응되어 있는데, 우주 시대를 살아 가기 위해서는 더 큰 중력 가속도에 대한 적응 능력도 필요하다.

되는 좌표계의 사용을 의도적으로 피해 왔다. 그러나 이제 일반 좌표계를 쓰더라도, 그에 따라 드러나는 중력의 효과를 올바르게 반영하면, 물리 법칙은 모든 좌표계에서 동일한 형태를 가진다는 일반적인 상대성으로 확장할 수 있다. 이것이 아인슈타인의 새로운 중력 이론을 일반 상대성(general relativity: GR)이라 부르는 이유다. 일반 상대성은 우리의 좌표계 선택에 완전한 자유를 가져다주는 것이다.

10. 시공간의 기하학으로서의 중력

이제 아인슈타인의 일반 상대성과 등가 원리를 적용했을 때 중력의 효과가 어떻게 나타나는지 살펴보고, 이를 통해 중력의 실체를 파악해 보자.

중력의 효과는 시공간의 휘어짐이다

중력장에서 자유 낙하하는 (줄이 끊어진) 승강기 안에서 진행하는 빛을 생각해 보자. 승강기 안에서 승강기와 같이 자유 낙하하는 관찰자 A에게는 승강기는 중력이 사라진 관성계이고, 등가 원리에 의해 특수 상대성, 맥스웰 방정식 등 관성계의 물리 법칙이 그대로 적용된다. 승강기 밖에 정지해 있는 관찰자 B에게는 중력이 존재하고 승강기는 중력에 의해 일정한 가속도 g(지표면이라면 $g \approx 9.8\mathrm{m/s^2}$)로 아래 방향으로 가속되고 있다. 관찰자 B는 빛의 진행이 A와는 다르게 보일 것이고, 이것이 중력 때문이라고 생각할 것이다. B에게 보이는 중력이 빛에 끼치는 영향을 수평 방향으로 진행하는 빛과 수직 방향으로 진행하는 빛을 통해 각각 알아보자.

관찰자 A에게는 왼쪽 벽면 중앙에서 수직으로 나온 빛은 맥스웰 방정식을 따라 일정한 속력 c로 직진해서 오른쪽 벽의 중앙에 도달한다. 이 상황은 승강기 밖에 정지해 있는 관찰자 B에게 어떻게 보일까? 왼쪽 벽에서 나온 빛이 Δx만큼 오른쪽으로 진행하는 데는 $\Delta t = \Delta x/c$의 시간이 걸리고 그 동안 승강기는 $\Delta y = g\Delta t^2/2 = g\Delta x^2/2c^2$만큼 낙하해서, 관찰자 B에게는 빛이 포물선을 그리며 진행하는 것으로 보인다. 관찰자 B는 중력의 영향으로 빛의 경로가 휘어졌다고 생각할 테고, 따라서 중력의 효과를 공간의 변형(휘어짐)으로 해석하게 된다. (실제로 이 효과를 측정할 수 있을까? '태양에 의한 별빛의 휨'을 보라.)

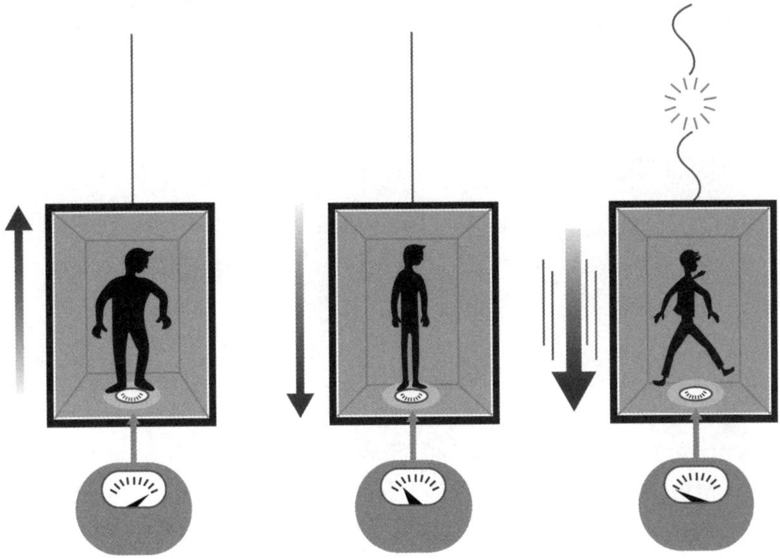

그림 55 약한 등가 원리는 관성 질량과 중력 질량이 같다는 것이고 그 결과 우리는 관성력과 중력을 구별할 수 없다. 승강기가 위나 아래로 가속될 때 우리는 중력의 크기가 달라졌다고 느낀다. 줄이 끊어져서 자유 낙하하면 승강기 안의 중력이 사라지고, 특수 상대성이 적용되는 관성계가 된다.

이번에는 승강기 천정의 중앙에서 나와 바닥에 도달하는 빛을 생각해 보자. 승강기 안의 관찰자 A에게는 천정에서 나오는 빛의 진동수는 일정하게 유지되어 바닥의 중앙에 도달한다. 승강기의 높이를 h라 하면 빛이 바닥에 도착하는 데는 $\Delta t=h/c$의 시간이 걸리고 이때 승강기의 속도는 $\Delta v=g\Delta t=gh/c$만큼 증가한다. 관찰자 B에게는 천정에서 나올 때에 비해서 바닥에 도착하는 순간 도플러 효과 때문에 빛의 진동수가 $\Delta f/f=v/c=gh/c^2$만큼 커진 것으로 나타난다. 관찰자 B는 이를 중력 퍼텐셜이 큰 곳에서 작은 곳으로 가면 빛의 진동수가 중력 퍼텐셜의 차이($\Delta\phi=gh$)에 비례해서 커지고, 반대의 경우에는 작아진다고 생각할 것이다. 이것을 각각 '중력 청색 이동 gravitational blue shift' 또는 '중력 적색 이동'이라 부른다. (실제로 이 효과를 측정할 수 있을까? '파운드–레브카 실험'을 보라.)

중력에 의해 빛의 진동수가 변한다는 것은 무엇을 뜻할까? 진동수는

태양에 의한 별빛의 휨

중력에 의해 빛이 휘어지는 것을 실험실에서 측정할 수 있을까? 자유 낙하하는 승강기의 예를 살펴보자. 승강기의 폭을 $w=30\text{m}$라 한다면, 빛이 가로지르는 데 걸리는 시간은 $\Delta t=w/c=30\text{m}/(3\times10^{8}\text{m/s})=10^{-7}\text{s}$이고 빛의 낙하 거리는 $\Delta h=g\Delta t^{2}/2(10\text{m/s}^{2})(10^{-7}\text{s})^{2}/2=5\times10^{-14}\text{m}$다. 이 크기는 원자핵의 크기로 측정이 불가능하다. 실제로 중력에 의해 빛의 경로가 휘는 것을 보려면 훨씬 더 큰 규모의 실험이 필요하다.

일반 상대성의 핵심인 중력이 시공간의 휘어짐이라는 사실을 직접적으로 확인한 첫 실험은 태양의 중력에 의해 별빛이 휘어지는 것을 관측한 것이다. 별빛이 태양(질량 $M_{\odot}$, 반지름 $R_{\odot}$) 근처(최근접 거리 b)를 지날 때 태양의 중력에 의해 휘어지는 각도는 $\delta=4GM_{\odot}/c^{2}b=1.75''R_{\odot}/b$로 주어진다. 이 휘어짐 때문에 태양 근처에 있는 별들은 평소의 위치보다 이 각도만큼 태양에서 멀어져 보인다. 아인슈타인은 이를 관측해 일반 상대성을 확인하자고 일반 상대성이 완성되기도 전에 이미 제안했다.

태양 근처의 별은 개기일식 때만 관측할 수 있으므로 개기일식이 일어나는 시간과 장소를 맞춰 관측을 해야 한다. 1914년 독일 과학자 팀이 8월 21일에 있는 개기일식을 관찰하기 위해 크리미아로 갔다. 마침 1차 세계 대전이 발발하면서 러시아에 억류된 그들은 장비가 몰수되어 실험을 하지 못했다.

전쟁이 끝나고 1919년 3월 29일에 개기일식이 있었는데, 이때 영국의 천문학자 아서 스탠리 에딩턴Arthur Stanley Eddington(1882~1944)과 프랭크 다이슨Frank Dyson(1868~1939)이 팀을 꾸려 각각 아프리카 기니아만의 프린시페 섬과 브라질의 수브랄로 가서 관측했다. 그들은 이 관측 결과가 일반 상대성의 예측과 맞는다는 것을 발표했다. 세계의 많은 일간지들이 이 발표를 머리기사로 실었는데, 이로 인해 아인슈타인은 단숨에 국제적인 명성을 얻게 되었다.

이후로도 계속 관측이 이루어지는 한편, 이 실험들의 정확도에 대한 의심도 꾸준히 제기되었다. 하지만 1969년 전파 망원경을 이용한 관측 정밀도의 획기적인 진전으로 일반 상대성이 맞다는 확실한 증거로 자리 잡게 되었다. 지금은 거대 망원경으로 찍은 먼 은하의 사진에서 수없이 관찰되는 중력 렌즈 효과로도 중력에 의해 빛이 휘어진다는 사실을 확인할 수 있다.

단위 시간당 한 지점을 지나가는 파고의 수다. 파고의 수는 관찰자 모두에게 동일하기 때문에, 중력에 의해 진동수가 변한다는 것은 중력에 의해 시간의 흐름이 달라지는 것으로 보아야 한다.

중력에 의해 시간 팽창이 일어나는 것은 정지한 시계와 낙하하는 시계를 비교해서 직접 보일 수 있다. 자유 낙하하는 시계가 있어서 높이 h_1과 h_2를($h_1>h_2$) 지날 때의 속력을 각각 v_1과 v_2라 하자. 시계는 일정한 가속도 g로 낙하하고 있으므로 두 지점에서의 속력과 중력 퍼텐셜 사이에는 $v_2^2 - v_1^2 = 2g(h_1-h_2)=2(\phi_1-\phi_2)$의 관계가 성립한다. h_1과 h_2 지점에 정지해 있는 시계가 있어서 두 시계의 고유 시간을 각각 $d\tau_1$과 $d\tau_2$라 하고, 자유 낙하하는 시계가 h_1과 h_2 지점을 지날 때 시간의 흐름을 각각 dt_1과 dt_2라 하면, 각각 사이에는 특수 상대성의 시간 팽창에 의해 $dt_1=d\tau_1/\sqrt{1-v_1^2/c^2}$, $dt_2=d\tau_2/\sqrt{1-v_2^2/c^2}$의 관계가 있다. 자유 낙하하는 시계는 중력의 영향을 받지 않으므로 h_1과 h_2 지점에서 시간 흐름의 차이는 없어 $dt_1=dt_2$이다. 따라서 h_1과 h_2 지점에 정지해 있는 두 시계가 재는 시간 $d\tau_1$과 $d\tau_2$의 비율은 다음과 같다.

$$d\tau_1 / d\tau_2 = \sqrt{(1-v_1^2/c^2)/(1-v_2^2/c^2)} \approx 1+(v_2^2-v_1^2)/2c^2 = 1+(\phi_1-\phi_2)/c^2$$

파운드-레브카 실험

중력에 의한 빛의 적색 이동을 실험으로 직접 확인할 수 있을까? 1959년 미국의 물리학자 로버트 파운드Robert Pound(1919~2010)와 제자인 글렌 A. 레브카Glen A. Rebka는 하버드 대학교 제퍼슨연구소 건물의 지하 바닥에서 맨 꼭대기 천정까지 22.5미터 높이를 올라간 빛(γ선)의 중력 적색 이동이 일반 상대성이 예측하는 값과 일치하는지 확인하는 실험에 도전했다.

우선 높이 h=22.5m에 의한 중력 적색 이동의 크기를 추정해 보면 $\Delta w/w = gh/c^2 = 2.5\times 10^{-15}$이다. 이 정도로 작은 크기의 진동수 변화를 검출하는 것은 여러 난관을 극복해야 하는 매우 어려운 작업이다. 20세기 물리학 역사를 통틀어 가정 정밀한 실험 중 하나였던 이 실험 이야기를 해 보자.

원자에서 나오는 모든 빛은 특정 진동수들을 가지고 있어서 선 스펙트럼을 보이는데, 두께가 0인 완벽한 선이 아니고 어느 정도의 두께(즉 진동수 두께)를 가지고 있다. 이 진동수 두께는 빛을 내는 원자가 마구잡이 열운동을 해서 생기는 도플러 효과에 의한 도플러 두께와 빛을 방출하는 원자 준위의 유한한 수명 때문에 불확정성 원리($\Delta E \Delta t \sim \hbar$)에 따라 생기는 자연 두께가 있다. 도플러 두께는 원자의 운동을 억제해서 줄일 수 있지만, 자연 두께는 줄일 수 있는 것이 아니다.

원자가 내는 가시광선 영역의 빛들은 자연 두께($\Delta w/w \sim 10^{-8}$)가 앞에서 추정한 중력 적색 이동의 크기보다 커서 가시광선을 사용해서는 적색 이동이 일어났는지 확인이 불가능하다. 자연 두께가 중력 적색 이동의 크기에 근접하는 전자기파가 필요한데, 철-57 핵이 전이하면서 나오는 14keV의 γ선이 이를 만족한다. 철-57에서 나온 γ선의 진동수 변화를 측정하는 방법으로 이 γ선을 철-57에 쪼이면 방출의 반대 과정으로 공명 흡수가 일어나는 것을 이용한다. γ선 검출기 앞에 철-57을 놓으면 γ선이 흡수가 되어 검출기에는 γ선이 검출되지 않으므로, 공명 흡수를 확인할 수 있다.

만약 천장에서 나온 γ선이 자유 낙하 후에 중력 적색 이동이 일어났다면 진동수가 바뀌어 공명 흡수가 되지 않고 검출기에서 검출되므로 이를 알 수 있다. 이 중

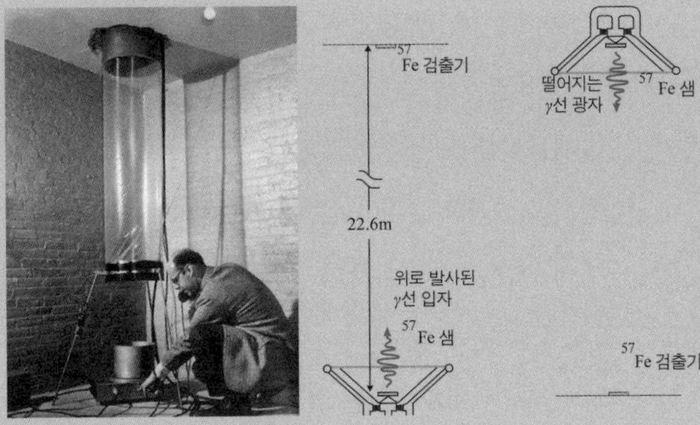

그림 56 파운드-레브카 실험.

력 적색 이동 크기의 측정은 철-57 γ선원을 앞으로 움직여서 생기는 도플러 효과에 의한 진동수 변화가 중력 적색 이동에 의한 진동수 변화를 상쇄시켜 다시 공명 흡수가 일어나는 것을 이용한다. 도플러 효과로 이 차이를 만들기 위한 속력은 $u=gh/c=7.5\times10^{-7}\text{m/s}$ 정도인데, 이를 실험으로 확인해서 일반 상대성의 예측이 맞다는 것을 확인했다.

사실 이 실험을 위해서 극복해야 했던 진짜 난관은 따로 있었다. 철-57이 γ선을 내면 운동량 보존에 의해 철-57 핵이 γ선의 반대 방향으로 튕겨 나가면서 에너지를 가지고 나가기 때문에 나오는 γ선의 에너지, 즉 진동수가 원래의 진동수보다 줄어든다. 반대로 흡수가 일어날 때도 같은 현상이 일어난다. 이 에너지 손실의 크기는 γ선의 자연 폭보다 훨씬 커서 공명 흡수가 일어나지 않게 되므로, 철-57 핵이 되튐이 없이 γ선을 방출할 수 있어야만 이 실험이 가능하다.

그러나 1958년에 발견된 뫼스바우어 효과를 이용해 이 실험이 성공할 수 있었다. 뫼스바우어 효과Mössbauer effect는 철-57을 단단한 결정 격자에 집어넣으면 γ선을 방출할 때 철-57 핵 하나가 아닌 결정 격자에 있는 원자들 전체가 하나처럼 되튀면서 운동량을 흡수하기 때문에 나오는 γ선의 에너지 변화가 거의 없이 방출이 된다는 것이다. 그로써 가장 정밀한 공명 실험이 가능하게 됐다.

이것은 중력 퍼텐셜이 더 큰 곳($\phi_1 > \phi_2$)에 있는 시계가 더 빨리 간다($d\tau_1 > d\tau_2$)는 것을 의미하는데, 이를 '중력 시간 팽창gravitational time dilation'이라고 한다. 위에서 살펴본 중력 적색 이동이 생기는 근본적인 이유는 중력 시간 팽창이 있기 때문이다.

중력이 시공간의 휘어짐과 관련이 있다는 예를 하나 더 들어 본다. 고속으로 회전하는 (강체) 원반을 고려해 보자. 회전 각속도가 ω라면 중심으로부터 반지름 r인 곳에서 회전 속력은 $v = r\omega$이고 가속도는 $a_c = r\omega^2$이다. 원반의 바깥에 (관성계에) 있는 관찰자에게는 반지름이 r인 곳에서의 원반의 둘레는 $2\pi r$일 것이다. 그런데 원반이 빠른 속력으로 회전한다면 반지름 방향으로는 길이 수축이 없겠지만 접선 방향으로는 길이 수축이 있을 것이다. 이 둘레는 길이 수축이 일어난 결과이고, 따라서 원반의 정지계에서의 둘레는 $2\pi r$보다 $\gamma = 1/\sqrt{1 - v^2 / c^2}$만큼 더 크고, 반지름과 원주의 비는 $2\pi/\sqrt{1 - v^2 / c^2}$이 돼서 원반의 정지계가 유클리드 공간이 아니라고 생각할 것이다.

원반과 같이 회전하는 관찰자는 이를 어떻게 생각할까? 이 관찰자는 원심력을 느낄 텐데, 원심력과 중력은 구별할 수 없으므로 중심에서 바깥 방향으로 작용하는 중력 가속도 $g(r) = r\omega^2$와 그 중력 퍼텐셜은 $\phi(r) = -r^2 w^2/2$가 있다고 생각할 것이다. 원반의 반지름과 원주의 비가 $2\pi/\sqrt{1 - v^2 / c^2}$으로 2π보다 큰 것은 중력에 의해 접선 방향의 길이가 $1/\sqrt{1 - v^2 / c^2} = 1/\sqrt{1 + 2\phi(r) / c^2}$배 늘어난 것으로 해석하게 된다. 중력이 공간을 휘어지게 하는 것이다.

물질은 시공간을 휘어지게 한다

일반 상대성과 등가 원리는 중력이 사라지는 자유 낙하 좌표계와 중력이 드러나는 일반 좌표계에서 관찰한 결과가 서로 일치하려면 중력 퍼텐셜의 크

> **별에서 나오는 빛의 중력 적색 이동**
>
> 별의 표면에서 방출되는 빛이 별을 빠져나오면서 중력 퍼텐셜 차이 $\Delta\phi=\phi(\infty)-\phi(R)=G_NM/R$에 의해 중력 적색 이동이 일어난다. 이때 생기는 빛의 진동수 변화는 $\Delta w/w=\Delta\phi/c^2=G_NM/c^2R$로 주어진다. 태양의 경우 그 크기는 $\Delta w/w=2\times10^{-6}$인데, 이는 태양 표면에 있는 원자들의 열운동에 의한 도플러 효과의 크기($\Delta w/w\sim10^{-5}$)보다 작아서 검출할 수 없다. 태양과 질량은 비슷하지만 크기가 수십 분의 1로 훨씬 작은 백색 왜성의 경우는 이 적색 이동 검출이 가능할 수도 있고, 이로부터 백색 왜성의 중요한 정보인 M/R의 크기를 알 수 있다.

기에 따라 시간과 거리가 달라져야 한다는 것, 즉 중력의 효과는 시간과 공간의 변형과 연결되어야 한다는 것을 말해 준다. 그런데 중력 퍼텐셜과 중력장은 좌표계의 선택에 따라서 달라지고 자유 낙하 좌표계를 잡아서 사라지게 만들 수도 있으므로, 중력의 효과는 순전히 좌표계의 선택에 의한 것일까? 자유 낙하 좌표계를 잡아서 중력이 사라질 수 있다면(즉 중력장이 0이 된다면), 도대체 중력의 실체는 무엇이란 말일까? 이 질문에 대한 답을 얻으려면 자유 낙하 좌표계에서는 중력이 없어진다는 말의 의미를 좀 더 명확히 해야 한다. 그러기 위해서 다음 질문을 생각해 보자.

우리는 승강기 안에 있고 밖을 볼 수 없다고 해 보자. 우리가 승강기 안에서 중력 가속도 $\vec{g}$의 중력을 느꼈다면, 승강기가 $-\vec{g}$로 가속돼서 그런 건지, 지구의 중력에 의해서 그런 건지 구별할 수 없을까? 만약 승강기가 (줄이 끊어져서) 자유 낙하한다면 중력이 사라지는데, 우리가 탄 승강기가 지구에서 자유 낙하하는지 또는 태양에서 자유 낙하하고 있는지 알 수 있을까?

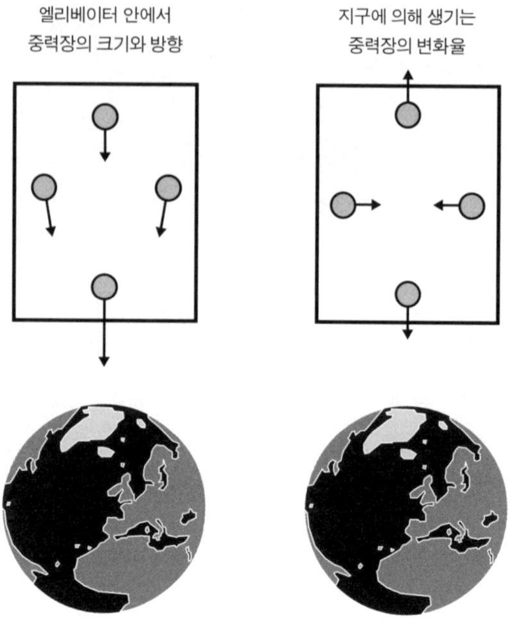

그림 57 우리가 지구 표면에 살면서 받는 중력의 대부분은 (지면에 고정된) 우리의 좌표계가 자유 낙하 좌표계가 아니기 때문에 받는 것이다. 줄 끊어진 승강기 같은 자유 낙하 좌표계에서는 중력이 거의 사라진다. 하지만 완벽하게 (지구가 만드는) 중력을 없앨 수는 없는데, 그것은 지구가 만드는 중력장이 위치에 따라 일정하지 않기 때문이다. 이 중력장의 변화율이 진정한 의미에서 지구가 만드는 중력 효과다.

이 질문의 핵심은 좌표계의 가속도에 의해서 생기는 중력과 실제로 지구나 태양에 의해서 생기는 중력의 차이가 (있다면) 무엇일까를 묻는 것이다.

이 답의 핵심은 물질에 의해서 생기는 중력장은 모든 곳에서 균일할 수 없다는 것이다. 승강기의 가속도에 의한 중력장은 승강기 내의 모든 곳에서 동일하다. 그러나 지구에 의한 중력장은 비록 작은 차이일지라도 승강기의 중앙, 왼쪽 벽, 오른쪽 벽에서 중력장의 방향(지구 중심 방향)이 다르고, 천정과, 중앙, 바닥에서는 (지구 중심으로부터 거리가 다르므로) 중력장의 크기가 다르다. 자유 낙하하는 승강기에서도, 중앙에서만 정확히 중력장이 0이고, 왼쪽

벽, 오른쪽 벽, 천정, 바닥에서는 크기가 0이 아닌데, 그 크기는 승강기의 크기에 따라 다를 것이고 지구에서 자유 낙하할 때와 태양에서 자유 낙하할 때 다를 것이다.

가속되는 좌표계를 잡아서 중력을 없앨 수 있는 것은 한 점과 그 주변의 충분히 작은 영역에서 된다는 것이지, 유한한 영역에서 된다는 것이 아니다. 이 말을 수학으로 표현하면, 어느 한 점에서 좌표계를 잘 잡아서 그 점에서의 중력장은 0을 만들 수 있지만, 중력장의 변화율, 즉 그 미분값을 0으로 만들 수는 없다는 것이다. 지구나 태양(을 포함한 물질)이 존재함으로써 생기는 중력은 중력장의 변화율(중력장은 중력 퍼텐셜을 시공간 좌표에 대해 한 번 미분한 양이므로, 중력 퍼텐셜을 두 번 미분한 양)에 반영되는 것이다. 아인슈타인은 중력에 대한 이런 일련의 추론을 통해 중력의 본질은 시공간의 기하학임을 통찰해 냈다. 그는 리만 기하학Riemannian geometry을 사용해서 중력을 기술할 수 있다는 것을 알아냈다.

리만 기하학은 미소한 영역의 평평한 공간을 매끄럽게 이어 붙인 공간(다양체manifold라 부른다)에 좌표계를 잡고 그 좌표계에서 변위에 대한 길이를 지정하는 메트릭metric이 주어졌을 때, 그 공간이 어떻게 휘어 있는지를 탐구하는 수학 분야다. 미소한 영역의 관성계(민코프스키 공간)를 연속적으로 이어 붙이면 휘어진 시공간이 만들어진다. 시공간은 평평한 민코프스키 공간을 연속적으로 붙여서 만든 다양체(로렌츠 다양체)다. 중력이 있더라도 자유 낙하하는 좌표계는 관성계와 동동하다는 아인슈타인의 등가 원리는 휘어진 시공간에서도 충분히 작은 미소 영역은 평평한 민코프스키 공간으로 볼 수 있다는 것과 같다.

아인슈타인의 등가 원리를 수학적으로 표현한 것이 바로 다양체의 개념인 것이다. 미소한 영역의 관성계들을 어떻게 이어 붙이는가, 즉 이어 붙인

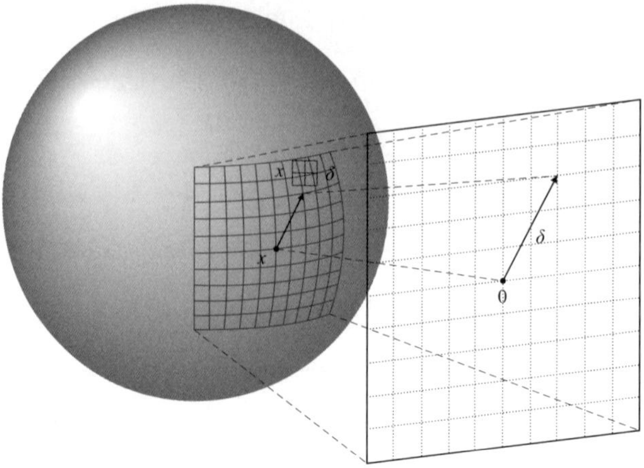

그림 58 휘어진 구면도 미소한 영역을 보면 평면으로 보인다. (구면인 지표면에 사는 우리도 우리 근처를 평면이라고 생각한다.) 수학으로 표현된 아인슈타인의 등가 원리는 시공간이 미소 영역의 민코프스키 공간을 매끄럽게 이어 붙여서 만든 다양체라는 것이다. 물질은 시공간의 곡률, 즉 어떻게 이어 붙이는지를 결정한다.

관성계들 사이의 관계가 시공간의 휘어짐을 결정하는데, 물질이 만들어 내는 중력의 본질은 (좌표계의 선택에 따른 효과를 배제한 후에 남는) 바로 이 시공간의 휘어짐이라는 것이고, 이는 좌표계의 선택과는 무관하다는 것이다.

리만 기하학의 언어로는 중력 퍼텐셜은 메트릭에 해당하는 것이고, 메트릭을 한 번 미분해서 나오는 중력장은 이음connection, 메트릭을 두 번 미분해서 나온 중력장의 변화율은 곡률curvature과 연결된다. (1) 중력 퍼텐셜은 시간과 거리의 측정이 시공간의 위치마다 달라진다는 것을 나타내는 시공간의 메트릭과 연결된다. (2) 우리가 보통 중력이라 부르는 것에 해당하는 중력장은 이음과 연결된다. (3) 실제 물질에 의해 생기는 것은 중력장의 변화율인데, 이는 기조력tidal force으로 나타나며 시공간의 휘어짐을 나타내는 곡률과 연결된다. 따라서 아인슈타인 중력을 리만 기하학의 언어로 표현하면 물질에 의해 시공간이 휘어진다는 것이다. 휘어진 시공간에서 (중력 이외

기조력

해안가에 사는 사람들은 해수면의 높이가 하루에 두 차례씩 (정확하게는 12시간 24분 주기) 높아졌다(만조) 낮아졌다(간조)를 반복하는 조석(밀물과 썰물)을 본다. 만조와 간조 사이의 해수면의 높이 차를 조수 간만의 차라 하는데, 조수 간만의 차는 한 달에 두 차례씩 보름과 그믐에는 커졌다가(사리) 상현과 하현에는 작아졌다(조금)를 반복한다.

조석은 왜 생기는 것일까? 조석을 일으키는 힘을 기조력이라 한다. 기조력은 중력장의 크기가 위치에 따라 일정하지 않기 때문에 나타난다. 기조력의 근원은 중력장의 변화율, 즉 시공간의 곡률이다. 따라서 어떤 좌표계를 잡아도 존재하는 힘이다. 예를 들어, 다음 질문을 생각해 보자. 지구에 사는 우리는 지구가 우리를 잡아당기는 중력에 익숙한데, 태양이 우리를 잡아당기는 중력도 느낄 수 있을까? 단순히 계산해 보면 지구 궤도에서 태양에 의한 중력 가속도는 지구 표면에서 지구에 의한 중력 가속도의 1/1,700이다. 이 정도면 크기가 너무 작아서 못 느낄 것 같은데, 사실 그에 앞서 지구(우리의 좌표계)가 태양의 중력에 대해 자유 낙하(공전)하고 있기 때문에 느낄 수 없는 것이다. 이는 달에 대해서도 마찬가지다. 지구와 달은 서로의 중력에 대해 자유 낙하하고 있기 때문에 지구 위에 있는 사람은 달이 잡아당기는 힘을 느끼지 못한다. 하지만 자유 낙하하고 있어도 기조력은 존재하고, 달과 태양에 의한 기조력 때문에 지구에 나타나는 대표적인 현상이 조석이다.

달(또는 태양)의 질량을 M, 거리를 d라 하면 중력장이 M/d^2에 비례하므로, 이를 거리로 미분한 기조력은 M/d^3에 비례한다. 달과 태양을 비교해 보면 지구에 미치는 달의 기조력은 태양의 기조력의 약 2배이고, 따라서 조석 현상에는 달이 더 중요한 역할을 한다. 조석력에 의해 달의 방향으로 위 아래로 늘려지는 힘이 작용하고, 수직으로는 압축하는 힘이 작용한다. 이 힘의 작용으로 달의 방향에 놓이는 지구의 두 지점 근처에서는 해수면이 올라가고 그 수직 방향에 놓이는 두 지점 근처에서는 해수면이 내려간다. 지구의 자전 주기가 하루이므로, 따라서 조석 주기는 하루 두 번이다.

달의 기조력은 지구 자전에는 마찰력으로 작용해 지구의 자전은 조금씩 느려진다. 달은 지구에 의한 기조력의 영향을 더 크게 받았고, 달의 자전은 달의 공전과 완전히 일치하게 되었다. 지표면에서 지구에 의해 우리가 받는 기조력의 크기는 측정할 수 없을 정도로 작지만, 블랙홀과 같은 극한 천체에서는 그 크기가 어마어마해져서 위아래로 늘리는 힘과 옆으로 압축하는 힘에 의해 우리의 몸이 부서져 버리게 된다.

의) 다른 힘을 받지 않는 물체는 자유 낙하하는데, 이를 기술하는 것이 측지선geodesic방정식이다.

당연한 이야기겠지만, 공간의 기하는 공간상의 위치를 나타내기 위해 도입하는 좌표계의 선택에 따라 달라지는 것이 아니다. 마찬가지로 휘어진 시공간에서의 물리 법칙도 좌표계의 선택에 따라 달라지지 않는데, 이를 '일반 공변general covariance'이라 한다. (그렇지만 우리가 일상적으로 느끼는 중력 효과는 메트릭과 중력장에 의한 효과가 주이므로 좌표계 선택의 영향이 크다. 물질의 존재에 의한 중력 효과는 기조력으로 나타난다. 이는 곡률과 연결되고 좌표계의 선택과 무관하게 존재한다.) 다음은 시공간의 기하학을 수학으로 어떻게 다루는지 알아보자.

GPS와 상대론적 시간 보정

GPS(Global Positioning System)는 미국 국방성에서 기존 항법 체계의 한계를 극복하고자 1973년부터 개발하기 시작해 1994년부터 정상 가동을 시작한 항법 체계다. 인공위성에 탑재된 정밀한 시계를 기반으로 하기 때문에 상대성은 GPS가 작동하는 데 중요한 역할을 한다.

GPS는 지표면 언제 어느 곳에서나 적어도 6개의 인공위성이 보이도록 설계되어 있다. 인공위성의 궤도 반지름은 주기가 1/2 항성일이 되는 26,600㎞, 속력은 3.9㎞/s이다. GPS의 작동 원리는 4개 이상의 위성으로부터 각 위성의 위치와 시간 정보를 받아서 자신의 시간과 위치를 알아내는 것이다.

알고자 하는 자신의 시간과 위치를 (t, x, y, z)라 하고, i번 위성이 보낸 신호로부터 얻은 신호를 보냈을 때의 시간과 위치를 (t_i, x_i, y_i, z_i)라 하면, 신호는 인공위성의 위치와 운동에 관계없이 빛의 속력으로 전달되므로 $(x-x_i)^2+(y-y_i)^2+(z-z_i)^2=c^2(t-t_i)^2$ $(i=1, \cdots N)$의 관계가 성립한다. 자신의 시간과 위치 (t, x, y, z)는 4개의 미지수이므로 넷 이상의 위성으로부터 신호를 받으면 이를 구할 수 있다.

이 방법으로 정확한 위치를 구하기 위해서는 인공위성이 보내는 (t_i, x_i, y_i, z_i) 값들이 정확해야 한다. 즉 인공위성의 시계들이 매우 높은 정밀도로 동기화되어 있어야 하고, 주어진 시점에서 인공위성의 위치를 정확히 알고 있어야 한다. 빛의 속력이 3×10^8m/s이므로 $1\mu s$의 시간 오차가 300m의 위치 오차를 만들 수 있다.

인공위성에 실려 있는 시계를 지상의 시계와 동기화하는 것은 처음에 한 번 잘 맞추는 것으로 해결되지 않는다. 지상의 시계와 인공위성에 실린 시계는 똑같은 시계라 하더라도 특수 상대성 효과와 일반 상대성 효과에 의해 시간이 다른 비율로 가기 때문이다. 인공위성에 실린 시계는 3.9㎞/s의 속력으로 움직이므로 특수 상대성 효과에 의해 지상의 시계보다 하루에 $7.1\mu s$만큼 늦어진다.

반면 인공위성에 실린 시계는 지상의 시계보다 더 높은 중력 퍼텐셜에 놓여 있어서 일반 상대성 효과에 의해 하루에 $45.7\mu s$만큼 빨라진다. 인공위성이 시간 신호를 보낼 때 이 두 가지 보정을 해서 보내기 때문에 GPS는 원자 시계의 성능을 완전히 활용할 수 있고, 1m 내외의 정확도로 위치를 알 수 있다.

11. 리만 기하학

이제 시공간의 기하학이란 무엇인지 간략하게 알아보자. 먼저 우리가 직관적으로 이해할 수 있는 2차원 곡면을 통해 미분기하학의 기본적인 내용들을 살펴본다. 우리가 머릿속에 그리는 2차원 곡면은 대개 3차원 공간에 들어 있는 것들이다.

평평한 3차원 공간(수학에서는 3차원 유클리드 공간이라 하고 R^3 또는 E^3로 나타낸다)에 직교 좌표계 (x, y, z)를 잡았다면 이러한 곡면은 $f(x, y, z)=0$ 형태의 제한 조건식으로 표현할 수 있다. 예를 들어 원점을 지나는 xy 평면은 $z=0$으로, 중심축이 z축이고 반지름이 R인 원통은 $x^2+y^2-R^2=0$, 중심이 원점이고 반지름이 R인 구면은 $x^2+y^2+z^2-R^2=0$으로 표현할 수 있다.

이런 곡면들의 가장 기본적인 특징은 매끄럽게 연결되어 있다는 것이다. 매끄럽게 연결되어 있다는 것의 수학적인 정의는 곡면의 어느 곳에서나 작은 영역을 (충분히 크게) 확대해서 봤을 때 평면(2차원 유클리드 공간, R^2)처럼 보인다는 것이다. 수학에서는 이런 공간을 다양체라 부른다. 곡면의 기하는 작은 영역의 평면들을 어떻게 매끄럽게 이어 붙였는가에 의해 달라진다.

3차원에서 보면 평면은 평평한(휘어지지 않은) 2차원 공간이고, 구와 원통은 휘어진 2차원 공간이다. 그러나 여기서 공간이 휘었다는 것을 판단할 때 외부 기하extrinsic geometry와 내부 기하intrinsic geometry의 구분이 있다는 것을 알아야 한다. 외부 기하는 3차원에 잠긴 상태의 2차원 공간을 보는 것으로 이 관점에서는 구와 원통 모두 휘어 있다. 내부 기하는 3차원에 잠긴 것을 배제하고 주어진 2차원 곡면을 벗어나지 않은 채 공간이 휘었는가를 보는 것이다. 이 관점에서는 구면은 휘었지만 원통은 휘지 않았다.

시공간의 기하에서 우리의 관심은 내부 기하다. 우리는 시공간을 벗어나서 외부에서 시공간을 바라볼 수는 없다. 그 공간을 벗어나지 않고 그곳이 휘었는지 아닌지를 어떻게 알 수 있을까? 예를 들어, 지구의 표면에 사는 사람이 하늘 높이 올라가 보지 않고 표면의 거리만 잰다면 그 표면이 평면이 아닌 구면이라는 사실을 어떻게 알 수 있을까?

미분기하학의 선구자인 독일의 수학자 요한 카를 프리드리히 가우스는 이를 알아내는 몇 가지 방법들을 제시했다. 우선 그 공간에 거리가 정의되어야 하는데, 3차원에 잠긴 2차원 곡면인 경우, (평평한) 3차원 공간의 미분거리를 곡면 위에 적용하고 적분해서 곡면 위 곡선의 길이를 정할 수 있다. 거리가 주어지면, 평평한 공간의 직선에 해당하는 측지선을 두 점 사이에서 최단 거리를 주는 곡선으로 정의할 수 있다. 이렇게 정의된 거리와 측지선이 있으면 자신이 사는 공간이 휘어졌는지 아닌지를 삼각형의 내각의 합이나 원주의 길이를 통해서 판단할 수 있다.

(1) 곡면 위에 그린 삼각형 내각의 합이 π이면 평평한 것이고 그보다 작거나 크면 휘어진 것이다.
(2) 반지름이 r인 원을 그렸을 때 원주가 $2\pi r$이면 평평한 것이고, 그보다 삭거나 크면 휘어진 것이다.

원통의 경우 직선은 원통을 펴서 평면으로 만들고 그 위에 그린 (평면의) 직선과 일치한다. 따라서 평면과 마찬가지로 삼각형 내각의 합은 π이고 원주는 $2\pi r$이어서 원통은 휘어지지 않은 공간이다. 구면 위의 직선은 대원이고, 대원들로 만든 삼각형 내각의 합은 π보다 크다. 구면 위에 반지름이 r인 원을 그리면 원주는 $2\pi r$보다 작다. 따라서 구는 휘어진 공간이다.

이 방법들을 적용하여 곡면의 휘어진 정도인 가우스 곡률 K를 정의할

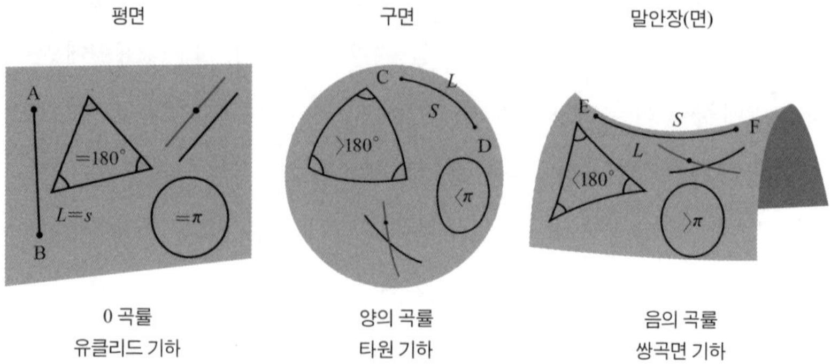

그림 59 삼각형의 내각의 합이나 원주율을 이용하여, 곡면의 휘어진 정도를 나타내는 가우스 곡률을 정의한다. 가우스 곡률이 0이면 평면이고, 양수이면 구면, 음수이면 말안장 형태를 가진다.

수 있다. 삼각형 내각의 합을 Θ, 면적을 σ라 하면 가우스 곡률은 $K=(\Theta-\pi)/\sigma$이다. 반지름이 r인 원의 원주를 S라 하면 $K=\lim_{r\to 0} 3(2\pi r-S)/\pi r^3$이다. 곡률의 부호에 따라 곡면의 형태가 달라지는데, 부호가 양이면 (3차원 공간에 넣었을 때) 구면 형태인 곡면이고, 곡률의 부호가 음이면 말안장saddle 형태의 곡면이다(그림 59).•

가우스의 제자였던 베른하르트 리만Bernhard Riemann(1826~1866)은 곡률을 재는 더 일반적인 방법을 고안했는데, 곡면 위의 닫힌 곡선을 따라 벡

• 그림 59의 구면이나 말안장 면을 보면 곡면의 곡률을 표시하는 데 2개의 값이 필요해 보인다. 말안장 면을 보면 오목한 방향과 그에 수직인 볼록한 방향이 있고 두 방향의 곡선의 곡률이 다를 수 있음을 알 수 있다. 구면도 두 개의 서로 수직한 방향을 보면 두 방향의 곡선의 곡률이 다를 수 있다. 그러나 각 방향의 곡선의 곡률 k_1과 k_2는 일차원 곡선의 곡률이다. 이 곡면을 더 높은 차원의 공간에 어떻게 집어넣느냐에 따라 달라지는, 즉 외부 기하다. 내부 기하는 그 곡면을 벗어나지 않고 알 수 있는, 즉 더 높은 차원의 공간에 어떻게 집어넣는가와는 무관한 기하다. 1차원 곡선은 외부 기하로서 곡률이 있을 수 있지만, 그 곡선 위에 사는 사람은 곡선이 휘었다는 것을 알 길이 없으며, 따라서 내부 기하는 없다. 2차원 곡면은 두 수직한 방향의 곡선의 곡률 k_1, k_2가 외부 기하를 나타내는데, 내부 기하는 이 둘을 곱한 가우스 곡률은 $K=k_1k_2$ 하나로 결정된다.

터를 평행 이동시켜서 제자리로 돌아왔을 때 얼마나 달라지는가를 보는 것이다. 이 방법은 곡면 위에 벡터와 벡터의 평행 이동이란 것을 도입해야 해서 더 복잡해진다. 하지만 우리의 목적이 그 공간 안에서 물리학을 하는 것인 이상 어차피 벡터와 벡터의 미분을 도입해야 한다. 이는 3차원 이상의 고차원 공간으로 쉽게 확장할 수 있어서 일반적인 공간에서 곡률을 정의할 수 있고, 이를 바탕으로 아인슈타인 방정식이 만들어진다. 이제 이 리만의 방법을 체계적으로 알아보자.

공간의 기하를 조사하는 첫 단계는 공간 위 점의 위치를 표시할 좌표계를 도입하는 것이다. 우리가 선택할 수 있는 좌표계는 무수히 많다. 물론 공간의 기하 자체는 어떤 좌표계를 선택했는가에 영향을 받지 않는다. 다만 문제는 대부분의 공간이 하나의 좌표계로 전체를 다 덮지 못하기에 몇 개의 좌표계를 겹쳐서 사용해야 한다는 점이다. 그러면 겹치는 부분에서는 한 좌표계에서 다른 좌표계로 매끄럽게 (수학적 표현으로는 미분 가능한 함수로) 넘어갈 수 있어야 한다. (이것이 다양체에서 매끄럽게 연결된 평면들의 정확한 수학적 정의다.)

그림 60의 왼쪽 그림에 2차원 평면(E^2)에 직교 좌표계 (x, y)와 극좌표계 (ρ, ϕ)를 도입한 경우를 비교해 놓았다. 2차원 평면은 직교 좌표계 하나로 다 덮을 수 있다. 극좌표계를 쓰면 원점($x=y=0$, $\rho=0$)에서 ϕ의 값이 잘 정의되지 않아서 원점은 덮지 못한다. 그림 60의 오른쪽 그림에는 2차원 구면(S^2)에 좌표계를 잡는 방법 세 가지, 구면 좌표계 (θ, ϕ), 구면 극좌표계는 (r, ϕ), 구면 원통 좌표계 (ρ, ϕ)를 보였다.

구면은 하나의 좌표계로 전체를 덮을 수가 없어서 어떤 좌표계를 잡아도 그 좌표계로 표시할 수 없는 점이나 선이 생긴다. 이런 평면과 구면의 차이는 두 공간의 위상topology 차이에서 오는 것이다. 우리의 관심사는 위상

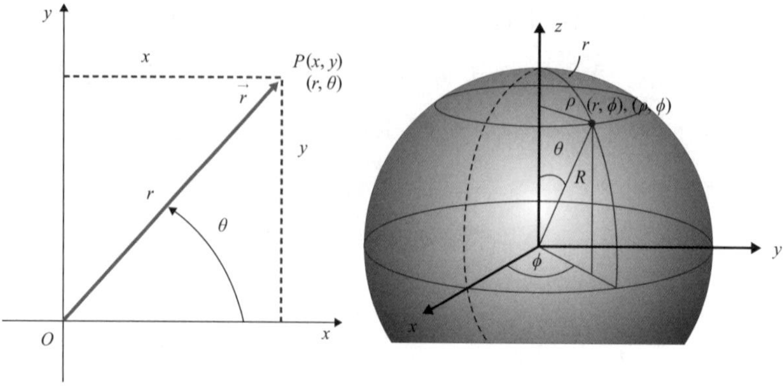

그림 60 왼쪽은 많이 쓰이는 평면 좌표계: 직교 좌표계 (x, y), 극좌표계 (r, θ), 오른쪽은 많이 쓰이는 구면의 좌표계: 구면 좌표계 (θ, ϕ), 구면 극좌표계 (r, ϕ), 구면 원통 좌표계 (ρ, ϕ).

은 아니고 기하이므로 이런 차이는 무시하고 공간의 국소적인 휘어짐만을 살펴보자.

두 번째 단계는 공간 위에 벡터를 정의하는 것이다. 평면의 경우, 벡터의 기본은 변위 벡터였다. 그러나 곡면의 경우 한 점에서 유한한 크기의 변위들을 다 모으면 한 평면에 놓이지 않기 때문에 우리가 생각하는 벡터의 덧셈, 스칼라 곱셈을 할 수 있는 벡터 공간이 되지 않는다. 따라서 곡면에서는 한 점에서의 벡터 공간을 그 점에서 접하는 평면으로 잡고, 유한한 크기의 변위 대신에 미분 변위로 벡터를 정의한다. 대신 이렇게 하면 곡면의 각 점마다 독립적인 벡터 공간(접평면)이 존재한다.

곡면에 도입한 좌표계를 x^{μ}(2차원인 경우, $\mu=1, 2$)를 사용하여 미분 변위 벡터 $d\vec{r}$을 표시해 보자. x^{μ}를 dx^{μ} 늘리는 접선 방향을 $\vec{e}_{\mu}(x)$라 하면, 미분 변위는 $d\vec{r}=dx^{\mu}\vec{e}_{\mu}$로 쓸 수 있다. $d\vec{r}$은 접평면 위의 벡터로, 좌표계와 무관하게 정의되는 것이고, dx^{μ}는 벡터 $d\vec{r}$의 도입된 좌표계에서의 성분이다. 우리가 좌표계를 x^{μ}에서 x'^{μ}로 바꾸면 dx^{μ}는 $dx^{\mu}\rightarrow dx'^{\mu}=(\partial x'^{\mu}/\partial x^{\nu})dx^{\nu}$로 변

환되고, ∂_μ는 $\partial_\mu \to \partial'_\mu = (\partial x^\nu / \partial x'^\mu)\partial_\nu$로 변환된다. 일반적인 반변 벡터는 접평면 위에서 $\vec{V} = V^\mu \vec{e}_\mu$로 쓸 수 있고, 좌표 변환에 대해서 그 성분들이 $V^\mu \to V'^\mu = (\partial x'^\mu / \partial x^\nu) V^\nu$로 변환되는 것으로 정의한다. 공변 벡터는 좌표 변환에 대해서 그 성분들이 $V_\mu \to V'_\mu = (\partial x^\nu / \partial x'^\mu) V_\nu$로 변환되는 것으로 정의한다. 그리고 일반적인 텐서는 그 성분들이 다음과 같이 변환되는 것으로 정의한다.

$$T^{\mu\nu\cdots}_{\alpha\beta\cdots} \to T'^{\mu\nu\cdots}_{\alpha\beta\cdots} = \frac{\partial x'^\mu}{\partial x^\lambda} \frac{\partial x'^\nu}{\partial x^\rho} \cdots \frac{\partial x^\gamma}{\partial x'^\alpha} \frac{\partial x^\delta}{\partial x'^\beta} \cdots T^{\lambda\rho\cdots}_{\gamma\delta\cdots}$$

텐서장 $T^{\mu\nu\cdots}_{\alpha\beta\cdots}(x)$는 곡면의 점 x에 그 점에서의 텐서 하나씩을 대응시킨 것이다.

세 번째 단계는 공간에 거리를 정의하는 것이다. 거리를 정의하는 것은 미분 변위 $d\vec{r}$의 길이를 정해 주는 것이다. 유한한 곡선의 길이는 미분 변위의 길이를 적분해서 얻을 수 있다. 좌표계를 잡으면 미분 변위 dx^μ의 길이의 제곱을 일반적으로 다음 형태로 쓸 수 있다.

거리(메트릭)의 정의 $\quad ds^2 = g_{\mu\nu}(x) dx^\mu dx^\nu$

여기서 $g_{\mu\nu}(x)$는 $g_{\mu\nu}(x) = \vec{e}_\mu(x) \cdot \vec{e}_\nu(x)$로 주어지고, $\mu \leftrightarrow \nu$ 교환에 대해 대칭이며, 2계 공변 텐서가 되는데(이는 거리가 좌표계와 무관한 기하학적 성질이라는 것, 즉 ds^2이 스칼라라는 것으로부터 쉽게 보일 수 있다), 이를 메트릭 텐서라 한다. 따라서 거리를 정의하는 것은 좌표계를 잡아서 메트릭 텐서를 정해 주면 된다. 메트릭이 정의되어 있는 공간을 '리만 공간'이라 부른다. 앞에서 예로 든 평면, 원통, 구면은 평평한 3차원에 들어 있어서 거리가 곡면 위에 적용된 3차원 거리로 정해진 리만 공간들이다. 거리는 좌표의 선택에 따라 달라지지 않는 공간 고유의 성질이지만 메트릭 텐서의 형태는 선택한 좌표계에 따라 달라진다. 평면의 경우 직교 좌표계와 극좌표계에서 각각 다음과 같다.

$$\text{직교 좌표계} \quad (x, y) : ds^2 = dx^2 + dy^2$$
$$\text{극좌표계} \quad (r, \theta) : ds^2 = d\rho^2 + \rho^2 d\phi^2$$

메트릭 텐서는 2계 텐서이므로 다음과 같이 행렬의 형태로 쓰기도 한다.

$$(\text{직교 좌표계})\ g_{\mu\nu}(x, y) = \begin{pmatrix} 1 & 0 \\ 0 & 1 \end{pmatrix};\ (\text{극좌표계})\ g_{\mu\nu}(\rho, \phi) = \begin{pmatrix} 1 & 0 \\ 0 & \rho^2 \end{pmatrix}$$

구면의 경우 각 좌표계의 메트릭은 다음과 같다.

$$\text{구면 좌표계} \quad (\theta, \phi) : ds^2 = R^2(d\theta^2 + \sin^2\theta d\phi^2)$$
$$\text{구면 극좌표계} \quad (r, \phi) : ds^2 = dr^2 + R^2 \sin^2\left(\frac{r}{R}\right) d\phi^2$$
$$\text{구면 원통 좌표계} \quad (\rho, \phi) : ds^2 = \frac{R^2}{R^2 - \rho^2} d\rho^2 + \rho^2 d\phi^2$$

구면 원통 좌표계는 우주론에서 쓰이기 때문에 눈여겨볼 필요가 있다. 좌표 ρ/R을 ρ로 바꾸고 파라미터 $k = +1, 0, -1$을 도입하여 메트릭을 다음 형태로 확장할 수 있다.

$$ds^2 = R^2\left[\frac{d\rho^2}{1 - k\rho^2} + \rho^2 d\phi^2\right]$$

이 메트릭은 k의 부호에 따라 다른 곡면이 된다. ρ를 반지름 방향의 변수로 보면, 각 ρ에서 $\phi = (0, 2\pi)$여서 둘레가 $2\pi\rho$인 원이 있다고 볼 수 있다.

이 원의 반지름은 $(0, \rho)$ 사이의 반지름 거리로 k의 부호에 따라 ρ보다 크거나 작아지고, 그에 따라 곡률의 부호도 달라진다. $k=0$이면 평면이 되고, $k=1$이면 구면이다. $k=-1$이면 모든 점에서 말안장 형태를 가진(그래서 3차원 공간에는 담을 수 없다) 하이퍼볼릭hyperbolic 곡면이 된다.

이 세 곡면들의 공통적인 특징은 (2차원에서) 최대의 대칭성을 가진 곡면이라는 것이다.● 이 곡면들은 최대의 대칭성이라는 특징을 유지하면서 3차원 공간으로 확장할 수 있는데, 각 ρ에 붙어 있는 원($d\phi^2$)을 구면($d\Omega=d\theta^2+\sin^2\theta d\phi^2$)으로 바꿔 주면 된다. 현재의 관측 자료로는 우리 우주의 공간은 최대의 대칭성을 가지고 있는 것으로 보인다. 그래서 이 3차원 공간의 메트릭이 우리 우주의 시공간 메트릭 속에 나타난다. 이는 6장에서 다룬다.

메트릭 텐서에는 우리가 알고 싶은 공간의 기하학적 성질에 대한 정보가 다 들어 있다. 그러나 평면과 구면이 보여 주듯이, 메트릭은 텐서이고 좌표계의 선택에 따라 다른 형태를 가진다. 공간의 기하는 공간의 고유한 특성으로 좌표계의 선택에 따라 달라지지 않는다. 공간이 얼마나 휘었는지를 알기 위해서는 메트릭으로부터 이런 공간의 성질과 관련되는 정보를 읽어 내야 되는데, 이것을 어떻게 하는지가 다음 단계들의 주제다.

네 번째 단계는 벡터의 평행 이동을 정의하는 것이다. 평면과 곡면의 차이는 평면이 모든 점의 접평면을 동일한 것으로 볼 수 있는 데 비해(평면과 그 접평면을 구별할 수 없다), 곡면에서는 각 점의 접평면이 서로 구별되고 독립적이라는 것이다. 곡면의 휘어짐은 이렇게 독립적인 각 점의 접평면들이 서로 어떻게 연결되어 있는가에 의해 결정된다. 벡터의 평행 이동은 곡면 위에

● 대칭성은 공간을 움직이는 변환을 해도 공간의 모양이 변하지 않음을 의미하며, 최대의 대칭성은 모든 평행 이동과 회전에서 변하지 않는다는 것으로 대략 이해하기 바란다. 평면과 구면이 최대의 대칭성을 가진다는 것은 직관적으로 쉽게 알 수 있다.

서 벡터장을 미분하는 것과 연결되어 있다. 기본적으로 미분은 한 점에서 다른 점으로 이동하면서 벡터가 얼마나 변하는지 그 차이를 보는 것이다.

그런데 곡면 위 다른 두 점에 있는 벡터는 서로 다른 벡터 공간(접평면)에 존재하기 때문에 어떤 연결 고리 없이는 직접적인 비교를 할 수 없다. 벡터의 평행 이동parallel transport은 이 연결 고리를 부여하는 것으로 한 점에서 다른 점으로 이동하면서 벡터가 평행을 유지하는, 즉 동일한 벡터가 무엇인지를 지정해 주는 것이다. 곡면 위의 한 점 x에서 정의된 벡터 $V(x)$를 미분변위 δx만큼 떨어진 다른 점 $x+\delta x$로 평행 이동한 벡터 $V(x+\delta x)$는 좌표계를 잡아서 성분으로 나타내면 일반적으로 다음과 같이 쓸 수 있다.

$$\text{평행 이동의 정의} \quad V^{\mu}_{\text{평행 이동}}(x+\delta x)=V^{\mu}(x)-\Gamma^{\mu}_{\nu\lambda}(x)V^{\nu}(x)\delta x^{\lambda}$$

평행 이동에 의한 변화가 V^{ν}와 δx^{λ}에 비례해야 하는 것은 연결이 연속적으로 매끄럽기 위해서 필요하다. 그 앞에 있는 계수 $\Gamma^{\mu}_{\nu\lambda}(x)$가 벡터의 평행 이동을 정해 주는데, 이를 이음이라 부른다. 이렇게 평행 이동된, 즉 변하지 않은 벡터가 정의되면, 벡터의 미분은 변화된 벡터와 평행 이동된 벡터의 차를 가지고 정의하면 된다.

$$\delta V^{\mu}=V^{\mu}(x+\delta x)-V^{\mu}_{\text{평행 이동}}(x+\delta x)=\partial_{\nu}V^{\mu}\delta x^{\nu}+\Gamma^{\mu}_{\nu\lambda}V^{\nu}\delta x^{\lambda}\equiv(D_{\nu}V^{\mu})\delta x^{\nu}$$

이 식의 마지막에 정의된 벡터의 미분 $D_{\nu}V^{\mu}$를 벡터의 '공변 미분 covariant derivative'이라 하는데, 곡면 위에 정의된 벡터장에 대한 올바른 미분법이다. 공변 미분이 중요한 이유는 $\partial_{\nu}V^{\mu}$가 텐서가 아니고, $D_{\nu}V^{\mu}$가 텐서가 되기 때문이다.

$$\text{공변 미분}\quad D_\nu V^\mu = \partial_\nu V^\mu + \Gamma^\mu_{\nu\lambda} V^\lambda$$

수학에서는 공간에 좌표계를 잡고 그 좌표계에서 이음 $\Gamma^\mu_{\nu\lambda}(x)$을 지정하는 것을 그 공간에 기하를 부여한다고 본다. 공간의 모든 기하학적 성질은 이음을 줌으로써 결정되기 때문이다. 그렇다면 세 번째 단계에서 메트릭을 지정하는 것과 네 번째 단계에서 이음을 지정해 공간의 기하를 주는 것은 어떻게 연결되는 걸까? 공간에 메트릭이 주어지면 자연스럽게 정의되는 이음이 있어서 공간의 기하가 결정돼 버린다. 메트릭이 정해지면 두 점 사이에 최단 거리를 주는 곡선인 측지선이 정해지는데, 측지선은 평면에서의 직선과 같은 역할을 한다. 따라서 측지선의 접선 벡터는 모두 평행한 것으로 평행 이동을 정하는 것이 자연스러운 선택이 되고, 그러면 이음은 메트릭으로부터 다음과 같이 결정된다.

$$\text{레비치비타 이음}\quad \Gamma^\mu_{\nu\lambda} = \frac{1}{2} g^{\mu\rho} \left[\partial_\nu g_{\lambda\rho} + \partial_\lambda g_{\nu\rho} - \partial_\rho g_{\nu\lambda} \right]$$

메트릭으로부터 이렇게 정해지는 이음을 레비치비타Levi-Civita 이음이라고 부른다.• 이음 $\Gamma^\mu_{\nu\lambda}(x)$는 첨자가 있어서 텐서처럼 보일지 모르지만 텐서가 아니다. 이음 $\Gamma^\mu_{\nu\lambda}(x)$는 좌표계에 따라 달라지기는 하지만, 텐서 변환을 따르지 않는다. 실제로 임의의 한 점에서는 좌표 변환을 통해 $\Gamma^\mu_{\nu\lambda}(x)$의 값을 모두 0으로 만들 수도 있는데, 이런 좌표계가 자유 낙하 좌표계에 해당하는

• 수학에서는 메트릭에 기반하지 않은 이음도 취급하며, 메트릭 없이도 공간의 기하를 얘기할 수 있다. 메트릭에 의해 정해지는 이음은 아래첨자의 교환에 대해 대칭성($\Gamma^\mu_{\nu\lambda} = \Gamma^\mu_{\lambda\nu}$)을 가지고 있어서 일반적인 이음보다는 제한적이다.

것이다. 일반 상대성에서 이음 $\Gamma^{\mu}_{\nu\lambda}(x)$는 중력장(중력 가속도)과 연관되어 있고, 이음이 0이면 중력 가속도가 없는 좌표계인 것이다.

다섯 번째 단계로 닫힌 곡선을 따라 벡터를 평행 이동한 결과를 통해 공간의 곡률을 정의하는 것이다. 앞에서 2차원 곡면의 휘어짐을 삼각형의 내각의 합이나 원주의 길이로부터 알 수 있었는데, 같은 결과를 벡터의 평행 이동을 통해서도 얻을 수 있다. 메트릭이 정의된 리만 공간에서는 벡터의 평행 이동은 측지선의 접선 방향과 같은 각도를 유지하는 것으로 볼 수 있다. 따라서 이해가 쉽게 측지선들을 연결해서 만든 닫힌 곡선을 따라 벡터를 평행 이동하는 것을 생각해 보자.

평면에서는 한 벡터를 평행 이동을 해서 닫힌 곡선을 한 바퀴 돌아 출발점으로 되돌아왔을 때와 출발할 때의 벡터는 차이가 없다(그림 61 왼쪽). 그러나 구면에서는 출발점으로 되돌아왔을 때 벡터가 달라져 있음을 알 수 있다(그림 61 오른쪽). 이 차이가 곡면이 휘어져 있다는 것을 말해 주는데, 이 차이를 사용해서 가우스 곡률 K를 정의할 수 있다. 즉 삼각형 내각의 합, 원주의 길이, 닫힌 곡선에서 벡터의 평행 이동 모두 본질적으로는 2차원 곡면의 휘어짐을 보는 방법인 것이다. 닫힌 곡선에서 평행 이동을 쓰는 게 편리할 때는 3차원 이상의 공간에 대해서다. 3차원 이상에서 곡률의 크기는 2차원 곡면을 잡는 방향에 따라 달라질 수 있으므로, 조사한 2차원 곡면의 방향을 곡률과 함께 표시해야 한다.

벡터의 평행 이동은 닫힌 곡선을 좌표 선에 따라 잡는 자연스러운 선택을 할 수 있다. 일반적인 공간 위의 점 x에서 출발해 δx^{α}, δx^{β}, $-\delta x^{\alpha}$, $-\delta x^{\beta}$의 순서대로 이동하고 점 x로 되돌아오면서 벡터 V^{μ}를 평행 이동시키는 것을 생각해 보자. 이렇게 제자리로 돌아왔을 때 평행 이동된 벡터와 원래 벡터의 차이 δV^{μ}는 V^{ν}, δx^{α}, δx^{β}에 비례할 것이므로, 다음과 같이 곡률 텐서

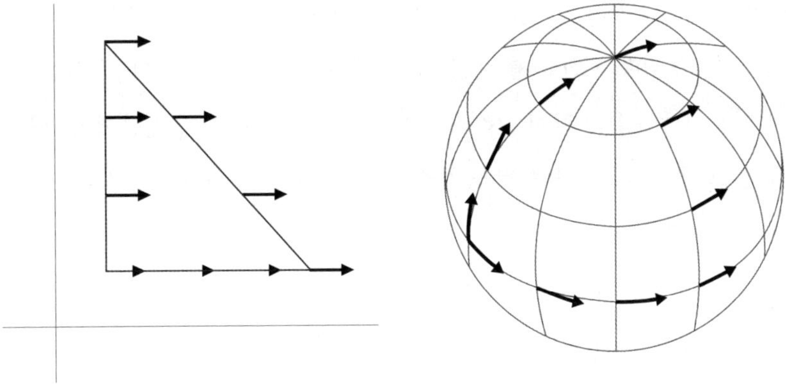

그림 61 평면에서의 벡터의 평행 이동(왼쪽), 구면에서의 벡터의 평행 이동(오른쪽).

curvature tensor $R^{\mu}_{\nu\alpha\beta}(x)$를 정의한다.

$$\delta V^{\mu} = R^{\mu}_{\nu\alpha\beta} V^{\nu} \delta x^{\alpha} \delta x^{\beta}$$

위에서 이음을 통해 정의한 평행 이동을 차근차근 적용해서 계산을 하면 곡률 텐서 $R^{\mu}_{\nu\alpha\beta}(x)$는 이음 $\Gamma^{\mu}_{\nu\lambda}(x)$으로부터 다음과 같이 정해진다.

$$\text{리만 곡률 텐서} \quad R^{\mu}_{\nu\alpha\beta} = \partial_{\alpha}\Gamma^{\mu}_{\nu\beta} - \partial_{\beta}\Gamma^{\mu}_{\nu\alpha} + \Gamma^{\mu}_{\lambda\alpha}\Gamma^{\lambda}_{\nu\beta} - \Gamma^{\mu}_{\lambda\beta}\Gamma^{\lambda}_{\nu\alpha}$$

곡률 텐서 $R^{\mu}_{\nu\alpha\beta}$는 첨자가 4개인 4계 텐서로 n차원 공간인 경우 n^4개의 성분이 있지만 이들 모두가 서로 독립적이지는 않다. (예를 들어 첨자 α와 β를 바꾸는 것은 같은 경로를 반대로 도는 것이라 평행 이동의 결과는 부호만 바뀌므로 $R^{\mu}_{\nu\alpha\beta} = -R^{\mu}_{\nu\alpha\beta}$이다.) 첨자들 사이의 대칭성에 의해 독립적인 성분의 수는 n차원 공간인 경우 $n^2(n^2-1)/12$이다. 2차원 곡면의 경우 독립변수는 R_{1212} 하나이고, 가우스 곡률과는 $R_{1212}=K(g_{11}g_{22}-g_{12}^2)$의 관계가 있다. 4차원 시공간의 경우 20개의 독립변수가 있다. 또한 곡률 텐서 $R^{\mu}_{\nu\alpha\beta}$는 텐서임을 명심해야 한다. 즉 좌표계에 따라서 성분들의 값이 달라진다는 뜻이다. 0이 아닌 $R^{\mu}_{\nu\alpha\beta}$ 성분이 있다는 것은 그 공간이 휘었다는 것을 말해 주지만 좌표계의 선택에 따라서 그 값은 달라진다.

앞서 말했듯이 공간의 기하는 좌표계의 선택에 따라 달라지는 것이 아니다. 즉 공간의 기하를 표현하는 양들은 좌표 변환에 불변인 스칼라여야 한다. 이 스칼라 양들은 곡률 텐서와 그 공변 미분들을 조합하여 만들어진다. 가장 대표적인 것이 리치 스칼라인데, 먼저 곡률 텐서를 축약하여 2계 대칭 텐서인 리치Ricci 텐서 $R_{\mu\nu}$를 정의하고, 그것을 축약한 것이 리치 스칼라 R이다.

$$\text{리치 텐서} \quad R_{\mu\nu}=R^{\alpha}_{\mu\alpha\nu}$$

$$\text{리치 스칼라} \quad R=g^{\mu\nu}R_{\mu\nu}$$

리치 스칼라는 측지선으로 정의되는 구의 부피가 평평한 공간과 얼마나 차이가 나는지를 나타낸다.

12. 아인슈타인 방정식

앞에서 배운 미분기하학의 지식을 이제 4차원 시공간에 적용해서 일반 상대성을 완성해 보자. 우선 2차원 공간에서 (1+3)차원의 시공간으로 차원이 달라지는데, 이와 관련해서 위에서 설명한 메트릭, 이음, 곡률은 메트릭의 시간-시간 성분의 부호가 -라는 것 외에는 눈에 띄게 달라지는 것은 없다.

아인슈타인의 등가 원리는 모든 자유 낙하 좌표계가 동등한 관성계라는 것인데, 이는 우리의 시공간이 작은 영역에서는 좌표계를 잘 잡으면 민코프스키 공간이 된다는 것이다. 아인슈타인의 등가 원리를 수학으로 표현하면 시공간은 민코프스키 공간을 기반으로 하는 다양체라는 것이다.

좌표계를 잘 잡아서 한 점에서는 이음 $\Gamma^{\mu}_{\nu\lambda}(x)$를 모두 0으로 만들 수 있으며, 그 주변의 작은 시공간 영역을 민코프스키 공간으로 볼 수 있다. 이제 이 민코프스키 공간에서 물리 법칙이 어떻게 되는지 (실험을 통해서) 알고 있다고 해 보자. 물리 법칙이 일반적인 좌표계에서는 어떨까? 방법은 간단하다. 우리의 물리 법칙을 텐서방정식으로 적고, 일반 상대성을 적용하면 된다. 즉 민코프스키 공간에서 적었던 (특수 상대성을 따르는) 텐서방정식을 일반 상대성의 텐서방정식으로 적으면 되는데, 실질적인 과정은 특수 상대성의 텐서방정식에 나오는 시공간 좌표에 대한 미분을 모두 휘어진 시공간에서의 공변 미분으로 바꿔 주면 된다.

힘을 받지 않는 자유 입자의 운동방정식을 예로 들어본다. 특수 상대성에서 자유 입자의 운동방정식은 $dU^{\mu}/d\tau=0$인데($U^{\mu}=dx^{\mu}/d\tau$는 입자의 4-속도다), 아래처럼 미분 $\partial_{\nu}U^{\mu}$를 공변 미분 $D_{\nu}U^{\mu}=\partial_{\nu}U^{\mu}+\Gamma^{\mu}_{\nu\lambda}U^{\lambda}$로 바꾸면 된다.

$$\frac{dU^{\mu}}{d\tau}=\partial_{\nu}U^{\mu}\frac{dx^{\nu}}{d\tau}=0 \;\Rightarrow\; D_{\nu}U^{\mu}\frac{dx^{\nu}}{d\tau}=0 \;\rightarrow\; \frac{d^{2}x^{\mu}}{d\tau^{2}}+\Gamma^{\mu}_{\nu\lambda}\frac{dx^{\nu}}{d\tau}\frac{dx^{\lambda}}{d\tau}=0$$

이렇게 얻은 마지막 식은 시공간의 측지선방정식으로, 자유 입자는 시공간의 측지선을 따라 움직인다. 측지선방정식에는 곡률이 나타나지 않고 이음이 나타난다. 이것은 우리가 느끼는 중력이 이음과 직접적인 연결이 된다는 것을 나타내는데, 실제로 이음은 중력장과 연결된다. 곡률은 좌표계의 선택과는 무관하지만 이음은 좌표계 선택에 지대한 영향을 받는다. 우리가 느끼는 중력의 큰 부분은 사실 물질이 만드는 곡률에 의한 것이 아니라 우리가 자유 낙하 좌표계를 쓰지 않아서 크게 나타나는 이음에 의한 것이다.

이제 뉴턴 중력방정식($\nabla^2\phi(\vec{r})=4\pi G_N\rho(\vec{r})$)과 아인슈타인 중력방정식($G_{\mu\nu}=-8\pi G_N T_{\mu\nu}$) 얘기로 돌아가 보자. 뉴턴 중력을 만드는 근원이 물질이 가지고 있는 질량 밀도였다면, 이것이 특수 상대성에서는 스트레스-에너지 텐서가 되어야 한다는 것을 설명했다. 이는 일반 상대성에서도 크게 달라지지 않는다. 다만 물질을 기술하는 스트레스-에너지 텐서는 특수 상대성에서 텐서방정식 $\partial_\mu T^{\mu\nu}=0$으로 표현되는 에너지-운동량 보존 법칙이 성립하는데, 이것이 일반 상대성으로 오면 등가 원리에 의해 보통 미분을 공변 미분으로 바꾼 $D_\mu T^{\mu\nu}=0$을 만족한다. 스트레스-에너지 텐서의 또 하나 주목할 점은 두 첨자의 교환에 대한 대칭($T^{\mu\nu}=T^{\nu\mu}$)이라는 것이다.

이제 아인슈타인 방정식의 왼쪽에 나타나는 텐서가 무엇인지만 밝히면 된다. 물질이 만드는 중력의 실체가 시공간의 휘어짐이므로 곡률을 나타내는 곡률 텐서 $R^\mu_{\nu\alpha\beta}$가 나타날 것 같은데, 오른쪽의 스트레스-에너지 텐서는 대칭인 2계 텐서이므로, 4계 텐서인 곡률 텐서로 만들 수 있는 대칭인 2계 텐서가 어떤 것이 있는지부터 찾아봐야 한다. 약간의 산수를 통해서 이런 텐서는 곡률 텐서의 첫 번째와 세 번째 첨자를 축약한 리치 텐서 $R_{\mu\nu}=R^\alpha_{\mu\alpha\nu}$와 리치 텐서를 축약한 리치 스칼라 $R=g^{\mu\nu}R_{\mu\nu}$에 메트릭 텐서를 곱한 $Rg_{\mu\nu}$가 있다는 것을 보일 수 있고, 따라서 $G_{\mu\nu}=R_{\mu\nu}+\alpha R g_{\mu\nu}$의 조합을 시도해 볼 수 있다.

아인슈타인은 처음에 $\alpha=0$, 즉 $R_{\mu\nu}=kT_{\mu\nu}$를 시도했는데, 이대로는 문제가 있음을 알아냈다. 오른쪽의 스트레스-에너지 텐서는 $D^\mu T_{\mu\nu}=0$을 만족하는데, 왼쪽의 리치 텐서는 $D^{\mu}R_{\mu\nu}\neq 0$이었던 것이다. 그는 곧 $D^{\mu}G_{\mu\nu}=0$이 되려면 $\alpha=-1/2$이 돼야 함을 찾아냈고, 이 조합은 아인슈타인 텐서라 불리게 된다.

$$\text{아인슈타인 텐서} \quad G_{\mu\nu}=R_{\mu\nu}-\frac{1}{2}Rg_{\mu\nu}$$

이제 중력방정식은 $G_{\mu\nu}=kT_{\mu\nu}$로 쓰면 된다. 상수 k의 값은 실험을 통해서 결정해야 하는 것이지만, 우리는 이미 뉴턴 중력이 약한 중력에서 느리게 움직이는 물체에 대해서는 잘 맞는다는 것을 알고 있으므로, 이 영역에서 뉴턴 중력의 결과를 똑같이 내려면 $k=8\pi G_N$이 되어야 한다는 것을 보일 수 있다('일반 상대성과 뉴턴 중력' 참조). 이 과정을 거쳐서 나온 것이 바로 아인슈타인 방정식이다.

$$\text{아인슈타인 방정식} \quad G_{\mu\nu}=8\pi G_N T_{\mu\nu}$$

아인슈타인이 이 방정식을 발표한 것이 1915년인데, 같은 해에 독일의 수학자 다비트 힐베르트David Hilbert(1962~1943)도 이 방정식을 발표했으므로(아인슈타인의 강의를 듣고 힌트를 얻었던 것으로 추정된다) 아인슈타인-힐베르트 방정식이라고 불러야 맞을 것이다. 사실 방정식의 유도 과정은 힐베르트의 방식이 더 우아하다. 하지만 그는 수학자였기에 이 방정식의 물리적 해석은 모두 아인슈타인의 몫이 되었고 아인슈타인 방정식으로 통하게 된다.

여기까지 성공적으로 읽었다면 여러분은 일반 상대성의 첫 고지인 아인슈타인 방정식에 오른 셈이다. 사실 첫 고지 정복이 제일 어렵기 때문에

일반 상대성과 뉴턴 중력

일반 상대성은 약한 중력장에서 느리게 움직이는 물체에 대해서는 뉴턴 중력과 같아진다. 이 사실을 확인해 보자. 중력이 없을 때 시공간은 민코프스키 공간이 되므로, 메트릭이 $g_{\mu\nu}(x)=\eta_{\mu\nu}$인 좌표계를 잡을 수 있다. 만약 중력장이 충분히 약하다면 메트릭이 민코프스키 메트릭에서 조금 달라질 것이라고 기대할 수 있다. 따라서 메트릭이 $g_{\mu\nu}(x)=\eta_{\mu\nu}+h_{\mu\nu}(x)$이고 $h_{\mu\nu}(x)$는 충분히 작은 ($|h_{\mu\nu}(x)|\ll 1$) 그런 좌표계를 잡을 수 있다. 이 $g_{\mu\nu}(x)$를 아인슈타인 방정식에 넣으면 $h_{\mu\nu}(x)$에 대한 방정식을 얻을 수 있는데, 그 방정식은 $h=g^{\mu\nu}h_{\mu\nu}$, $H_{\mu\nu}=h_{\mu\nu}-(1/2)\eta_{\mu\nu}h$를 정의해서 다음과 같다.

$$\left[-\frac{1}{c^2}\partial_t^2+\vec{\nabla}^2\right]H_{\mu\nu}=-16\pi G T_{\mu\nu}$$

만약 중력을 만드는 물질의 속력 v가 빛의 속력 c보다 충분히 작다면 ($v^2\ll c^2$), 스트레스-에너지 텐서에서는 00-성분에 있는 질량 밀도가 가장 큰 기여를 하기에 성분별로 크기를 보면 $|T_{00}|\gg|T_{0i}|\gg|T_{ii}|$이 될 것이다. 그러면 방정식 왼쪽의 $H_{\mu\nu}$ 성분의 크기도 이 순서대로 $|H_{00}|\gg|H_{0i}|\gg|H_{ii}|$가 되고, 따라서 위의 방정식에서 00-성분이 가장 중요해지는데, 그것이 뉴턴 중력방정식을 줄 것이다.

여기에 물질의 속력이 v라면 시간 미분은 대략 $(1/c^2)\partial_t^2\approx(v^2/c^2)\vec{\nabla}^2$로 볼 수 있어서 $\vec{\nabla}^2$에 비해 무시할 수 있고, $T_{00}\approx\rho$가 되어서, $\vec{\nabla}^2H_{00}=-16\pi G\rho$가 된다. 이것을 뉴턴 중력방정식 $\vec{\nabla}^2\phi=4\pi G\rho$와 비교하면 $H_{00}=-4\phi$임을 알 수 있다. $H_{\mu\nu}$의 정의로부터 이 마지막 식을 $h_{\mu\nu}$에 대해 풀면 $h_{00}=h_{ii}=-2\phi$를 얻는다. 이것에서 뉴턴 중력에서의 중력 퍼텐셜 $\phi(x)$가 일반 상대성의 메트릭에 어떻게 나타나는지 알 수 있다.

메트릭과 중력 퍼텐셜의 관계 $ds^2=-(1+2\phi)dt^2+(1-2\phi)dx^2$

이 메트릭으로부터 나오는 측지선방정식을 빛의 속력보다 충분히 느리게 움직이는 물체에 적용하면 뉴턴 중력에서의 운동방정식인 $d\vec{x}/dx = -\vec{\nabla}\phi$을 얻게 된다. 앞의 방정식에 나타나는 ϕ는 메트릭의 00-성분에 있던 것으로, 느리게 움직이는 물체에 대한 중력 퍼텐셜은 메트릭의 00-성분, 즉 시간의 휘어짐만이 영향을 미친다. 빛을 포함하여 속력이 빛의 속력에 가까운 물체에 대해서는 공간 성분에 있는 ϕ도 영향을 미쳐서 느리게 움직이는 물체와는 경로가 다르게 된다. 물체의 자유 낙하는 질량과는 무관하지만, 물체의 속력이 빛의 속력에 근접해 가면 속력에 따라 다르게 자유 낙하한다.

여러분은 진정으로 축하를 받고 기쁨을 누릴 자격이 있다. 이제 6장 팽창하는 우주에 도전할 준비가 되었다. 마지막으로 두 가지 사항을 덧붙여 설명하는 것으로 이 장을 마무리한다.

우선 곡률과는 직접적으로 관계가 없지만 아인슈타인 텐서에 $\Lambda g_{\mu\nu}$항을 더하는 것도 허용된다. 여기서 Λ는 상수로 우주 상수cosmological constant라는 이름이 붙었다. 실제로 아인슈타인은 자신의 방정식을 우주에 적용했을 때, 자신이 기대했던 정적인 우주가 방정식의 해로 나오지 않자 이 항을 더해서 억지로 정적인 우주 해를 이끌어냈고, 우주 상수라는 이름을 붙였다.

아인슈타인 방정식에서 물질 $T_{\mu\nu}$는 아인슈타인 텐서 $G_{\mu\nu}$를 결정하지만, 아인슈타인 텐서가 리만 곡률 텐서를 완전히 결정하지는 않는다. 즉 같은 물질 분포에 대해서 기하가 다른 여러 시공간 해가 있을 수 있다는 것이다. 이는 아인슈타인 방정식이 물질과 기하의 관계를 주는 국소적인local 방정식이기 때문이다. 시공간이 완전히 결정되려면 물질 분포에 더해 경계 조건을 포함한 전역적인global 정보도 필요하다.

슈바르츠실트 메트릭

뉴턴 중력에서 점 질량 $\rho(\vec{r})=M\delta(\vec{r})$에 의한 중력 퍼텐셜은 $\phi(\vec{r})=-G_N M/r$이었다. 이 중력 퍼텐셜은 라플라스 방정식 $\nabla^2\phi(\vec{r})=0$의 구 대칭 해에 해당한다. 일반 상대성에서 이에 해당하는 메트릭은 무엇일까?

태양과 같이 구형 대칭이 있는 물질 분포 바깥에서의 시공간 구조는 뉴턴 중력과 아인슈타인 중력을 비교해 보는데 아주 유용할 뿐만 아니라 행성의 운동에서 일반 상대론의 효과를 알아보는 데서부터 블랙홀의 시공간 구조를 살피는 데도 필요하다. ($r>0$에서 물질이 없다는 의미에서) 진공 아인슈타인 방정식 $G_{\mu\nu}=0$의 구 대칭 해가 다음의 슈바르츠실트 메트릭이다.

$$ds^2=-\left(1-\frac{2m}{r}\right)c^2dt^2+\left(1-\frac{2m}{r}\right)^{-1}dr^2+r^2(d\theta^2+\sin^2\theta d\phi^2)$$

여기서 m은 거리의 단위를 가진 상수다. 중심으로부터의 거리가 $2m$보다 충분히 큰 영역에서는 ($r\gg 2m$) 중력장이 충분히 약하므로 $g_{00}(r)\approx-(1+2\phi(r))$로 뉴턴 중력의 퍼텐셜 $\phi(r)$이 얻어질 것이다('일반 상대성과 뉴턴 중력' 참조). 이것이 뉴턴 중력의 결과 $\phi(r)=-GM/r$로 되려면 $m=GM/c^2$이면 된다. $R_s=2m$을 슈바르츠실트 반지름이라 하고, 질량과는 다음과 같이 연결된다($M_\odot$은 태양 질량이다).

$$R_s=\frac{2GM}{c^2}=3\left(\frac{M}{M_\odot}\right)\text{km}$$

슈바르츠실트 반지름은 g_{rr}이 발산하는 좌표 특이점이자 이 반지름을 갖는 구면은 외부의 관찰자에게는 사건의 지평선이 된다. 태양의 경우 슈바르츠실트 메트릭은 물질이 없는 태양의 외부에만 적용되고, 태양의 반지름이 슈바르츠실트 반지름인 3킬로미터보다 훨씬 크기 때문에 지평선이 생기지 않는다.

슈바르츠실트 메트릭은 아인슈타인 방정식의 정확한 해로는 처음 발견된 것으로, 독일의 물리학자 카를 슈바르츠실트Karl Schwarzschild(1873~1916)는 아인슈타인이 일반 상대성 이론을 출판한 몇 달 후에 이 해를 찾아냈다. 슈바르츠실트의 논문을 본 아인슈타인은 복잡하다고 생각했던 자신의 방정식으로부터 정확한 해가 이렇게 쉽게 구해진다는 것에 놀랐다고 한다.

당시 슈바르츠실트는 1차 세계 대전에 참전 중이었는데, 전선에서 틈틈이 연구해 논문을 투고했다. 안타깝게도 그는 이듬해 러시아 전선에서 병사했다. 슈바르츠실트 메트릭이 발견되고 얼마 안 돼서 질량과 더불어 전하가 있는 경우에 해당하는 라이스너-노드스트롬Reissner-Nordström 메트릭이 발견되었다. 한참 후인 1963년 (회전하는 물체에 해당하는) 각운동량을 가진 경우인 커Kerr 메트릭이 발견되었다. 곧이어 질량, 각운동량, 전하를 모두 가진 경우에 해당하는 커-뉴먼Kerr-Newman 메트릭이 발견되었다.

블랙홀

질량이 M인 구형 물체의 크기가 슈바르츠실트 반지름 $R_s = 2GM/c^2$보다 작아지면 사건의 지평선이 존재하는 블랙홀black hole이 된다. 태양이 블랙홀이 되려면 현재의 질량을 유지하면서 태양 질량의 슈바르츠실트 반지름인 3킬로미터보다 작아져야 한다.

슈바르츠실트 반지름이 사건의 지평선이 된다는 것은 그 외부에 있는 관찰자에게는 보낸 빛이 사건의 지평선에 도달하는 데 걸리는 시간이 무한대이고, 반대로 지평선에서 출발한 빛이 관찰자에게 도달하는 데도 역시 무한대의 시간이 걸리기 때문에 외부 관찰자는 지평선 너머 안쪽을 볼 수가 없다는 의미다. 반면 우주선을 타고 블랙홀을 향해 가는 사람에게는 지평선에 도달하는 데 유한한 시간이 걸리고, 지평선을 지날 때 특별한 일이 일어나는 것도 아니다. 하지만 지평선을 넘어가면 되돌아 나올 수가 없다.

이렇게 된다는 것을 엿볼 수 있는 힌트는 슈바르츠실트 메트릭의 g_{00}와 g_{rr}의 부호가 지평선을 지나면서 서로 바뀐다는 것이다. 지평선 안에서는 시간과 반지름의 역할이 바뀌는 것이다. 지평선 밖에서는 시간이 흘러가는 것을 피할 수 없듯이 지평선 안에서는 반지름이 줄어들어서 결국 블랙홀의 특이점singularity에 도달하게 되는 것을 피할 수 없다. 블랙홀의 특이점에 접근할수록 기조력이 점점 커져서 우주선에 타고 있는 사람의 몸은 반지름 방향으로 늘어나고 수직 방향으로 압착돼서 죽음을 맞이할 것이다.

중력파

전자기력을 다루는 맥스웰 방정식은 전자기장의 진동이 공간을 전파해 가는 전자기파의 존재를 알려 준다. 중력을 다루는 아인슈타인 방정식도 이와 유사하게 중력장의 파동인 중력파gravitational wave를 갖지 않을까? 맥스웰 방정식과 아인슈타인 방정식은 두 가지 점에서 크게 다르다. 맥스웰 방정식은 선형 방정식인데 비해 아인슈타인 방정식은 비선형 방정식이고, 전자기장은 근본적으로 벡터장인데 비해 중력장은 근본적으로 2계 텐서장이라는 것이다. 그렇지만 '일반 상대성과 뉴턴 중력'에서 보았듯이 약한 중력장의 경우 아인슈타인 방정식이 선형 방정식으로 근사될 수 있고, 맥스웰 방정식과 흡사한 구조를 가지고 있다.

진공에서 두 방정식은 같은 파동 방정식을 만족해서 전자기파와 중력파는 전파 속력이 같고, 두 개의 독립적인 편극polarization을 가진 횡파인 것도 같다. 다만 전자기파는 벡터장이고 중력파는 텐서장이어서 편극의 형태에 차이가 있다. 벡터장과 텐서장의 차이는 파동을 만드는 파원에서도 나타나는데, 전자기파의 파원이 전기 쌍극자dipole의 진동인 반면 중력파의 파원은 질량 사극자quadrapole의 진동이다.

중력파를 방출하는 대표적인 경우로 두 천체의 공전을 들 수 있다. 태양을 공전하는 지구도 중력파를 방출하는데, 그 결과 공전 에너지가 줄면서 궤도 반지름과 공전 주기가 조금씩 작아진다. 1974년 러셀 앨런 헐스Russell Alan Hulse(1950~)와 조지프 후튼 테일러Joseph Hooton Taylor Jr.(1941~)는 쌍성 펄서를 관측하여 이들의 공전 주기가 줄어드는 비율이 중력파 방출에 따른 에너지 손실 효과와 일치함을 보여서 중력파의 존재를 간접적으로 입증했다. 2016년 레이저 간섭계 중력파 천문대(Laser Interferometer Gravitational-Wave Observatory: LIGO) 팀은 공전하는 두 블랙홀의 합체 과정에서 나오는 중력파를 직접 검출하는데 성공했다고 발표했다. 중력파를 통해서 전자기파로는 알 수 없는 블랙홀이나 우주의 정보를 얻을 수 있기 때문에 앞으로의 성과가 기대된다.

4장

원자와 양자 역학

19세기 화학의 발전은 물질의 궁극적인 실체로서 원자의 존재를 밝혔다. 20세기로 넘어오면서 그 이름의 의미와는 달리 원자는 핵과 전자로 분해가 되었고, 핵은 다시 양성자와 중성자로 분리가 되었다. 원자는 핵과 전자가 전자기력으로 결합되어 있는 것으로 보였지만, 고전적인 뉴턴 역학과 맥스웰 전자기학으로는 설명할 수 없는 현상들이 나타났다. 이 작은 세계에서 일어나는 현상들을 이해하는 데는 새로운 역학 체계가 필요했던 것이다. 빛과 전자의 상호 작용을 통해 원자의 세계를 이해하는 과정에서 탄생한 것이 양자 역학이다. 이 장에서는 양자 역학의 성립 과정과 그 결과들을 자세히 다룬다.

양자 역학에 대한 관심으로 이 장을 읽기 시작한 분들에게 조언을 드리고자 한다. 우주를 이해하려면 물질에 대한 이해가 반드시 필요하다. 그런데 이를 체계적으로 쓰려다 보니 내용이 길어졌을 뿐만 아니라 점점 어려워졌다. 모든 것을 쉽게 설명하는 것은 아직 쉬운 일이 아니었다. 더구나 수학적 설명으로 더 어렵게 느껴질 것이다. 하지만 과학은 수학을 통해서 깨닫고, 관측이나 실험을 통해 확인할 수 있는 숫자를 통해서 이해하는 것이 정도이기 때문에 이렇게 전개할 수밖에 없었다. 하지만 모든 독자가 이 길을 따라갈 필요는 없다. 산에 오를 때 누군가는 등산로를 따라 오르며 등산을 즐기지만, 누군가는 케이블카를 타고 올라서 산의 경치를 즐기고 싶어 한다. 어려운 부분을 만나서 이해되지 않는다고 좌절할 필요가 없다. 어떤 부분은 물리학을 전공하는 대학생들에게도 어려운 내용을 담고 있다. 그럼에도 굳이 그 내용들을 넣은 것은 현대 물리학이 물질을 어떻게 이해하는지에 대한 큰 틀을 보여 주기 위해서다. 거기에 나오는 중요한 용어들과 전체적인 흐름을 기억하고 넘어가면 된다. 또한 이 장에는 많은 수식이 나오는데 이해할 수 없다면 그림으로 생각하고 교양서를 읽듯이 넘어가자. 모든 부분을 다 이해하기보다는 물질과 양자 역학이라는 전체적인 그림을 살펴보는 가운데 흥미 있는 내용을 발견한다면 충분하다.

아주 큰 세계와 아주 작은 세계

왜 거대한 우주를 이해하는 데 핵이나 입자물리학 같은 아주 작은 세계를 다루는 물리학 지식이 필요할까? 그 이유는 여러분이 이 장을 읽어야 하는 가장 중요한 동기이므로 먼저 알아보는 것이 순서일 것 같다.

현대 우주론의 골격은 일반 상대성에 바탕을 둔 뜨거운 빅뱅 모형이다. 이 모형은 우리 우주가 고온의 상태에서 시작했고 팽창을 하면서 식게 되어 현재의 모습이 되었다고 본다. 우주는 영원불변한 것이 아니고 우주를 채우고 있는 물질의 작용으로 진화한다. 그렇기에 현재 우주의 모습이 어떻게 형성되었는가는 초기 우주의 상태와 연관되어 있다.

현재 관측되는 우주의 구성 물질들과 우주가 팽창하고 있다는 사실은 초기 우주는 고에너지 또는 고온의 물질들로 가득 차 있었다는 것을 확인해 준다. 따라서 초기 우주 상태를 이해하기 위해서는 고에너지 또는 고온의 물질 상태가 어떤 것인지를 이해해야 한다. 양자 역학의 원리는 이를 아주 작은 세계에서 일어나는 현상들과 연결 짓고 있고, 그래서 핵 및 입자물리학과 그 바탕이 되는 양자 역학의 지식이 필요한 것이다.

양자 역학은 인류가 원자와 그보다 더 작은 미시 세계를 이해하는 과정에서 성립되었다. 양자 역학의 기본 원리로부터 나오는 불확정성 관계는 다루는 물질의 크기가 작아질수록 관련된 에너지는 커지게 되고, 반대로 에너지가 커질수록 더 작은 세계에서 일어나는 현상들이 나타나게 된다는 사실을 나타낸다.

고온의 물질 상태는 고에너지 입자들로 구성되어 있고, 입자들의 에너지가 커질수록 아주 작은 세계에서 일어나는 현상들이 나타난다. 이것이 우리가 이 거대한 우주를 이해하기 위해서는 원자보다 훨씬 더 작은 세계에서 어떤 일들이 일어나는지 알아야 하는 이유이기도 하다. 반대로 생각하면, 초기 우주는 원자보다 작은 미시 세계를 탐구하는 거대한 입자물리학 실험실이었던 것이다. 우주의 팽창은 가장 큰 세계를 다루는 우주론과 가장 작은 세계를 다루는 입자물리학을 연결시킴으로써 궁극은 서로 통한다는 것을 아주 극적으로 실현하고 있다.

1. 원자의 발견

물질이 무엇으로 만들어져 있는지 알아내는 원초적인 방법은 그것을 계속해서 잘게 나눠 보는 것이다. 그러나 이 방법은 곧 기술적인 한계에 부딪히게 된다. 물질을 구성하는 것의 실체가 드러날 정도로 잘게 부술 수 있는 기술은 19세기 이후에야 실현될 수 있었고, 그것을 할 수 없었던 고대 그리스 학자들은 대신 철학적인 접근을 택했다. 그들은 잘게 쪼개 나가는 과정은 무한히 반복될 수는 없을 것이고 어느 선에선가 더 이상 나누는 것이 불가능한 궁극적인 것에 도달할 것이라고 생각했다. 데모크리토스는 그것을 원자atom(더 이상 나눌 수 없다는 뜻의 그리스어 아토모스ἄτομος에서 유래)라 불렀다.

그렇다면 물질들이 보이는 다양한 모습과 성질들은 어디에서 기인하는 것일까? 기원을 두 가지로 나눠 볼 수 있는데, 하나는 원자 자체가 본질로서 다양한 성질을 가지는 것이고, 다른 하나는 원자들의 다양한 결합 형태에 의해 나타나는 것으로 보는 것이다. 물론 두 가지가 복합돼서 다양성을 보일 수도 있다. 데모크리토스는 물질의 다양한 성질은 기본적으로 다양한 원자가 존재하기 때문이라고 생각했다.

반면, 그렇게 해서 생기는 다양성은 철학적 설명으로서 큰 의미가 없다고 본 아리스토텔레스 등은 세상에 보이는 물질들의 다양성을 몇 가지 기본 물질, 예를 들면 물, 불, 흙, 공기의 4원소의 결합과 조화를 통해서 설명할 수 있을 것이라고 보았다. (현재 6종의 쿼크quark, 렙톤lepton과 4가지 상호 작용에 의한 물질 다양성의 설명은 정서적으로 보면 이쪽에 가깝다.)

그렇다면 주변에서 쉽게 관찰되는 물질 사이의 변환은 어떻게 설명할 것인가? 그 변환은 어느 수준까지 가능할까? 이런 구체적이고 실제적인 질문들로 들어갈수록 철학적인 사유를 통해 답을 구할 수 없었다. 그래서 물질들의 변환을 탐구하고, 나아가 원하는 물질을 직접 만들어 보려고 시도하게 되었다. 이 거대한 연구 주제는 중세부터 근대까지 이어진 연금술alchemy의 원동력이었다. 연금술의 발전은 물질과 그 변화에 대한 이해를 높였고, 근대에는 과학의 틀 안으로 들어와 화학chemistry이라는 과학의 새로운 분야로 발전할 수 있었다.

물질이 더 이상 쪼개지지 않는 그 무엇으로 이루어졌다는 생각이 과학의 틀 안에서 나름의 성공을 거둔 건 19세기 초에 부활한 원자설을 통해서였다. 물질 간의 변환을 연구하는 화학의 발전에 힘입어 영국의 화학자 존 돌턴John Dalton(1766～1844)은 다양한 화학 반응을 체계적으로 설명

족→ 주기↓	1	2	3		4	5	6	7	8	9	10	11	12	13	14	15	16	17	18
1	1 H																		2 He
2	3 Li	4 Be												5 B	6 C	7 N	8 O	9 F	10 Ne
3	11 Na	12 Mg												13 Al	14 Si	15 P	16 S	17 Cl	18 Ar
4	19 K	20 Ca	21 Sc		22 Ti	23 V	24 Cr	25 Mn	26 Fe	27 Co	28 Ni	29 Cu	30 Zn	31 Ga	32 Ge	33 As	34 Se	35 Br	36 Kr
5	37 Rb	38 Sr	39 Y		40 Zr	41 Nb	42 Mo	43 Tc	44 Ru	45 Rh	46 Pd	47 Ag	48 Cd	49 In	50 Sn	51 Sb	52 Te	53 I	54 Xe
6	55 Cs	56 Ba	57 La	*	72 Hf	73 Ta	74 W	75 Re	76 Os	77 Ir	78 Pt	79 Au	80 Hg	81 Tl	82 Pb	83 Bi	84 Po	85 At	86 Rn
7	87 Fr	88 Ra	89 Ac	**	104 Rf	105 Db	106 Sg	107 Bh	108 Hs	109 Mt	110 Ds	111 Rg	112 Ch	113 Nh	114 Fl	115 Mc	116 Lv	117 Ts	118 Og

*	58 Ce	59 Pr	60 Nd	61 Pm	62 Sm	63 Eu	64 Gd	65 Tb	66 Dy	67 Ho	68 Er	69 Tm	70 Yb	71 Lu
**	90 Tn	91 Pa	92 U	93 Np	94 Pu	95 Am	96 Cm	97 Bk	98 Cf	99 Es	100 Fm	101 Md	102 No	103 Lr

그림 62 원소 주기율표. 세상에는 118종의 화학 원소들이 존재한다. (그중 자연에 존재하는 것은 원자 번호 98번까지이고, 나머지는 실험실에서 합성된 것이다.) 같은 열에 있는 원소들은 비슷한 화학적 성질들을 보인다는 것이 원소 주기율의 핵심이다. 이 주기율을 이해한 것은 양자 역학의 가장 큰 성과 중 하나다.

할 수 있는 원자설을 제시했다. 물질 고유의 성질은 원자에서 비롯되며 물질의 다양성을 원자의 종류, 즉 원소element들과 그 조합의 다양성으로 설명한 것이다. 처음 10여 개에서 출발한 원소들은 새로운 원소들의 발견으로 그 수가 빠르게 늘어났고, 각 원소들의 화학적 특성들도 정리가 되어 갔다. 19세기 말에 이르러 원소 종류의 증가에 더하여 그 화학적 특성에는 규칙성이 있다는 것이 차츰 알려졌다. 러시아의 화학자 드미트리 멘델레예프Dmitri Mendeleev(1834~1907)는 이를 종합해 화학 원소들을 주기율표periodic table(그림 62)로 정리했다.

원자의 발견은 인류가 물질을 이해하는 데 있어 획기적인 진전이었다.

원자 발견의 중요성

리처드 파인만은 저서 《물리학 강의The Feynman Lectures on Physics》에서 원자 가설에 대한 다음 언급으로 원자 발견의 중요성을 표현했다.

> "대격변이 일어나서 모든 과학 지식이 사라지고 후세에 딱 한 문장만 전달된다면, 어떤 진술이 가장 적은 단어로 가장 많은 정보를 포함할까? 나는 그것이 모든 것은 원자들 — 영원히 움직이며 돌아다니고, 약간 떨어져 있을 때는 서로 잡아당기지만 서로 겹칠 정도로 압축되면 밀어내는 작은 입자들 — 로 이루어져 있다는 원자 가설(또는 원자 사실, 또는 당신이 부르고 싶은 어떤 명칭)이라 믿는다. 약간의 상상과 사고가 적용되면 그 한 문장 속에는 세상에 대한 엄청난 양의 정보가 있음을 알게 될 것이다."
>
> – 리처드 파인만, 《물리학 강의》, 1권, p.2.

이제 이 원자들의 성질로부터 세상 물질들의 다양한 모습과 변화 양상을 설명하면 됐다. 현재의 물리학, 화학, 생물학을 비롯한 여러 과학들이 모두 원자로부터 설명되는 물질 구조에 기반을 둔다.

그렇지만 궁극에 대한 호기심은 여기서 멈추지 않았다. 원소의 종류가 100여 개나 되는데, 원자를 기본 입자로 보기에는 너무 많은 것은 아닌가? 원자는 왜 원자 번호에 따라 일정한 규칙으로 비슷한 화학적 성질을 갖는 주기율을 보이는가? 이런 의문들은 다시 원자를 더 기본적인 몇 개의 입자들이 어떤 법칙에 의해 결합된 합성물일 가능성을 제시했고, 원자는 정말로 더 이상 쪼개지지 않는가라는 질문으로 되돌아오게 했다.

20세기 초 인류는 이에 대한 답을 얻을 수 있었다. 이제 우리는 원자를 분해해서 원자는 무엇으로 이루어져 있는지, 왜 그런 화학적 성질을 가지게 되는지 등을 알아보려고 한다. 사실 원자가 더 작은 구성 요소로 분해될 수 있었다는 것은 물질 탐구의 역사가 늘 그래왔던 것이라 새삼스럽게 놀라운 일은 아니다. 진짜로 놀랍고 당황스러운 것은 원자의 세계를 이해하는 데는 우리의 일상 경험만으로는 이해하기는 어려운 장벽이 있는데, 그것이 바로 양자 역학quantum mechanics이다.

거시 세계를 이해하는 기반이었던 뉴턴 역학으로는 원자의 세계에서 일어나는 일들을 이해할 수 없다. 미시 세계를 이해하려면 양자 역학을 기반으로 해야 한다. 반대로 말하면 양자 역학의 가장 큰 성과는 인류가 물질의 기본 구성 단위로서 원자를 이해하게 된 것이다. 놀랍게도 양자 역학은 우주의 기원과 그 진화에 있어서도 중요한 역할을 하는 것으로 드러났다. 이것이 양자 역학을 이해하는 과정이 쉽지 않음에도 불구하고, 우리가 우주를 이해하는 데 양자 역학을 알아야 하는 까닭이다.

2. 전자의 발견

물질을 원자의 집단으로 이해하는 데 있어 가장 높은 장벽은 한 줌의 물질 속에 들어 있는 원자의 수가 너무 크다는 것이다. 인간 중심으로 표현하면 우리의 몸은 엄청나게 많은 원자로 이루어져 있다. 이를 나타내는 수가 아보가드로 수Avogadro number($N_A=6.02\times10^{23}$)다. 커다란 아보가드로 수 뒤에 숨어 있는 원자가 가진 개개의 특성은 무엇인지, 더 작은 기본적인 입자들로 구성되어 있는지 알기 위해서는 원자의 집단인 물질에서 개개의 원자를

아보가드로 수

아보가드로 수의 대략적인 정의는 탄소-12(^{12}C) 12g에 들어 있는 탄소 원자의 수로, $N_A = 6.022140857(74) \times 10^{23}/mol$이다. 역사적으로 아보가드로 수의 출발점은 아보가드로 법칙으로, 기체의 부피는 일정 온도와 압력에서 기체의 종류에 관계없이 원자나 분자의 수에 비례한다는 것이었다.

아보가드로 수는 원자설이 확립되면서 일정한 부피에 있는 분자의 수로, 원자나 분자로 기술되는 미시 세계와 일상의 거시 세계를 이어 주는 역할을 하게 됐다.

(1) 거시 세계의 질량 단위인 kg과 미시 세계의 질량 단위인 원자 질량 단위 atomic mass unit를 연결한다.

$$\text{원자 질량 단위} \quad 1u = \frac{1g}{N_A} = 1.660538921(73) \times 10^{-27}\,kg$$

(2) 거시 세계 전하량인 패러데이 상수(전자 1mol의 전하량) F와 미시 세계 전하 단위인 기본 전하를 연결한다.

$$\text{패러데이 상수} \quad F = N_A e = 96485.3365(21)\,C/mol$$

(3) 기체 상수 R과 볼츠만 상수 k_B를 연결한다. 이것은 이상 기체 법칙($pV = nRT$)으로부터 나온 것으로 거시 세계의 온도 T를 미시 세계 자유도의 평균 에너지 $k_BT/2$에 연결한다.

$$\text{볼츠만 상수} \quad k_B = \frac{R}{N_A} = 1.3806488(13) \times 10^{-23}\,J/K$$

분리해서 볼 수 있어야 한다.

19세기의 물리학자들은 어떻게 이를 성공할 수 있었을까? 각각의 원자를 서로 분리하는 기본적인 방법은 물질을 기체로 만든 후 계속 압력을 낮춰 가는 것이었다. 처음에 시도된 방법은 고온의 불꽃으로 물질을 태우는 것이었는데, 나름 성공을 거두었지만 이 저압 상태를 오래 지속시키기는 어려웠다. 저압 상태를 오래 유지할 수 있는 방법은 다름 아닌 진공 기술이었고, 19세기 후반에 이르러 진공 펌프의 발달 덕택에 개개의 원자가 실체를 드러낼 정도로 서로 멀어지게 할 수 있었다.●

이제 떨어진 원자들이 실체를 드러내게 하려면 외부에서 어떤 자극을 가해 주고 반응을 보아야 하는데, 전기가 그 역할을 했다. 물질들이 보이는 전기, 자기 현상들에 대한 이해는 19세기에 맥스웰 방정식과 전자기파의 발견으로 절정에 이르렀다. 이제 전자기력이 원자를 만드는 힘으로서의 실체가 드러나기 시작했다.

이러한 실험의 시작은 유리로 만든 밀폐된 관에 두 개의 금속 전극을 설치하고 특정 기체를 넣은 다음, 유리관 안의 기체를 진공 펌프로 계속 빼서 압력을 낮춰 가면서 양 전극에 일정 전압을 걸어 준 것이다. 이때 일어나는 현상은 기체가 희박해지면서 처음에는 음극 쪽에서부터 빛이 나는 것을 볼 수 있다. 이어 차츰 유리관 전체로 빛이 퍼지고, 압력이 아주 낮아져서 고진공으로 가면 빛이 사라지고 음극에서 나와 양극 쪽으로 직진해서 날아가는 무엇인가가 있다는 것을 알 수 있다. 1870년대 독일의 화학자 오이겐 골드스타인Eugen Goldstein(1850~1930), 영국의 화학자 윌리엄 크룩스William

● 우주 기준에서 볼 때, 지구는 물질이 엄청나게 축적된 곳이다. 우주의 평균 밀도는 10^{-30}g/㎤ 정도로 1㎥당 몇 개의 수소 원자가 있는 수준이지만, 지구의 평균 밀도는 5.5g/㎤이고, 지표면 대기의 밀도도 10^{-3}g/㎤ 수준으로 1㎥당 10^{25}개의 원자가 들어 있다.

진공

진공vacuum은 물질이 없는 빈 공간을 뜻한다. 진공의 존재 여부는 고대 그리스 시대부터 중요한 철학적 논제 중 하나였다. 진공을 실험 과학으로 끌고 온 것은 1643년 이탈리아의 물리학자 에반젤리스타 토리첼리Evangelista Torricelli(1871~1937)가 실험실에서 만든 진공이었다. 그는 한쪽이 막힌 긴 유리관에 수은을 채운 후 열린 쪽을 수은 접시에 거꾸로 세워서 막힌 쪽 유리관 꼭대기에 빈 공간을 만들었다.

그 후 많은 논의와 실험을 통해 블레즈 파스칼Blaise Pascal(1602~1662)은 유리관 꼭대기의 빈 공간이 진공임을 확립했다. 이 발견을 바탕으로 1654년 독일의 물리학자 오토 폰 게리케Otto von Guericke(1602~1686)는 실린더와 피스톤, 한쪽으로만 열리는 날개 밸브로 구성된 최초의 진공 펌프를 만들었다(흔히 보는 자전거 펌프를 반대 방향으로 쓰는 것이다). 그는 이를 사용해 잘 알려진 마그데부르크의 반구 실험을 했다. 구리 반구 2개를 붙이고 그 안의 공기를 진공 펌프로 뺐더니 여러 마리의 말로도 떼어낼 수 없었는데, 이 실험으로 공기압의 존재와 그 위력을 보였다.

그 뒤로도 조금씩 발전되던 진공 펌프는 1855년 독일의 기술자 하인리히 가이슬러Heinrich Geissler(1815~1879)가 수은 변위 펌프를 만들어 압력을 10Pa까지 낮추면서 과학 연구에 획기적인 기여를 했다. 압력이 이 정도로 낮아지면서 물질의 전기적 성질을 관찰할 수 있게 되었다.

20세기 초 백열등과 진공관의 발명으로 진공 기술은 산업의 중요한 기술이 되는 한편, 물리학의 많은 발견에도 중요한 역할을 했다. 지금도 많은 실험에서 고진공을 만들고 유지하는 것은 중요한 요소다. 예를 들어 LHC 실험에서는 가속된 양성자 빔이 돌고 있는 27킬로미터에 이르는 빔파이프를 고진공으로 유지한다. 어떤 공간 영역에서 진공을 얻으려면 그 안의 물질을 제거해야 한다. 실험실에서 이 과정은 실질적으로 공기를 최대한 제거해서 그 압력을 낮추는 것이다. 그래서 진공의 정도를 남아 있는 기체의 압력으로 표시한다. 1기압은 10^5Pa(압력의 단위 파스칼pascal은 Pa=N/1㎡으로 정의된다)이고, 실험실에서 얻을 수 있는 초고진공은 10^{-7}Pa(10^{-12}기압) 수준이다.

진공의 의미는 과학의 발전에 따라 계속 바뀌어 왔다. 전자기파가 발견되면서 진공은 빛의 속력을 정의하는 기준이 되었다. 양자 역학과 양자장론이 확립되면서 진공은 가장 낮은 에너지 상태를 뜻하게 되었다. 그렇지만 가장 낮은 에너지 상태가 고전적인 의미의 완전히 빈 공간은 아닌 것으로 드러났다. 예를 들어 전자기 현상을 양자 역학적으로 기술하는 양자 전기 역학에 따르면 진공 상태의 전기장과 자기장의 평균은 0이지만 분산은 0이 아니다. 요동이 있는 것이다. 강력을 기술하는 양자 색소 역학의 진공 상태는 좀 더 복잡한 구조를 가진다. 최근 관측에 의하면 진공도 0이 아닌 에너지 밀도를 가질 수 있고, 그것이 우리 우주의 진화에 영향을 미치는 것으로 나타났다. 진공을 만들고 이해하는 것은 여전히 중요한 과제다.

Crookes(1832~1919) 등에 의해 발견된 이 입자들의 흐름은 '음극선cathode ray'이라 명명됐다.

영국의 물리학자 조지프 존 톰슨Joseph John Thomson(1856~1940)이 이 음극선의 정체를 밝혔다. 전기장과 자기장을 이용하면 음극선을 이루는 입자들이 전하를 띤 입자임을 알 수 있고 그들의 전하-질량 비(q/m)를 얻을 수 있다. 톰슨은 이 값이 전극에 쓴 금속의 종류에 상관없이 일정하고 당시에 알려진 어떤 화학 원소의 이온들보다도 매우 클 뿐만 아니라 광전 효과에서 나오는 입자나 방사성 원소에서 나오는 β선 입자의 값과도 같음을 알아냈다.• 이런 사실들을 종합하여 그는 이 입자가 원자를 구성하는 성분이고 그 질량이 매우 작은 새로운 입자임을 밝혔다. 조지 피츠제럴드는 전기를 띤 입자라는 뜻으로 '전자electron'라는 이름을 붙였다. 1909년 미국의 물리학자 로버트 밀리컨Robert Millikan(1868~1953)은 대전된 기름 방울의 전하 측정 실험을 통해 전하가 어떤 기본 전하 값의 정수배임과 그 기본 전하가 전자의 전하임을 보였다. 또한 그 값으로부터 전자의 질량도 결정되었다.

$$\text{전자의 전하} \quad -e = -1.60\times10^{-19}\text{C}$$

$$\text{전자의 질량} \quad m_e = 9.11\times10^{-31}\text{kg} = 0.511\text{MeV}/c^2$$

가장 작은 전하 값인 기본 전하가 전자의 전하라는 것은 전자가 기본 입자라는 것을 확인시켜 주는 것이다. 전자의 발견으로 원자는 더 이상 쪼개지지 않는 기본 입자라는 가설이 무너졌으며, 이는 20세기 양자 역학의 탄생과 원자보다 더 작은 세계를 연구하는 입자물리학의 시작을 알리는 신호탄이었다.

전자와 더불어 양자 역학 탄생의 또 하나의 주역은 빛(광자)이었다. 전자가 (비상대론적인) 양자 역학을 완성시켰다면, 빛은 양자 역학의 발단이 되었고, 양자 역학과 특수 상대성을 융합한 양자장론의 성립을 가져왔다. 빛과 전자, 양자 역학과 특수 상대성의 만남은 양자 전기 역학(Quantum Electrodynamics: QED)으로 완성이 되었다.

● 1896년 프랑스의 물리학자 앙리 베크렐Henri Becquerel(1852~1908)은 방사능을 발견했고, 영국의 물리학자 어니스트 러더퍼드Ernest Rutherford(1871~1937)는 방사능에서 α선, β선을 발견하고 β선이 전자이며 원자의 구성 성분임을 보였다.

3. 빛은 파동인가 입자인가

양자 역학의 발단은 특수 상대성과 마찬가지로 빛을 이해하는 과정에서 나왔다. 특수 상대성의 발단이 빛의 속력과 관련된 문제였다면, 양자 역학의 발단은 빛의 정체와 관련된 문제였다. 3장에서 19세기 말까지 여러 과정을 거쳐서 빛의 정체가 전자기파로 확립되는 것을 살펴보았다. 이를 다시 다루는 것은 원자 수준의 작은 세계에서 일어나는 빛과 전자들의 상호 작용에서 고전적인 전자기파의 개념으로는 설명할 수 없는 현상들이 19세기 말부터 발견되기 시작했기 때문이다.

우선 빛이 가진 여러 성질을 정리하면 다음과 같다.

- 직진: 빛은 직진하며 물체에 의해 가려지면 그림자가 생긴다. (빛은 광선이다.)
- 굴절: 빛은 두 매질의 경계면에서 진행 방향이 굴절된다.
- 분산: 햇빛을 프리즘에 통과시키면 여러 색의 빛으로 나뉜다.
- 회절: 빛을 작은 구멍에 통과시키면 퍼짐이 생긴다.
- 간섭: 결맞는 두 빛이 만나면 위상차에 따라 보강과 상쇄가 된다.
- 에너지 전달: 빛을 흡수한 물체는 뜨거워진다.
- 운동량 전달: 빛을 흡수하거나 반사하면 물체에 힘이 작용한다.

빛의 직진, 굴절, 분산, 회절, 간섭은 파동(전자기파)으로 잘 설명되고, 에너지 전달도 거시적으로는 파동으로 잘 설명된다. 그러나 에너지 전달을 미시적으로 들여다보거나 빛이 운동량도 전달한다는 사실은 빛이 입자라고 했을 때 더 잘 설명된다. 그렇다면 빛은 파동인가 입자인가? 정답은 둘 다이

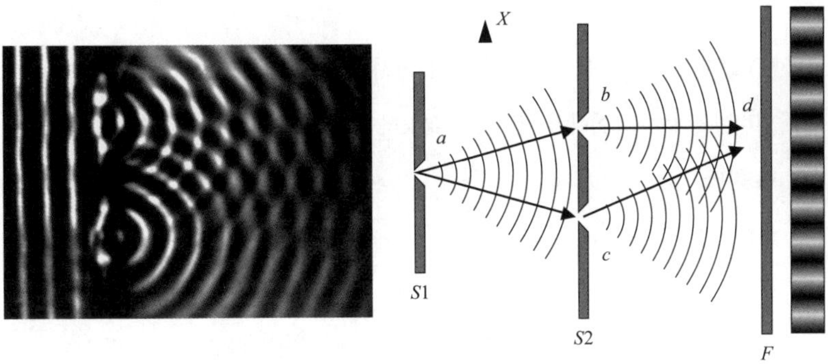

그림 63 수면파의 회절과 간섭(왼쪽)과 영의 이중 슬릿 간섭 실험(오른쪽).

다. 그래서 앞으로 파동이면서 입자라는 것이 무엇을 뜻하는지 알아볼 텐데, 이를 이해하는 것이 양자 역학의 핵심이다.

먼저 파동성이 무엇인지부터 알아보자. 19세기에 발견된 빛의 간섭 현상은 빛이 입자와 대비되는 파동이라는 강력한 증거였다. 당시에 빛이 파동이라는 것에 확신을 주었던 것은 수면파 같은 파동이 보여 주는 간섭 현상(그림 63 왼쪽)을 빛에서도 발견한 토머스 영의 이중 슬릿 실험이었다. 중첩과 간섭 현상은 양자 역학을 이해하는 데도 중요한 역할을 하므로, 영의 이중 슬릿 실험을 이 관점에서 자세히 살펴보자.

영의 이중 슬릿 실험(그림 63 오른쪽)은 단일 슬릿(*S*1)을 통과시켜 회절된 빛을 이중 슬릿(*S*2)에 통과시키면 스크린(*F*)에 간섭에 의한 무늬가 생기는 것을 관찰한 것이다. 이 실험에는 몇 가지 중요한 요소가 있었는데, 영은 이를 잘 갖추어서 성공할 수 있었다.

(1) 단일 파장의 빛을 사용할 필요가 있다. 여러 파장의 빛이 섞여 있는 햇빛을 사용할 경우 프리즘으로 분산시킨 다음 특정 파장의 빛만 통과시켜 사

용하면 된다.

(2) 슬릿의 폭이 충분히 작아야 한다. 가시광선의 파장은 500㎚ 내외이므로 회절이 충분히 일어나기 위해서는 슬릿의 폭이 파장의 수십 배 이내로 작아야 한다.

(3) 간섭 현상이 나타나려면 중첩되는 파동의 결맞음coherence이 필요하다. 회절과 구별되는 간섭 현상을 보려면 이중 슬릿에서 두 슬릿 사이의 거리가 슬릿의 폭보다 충분히 클 필요가 있는데, 햇빛을 바로 쓰면 슬릿 사이의 거리가 커질수록 결맞음이 줄어들어서 간섭 무늬가 나타나지 않는다.

영은 이중 슬릿 앞에 단일 슬릿을 두어서 결맞는 빛이 이중 슬릿에 들어가도록 하여 이 문제를 해결했다. 요즘 간섭 실험에는 레이저를 쓰는데, 레이저는 넓은 영역에 걸쳐 결맞는 빛이어서 앞의 단일 슬릿이 없어도 간섭 무늬를 볼 수 있다.

영의 이중 슬릿 실험에 보이는 파동의 간섭 현상을 정량적으로 다루는 것을 생각해 보자. 먼저 파동을 기술하는 시간과 공간의 함수를 파동 함수wave function 또는 진폭amplitude이라고 하자. 수면파를 예로 들면 수면 위의 (2차원) 위치 $\vec{r}$에서 시간 t일 때 수면의 높이 $h(\vec{r}, t)$가 진폭이 된다. 빛은 전자기파이므로 전기장 $\vec{E}(\vec{r}, t)$를 진폭으로 잡을 수 있다. 파동의 전파는 파동방정식으로 결정되는데, 수면파와 전자기파는 각각의 파동방정식을 갖는다. 작은 역학적 파동이나 전자기파의 파동방정식은 모두 선형 미분방정식이어서, 이 파동들에는 선형성으로부터 나오는 중첩 원리superposition principle가 적용된다.

중첩 원리는 진폭이 $h_1(\vec{r}, t)$와 $h_2(\vec{r}, t)$인 두 개의 독립적인 파동이 만나면, 이들의 진폭을 더한 $h_1(\vec{r}, t)+h_2(\vec{r}, t)$가 진폭인 파동이 된다는 것이다.

간섭 현상의 바탕에는 중첩 원리가 있고, 그 핵심은 파동이 중첩될 때 더해지는 것은 진폭이지만, 우리가 측정하는 파동의 세기(에너지)는 진폭의 제곱에 비례한다는 것이다. 진폭이 중첩되었을 때 그 세기는 더 커질 수도(보강 간섭) 있고 더 작아질 수도(상쇄 간섭) 있다.

영의 실험에서 스크린에는 b를 통과해서 온 전자기파 E_b와 c를 통과해서 온 전자기파 E_c가 중첩된 전자기파가 관측된다. 슬릿과 스크린 사이에서 전자기파의 진행은 다음의 평면파 해plane wave solution로 잘 기술된다.

전자기파 파동방정식의 평면파 해 $E(\vec{r}, t)=E_0\cos(\vec{k}\cdot\vec{r}-wt)$

평면파 해란 조합 $\vec{k}\cdot\vec{r}-wt$의 함수로 여기서 파수 벡터 $\vec{k}$의 방향은 파동의 진행 방향, 크기는 $k=2\pi/\lambda$로 파장의 역수이며 $w=2\pi/f$로 각 진동수이고, 빛의 속력, 파장과 진동수는 $c=\lambda f$로 연결된다. 슬릿 a를 지나온 전자기파는 결맞는 위상을 가지고 있어서 슬릿 b와 c에서는 같은 위상을 유지한다. 하지만 슬릿 b와 c를 지나온 전자기파가 스크린 위의 점 d(수직 좌표 x)에서 중첩될 때는 전파해 온 거리가 다르기 때문에 다른 위상을 가진다. (엄밀하게는 회절에 의해 E_0도 위치에 따라 달라지므로 $E_0(x)$로 해야 하지만, 여기서 이 효과는 무시하기로 한다.)

$$E_{bd}=E_0\cos[\phi_{bd}(x)-wt]$$
$$E_{cd}=E_0\cos[\phi_{cd}(x)-wt]$$
$$E_d=E_{bd}+E_{cd}=2E_0\cos[\{\phi_{bd}(x)-\phi_{cd}(x)\}/2]\cos[wt+\{\phi_{bd}(x)+\phi_{cd}(x)\}/2]$$

이제 스크린의 각 점에서 빛의 세기를 측정한다고 해 보자. 빛의 세기는 진폭의 제곱(E^2)에 비례한다. 진폭의 제곱에서 시간에 대해 진동하는 부분은 충분한 시간 동안 측정을 한다는 가정하에 시간 평균을 내면 되므로 $\langle \cos^2 wt \rangle = \int_0^{T=2\pi/w} \cos^2 wt\, dt/T = 1/2$이 된다. 중첩이 없다고 했을 때 각각의 빛의 세기를 $I_0 \equiv I_b \equiv I_c \equiv E_0^2/2$라 하면, 중첩된 빛의 세기는 다음과 같이 위상차 $\Delta\phi(x) = \phi_{bd}(x) - \phi_{cd}(x)$의 함수가 된다.

$$I_{b+c} = 4I_0 \cos^2[\Delta\phi(x)/2] = 2I_0 + 2I_0 \cos[\Delta\phi(x)]$$

맨 끝의 $\cos[\Delta\phi(x)]$항은 위상차에 따른 간섭 효과를 나타내므로 간섭항이라 한다. 위상차 $\Delta\phi(x)$는 슬릿 b에서 온 빛과 슬릿 c에서 온 빛의 경로차(그림 63에서 $\overline{bd}$와 $\overline{cd}$의 차이) Δl을 빛의 파장 λ로 나눈 값의 2π배로 $\Delta\phi = 2\pi\Delta l/\lambda$가 된다. 경로차 Δl은 두 슬릿 사이의 거리를(그림 63에서 $\overline{bc}$) d, 두 슬릿의 중간에서 스크린 위치 x의 수평 방향으로부터의 각도를 θ라 하면 $\Delta l \approx d\sin\theta$가 된다.

$$\Delta\phi = 2\pi\Delta l/\lambda = 2\pi d \sin\theta/\lambda$$

스크린에서 두 슬릿의 중간 위치에 있는 곳은 $\theta = 0$이고 $\Delta\phi = 0$으로 세기가 최대인 점이 되고, 이 점에서 위 또는 아래로 멀어지면 θ가 커지면서 $\Delta\phi$도 계속 커지므로 $\cos^2[\Delta\phi/2]$는 0과 1 사이에서 주기적으로 바뀌어서, 스크린에는 밝고 어두운 띠가 반복되는 간섭 무늬(그림 63의 오른쪽 무늬)가 나타나게 된다.

만약 빛이 파동이 아니라 뉴턴이 주장했던 입자라면 영의 실험 결과는 어떻게 나와야 될까? 파동과 입자의 차이는 중첩되는 방식에서 드러난다. 빛이 입자라면 빛의 세기는 입자의 개수에 비례하는 것으로 보는 것이 자연스럽고, 중첩될 때 진폭이 더해지는 파동과는 달리 개수, 즉 세기가 더해질 것이다. 따라서 스크린 위에 빛이 중첩되면 그 세기는 슬릿 a에서 온 입자와 슬릿 b에서 온 입자의 세기를 더해 $I_{b+c}=I_b+I_c=2I_0$가 되어야 한다. 영의 실험 결과는 $I_{b+c}\neq 2I_0$인 것으로 나와서 빛이 고전적 입자라는 주장을 부정했다. 빛이 파동이라고 하면 중첩되는 것은 진폭이고, 세기는 진폭의 제곱에 비례해서 $I_{b+c}=2I_0+2I_0\cos(\Delta\phi)$가 되는데, 이것은 실험 결과와 잘 맞는다. 따라서 빛은 파동임이 확인된다.

그러나 20세기로 넘어오면서 상황은 다시 바뀐다. 미시 세계에서 일어나는 빛과 원자(전자) 사이의 에너지와 운동량의 전달은 고전적인 파동으로는 설명이 안 되고, 오히려 빛을 특정 에너지와 운동량을 가진 입자로 보았을 때 자연스럽게 설명된다. 이 빛이 가진 파동-입자 이중성의 발견이 양자 역학의 발단이었다. 그런데 과연 빛이 입자라면 간섭 현상을 어떻게 설명할 것인가? 이 의문은 당연히 입자라고 생각했던 전자에게서 보이는 파동성이 발견되고, 전자의 파동-입자 이중성으로 더욱 현실화되었다. 전자와 빛이 보이는 파동-입자 이중성을 이해하는 것이 양자 역학의 핵심이었다.

4. 뜨거운 물체가 내는 빛

용광로에 녹아 있는 쇳물의 온도를 어떻게 알 수 있을까? 보통의 온도계는 쓸 수 없는 뜨거운 물질의 온도를 재는 것은 19세기에 산업적으로 중요한 과제였다. 사람들은 경험과 실험을 통해서 그런 고온의 물체에서는 빛이 나오고 그 색이 온도에 따라 바뀐다는 것을 알게 되었다(컬러 그림 8 참조).

나오는 빛의 총량은 온도와 더불어 물체의 표면 특성에 영향을 받는데,

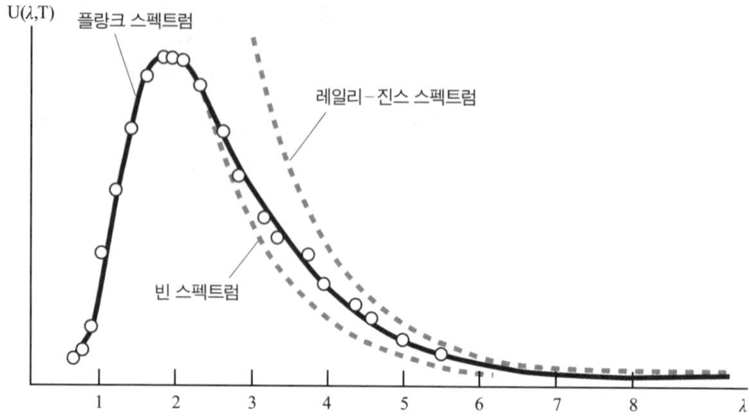

그림 64 흑체 복사 스펙트럼.

들어온 빛을 모두 흡수하는 (그래서 검게 보이는) 이상적인 물체가 빛을 내보낼 때도 최대의 빛을 내보낸다. 이런 이상적인 흡수/복사체를 '흑체black-body'라 한다. 일정한 온도의 흑체가 내는 복사인 흑체 복사black-body radiation의 스펙트럼을 연구하게 된다.

흑체가 내는 복사 스펙트럼의 대략적인 모양을 그림 64에 보였는데, 이와 관련하여 중요한 두 가지 실험 법칙이 알려졌다. 첫째는 흑체의 온도에 따라서 주로 나오는 빛의 파장이 달라져 온도가 높아지면 빛의 색이 붉은색에서 푸른색 쪽으로 변하게 된다는 것이다. 즉 가장 많이 방출되는 빛의 파장(λ_{max})은 온도(T)에 반비례한다는 것으로, 독일의 물리학자 빌헬름 빈Wilhelm Wien(1864~1928)의 이름을 따와 '빈 법칙'이라 한다.

$$\text{빈 법칙} \quad \lambda_{max}T = b,$$
$$b = 2.90\times10^{-3}\text{m}\cdot\text{K}(\text{빈 상수})$$

태양의 온도와 지구의 온도

태양빛의 스펙트럼으로부터 태양 표면의 온도가 $T_{\odot}=5800\mathrm{K}$임을 알 수 있다. 태양을 흑체로 보고 슈테판-볼츠만의 법칙을 적용하면 태양의 복사 출력은 다음과 같다.

$$L_{\odot}=\sigma T_{\odot}^{4}\times 4\pi R_{\odot}^{4}=3.8\times 10^{26}W$$

태양의 표면 온도는, 여러 가지 요인이 있기는 하지만, 기본적으로 중심부의 핵융합 반응이 공급하는 에너지와 복사로 방출되는 에너지의 평형에 의해 정해진다. 한편 지구의 표면 온도는 $T_{\oplus}=300\mathrm{K}(27℃)$ 정도이고, 지구가 방출하는 복사는 주로 적외선 영역이다.

지구가 복사를 외부로 방출하면서도 이 온도를 유지하려면 에너지가 계속 공급되어야 하는데, 지구의 에너지 공급원은 무엇일까? 쉽게 추측할 수 있는 답은 지구가 흡수하는 태양 복사 에너지다. (지구 중심의 뜨거운 핵으로부터 전달되는 열과 방사성 원소의 붕괴로부터 오는 열도 있지만 상대적으로 미미한 양이다.)

이것을 어떻게 확인해 볼 수 있을까? 태양과 지구 사이의 거리를 $a_{\oplus}$라 하면 지구 궤도에서의 태양 복사 에너지의 세기는 $I_{SE}=L_{\odot}/(4\pi a_{\oplus})^{2}$ 다. 그 크기는 대략 $1.4\mathrm{kw/m^2}$ 정도인데, 이를 '태양 상수solar constant'라고 한다. 지구에 흡수되는 태양 복사의 일률은 태양 상수 × 지구 단면적($I_{SE}\times\pi R_{\oplus}^{2}$, $R_{\oplus}$는 지구의 반지름)으로 주어진다. 지구가 방출하는 복사의 일률은 $L_{\odot}=\sigma T_{\oplus}^{4}\times 4\pi R_{\oplus}^{2}$이다. 이 둘이 같다는 조건으로부터 태양의 온도와 지구의 온도 사이의 관계 $T_{\oplus}=T_{\odot}\sqrt{R_{\odot}/2a_{\oplus}}$를 얻을 수 있다. 여기에 태양의 반지름 $R_{\odot}$과 지구와 태양 사이의 거리 $a_{\oplus}$ 값을 넣어 보면 지구의 온도가 잘 설명된다. 이 관계식은 별과 그 행성의 온도에 일반적으로 적용될 수 있다.

둘째는 단위 면적당 단위 시간당 방출되는 총 복사 에너지(j)는 온도의 네제곱에 비례한다는 것이다. 이를 실험적으로 발견한 오스트리아의 물리학자 요제프 슈테판Jožef Stefan(1835~1893)과 이론적인 틀을 제공한 독일의 물리학자 루드비히 볼츠만Ludwig Boltzmann(1844~1906)의 이름을 가져와 '슈테판-볼츠만 법칙'이라 한다.

$$\text{슈테판·볼츠만 법칙}\quad j = \sigma T^4,$$

$$\sigma = 5.67 \times 10^{-8}\,\mathrm{J/s \cdot m^2 \cdot K^4}\ (\text{슈테판-볼츠만 상수})$$

이 법칙들을 사용하면 뜨거운 물체가 내는 빛의 파장과 복사량, 즉 복사 스펙트럼을 조사하면 그 물체의 표면 온도를 알 수 있다. 우리가 태양에 가서 직접 온도계를 꽂아 보지 않아도 이 방법으로 그 표면 온도를 알 수 있는 것이다. 하늘에서 오는 빛의 대부분은 뜨거운 물체가 내는 빛이므로, 흑체 복사 스펙트럼은 빛을 통해 천체를 이해하기 위해서 가장 기본적으로 알아야 한다.

일정한 온도의 흑체가 내는 복사 스펙트럼의 형태를 어떻게 설명할 수 있을까? 이상적인 흑체를 실험실에서 구현하는 방법은 전자기파를 가둘 수 있는 금속으로 된 공동cavity을 만들고 거기에 아주 작은 구멍을 내는 것이다. 그러면 이 작은 구멍은 들어오는 빛을 모두 흡수하고 나가는 빛은 완벽하게 방출하는 흑체의 표면과 같다.

공동을 일정한 온도로 달구었을 때 이 구멍을 통해 빠져나오는 빛은 흑체가 내는 복사와 동일하다. 구멍을 통해 빠져나오는 빛은 일정 온도로 유지되는 공동 안에 갇혀 있던 전자기파가 빠져나오는 것이므로, 흑체 복사 스펙트럼은 일정 온도에서 열평형 상태에 있는 전자기파의 스펙트럼과 같

천국은 지옥보다 더 뜨겁다!

슈테판 – 볼츠만 법칙을 이용하면 천국의 온도를 추정할 수 있다는 주장이 있다. (그 논문은 〈응용 광학Applied Optics〉(1972, 11 A14)에 실렸다고 전해 온다.) 《구약성서》 이사야(30:26)에 있는 "여호와께서 그 백성의 상처를 싸매시며 그들의 맞은 자리를 고치시는 날에는 달빛은 햇빛 같겠고 햇빛은 일곱 배가 되어 일곱 날의 빛과 같으리라"를 근거로 들었다. 요약하면 천국이 되는 날에 지구를 비추는 빛이 $1+7\times7=50$배 밝아진다는 것이다. 복사의 세기는 T^4에 비례하므로, 복사 에너지가 50배가 되면 지구의 온도는 현재 온도 $T_{\oplus}=300\mathrm{K}$의 $50^{1/4}\approx2.66$배가 되어 $T_{\mathrm{Heaven}}=780\mathrm{K}=525℃$가 된다.

한편 지옥의 온도도 추정할 수 있다. 《신약성서》 요한계시록(21:8)에 있는 "그러나 두려워하는 자들과 믿지 아니하는 자들과 흉악한 자들과 살인자들과 행음자들과 술객들과 우상 숭배자들과 모든 거짓말하는 자들은 불과 유황으로 타는 못에 참여하리니 이것이 둘째 사망이라"를 보면 액체 상태의 유황이 등장한다. 따라서 지옥의 온도는 유황의 (1기압에서) 녹는점인 115.4℃에서 끓는점인 444.8℃ 사이여야 한다. 그래서 결론은 '천국은 지옥보다 더 뜨겁다!'는 것이다.

훗날 이 주장에 대한 반박도 나왔는데(이 논문은 〈재현할 수 없는 결과에 관한 저널The Journal of Irreproducible Results〉(Vol. 25, No. 4, 1979, pp.17~18)에 실렸다고 한다), 지옥의 온도 추정이 잘못되었다는 것이다. 액체 유황의 존재로부터 지옥의 온도를 추정하는 데는 지옥의 압력이 중요한데, 지금까지 지옥에 떨어진 영혼의 수와 지옥의 크기를 추정해 보면 지옥의 압력은 10^{10}기압이나 돼서 유황의 끓는점이 525℃보다 훨씬 높고, 따라서 지옥이 천국보다 더 뜨겁다는 주장이다. 소재가 종교적이라고 웃자고 적은 이야기에 죽자고 달려들지는 말기를 바란다.

다. 이 스펙트럼의 모양을 전자기학과 통계 역학을 적용해 구하려는 시도는 당시로서는 상당히 중요한 문제였기에 여러 과학자가 도전했다. 그중 빈, 플랑크, 그리고 레일리와 진스가 주목할 만한 성과를 거두었다.

빈은 공동의 크기가 천천히 변할 때의 효과들을 고려하여 스펙트럼의 형태를 구했는데, 그 결과는 $P_W(\lambda, T)=(2hc^2/\lambda^5)e^{-hc/\lambda k_B T}$였다. 이 스펙트럼은 짧은 파장에서는 실험 결과와 잘 맞는데 긴 파장에서는 잘 안 맞았다(그림 64).

영국의 물리학자 존 레일리John Rayleigh(1842~1919)와 제임스 진스James Jeans(1877~1949)는, 일반적인 역학적 파동의 에너지는 진폭의 제곱과 진동수의 제곱에 비례하는 데 반해, 고전적인 전자기파의 에너지는 진폭의 제곱에는 비례하지만 진동수에는 무관하다는 사실을 적용해 흑체 복사 스펙트럼을 구했다. 그 결과는 $P_{RJ}(\lambda, T)=2ck_BT/\lambda^4$였다. 이 스펙트럼은 파장이 긴 영역에서는 잘 맞지만 파장이 0으로 갈수록 무한대로 발산해서, 실험 결과와 맞지 않을 뿐만 아니라 총 복사 에너지가 무한대가 되는 말도 안 되는 결론이 나온다. 이런 결과가 나온 이유는 전자기파의 에너지가 진동수와 무관한 탓에 같은 공간에 파장이 짧고 높은 진동수의 전자기파가 상대적으로 더 많이 들어갈 수 있기 때문이었다.

레일리-진스의 유도 과정에서 과연 무엇이 잘못된 것일까? 1900년 독일의 물리학자 막스 플랑크Max Planck(1858~1947)는 뜻밖의 결과를 들고 나왔다. 주어진 파장(λ)의 전자기파의 (방출) 에너지가 진동수($f=c/\lambda$)에 어떤 상수(h)를 곱한 값의 정수배만 가질 수 있다는 가정으로부터 실험 결과와 잘 맞는 다음의 플랑크(또는 흑체 복사) 스펙트럼을 얻을 수 있다는 것이다.

플랑크의 에너지 양자화 가설 $E_\lambda=nhf, \quad n=0, 1, 2 \cdots$

$$\text{플랑크(흑체 복사) 스펙트럼} \quad P_P(\lambda, T) = \frac{2hc^2}{\lambda^5} \frac{1}{e^{hc/\lambda k_B T} - 1}$$

플랑크 스펙트럼으로부터 빈의 법칙과 슈테판-볼츠만 법칙은 쉽게 유도되고, 빈 상수는 $b = hc/x_0 k_B$($x_0 \approx 4.96$으로 $xe^x/(e^x - 1) = 5$의 해다), 슈테판-볼츠만 상수는 $\sigma = 2\pi^5 k^4{}_B/15c^2h^3$으로 각각 결정된다. 전자기파의 에너지 양자화에 나타나는 상수 h를 '플랑크 상수Planck constant'라 부르고, 그 값은 다음과 같다.

$$\text{플랑크 상수} \quad h = 6.63 \times 10^{-34}\,\text{J} \cdot \text{s}$$

양자 역학에서는 플랑크 상수 h보다 이것을 2π로 나눈 축약된 플랑크 상수 $\hbar = h/2\pi$가 더 많이 쓰인다. 플랑크 상수 h는 빛의 속력 c와 함께 자연의 가장 기본적인 상수로 받아들여지고 있다. 플랑크 상수의 크기가 매우 작다는 것은 양자 역학의 효과는 아주 작은 세계로 갔을 때 나타난다는 것을 말한다. 빛의 속력이 매우 크다는 건 특수 상대성의 효과가 속력이 매우 큰 물체에만 나타나는 것과 같은 맥락이다.

플랑크는 전자기파가 가질 수 있는 기본 에너지 덩어리(hf)를 '에너지 양자energy quantum'라는 말로 표현했다. 그래서 전자기파 에너지의 경우와 같이 어떤 물리량이 연속적인 값을 가지는 게 아니라 띄엄띄엄한 값을 가지면 양자화quantized되어 있다고 말한다.

그렇다면 전자기파의 에너지는 왜 연속적인 값을 갖지 않고, 에너지 양자의 배수 값만을 가지는 것일까? 뉴턴 역학이나 전자기학에 익숙했던 당시의 사람들에게는 입자나 파동이 연속적인 값이 아닌 띄엄띄엄한 에너지 값만 가질 수 있다고 의심할 동기도 없었고, 그 이유는 더더욱 알 길이 없었을 것이다. 플랑크조차도 에너지가 띄엄띄엄한 값을 가져서 양자화되는 것은 전자기파의 에너지 방출과 관련해서만 생각했고, 그 뒤에 숨어 있는 진정한 의미를 진지하게 생각해 보지 않았다. 그런데 빛이 (진동수에 비례하는) 에너지 hf를 가진 입자라면 전자기파 에너지의 양자화가 간단히 설명되지 않을까?

5. 빛과 전자의 만남: 빛, 파동에서 입자가 되다

우리는 빛이 물질을 만났을 때 일어나는 일들에는 익숙하다. 여러 파장의 빛이 섞여 있는 햇빛이 물체에 입사하면 파장에 따라 다른 투과, 흡수, 반사가 일어나는데, 우리가 물체를 본다는 건 물체에서 반사 또는 방출된 빛을 보는 것이다. 빛을 전자기파로, 물질을 원자의 집단으로 보았을 때 이런 현상들을 어떻게 설명할 수 있을까? 이 어려운 문제는 일단 미뤄두기로 하고 쉬운 문제부터 접근해 보자.

단일 파장의 빛이 하나의 전자를 만났을 때 어떤 일이 일어날까? 이 상황의 한 단면을 보여 주는 현상이 광전 효과Photoelectric effect다. 광전 효과는 금속의 표면에 빛(자외선)을 쪼이면 표면으로부터 전자가 튀어나오는 현상으로, 1887년 하인리히 헤르츠가 처음 발견했다. 금속에서는 각 원자의 맨 바깥에 있는 전자는 원자로부터 속박이 약해서 금속 전체를 거의 자유롭게 돌아다닐 수 있고, 이것이 금속의 전기와 열 전도성이 큰 이유이기도 하다. 금속 안의 자유 전자가 빛(전자기파)을 만나면 빛이 가진 에너지가 전자로 전달되고, 운동 에너지를 얻은 전자는 금속 밖으로 튀어나오게 된다. 그런데 이 과정에서 빛은 파동이 아니라 입자로서의 정체성을 드러내게 된다.

광전 효과를 알아보는 실험 장치는 그림 65와 같은 것이다. 고진공인

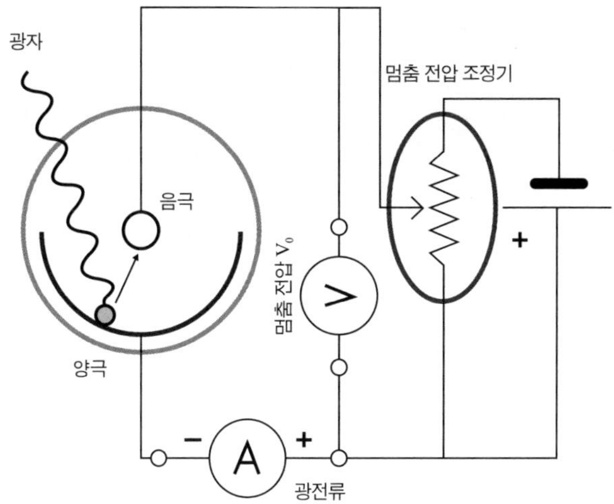

그림 65 광전 효과 실험 장치.

유리관에 금속으로 된 넓은 전극과 작은 전극이 있고, 전압(V)을 조절할 수 있는 전지와 전압과 전류를 측정하기 위해 전압계와 전류계를 연결한 것이다. 광전 효과는 전압을 걸어 주지 않더라도($V=0$) 넓은 전극에 빛(자외선)을 쪼이면 전류가 흐른다는 것으로 알 수 있다. 전자의 존재가 알려진 이후 이는 빛에 의해 금속 표면에서 전자가 튀어나와서 반대편 전극으로 흘러가는 것으로 해석되었다. 이때 튀어나온 전자들이 가진 운동 에너지를 다음과 같이 측정할 수 있다. 역방향으로 전압 V를 걸어 주면 튀어나온 전자는 전기장에 의해 감속되므로 음극 방향으로 충분한 속력을 가지지 않은 전자는 음극에 도달하지 못하게 되고, 흐르는 전류의 크기는 줄어든다. V의 크기를 키우면 전류가 차츰 줄어들다 어떤 전압 V_0가 되면 더 이상 전류가 흐르지 않게 되는데, 이 전압을 멈춤 전압이라 한다. 멈춤 전압이 존재한다는 것은 튀어나오는 전자의 운동 에너지의 최댓값이 eV_0라는 것을 의미한다.

멈춤 전압의 크기를 빛의 세기와 진동수를 바꿔 가면서 조사해 보면,

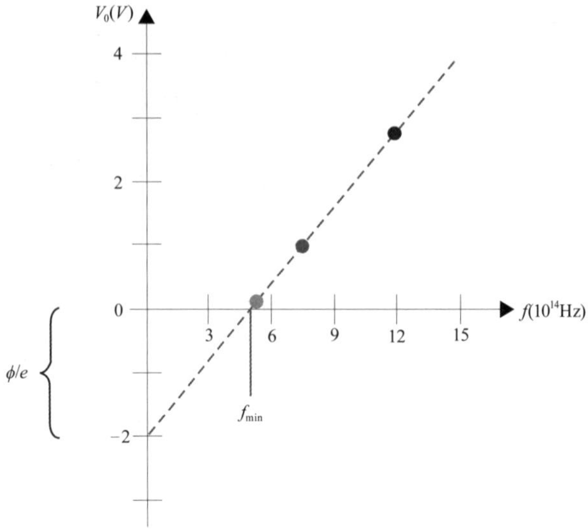

그림 66 쪼인 빛(자외선)의 진동수와 멈춤 전압의 관계.

(1) 빛의 세기를 크게 하면 전류가 더 많이 흐르기는 하지만 멈춤 전압의 크기는 변화가 없고, (2) 반면 빛의 진동수를 크게 하면 멈춤 전압의 크기가 비례해서 커지고, (3) 반대로 진동수를 낮춰 가면 특정 진동수 $f_{\min}$에서 멈춤 전압이 0이 되어서 빛의 세기를 아무리 크게 해도 전류가 흐르지 않는 것으로 나타났다(그림 66).

빛을 고전적 전자기파로 보면 이 광전 효과 실험의 결과들을 설명하는 데 몇 가지 근본적인 어려움이 나타난다. 고전적인 전자기파의 에너지는 진동수와 무관하고 진폭의 제곱에 비례한다. (1) 튀어나온 전자들의 최대 운동 에너지는 빛의 세기가 증가하면 비례해서 증가할 것으로 예상된다. 멈춤 전압의 측정 결과를 보면 빛의 세기가 증가하면 전류의 크기, 즉 튀어나온 전자의 수만 증가할 뿐, 최대 운동 에너지는 변화가 없다. 하지만 그 이유를 설명할 수 없다. (2) 빛의 세기가 충분히 크다면 진동수에 상관없이 충분한 에너지를 공급해 전자들을 떼어 낼 수 있을 텐데 전자들이 튀어나오는 최소진동수 f_{min}이 존재하는 이유를 설명할 수 없다.

1905년 아인슈타인은 광전 효과에 대한 이론을 내놓았는데, 진동수가 f인 빛을 hf의 에너지를 가진 입자로 본다면 광전 효과의 실험 결과는 하나의 빛 입자가 전자에 충돌해 에너지를 전달한 것으로 간단히 설명된다는 것이다.

$$\text{아인슈타인의 광양자} \quad E = hf = \frac{hc}{\lambda}$$

(1) 에너지를 가진 빛 입자가 금속 표면의 전자와 충돌하여 (입자와 입자의 충돌) 전자와 금속의 인력을 극복할 만한 충분한 에너지를 전달하면 전자가 표면으로부터 튀어나온다.

(2) 최소진동수 f_{min}이 존재하는 것은 전자가 금속 표면을 탈출하기 위해서는 최소한 hf_{min}의 에너지가 필요하기 때문이다.

(3) 빛의 진동수가 커지면 충돌하는 빛 입자 에너지도 커져서 튀어나온 전자들의 최대 운동 에너지도 비례해서 커지고, 따라서 멈춤 전압도 비례해서 커진다.

(4) 빛의 세기가 커진다는 것은 빛 입자의 수가 늘어나는 것으로, 세기를 크게 하면 튀어나오는 전자의 수는 늘지만 개개의 전자가 얻는 최대 운동 에너지에는 변화가 없다.

아인슈타인의 제안은 로버트 밀리컨 등에 의해 실험으로 충분히 검증이 되었다. 광전 효과에 대한 업적을 인정받아 아인슈타인은 1921년에 노벨물리학상을 받았다. 빛은 입자로서의 정체성을 인정 받고 '광자photon'라는 이름이 붙여졌다.

사실 파동성과 대비되는 빛의 입자성을 더 명확히 보여 주는 것은 광자가 에너지뿐만 아니라 운동량을 가진다는 것이다. 전자기파가 운동량을 가진다는 것은 빛을 받는 면에 복사압radiation pressure이 작용한다는 것에서 알 수 있다. 그러나 빛이 에너지와 운동량을 가진 진정한 입자라는 것과, 파동성을 나타내는 파장과 입자성을 나타내는 운동량 사이의 관계를 명확하게 밝힌 현상은 콤프턴 산란Compton scattering이다.

콤프턴 산란은 파장이 아주 짧은 전자기파인 X선 또는 γ선이 전자와 충돌해서 일어난다. 1895년 독일의 물리학자 빌헬름 뢴트겐Wilhelm Röntgen(1845~1923)이 발견한 X선은 파장이 원자 크기(10^{-8}~10^{-11}m) 정도의 전자기파다. X선은 탄소 결정에 쪼이면 원자들로 이루어진 결정 격자에 의한 회절 현상을 보임으로써 파동성을 보여 준다. 그런데 회절에 의해 생기는 동일한 파장의 X선만 나타나는 것이 아니라 파장이 길어진 X선도 같이 나타나는 것이 발견됐다. 그리고 X선이 입사한 방향에서 산란된 방향 사이의 각도인 산란각이 클수록 파장이 길어진 정도가 커졌다(그림 67).

X선을 고전적인 전자기파로 보면 결정 격자에 의한 회절 현상은 잘 설명이 되지만, (원자에 들어 있는 전자와의 상호 작용으로) 파장과 진동수가 달라진 X선이 나타나는 현상은 설명할 수 없다. X선이 파동이라면 전자와 같은 작고 정지한 물체에 부딪쳤을 때 하위헌스의 원리에 따라 물체로부터 구형 파동이 생성되어 입사파를 산란시키고, 산란된 X선의 진동수와 파장은 입사한 X선의 것과 같아야 한다. 1923년 미국의 물리학자 아서 콤프턴Arthur Compton(1892~1962)은 파장이 λ인 X선을 다음의 에너지와 운동량을 가진 입자로 생각했다.

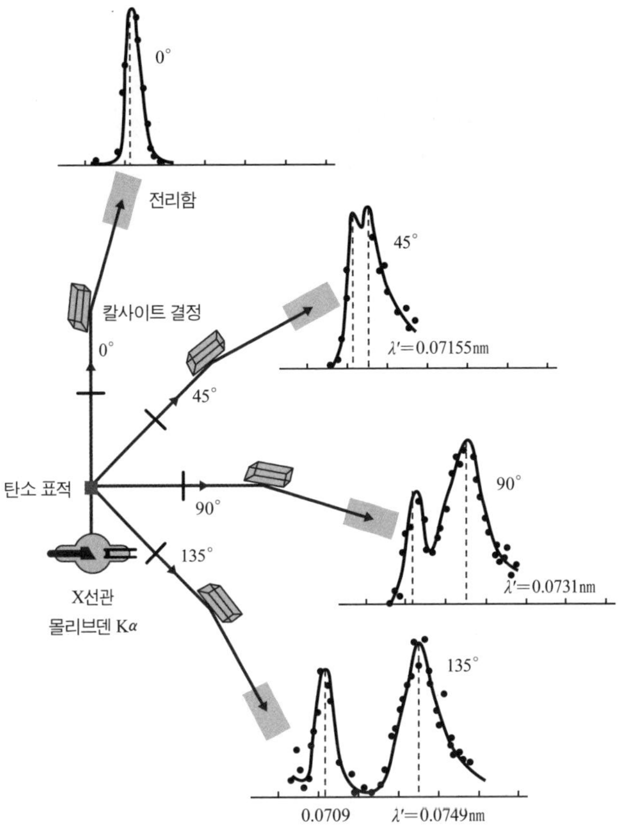

그림 67 콤프턴 산란 실험의 개요와 결과. X선을 탄소 결정 표적에 쏘면 결정 격자에 의해 회절된 X선과 전자와 충돌해 산란된 X선이 같이 관찰된다. 결정 격자에 회절된 X선은 파장의 변화가 없다. (격자 전체의 질량은 X선이 가진 에너지에 비해 훨씬 크기 때문이다.) 전자에 의한 산란된 X선은 산란된 각도가 클수록 원래의 파장보다 더 길어진 X선이 관찰된다. (칼사이트 결정은 X선의 파장을 측정하기 위한 장치다.)

$$\text{빛의 에너지와 운동량} \quad E = \frac{hc}{\lambda},\ p = \frac{h}{\lambda}$$

그러면 파장이 길어진 X선은 전자와 충돌해 산란된 것으로, 충돌 전후의 에너지-운동량 보존 법칙으로부터 산란된 파장의 크기를 구할 수 있다. 이것으로 각도에 따른 파장의 변화를 잘 설명할 수 있다는 것을 보였다.

$$\text{콤프턴 산란 공식} \quad \lambda' - \lambda = \frac{h}{m_e c}(1 - \cos\theta)$$

전자와 같이 빛도 에너지와 운동량을 가진 입자임을 확인한 것이다. 콤프턴은 이 발견으로 1927년 노벨물리학상을 받았다. (식 오른쪽의 $\lambda_c = h/m_e c$를 전자의 콤프턴 파장이라 한다.)

빛은 파동과 입자의 성질을 다 가지고 있다. 파동임을 표현하는 것은 파장(λ)이고, 입자임을 나타내는 것이 운동량(p)이다. 빛의 파동-입자 이중성을 나타내는 것이 파장과 운동량의 관계식 $p = h/\lambda$이고, 플랑크 상수는 그 변환 상수다. 빛의 에너지 $E = hc/\lambda$와 운동량 $p = h/\lambda$ 사이에는 $E = pc$의 관계가 성립한다. 따라서 특수 상대성의 에너지-운동량 관계식에 따르면 $m^2c^4 = E^2 - p^2c^2$이므로 빛은 질량이 없는 입자다.

빛은 파동-입자의 이중성을 가지고 있지만, 우리가 관찰할 때는 한 면만 나타날 때가 많다. 빛은 언제 파동으로 보이고 언제 입자로 보일까? 우리가 빛을 보는 것은 빛과 상호 작용하는 물체가 있기 때문이다. 우리가 보려고 하는 물체의 크기에 대한 빛 파장의 상대적인 크기에 따라 빛은 다른 모습으로 나타난다.

(1) 물체의 크기가 빛의 파장에 비해서 매우 클 때는 파동성에 의한 회절 효과가 거의 드러나지 않기 때문에 빛은 직진하는 광선으로 보인다. 빛은 직진하며 반사, 굴절, 분산이 일어나며, 우리가 일상에서 경험하는 많은 경우가 이에 해당한다. (2) 물체의 길이가 빛의 파장과 비슷해지면 빛은 파동성을 드러내서 회절과 간섭이 나타난다. (3) 물체의 길이가 빛의 파장보다 매우 작아지면 빛은 입자성을 드러내며 물체에 의해 산란되는 입자로 보인다.

복사압

빛이 운동량을 가진 입자라면 빛을 흡수하거나 반사한 면은 힘을 받아서 압력이 가해지게 되는데, 이것을 복사압radiation pressure이라 한다. 복사압의 개념은 무려 케플러까지 거슬러 올라간다. 케플러는 1619년에 혜성의 꼬리가 태양의 반대쪽으로 가는 것을 설명하기 위해 이 개념을 제안했다.

1862년 맥스웰은 전자기파가 운동량을 가지고 복사압을 작용할 것이라고 주장했다. 이는 1900년 러시아의 물리학자 표트르 레베데프Pyotr Lebedev(1866~1912), 1901년 미국의 물리학자 어니스트 니콜스Ernest Nichols(1869~1924)와 고든 헐Gordon Hull(1870~1956)이 실험으로 증명했다.

광자의 운동량과 에너지는 $p=E/c$의 관계가 있으므로 전자기파 복사의 세기 U와 복사압 F 사이에도 빛을 완전히 흡수한 경우에는 $P=U/c$, 빛을 완전히 반사한 경우에는 $P=2U/c$의 관계가 성립한다. 지구 궤도에서 태양빛의 세기는 태양상수 1.4kw/m²이므로, 완전 흡수를 하는 수직면에 작용하는 복사압은 9.1μPa(대기압의 $1/10^{10}$, 100억 분의 1)이다.

복사압의 효과는 매우 작아서 일상생활에서는 경험할 수 없고, 니콜라스 복사계 같은 정밀한 측정 장치를 통해 확인할 수 있다. (빛을 비추면 날개가 회전하는 크룩스 복사계는 흔히 볼 수 있는데, 이것의 작동 원리는 복사열의 효과, 즉 열기관이고, 복사압의 효과는 거의 없다.)

태양 근처의 우주 환경에서는 복사압이 중요할 수 있다. 그 예로 태양의 복사압에 의한 혜성의 먼지 꼬리 형성과 태양 전지판이 받는 복사압에 의한 우주선의 궤도 변경을 들 수 있다. 혜성comet이 태양에 접근하면 태양빛에 의해 표면이 녹으면서 먼지와 가스가 뿜어져 나와서 혜성의 대기인 코마coma를 형성하고 그 중 일부는 태양풍과 태양빛의 복사압에 의해 꼬리를 형성한다. 꼬리는 먼지 꼬리dust tail와 이온 꼬리ion tail 두 개로 되어 있다. 먼지 꼬리는 다양한 크기의 먼지로

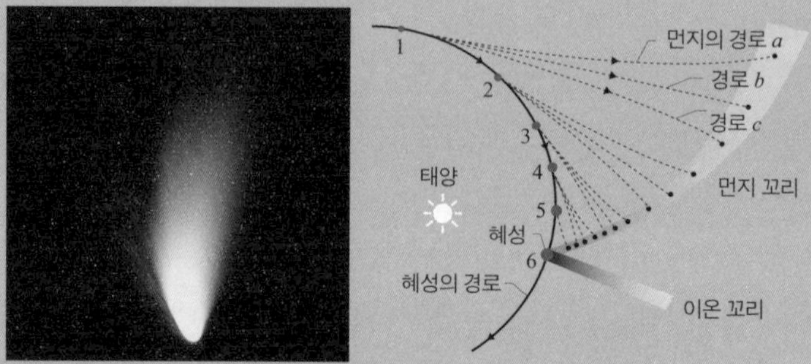

그림 68 헤일밥 혜성과 혜성의 이온 꼬리와 먼지 꼬리의 형성. 하얗게 보이는 것이 먼지 꼬리이고 파랗게 보이는 것이 이온 꼬리다(컬러 그림 9 참조).

구성되고 이온 꼬리는 대기의 기체(주로 일산화탄소, 질소, 이산화탄소) 중 일부가 태양의 자외선에 의해 이온화되면서 만들어진다.

이온들은 전하를 띠고 있어서 같은 전하를 띤 입자(주로 양성자)의 흐름인 태양풍의 영향을 크게 받아서 태양에서 뻗어나가는 태양풍의 방향으로 정렬이 된다. 전하를 띠지 않은 먼지 입자는 태양의 중력과 복사압의 영향을 받는데, 중력과 복사압 모두 태양으로부터 거리의 제곱에 반비례하고(복사압은 태양빛의 세기에 비례하고, 태양빛의 세기는 태양으로부터 거리의 제곱에 반비례한다) 방향은 서로 반대로 작용한다.

먼지 입자에 작용하는 두 힘의 상대적인 크기는 입자의 반지름 r에 따라 달라지는데, 중력은 질량에 비례하므로 부피 r^3에 비례하고 복사압에 의한 힘은 면적 r^2에 비례하므로 두 힘이 같아지는 크기 r_c~0.006cm가 있게 된다. 입자의 크기가 r_c 근처이면 자유 입자처럼 직선 궤도가 되고, 입자가 r_c보다 크면 중력이 더 커서 혜성을 따라가는 궤도가 된다. r_c보다 작으면 복사압에 의한 힘이 더 커져서 혜성으로부터 멀어지는 궤도를 가게 돼서, 입자의 크기에 따라 흩어진 꼬리가 형성된다(그림 68). 먼지 꼬리는 태양빛을 반사해서 하얗게 나타나고 이온 꼬리는 자외선 쪽의 빛을 흡수했다가 방출하므로 파란색으로 보인다.

X선을 예로 들면, 의료 진단에 쓰이는 X선 촬영에서는 X선은 직진하는 광선으로 보이고, 콤프턴 산란 실험에서 크기가 X선의 파장과 비슷한 결정 격자와 상호 작용한 X선은 회절 현상이 있는 파동으로 보이고, 크기가 X선의 파장보다 훨씬 작은 전자와 상호 작용한 X선은 에너지와 운동량을 가진 입자로 보인다.

빛을 다루는 물리학 분야가 광학optics인데, 그래서 광학도 3개의 소분야로 나누어 빛을 광선으로 다루는 기하광학geometric optics, 빛의 파동성을 다루는 파동광학wave optics, 그리고 빛의 입자성을 다루는 양자광학quantum optics이 있다.

6. 전자는 입자인가 파동인가

회절과 간섭을 하는 파동이라 생각했던 빛이 입자의 성질인 에너지와 운동량을 가지고 있다면, 입자라고 생각하는 전자는 반대로 파동의 성질인 회절과 간섭을 하지 않을까? 1924년 프랑스의 물리학자 루이 드 브로이Louis de Broglie(1892~1987)는 박사 학위 논문에서 빛이 파동의 성질과 입자의 성질을 동시에 가지듯이 전자도 그럴 것이라는 제안을 했다.

전자가 가진 파동성은 전자기파와 대비해 전자는 물질을 구성하는 입자라는 의미에서 물질파matter wave로 불렀다. 파동의 특성을 나타내는 것이 파장(λ)이라면 입자의 특성을 나타내는 것이 운동량(p)인데, 빛에 대해서는 파장이 λ인 빛은 운동량 $p=h/\lambda$를 갖는다는 것이 앞서 밝혀졌다. 전자에 대해서는 그 반대로 운동량이 p인 전자는 파장이 $\lambda=h/p$인 물질파의 성질을 가진다는 것이 드 브로이의 제안이다. 이 파장을 드 브로이 파장de Broglie wavelength이라 한다.

$$\text{드 브로이 파장} \quad \lambda = \frac{h}{p}$$

전자기파(광자)와 전자(물질파) 모두 파동성(파장 λ)과 입자성(운동량 p)을 가지고 그 둘은 위의 관계식으로 서로 연결되어 있다. 논문 심사위원들을 납득시키지 못해 박사 학위도 받지 못할 뻔했던 드 브로이의 이 파동-입자 이중성은 다행히 심사위원들이 아인슈타인에게 의견을 구하면서 구원을 받고, 그 중요성을 인정받았다. 1926년 물질파에 영감을 받은 오스트리아의 물리학자 에르빈 슈뢰딩거Erwin Schrödinger(1887~1961)가 물질파에 대한 방정식을 만들면서, 양자 역학의 기초를 마련하는 계기가 되었다. 뒤이어 1927년 데이비슨-거머 실험과 톰슨의 박막 회절 실험으로 전자의 파동성이 확인이 됨으로써, 드 브로이는 이 단 하나의 아이디어로 1929년 노벨 물리학상을 받았다.

전자가 입자로 보일지 파동으로 보일지는 빛과 마찬가지로 전자의 드 브로이 파장과 전자와 상호 작용하는 대상의 상대적인 크기에 따라 달라진다. 예를 들어 100V의 전압으로 전자를 가속시키면 전자가 얻는 운동 에너지는 $K=p^2/2m_e=eV=100\text{eV}$이고, 운동량은 $p=\sqrt{2m_eK}=5.3\times10^{-24}\text{kg m/s}$이 된다. 이 운동량에 해당하는 드 브로이 파장은 $\lambda=h/p=0.12\text{nm}$로, 대략 원자의 크기 정도다. 따라서 원자보다 큰 물체에 대해서는 이 파장을 가진 전자는 광선처럼 직진하는 전자빔으로 보인다.

이 파장의 크기는 가시광선의 파장보다 훨씬 작아서 회절 현상 때문에 가시광선을 쓰는 광학 망원경으로는 볼 수 없는 작은 물체들을 관찰하는데 쓸 수 있다. 전자는 전하를 띠고 있어서 전자기장으로 렌즈를 만들 수 있고, 광학 현미경과 같은 원리로 전자 현미경을 만들어 1μm 이하의 물체를 확대해서 관찰하는 데 쓰고 있다.

원자 크기의 물체에 대해서는 이 파장을 가진 전자는 파동으로 보일 것이다. 전자기파에서 이 파장은 X선에 해당한다. 1913년 영국의 물리학자 윌리엄 헨리 브래그William Henry Bragg(1862~1942)는 아들 윌리엄 로렌스 브래그William Lawrence Bragg(1890~1971)와 함께 X선을 고체 결정에 산란시키면 회절에 의해 특정 각도에서 강한 반사가 일어난다는 것(브래그 반사)을 발견했다. 앞서 1912년 독일의 물리학자 막스 폰 라우에Max von Laue(1879~1960)가 주기적인 결정 구조는 3차원 회절 격자가 된다는 것을 증명했다. 회절 무늬를 분석하면 결정의 격자 구조를 파악할 수 있어서 이후 X선 회절은 고체 결정의 구조를 연구하는 중요한 수단이 되었고 지금도 널리 쓰인다.

드 브로이의 가설이 맞다면, X선을 고체 결정에 산란시켜 회절 현상을

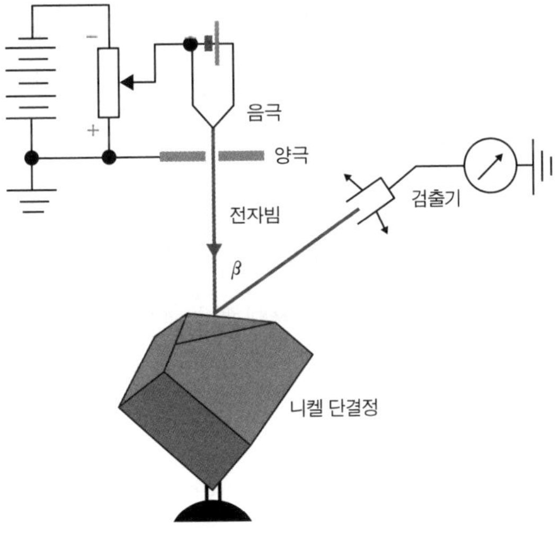

그림 69 데이비슨-거머의 전자 회절 실험 장치.

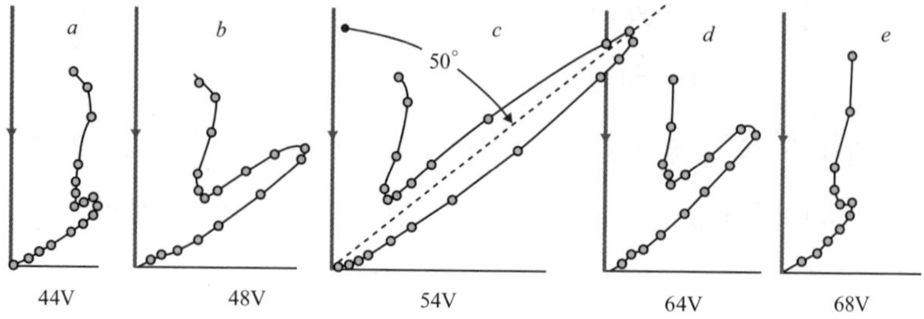

그림 70 데이비슨-거머의 1927년 실험 결과.

보았듯이, 전자도 고체 결정에 산란시키면 회절 현상을 볼 수 있을 것이라고 기대했고, 그것을 직접 확인하는 데 성공한 실험이 데이비슨-거머 실험이다. 사실 미국의 물리학자 클린턴 데이비슨Clinton Davisson(1881~1958)과 레스터 거머Lester Germer(1896~1971)가 전자 산란 실험을 한 것은 드 브로이의 물질파 가설을 확인하기 위해서가 아니라 니켈의 표면을 연구하기 위해서였다. 1927년 데이비슨과 거머가 느린 전자를 니켈 목표물에 쏘고 반사된 전자의 세기를 여러 각도에서 쟀을 때 X선 회절에서 보였던 브래그 반사와 같은 현상이 나타났다. 전자가 X선과 같은 파동성을 가졌음이 확인된 것이다.

데이비슨과 거머의 실험이 성공한 데는 행운이 작용한 면도 있다. 당시에 전자의 회절 실험은 여러 사람이 시도했지만 성공하지 못하고 있었다. X선과 달리 전자의 회절 실험은 진공 상태에서 해야 하고, 단결정single crystal 시료를 써야 제대로 결과가 나오는데, 이런 조건들이 충족되지 않았던 것 같다.

데이비슨은 1923년부터 니켈 결정에 전자를 산란시키는 실험을 하고 있었는데, 사고로 진공실에 공기가 유입되어 니켈 표면에 산화막이 형성되

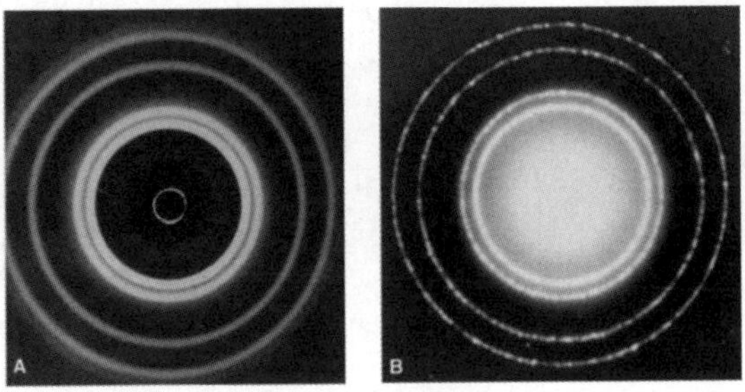

그림 71 톰슨의 전자 회절 실험. 알루미늄 박막을 통과한 X선(A)과 전자(B)의 회절 무늬.

었다. 이것을 제거하기 위해 고온의 오븐에서 구웠는데, 이때 원래는 다결정이었던 니켈에 거대한 단결정이 형성되어 강한 회절 현상을 볼 수 있었다. X선 회절 실험으로 니켈 결정의 격자 간격이 $d=0.091$㎚임을 알 수 있었기에, 전자의 회절 실험에 브래그 법칙을 적용해서 사용된 전자의 파장의 크기로 0.164㎚를 얻었다. 이 값은 드 브로이 가설에 따른 54V로 가속된 전자의 물질파 파장인 0.167㎚와 잘 맞았다.

비슷한 시기에 영국의 물리학자이자 전자를 발견한 톰슨의 아들인 조지 패짓 톰슨George Paget Thomson(1892~1975)은 전자를 알루미늄 박막에 쏘았을 때 X선과 똑같은 회절 무늬를 보인다는 것을 증명했다. 그림 71은 같은 알루미늄 박막에 X선을 쏘았을 때와 X선의 파장과 크기가 같은 드 브로이 파장을 가진 전자를 쏘았을 때 나타나는 회절 무늬를 비교한 사진인데, 같은 파장의 X선과 전자가 같은 파동성을 보이는 것을 확인할 수 있다. 데이비슨과 톰슨은 드 브로이의 가설을 확인한 공로로 1937년 노벨물리학상을 공동 수상했다. 노벨상은 세 사람까지만 준다는 규칙 때문에 데이비슨과 톰슨의 조력자였던 거머와 리드는 노벨상을 받지 못했다.

7. 파동-입자 이중성과 확률 해석

결정 격자 회절 실험을 통해 드 브로이 파장으로 주어지는 전자의 파동성이 확인되었다. 전자의 파동성을 이중 슬릿 실험과 같은 간섭 실험을 통해서도 확인해 볼 수 있을까? 전자빔을 사용한 간섭 실험은 1960년대 이후 몇 가지 방법으로 시도되었고, 전자의 파동성뿐만 아니라 양자 역학의 여러 원리들을 확인해 보는 기회가 되었다. 이제 전자의 이중 슬릿 실험을 자세히 살펴서 파동-입자의 이중성과 이로부터 나타나는 양자 역학의 원리들을 알아보자.

이중 슬릿 실험에 빛 대신 전자를 쓰려면 해결해야 하는 다음과 같은 기술적인 문제들이 있다.

첫째, 실험에 사용되는 전자의 드 브로이 파장은 빛의 파장보다 훨씬 작다. (드 브로이 파장을 크게 하기 위해서 전자의 속력을 느리게 하면 전자를 제어하기가 어려워진다.) 따라서 전자의 간섭 현상을 보려면 슬릿의 폭이 수십 나노미터로 빛의 경우보다 훨씬 작아야 한다. 처음에는 전기장으로 제어하는 전자 복프리즘electron biprism으로 이중 슬릿과 같은 효과를 얻었으나, 최근 기술로는 이 크기의 슬릿을 만드는 것이 어렵지 않아서 실제 이중 슬릿으로 실험을 할 수 있다.

둘째, 전자의 입자성이 명확히 드러나는 간섭 실험을 하려면 이중 슬릿에 전자를 하나씩 보내면서 간섭 현상이 어떻게 나타나는지 확인해 보면 된다. 이것이 가능하려면 전자를 한 번에 하나씩 보낼 수 있어야 하고, 스크린에 도착한 하나의 전자를 검출할 수 있어야 한다. 현재의 전자 제어 기술로 충분한 시간 간격을 두고 전자를 하나씩 보내는 것은 어렵지 않으며, 검출기의 성능도 하나의 빛이나 전자를 100%에 근접하게 검출할 수 있다.

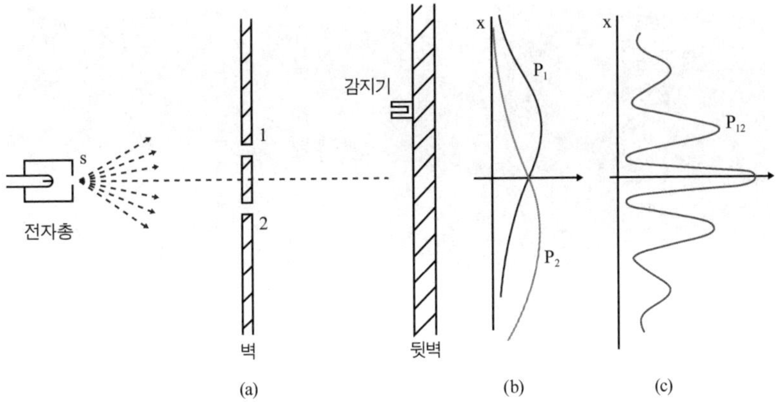

그림 72 파인만의 《물리학 강의》 3권에 나오는 전자를 하나씩 보내는 이중 슬릿 간섭 실험 개념도.

이제 전자를 하나씩 이중 슬릿에 보내고 스크린에서 전자를 하나씩 검출하는 실험의 결과를 살펴보자.• 전자를 하나씩 보내도 과연 간섭 현상이 나타날까? 그림 73은 1989년에 히타치연구소의 토노무라 아키라外村彰가 한 실험 결과로 스크린에 전자들이 쌓여 가는 시간 순서대로 보여 주는 사진이다. 우선 전자를 하나 보내면 전자는 이중 슬릿을 지나 스크린(검출기) 위에 한 점으로 나타난다. 즉 전자는 하나의 입자로서 검출되는 것이다. 전자를 하나씩 계속 보내면 스크린 위에는 전자들이 무작위하게 나타나는 것처럼 보인다(그림 73 a, b). 같은 실험을 처음부터 다시 반복해 보면 전자 하나를 보냈을 때 그 전자가 스크린에 나타나는 지점은 매번 달라져서, 다음 전자는 어디에서 나타날지 예측을 할 수가 없다. 그런데 많은 수의 전자를 계속 보내서 전자가 검출된 지점을 축적해 보면 서서히 간섭 무늬가 나타난다

• 이 실험은 파인만이 《물리학 강의》 3권 양자 역학 편에서 양자 역학의 원리들을 설명하기 위해 소개한 후 파인만 실험으로 통하고 있다(그림 72).

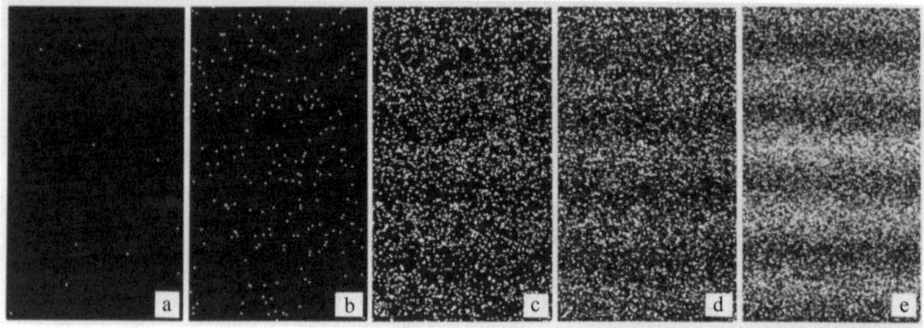

그림 73 토노무라 아키라의 전자 이중 슬릿 실험 결과. 전자의 수는 (a) 11, (b) 200, (c) 6,000, (d) 40,000, (e) 140,000이다.

(그림 73 d, e). 결국 전자도 이중 슬릿에 의한 간섭 현상을 보이는 것이다. 이 실험은 우리가 앞에서 가졌던 의문인 입자가 어떻게 간섭 현상을 보이는지 답을 알려 준다.

이제 단일 전자 간섭 실험을 파동의 입장에서 기술하는 것을 다시 생각해 보자. 파동의 입장에서 간섭은 두 슬릿을 지나온 파동이 한 점에서 만나 중첩되면서 나타나는 현상이었다. 전자 여러 개를 동시에 보냈다면 두 슬릿으로 나뉘었다가 다시 만나면서 전자들끼리 서로 간섭한다고 하겠지만, 한 개씩 보내고 한 개씩 검출되었는데 나중에 보니 간섭 무늬가 나타났다면 어떻게 받아들여야 할까? 하나의 전자가 이중 슬릿을 만나면 둘로 갈라졌다가 스크린에서 다시 만나서 간섭한다는 것인가? 더 어려운 문제는 검출될 때는 한 점에서 입자로 검출된다는 것이다.

스크린 위의 한 위치 x에서 전자 파동을 기술하는 진폭(파동 함수)을 $\psi(x)$라 하면 간섭은 진폭이 각각의 슬릿을 지나온 진폭의 합 $\psi(x)=\psi_1(x)+\psi_2(x)$이 되고 우리가 관측하는 세기가 진폭의 제곱에 비례할 때 나타나는 것이었다. 우리가 실제로 관측하는 것은 전자의 개수이므로 결국 $|\psi(x)|^2 \propto$ 전자의 세기 $\propto$ 전자의 개수로 볼 수 있고, 따라서 많은 전자를 보내서 개수를 관측

해 보면 간섭 무늬가 나타난다.

이 해석은 전자의 개수가 많을 때는 문제가 없어 보인다. 하지만 전자 하나를 보내는 상황에서 전자 하나를 기술하는 파동 함수 $\psi(x)$는 어떻게 해석해야 한단 말인가? 막연히 물질파라고 이름을 붙였던 전자의 파동성의 정체를 좀 더 진지하게 고민해 보아야 한다. 전자의 파동성을 어떻게 이해할 것인가?

전자도 빛과 같이 파동을 기술하는 함수를 (빛의 경우는 전자기장 또는 전자기 퍼텐셜을 썼다) 도입하여 중첩 원리를 통해 간섭을 설명할 수 있다. 문제는 파동 함수의 해석이다. 전자(의 질량과 전하)가 파동 함수의 제곱에 비례해서 골고루 퍼져 있다고 보면 될까? 이렇게 했을 때 설명하기 어려운 사실은 전자가 입자로서 하나씩 한 지점에서 관찰된다는 것과 같은 실험을 반복했을 때 전자가 관찰되는 지점이 매번 다르다는 것이다.

1927년● 독일의 물리학자 막스 보른Max Born(1882~1970)은 이 문제에 대한 해결책으로 전자의 파동성을 기술하는 파동 함수에 대해 새로운 해석을 내놓았다. 그것은 파동 함수 $\psi(x)$를 확률 진폭으로 보아서, 그 제곱 $|\psi(x)|^2$을 전자를 발견할 확률로 해석하는 것이다.

이렇게 하면 앞의 두 가지 난점을 해결함과 동시에 충분히 많은 전자들이 쌓이면서 간섭 무늬가 나타나는 것을 잘 설명한다. 물질들이 가진 파동-입자 이중성을 확률 해석으로 설명할 수 있는 것이다. 확률 해석을 바탕으로, 고전 역학을 대치해 만들어진 새로운 역학 체계가 바로 양자 역학이다.

● 직전인 1926년 하이젠베르크에 의해 행렬 역학이, 슈뢰딩거에 의해 파동 역학이 제시되어 양자 역학의 기초가 만들어졌다.

확률 해석은 당시로서는 상당히 파격적인 제안이어서 반론도 만만치 않았다. 고전 역학에서는 동일한 조건에서 실험을 하면 항상 같은 결과가 나온다는 것을 가정하고 있다. 양자 역학에서는 동일한 조건에서 실험을 해도 확률에 의한 예측만 가능할 뿐이다. 고전 역학이 결정론이었다면, 양자 역학은 비결정론, 더 정확하게는 통계적 결정론이다.

물리학으로 모든 것을 결정할 수 있다고 믿고 있었던 많은 사람들은 확률 해석을 쉽게 받아들일 수는 없었다. 결국 실험 결과를 잘 설명하기 때문에 양자 역학을 받아들여야 한다는 과학자들과 양자 역학은 불완전한 체계고 (지금은 모르지만 언젠가는 밝혀질) 그 뒤에 숨겨진 뭔가가 더 있어서 결국 모든 것이 다 물리 법칙으로 결정될 것이라는 과학자들로 나뉘어 설전을 벌이게 된다.

확률 해석이 우리가 할 수 있는 최선이라고 보는 대표적인 인물은 덴마크의 물리학자 닐스 보어Niels Bohr(1885~1962)였다. 하이젠베르크, 볼프강 파울리Wolfgang Pauli(1900~1958) 등 보어의 지지자 대부분이 코펜하겐에 있었던 닐스보어연구소와 인연이 있던 사람들이어서 이 입장을 양자 역학의 코펜하겐 해석이라고 불렀다. 반대파의 대표자는 아인슈타인이었다. 러더퍼드, 슈뢰딩거 등이 이 대열에 합류했으며, 이들 중 상당수는 끝끝내 확률 해석을 받아들이지 않았다.

지금은 확률 해석이 양자 역학의 표준이 되었지만, 그렇기 때문에 양자 역학은 미완이라는 시각은 여전히 남아 있다. 여러분이 확률 해석을 단번에 이해를 못하거나 못 받아들인다고 실망할 필요는 없다. 많은 물리학 거장들도 그랬고, 지금도 그게 유일한 선택인가에 대해서 완전한 확신은 없다.

측정과 파동 함수의 붕괴

확률 해석으로 인해 양자 역학은 고전 역학과는 판이하게 다른 역학 체계가 된다. 그중에서도 가장 중요한 차이는 측정measurement에서 나타난다. 전자의 이중 슬릿 실험에서 하나의 전자가 한 지점에서 발견되었다는 것은 전자의 (수직 방향의) 위치를 측정한 것이다.

위치를 측정한 후 전자의 파동 함수는 어떻게 될까? 고전 역학에서는 전자의 상태에 영향을 주지 않으면서 전자의 위치를 측정할 수 있다고 가정한다. 그러나 파동 함수를 확률로 해석해야 한다면 전자가 한 위치에서 측정된 후에도 파동 함수가 그대로 유지된다는 것은 문제가 있다. 한 번의 측정 후 바로 이어서 다시 측정했을 때 전자가 어디에 있는지는 여전히 이전의 파동 함수에 의한 확률로 다른 곳에서도 관찰될 수 있다는 것인데, 이것은 직전의 측정과 그 결과, 그리고 나아가서는 측정 그 자체를 무의미하게 만들 것이다.

측정의 결과가 의미가 있으려면 바로 직후에 행해진 측정에서는 같은 결과가 나와야 한다. (시간이 조금 흐른 후에는 시간에 따른 상태의 변화가 있을 수 있으므로 다른 결과가 나올 수도 있다.) 그러려면 측정이라는 행위가 전자의 상태에 영향을 주어 파동 함수를 바꿔 줌으로써 바로 직후에 측정했을 때 같은 지점에서 전자를 발견할 확률이 1이 되어야 한다. 즉 측정은 파동 함수를 그 측정에서 나온 결과가 담보되는 파동 함수로 바꾸어 주어야 하는 것이다.

고전 역학에는 익숙하지만 양자 역학을 처음 접하는 사람들에게는 확률 해석만큼이나 측정이 상태를 바꾼다는 것이 생소하게 느껴질 것이다. 그렇지만 이것은 다양한 방법으로 확인이 되었다. 전자의 이중 슬릿 실험에서도 전자가 두 슬릿 중 어느 슬릿을 지났는지를 확인하는 장치를 붙일 수 있는데, 그렇게 하면 간섭 무늬는 사라진다. 어느 슬릿을 지났는지를 확인하는 것은 수직 위치를 측정한 것이고, 이 측정을 하면 파동 함수가 그 슬릿을 지나는 전자의 것으로 바뀌고, 그 결과 간섭은 나타나지 않는다. 확률 해석과 측정에 대해 감을 잡았다면 양자 역학이란 고지를 오를 준비가 다 된 것이다. 이제 파동 함수로 확률 해석과 측정을 어떻게 다루는지 알아보자.

앞서 제기된 측정을 했을 때 측정값을 담보하는 파동 함수는 무엇일까? 이중 슬릿 실험에서 했던 위치 측정을 예로 들어 보자. 스크린에서 수직 위치 측정값은 연속적인 값을 가지지만, 편의를 위해 작은 간격 d로 나누고 정수 n으로 순서를 매겨, 측정값이 nd와 $(n+1)d$ 사이이면 위치 측정값을 $x_n = (n+1/2)d$라고 하자. (사실 분해능의 한계 때문에 이렇게 하는 것이 실제 상황에 더 가깝다. 연속적인 위치 값을 다루는 것이 필요할 때는 d를 0으로 보내는 극한을 취하면 된다.) 각 측정값 x_n마다 측정했을 때 이 값이 나오는 것을 담보하는 파동 함수가 있을 텐데, 이를 측정값 x_n의 고유 함수eigenfunction라 하고 $\psi_n(x)$로 쓰자. 구체적으로 $\psi_n(x)$는 이렇게 생긴 함수일 것이다(확률 해석을 위해 $\int|\psi_n(x)|^2dx=1$이 되도록 잡았다).

$$\psi_n(x)=\begin{cases}1/\sqrt{d},\ x\text{가 } nd\leq x<(n+1)d\text{일 때}\\ 0,\ x\text{가 그 외의 영역일 때}\end{cases}$$

모든 위치 측정값과 그 고유 함수들을 이용하면 전자의 상태를 기술하는 파동 함수와 그 확률 해석을 체계적으로 다룰 수 있다. 우선 전자의 (일반적인) 상태를 기술하는 파동 함수 $\psi(x)$를 고유 함수들의 중첩으로 쓸 수 있다. (이렇게 계수를 곱해서 합으로 쓰는 것을 수학에서는 선형 결합linear combination이라 한다.)

$$\psi(x)=\sum_n a_n\psi_n(x)$$

파동 함수의 붕괴

파동 함수의 붕괴는 측정과 동시에 즉각적으로 이루어진다. 이 사실은 많은 사람들에게 양자 역학과 그 측정 가설을 받아들이기 어렵게 만들었다. 공간에 넓게 분포한 파동 함수가 어떻게 즉각적으로 바뀔 수 있는 것일까? 혹시 특수 상대성에 위배되는 것은 아닐까? 이와 관련해서 얽힌entangled 상태에서의 측정과 파동 함수의 붕괴는 많은 논란을 낳았고, 아인슈타인은 이것을 '무시무시한 원격 작용spooky action at a distance'이라는 표현을 써서 비판했다. 코펜하겐 해석의 관점에서는 파동 함수의 붕괴는 정보 전달을 수행하지 않기 때문에 특수 상대성을 위배하는 것은 아니라고 보며, 파동 함수의 붕괴가 즉각적으로 일어난다는 것을 확인하는 실험들도 있었다.

그러면 $|\psi(x)|^2$을 위치 측정 결과 x가 나올 (엄밀하게는 $|\psi(x)|^2dx$의 위치 측정 결과가 x와 $x+dx$ 사이일) 확률로 보는 해석은 x_n이 나올 확률을 계수의 제곱 $|a_n|^2$으로 하는 것이 된다.

$$\text{측정에서 } x_n\text{이 나올 확률} \quad \int_{nd}^{(n+1)d} |\psi(x)|^2 dx = |a_n|^2$$

이 과정에서 다음을 주목해야 한다.

(1) 일반적으로 파동 함수 $\psi_n(x)$와 계수 a_n은 복소수이고(다음 절에서 그 이유를 설명한다), 따라서 $|\psi|^2$은 ψ와 그 켤레복소수 ψ^*의 곱 $\psi^*\psi$를 의미한다.

(2) 각 측정값들의 확률을 모두 더한 것은 1이 되어야 한다.

$$\sum_n |a_n|^2 = 1$$

(3) 파동 함수 $\psi(x)$가 주어졌을 때 계수 a_n은 다음 적분으로 표현할 수 있다.

$$a_n = \int \psi_n^*(x)\psi(x)dx$$

(4) 고유 함수가 측정값을 담보한다는 것은 서로 다른 고유 함수들 사이에 중첩이 없다는 것이다.

$$\int \psi_n^*(x)\psi_m(x)dx = \delta_{nm}$$

여기서 δ_{nm}은 $n=m$이면 1이고 $n \neq m$이면 0인 것을 나타내는 기호로 크로네커 델타라 부른다. (3)에 있는 a_n의 표현에는 이미 이 사실이 반영되어 있다.

힐베르트 공간과 연산자

앞의 위치에 대한 확률 해석을 일반적인 물리량으로 확장할 수 있다. 그러기 위해서는 앞의 내용을 벡터 공간을 도입하는 양자 역학의 언어로 다시 써보는 것이 좋다. (벡터 공간에 대한 간략한 설명은 3장 '벡터 공간과 행렬' 참조.) 전자의 상태를 나타내기 위해서 파동 함수 $\psi(x)$를 썼는데 이것을 이제 상태 $|\psi\rangle$로 쓰기로 한다. (사실 $\psi(x)$와 $|\psi\rangle$는 조금 다르지만, 그 차이는 여기서 중요하지 않다.) 그리고 위치 측정에 대한 고유 함수 $\psi_n(x)$는 고유 상태 $|x_n\rangle$으로 나타낸다. 그러면 중첩을 나타내는 $\psi(x)=\sum_n a_n\psi_n(x)$는 $|\psi\rangle=\sum_n a_n|x_n\rangle$이 된다. 그리고 계수 a_n의 표현을 $a_n=\langle x_n|\psi\rangle$로 쓴다. 그러면 고유 함수 간에는 중첩이 없다는 표현은 $\langle x_n|x_m\rangle=\delta_{nm}$이 된다. 일반적인 중첩 상태 $|\psi\rangle=\sum_n a_n|x_n\rangle$를 보면 고유 상태들의 선형 결합으로 표현되는데, 이는 벡터 공간에서 일반적인 벡터를 기저basis 벡터들의 선형 결합으로 쓰는 것과 똑같다. 실제로 모든 상태를 모으면 벡터 공간을 형성하는데, 이 벡터 공간을 힐베르트 공간Hilbert space이라

고 한다. 중첩 원리와 확률 해석 때문에 양자 역학에서는 자연스럽게 벡터 공간을 쓰게 된다.

3차원 공간과 같이 우리에게 친숙한 벡터 공간과 비교해서 힐베르트 공간은 몇 가지 주목할 만한 차이점을 가지고 있다. 첫째, 계수 a_n이 복소수여서 힐베르트 공간은 복소 벡터 공간이다. 둘째, 고유 상태들은 이 힐베르트 공간의 기저를 이루는데, 일반적으로 기저 벡터의 수가 무한하다. 즉 힐베르트 공간은 무한 차원 복소 벡터 공간이다. 셋째, 양자 역학에서는 $|a_n|^2$을 (상대적인) 확률로 해석하기 때문에 상태 벡터의 길이는 중요하지 않고 방향만 중요하다. 즉 방향만 같으면 길이가 달라도 같은 상태로 본다. 그래서 벡터의 길이가 1인($\sum_n |a_n|^2 = 1$) 것을 대표로 삼는다. 이제 위치 측정의 결과와 그에 따른 파동 함수의 붕괴는 다음과 같이 표현된다. 상태 $|\psi\rangle = \sum_n a_n |x_n\rangle$에서 위치 측정을 하면 x_n이 나올 확률은 $|a_n|^2$이고 x_n이 측정됐다면 상태는 $|x_n\rangle$으로 바뀐다.

상태를 힐베르트 공간의 벡터로 보면, 측정과 관련된 물리량을 이 공간에서 작용하는 선형 연산자linear operator와 연결 지을 수 있다. 벡터 공간에서 연산자 $\hat{O}$는 한 벡터를 다른 벡터에 대응시키는 함수($\hat{O}|\psi\rangle = |\psi'\rangle$)를 말하며, 연산자가 선형이라는 것은 함수가 벡터의 선형 결합을 보존한다는 의미다.

$$\text{선형성} \quad \hat{O}(\textstyle\sum_i a_i |\psi_i\rangle) = \sum_i a_i \hat{O} |\psi_i\rangle = \sum_i a_i |\psi'_i\rangle$$

선형 연산자는 기저를 잡아서 행렬로 표현할 수 있다. 선형 연산자 $\hat{O}$를 고유 상태 $|x_n\rangle$에 적용해서 나온 상태도 기저인 고유 상태들의 선형 결합으로 쓸 수 있을 것이므로 $\hat{O}|x_n\rangle = \sum_m O_{nm} |x_m\rangle$으로 쓸 수 있다. 그러면 O_{nm}은 연산자 $\hat{O}$를 이 고유 상태 기저에서 표현한 행렬이 된다. 그리고 일반적인 벡

터 $|\psi\rangle$에 대해 선형 연산자의 작용을 행렬의 곱셈으로 표현할 수 있다.

$$\hat{O}|\psi_i \equiv \sum_m b_m |x_m\rangle, \hat{O}(\sum_n a_n |x_n\rangle) = \sum_{m,n} O_{mn} a_n |x_n\rangle \Rightarrow b_m = \sum_n O_{mn} a_n$$

선형 연산자는 벡터에서 벡터로 가는 함수이고, 고유 상태들의 중첩은 $\langle x_m | x_n \rangle = \delta_{mn}$이 된다는 사실을 이용해 위의 선형 연산자를 다음처럼 그 의미가 명확하게 나타낼 수 있다.

$$\hat{O} = \sum_{m,n} O_{mn} |x_m\rangle \langle x_n|$$

이제 위치에 해당하는 선형 연산자 $\hat{X}$는 위치 고유 상태를 보존하면서 위치 고윳값을 계수로 주는 선형 연산자 $\hat{X}|x_n\rangle = x_n|x_n\rangle$로 정의한다. 즉 위치 연산자 $\hat{X}$는 위치 고유 상태 기저에서 $X_{mn} = x_n\delta_{mn}$인 행렬로 표현되고, 다음과 같이 쓸 수 있다.

$$\text{위치 연산자} \quad \hat{X} = \sum_n x_n |x_n\rangle \langle x_n|$$

그렇다면 위치 대신 다른 물리량, 예를 들어 운동량에 해당하는 연산자는 어떻게 될까? 운동량의 고윳값과 고유 상태를 안다면 $\hat{P}|p_n\rangle = p_n|p_n\rangle$으로 정의할 수 있을 것이다. 운동량의 고윳값 p_n과 고유 상태 $|p_n\rangle$가 구체적으로 무엇인지 아직 모르지만, 어쨌든 힐베르트 공간의 벡터일 터이므로 위치 고유 상태들의 선형 결합으로 쓸 수 있을 것이고, 위치 고유 상태를 기저로 잡았을 때 그 행렬 표현 P_{mn}이 있을 것이다. 이 P_{mn}만 알게 되면, 운동량의 측정값들과 그 고유 상태들을 구할 수 있다. 측정하고자 하는 물리량에 해당

고윳값 문제

주어진 정방 행렬 M에 대하여 $M\vec{v}=\lambda\vec{v}$ 되는 λ와 $\vec{v}$를 찾는 것을 고윳값 문제 eigenvalue problem라고 하고, λ를 고윳값eigenvalue, $\vec{v}$를 고유 벡터eigenvector라 한다. 먼저 고윳값들은 다음의 고윳값방정식을 풀어서 구할 수 있다.

$$\text{고윳값방정식}\quad \det(M-\lambda I)=0$$

이것이 고윳값방정식이 되는 이유는 간단하다. 고윳값 문제는 $(M-\lambda I)\vec{v}=0$으로 쓸 수 있고, 만약 행렬식 $\det(M-\lambda I)$가 0이 아니면 행렬 $(M-\lambda I)$의 역행렬이 존재해서 고윳값 문제의 해가 $\vec{v}=0$밖에 없기 때문이다. 고윳값을 구하면 각 고윳값에 대한 연립방정식을 풀어서 고유 벡터를 구할 수 있다. 고윳값 문제는 수학과 물리학 전반에 나타나는 문제로, 양자 역학뿐만 아니라 고전 역학에서도 고유 모드를 구하는 것이 문제 해결의 핵심이 되는 경우가 많다.

하는 연산자의 고윳값과 고유 함수만 찾으면 우리는 위치에서처럼 똑같은 양자 역학의 규칙들을 적용해 확률 해석을 할 수 있다.

이상의 긴 논의를 통해 배운 확률 해석에 필요한 양자 역학의 규칙들을 정리하면 다음과 같다.

(1) 모든 상태를 모으면 벡터 공간이 되고, 측정 가능한 물리량은 이 벡터 공간에서 작용하는 선형 연산자로 표현된다. 연산자($\hat{O}$)는 다음의 고유방정식을 만족하는 고윳값들(λ)과 그에 해당하는 고유 상태들($|\lambda\rangle$)을 가진다.

연산자의 고유방정식 $\hat{O}|\lambda\rangle = \lambda|\lambda\rangle$

(2) 모든 상태는 주어진 연산자의 고유 상태들의 선형 결합으로 나타낼 수 있다(즉 고유 상태들은 기저를 이룬다).

중첩 상태 $|\psi\rangle = \sum_{\lambda} a_{\lambda}|\lambda\rangle$

(3) 물리량을 측정했을 때 얻어지는 측정값은 해당 연산자의 고윳값 중 하나다. 고유 상태들의 선형 결합으로 표현된 상태 $|\psi\rangle$에서 측정했을 때 고윳값 λ를 얻을 확률은 해당하는 고유 함수의 계수의 제곱 $|a_{\lambda}|^2$에 비례한다.

측정값 λ를 얻을 확률 $P_{\lambda} = |a_{\lambda}|^2 / \sum_{\lambda'} |a_{\lambda'}|^2$

(4) 상태 $|\psi\rangle$에서 물리량을 측정하여 고윳값 λ가 나왔다면, 측정 후 상태는 그 고윳값에 해당하는 고유 상태 $|\lambda\rangle$로 바뀐다.

측정에 의한 파동 함수의 붕괴 중첩 상태 $|\psi\rangle \xrightarrow[\text{고윳값 } \lambda]{\text{측정}}$ 고유 상태 $|\lambda\rangle$

8. 슈뢰딩거 방정식

물질의 입자-파동 이중성은 파동 함수와 확률 해석으로 기술할 수 있음을 보았다. 이제 파동 함수는 어떻게 결정되는지 알아보자. 고전 역학에서 입자의 운동방정식이 있다면, 양자 역학에서는 파동 함수의 파동방정식이

슈뢰딩거의 고양이

그림 74 핵의 붕괴는 양자 역학적 과정이다. 핵이 붕괴하면 그 신호로 독약이 든 병이 깨지고 고양이는 죽게 된다. 어떤 특정 시간에 고양이는 살아 있을까, 죽었을까?

슈뢰딩거는 파동 함수를 결정하는 방정식을 제안했지만, 파동 함수를 확률로 해석하는 것에는 반대했고 파동 함수 자체가 어떤 실체가 있다고 믿었다. 그 과정에서 중첩 상태의 존재와 확률 해석을 반박하기 위해 사고 실험을 제안했다.

닫힌 상자 안에 방사성 핵이 들어 있는 상자와 고양이가 들어 있다. 핵의 붕괴 반감기는 1일이고, 핵이 붕괴하면 그 신호를 받아 망치가 병을 깨고 독가스가 퍼져 고양이는 죽게 된다. 그런데 핵의 붕괴는 양자 역학적 과정이다. 상자에 방사성 핵과 고양이를 넣고 하루가 지났을 때 고양이는 살아 있을까, 죽었을까? 방사성 핵은 붕괴했을 확률이 1/2이고 붕괴를 안 했을 확률이 1/2이다.

슈뢰딩거는 일상의 물체에 코펜하겐 해석을 적용하면 상자를 열어 보기 전까지는, 즉 우리가 측정하기 전까지는 고양이가 살아 있는 상태와 죽어 있는 상태의 중첩 상태가 되는 역설적인 상황이 생긴다고 보았다. 후에 슈뢰딩거의 고양이 문제는 측정의 의미, 얽힌 상태와 파동 함수의 붕괴 여부와 시점 등을 통해 양자 역학의 여러 해석의 차이점을 비교하는 데 많이 활용되었다.

있을 텐데, 가장 간단하고 명료한 경우를 비교해서 파동방정식의 형태를 찾아본다.

입자의 운동방정식 중 가장 간단한 것은 (1차원) 자유 입자의 운동방정식 $dp/dt=0$이고 p는 (초기 조건으로 주어지는) 상수가 그 해다. 이에 해당하는 가장 간단한 자유 입자의 파동방정식은 어떻게 될까? 이를 찾기 위해 이중 슬릿 간섭 실험으로 돌아가 보자. 빛과 전자 모두 이중 슬릿을 지나 스크린에 도달할 때까지는 모두 자유 입자로 진행한다. 빛의 경우 이 자유 입자를 기술하는 파동 함수는 평면파 해이고, 이것을 써서 빛의 파동성을 잘 설명할 수 있었다. 파수가 k이고 각 진동수가 ω인 평면파는 조합 $kx-\omega t$의 함수이고, 파동-입자의 관계식인 $p=h/\lambda=\hbar k$, $E=hf=\hbar\omega$를 써서 운동량 p와 에너지 E의 조합 $(px-Et)/\hbar$의 함수로도 쓸 수 있다.

$$E(x,t)=A\cos(kx-\omega t)=\mathrm{Re}Ae^{i(kx-\omega t)}=\mathrm{Re}Ae^{i(px-Et)/\hbar}$$

(삼각 함수를 오일러 공식 $e^{ix}=\cos x+i\sin x$를 써서 복소 지수 함수로 쓸 수 있다. Re는 복소수의 실수 부분을 취하는 것을 뜻한다.)

회절과 간섭 실험에서 같은 파장을 가지는 빛과 전자는 동일한 파동성을 보였다. 따라서 빛과 자유 전자도 같은 파동 함수로 기술될 수 있고, 운동량이 p이고 에너지가 E인 자유 전자의 파동 함수 역시 조합 $px-Et$의 함수인 평면파가 될 것이다. 빛의 경우와 전자의 경우 차이점은 운동량과 에너지의 관계가 빛은 $E=cp$인데 반해 전자는 $E=p^2/2m$이라는 것과 전자의 파동 함수는 복소수라는 것이다.

자유 전자의 파동 함수 $\psi(x,t)=Ae^{i(kx-wt)}=Ae^{i(px-Et)/\hbar}$

이 자유 전자의 파동 함수가 만족하는 방정식을 찾기 위해 $\psi(x, t)$를 x로 미분해 보면 다음과 같다.

$$-i\hbar\frac{\partial}{\partial x}\psi(x, t)=p\psi(x, t)$$

이것은 앞에서 보았던 고유 상태방정식의 형태를 가지고 있는데, 그 고윳값들이 운동량이다. 따라서 왼쪽에 나오는 미분연산자를 운동량에 해당하는 연산자로 볼 수 있다.

$$\text{운동량 연산자} \quad \hat{p}=-i\hbar\frac{\partial}{\partial x}$$

자유 입자에 해당하는 평면파 파동 함수의 공간 좌표 함수 $\psi(x)=e^{ipx/\hbar}$는 운동량 고윳값 p에 해당하는 고유 함수가 된다. 이제 자유 입자 파동 함수 $\psi(x, t)$를 t로 미분하면 다음을 얻는다.

$$i\hbar\frac{\partial}{\partial t}\psi(x, t)=E\psi(x, t)$$

오른쪽에 에너지 E가 나오지만, 운동량의 경우처럼 $i\hbar(\partial/\partial t)$를 에너지에 해당하는 연산자라고 할 수는 없다. 왜냐하면 이 방정식은 고유 상태방정식이 아니라 파동 함수의 시간에 따른 진화를 다루고 있기 때문이다. 에너지에 해당하는 연산자를 해밀토니안Hamiltonian이라 하고 $\hat{H}$로 쓰는데, 그 고윳값과 고유 상태를 결정하는 방정식을 쓰면 $\hat{H}\psi(x, t)=E\psi(x, t)$이다. 이것을 위의 방정식에 조합하면 파동 함수의 시간 진화를 결정하는 다음의 슈뢰딩거 방정식을 얻는다.

파동 함수는 왜 복소수인가

양자화 조건 $[x, p] = i\hbar$에 허수 단위 i가 등장한다. 이는 우리가 자유 전자의 파동 함수(e^{ikx})로부터 유래된 것이다. 양자 역학에서 파동 함수는 일반적으로 복소수인지, 그리고 양자화 조건에 허수 i가 나타나는 것은 피할 수 없는지 의문이 생긴다. 복소수를 쓰지 않으면 설명할 수 없는 현상이 있는가? 이 질문은 다음과 같이 다르게 표현될 수 있다. 양자 역학에서 일반적인 상태는 고유 상태들의 선형 결합으로 쓸 수 있는데, 실수 계수만으로 모든 상태를 표현할 수 있을까? 고전 전자기학에서는 전자기장 또는 퍼텐셜을 (복소수를 쓰면 더 편리한 경우가 많이 있지만) 실수만 써서 모두 표현할 수 있었다. 그런데 전자의 경우, 전자의 스핀 상태는 실수 계수만으로 모든 상태를 표현할 수 없다. 양자 역학에서 복소수의 사용은 피해 갈 수가 없다.

슈뢰딩거 방정식 $i\hbar\frac{\partial}{\partial t}\psi(x, t) = \hat{H}\psi(x, t)$

자유 전자의 경우 위에서 얻은 운동량 연산자를 써서 에너지 연산자를 $\hat{H} = \hat{p}^2/2m$으로 쓰면 자유 전자의 운동량과 에너지의 관계식 $E = p^2/2m$을 얻을 수 있다. 그러면 평면파 파동 함수는 에너지 고윳값이 $E = p^2/2m$인 슈뢰딩거 방정식의 해인 것이다.

이 방정식이 평면파 해를 주는 유일한 방정식은 아니다. 많은 가능성 중에서 가장 간단하고 충분히 합리적인 방정식을 선택한 것이다. 이 선택이 옳은지는 이 방정식이 주는 예측과 실험 결과를 비교해서 확인해야 한다. 자유 전자에서 일반적인 입자의 경우로 확장하는 것은 에너지에 해당하는 해밀토니안 연산자를 상황에 맞게 쓰는 것이다. 예를 들어 퍼텐셜 $V(x)$에서 움직이는 질량이 m인 입자는 에너지가 $E=p^2/2m+V(x)$로 주어지므로 해밀토니안을 다음과 같이 잡으면 된다.

$$\text{해밀토니안} \quad \hat{H}=\frac{\hat{p}^2}{2m}+V(x)$$

슈뢰딩거 방정식은 파동 함수가 시간에 따라 어떻게 바뀌는지를 말해 주는 방정식이다. 이 방정식을 풀려면 먼저 해밀토니안의 고유 상태방정식을 풀어서 에너지 고윳값 E와 고유 상태 $\psi_E(x)$를 모두 구해야 한다. 그래서 때로는 위의 슈뢰딩거 방정식은 시간에 의존하는 슈뢰딩거 방정식이라 하고, 에너지(해밀토니안)의 고유 상태방정식은 시간과 무관한 슈뢰딩거 방정식이라고도 한다.

$$\text{시간과 무관한 슈뢰딩거 방정식} \quad \hat{H}\psi(x)=E\psi(x)$$

에너지 고윳값 E와 고유 상태 $\psi_E(x)$를 모두 안다면 파동 함수가 $t=0$일 때 초기 상태가 $\psi(x, t=0)=\psi_0(x)$로 주어지는 일반적인 경우에 대해 슈뢰딩거 방정식을 풀 수 있다. 초기 상태 $\psi_0(x)$를 에너지 고유 상태 $\psi_E(x)$의 선형 결합 $\psi_0(x)=\sum_E a_E\psi_E(x)$로 쓰면, 그 계수는 $a_E=\int\psi^*{}_E(x)\psi_0(x)dx$로 주어진다. 그러면 방정식의 해는 쉽게 확인할 수 있다.

$$\text{슈뢰딩거 방정식의 일반해} \quad \psi(x, t)=\sum_E a_E e^{-iEt/\hbar}\psi_E(t)$$

만약 초기 상태가 에너지 고유 상태였다면 위상 $e^{-iEt/\hbar}$가 곱해지는 것 외에는 시간이 흘러도 고유 상태가 그대로 유지된다. 그래서 에너지 고유 상태는 정상 상태로도 불린다. 자유 전자의 운동량 고유 상태는 에너지 고유 상태이기도 하므로 그 상태가 그대로 유지되는 정상 상태인 것이다.

양자화 조건과 불확정성 관계

에너지에 해당하는 해밀토니안 연산자는 에너지가 우리가 가장 흔하게 측정하는 물리량일 뿐만 아니라 파동 함수의 시간 진화를 결정하기 때문에 양자 역학에서 가장 중요한 역할을 하는 연산자다. 그래서 우리가 보려고 하는 계가 있을 때는 해밀토니안과 그 고윳값, 고유 상태를 구하는 것이 양자 역학의 가장 기본적인 과제다. 해밀토니안에는 위치와 운동량 연산자가 나타나므로 에너지 고윳값과 고유 상태를 구하기 위해서는 위치와 운동량 두 연산자에 대해 자세히 알아볼 필요가 있다.

파동 함수에 운동량 연산자와 위치 연산자를 적용했을 때 운동량 연산자는 $\hat{p} \to -i\hbar(\partial/\partial x)$로 미분을 하고, 위치 연산자는 $\hat{x} \to x$를 곱해 주면 된다. 운동량 연산자와 위치 연산자를 파동 함수에 적용할 때는 그 순서가 중요하다. 운동량 연산자가 미분을 하는 것이어서 순서에 따라서 그 결과가 달라지기 때문이다. 그래서 $\hat{x}\hat{p}$를 한 것과 $\hat{p}\hat{x}$를 한 것의 차이를 구해 보면 결과적으로 $i\hbar$를 곱해 준 것이 된다.

$$(\hat{x}\hat{p}-\hat{p}\hat{x})\psi(x)=x(-i\hbar\frac{\partial}{\partial x})\psi(x)-(-i\hbar\frac{\partial}{\partial x})x\psi(x)=-i\hbar x\frac{\partial\psi}{\partial x}+i\hbar x(x)+i\hbar x\frac{\partial\psi}{\partial x}=i\hbar\psi(x)$$

이 결과를 깔끔하게 쓰는 방법은 교환자commutator를 정의해서 다음과 같이 쓰는 것이다.

교환되는 연산자

교환되는 연산자는 같은 고유 상태들을 공유한다는 것을 알아보자. 두 연산자 A와 B가 교환된다는 것은 $[A, B]=AB-BA=0$이라는 것이다. 상태 $|a\rangle$가 연산자 A의 고유 상태라는 것은 $A|a\rangle=a|a\rangle$임을 말한다. 고유 상태 $|a\rangle$에 교환된다는 조건 $AB=BA$를 적용하면 $AB|a\rangle=BA|a\rangle=aB|a$가 되는데, 이는 상태 $B|a\rangle$도 고윳값이 a인 연산자 A의 고유 상태라는 것이다. 따라서 상태 $B|a\rangle$는 고유 상태 $|a\rangle$에 어떤 상수를 곱한 상태 $B|a\rangle=b|a\rangle$라는 것이고, 이것은 $|a\rangle$가 연산자 B의 고유 상태임을 뜻한다. 즉 연산자 A의 고유 상태는 교환되는 연산자 B의 고유 상태이기도 한 것이다.

교환자의 정의 $[\hat{x}, \hat{p}]\equiv\hat{x}\hat{p}-\hat{p}\hat{x}$

양자화 조건 $[\hat{x}, \hat{p}]=i\hbar$

이를 양자화 조건quantization condition이라 부르는데, 에너지, 각운동량 등 물리량의 양자화가 모두 이 관계식의 결과이기 때문이다. 그래서 이 양자화 조건의 의미가 무엇인지 아는 것이 양자 역학의 결과를 이해하는 데 매우 중요하다. 이제부터 그 의미를 살펴보기로 하자.

먼저 두 연산자 $\hat{A}$, $\hat{B}$의 교환자가 0이면 교환된다commute고 하고, 0이 아니면 교환되지 않는다고 한다. 두 연산자가 교환될 때와 안 될 때의 차이는 무엇일까? 연산자와 관련해서 우리의 주 관심사는 고윳값과 고유 상태 문제인데, 고유 상태와 관련해 중대한 차이가 있다. 두 연산자가 교환되면 두 연산자는 고유 상태들을 공유하고, 교환되지 않으면 그렇지 않다는 것이다. 고유 상태들을 공유한다는 것은 측정과 관련해서 중대한 의미가 있다.

불확정성 관계

연산자 O의 불확정성은 $\Delta O = \sqrt{\langle O^2 \rangle - \langle O \rangle^2}$으로 정의한다. 하이젠베르크의 불확정성 관계는 로버트슨 불확정성 관계에서 나온다. 로버트슨 불확정성 관계는 두 연산자 A와 B에 대하여 다음의 부등식이 성립한다는 것이다.

$$\Delta A \Delta B \geq \frac{1}{2} |\langle [A, B] \rangle|$$

로버트슨 불확정성 관계는 더 강력한 부등식인 다음의 슈뢰딩거 불확정성 관계에서 바로 나온다.

$$\Delta A^2 \Delta B^2 \geq \left| \frac{1}{2} \langle \{A, B\} \rangle - \langle A \rangle \langle B \rangle \right|^2 + \left| \frac{1}{2i} \langle [A, B] \rangle \right|^2$$

측정 전 상태가 측정 후에는 측정값에 해당하는 고유 상태로 바뀌기 때문에 고유 상태를 공유하는 교환되는 두 연산자는 동시에 측정하는 것이 가능하고, 교환되지 않는 두 연산자는 동시에 측정하는 것이 불가능하다. 자유 전자의 경우 운동량과 에너지 연산자는 $[\hat{p}, \hat{H}] = 0$으로 서로 교환되고, 따라서 운동량 고유 상태는 에너지 고유 상태이기도 하다. 반면 위치와 운동량은 서로 교환되지 않으므로 동시에 측정할 수 없다. 이는 각각의 고유 상태에도 그대로 반영된다. 이제 운동량의 고유 상태를 다시 들여다보자.

$$\text{운동량 고유 상태} \quad \hat{p}_p(x) = -i\hbar \frac{\partial}{\partial x} \psi_p(x) = p\varphi_p(x), \psi_p(x) = \frac{1}{\sqrt{2\pi}} e^{+ipx/\hbar}$$

운동량 고유 상태에서 위치를 측정하면 어떻게 될까? x에 입자를 발견할 확

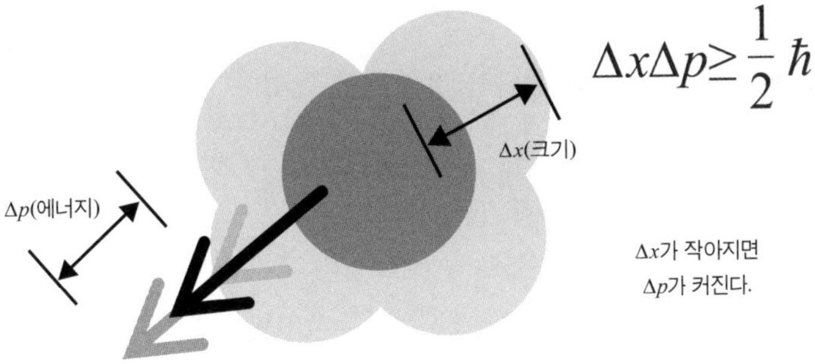

그림 75 불확정성 관계를 설명하는 그림.

률 $|\psi_p(x)|^2$는 x와 무관한 상수로 어느 위치나 똑같은 확률을 가진다. 즉 위치를 예측할 수 없는 상태인 것이다. 반대로 위치의 고유 상태에서 운동량을 측정하면 어떻게 될까? 마찬가지로 운동량을 알 수 없는 상태다. 서로 교환되지 않는 두 연산자의 측정과 관련해서 불확정성uncertainty을 도입해서 앞의 얘기를 엄밀하게 할 수 있다. 먼저 상태가 $|\psi\rangle = \sum_n a_n |x_n\rangle$일 때 위치 측정의 기댓값expectation value은 (확률에 의한 가중치가 있는) 평균의 개념으로 다음과 같이 정의한다.

$$\text{기댓값} \quad \langle \hat{x} \rangle = \sum_n x_n P_n = \sum_n x_n |a_n|^2 = \langle \psi | \hat{x} | \psi \rangle$$

측정의 불확정성은 표준편차에 해당하는 개념으로 다음과 같이 정의한다.

$$\text{불확정성} \quad \Delta x^2 = \langle (\hat{x} - \langle \hat{x} \rangle)^2 \rangle = \langle \hat{x}^2 \rangle - \langle \hat{x} \rangle^2$$

위치와 운동량은 교환되지 않고, 교환자가 $[\hat{x}, \hat{p}] = i\hbar$로 주어지는데, 이 경우 어떤 상태에서도 위치와 운동량의 불확정도 사이에 다음의 불확정성 관계uncertainty relation가 성립한다는 것을 보일 수 있다.

$$\text{불확정성 관계} \quad \Delta x \ \Delta p \geq \frac{\hbar}{2}$$

이 관계는 1927년 독일의 물리학자 베르너 하이젠베르크Werner Heisenberg (1901~1976)가 제안했기에 하이젠베르크 불확정성 원리uncertainty principle로 많이 불린다. 하이젠베르크가 처음 제안했을 때는 미시 세계에서의 측정의 한계와 관련한 것이었다. 그렇지만 불확정성은 단지 측정의 문제만이 아니라, 물질이 가진 파동-입자 이중성에 기인하는 것이다.•

불확정성 관계는 중첩 원리가 적용되는 파동성이 주는 결과다. 앞에서 자유 입자의 파동 함수가 조합 $kx-\omega t$의 함수였는데, 곱해져 있는 x와 k 사이에 $\Delta x\Delta k \geq 1/2$의 관계가 성립한다. 이 관계를 명확하게 보여 주는 것이 푸리에 변환이다. 이 관계식이 파동-입자 이중성 관계식 $p=\hbar k$에 의해 입자의 위치와 운동량 사이에 $\Delta x\Delta p \geq \hbar/2$로 나타난다. (조합에 같이 나타나는 t와 ω 사이에도 불확정성 관계식이 성립할 것이고, 이것은 $\Delta t\Delta E \geq \hbar/2$의 관계식을 준다.) 자연이 파동-입자 이중성을 가지고 있어서 불확정성 관계가 성립한다는 것은 우리가 작은 세계를 연구하는 데 대가를 치르게 한다. 작은 세계로 들어간다는 것은 Δx가 작아진다는 것이고, 거기서 일어나는 현상을 보려면 Δp가 커야 한다는 것이다. Δp가 커지려면 따라서 에너지가 커야 하고, 이 에너지에 도달하기 위해 입자 가속기 같은 거대한 장치가 필요하게 된다.

• 많은 사람들이 관습적으로 불확정성 원리라 부르지만, 사실 불확정성이 새로운 원리를 제시한 것은 아니다. 그래서 이 책에서는 원리 대신 관계라 했다.

하이젠베르크 현미경과 불확정성 관계

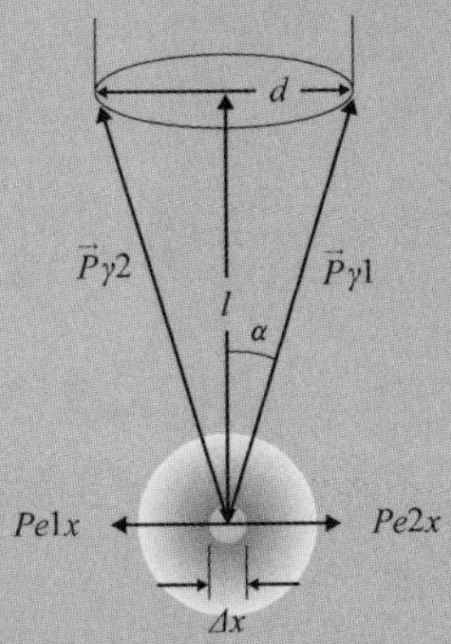

그림 76 빛을 사용하여 전자의 위치를 측정하면 빛의 회절로 인해 정확성에 한계가 있다. 회절에 의한 부정확성을 줄이려면 짧은 파장(큰 운동량)을 가진 빛을 사용해야 하는데, 그러면 전자와 충돌 후 전자와 빛의 운동량이 크게 달라지고 들어오는 빛이 현미경 내에서 어느 방향으로 왔는지 알 수 없어져서 전자의 운동량 측정에 대한 정확성이 줄어든다. 즉 전자의 위치와 운동량을 동시에 모두 정확하게 측정할 수 없다.

하이젠베르크가 불확정성 관계를 처음 제시했을 때, 그는 이것을 측정의 관점에서 다루었다. 교환되지 않는 두 연산자에 해당하는 관측량은 동시에 정확히 측정할 수 없다는 것이다. 그 예로서 그림 76에 있는 빛을 사용하여 전자의 위치를 측정하는 것을 들었다. 불확정성 원리는 단지 측정에서만 나타나는 문제가 아니라 모든 계가 가지고 있는 근본적인 성질이기 때문에, 당연히 측정 문제에도 적용되는 것이다.

슈뢰딩거 방정식 풀어보기

이제 파동-입자 이중성으로부터 나온 양자화 조건의 결과를 슈뢰딩거 방정식을 풀어서 살펴보자. 중요한 세 가지 예를 통해서 양자 역학의 결과들을 알아보고, 고전 역학의 결과와 어떻게 다른지 비교해 본다. 첫 번째는 1차원 상자 속에 갇힌 질량이 m인 입자다. 상자의 길이를 a라 하면 이 입자는 다음의 퍼텐셜로 기술할 수 있다.

푸리에 변환

푸리에 변환Fourier transform은 파동 함수의 기저를 위치의 고유 함수에서 운동량 고유 함수로 바꾸는 것으로 볼 수 있는데, 기저를 바꾸었을 때 파동 함수가 어떻게 바뀌는지와 불확정성 관계의 본질이 무엇인지 보여 준다. 먼저 운동량의 고유 함수는 다음과 같다.

$$\langle x|p\rangle = \frac{1}{\sqrt{2\pi\hbar}} e^{ixp/\hbar}$$

상태 $|\psi\rangle$의 파동 함수는 위치의 고유 함수를 써서 $\langle x|\psi\rangle = \psi(x)$로 나타낸 것이다. 기저를 운동량 고유 함수로 바꾸는 것은 $1 = \sum_x |x\rangle\langle x|$이 되는 것을 써서 $\langle p|\psi\rangle = \sum_x \langle p|x\rangle\langle x|\psi\rangle$로 쓸 수 있으므로 운동량 기저에서 파동 함수 $\psi(p)$는 위치 기저에서 파동 함수 $\psi(x)$를 푸리에 변환한 것이 된다.

$$\psi(p) = \int \frac{dx}{\sqrt{2\pi\hbar}} e^{-ipx/\hbar} \psi(x)$$

만약 $\psi(x)$가 위치의 분포 함수로서 폭이 Δx 정도이면 푸리에 변환된 $\phi(p)$는 운동량의 분포 함수로서 폭이 $\Delta p = \hbar/\Delta x$ 정도 된다.

$$V(x) = \begin{cases} 0, & 0 \le x \le a \\ \infty, & x < 0 \text{ 또는 } x > a \end{cases}$$

고전 역학에서는 상자 안에서 입자가 받는 힘이 0이므로 입자는 일정한 속도로 움직이다 벽에 부딪히면 반대 방향으로 튕겨져 나오고 이를 반복한다(그림 77 왼쪽). 따라서 입자의 상태를 다음과 같이 기술할 수 있다.

그림 77　고전 역학에서 보는 상자 안의 입자(왼쪽)와 양자 역학에서 보는 상자 안의 입자(오른쪽).

(1) 상태는 연속적인 값을 가지는 운동량의 크기 p로 정해지고, 에너지는 $E = p^2/2m$으로 역시 연속적인 값을 가진다.

$$\text{상자 안의 입자의 상태(고전 역학)}\quad E = \frac{p^2}{2m},\ 0 \le p < 0$$

(2) 가장 낮은 에너지를 가지는 바닥 상태ground state의 에너지는 0이다.

(3) 입자의 상태, 즉 에너지와 관계없이 입자를 발견할 확률은 상자 안의 모든 위치에서 같다. 이 두 가지 고전 역학의 결과는 상자의 길이 a와는 무관하다. 상자의 길이가 영향을 미치는 것은 입자가 왕복하는 데 걸리는 시간뿐이다.

양자 역학에서는 먼저 에너지 고유 상태방정식(시간과 무관한 슈뢰딩거 방정식)을 풀어서 에너지 고유 상태와 고윳값을 구해야 한다.

$$\psi_n(x) = \sqrt{\frac{2}{a}}\ \sin\left(\frac{n\pi x}{a}\right),\ E_n = \frac{\pi^2\hbar^2}{2ma^2}n^2,\ n = 1, 2, 3, \cdots$$

상자 속 입자의 고유 상태

슈뢰딩거 방정식을 풀어서 상자 속 입자의 고윳값과 고유 상태들을 구해 보자. 이 과정은 간단한 미분방정식을 풀고 경계 조건을 적용해서 해를 구하는 것이다.

$$-\frac{\hbar^2}{2m}\frac{d^2\psi(x)}{dx^2}+V(x)\psi(x)=E\psi(x),\ V(x)=\begin{cases}0, & 0\le x\le a\\ \infty, & x<0 \text{ 또는 } x>a\end{cases}$$

$x<0$ 또는 $x>a$ 영역에서 퍼텐셜 $V(x)$가 무한대이므로 가능한 해는 $\psi(x)=0$밖에 없다. $x=0$과 $x=a$에서 $V(x)$의 좌우 극한의 차이가 무한대이므로 $d\psi/dx$는 연속일 수 없다. 그렇지만 $d\psi/dx$의 좌우 극한 차가 무한대가 돼서는 안 되므로 $\psi(x)$는 연속이어야 한다. $0<x<a$ 영역에서 $V(x)$는 0이므로 $k=\sqrt{2mE/\hbar^2}$이라 놓으면 방정식은 $d^2\psi/dx^2=-k^2\psi$가 되고 그 해는 $\psi(x)=A\sin(kx)+B\cos(kx)$의 형태가 된다. $\psi(x)$가 $x=0$과 $x=a$에서 연속이려면 $\psi(0)=\psi(a)=0$이어야 하므로 $B=0$이고 $ka=n\pi$이어야 한다. 즉 k의 값이 $k=n\pi/a,\ n=1, 2, 3\cdots$만 허용된다. 따라서 에너지 고윳값은 $E_n=(\pi^2\hbar^2/2ma^2)n^2$이 되고 그 고유 상태는 $\psi_n(x)=\sqrt{2/a}\,\sin(n\pi x/a)$이다. 양 끝이 고정된 줄에서 고유 모드(정상파)의 진동수가 띄엄띄엄한 값을 갖는 것은 잘 알려져 있다. 같은 맥락에서 파동성이 에너지 고윳값의 양자화를 주는 것을 이해할 수 있다.

에너지 고유 상태와 고윳값을 살펴보면 고전 역학 결과와의 차이점들을 볼 수 있다. (1) 에너지 고윳값은 연속적인 값을 갖는 것이 아니라 $n=1, 2, 3, \cdots$으로 나타나는 띄엄띄엄한 값을 가져서 양자화되어 있다. (2) 바닥 상태의 에너지가 $E_1=\pi^2\hbar^2/2ma^2$으로 0보다 크다. (3) 어느 위치에서 입자를 발견할 확률 $|\psi(x)|^2$은 위치에 따라 다른데, 그 양상은 상태에 따라 달라진다.

(4) 여기에 더해서 강조해 두고 싶은 양자 역학과 고전 역학의 가장 중요한 차이는 고전 역학에서는 에너지(또는 운동량)의 크기로 하나의 상태가 지정되지만, 양자 역학에서는 상태가 일반적으로 에너지 고유 상태가 아니라 이들의 중첩 상태라는 것이다.

에너지 고유 상태를 식별하는 n을 양자수quantum number라 한다. 그림 77 오른쪽에 보인 파동 함수의 대략적인 모습을 보면 파동 함수가 가진 마디(파동 함수가 0이 되는 곳)의 수 $(n-1)$임을 알 수 있고, 에너지가 가장 낮은 바닥 상태는 마디의 수가 0이다. 한편, 양자수 n이 매우 커지면 양자 역학의 결과가 고전 역학의 결과에 근접하는 것을 알 수 있다. 바닥 상태의 에너지가 0보다 큰 것은 불확정성 관계와 연관된다. 입자가 상자 속에 있다는 것은 확실하므로 모든 상태의 위치 불확정성은 a보다 작다($\Delta x \leq a$). 따라서 운동량의 불확정성은 불확정성 관계에 의해 $\hbar/2a$보다 커야 한다($\Delta p \geq \hbar/2a$). 에너지 고유 함수들은 운동량이 p와 $-p$인 두 고유 함수 $e^{+ipx/\hbar}$와 $e^{-ipx/\hbar}$의 중첩이어서 운동량의 불확정성은 대략 운동량의 크기와 비슷할 것으로 예상된다($p \sim \Delta p$). 따라서 바닥 상태라도 그 에너지는 $E_0 \sim \Delta p^2/2m \geq (\hbar/2a)^2/2m = \hbar^2/8ma^2$보다 커야 한다. 실제 바닥 상태의 에너지는 이보다 더 많이 큰데, 이것은 바닥 상태의 위치 불확정도가 실제로는 a보다 더 작기 때문이다. 어쨌든 중요한 점은 불확정성 관계에 의해 바닥 상태의 에너지가 0보다 커야 하며, 상자의 크기가 작아질수록 그 값은 커진다는 것이다.

두 번째 예는 조화 진동자harmonic oscillator다. 조화 진동은 복원력이 변위에 비례할 때 나오는 진동이다.

조화 진동자 복원력과 그 퍼텐셜 $F(x) = -kx,\ V(x) = \dfrac{1}{2}kx^2$

조화 진동자가 중요한 이유는 우리 주변에서 일어나는 많은 진동이 평형점 근처에서의 작은 진동이고, 이 경우 근사적으로 복원력이 변위에 비례해서 조화 진동이 되기 때문이다. 조화 진동자를 고전 역학적으로 다루는 것은 운동방정식을 풀어서 초기 조건에 맞는 해를 구하는 것이다. 그러면 조화 진동자의 운동은 각 진동수가 $\omega=\sqrt{k/m}$인 (삼각 함수로 주어지는) 주기 운동이고, 그 진폭 A와 위상 ϕ_0는 초기 조건에 의해 결정된다.

조화 진동자의 운동방정식과 해

$$m\frac{d^2x(t)}{dt^2}+kx(t)=0,\ x(t)=A\cos(\omega t+\phi_0)$$

조화 진동자의 에너지는 $E=m\omega^2A^2/2$로 각 진동수 ω의 제곱과 진폭 A의 제곱에 비례한다. 진폭 A는 초기 위치와 초기 속력으로 정해지는 상수로 연속적인 값을 가질 수 있으므로, 에너지도 연속적인 값을 가진다. 고전적인 조화 진동자의 바닥 상태는 진동이 없는($A=0$) 경우로 에너지는 $E_0=0$이다.

조화 진동자를 양자 역학적으로 다루는 것은 상자 안 입자의 경우와 마찬가지로 먼저 에너지 고유 상태와 고윳값을 구해야 한다. 슈뢰딩거 방정식을 풀어서 얻어지는 조화 진동자의 에너지 고유 상태와 고윳값은 다음과 같다.

조화 진동자의 해밀토니안 $H=\frac{p^2}{2m}+\frac{1}{2}kx^2$

조화 진동자의 에너지 고유 상태와 고윳값 $H|n\rangle=E_n|n\rangle,\ E_n=\left(n+\frac{1}{2}\right)\hbar\omega$

$$\psi_n(x)=\frac{1}{\sqrt{2^n n!}}\left(\frac{m\omega}{\pi\hbar}\right)^{1/4}e^{-m\omega x^2/2\hbar}\,H_n\left(\sqrt{\frac{m\omega}{\hbar}}x\right),\ H_n(x)=(-1)^n e^{x^2}\frac{d^n}{dx^n}e^{-x^2}$$

조화 진동자의 바닥 상태의 에너지는 $\hbar\omega/2$로, 0점 에너지zero-point energy로 불린다. 상자 속의 입자와 마찬가지로 0점 에너지가 0보다 큰 것은 불확정성 관계의 결과다. 고전적인 조화 진동자의 가장 낮은 에너지 상태는 퍼텐셜의 바닥($x=0$)에 멈춰서 진동을 하지 않는 상태인데, 양자 역학에서는 이런 상태는 $\Delta x=0$이고 따라서 $\Delta p=\infty$이므로 가장 낮은 에너지 상태가 될 수 없다. 가장 낮은 에너지 상태는 Δx와 Δp가 최적화되어 에너지를 최소로 만드는 상태일 것이다. 이 상태를 불확정성 관계로부터 유추해 보는 것은 불확정성 관계와 그 결과를 이해하는 데 좋은 연습 문제다. 상자 속 입자와 마찬가지로 $p\sim\Delta p$이고, $x\sim\Delta x$로 예상되므로, 조화 진동자의 에너지는 $E\sim\Delta p^2/2m+k\Delta x^2/2$가 되고, 불확정성 관계 $\Delta x\Delta p\geq\hbar/2$를 적용하면 에너지의 최솟값을 Δx의 함수로($E\geq\hbar^2/8m\Delta x^2+k\Delta x^2/2$) 얻을 수 있다. 이것을 최소화하는 Δx^2의 값을 구해 보면 $\Delta x^2=\hbar/2\sqrt{mk}$이고, 이 값을 넣어 최솟값을 계산하면 $E\geq\hbar w/2$를 얻는다. 이 최솟값은 위에서 구한 0점 에너지와 정확히 일치한다. 조화 진동자의 바닥 상태는 불확정성 관계가 허용하는 가장 낮은 에너지를 가지고 있는 것이다.

세 번째 예는 퍼텐셜 장벽을 만난 입자다. 에너지가 E인 입자가 높이가 V_0이고 폭이 a인 에너지 장벽에 왼쪽($x<0$)으로부터 입사한 경우 장벽의 왼쪽, 안, 오른쪽의 세 구역으로 나누어 슈뢰딩거 방정식을 풀 수 있다.

$$\psi_{\text{왼쪽}}(x)=A(e^{ikx}+Re^{-ikx}),\ \psi_{\text{오른쪽}}(x)=ATe^{ikx},\ (k=\sqrt{2mE}/\hbar)$$
$$\psi_{\text{안}}(x)=A(Ce^{i\kappa x}+De^{-i\kappa x}),\ (\kappa=\sqrt{2m(E-V_0)}/\hbar)$$

고전 역학에서는 에너지가 장벽 높이보다 크면($E>V_0$) (장벽을 지나는 동안 운동 에너지가 잠시 줄었다가) 항상 지나가고, 반대로 작으면($E<V_0$) 항상 반사되

조화 진동자의 고유 상태

조화 진동자의 고윳값과 고유 상태는 미분방정식인 슈뢰딩거 방정식을 풀어서 구할 수도 있지만 해밀토니안과 양자화 조건을 가지고 대수적으로도 풀 수 있다. 이 방법은 양자 역학의 핵심에 대한 이해에도 도움이 되고, 뒤에 양자장론을 다룰 때 필요한 개념들이 나오기 때문에 반드시 한 번은 도전해 보자. (연산자 계산의 개념을 잘 이해하면 실제 계산은 미분방정식을 푸는 것보다 쉽다.) 먼저 위치와 운동량 연산자 대신에 소멸 연산자annihilation operator와 생성 연산자creation operator라 불리는 다음의 두 연산자를 도입한다.

$$\text{소멸 연산자, 생성 연산자} \quad a=\frac{1}{\sqrt{2\hbar}}(x+ip),\ a^{\dagger}=\frac{1}{\sqrt{2\hbar}}(x-ip)$$

그러면 위치와 운동량 사이의 양자화 조건은 소멸, 생성 연산자 사이의 양자화 조건이 된다.

$$\text{소멸, 생성 연산자로 쓴 양자화 조건} \quad [a, a^{\dagger}]=1$$

해밀토니안을 위치와 운동량에서 소멸, 생성 연산자로 바꿔 쓰면 다음과 같이 된다.

$$\text{조화 진동자 해밀토니안} \quad H=\hbar\omega\left(a^{\dagger}a+\frac{1}{2}\right)$$

해밀토니안과 소멸, 생성 연산자의 교환자들을 계산해 보면 다음과 같다.

$$[H, a]=-\hbar\omega a,\ [H, a^{\dagger}]=+\hbar\omega a^{\dagger}$$

이 교환자 관계식을 이용하면 에너지 고윳값과 고유 상태들을 모두 얻을 수 있다. $|E_n\rangle$을 고윳값이 E_n인 에너지 고유 상태, $H|E_n\rangle=|E_n\rangle$이라 하자. 이 고유 상태에

소멸 연산자가 작용한 상태 $a|E_n\rangle$과 생성 연산자가 작용한 상태 $a^\dagger|E_n\rangle$도 역시 에너지 고유 상태가 되는데, 그 고윳값은 $a|E_n\rangle$은 E_n보다 $\hbar w$만큼 작고, $a^\dagger|E_n\rangle$은 $\hbar\omega$만큼 크다.

$$Ha|E_n\rangle=(E_n-\hbar\omega)a|E_n\rangle, Ha^\dagger|E_n\rangle=(E_n+\hbar\omega)a^\dagger|E_n\rangle$$

이는 에너지 고윳값에 $\hbar\omega$의 간격으로 위아래로 쭉 이어지는 고유 상태들이 있다는 것을 말한다. 그런데 불확정성에 의해 $E_n>0$이어야 하므로 소멸 연산자에 의해 에너지 고윳값이 $\hbar\omega$씩 줄어드는 고유 상태가 만들어지는 것은 어느 선에서 멈춰져야 한다. 이렇게 되려면 가장 낮은 에너지 고윳값을 가지는 바닥 상태 $|0\rangle$가 있어서, 이 상태에 소멸 연산자를 작용하면 더 낮은 에너지 상태가 나오지 않고 $a|0\rangle=0$이 되어야 한다. 해밀토니안을 이 바닥 상태에 작용하면 그 에너지는 $\hbar\omega/2$가 됨을 알 수 있다. 이제 바닥 상태에 계속해서 생성 연산자를 작용해 가면 에너지 고유 상태들 $|E_n\rangle=(a^\dagger)^n|0\rangle$이 차례로 얻어지고 그 고윳값은 $E_n=\hbar\omega(n+1/2)$이 된다. 이렇게 대수적인 방법으로도 조화 진동자의 에너지 고윳값과 고유 상태를 다 구할 수 있다는 것은 다음과 같은 의미가 있다. (1) 양자화 조건 $[x, p]=i\hbar$만 사용해서 양자 역학의 결과를 얻을 수 있다. 즉 양자화 조건이 양자 역학의 핵심이다. 운동량 연산자를 $p=-i\hbar(\partial/\partial x)$로 놓는 것은 양자화 조건의 한 구현일 뿐이다. (2) 조화 진동자의 에너지 고윳값이 $\hbar\omega$씩 일정하게 줄거나 늘어가는 것을 에너지가 $\hbar\omega$인 입자가 하나씩 소멸 또는 생성되는 것으로도 해석할 수 있다. 그런 의미에서 a와 $a^\dagger$를 소멸과 생성 연산자라 부르는 것이다.

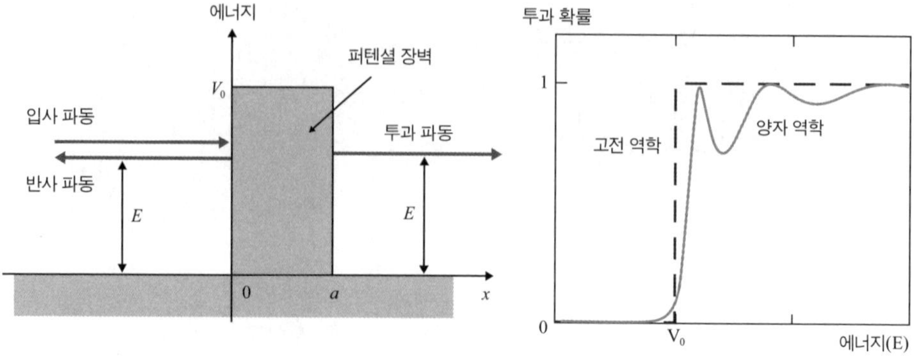

그림 78 퍼텐셜 장벽(왼쪽)과 퍼텐셜 장벽의 투과 확률(오른쪽).

어 되돌아간다. 그렇지만 양자 역학에서는 입자가 가진 파동성에 의하여 완전히 다른 양상이 나타난다. 모든 에너지에서 반사가 될 수도 있고 투과가 될 수도 있다. 장벽의 높이와 폭, 입자의 에너지에 따라서 반사될 확률과 투과가 될 확률이 달라지는데, 슈뢰딩거 방정식을 풀어서 구한 파동 함수의 계수로부터 각각 $|R|^2$과 $|T|^2$으로 주어지고 $|R|^2+|T|^2=1$이 된다. 투과될 확률을 구해 보면 다음과 같고, 에너지에 따라 어떻게 달라지는지를 그림 78에서 보였다.

$$|T|^2 = \left|\cos(\kappa a) + \frac{1+\mu^2}{2i\mu}\sin(\kappa a)\right|^{-2},\ \left(\mu = \sqrt{1-V_0/E},\ \kappa = \sqrt{2m(E-V_0)}/\hbar\right)$$

에너지가 장벽 높이보다 충분히 크면($E \gg V_0$) 투과될 확률은 거의 1이고, 충분히 작으면($E \ll V_0$) 거의 0으로 고전적인 결과와 같다. 그러나 에너지가 장벽 높이보다 아주 작지 않으면 투과될 확률이 있고, 이 확률은 장벽의 폭이 커지면 지수 함수($\propto e^{-|\kappa|a}$)로 빠르게 줄어든다. 입자가 에너지 장벽보다 낮은 에너지를 가지고 있음에도 장벽을 투과해서 갈 수 있는 것을 양자 투

과tunneling 현상이라 한다. 양자 역학 초창기에 사람들은 핵의 α 붕괴가 왜 느리게 일어나는지 의문을 갖고 있었는데, 이는 양자 투과 현상으로 설명해 낼 수 있다. α 붕괴는 분명히 핵력과 전자기력의 작용으로 일어남에도 매우 느리게 붕괴하는데, 쿨롱 에너지 장벽을 투과하는 양자 투과를 통해 일어나기 때문에 확률이 아주 작았던 것이다.

9. 원자의 구조와 안정성

음극선, 레나르트선, 방사능 붕괴에서 나오는 β선 등을 통해 전자의 존재를 확인한 톰슨은 전자가 원자의 구성 성분임을 확신했다. 그리고 이 사실에 고무된 물리학자들은 1900년에 들어 원자의 구조에 대해 진지하게 생각해 보기 시작했다.

원자는 전기적으로 중성이고 크고 무거운데 반해 전자는 음의 전기를 띠며 작고 가볍다. 톰슨은 이런 관측 사실들을 바탕으로 1904년에 양전기를 띤 무거운 물질이 구형을 이루고 그 사이사이에 작은 전자들이 박혀서 전기적으로 중성인 원자 모형을● 제시했다.

톰슨의 원자 모형을 어떻게 검증해 볼 수 있을까? 톰슨 모형이 제시되었을 당시 이미 원소들의 다양한 화학 반응들과 원자들이 내는 빛의 선 스펙트럼들이 알려져 있었다. 톰슨은 자신의 모형으로 이런 것들을 설명해 보려고 시도했고 몇 가지는 성공적인 면도 있었다. 양전기를 띤 무거운 물질이

● 원자의 생김새가 구형 푸딩에 건포도가 박힌 것 같다고 건포도 푸딩 모형이라고도 불렸다.

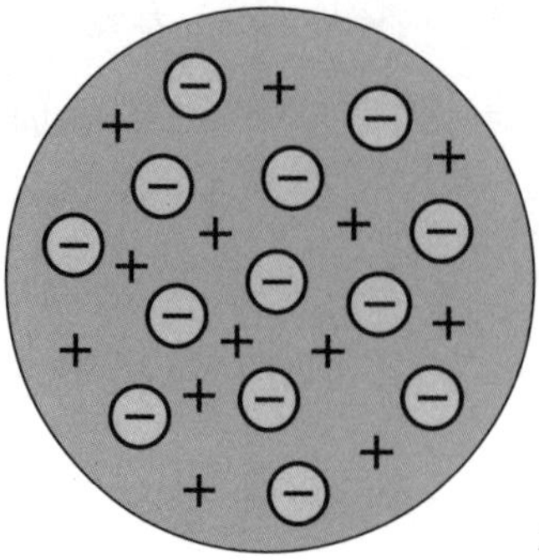

그림 79 톰슨의 원자 모형.

균일한 구의 형태라면● 그 안에 있는 전자들이 전기력이 평형이 되는 형태로 배치될 수 있다. 예를 들어 전자가 하나면 구의 중심에 위치해야 하고, 두 개면 원자 반지름의 절반 되는 곳에 대칭으로 위치해야 한다.

이런 식으로 전자가 힘의 균형을 이루는 형태를 찾아냈고, 원자가 내는 빛은 이 전자들의 진동과 회전에 의해 생기는 것으로 보았다. 그럴듯해 보이지만, 아이러니하게도 가장 간단한 전자가 하나인 (수소) 원자의 스펙트럼이 설명되지 않았다. 사실 조금만 깊이 생각해 보면 톰슨의 모형은 자체로 문제점들을 안고 있을 뿐만 아니라, 원소들이 보여 주는 다양한 현상들을 설명하기에는 역부족이었다. 하지만 원자의 구조에 대한 첫 모형으로서 의미는 크다.

한편 같은 해에 일본의 물리학자 나가오카 한타로長岡半太郎(1865~1950)는 부호가 다른 전기가 서로 침투해 들어가는 것은 불가능하므로 톰슨 모형은 옳지 않다고 보고, 무겁고 양전기를 띤 구 주위를 전자들이 같은 평면

● 사실 이 구가 양전기를 띤 물질들의 합성체라면 서로 전기적인 척력이 작용할 텐데, 어떻게 안정적으로 형태를 유지할 수 있는지에 대한 설명이 톰슨 모형 자체에는 없다.

에 놓인 원 궤도를 도는 모형●을 제시했다. 토성의 고리가 안정된 궤도를 유지할 수 있는 원리를 원자에 적용한 것이다. 결국 전자는 전기를 띠고 있어서 이런 식으로 안정이 될 수 없는 것으로 밝혀지면서 버려지긴 했지만, 후에 러더퍼드가 원자 모형을 제시하는 데 영감을 주었다.

원자에 대한 산란 실험 결과를 해석해서 새로운 원자 모형을 내놓은 사람은 핵물리학의 아버지로 불리는 어니스트 러더퍼드였다. 그의 초기 업적은 방사능에 대한 것이었는데, 반감기의 존재를 발견했고, 방사능은 원소간의 변환에 의한 것임을 입증했으며, 방사능으로 나오는 입자들을 분류해 α선, β선의 이름을 붙였다. 이 공로로 그는 1908년 노벨화학상을 수상했다.

1907년 영국으로 옮겨 온 러더퍼드는 α 입자가 $+2e$의 전기를 띤 헬륨의 핵임을 입증했다. 이후 α 입자는 1932년 영국의 물리학자 제임스 채드윅 James Chadwick(1891~1974)이 중성자를 발견할 때까지 원자핵의 연구에 가장 중요한 도구였다. 이후 몇 년간 러더퍼드는 α 입자를 금 박막에 산란시키는 실험을 통해 원자핵의 존재를 확인했으며, 이를 바탕으로 1911년 원자에 대한 러더퍼드 모형을 제시했다. 이어진 실험들에서 그는 α 입자를 질소핵과 충돌시켜 원자를(사실은 원자핵을) 처음으로 쪼개는 데 성공했다. 이 과정에서 핵을 구성하는 새로운 입자를 발견하고 이를 양성자라고 명명했다.

이제 러더퍼드가 한스 가이거Hans Geiger(1882~1945), 어니스트 마르스덴Ernest Marsden(1889~1970)과 함께했던 α 입자의 금 박막 산란 실험과 그 결과를 살펴보자. 산란 실험은 알고 있는 입자들을 표적에 쏘아서 나오는 반응들을 살펴보는 것으로, 눈으로 직접 볼 수 없는 원자보다 더 작은 세계를 들여다보는 가장 기본적인 방법이다. 산란 실험으로 표적에 대해 어떤

● 형태가 토성의 고리와 비슷하다 해서 토성 고리 모형이라 불렀다.

정보를 얻을 수 있는지 가장 간단한 경우를 살펴보기로 하자.

넓이가 1m²인 벽면에 둥근 접시가 하나 걸려 있고, 충분히 떨어진 곳에 내가 눈을 가린 채로 손에 한가득 바둑알들을 들고 서 있다고 하자. 내가 접시의 면적이 얼마나 되는지 알 수 있는 방법이 있을까? 답은 바둑알을 벽면에 마구잡이로 던져 보면 알 수 있다는 것이다. 내가 바둑알 100개를 무작위로 벽면을 향해 던졌더니 쨍그랑 하고 접시에 부딪히는 소리가 다섯 번 났다고 하자. 그렇다면 나는 접시의 넓이가 $1\text{m}^2 \times (5/100) = 0.05\text{m}^2$임을 알 수 있다. 접시가 여러 개 걸려 있어도 내가 접시의 개수를 알고 있다면 이렇게 구한 총 넓이를 개수로 나눠서 접시 하나의 넓이를 알 수 있다.

러더퍼드의 실험은 이 가상 실험과 거의 비슷하다. 바둑알 대신에 α 입자를 쓰고 접시 대신에 원자들을 가져다 놓은 것이다. α 입자가 원자에 부딪히면 쨍그랑 소리를 내는 대신 들어온 방향에서 틀어져 다른 방향으로 날아가게 되므로 표적 주변을 돌아가며 α 입자 검출기를 설치하여 방향이 틀어진 α 입자가 얼마나 있는지 조사하면 된다. 표적으로 금 박막을 쓴 것은 기술적인 이유인데, 작은 표적 속에도 원자의 수는 엄청나게 많아서 원자끼리 서로 겹치게 된다. 원자가 겹치는 부분이 많아지면 이 실험의 결과는 부정확해지기 때문에 표적을 최대한 얇게 만들어야 한다. (온 벽면이 접시들로 가득 차 있다고 해 보자. 그럼 바둑알을 던져서 접시의 넓이를 알 수 없게 된다.) 당시로서는 가장 얇게 박막을 만들 수 있는 재료가 금이어서 금 박막을 쓴 것이다.

러더퍼드 실험의 결과에서 대부분의 α 입자는 별일 없이 들어온 방향 그대로 다시 나가는데 아주 드물게 들어온 방향에서 크게 벗어나는 α 입자들이 검출되었다. 이 실험 결과는 원자에 대해 무엇을 말해 주는 것일까? 러더퍼드의 해석은 이랬다. α 입자들이 들어간 방향에서 크게 벗어나는 것은 바둑알이 접시에 맞고 쨍그랑 소리를 내는 것과 같다. 따라서 α 입자가

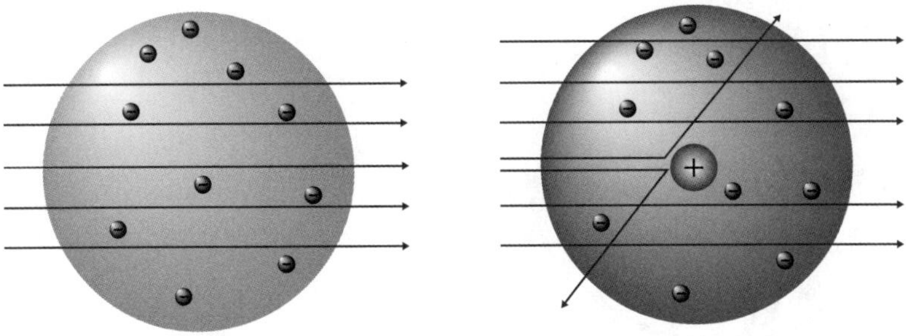

그림 80 러더퍼드의 α 입자 산란 실험에 대한 톰슨 원자 모형(왼쪽)과 러더퍼드 원자 모형(오른쪽)의 결과 비교.

보기에는 원자의 크기가 매우 작다는 것이다. 따라서 원자의 대부분의 질량이 아주 작은 영역에 집중되어 있어야 하고 α 입자에 전기력을 작용하기 위해 전기를 띠어야 한다.

러더퍼드는 산란된 α 입자의 비율로부터 이 작은 영역의 크기가 알려진 원자 크기의 1만 분의 1 수준임을 알아냈다. 이미 존재가 알려진 음 전기를 띤 전자가 있지만 전자의 질량은 α 입자에 비해 너무 작아 그 진행에 영향을 끼칠 수 없으므로 이것이 전자가 아님은 확실했다. 원자의 이 작은 핵심 영역은 나중에 핵nucleus이라는 이름이 붙여졌다.

러더퍼드의 금 박막 산란 실험은 톰슨의 원자 모형을 시험해 보는 것이 원래 목적이었다. 건포도 푸딩 모형은 아주 드물기는 하지만 크게 방향이 틀어지는 α 입자가 있다는 사실을 설명할 수 없어서 버려졌다. 무거운 α 입자를 튕겨 내기에는 전자는 너무 가볍고, 원자 전체에 고르게 분포된 양전하는 큰 각도로 튕겨 내는 것이 불가능했다(그림 80).

러더퍼드는 실험 결과를 근거로 새로운 원자 모형을 제시했다. 원자 내부에는 대부분의 질량과 양전하가 아주 작은 영역에 집중된 핵이 존재해야 한다. 그렇지만 원자는 전기적으로 중성이어야 하고 그 안에 전자도 들어 있

그림 81 러더퍼드의 원자 모형.

어야 한다. 핵과 전자가 안정적으로 결합하고 알려진 원자의 크기를 설명하기 위해 러더퍼드가 제시한 원자 모형은 무겁고 양 전기를 띤 작은 핵 주위를 전자들이 전기력에 의해 정해진 궤도를 도는, 태양계와 유사한 모형이었다. (차이점이 있다면 중력 대신 전기력이 작용하는 것과, 태양계 행성들의 궤도는 형성 과정의 결과로 거의 한 평면에 놓이는데, 전자들의 궤도는 그럴 이유가 없다는 것이다.) 핵이 띠고 있는 전하의 크기에 대해서 러더퍼드는 이것이 핵의 질량에 비례할 것이라고 생각했고, 그래서 원소의 질량수와 연관 지었다. 그러나 곧바로 독일의 아마추어 물리학자 안토니우스 반 덴 브록Antonius van den Broek(1870~1926)은 핵의 전하 크기는 (전자의 전하 단위로) 원소의 원자 번호와 같다고 제안했다. 영국의 물리학자 헨리 모즐리Henry Moseley(1887~1915)는 1913년까지 이어진 원소들의 X선 방출 실험들을 통해 이 사실을 확인했다.

원자가 아주 작은 원자핵과 그 주위를 도는 전자로 되어 있다는 러더퍼드의 모형은 과학자들에게 새로운 고민을 안겨 주었다. 이 모형은 핵과 전자 사이의 전기력, 즉 전자기학에 근거를 두는데, 맥스웰 방정식에 따르면 원 궤도를 도는 전자는 가속되고 있고, 가속되는 전하는 전자기파를 방출해야 한다. 문제는 이렇게 방출되는 전자기파의 스펙트럼이 알려진 원자가 내는 선 스펙트럼과 전혀 맞지 않는다는 것이다. 더 심각한 문제는 전자가 계속 전자기파를 방출하면 에너지를 잃어서 전자의 궤도 반지름이 계속 줄어들고 결국 핵에 충돌하게 되는데, 그러면 원자는 원래 크기를 유지하지 못하고 원자핵의 크기로 줄어들어야 한다.

전자기학을 동원하여 전자가 핵에 충돌하는 데 걸리는 시간을 계산해 볼 수 있는데, 어이없게도 100억 분의 1초 정도다. 즉 전자기학과 러더퍼드 모형이 다 맞다면 원자는 정말로 순식간에 전자기파를 방출하며 10만 분의 1의 크기로 줄어들어야 한다. 중국 고사에 하늘이 무너지면 어쩌나, 땅이 꺼지면 어쩌나 걱정하는 것을 기우杞憂라고 하는데, 이처럼 원자가 쪼그라들어 땅이 꺼질 걱정을 과학자들이 하게 된 것이다. 그렇지만 이런 일은 실제로 일어나지 않았다. 그렇다면 맥스웰 방정식과 러더퍼드 모형 중 어느 것이 잘못된 것일까?

러더퍼드 모형이 가진 이 문제들을 해결하기 위해 1913년 닐스 보어는 전자 궤도의 양자화를 가정한 보어 모형을 제시했다. 보어의 모형은 수소의 방출 스펙트럼을 잘 설명했지만, 궁극적으로 원자에 대해 제대로 이해하려면 보어 모형을 넘어 양자 역학의 정립이 필요했다. (이 얘기는 원자가 내는 빛을 다룬 다음 절에서 자세히 다루겠다.) 다음은 파동-입자 이중성에서 나오는 불확정성 관계가 어떻게 원자의 안정성을 주어서 우리를 기우에서 구하는지 알아보자.

원자핵과 전자 사이의 전기력은 쿨롱퍼텐셜 $V(r) = -ke^2/r$로 기술된다. 고전 전자기학에서는 전자가 에너지를 잃으면서 궤도 반지름이 점점 작아지고, 끝내는 원자핵에 떨어지는 것이 가능하고, 그래서 우리에게 기우를 안겨 주었다. 그러나 양자 역학의 불확정성 관계는 전자의 궤도 반지름이 작아지면 위치의 불확정도가 줄어드는 것이므로 반대급부로 운동량의 불확정도가 커진다는 것을 말해 준다. 따라서 전자의 전기 퍼텐셜 에너지는 줄겠지만 운동 에너지가 커지게 되므로 둘 사이의 조정에 의해 전자의 총 에너지가 최소화되는 반지름에서 안정을 찾을 것으로 예상된다. 앞에서 조화 진동자의 바닥 상태 에너지를 구했던 방법을 그대로 적용해서 수소 원자의 바닥 상태의 에너지와 궤도 반지름을 유추해 보자.

위치와 운동량을 그 불확정도와 같은 크기($p \sim \Delta p$, $r \sim \Delta r$)로 가정하면 (수소 원자의) 전자의 총 에너지는 $E \sim \Delta p^2/2m - ke^2/\Delta r$이고 여기에 불확정성 관계 $\Delta r \Delta p \geq \hbar/2$를 적용하면 주어진 Δr에서 에너지의 최솟값 $E_0(\Delta r) = \hbar^2/2m\Delta r^2 - ke^2/\Delta r$을 얻는다. 이 값을 최소화하는 Δr의 값은 $\Delta r = \hbar^2/mke^2$이고, 그때의 에너지 최솟값은 $E_0 = -mk^2e^4/2\hbar^2$이다.

이렇게 추정된 값들은 실제 수소 원자 보어 반지름, 바닥 상태의 에너지와 일치한다. 전자의 파동성은 불확정성 관계를 주고, 불확정성 관계는 원자가 왜 안정되는가를 설명하고 그 크기를 정해 준다. 이는 고전 역학이나 고전 전자기학에서는 기대할 수 없었던 것을 양자 역학이 설명해 낸 것이다. 별 주위를 도는 행성은 중력을 받고, 원자핵 주위를 도는 전자는 전기력을 받는다. 두 힘의 형태는 비례 상수만 빼면 같은 형태이고, 고전적으로는 다를 것이 없다. 고전 역학이 지배하는 행성의 궤도 반지름은 초기 조건으로 정해지기 때문에 행성계의 최소 크기는 제각각이다. 그렇지만 불확정성 원리가 지배하는 원자는 (바닥 상태에서) 그 크기가 모두 같다.

10. 원자가 내는 빛

물질이 빛을 내는 방식은 몇 가지가 있는데, 앞에서 열평형에 있는 뜨거운 물체가 내는 복사를 살펴보았다. 여기서는 분리된 원자들이 내는 빛에 대해 알아본다. 원자가 내는 빛을 보려면 두 단계를 거쳐야 하는데, 우선 물질을 독립된 원자들로 분리해야 하고, 이 원자들을 흥분 상태로 만들어야 한다. 그 자세한 과정을 제대로 이해한 것은 아니지만 19세기에는 주로 두 가지 방법을 사용했다. 하나는 높은 온도의 불꽃에 시료를 녹인 용액을 넣어서 불꽃 반응을 보는 것이고, 다른 하나는 시료를 기체로 만들어 밀봉된 유리관에 넣고 전기를 흘려서 나오는 빛을 보는 것이었다.

원자가 내는 빛과 흑체 복사로 나오는 빛의 극명한 차이는 파장에 따른 세기 분포, 즉 스펙트럼에 나타났다. 흑체 복사는 연속 스펙트럼을 보이는 데 비해 원자가 내는 스펙트럼은 특정 파장들이 강하게 나타나는 선 스펙트럼을 보인다. 물질이 내는 빛의 스펙트럼을 연구하는 분야를 분광학spectroscopy이라 하는데, 이는 프리즘에 의한 빛의 분산을 발견한 뉴턴에서 시작되었다.

19세기 초 요제프 폰 프라운호퍼는 프리즘 대신에 회절 격자diffraction grating를 사용하고 현미경을 장착한 새로운 분광기를 도입해 분광학에 획기적인 발전을 가져왔다. 이후 분광학은 화학, 물리학, 천문학에 없어서는 안 될 중요한 역할을 해 왔다. 프라운호퍼는 자신이 만든 분광기spectroscope로 햇빛의 스펙트럼을 관찰해서 연속 스펙트럼 사이사이에 검은 선이 존재한다는 것을 발견했다. 또한 그는 시리우스 등 1등급별의 스펙트럼과 태양의 스펙트럼을 비교해 이들의 스펙트럼이 서로 다르다는 것을 발견, 항성분광학을 탄생시켰다.

분광학과 헬륨의 발견

태양빛의 스펙트럼에서 처음 발견된 흡수선은 발견자의 이름을 따서 프라운호퍼선이라고 한다. 프라운호퍼선들은 태양 표면 근처에 있는 원소들이 표면에서 나온 빛을 흡수해 나타나는 것이므로 흡수선들을 화학 원소들의 방출선과 비교하면 태양 표면 근처에 존재하는 원소들에 대한 정보를 알아낼 수 있다.

이렇게 조사하는 과정에서 당시에 알려진 원소들의 방출선에는 없는 흡수선들이 발견되었다. 이는 지구에는 없고 (아직 발견되지 않았지만) 태양에는 있는 원소의 존재를 뜻한다. 그래서 이 원소는 태양helios의 원소라는 뜻에서 헬륨helium이라는 이름이 붙었는데, 후에 지구에서도 그 존재가 확인됐다. 별의 흡수선들은 태양의 흡수선들과 거의 같기에 별과 태양의 원소 구성이 거의 같음을 알 수 있다. 별은 멀리 있는 태양이라는 것이 분광학을 통해서 명확해진 것이다.

1859년부터 구스타프 키르히호프와 로베르트 분젠은 불꽃 반응을 이용해서 원소들이 내는 빛의 스펙트럼을 체계적으로 연구하기 시작했고, 스펙트럼상의 방출선emission line들이 각 원소마다 다른 것과 이를 통해서 원소의 정체를 밝히는 방법을 확립했다(컬러 그림 10, 11 참조). 또한 프라운호퍼가 발견한 검은 선들이 별 표면의 원자들이 빛을 흡수해서 생기는 흡수선absorption line이라는 것을 밝혔다. 별의 흡수선 구조는 별마다 달라서 상당히 다양한데, 이들의 분류를 통해 우리는 별에 관한 많은 것을 알게 되었다.

원자의 방출선 스펙트럼은 원자의 구조를 이해하는 데 지대한 공헌을 했다. 원자의 구조를 이해하는 출발점은 양성자와 전자 한 개씩으로 구성된 가장 간단한 원자인 수소다. 수소 원자가 내는 방출선 스펙트럼은 매

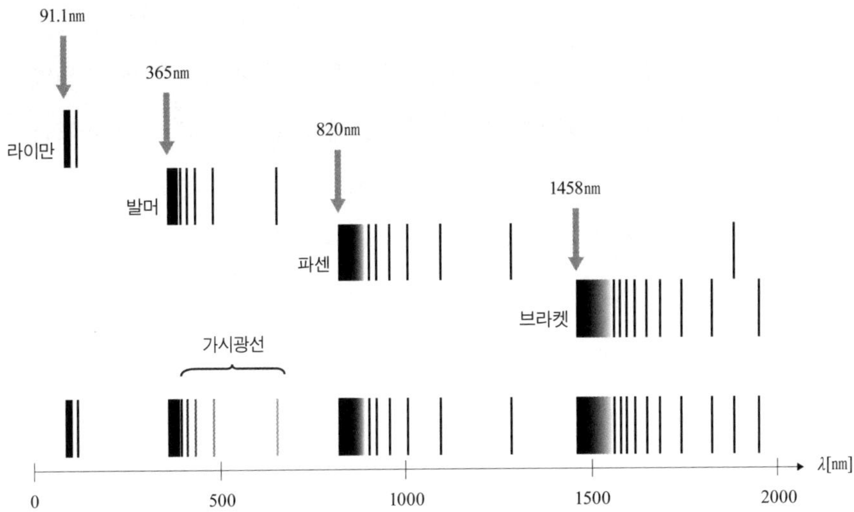

그림 82 수소 원자의 방출선 스펙트럼.

우 규칙적이다. 그림 82에서 수소 원자의 방출선들을 볼 수 있는데, 가시광선 영역에 있는 발머 계열이 발견된 이후 자외선 영역의 라이만 계열과 적외선 영역의 파센, 브라켓 계열이 차례로 발견되었다. 자외선에서 적외선에 이르는 수소 원자 방출선 스펙트럼은 스웨덴의 물리학자 요하네스 뤼드베리 Johannes Rydberg(1854~1919)가 정리해 다음과 같은 간단한 공식으로 표현할 수 있다는 것을 발견했다.

$$\text{뤼드베리 공식} \quad \frac{1}{\lambda} = R_H \left(\frac{1}{n_1^2} - \frac{1}{n_2^2} \right)$$

여기서 λ는 빛의 파장, n_1, n_2는 $n_1 < n_2$인 정수이며, $R_H = 1.097373 \times 10^7 \text{m}^{-1}$은 뤼드베리 상수다.

원자 모형으로 수소 원자의 방출선 스펙트럼을 어떻게 설명할 수 있을까? 톰슨의 모형은 수소 원자의 방출선에 대해 그럴듯한 설명을 할 수 없었음을 이미 밝혔다. 러더퍼드의 모형에서는 전자가 핵 주위의 궤도를 도는데, 전자의 궤도 반지름은 임의의 값을 가질 수 있으며, 궤도 간의 전이로 빛을 내는 것을 설명할 수 있다. 하지만 이 경우 나오는 빛의 스펙트럼은 고전적인 전자기학에 의하면 연속 스펙트럼을 가지므로, 수소 원자의 방출선 스펙트럼을 설명하는 것은 불가능해 보인다.

보어의 양자화

1913년 닐스 보어는 러더퍼드 모형의 문제점인 안정성과 방출선 스펙트럼을 해결하는 새로운 원자 모형을 제시했다. 보어의 제안은 크게 두 가지였다. 첫 번째, 전자는 러더퍼드 모형에서와 마찬가지로 핵을 중심으로 하는 궤도를 도는데, 특별한 조건을 만족하는 정상 궤도stationary orbit만을 돌며, 이 궤도에 있을 때는 전자기파를 방출하지 않는다. 두 번째, 전자가 한 궤도에서 다른 궤도로 옮겨갈 때는 그 에너지 차이에 해당하는 전자기파를 방출하거나 흡수한다.

첫 번째 제안은 당시로서는 상당히 파격적인 것으로 고전적인 물리학을 일부 버리겠다는 것이다. 보어가 제시한 정상 궤도에 대한 조건은 수소 원자의 방출선 스펙트럼을 설명하기 위한 것으로, 플랑크가 했던 빛 에너지의 양자화와 비슷한 전자의 궤도각운동량의 양자화였다. 전자가 가질 수 있는 각운동량은 플랑크 상수 $\hbar$의 정수배만 가능하다고 했다. 각운동량angular momentum은 물체의 회전 운동을 기술할 때 중요하게 쓰이는 것으로, 위치($\vec{r}$)와 운동량($\vec{p}=m\vec{v}$)을 벡터곱한 것이다.•

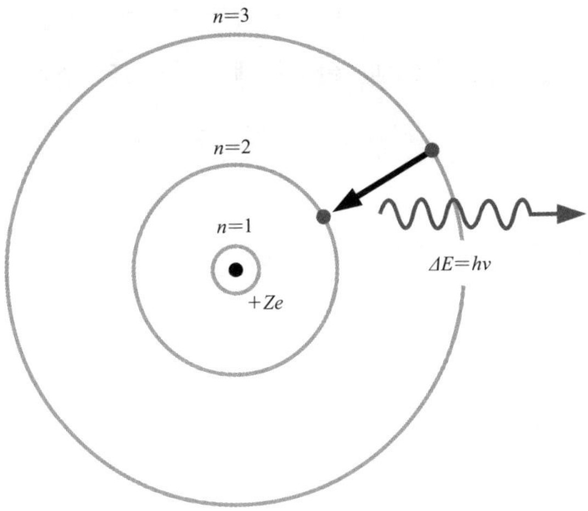

그림 83 보어의 원자 모형.

$$\text{각운동량} \quad \vec{L} = \vec{r} \times \vec{p}$$

질량이 m_e인 전자가 반지름이 r인 원 궤도를 속력 v로 돈다고 가정하면 전자의 각운동량의 크기는 $L = m_e rv$가 되고, 보어의 각운동량 양자화 조건은 다음과 같다.

$$\text{각운동량 양자화 조건} \quad L = m_e rv = n\hbar, \quad n = 1, 2, 3, \cdots$$

그런데 전자는 핵으로부터 전기력(쿨롱힘)을 받아 원운동을 하므로, 즉 전기력이 구심력이므로 $ke^2/r^2 = m_e v^2/r$이 되고, 양 변에 $m_e r^3$을 곱해 주면

● 두 벡터의 벡터곱vector product은 크기는 두 벡터가 만드는 평행사변형의 면적이고 방향은 그 평행사변형에 수직인 벡터다.

$m_e k e^2 r = m_e^2 r^2 v^2$이 되는데, 오른쪽은 각운동량의 제곱이므로 위의 양자화 조건에 따르면 $n^2\hbar^2$만 허용된다. 이것은 궤도 반지름도 양자화된다는 것을 말한다.

$$\text{궤도 반지름 양자화} \quad r_a = a_0 n^2,\ a_0 = \frac{\hbar^2}{m_e k e^2} = 5.3 \times 10^{-11}\,\text{m}$$

$n=1$일 때의 반지름 a_0를 보어 반지름Bohr radius이라 한다. 궤도 반지름이 양자화되면 궤도 에너지도 따라서 양자화된다.

$$\text{궤도 에너지 양자화} \quad E_n = -\frac{E_0}{n^2},\ E_0 = \frac{ke^2}{2a_0} = 2.2 \times 10^{-18}\,\text{J} = 13.6\,\text{eV}$$

가장 낮은 상태($n=1$)의 에너지는 E_0로, 관측된 수소 원자의 결합 에너지와 딱 맞는다. 두 번째 제안에 따르면 궤도 간 전이할 때 에너지 차이에 해당하는 전자기파를 방출하므로 방출되는 전자기파의 파장은 $hc/\lambda = hf = E_{n2} - E_{n1}$에서 앞의 뤼드베리 공식을 얻을 수 있으며, 뤼드베리 상수는 E_0/hc로 주어진다. 보어의 모형은 각운동량의 양자화가 왜 일어나는지에 대한 설명은 없지만, 어쨌든 수소 원자의 방출선 스펙트럼을 완벽하게 설명했다.

사실 보어 모형에서 가정한 궤도각운동량의 양자화와 그에 따른 에너지의 양자화는 양자 역학의 결과와 정확하게 맞지는 않지만, 운 좋게도 수소 원자의 에너지 고윳값은 정확하게 맞추었다. 이 놀라운 성공으로 인해 보어 모형은 양자 역학 탄생의 기폭제가 되었고, 이 공로로 보어는 1922년 노벨물리학상을 받았다. 이후 10여 년간 물리학계는 양자화하는 방법에 대해 여러 가지를 시도한 끝에 1926년 하이젠베르크가 행렬 역학을, 슈뢰딩거는 파동 역학을 내놓았고, 이 두 가지 방법이 동등하다는 것을 영국의 물리학자 폴 디랙Paul Dirac(1902~1984)이 보이며 양자 역학이 탄생하게 되었다.

수소 원자의 슈뢰딩거 방정식 풀어 보기

이제 수소 원자의 에너지 고유 상태와 고윳값을 슈뢰딩거 방정식을 풀어서 구해 보자. 수소 원자는 무거운 핵과 가벼운 전자가 쿨롱퍼텐셜 $V(r) = -ke^2/r$로 기술되는 전기력에 의해 결합하고 있고, 해밀토니안은 다음과 같다.

$$\text{수소 원자의 해밀토니안} \quad \hat{H} = \frac{\vec{p}^2}{2m} - \frac{ke^2}{r}$$

수소 핵의 질량을 m_p, 전자의 질량을 m_e라 하면 위에 나오는 m은 엄밀하게는 축약된 질량reduced mass $m = m_p m_e/(m_p + m_e)$이지만, $m_p/m_e \approx 1800$이어서 거의 m_e와 같다.

전자는 3차원 공간에서 움직이므로 3개의 자유도 $x_i (i=1, 2, 3)$가 있고, 양자화 조건도 3차원 공간으로 확장해서 $[x_i, p_j] = i\hbar\delta_{ij}$를 써야 한다. 그런데 쿨롱퍼텐셜은 구 대칭을 가지기 때문에 직교 좌표계보다 구면 좌표계 (r, θ, ϕ)를 쓰는 것이 좋다. 슈뢰딩거 방정식에서는 양자화 조건을 해밀토니안에 있는 $\vec{p}^2$을 $-\hbar^2\vec{\nabla}^2$으로 바꿔서 구현하므로, 구면 좌표계에서 라플라시안 $\vec{\nabla}^2$이 어떻게 표현되는가를 알아야 한다. 라플라시안은 구면 좌표계에서 다음과 같이 반지름(r)과 구면(θ, ϕ)으로 변수들이 분리되고, 구면 방향은 각운동량제곱(L^2)이 된다.

$$\vec{\nabla}^2 = \frac{1}{r}\frac{\partial^2}{\partial r^2}r + \frac{L^2}{r^2}$$

라플라시안의 변수 분리에 맞추어 파동 함수도 반지름 변수 r의 함수 $f(r)$과 구면 변수 (θ, ϕ)의 함수 $Y(\theta, \phi)$의 곱으로 쓸 수 있다. 구면 변수 방정식은 각운동량제곱의 고유 함수 방정식이 되고, 고윳값과 고유 함수는 $L^2 Y_{lm}(\theta, \phi) = l(l+1)\hbar^2 Y_{lm}(\theta, \phi)$로 주어진다(4장 '각운동량과 스핀' 참조). 이 결과를 라플라시안에 반영하여 반지름 변수 방정식을 풀면 최종적으로 다음과 같은 파동 함수와 에너지 고윳값들을 얻는다. ($L^l_m(x)$는 일반화된 라그에르 다항식이라 불리는 함수다.)

수소 원자의 에너지 고유 함수와 고윳값

$$\psi_{nlm}(\vec{r}) = f_{nl}(r) Y_{lm}(\theta, \phi), \; E_{nlm} = -\frac{E_0}{n^2}$$

$$n = 1, 2, 3, \cdots; \; l = 0, 1, \; \cdots, \; n-1; \; m = -l, \; -l+1, \; \cdots, \; l$$

$$f_{nl}(r) = \sqrt{\left(\frac{2}{na_0}\right)^3 \frac{(n-l-1)!}{2n(n+l)}} \, e^{-\rho/2} r^l L^{2l+1}_{n-l-1}(\rho), \; \rho = \frac{2r}{na_0}$$

슈뢰딩거 방정식을 풀어서 얻은 에너지 고윳값은 보어 모형의 결과와 일치한다. 그렇지만 보어 모형으로는 알 수 없었던 사실이 나타나는데, 같은 에너지 고윳값을 가지는 고유 상태가 여럿이 존재한다는 것이다. 먼저 고유 상태를 표시하는 데 3개의 양자수 (n, l, m)가 쓰인다는 점을 주목해야 한다. 양자수 n을 주 양자수principal quantum number라 하고, 양자수 (l, m)은 L^2의 고유 상태인 궤도각운동량 상태를 나타낸다. 위 식 둘째 줄에 있는 n, l, m의 범위를 잘 살펴보기 바란다. 수소 원자의 에너지 고윳값은 주 양자수 n에만 의존한다. 에너지 고윳값을 결정하는 주 양자수는 파동 함수의 반지름 방향 마디 수 n_1과 구면 방향 마디 수에 해당하는 각운동량의 크기 l의 합에 1을 더해서 $n = n_r + l + 1$로 주어지는데, 1차원에서 (파동 함수의 마디의 수+1)로 에너지가 결정되던 것의 3차원 판이라고 할 수 있다.

이 관계식은 보어 모형의 한계와 보어 모형이 에너지 고윳값을 맞추는 데 운이 작용했음을 보여 준다. 보어 모형의 바닥 상태는 각운동량이 $l=1$인 것에 해당하지만, 슈뢰딩거 방정식이 주는 바닥 상태는 $n_r=l=0$으로 각운동량은 없고 불확정성을 최적화하는 상태인 것이다. 또한 마디의 수는 $n_r \geq 0$이므로 주어진 주 양자수 n에 대하여 같은 에너지 고윳값을 주는 l의 범위가 $0, 1, \cdots, n-1$이 됨을 알 수 있다.

이렇게 같은 에너지 고윳값을 가진 고유 상태가 여러 개 나타나는 것을 겹침degeneracy이라 한다. 에너지 고유 상태에 겹침이 나타나는 것은 대칭성과 관련이 있다. 주어진 l에 대하여 같은 에너지 고윳값을 가지는 m값이 다른 상태가 $(2l+1)$개 있는 것은 구 대칭성 때문에 나타나는 현상이다.

그런데 에너지 고윳값이 l에도 무관한 것처럼 보이는 것은 설명이 좀 필요하다. 일반적으로 구 대칭성이 있는 경우 l이 커지면 에너지 고윳값도 커진다. 에너지 고윳값이 l에도 무관하게 보이는 것은 사실 l에 무관한 것이 아니라 파동 함수가 가진 마디의 수가 에너지 고윳값에 주는 영향이 반지름 방향과 구면 방향이 같아서 n_r+l의 조합에 의존하기 때문이다. 이것은 $1/r$ 퍼텐셜만의 특징으로 숨어 있는 동역학적 대칭성이 있기 때문이다. 이 $1/r$ 퍼텐셜의 동역학적 대칭성은 고전 역학에서도 나타나는데, 행성의 운동에서 궤도가 닫힌 곡선인 타원이 되고 그 타원의 방향이 일정하게 유지되는 것은 중력 퍼텐셜이 $1/r$이기 때문이다. 실제 수소 원자에서는 쿨롱퍼텐셜에 상대론적 보정이 들어와서 l값에 대한 겹침은 미세하게 깨져 있다.

보어 모형의 두 번째 가설인 궤도 간의 전이에 따른 전자기파의 방출은 수소 원자의 슈뢰딩거 방정식에는 들어 있지 않다. 위의 해밀토니안만 놓고 보면 에너지 고유 상태들은 정상 상태로 다른 상태로 바뀌지 않는다. 고유

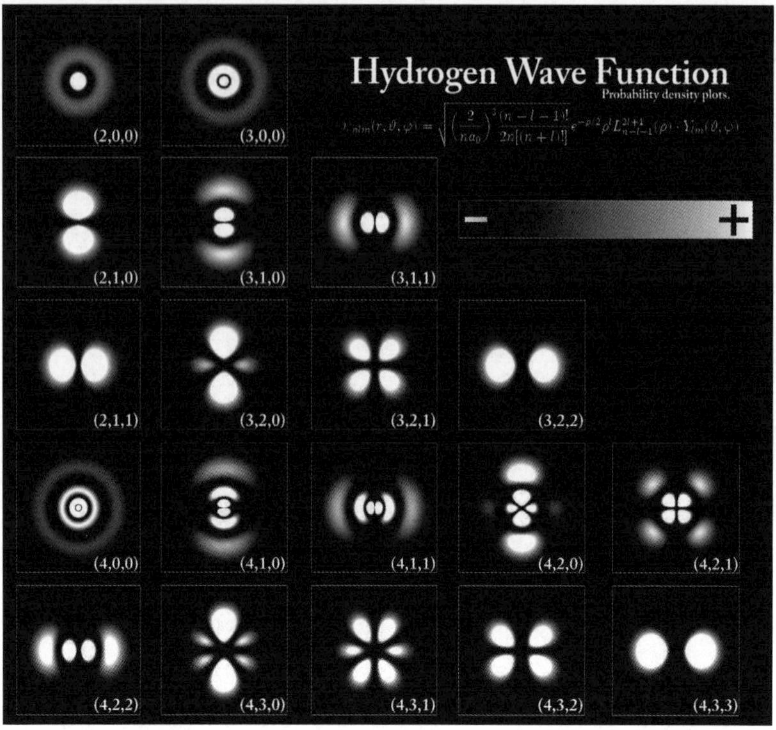

그림 84 수소 원자의 고유 함수.

상태 간의 전이는 전자와 빛의 상호 작용에 의해 일어나는데, 위의 해밀토니안에는 이것이 반영되어 있지 않다. 이것을 반영하면 빛의 흡수와 방출에 따른 고유 상태 간의 전이를 양자 역학적으로 기술할 수 있다. 보어 모형은 빛의 흡수와 방출이 어떤 과정을 통해 일어나는지에 대해서는 말해 주는 것이 없지만, 양자 역학은 이 과정이 얼마나 자주 일어나고 얼마나 빠르게 진행되는지를 말해 준다. 그렇지만 여러분들이 기억해야 할 것은 양자 역학에서는 이 과정에 대한 확률만 계산할 수 있다는 것이다. 하나의 원자가 하나의 빛을 흡수 또는 방출하는 것은 주어진 확률로 무작위로 일어난다.

그림 84에서 수소 원자의 고유 함수의 모습을 볼 수 있다. 원자에서는 전자가 핵 주위를 돌고 있다는 표현보다는 전자가 핵 주위에 분포하고 있다고 하는 게 맞다. 바닥 상태를 포함해 $l=0$인 상태의 각운동량은 0이기에 고전적인 '돌고 있다'와는 맞지 않는다. 슈뢰딩거 방정식이 수소 원자의 에너지 준위를 잘 설명함으로써 양자 역학이 정립되었다. (원자 번호가 수소보다 큰 원자의 구조와 원소의 주기율에 대해서는 이 장의 '원자와 물질'에서 다룬다.)

11. 각운동량과 스핀

보어의 원자 모형의 핵심은 전자가 특정 궤도만을 돌 수 있다는 점인데, 그 특정 궤도를 결정하는 규칙은 전자가 가지는 각운동량이 $\hbar$의 정수 배가 되어야 한다는 것이었다. 독일의 물리학자 아르놀트 조머펠트Arnold Sommerfeld(1868~1951)는 보어가 제안한 각운동량 양자화의 정당성을 부여하기 위해 더 일반화된 양자화 규칙을 제안했다. 그는 각운동량의 크기 L이 $l\hbar(l=1, 2, 3, \cdots)$로 양자화되는 것과 더불어 각운동량을 특정 방향으로 투영을 한 L_z도 $m\hbar(m=-l, -l+1, \cdots, l)$로 양자화되어야 한다고 했다. 이런 각운동량의 양자화는 플랑크의 에너지 양자화와 대비되어 공간 양자화space quantization로도 불렸다.

당시에는 좌표계를 돌려서 아무 방향이나 잡을 수 있는데, 그 방향으로 투영된 값이 연속적이지 않고 양자화된다는 것을 쉽게 납득할 수 없었지만, 이 새로운 결과는 수소 원자 에너지 준위에 겹침이 있고, 그로 인해 제이만 효과Zeeman effect나 미세 구조fine structure가 나타나는 것을 잘 설명했다. 보어와 조머펠트의 규칙이 양자 역학의 결과와 정확하게 맞지는 않았지만, 많은 경우 에너지 고윳값들은 맞게 주었던 것이다.

앞에서 수소 원자에 대한 슈뢰딩거 방정식을 다룰 때 이미 활용했던 각운동량의 양자화에 대한 양자 역학의 결과를 이제 제대로 알아보자. 각운동량의 양자화는 원자의 고유 상태를 이해하는 데 필요할 뿐만 아니라, 양자 역학의 여러 규칙을 이해하고 확립하는 데도 중요한 역할을 해 왔던 중요한 주제다.

각운동량은 위치와 운동량의 벡터곱 $\vec{L}=\vec{r}\times\vec{p}$ 이므로, 위치와 운동량에 대한 양자화 조건 $[x_i, p_j]=i\hbar\delta_{ij}$으로부터 따라 나오는 다음의 각운동량 양자화 조건이 적용된다.

각운동량 양자화 조건

$$[L_x, L_y]=i\hbar L_z,\ [L_y, L_z]=i\hbar L_x,\ [L_z, L_x]=i\hbar L_y$$

엡실론epsilon 텐서 ϵ_{ijk}를 $\epsilon_{123}=\epsilon_{231}=\epsilon_{312}=1$, $\epsilon_{132}=\epsilon_{213}=\epsilon_{321}=-1$, 그 외는 0으로, 첨자의 교환에 대해서 반대칭antisymmetric이 되도록 정의하면, 각운동량 $\vec{L}=\vec{r}\times\vec{p}$의 성분을 $L_i=\epsilon_{ijk}x_jp_k$로 쓸 수 있고, 각운동량의 양자화 조건을 $[L_i, L_j]=i\epsilon_{ijk}\hbar L_k$로 깔끔하게 쓸 수 있다.

각운동량의 고유 상태를 구하는 데는 각운동량제곱(L^2)이 중요한 역할을 한다. 각운동량제곱과 각운동량의 각 성분은 $[L^2, L_i]=0$으로 서로 교환되고, 따라서 고유 상태를 공유한다. 그렇지만 각운동량 성분들끼리는 서로 교환되지 않기 때문에 각각의 고유 상태가 서로 다르다. 그래서 그중 한 성분을 잡아 그 성분의 고유 상태를 주로 사용하게 되는데, 주로 원하는 방향을 z축으로 잡고 L_z의 고유 상태를 사용한다. 각운동량의 고윳값과 고유 상태를 구하는 과정은 반드시 알아두어야 하지만 상당한 사고를 필요로 하므

로 '각운동량의 고윳값과 고유 상태'에서 다루고, 여기서는 그 결과만 살펴본다. 각운동량의 고유 상태($|lm\rangle$)는 L^2과 L_z가 공유하는 고유 상태로 각각의 고윳값을 나타내는 두 정수 l과 m을 사용하여 표시하고, 그 값의 범위는 다음과 같다.

$$L^2|lm\rangle = l(l+1)\hbar^2|lm\rangle,\ l=0,1,2,\cdots$$
$$L_z|lm\rangle = m\hbar|lm\rangle,\ m=-l,\ -l+1,\ \cdots,\ l$$

상태 $|lm\rangle$에 해당하는 파동 함수는 다음의 구면 조화 함수spherical harmonics다.

$$\langle \hat{r}|lm\rangle = Y_{lm}(\phi,\theta) = (-1)^m\sqrt{\frac{(2l+1)}{4\pi}\frac{(l-m)!}{(l+m)!}}\,P_l^m(\cos\theta)e^{im\phi}$$

$P_l^m(x)$는 르장드르 연관 함수associated Legendre function다.

보어-조머펠트의 양자화 규칙과 비교해 보면, L_z의 고윳값은 같지만 L^2의 고윳값은 $(l\hbar)^2$이 아니라 $l(l+1)\hbar^2$인 것이 차이다. L^2의 값은 $l(l+1)\hbar^2$인데 왜 L_z의 최댓값은 $\sqrt{l(l+1)}\hbar$가 아니라 $l\hbar$일까? 이것은 불확정성 관계 때문이다. $L_z^2 = L^2$이 된다는 것은 $L_x = L_y = 0$이 된다는 것인데, 이것은 L_x와 L_y가 교환되지 않으므로 불가능하다. 양자 역학이 보여 주는 또 다른 중요한 사실은 각운동량의 특정 방향으로의 투영이 양자화되는 것은 구 대칭성과 충돌이 없다는 것이다. 이것은 L_x와 L_y의 고윳값이 L_z와 같고, 그 고유 상태들은 L_z 고유 상태들의 중첩으로 쓸 수 있기 때문이다.

전자의 각운동량이 양자화되어 있다는 것을 실험으로 직접 확인할 수 있을까? 이를 알아보기 위해 전자가 가진 각운동량에 의해서 나타나는 효과나 현상은 무엇이 있는지 찾아보자. 가장 중요한 효과로 전자는 전하를 띠고 있으므로 궤도각운동량을 가지게 되면 궤도 운동에 의한 전류 고리가 형성되어 자석이 된다. 이 자석의 방향과 세기를 나타내는 것이 자기 모멘트 $\vec{\mu}$인데, 전자의 궤도각운동량 $\vec{L}$에 비례한다. 고전 전자기학에서 전류 고리가 만드는 자기 모멘트는 전류×면적으로 $\vec{\mu}=i\vec{A}$가 된다. 원 궤도를 도는 전자의 전류는 $i=e/T=e(v/2\pi r)$이고, 원의 면적은 $A=\pi r^2$, 각운동량은 $L=m_e rv$이므로, $\vec{\mu}=e\vec{L}/2m_e$가 된다. 양자 역학에서는 자기 모멘트와 각운동량 사이의 비례 상수를 다음과 같은 방식으로 쓴다.

$$\vec{\mu}=-g_L\mu_B\left(\frac{\vec{L}}{\hbar}\right),\ \mu_B=\frac{e\hbar}{2m_e}$$

μ_B는 보어 마그네톤Bohr Magneton이라 하는데, 전자가 만드는 자기 모멘트의 기본 단위가 된다. g_L은 궤도각운동량의 g-인자라 하는데, 고전 전자기학에 의하면 $g_L=1$이다. 자기 모멘트 $\vec{\mu}$는 외부 자기장 $\vec{B}$가 있으면 돌림힘

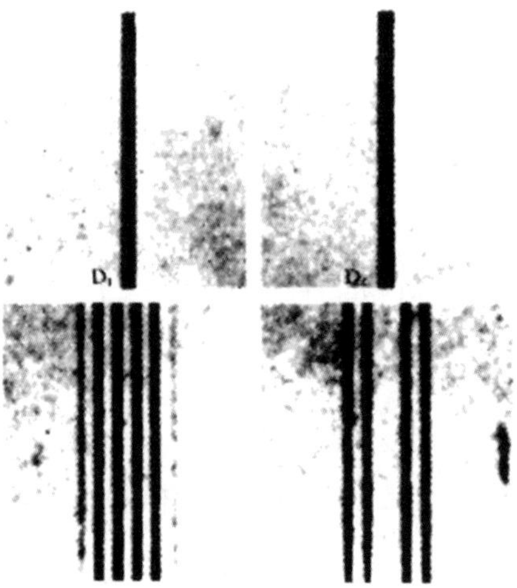

그림 85 제이만이 촬영한 제이만 효과를 보이는 방출선의 분리.

태양의 흑점과 자기장

제이만 효과를 이용하면 자기장의 크기를 측정할 수 있고, 이것은 특히 별이 가진 자기장의 크기를 알아내는 데 유용하다. 태양의 흑점에서 오는 빛에서는 제이만 효과에 의한 흡수선의 분리가 관찰되는데, 이 사실은 조지 엘러리 헤일에 의해 처음 알려졌다. 이는 흑점에 강한 자기장이 있다는 증거로, 추정되는 자기장의 크기는 $0.1T$ 수준이다. 흑점은 자기장이 대류를 막아서 다른 곳보다 온도가 낮고, 그래서 검게 보인다.

torque을 받고 그 퍼텐셜 에너지는 $V_M = -\vec{\mu} \cdot \vec{B}$가 된다. 따라서 자기장을 걸었을 때 생기는 에너지 차이를 측정해서 자기 모멘트의 크기를 잴 수 있는데, 그 값이 양자화되어 있는지를 보면 각운동량의 양자화를 확인할 수 있다. 이를 확인하는 한 방법은 원자에 자기장을 걸어 주었을 때 나타나는 방출선의 변화를 보는 것이다. 원자에 일정한 자기장을 걸어 주면 자기 모멘트(∝각운동량)의 크기와 방향에 따라 $V_M = -\vec{\mu} \cdot \vec{B}$만큼의 에너지 차이가 생기므로 방출선의 에너지가 이 에너지만큼 달라질 것이다. 원자들이 무작위한 방향을 가지고 있고, 각운동량의 특정 방향(여기서는 자기장의 방향)의 성분이 연속적인 값을 가진다면 방출선의 전체 폭이 $2\mu E$만큼 넓어질 것이다. 반면 자기장 방향의 각운동량이 양자화되어 있다면 방출선의 폭이 넓어지는 대신 몇 개의 선으로 나눠질 것이다.

이미 1896년 네덜란드의 물리학자 피터르 제이만Pieter Zeeman(1865~1943)은 빛을 내는 원자에 자기장을 걸었더니 방출선이 몇 개의 선으로 분리되는 것을 발견했다. 이를 제이만 효과라 한다. 그는 이 공로로 1902년 노벨물리학상을 수상했다. 궤도각운동량의 양자화로 제이만 효과를 설명할 수 있게 된 것이다. 하지만 그 설명이 완벽하지는 않았다. 분리된 방출선들 중에는 궤도각운동량의 양자화로 설명할 수 없는 것들도 있었다. 이것은 곧 전자의 스핀각운동량 발견으로 설명할 수 있게 되었다.

전자 스핀의 발견

전자의 궤도각운동량에 의해 원자가 자석이 되고 그 자기 모멘트가 양자화된다는 것을 원자 자석의 세기를 직접 측정해 확인할 수 있는 방법도 있다. 자기 모멘트(자석)는 일정한 자기장에서는 회전력을 받아 회전하지만 원자가 회전했다는 것을 확인할 방법이 마땅치 않다. 그런데 자석을 균일하지 않은 자기장에 놓으면 자기장이 최대로 변하는 방향으로 힘을 받아서 이동하게 되는데, 이를 이용하면 원자 자석의 세기를 측정할 수 있다. 일정한 속력으로 움직이는 잘 집속된 원자 빔을 보내고, 빔이 지나는 길에 변화율이 아주 큰 자기장을 걸면 원자들이 가진 자기 모멘트 크기에 따라 받는 힘의 크기가 달라지므로 도착하는 지점의 위치가 달라진다. 원자가 도착하는 위

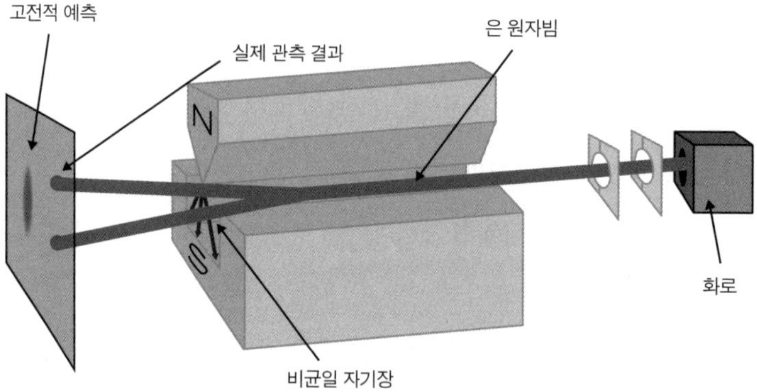

그림 86 슈테른-게를라흐 실험.

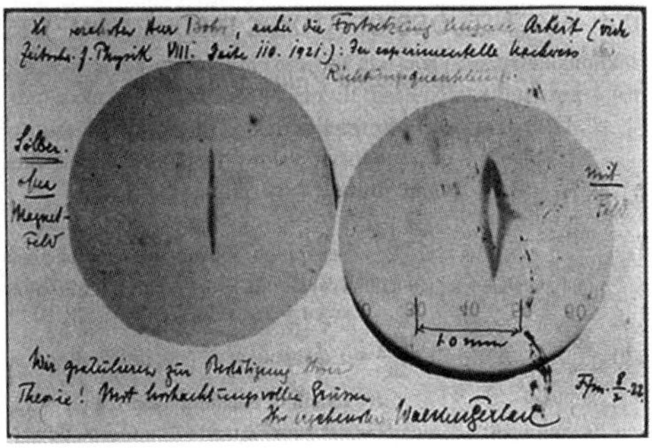

그림 87 슈테른-게를라흐 실험의 결과.

치의 분포를 보면 원자들이 가진 자기 모멘트, 즉 각운동량의 분포를 알 수 있다.

조머펠트가 각운동량의 특정 방향 성분이 양자화되어야 한다는 것을 밝힌 후인 1922년 독일의 물리학자 오토 슈테른Otto Stern(1888~1969)과 발터 게를라흐Walter Gerlach(1889~1979)는 이를 확인하는 실험에 도전했다. 자기장 방향의 궤도각운동량이 m인 전자와 $-m$인 전자가 쌍으로 존재하면 서로 상쇄되어 자기 모멘트가 없어지므로, 실험을 위해서는 짝이 없는 전자가 있는 원자를 선택해야 한다. 슈테른과 게를라흐는 은($_{47}Ag$)을 선택했고, 일정한 속력의 은 원자로 이루어진 직선 형태의 빔을 보내서 위의 실험을 진행했다.

자기장을 걸기 전에는 그림 87의 왼쪽 사진처럼 은 원자는 일직선으로 쌓인다. 은 원자가 자석이 되는 것이 맨 바깥을 도는 전자의 궤도각운동량 때문이라면 자기장을 걸었을 때 자기장 방향의 자기 모멘트 성분의 크기 분포에 따라 도착하는 은의 위치가 분포될 것이다. 각운동량이 양자화되지 않고 연속적이라면 은의 도착 지점은 연속적인 분포를 가질 것이고, 양자화되어 있다면 양자화된 상태의 수만큼 분리된 선이 나타날 것이다.

슈테른-게를라흐의 실험 결과는 그림 87의 사진이 보여 주듯이 자기장을 걸기 전에는 일직선으로 도착했지만 자기장을 건 후 두 줄로 분리되는 것으로 나왔다. 각운동량의 양자화가 확인된 것이다. 그런데 이 결과가 문제였다. 크기가 l인 궤도각운동량의 양자화 상태는 $(2l+1)$개고, l은 정수이므로 항상 홀수 개다. 그런데 짝수인 두 줄이 나타났고, 이 결과는 궤도각운동량의 양자화로 설명할 수 없었다.

슈테른-게를라흐 실험에서 짝수인 두 줄이 나타난 건 두 양자 상태를 가지는 각운동량이 존재하는 것으로 해석할 수 있다. 이와 관련해서 1924년 오스트리아 출신의 미국 물리학자 볼프강 파울리는 알칼리 금속의 방출선들을 설명하기 위해 전자가 궤도각운동량 상태와는 독립적인 두 양자 상태를 가지고, 하나의 상태에는 하나의 전자만 들어갈 수 있다는 배타 원리를 제안했다.

1925년 독일 출신의 미국 물리학자 랠프 크로니히Ralph Kronig(1904~1995)는 파울리가 제안한 두 양자 상태를 구현하는 방법으로 전자가 자체 회전에 의한 각운동량을 가지는 것을 제안했지만 파울리의 신랄한 비판을 받고 포기했다. 몇 달 후 네덜란드 출신의 미국 물리학자 조지 울렌벡George Uhlenbeck(1900~1988)과 사무엘 호우트스미트Samuel Goudsmit(1902~1978)가 독립적으로 같은 이론을 제안했고, 전자는 스핀각운동량spin angular momentum(줄여서 스핀)이라고 이름이 붙은 자체적인 각운동량을 갖는 것이 받아들여지게 되었다. 슈테른-게를라흐의 실험 결과도 이것으로 설명되었다. (이후에 슈테른-게를라흐 실험은 양자 역학에서 측정의 영향과 의미를 밝히는 데 많이 활용되었다.) 궤도각운동량의 양자 상태가 $(2l+1)$개인 것과 비교하면, 전자가 자체적으로 가지는 스핀각운동량은 2개의 양자 상태가 있으므로 l의 값이 반정수로 1/2이면 된다. 스핀각운동량은 궤도각운동량과 구별하기 위하여 S

로 표시하고, 전자의 스핀은 $S=1/2$인 것이다.

그런데 궤도각운동량과 스핀각운동량이 주는 자기 모멘트의 크기에는 차이가 있는 것이 발견이 되었다. 궤도각운동량과 같은 방식으로 스핀각운동량이 주는 자기 모멘트를 적어 보자.

$$\vec{\mu} = -g_L \mu_B \left(\frac{\vec{L}}{\hbar} \right) - g_S \mu_B \left(\frac{\vec{S}}{\hbar} \right)$$

잘 알려진 방출선들의 제이만 효과를 설명하기 위해서는 궤도각운동량의 g-인자는 $g_L=1$인 반면 스핀각운동량의 g-인자는 $g_s=2$가 된다는 것이 필요하다. 1927년에 파울리는 전자의 두 스핀 상태를 기술하는 수학적 기반으로 2×2 행렬인 파울리 행렬을 도입했고, 이듬해 디랙이 전자에 대한 상대론적인 방정식인 디랙 방정식을 발견하는 데 영감을 주었다.

디랙 방정식은 전자의 스핀 상태를 자연스럽게 기술할 뿐만 아니라 스핀각운동량의 g-인자 값도 $g_s=2$로 주었는데, 이는 디랙 방정식의 성공으로 여겼다. 스핀각운동량의 g-인자가 1이 아니라 2가 되는 것은 상대론적 효과였던 것이다. 더 정확한 g_s 값은 $g_s=2.00232$인데, 2와의 차이는 양자역학(양자 전기 역학)의 효과에 의해서 생긴다.

전자가 스핀각운동량을 가지는 것은 현재까지의 관측으로는 크로니히가 제안했던 것처럼 전자의 자체 회전에 의한 것이라기보다는● 시공간의 로렌츠 대칭성과 연결된 전자 고유의 특성이다. 전자뿐만 아니라 모든 입자는 $\hbar=h/2\pi$의 단위로 정수 또는 반정수인 고유의 스핀을 가지고 있고, 고유 스핀의 존재는 시공간의 로렌츠 대칭성과 연결되어 있다.

● 전자는 현재의 관측 한계 내에서 점 입자로 간주된다.

각운동량의 고윳값과 고유 상태

각운동량 양자화 조건으로부터 각운동량의 고윳값과 고유 상태를 구해 본다. 이 과정은 조화 진동자의 에너지 고유 상태를 양자화 조건 $[x, p]=i\hbar$로부터 구하는 과정과 비슷하지만, 더 깊은 사고를 필요로 한다. 그렇지만 각운동량의 양자화 자체도 중요하고, 회전 대칭성과 스핀의 관계를 이해하는 데도 필요하므로 어렵더라도 도전해 보기를 권한다(각운동량의 고윳값과 고유 상태를 구하는 것은 5장 '대칭성, 군과 표현'에서 $SO(3)$ 회전군의 표현을 구하는 과정과 같다).

궤도각운동량과 스핀각운동량 구분 없이 일반적인 각운동량이란 의미에서 $\vec{J}$로 쓰고, $J^2=J_x^2+J_y^2+J_z^2$과 J_z의 공유 고유 상태들을 각운동량의 양자화 조건 $[J_i, J_j]=i\hbar\epsilon_{ijk}J_k$로부터 구해 보려고 한다. J^2과 J_z의 공유 고유 상태를 각각의 고윳값을 나타내는 j와 m을 써서 $|jm\rangle$으로 표시한다. 즉 $J^2|jm\rangle=j(j+1)|jm\rangle$, $J_z|jm\rangle=m\hbar|jm\rangle$이고, $\langle jm|jm\rangle=1$로 규격화되어 있다.

먼저 J_x와 J_y로부터 사다리 연산자ladder operator라 불리는 J_+와 J_-를 $J_\pm=J_x\pm iJ_y$로 정의한다. 이 연산자들이 사다리 연산자로 불리는 것은 이 연산자들을 고유 상태 $|jm\rangle$에 적용하면 J^2의 고윳값은 변화가 없고 J_z의 고윳값이 $\pm\hbar$만큼 달라진 고유 상태가 되기 때문이다. 이것은 $J_\pm$와 J^2, J_z의 교환자를 계산해 보면 $[J^2, J_\pm]=0$, $[J_z, J_\pm]=\pm\hbar J_\pm$가 된다는 것에서 쉽게 알 수 있다. 따라서 $J_\pm|jm\rangle$ 상태를 $J_+|jm\rangle=a|jm+1\rangle$, $J-|jm\rangle=b|jm-1\rangle$로 쓸 수 있다.

이제 상수 a와 b를 구하는 것이 이 과정의 가장 중요한 단계다. 고유 상태들이 1로 규격화되어 있는 것을 위의 식에 적용하면 $|a|^2=\langle jm|J_-J_+|jm\rangle$이 되는데, $J_-J_+=J_x^2+J_y^2+i[J_x, J_y]=J^2-J_z^2-\hbar J_z$이므로 $|a|^2=[j(j+1)-m(m+1)]\hbar^2$이 된다. 같은 방법으로 $|b|^2=[j(j+1)-m(m-1)]\hbar^2$이 된다. 따라서 $J_\pm|jm\rangle$을 다음과 같이 쓸 수 있다.

$$J_+|jm\rangle=\sqrt{j(j+1)-m(m+1)}\hbar|jm+1\rangle$$

$$J_-|jm\rangle = \sqrt{j(j+1)-m(m-1)}\hbar|jm-1\rangle$$

그런데 J_+와 J_-를 이용해서 J_z의 고윳값을 올리고 내린 상태를 얻는 것이 무한히 계속되지 않고 유한한 단계에서 끝이 나야만 유한한 수의 상태가 존재하므로 m_{max}와 m_{min}이 있어서 $J_+|jm_{max}\rangle = 0$, $J_-|jm_{min}\rangle = 0$이 되어야 한다. 위 식에서 근호 안이 0보다 크거나 같아야 하므로 $m_{max}=j$, $m_{min}=-j$여야 함을 알 수 있다. 한편 m_{max}와 m_{min}의 차이는 $m_{max}-m_{min}=2j$로 이 값은 0 또는 양의 정수여야 한다. 따라서 가능한 j의 값은 $j=0, 1/2, 1, 3/2, 2, \cdots$로 정수 또는 반정수다. 그리고 주어진 j에서 가능한 m의 값은 $m=-j, -j+1, \cdots, j$가 된다. 따라서 각운동량의 고윳값은 정수와 반정수가 가능한 것이다. 그런데 고전 역학인 각운동량과 연결되는 궤도각운동량은 정수만 가능하다. 반면 고전 역학적인 대응 짝이 없는 스핀각운동량은 정수와 반정수 모두 가능하다. 대표적으로 전자의 스핀각운동량은 1/2이다. $j=1/2$인 경우 각운동량 연산자 $\vec{J}$는 다음의 2×2행렬을 써서 $\vec{J} = \frac{\hbar}{2}\vec{\sigma}$ 로 표현이 되는데, 이 행렬을 파울리 행렬이라 한다. 파울리 행렬은 전자의 스핀이나 $SU(2)$ 대칭성을 다룰 때 많이 쓰인다.

파울리 행렬 $\sigma_x = \begin{pmatrix} 0 & 1 \\ 1 & 0 \end{pmatrix}, \sigma_y = \begin{pmatrix} 0 & i \\ -i & 0 \end{pmatrix}, \sigma_z = \begin{pmatrix} 1 & 0 \\ 0 & -1 \end{pmatrix}$

스핀각운동량의 고윳값과 고유 상태는 궤도각운동량의 그것과 동일한데, 차이는 궤도각운동량은 입자의 상태에 따라 $l=0, 1, 2, \cdots$의 값을 가지지만, 스핀각운동량은 입자 고유의 성질로 예를 들어 전자는 $s=1/2$, 광자는 $s=1$ 등으로 입자마다 고정된 값을 가진다. 각운동량이 반정수의 고윳값도 가질 수 있다는 것은 앞의 각운동량 양자화 조건으로부터 직접 고윳값과 고유 상태를 구해 보면 알 수 있다.

그런데 왜 스핀각운동량은 정수와 반정수 값이 모두 가능한데 궤도각운동량은 정수 값만 가능할까? 이것은 공간 좌표를 360° 회전했을 때 각운동량의 파동 함수가 각운동량이 정수일 때는 $\psi(\hat{r}, 360°)=+\psi(\hat{r})$이 되고, 반정수일 때는 $\psi(\hat{r}, 360°)=-\psi(\hat{r})$이 되기 때문이다. 공간 좌표를 360° 회전하는 것은 회전을 하지 않는 것과 같지만 파동 함수의 부호가 바뀔 수 있는 것은 양자 역학이 고전 역학과 다른 점이다. 입자의 내부 상태로 볼 수 있는 스핀각운동량의 경우 파동 함수는 +와 − 둘 다 허용되고, 따라서 스핀각운동량의 값은 정수와 반정수가 다 가능하다. 반면 입자의 공간 운동 상태를 나타내는 궤도각운동량은 고전 역학적인 각운동량과 연결되므로 파동 함수가 −가 되는 것이 허용되지 않고, 따라서 궤도각운동량의 값은 정수만 허용된다.

12. 보손과 페르미온

불확정성(파동−입자 이중성) 때문에 생기는 양자 역학과 고전 역학의 또 하나의 중요한 차이는 동일한 입자의 구별 가능 여부다. 고전 역학에서는 동일한 두 입자가 충돌하더라도 궤적을 추적할 수 있으므로 서로 구별하는 것이 가능하지만, 양자 역학에서는 불확정성 때문에 충돌 후 이것을 구별해 낼 방법이 근본적으로 없다. 양성자, 전자, 원자 등 미시 세계의 입자들은 같은 종류끼리는 서로 구별이 근본적으로 불가능한 진정한 동일한 입자 identical particles다. 그런데 동일한 입자들을 구별할 수 없다는 사실은 이 입자들이 여러 개가 존재할 경우 파동 함수의 형태에 제약을 주는데, 그 결과는 우리가 단순히 생각한 것보다 놀랍고 심오하다.

양자 역학에서는 파동 함수의 제곱($|\psi|^2$)을 측정과 연결되는 확률 밀도로 해석한다. 동일한 입자를 서로 구별할 수 없다는 것은, 양자 역학의 언어로 여러 개의 동일한 입자들을 기술하는 파동 함수의 제곱은 입자들을 서로 교환하는 것에 대하여 불변(대칭)이어야 한다는 것이다. 즉 파동 함수에서 i번째 입자와 j번째 입자를 서로 교환하더라도 $|\psi(i, j)|^2 = |\psi(j, i)|^2$이 성립해야 한다. 그런데 교환을 한 번한 파동 함수는 그 제곱이 원래의 파동 함수와 같고, 교환을 두 번 반복한 파동 함수는 원래의 파동 함수와 같아야 하므로 파동 함수 자체는 두 입자의 교환에 대해 원래의 함수에 부호만 + 또는 −가 붙는 두 가지 가능성이 존재한다.

흥미롭게도 자연에는 이 두 가지 선택이 다 구현되어 있고, 부호의 선택은 입자 고유의 성질로 주어진다. 이에 따라서 입자를 분류하는데, 각각의 경우를 처음으로 연구한 인도의 물리학자 사티엔드라 나트 보스Satyendra Nath Bose(1894~1974)와 이탈리아의 물리학자 엔리코 페르미Enrico Fermi(1901~1954)의 이름을 따서, +로 되는 입자를 보손boson, −로 되는 입자를 페르미온fermion이라 한다.

동일한 입자의 교환에 대한 파동 함수의 대칭성 $\psi(i, j) = \pm\psi(j, i)$

보손의 파동 함수 $\psi^{B}(i, j) = +\psi^{B}(j, i)$

페르미온의 파동 함수 $\psi^{F}(i, j) = -\psi^{F}(j, i)$

이 대칭성의 제약과 간단한 부호의 차이가 많은 수의 동일한 입자들로 이루어진 계에서는 가능한 상태의 수와 성질에서 중요한 차이를 주게 된다. 간단한 예를 들어 보자. 파동 함수 ψ_1과 ψ_2로 표시되는 두 가지 상태만을 가지는 동일한 입자 1과 2가 있고 이 두 입자 중 하나는 ψ_1 다른 하나는 ψ_2 상태에 있는 경우를 생각해 보자. 두 입자를 구별할 수 있다면 이 상태는 입자 1은 ψ_1, 입자 2는 ψ_2에 있는 상태($\psi_1(x_1)\psi_2(x_2)$)와 입자 1은 ψ_2, 입자 2는 ψ_1에 있는 상태($\psi_2(x_1)\psi_1(x_2)$) 두 가지 상태가 가능하다. 그러나 두 입자를 구별할 수 없는 경우에는 입자 1과 입자 2를 교환하는 것에 대해 대칭성이 있어야 하므로, 대칭 또는 반대칭 상태 중 하나여야 한다.

$$\psi_s = \frac{1}{\sqrt{2}}[\psi_1(x_1)\psi_2(x_2) + \psi_2(x_1)\psi_1(x_2)]$$
$$\psi_A = \frac{1}{\sqrt{2}}[\psi_1(x_1)\psi_2(x_2) - \psi_2(x_1)\psi_1(x_2)]$$

동일한 입자들이 보손인 경우 ψ_s 상태가 되고, 페르미온인 경우 ψ_A 상태가 된다. 만약 ψ_1과 ψ_2가 동일한 상태라면 $\psi_A = 0$이 되어 반대칭인 상태는 존재하지 않는다. 따라서 페르미온인 경우, 동일한 두 페르미온은 동시에 같은 양자 상태에 있을 수 없다는 결과가 나오는데, 이를 파울리의 배타 원리exclusion principle라 한다. 파울리는 원소들의 방출선을 설명하기 위해 전자에 스핀과 배타 원리를 도입했는데, 이 원리는 화학 원소들의 전자 구조와 주기율을 설명하는 데 결정적인 역할을 하게 된다.

입자를 구별할 수 있는가 없는가와 대칭성에 따라 상태의 수와 형태가 어떻게 달라지는지 살펴보자. 위의 경우와 같이 2개의 상태 ψ_1과 ψ_2에 들어갈 수 있는 동일한 입자 2개가 있다고 해 보자. 만약 두 입자를 구별할 수 있다면 $\psi_1(x_1)\psi_1(x_2)$, $\psi_2(x_1)\psi_2(x_2)$, $\psi_1(x_1)\psi_2(x_2)$, $\psi_1(x_2)\psi_2(x_1)$ 4개의 상태가 가능하다. 두 입자가 동일한 보손이라면 $\psi_1(x_1)\psi_1(x_2)$, $\psi_2(x_1)\psi_2(x_2)$, ψ_s 3개의 상태가 가능하다. 두 입자가 동일한 페르미온이라면 ψ_A 1개의 상태만 가능하다. 가능한 상태의 수는 들어갈 수 있는 상태의 수와 입자의 수가 커질수록

백색 왜성과 중성자별

전자로 이루어진 기체는 온도가 0도로 떨어져도 압력이 0이 되지 않는다. 부피가 $V=L^3$인 정육면체 상자 안에 N개의 자유 전자가 있다고 해 보자. 전자의 에너지 준위는 다음과 같이 주어진다.

$$E(n_x, n_y, n_z) = \frac{\pi^2\hbar^2}{2m_e L^2}(n_x^2 + n_y^2 + n_z^2),\ n_x, n_y, n_z = 1,\ 2,\ 3,\cdots$$

이제 온도가 0도일 때 이 기체의 총 에너지를 구해 보자. 만약 전자가 고전적인 입자라면 운동 에너지가 모두 0이 되므로 총 에너지도 0이 될 것이다. 만약 전자가 보손이라면 전자가 모두 바닥 상태에 있어 $E=NE_{(1,1,1)}=(3\pi^2\hbar^2/2)N/m_eL^2$이 될 것이다. 그런데 전자는 스핀이 1/2인 페르미온이고 파울리 배타 원리에 의해 한 에너지 준위에 스핀이 다른 두 개의 전자만 있을 수 있으므로 바닥 상태부터 에너지가 $E_F=(3^{2/3}\pi^{4/3}/2)(N^{2/3}/m_eL^2)$인(이 에너지를 페르미 에너지라 한다) 상태까지 차례로 채우게 되고, 총 에너지는 $E=(3^{5/3}\pi^{4/3}/\hbar^2/10)N^{5/3}/m_eL^2$이 된다. 따라서 이 기체의 부피($V=L^3$)를 줄이려고 하면 에너지가 커지므로 반발하는 압력이 작용하는데, 이 압력을 겹침 압력이라 하고, 그 크기는 다음과 같다.

$$P_e = -\frac{\partial E}{\partial V} = \frac{3^{3/2}\pi^{4/3}\hbar^2}{5m_e}\left(\frac{N}{V}\right)^{5/3}$$

겹침 압력의 크기가 전자의 개수밀도(N/V)의 5/3 제곱에 비례함에 주목해야 한다. (양성자와 중성자도 페르미온이므로 겹침 압력을 주지만 겹침 압력의 크기가 질량에 반비례하므로 같은 개수 밀도에서는 전자의 겹침 압력에 비해 훨씬 작다.)

태양과 같은 별은 핵융합을 통해 열 에너지를 공급받아 생기는 온도와 압력이 별을 수축시키려는 중력에 맞서 평형을 유지한다. (엄밀하게 말하면 중력과 평형을 이루려면 압력의 변화율이 있어야 하고, 따라서 중심부로 갈수록 온도와 압력이 올라가야 한다.) 그런데 핵융합에 쓸 연료 핵들을 다 소진하고 나면 핵융합이 멈추고 더 이상의 열 에너지 공급이 없으므로 온도와 압력이 낮아져서 중력에 의한 수축이 시작된다. 수축에 의해 부피가 줄어들면 전자의 밀도가 높아지면서 겹침 압력이 커지게 되는데, 이 겹침 압력이 커져서 수축시키려는 중력과 다시 평형을 이룰 수 있으면 수축이 멈추게 된다. 이렇게 전자의 겹침 압력이 중력과 평형을 이룬 별을 백색 왜성white dwarf이라 한다. 태양은 약 50억 년 후에 핵융합이 멈추고 백색 왜성이 될 것으로 예상된다. 한편 별의 질량이 클수록 중력이 커지므로 평형이 이루어지는 전자의 밀도와 겹침 압력도 더 커지게 된다. 따라서 전자의 페르미 에너지도 커지게 되는데, 이것은 큰 에너지를 가진 전자가 많아진다는 것을 의미한다. 그런데 페르미 에너지가 전자가 양성자와 반응하여 중성자를 만드는 반응($e^- + p \rightarrow n + \nu_e$)에 필요한 에너지보다 더 커지면, 페르미 에너지 근처의 전자는 핵 속의 양성자와 반응하여 중성자를 만들면서 사라지게 되어 압력이 더 이상 올라가지 않게 된다. 즉 별에는 전자만 있는 것이 아니라 전자를 흡수할 수 있는 핵(양성자)도 같이 있기 때문에 전자에 의한 겹칩 압력의 크기에는 한계가 있는 것이다. 별의 질량이 커서 압력이 이 한계를 넘어가면 핵이 전자를 흡수해 모두 중성자로 바뀌면서 압력이 더 이상 올라가지 않기 때문에 별은 중력에 의한 수축을 계속하게 된다. 결국 이 수축은 중성자의 겹침 압력이 커져서 멈출 수 있게 되는데, 이에 필요한 중성자의 개수 밀도는 전자의 경우보다 훨씬 크기 때문에 백색 왜성보다 훨씬 작은 크기까지 수축해야 한다. 이렇게 중성자의 겹침 압력이 중력과 평형을 이룬 별을 중성자별neutron star이라 한다. 중성자의 겹침 압력에도 한계가 있는데, 별의 질량이 너무 커서 이 한계마저 넘어가면 중력에 의한 수축을 멈출 수 없게 되어 블랙홀이 된다고 보고 있다.

더 차이가 나게 된다.

어떤 입자는 보손이 되고, 어떤 입자는 페르미온이 될까? 입자가 보손인지 페르미온인지는 그 입자가 갖는 스핀에 의해 결정되는 것으로 밝혀졌다. 규칙은 간단하다. 입자의 스핀이 정수인 경우에는 보손이 되고, 반정수인 경우에는 페르미온이 된다. 스핀과 보손-페르미온 선택이 왜 그렇게 연결되는가에 대해 비상대론적인 양자 역학의 틀에서는 아직 그럴듯한 답은 없고, 상대론적인 양자 역학인 양자장론에서는 파울리의 스핀-통계 정리spin-statistics theorem가 있다(5장 '양자장론'에서 이에 대해 간단히 언급하도록 하겠다).

원자는 양성자와 중성자로 이루어진 핵과 핵 주변에 분포하는 전자로 이루어져 있고, 이 기본 입자들은 모두 스핀 1/2로 페르미온들이다. 그러나 스핀 1/2인 페르미온이 여러 개가 모이면 합쳐진 계의 스핀은 총 개수가 홀수 개면 반정수 스핀, 짝수 개면 정수 스핀이 되므로, 원자는 핵과 전자의 구성에 따라 보손이 될 수도 있고, 페르미온이 될 수도 있다. 보손과 페르미온으로 이루어진 입자계의 차이를 극명하게 보여 주는 것은 이들 입자로 이루어진 유체가 아주 낮은 온도에서 보이는 현상이다. 보손으로 된 유체는 어느 온도 이하가 되면 모든 입자가 바닥 상태로 떨어지면서 보스-아인슈타인 응축Bose-Einstein condensation을 일으키고, 초유체 같은 특이한 성질을 보이기도 한다. 반면 페르미온으로 된 기체는 같은 상태에 두 입자가 있을 수 없으므로 온도가 0K여도 바닥 상태부터 높은 에너지 상태로 차례차례 채워 나가게 되고, 따라서 입자의 총 개수에 따라 상당한 운동 에너지와 그에 따르는 압력을 가지게 된다. 이렇게 온도와 무관하게 배타 원리 때문에 페르미온 기체가 가지는 압력을 겹침 압력degeneracy pressure이라고 한다. 겹침 압력은 백색 왜성이나 중성자별의 안정성을 설명하는 데 중요한 역할을 한다.

13. 원자와 물질

양자 역학의 험한 산들을 다 넘어 왔으니, 이제 지금까지 얻은 결과들을 종합하여 원자의 실체에 접근해 보자. 가장 간단한 원자인 수소 원자에 대해 자세히 알아본 후 양자 역학의 가장 중요한 성과인 원소 주기율표를 살펴본다.

슈뢰딩거 방정식을 풀어서 구한 수소 원자의 에너지 고유 상태는 3개의 양자수 n, l, m으로 표시되고, 에너지 고윳값 $E_n = -E_0/n^2$은 수소 원자의 방출선 규칙인 뤼드베리 공식을 잘 설명한다. 여기에 전자는 스핀이 $s=1/2$이므로 스핀 상태를 나타내는 양자수 m_s가 추가되어, 수소 원자의 에너지 고유 상태는 모두 4개의 양자수로 표시된다. 에너지 고윳값은 주 양자수 n에만 의존해서, 고유 상태의 겹침이 존재한다. 주어진 주 양자수 n에 대해서 궤도각운동량은 $l=0, \cdots, n-1$이 가능하고, 주어진 l에 대해서는 $m_l=-l, \cdots, l$로 $(2l+1)$개의 상태가, 스핀은 $m_s=+1/2, -1/2$로 2개의 상태가 있으므로, 에너지 고윳값 E_n의 겹침의 수는 $\sum_{l=0}^{n-1}(2l+1)\times 2=2n^2$이 된다. 궤도각운동량과 스핀각운동량에 의한 겹침이 존재하는 것은 제이만 효과를 통해서 확인할 수 있다.

그런데 수소 원자를 정밀 관측해 보면 더 복잡한 구조들이 나타난다. 우선 전자의 에너지에는 원자핵에 의한 쿨롱퍼텐셜에 비해 상대적으로 작긴 하지만 상대론적 보정들이 존재한다. 이를 고려하려면 상대론적 보정들(상대론적 운동 에너지 보정, 스핀-궤도 결합, 다윈 항)을 슈뢰딩거 방정식에 포함시키거나 전자에 대한 상대론적인 방정식인 디랙 방정식을 풀면 된다. 상대론적 보정을 더하면 에너지 고윳값은 전자의 궤도각운동량 $\vec{L}$과 스핀각운동량 $\vec{S}$를 합한 총 각운동량 $\vec{J}=\vec{L}+\vec{S}$의 크기에 따라서 E_n에서 조금 달라지는데(구대칭성에 의한 $m_j=-j, \cdots, j$의 겹침은 여전히 남는다), 이를 미세 구조라고 한다.

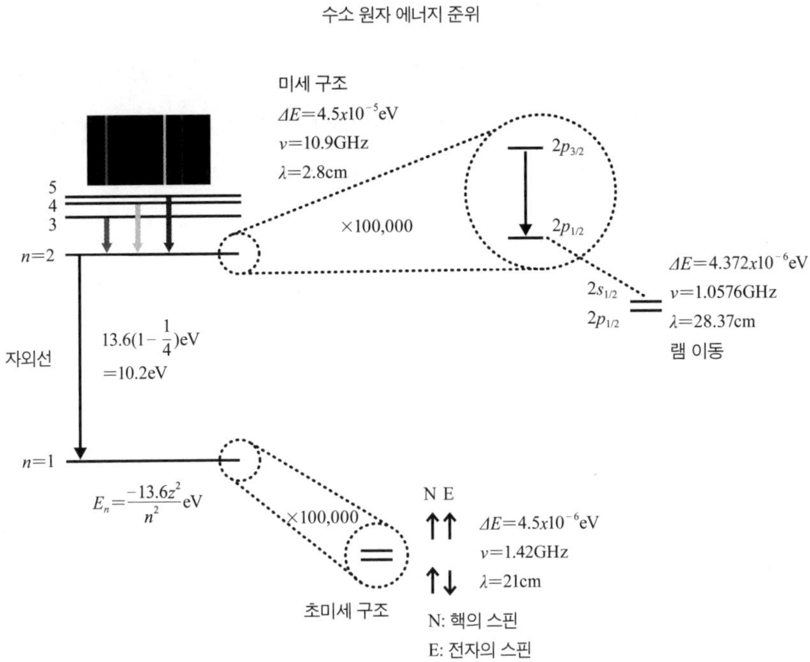

그림 88 수소 원자 스펙트럼의 미세 구조, 초미세 구조, 램 이동.

$$E_{nj} = -\frac{E_0}{n^2}\left[1+\frac{\alpha^2}{n^2}\left(\frac{n}{j+1/2}-\frac{3}{4}\right)\right],\ \alpha = \frac{ke^2}{\hbar c} \approx \frac{1}{137}$$

이 미세 구조의 크기를 결정하는 상수 α를 미세 구조 상수fine structure constant라 한다. 미세 구조를 고려하면 수소 원자의 에너지 고유 상태를 표시할 때 총 각운동량의 크기 j를 쓰는 것이 더 편리하다. 총 각운동량의 크기 j는 궤도각운동량의 크기가 l이고 스핀각운동량의 크기는 1/2이므로 $j=l-1/2$과 $j=l+1/2$의 두 가지가 가능하다. 따라서 총 각운동량의 크기 j가 같기에 에너지 고윳값도 같지만 궤도각운동량의 크기는 $l=j-1/2$과 $l=$

$j+1/2$로 다른 겹침 상태가 존재한다. 원자의 에너지 준위를 나타낼 때 자주 쓰이는 분광학 표기는 주 양자수 n, 총 각운동량의 크기 j는 그대로 숫자로 쓰고, 궤도각운동량의 크기는 $l \rightarrow L$, $0 \rightarrow S$(sharp), $1 \rightarrow P$(principal), $2 \rightarrow D$(diffuse), $3 \rightarrow F$(fundamental) 등으로 바꾸어서 nL_j 형식으로 나타낸다.

예를 들어 주 양자수가 $n=1$인 바닥 상태는 $1S_{1/2}$이 되고 주 양자수가 $n=2$인 상태는 $j=1/2$로 같은 에너지를 가진 $2S_{1/2}$, $2P_{1/2}$와 조금 더 높은 에너지를 갖는 $j=3/2$인 $2P_{3/2}$가 있다. 미세 구조에 의한 $2P_{1/2}$과 $2P_{3/2}$ 사이의 에너지 차는 $\Delta E=4.5\times10^{-5}$eV($\Delta f=10.9$GHz)인데, 이를 관측하기가 쉽지는 않다.

원자가 내는 빛은 원래 매우 작은 자연 진동수 폭을 갖지만 기체에 있는 원자들은 무작위로 빠르게 움직이고 있어서 도플러 효과에 의해 폭이 넓어지게 된다. 수소 원자는 원자 중에서도 가장 가벼워 도플러 효과가 크게 나타나는데, 상온에서 도플러 효과에 의한 폭은 4GHz 정도로 앞의 에너지 차보다 작기는 하지만 그 관측이 매우 어렵다. 20세기 후반에는 일정한 속력의 원자빔이나 레이저를 사용하여 이런 도플러 효과들을 제거하고 정밀하게 에너지 준위를 측정하는 것이 가능해져서 미세 구조와 이보다 더 작은 램 이동Lamb shift과 초미세 구조hyperfine structure까지 확인되었다.

램 이동은 양자 전기 역학 효과에 의해 $2S_{1/2}$와 $2P_{1/2}$에 에너지 차가 생기는 것으로 그 크기는 $\Delta E_{\text{Lamb}}=4.372\times10^{-6}$eV($\Delta f=1.0576$GHz)이다. 초미세 구조는 수소 원자핵(양성자)의 자기 모멘트와 전자의 자기 모멘트의 상호 작용에 의해 수소 원자의 바닥 상태인 $1S_{1/2}$이 에너지 차가 $\Delta E_{\text{hyperfine}}=5.9\times10^{-6}$eV($\Delta f=1.42$GHz)인 두 상태로 갈라지는 것이다. 이 에너지 차이가 매우 작아서 바닥 상태에 있는 수소 원자는 쉽게 이 차이에 해당하는 전자기파를 흡수하거나 방출하는데, 이 전자기파는 파장이 21㎝여서 21㎝파로 불리며 마이크로파 영역에 속한다. 21㎝파의 검출은 바닥 상태의 수소 원자의 존재를 추적할 수 있는 유일한 수단이어서 전파천문학에서 중요한 역할을 해왔다. 우리 은하의 나선 팔 구조는 21㎝파를 통해 수소 원자의 분포를 파악하면서 밝혀진 것이다. 무엇이든 하나를 정밀하게 이해할 수 있다는 것은 때로는 굉장한 도구가 될 수 있다.

이제 원자 번호 Z가 1보다 큰 원소들의 원자 구조를 다뤄 보자. 원자핵은 Z개의 양성자와 비슷한 수의 중성자로 이루어져서 핵의 전하는 Ze가 된다. 핵의 크기는 여전히 원자의 크기에 비해서 충분히 작아서 전자에 미치는 영향은 쿨롱퍼텐셜이 $V(r) = -kZe^2/r$로 되는 것 이외에 크게 달라지는 것은 없다. 전자는 원자 번호가 커지면 그만큼 수가 늘어나는데, 수가 늘어날수록 서로 간의 상호 작용을 무시할 수 없게 된다. 그렇지만 여전히 정성적인 이해는 가능하다.

우선 전자 간의 상호 작용이 없다고 가정한다면 어떤 구조가 나오는지 살펴보고 그 바탕에서 전자 간의 상호 작용에 의해 무엇이 달라지는지 알아보자. 전자 간의 상호 작용이 없다면 전자의 에너지 고윳값과 고유 상태는 핵의 전하만 Ze로 바꾼 수소 원자와 같다. 따라서 미세 구조를 무시하면 에너지 고윳값은 $E_n = -ZE_0/n^2$으로 주어지고 겹침의 수는 $2n^2$으로 주어진다. 이 고유 상태들을 전자들이 채울 텐데, 여기서 전자는 스핀이 1/2인 페르미온이고 파울리의 배타 원리가 적용되는데, 이것이 중요한 역할을 한다. 한 고유 상태에 하나의 전자만 있을 수 있는 것이다. 그러면 원자 번호가 Z인 원자의 (가장 낮은 에너지를 가지는) 바닥 상태는 Z개의 전자를 에너지가 낮은 고유 상태부터 차례로 채운 상태가 된다.

원자 번호가 2인 헬륨의 경우 두 전자는 바닥 상태 1S의 스핀이 위(+1/2), 아래(−1/2)인 두 상태를 채운다. 원자 번호가 3인 리튬은 두 개의 전자가 1S의 두 상태를 채우고 남은 하나는 2S의 스핀 위, 아래 중 하나를 채

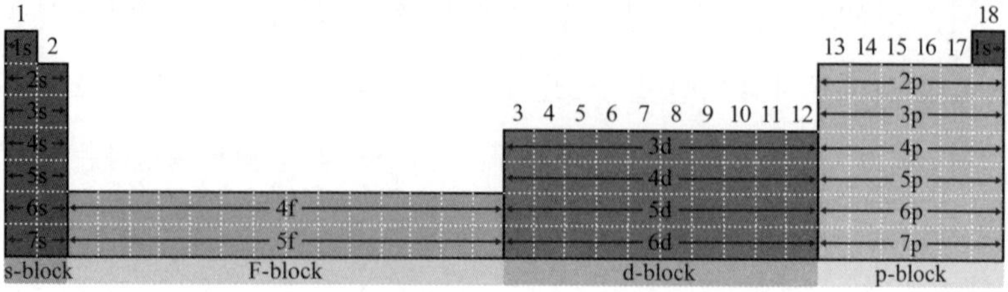

그림 89 전자의 껍질 구조와 주기율표. 주기율표의 각 색깔의 블록은 주 양자수(n=1, 2, ⋯, 7)와 궤도각운동량(l=0(s), 1(p), 2(d),3(f))으로 구별되는 부껍질을 맨 바깥의 전자들이 차례로 채워 가는 원소들을 한 묶음으로 나타낸 것이다. 전자들은 낮은 에너지 준위를 가진 부껍질부터 차례로 채우는데, 위 줄에서 아래 줄로, 같은 줄에서는 왼쪽에서 오른쪽으로 갈수록 에너지 준위가 올라간다.

운다. 이를 차례로 적으면 각 원소의 전자 구조를 에너지 준위의 분광학 표기를 이용해서 나타낼 수 있다. 리튬의 전자 구조는 $1S^2 2S^1$으로 쓴다. 오른쪽 위의 첨자로 쓴 숫자는 그 준위에 있는 전자의 수다.

이 전자의 구조와 원소 주기율표에 나타나는 원소의 주기율과 어떤 관계가 있을까? 일단 전자의 개수에 따라서 원소의 화학적 성질이 달라지는 것으로 보아 화학적 성질은 전자의 상태에 의해서 결정되는 것임은 틀림없다. 주기율표의 같은 열에 있는 원소들은 어떻게 해서 비슷한 화학적 성질을 가지는 것일까. 주기율표(그림 89)의 맨 오른쪽 열은 비활성 기체로 알려져 있는 원소들로 각각의 원자 번호는 헬륨 2, 네온 10, 아르곤 18, 크립톤 36, 제논 54, 라돈 86이다. 이 원자 번호들이 의문을 풀어줄 열쇠일 것 같다. 이 원자 번호들의 차를 보면 헬륨−0 2, 네온−헬륨 8, 아르곤−네온 8, 크립톤−아르곤 18, 제논−크립톤 18, 라돈−제논 32이다. 뭔가 보이는가? 이 수들은 모두 주 양자수 n의 겹침 고유 상태의 수인 $2n^2$의 형태다. 이것으로부터 각 주 양자수의 겹침 상태들을 모두 채우면 비활성 기체 원소들이 된다고 추측해 볼 수 있다.

그런데 그렇게 간단하지는 않은 듯하다. 만약 그렇다면 원자 번호의 차

표 4 마델룽 규칙에 따른 전자 궤도의 에너지 준위 순서와 전자의 상태 수.

$n+l$	1	2	3		4		5			6			7				8		
궤도명	1S	2S	2P	3S	3P	4S	3D	4P	5S	4D	5P	6S	4F	5D	6P	7S	5F	6D	7P
상태 수	2	2	6	2	6	2	10	6	2	10	6	2	14	10	6	2	14	10	6
누적 수	2	4	10	12	18	20	30	36	38	48	54	56	70	80	86	88	102	112	118

가 차례로 2, 8, 18, 32가 돼야 하는데 중간에 8과 18은 두 번씩 나타난다. 따라서 전자들 간의 상호 작용에 의한 효과를 고려해야만 주기율을 제대로 이해할 수 있다. 핵의 쿨롱퍼텐셜에 전자 간의 상호 작용이 더해지면 $1/r$ 퍼텐셜의 특징이었던 궤도각운동량 l의 겹침은 사라지고 에너지 고윳값은 n, l 모두에 의존할 것이다. 1930년대에 에너지 고윳값에 대한 실험적인 규칙을 찾아냈는데, 에너지 고윳값은 $n+l$이 클수록 커지고, 같은 $n+l$에서는 n이 클수록 커진다는 것으로 이를 마델룽 규칙Madelung's rule이라 한다. 이 규칙에 따라 낮은 에너지부터 전자의 궤도를 늘어놓으면 표 4와 같다.

$(n+l)$이 커질수록 에너지 고윳값이 커지는 것은 다음과 같이 이해할 수 있다. 파동 함수의 마디의 수가 커질수록 에너지가 커지는데, 반지름 방향의 마디의 수는 n_r로 주어지는 반면 구면 방향은 2차원이라 $2l$로 볼 수 있다. 퍼텐셜이 $1/r$일 때는 특별히 에너지가 $n_r+l+1=n$ 조합에 비례했지만, 일반적인 퍼텐셜에서는 $n_r+2l+1=n+l$ 조합에 더 가까울 것으로 예상된다. 이제 비활성 원소들의 위치를 보면, 헬륨을 제외하면 모두 P 궤도가 다 찼을 때 나타난다. 이것은 S 궤도($l=0$)와 P 궤도($l=1$) 사이의 에너지 간극보다 P 궤도($l=1$)와 D 궤도($l=2$) 사이의 에너지 간극이 (어떤 이유로?) 훨씬 크기 때문에 나타나는 것이다. S 궤도와 P 궤도가 다 차면 하나의 안정된 껍질을 형성해서 다른 원자와는 결합하지 않는다. 원소의 화학적 성질은 완

성된 껍질의 바깥 최외각 껍질에 어떤 궤도에 몇 개의 전자가 들어 있는가에 주로 결정된다는 것이 주기율표 이해의 핵심이다. 그림 89의 주기율표의 도식을 보면 맨 왼쪽 두 열에 있는 원소들은 S 궤도의 두 (스핀) 상태를 채워 가는 것이고, 맨 오른쪽의 여섯 열은 P 궤도의 여섯(궤도 3×스핀 2) 상태를 채워 가는 것이다. 원소의 화학적 성질이란 다른 원자와의 상호 작용에서 나타나는 것으로, 완성된 껍질에 속한 전자들은 핵과 강하게 결합되어 다른 원자와의 상호 작용에는 관여하지 못하는데, 최외각 껍질에 있는 전자들은 이동과 공유가 가능해서 이를 통해 원자들은 분자를 형성하고 응집된 물질을 이루게 된다.

이제 원자들이 모여서 분자를 형성하거나 응집 물질이 되는 과정을 이해해 보자. 먼저 가장 간단한 분자인 수소 분자를 살펴보자. 수소 분자는 두 개의 수소 원자로 되어 있는데, 각각의 수소 원자는 전기적으로 중성이므로 분리된 두 수소 원자 사이에는 전기력이 작용하지 않는다. 그런데 왜 두 개의 수소 원자가 결합해 수소 분자를 이룰 수 있을까? 이것은 양성자와 전자가 결합해서 안정적인 수소 원자를 이루는 경우와 마찬가지로 고전 전자기학으로는 설명이 불가능하다. 수소 분자를 비롯하여 원자들 간의 결합에 의해 분자를 형성할 수 있는 기본적인 이유는 두 원자가 (최외각 껍질에 있는) 전자를 서로 공유함으로써 분리되어 있을 때보다 더 낮은 에너지 상태를 얻을 수 있기 때문이다.

전자를 공유하는 것이 왜 더 낮은 에너지 상태가 될까? 불확정성 관계를 통해 이에 대한 원리적인 설명이 가능하다. 전자가 두 원자 간에 공유되면서 전자는 같은 (음의) 쿨롱퍼텐셜 에너지를 가지고 원자 하나일 때보다 더 넓은 공간에 분포할 수 있게 되는데, 불확정성 관계에 따른 운동 에너지를 줄일 수 있어서 더 낮은 에너지 상태가 된다.

이 사실을 조금 더 잘 살펴보기 위해서 두 개의 양성자와 하나의 전자로 구성된 수소 분자 이온(H_2^+)을 고려해 본다. 두 양성자가 충분히 멀리 떨어져 있다고 하고 각각을 양성자 1, 양성자 2라고 이름을 붙이자. 여기에 전자를 하나 더하면 그 바닥 상태는 (동등한) 두 개의 상태가 가능한데, 전자가 양성자 1과 결합하여 (바닥 상태의) 수소 원자가 되고 양성자 2는 그대로 있는 상태거나(이 상태를 $|1\rangle$이라 표시하겠다), 양성자 1은 그대로 있고 전자가 양성자 2와 결합하여 (바닥 상태의) 수소 원자가 되는 상태인데(이 상태를 $|2\rangle$이라 표시하겠다), 두 상태의 에너지 고윳값은(에너지 고윳값을 E_0라 하자) 같다. 이제 두 양성자 사이의 거리를 줄여 가면 어떤 변화가 생길까? 두 양성자 사이의 거리가 가까워지면 한 양성자에 있던 전자가 다른 양성자로 옮겨가는 양자역학적 전이가 가능해지고 그 확률은 거리가 가까울수록 커진다. 이 효과에 의해 에너지 고유 상태는 더 이상 $|1\rangle$ 또는 $|2\rangle$ 상태가 아니라 두 상태의 중첩 상태로, 두 전자의 교환에 대해서 대칭인 상태 $|\psi_S\rangle$와 반대칭인 상태 $|\psi_A\rangle$가 되는데, 에너지 고윳값은 같은 E_0에서 $E_0-\Delta E(r)$과 $E_0+\Delta E(r)$의 둘로 갈라지게 된다.

$$\text{대칭 상태}\quad |\psi_S\rangle=\frac{1}{\sqrt{2}}(|1\rangle+|2\rangle),\ E_S=E_0-\Delta E(r)$$

$$\text{반대칭 상태}\quad |\psi_A\rangle=\frac{1}{\sqrt{2}}(|1\rangle-|2\rangle),\ E_A=E_0+\Delta E(r)$$

대칭인 상태가 더 낮은 에너지 고윳값을 가지는 것은 위에서 설명했듯이 불확정성 관계를 통해 이해할 수 있다. 에너지 차이 $\Delta E(r)$는 두 양성자 사이의 거리가 가까워질수록 커져서 더 낮은 에너지를 가지는 바닥 상태가 얻어진다. 그러나 거리가 수소 원자 크기보다 더 작아지면 이제는 전자가 양성자의 전하를 완전히 가리지 못하게 되고 거리가 작아질수록 두 양성자 사이의 전기적 반발력이 점차로 중요해지고, 아주 짧은 거리에서는 그 크기가 $\Delta E(r)$보다 더 빨리 커진다. 따라서 전자를 공유해서 낮아지는 에너지 $-\Delta E(r)$과 두 양성자 사이의 전기 퍼텐셜 에너지의 합이 최소화되는 곳에서 두 양성자의 거리가 안정화된다. 이제 두 양성자가 전자 하나를 공유해서 어떻게 더 낮은 에너지 상태의 수소 분자 이온(H_2^+)를 만들 수 있는지 대략 이해했을 것이다.

여기에는 교훈이 하나 더 있는데, 공유된 전자는 두 양성자 사이를 오가는 것으로 볼 수 있고, 이는 두 양성자가 전자를 계속 교환하는 것으로 볼 수 있다. 두 양성자를 붙잡아 분자를 형성하게 하는 힘은 전자를 교환함으로써 얻어지는 것으로 해석할 수 있다. 이렇게 입자를 교환함으로써 힘이 작용한다는 것은 상호 작용에 대한 양자 역학적 이해의 기본이 된다.

이제 수소 분자 이온(H_2^+)보다 전자가 하나 더 있는 수소 분자(H_2)를 고려해 보자. 두 개의 양성자가 충분히 떨어져 있을 때의 바닥 상태는 각각이 하나의 전자와 결합하여 두 개의 수소 원자로 있는 것이다.● 그런데 여기에도 두 가지 가능한 상태가 있다. (양성자 1－전자 1, 양성자 2－전자 2, $|1\rangle$로 표시)와 (양성자 1－전자 2, 양성자 2－전자 1, $|2\rangle$로 표시). 두 양성자 사이의 거리가 충분히 멀면 두 상태는 구별이 안 되는 바닥 상태들이지만, 두 양성자 사이의 거리가 가까워지면 전자 1과 전자 2가 서로 교환되는 양자 역학적 전이가 가능해지면서 이 경우에도 에너지 고유 상태가 앞에서와 마찬가지로 두 상태의 중첩인 $|\psi_S\rangle$와 $|\psi_A\rangle$가 되고 에너지 고윳값은 각각 $E_0-\Delta E(r)$과 $E_0+\Delta E(r)$이 된다. $\Delta E(r)$의 크기는 공유하는 전자가 두 개이므로

● 전자들 사이의 (양의) 쿨롱퍼텐셜 때문에 하나의 양성자가 두 개의 전자를 모두 가진 것보다 이 상태가 낮은 에너지 상태가 된다.

더 커져서 수소 분자의 바닥 상태 에너지는 수소 분자 이온보다 훨씬 더 낮아지게 된다.

여기서 한 가지 더 고려해야 할 것이 있다. 전자는 스핀이 1/2로 페르미온이고, 따라서 파울리 배타 원리를 따라 두 전자를 교환하는 것에 대해서 반대칭이어야 하므로 대칭인 $|\psi_S\rangle$는 허용이 안 된다. 만약 $|\psi_A\rangle$만 허용된다면 수소 분자보다 수소 원자 두 개로 있는 것이 더 낮은 에너지 상태가 된다. 다행히 이 문제는 전자의 스핀 상태까지 고려하면 해결된다. 전자 두 개의 스핀이 더해지면 총 스핀이 0인 상태와 스핀이 1인 상태가 만들어진다. 스핀이 0인 상태는 두 전자의 교환에 대해 반대칭이고, 스핀이 1인 (세 개의) 상태는 대칭이다. 따라서 $|\psi_S\rangle$에 스핀이 0인 상태는 두 전자의 교환에 대해서 반대칭이므로 허용이 되고, 이것이 바닥 상태가 된다. 스핀이 0인 상태의 두 전자는 서로 반대 방향의 스핀을 가지고 있어서 하나가 위(1/2)면 다른 하나는 반드시 아래(−1/2) 상태에 있다. 따라서 수소 분자에서 두 전자는 서로 반대 방향의 스핀을 가지고 있다. 이렇게 스핀이 위−아래로 짝인 두 전자를 공유하면 더 큰 결합 에너지를 얻을 수 있고, 이것이 많은 원자들 사이에 공유 결합이 일어나는 이유다.

공유 결합의 결합 에너지는 공유되는 전자들의 각운동량 상태에 따라 크기가 달라질 수 있어서 σ−결합, π−결합 등의 구별이 있게 된다. 결합하는 두 원자의 종류에 따라서 때로는 전자를 공유하는 것보다 한 원자가 두 전자를 다 가지는 것이 더 낮은 에너지 상태를 줄 수도 있다. 주기율표 맨 왼쪽의 최외각 전자가 하나인 알칼리 금속과 주기율표 오른쪽에서 두 번째에 있는 최외각 전자가 하나를 빼고 다 차 있는 할로겐족 원소가 만나면 알칼리 금속의 전자를 할로겐족 원소로 완전히 넘겨 주는 것이 더 낮은 에너지 상태이고, 이 경우 두 원자는 각각 이온이 되어 쿨롱 힘에 의한 이온 결합을 이루게 된다.

대부분의 원소들은 많은 전자들을 가지고 있고, 서로 가까이 접근했을 때 하나가 아니라 여러 개의 전자를 공유할 수 있다. 많은 수의 원자들이 가까이 모였을 때는 두 원자를 넘어서 많은 원자들이 서로 전자들을 공유하는 응집 물질을 이룬다. 대부분의 고체들은 이 결합에 의해 원자들이 규칙적으로 배열되는 결정 구조를 가지게 된다.

두 개의 원자가 전자를 공유할 때는 떨어져 있을 때 같은 에너지를 가진 두 겹침 상태가 더 낮은 에너지와 더 높은 에너지를 가진 두 중첩 상태로 분리되었다. 공유하는 원자의 수가 늘어나면 그만큼 겹침 상태의 수가 늘어나기 때문에 전자들이 공유되면 이 상태들은 더 낮은 에너지 상태와 더 높은 에너지 상태로 분리되면서 아주 작은 에너지 차이를 가진 상태들이 촘촘히 들어 있는 에너지 띠를 두 개 형성하게 된다. 결정 구조를 가진 고체의 전자 상태에는 이와 같은 에너지 띠가 여러 개 나타나는데, 이 띠들의 구조와 전자들이 이 띠들을 채운 상태에 따라 고체의 물리적 성질들이 다양하게 나타난다. 예를 들어, 많은 원소들은 고체 상태에서 금속이 되고, 금속은 전기와 열을 잘 전달한다. 금속에는 최외각 전자들의 공유에 의해 생기는 에너지 띠에 전자들이 절반 정도만 차 있기 때문에 이런 특성이 나타나는데, 같은 띠 내에 빈 상태들이 많아서 외부 전기장이 걸렸을 때는 전자들이 쉽게 같은 띠의 에너지가 조금 더 큰 상태로 뛰어올라 거시적인 이동을 할 수 있기 때문이다. 이와 대비되는 절연체는 이 띠가 전자들로 완전히 채워져 있고, 비어 있는 그 위의 띠와는 에너지 차가 너무 커서 전자들이 위쪽 띠의 빈 상태로 올라가지 못하기 때문에 외부 전기장에 반응할 수 없다. 반도체는 절연체와 같지만, 위쪽 띠와의 에너지 차가 작아서 상온에서 일부 전자들이 위쪽 띠의 상태로 올라가 있고, 따라서 어느 정도 전기가 흐를 수 있다.

인류가 다른 생명체들을 압도하면서 지구의 주인이 된 데는 주변의 물질들을 활용한 도구의 사용이 크게 기여했다. 인류는 불을 사용하게 되면서 세라믹, 금속 등 새로운 재료들을 찾아냈고, 이를 활용하며 새로운 문명을 만들어 냈다. 물질을 이해하는 데 있어 원자와 양자 역학의 발견은 혁명이라 할 수 있다. 시행착오를 통해 파악하던 물질의 성질을 체계적으로 이해할 수 있게 된 것이다. 그리고 그것을 바탕으로 많은 새로운 재료들을 얻게 되었는데, 가장 대표적인 것이 반도체라 할 수 있다. 이 새로운 재료의 등장으로 인류는 지금의 디지털 문명을 만들어 낼 수 있었다.

지상의 물질을 이해하는 것은 주로 양자 역학을 바탕으로 많은 원자들이 낮은 온도에서 서로 가까이 모였을 때 나타나는 현상을 이해하는 것이다. 더 많이 모일수록 더 복잡한 현상들이 나타나는데, 그것을 거시 세계까지 이어갈 수 있어야 한다. 그런데 하늘의 물질을 이해하는 데는 반대 방향으로의 여정이 필요하다. 원자 속으로 들어가서 더 작은 세계에서 일어나는 현상을 이해해야 한다.

5장

소립자와 표준 모형

세상은 무엇으로 이루어져 있는가? 인류의 궁극적 호기심에 대한 답을 찾는 과학 분야가 입자물리학이다. 입자물리학에서는 세상을 물질과 그 상호 작용으로 이해한다. 물질은 세상을 구성하는 재료이고 상호 작용은 그 재료들을 붙여서 다양한 모습을 만들어 내는 풀의 역할을 한다.

현재 입자물리학이 밝혀 놓은 기본 재료는 6종의 쿼크와 렙톤이고, 그들을 묶는 상호 작용은 중력, 전자기력, 약력, 강력으로 불리는 4종의 힘이다. 쿼크와 렙톤, 그리고 상호 작용은 모두 양자장론과 게이지 상호 작용이라는 틀에서 이해한다(다만, 중력에 대한 양자 역학적 이해는 아직 완전하지 않다). 재료가 되는 입자인 쿼크와 렙톤이 상호 작용을 전달하는 중력자, 광자, 약한 보손, 글루온이라 부르는 게이지 입자를 서로 주고받음으로써 중력, 전자기력, 약력, 강력이 작용한다는 것이다. 이 장에서 물리학자들이 어떤 과정들을 거쳐서 이런 결론에 이르게 되었는지를 살펴보면서 원자 이하의 아주 작은 세계에서는 어떤 현상들이 나타나는지 알아보자.

1. 대칭성, 군과 표현

대칭성symmetry이란 물체(대상)에 어떤 변환을 행했을 때에도 바뀌지 않는 것을 말한다. 예를 들어 사람의 얼굴은 가운데 수직선을 중심으로 좌우를 바꿔도 거의 같은 모습이다. 이것을 반전parity 또는 거울 대칭성이라 한다. 정삼각형은 세 중선에 대해 반전 대칭이면서 중심을 축으로 120도씩 회전을 시키는 것에 대해서도 대칭이다. 구sphere는 중심을 지나는 임의의 축에 대한 반전과 회전에 대해서 대칭인데, 이것을 구 대칭성이라 한다.

대칭성은 물리학의 발전에 중요한 역할을 해왔다. 첫 번째 예는 시공간이 가진 대칭성이다. 우리의 공간은 (좌표축의) 평행 이동과 회전에 대해 대칭이다. 여기에 시간이 더해져서 시공간이 되면 대칭성이 확장되는데, 처음에는 갈릴레이 변환에 대해 대칭이라고 여겨졌으나, 20세기 초에 특수 상대성의 발견으로 인해 로렌츠 변환에 대해 대칭임이 밝혀졌다. 특수 상대성은 결국 시공간이 가지고 있는 로렌츠 대칭성을 표현한 것이다.

두 번째 예는 대칭성과 보존 법칙의 관계다. 연속적인 변환에 대해 대칭성이 있으면 그 대칭성과 관계된 보존되는 양이 존재한다. 공간 평행 이동 대칭성이 있으면 운동량이 보존되고, 시간 평행 이동 대칭성이 있으면 에너지가 보존된다. 태양 주위를 도는 행성의 경우 구 대칭성이 있어서 각운동량이 보존된다. 자연에는 많은 보존 법칙이 나타나는데 이를 대칭성의 발현으로 이해할 수 있다.

세 번째 예는 게이지 대칭성과 입자들의 상호 작용이다. 대칭성이 상호 작용을 결정하는 원리로 작용하는 것이다. 맥스웰 방정식은 $U(1)$ 게이지 변환에 대해 대칭인데, 이 대칭성은 전자기 상호 작용의 형태를 결정한다. 게이지 대칭성은 현재 전자기력, 약력, 강력을 설명하는 기본 원리이며, 입자물리 표준 모형의 기반이 되고 있다.

대칭성이 주는 결과와 그 아름다움을 음미하려면 먼저 대칭성(을 정의하는) 변환symmetry transformation들에 대한 수학적인 이해가 필요한데, 대칭성 변환들을 다루는 수학이 바로 군론group theory이다. 대칭성 변환들의 집합은 군이 되기 때문에, 군과 군의 표현representation들을 잘 이해하면 수학, 물리학, 화학에서 대칭성과 관련된 여러 내용을 이해하는 데 큰 도움이 된다. 우리가 앞에서 보았던 상대성과 양자 역학도 군과 표현들에 대해서 알게 되면 훨씬 더 깊고 체계적인 이해를 할 수 있는데, 두 가지 예를 들어 본다.

첫째, 양자 역학에서는 해밀토니안의 대칭성이 에너지 고유 상태의 겹침으로 나타난다. 수소 원자의 예를 들면, 각운동량 양자수 l에서 $m=-l, \cdots, l$인 $(2l+l)$ 상태들의 겹침은 구 대칭성 때문에 나타나는 것이다. 구 대칭성의 대칭성군symmetry group은 회전군rotation group으로, 각 l은 회전군의 하나의 표현에 해당하고, m값으로 구분되는 $(2l+l)$개의 겹침 상태들은 그 표현의 기저가 된다. 대칭성을 알고 있으면 어떤 겹침 상태들이 나타날지 알 수 있고, 반대로 겹침 상태들로부터 대칭성을 알아낼 수 있다.

둘째, 4차원 시공간이 가진 대칭성은 평행 이동, 회전, 부스트boost 변환으로 그 대칭성군은 푸앵카레군Poincare group이고, 회전과 부스트 변환만 다루면 그 부분군인 로렌츠군Lorentz group이 된다. 시공간 안에서 일어나는 현상을 다루는 물리 법칙은 시공간 대칭성군의 표현들을 다룬다. 우리가 물리량을 로렌츠 변환에 대해 스칼라, 스피너, 벡터, 텐서로 분류하는 것은 이들이 각각 독립적인 로렌츠군의 기약 표현irreducible representation이기 때문이다. 이 절에 뒤이어 나오는 양자장론quantum field theory, 게이지 대칭성, 그리고 입자물리 표준 모형은 군론에 대한 지식이 없으면 제대로 이해하기 어렵다.

다음은 이러한 내용들을 이해하는 데 필요한 군론 지식을 압축해서 간략하게 소개한다. 이 장의 내용이 전반적으로 어려운데 그중에서도 이 부분, 특히 수학적 사고에 익숙하지 않은 사람에게는 가장 어려울 것이다. 그럼에도 불구하고 군과 표현이라는 어려운 주제를 다루는 것은 현대 물리학의 발전에서 대칭성의 역할이 그만큼 중요했고, 양자장론에서 입자물리 표준 모형까지 전체적인 흐름을 이해하는 데 꼭 필요하기 때문이다. (읽어 보아도 도저히 감이 잡히지 않는다면 그냥 용어 정도를 익힌다는 생각으로 읽기를 권한다.)

군은 변환들이 가진 핵심적인 구조를 부여한 집합이다. 구체적으로 (변환들의) 군은 두 원소(변환)들의 (합성을 나타내는) 곱셈multiplication이 정의되어 있는 집합으로, (1) 임의의 두 원소의 곱이 다시 군의 원소가 되고, (2) 곱셈이 결합 법칙을 만족하며, (3) 곱셈에 대한 항등원identity이 존재하고, (4) 그 항등원에 대한 모든 원소의 역원inverse이 존재해야 한다. 군에 대한 예를 몇 개 들어 군의 개념을 구체화해 본다. 가장 단순한 군은 원소가 항등원 하나인 (별 쓸모는 없는) 군이다.

그다음 간단한 군은 원소가 두 개인 군으로, 반전 변환이 그 예다. 군을 나타내는 방법 중 한 가지는 군의 원소들과 곱셈을 명시하는 것이다. 그러면 원소가 두 개인 군은 다음과 같이 다른 두 방법으로 나타낼 수 있다.

$$P=\{1,\ -1|\times\},\quad Z_2=\{0,\ 1|+,\ \text{mod } 2\}$$

P는 반전 대칭성군을 나타내고, Z_2는 모듈로 2의 덧셈군additive group이다. Z_2는 n개의 원소를 가진 $Z_n=\{0,\ 1,\ \cdots,\ n-1|+,\ \text{mod } n\}$ 군으로 확장될 수 있고, n이 무한대로 가면 (덧셈) 정수군 Z가 된다. 마찬가지로 P는 $C_n=\{e^{2\pi im/n},\ m=0,\ \cdots,\ n-1|\times\}$으로 확장이 되는데, 이 군을 순회군cyclic group이라 한다. Z_n과 C_n은 원소 사이에 곱셈 구조가 유지되는 일대일 대응 $m\leftrightarrow e^{2\pi im/n}$이 있어서 동형isomorphic이라고 한다. 이는 원소들의 이름만 다르게 붙였을 뿐 사실상 같은 군임을 뜻하고, 이것을 $Z_n\equiv C_n$으로 나타낸다.

이제 조금 더 복잡한 정삼각형의 대칭군 D_3을 통해 군에 대해 더 배워보자. (정n각형의 대칭군을 이면군dihedral group이라 하고 D_n으로 쓴다.) 정삼각형의 대칭 변환은 0°, 120°, 240°를 돌리는 회전 변환과 각 꼭짓점을 지나는 중

표 5 이면군 $D3$의 곱셈표. 원소의 개수가 유한한 군의 곱셈표를 케일리표Cayley table라 한다.

$\times$	1	r_1	r_2	P_1	P_2	P_3
1	1	r_1	r_2	P_1	P_2	P_3
r_1	r_1	r_2	1	P_2	P_3	P_1
r_2	r_2	1	r_1	P_3	P_1	P_2
P_1	P_1	P_3	P_2	1	r_2	r_1
P_2	P_2	P_1	P_3	r_1	1	r_2
P_3	P_3	P_2	P_1	r_2	r_1	1

선에 대한 반전 변환이 있는데, 회전 변환을 1, r_1, r_2라 하고 반전 변환을 P_1, P_2, P_3라 하자. 이들 사이의 곱셈은 표 5와 같다.

잘 살펴보면 전체 6개 변환 중 1, r_1, r_2만으로도 군이 된다는 것을 알 수 있다. 이렇게 군의 일부가 자체로 군이 되는 것을 부분군subgroup이라 한다. 이 부분군은 C_3임을 알 수 있는데, C_3군의 곱셈은 교환 법칙이 성립한다. 그렇지만 전체군 D_3의 곱셈은 교환 법칙이 성립하지 않는다. (예를 들어 $P_1P_2 \neq P_2P_1$이다.) 곱셈의 교환 법칙 성립 여부는 군의 특성을 가르는 중요한 성질이기 때문에, 교환 법칙이 성립하면 가환군commutative group 또는 아벨군abelian group이라 하고, 성립하지 않으면 비가환군non-commutative group 또는 비아벨군non-abelian group이라 하여 구별한다. 이제 대칭성군에 대한 감각이 생겼다면, 연습 문제로 정육면체의 대칭성군은 어떻게 될지 한번 생각해 보기 바란다.

이제 원소의 개수가 무한하면서 연속적인 군의 예를 들어 본다. 원이 가진 대칭성은 반전 대칭성과 연속적인 회전 대칭성이다. 평면에서의 회전 변환을 어떻게 나타낼 수 있을까? 평면에서의 회전이므로 2차원 (위치) 벡터를 도입하여 2×2 행렬로 나타낼 수 있다. 반시계 방향으로 θ만큼 회전시키는 2차원 회전 변환은 다음의 행렬 $R(\theta)$로 나타낼 수 있다.

$$R(\theta) = \begin{pmatrix} \cos\theta & \sin\theta \\ -\sin\theta & \cos\theta \end{pmatrix}: \begin{pmatrix} x' \\ y' \end{pmatrix} = R(\theta)\begin{pmatrix} x \\ y \end{pmatrix}$$

이제 이 2차원 평면을 복소평면이라고 생각하면, 회전 변환을 복소수 $e^{i\theta} = \cos\theta + i\sin\theta$로도 나타낼 수 있다.

$$e^{i\theta}: (x' + iy') = e^{i\theta}(x + iy)$$

회전 변환의 집합은 회전군이 된다. 회전군의 곱셈은 회전 변환을 행렬 $R(\theta)$로 나타냈을 때는 행렬 곱셈이고, 복소수 $e^{i\theta}$로 나타냈을 때는 복소수 곱셈이다. 행렬 $R(\theta)$를 특징짓는 두 성질은 $\det R(\theta)=1$과 직교성 $R(\theta)^T R(\theta)=1$인데, 이런 행렬의 집합을 $SO(2)$군이라 한다. S는 특별special의 머리글자로 행렬식determinant이 1인 것을 나타내고, O는 직교orthogonal의 머리글자로 직교성을 나타내고, 괄호 안의 수 2는 2차원을 나타낸다. 행렬의 직교성은 설명이 좀 더 필요할 것 같다. 먼저 행렬 A에 대하여 자리바꿈transpose 행렬 A^T는 $(A^T)^i{}_j=A^j{}_i$로 행과 열의 순서를 교환한 행렬이다. 자신과 자신의 자리바꿈 행렬의 곱이 $A^TA=1$인 행렬을 직교 행렬이라 한다. (이 행렬을 직교 행렬이라고 하는 것은 행렬의 행이나 열들이 서로 수직인 단위 벡터들이 되기 때문이다.) 행렬은 벡터의 선형 변환 $\vec{x}'=A\vec{x}$을 나타내는데, 직교 조건은 벡터의 길이가 보존되는 조건을 나타낸다.

$$\text{직교 조건}\quad A^TA=1,\ \vec{x}'^T\vec{x}'=(A\vec{x})^T(A\vec{x})=\vec{x}^TA^TA\vec{x}=\vec{x}^T\vec{x}$$

복소수 $e^{i\theta}$도 1×1 행렬로 볼 수 있는데, 그러면 이 행렬을 특징짓는 성질은 $e^{-i\theta}e^{i\theta}=1$이라는 것이고, 이런 행렬의 집합은 $U(1)$군이라 한다. U는 유니테리unitary의 머리글자로 자신과 자신의 켤레-자리바꿈 행렬conjugate and transpose(행렬 A에 대하여 $A^\dagger$(A dagger)는 $(A^\dagger)^i_j=(A^j_i)^*$로 행과 열의 순서를 교환하고 켤레복소수를 취한 행렬이다)의 곱이 $U^\dagger U=1$인 행렬을 유니테리 행렬이라 한다. 유니테리 조건은 직교 조건을 복소수 공간으로 확장한 것으로 복소 벡터의 길이를 보존하는 조건이다. $SO(2)$군과 $U(1)$군은 $R(\theta)\leftrightarrow e^{i\theta}$ 대응에 의해 서로 동형으로 사실상 동일한 군이다.

이제 이 군들의 차원을 확장하는 것을 생각해 보자. $n\times n$ (실수) 직교 행렬과 $n \times n$ (복소수) 유니테리 행렬은 그 자체로 군이 되는데 그것을 각각 $O(n)$군, $U(n)$군이라 한다. $O(n)$군은 n차원 (실수) 공간의 반전과 회전 대칭성을 나타내고, $U(n)$군은 n차원 (복소) 공간의 위상 대칭성과 회전 대칭성을 나타낸다. $O(n)$군과 $U(n)$군에서 행렬식이 1인 원소들만으로 된 부분군을 각각 $SO(n)$군과 $SU(n)$군이라 한다. 2차원 회전군 $SO(2)$와 3차원 회전군 $SO(3)$는 차원만 다른 것이 아니라 곱셈의 성질에 큰 차이가 있다. $SO(2)$는 곱셈의 교환 법칙이 성립하는 아벨군이지만 $SO(3)$는 곱셈의 교환 법칙이 성립하지 않아서 비아벨군이다.

앞에서 행렬이 군을 정의하는 좋은 방법임을 보았다. 그런데 행렬은 대칭성군 자체를 나타내는 것뿐만 아니라 대칭성군이 어떻게 작용하는지도 표현할 수 있다. 군이 가진 곱셈 구조를 유지하면서 군의 각 원소를 벡터 공간의 선형 연산자인 (정방) 행렬에 대응시키는 것을 군의 표현representation이라고 한다. 곱셈 구조를 유지한다는 것은, 군의 원소 g의 행렬 표현을 $R(g)$라 하면, (1) 항등원 e는 행렬 1에 대응하고 ($R(e)=1$), (2) 군의 모든 원소 g_1과 g_2에 대해 $R(g_1g_2)=R(g_1)R(g_2)$라는 것이다. 왼쪽 괄호 안의 곱셈은 군의 곱셈이고 오른쪽의 곱셈은 행렬 곱셈이다. 3차원 공간의 회전군 $SO(3)$를 예로 들어 표현에 대해서 설명해 보겠다. 앞서 살펴본 갈릴레이 상대성에서 회전에 대해 어떻게 변환이 되나에 따라 스칼라, 벡터, 텐서 등의 구분을 했는데, 스칼라, 벡터, 텐서가 바로 $SO(3)$ 표현들의 명칭이다. 이 표현들이 어떻게 행렬 표현과 연결되는지 알아보기 위해서는 연속군에 대한 체계적인 접근이 필요하다.

원소를 연속적인 매개 변수로 나타낼 수 있는 군을 연속군continuous group 또는 리군Lie group이라 한다. 시공간이 가지고 있는 대칭성인 회전군, 로렌츠군 등이 모두 이 부류에 속한다. 리군의 가장 큰 특징은 연속성 때문에 미소한infinitesimal 변환으로부터 모든 변환을 만들어 낼 수 있다는 것이다. 예를 들어 2차원 평면에서의 회전 변환을 보자. 반시계 방향으로 θ만큼 회전시키는 2차원 회전 변환 행렬은 θ가 충분히 작을 때는 $1+i\theta J$의 형태로 쓸 수 있다. (허수 i는 생성자 J가 헤르미트 행렬이 되도록 의도적으로 도입한 것이다.)

$$\begin{pmatrix} \cos\theta & \sin\theta \\ -\sin\theta & \cos\theta \end{pmatrix} \approx \begin{pmatrix} 1 & \theta \\ -\theta & 1 \end{pmatrix} = \begin{pmatrix} 1 & 0 \\ 0 & 1 \end{pmatrix} + i\theta \begin{pmatrix} 0 & -i \\ i & 0 \end{pmatrix}; J = \begin{pmatrix} 0 & -i \\ i & 0 \end{pmatrix}; J^\dagger = J$$

미소한 변환을 만드는 J를 무한 반복해서 적용하면 아래와 같이 유한한 변환을 얻을 수 있다. 따라서 군의 모든 원소를 $e^{i\theta J}$로 쓸 수 있고, 그래서 J를 군의 생성자generator라 한다.

생성자와 유한 변환 $\lim_{n\to\infty}\left(1+\dfrac{i\theta J}{n}\right)^n = e^{i\theta J}$

일반적인 연속군은 생성자의 수를 여러 개로 늘려 확장한 것이다. 따라서 리군의 일반적인 원소는 매개 변수 g_a와 생성자 T_a를 사용하여 $\mathrm{Exp}(ig_aT_a)$로 쓸 수 있다. (g_aT_a는 반복해서 나타나는 첨차 a에 대해 합하는 것을 함축한 것으로 $\sum_a g_aT_a$를 뜻한다.) 일반적인 리군의 곱셈 규칙은 미소한 변환들 사이의 곱셈 규칙이 정해지면 연속성에 의해 결정된다. 그렇다면 미소한 변환들 사이의 곱셈 규칙은 어떻게 나타낼 수 있는지 알아보자. 리군의 두 원소 $\mathrm{Exp}(ig_a^{(1)}T_a)$와 $Exp(ig_b^{(2)}T_b)$의 곱은 $g_a^{(1)}$와 $g_a^{(2)}$가 충분히 작으면 베이커-캠벨-하우스도르프 공식에 의해 다음과 같이 두 생성자의 교환자 $[T_a, T_b]=T_aT_b-T_bT_a$를 써서 나타낼 수 있다.

$$\mathrm{Exp}(ig_a^{(1)}T_a)\mathrm{Exp}(ig_a^{(2)}T_b) = \mathrm{Exp}((g_a^{(1)}+g_a^{(2)})T_a + g_a^{(1)}g_b^{(2)}[T_a, T_b] + \cdots)$$

이 곱이 다시 군의 원소가 되기 위해서는, 즉 $\mathrm{Exp}(ig_aT_a)$ 형태로 쓸 수 있으려면, 오른쪽 두 번째 항에 나타나는 두 생성자의 교환자는 생성자들의 선형 결합으로 쓸 수 있어야 된다.

$$\text{리대수의 교환자 관계} \quad [T_a, T_b] = f_{abc}T_c$$

따라서 이 생성자들의 교환자 관계, 즉 상수 f_{abc}가 리군의 곱셈 규칙을 결정하게 된다. 이런 이유로 f_{abc}를 리군의 구조 상수structure constant라 한다. 생성자들의 선형 결합들의 집합은 벡터 공간이 되는데(리군의 원소를 $\mathrm{Exp}(ig_aT_a)$로 나타낼 수 있어서 iT_a는 $g_a=0$ (항등원)에서의 접평면상의 벡터로 볼 수 있다), 이렇게 교환자가 정의되어 있는 벡터 공간을 리대수Lie algebra라 한다.

리대수는 리군의 구조를 거의 모두 결정하므로, 리군과 밀접하게 연결되어 있다. 가장 중요한 연결 고리는 표현과 관련된 것으로 리대수의 표현 $R(T_a)$를 찾아내면 리군의 표현 $\mathrm{Exp}(ig_aR(T_a))$이 따라서 얻어진다는 것이다. 리대수의 표현이란 리대수의 교환자 관계를 만족하는 생성자들에 해당하는 행렬 표현을 말한다. 이제 구체적인 예를 통해 리대수의 표현들을 알아보자.

첫 번째로 물리학의 기본이 되는 회전군 $SO(3)$를 살펴보자. 3차원 회전 변환의 생성자들은 2차원 회전 변환의 생성자 J를 3개로 늘려서 x축, y축, z축을 중심으로 회전시키는 생성자 J_x, J_y, J_z로 잡을 수 있고, 각각의 회전각도 매개 변수 θ_x, θ_y, θ_z를 써서 모든 회전 변환을 $O=e^{i\theta_iJ_i}$로 나타낼 수 있다.

$$SO(3)\ \text{생성자} \quad O=e^{i\theta_iJ_i},\ J_x=\begin{pmatrix}0&0&0\\0&0&-i\\0&i&0\end{pmatrix},\ J_y=\begin{pmatrix}0&0&i\\0&0&0\\-i&0&0\end{pmatrix},\ J_z=\begin{pmatrix}0&-i&0\\i&0&0\\0&0&0\end{pmatrix}$$

생성자 J_i가 헤르미트 행렬이고 $\mathrm{Tr}\, J_i = 0$이므로 행렬 O가 직교 조건 $O^T O = 1$을 만족하고 $\det O = 1$임을 쉽게 확인할 수 있다. 이 $SO(3)$의 생성자 J_i가 만드는 리대수는 소문자를 써서 $so(3)$로 표시하는데, 위의 행렬 표현으로부터 직접 계산해 보면 다음의 교환자 관계가 있음을 알 수 있다.

$$so(3) \text{ 리대수 교환자 관계} \quad [J_i, J_j] = i\epsilon_{ijk} J_k, \quad i, j, k = 1, 2, 3$$

이 교환자 관계는 우리에게 낯이 익은 각운동량의 양자화 조건과 똑같은 형태다. ($\hbar = 1$로 놓기로 한다.) 우리의 주 관심사는 리대수의 표현, 즉 이 교환자 관계를 만족하는 행렬 표현을 찾는 것이다. 일단 위에 정의된 3차원 행렬 표현도 포함되는데, 이것을 $so(3)$의 정의하는 표현defining representation이라 한다. 이 표현 이외의 다른 차원의 행렬로 $so(3)$ 교환자 관계를 구현하는 것이 있는데, 여기서 이 교환자 관계가 각운동량의 양자화 조건과 같다는 것에 주목해야 한다. 이 과정은 각운동량의 고윳값과 고유 상태를 구하는 문제와 같아서, 사실 우리는 그것을 이미 다 구해 놓았다(4장 '각운동량의 고윳값과 고유 상태'). 주어진 각운동량 양자수 j에 대해 $(2j+1)$개의 기저 상태 $|jm\rangle$에 연산자 J_z와 $J_\pm = J_x \pm iJ_y$를 작용한 결과는 다음과 같다.

$$J_z|jm\rangle = m|jm\rangle, \; J_\pm|jm\rangle = \sqrt{j(j+1) - m(m\pm 1)}\; |jm\pm 1\rangle$$

이로부터 $J_x = (J_+ + J_-)/2$, $J_y = (J_+ + J_-)/2i$, J_z의 행렬 표현을 모두 얻을 수 있다. 각운동량 양자수 j가 주는 행렬 표현은 $(2j+1)$개의 기저 상태를 가진 벡터 공간에서 작용하는 선형 연산자를 표현하는 행렬이므로, 벡터 공간의 차원 $(2j+1)$을 이 표현의 차원dimension of representation이라 한다. $SO(3)$의

표 6 $SO(3)$ 리대수 표현들의 차원과 명칭.

양자수	차원	명칭	생성자 행렬 표현
0	1	스칼라	$J_x=J_y=J_z=0$
1/2	2	스피너	$J_x=\frac{1}{2}\begin{pmatrix}0 & 1\\ 1 & 0\end{pmatrix},\ J_y=\frac{1}{2}\begin{pmatrix}0 & i\\ -i & 0\end{pmatrix},\ J_z=\frac{1}{2}\begin{pmatrix}1 & 0\\ 0 & -1\end{pmatrix}$
1	3	벡터 (정의하는 표현) (수반 표현)	$J_x=\frac{1}{\sqrt{2}}\begin{pmatrix}0 & 1 & 0\\ 1 & 0 & 1\\ 0 & 1 & 0\end{pmatrix},\ J_y=\frac{1}{\sqrt{2}}\begin{pmatrix}0 & -i & 0\\ i & 0 & -i\\ 0 & i & 0\end{pmatrix},\ J_z=\begin{pmatrix}1 & 0 & 0\\ 0 & 0 & 0\\ 0 & 0 & -1\end{pmatrix}$
3/2	4	스피너 텐서	$J_x=\frac{1}{2}\begin{pmatrix}0 & \sqrt{3} & 0 & 0\\ \sqrt{3} & 0 & 2 & 0\\ 0 & 2 & 0 & \sqrt{3}\\ 0 & 0 & \sqrt{3} & 0\end{pmatrix},\ J_y=\frac{1}{2}\begin{pmatrix}0 & -\sqrt{3}i & 0 & 0\\ \sqrt{3}i & 0 & -2i & 0\\ 0 & 2i & 0 & -\sqrt{3}i\\ 0 & 0 & \sqrt{3}i & 0\end{pmatrix},\ J_z=\frac{1}{2}\begin{pmatrix}3 & 0 & 0 & 0\\ 0 & 1 & 0 & 0\\ 0 & 0 & -1 & 0\\ 0 & 0 & 0 & -3\end{pmatrix}$
2	5	(대각합이 0이고 대칭인 2계) 텐서	$J_x=\frac{1}{2}\begin{pmatrix}0 & 2 & 0 & 0 & 0\\ 2 & 0 & \sqrt{6} & 0 & 0\\ 0 & \sqrt{6} & 0 & \sqrt{6} & 0\\ 0 & 0 & \sqrt{6} & 0 & 2\\ 0 & 0 & 0 & 2 & 0\end{pmatrix},\ J_y=\frac{1}{2}\begin{pmatrix}0 & -2i & 0 & 0 & 0\\ 2i & 0 & -\sqrt{6}i & 0 & 0\\ 0 & \sqrt{6}i & 0 & -\sqrt{6}i & 0\\ 0 & 0 & \sqrt{6}i & 0 & -2i\\ 0 & 0 & 0 & 2i & 0\end{pmatrix},\ J_x=\begin{pmatrix}2 & 0 & 0 & 0 & 0\\ 0 & 1 & 0 & 0 & 0\\ 0 & 0 & 0 & 0 & 0\\ 0 & 0 & 0 & -1 & 0\\ 0 & 0 & 0 & 0 & -2\end{pmatrix}$
j	$2j+1$	텐서 또는 스피너 텐서	$(J_x)_{nm}=\sqrt{j(j+1)-m(m+1)}\,\delta_{n,m+1}+\sqrt{j(j+1)-m(m-1)}\,\delta_{n,m-1}$ $(J_y)_{nm}=i\sqrt{j(j+1)-m(m+1)}\,\delta_{n,m+1}-i\sqrt{j(j+1)-m(m-1)}\,\delta_{n,m-1}$ $(J_z)_{nm}=m\delta_{nm}$

표현을 표시할 때는 j값을 그대로 써서 j 표현, 표현의 차원인 $(2j+1)$를 써서 $(2j+1)$ 표현, 또는 그에 해당하는 명칭을 쓴다(표 6 참조).

이제 회전군의 (유한 차원) 표현들을 모두 구했으니, 몇 가지 중요한 설명을 덧붙이고자 한다. 우선 $j=1$ 표현이 처음에 제시했던 생성자 행렬 표현과 다른 것 같은데, 이는 좌표계를 회전해서 J_z가 대각 행렬이 되도록 잡았기 때문이고, 두 표현은 사실상 동일한 표현이다. 두 표현 $R_1(g)$와 $R_2(g)$가 있을 때 행렬 O가 있어서 $O^{-1}R_1(g)O=R_2(g)$의 관계가 있다면, 두 표현은 좌표계만 바꾼 것으로 동일한 표현이다.

리대수의 구조 상수로 하나의 표현을 만들 수 있다. 생성자 T_a의 행렬 표현을 $(T_a)_{bc}=f_{abc}$로 잡으면 이것이 표현된다는 것을 보일 수 있고, 이 표현을 수반 표현adjoint representation이라 한다. 수반 표현의 차원은 생성자의 수와 같다. $SO(3)$ 생성자의 수는 세 개이고, $(j=1)$ 표현은 $(J_i)_{jk}=i\epsilon_{ijk}$로도 잡을 수 있어서 수반 표현이 된다.

$SO(3)$의 가장 기본이 되는 표현은 정의하는 표현인 벡터$(j=1)$ 표현이 아니라 스피너$(j=1/2)$ 표현이다. 그런데 리대수의 스피너 표현을 가지고 $\text{Exp}(i\theta_i J_i)$를 하면 $SO(3)$군이 아니라 $SU(2)$군이 된다. 이것은 $SO(3)$와 $SU(2)$는 리대수가 같다는 것을 말한다. 리대수는 같지만 리군이 다를 수 있는 이유는 리대수는 리군의 항등원(1) 근처의 영역만을 보여 주기 때문으로, 항등원 주변은 같지만 전체의 위상 구조는 다른 리군이 있을 수 있기 때문이다. 이 $SO(3)$군과 $SU(2)$군의 관계가 회전군에 정의하는 표현인 벡터 표현만 있는 것이 아니라 기대하지 않았던 스피너 표현이 나타나는지 그 이유를 설명한다. ($SU(2)$군의 정의하는 표현을 바일 스피너Weyl spinor라 한다.) 이 관계에 대한 위상수학적인 설명을 붙이자면, 군의 매개 변수가 만드는 다양체를 보았을 때 $SU(2)$군은 전체가 단순히 연결된simply connected 위상 구조를 가진 반면, $SO(3)$군은 이중으로 연결된doubly connected 위상 구조를 가지고 있다. $SO(3)$군의 꼬인 위상 구조를 보는 방법은 매개 변수가 만드는 다양체를 살펴보는 것이다. 회전을 나타내는 매개 변수 $\vec{\theta}=(\theta_x, \theta_y, \theta_z)$는 방향이 $\vec{\theta}$인 축으로 크기 $|\vec{\theta}|$만큼 회전시키는 것이므로 θ가 만드는 다양체는 반지름이 π인 3차원 구가 된다. 그런데 구의 경계면에서는 원점에 대해 서로 마주 보는 두 점은 한 방향의 축을 중심으로 $\pi(180°)$ 회전한 것과 반대 방향의 축을 중심으로 $-\pi(-180°)$ 회전한 것으로, 같은 회전을 나타내므로 동일한 점으로 보아야 한다. 그래서 구 안의 두 점을 선으로 연결하는 방법이 구 내부만 지나도록 연결하는 방법과 구 경계면으로 와서 반대쪽의 동일한 점을 지나

도록 연결하는 두 가지 다른 연결 방법이 존재하기에 이중으로 연결된 위상 구조를 가진 것이다. 리대수는 항등원 근처의 곱셈 구조로부터 온 것이라 리군이 가진 이런 위상 구조는 보여 주지 않는다. 같은 리대수를 가졌지만 위상 구조가 다른 리군들은 어쨌든 표현들을 공유하게 되는데, 그중에 단순히 연결된 위상 구조를 가진 리군을 덮개군covering group이라 하고, 그 군의 표현이 모두 나타나게 된다. $SU(2)$군은 $SO(3)$군의 덮개군으로 두 군 사이에는 곱셈 구조를 유지하는 2 대 1 대응이 존재해서 $SU(2)$군은 $SO(3)$군의 이중 덮개가 된다.

$SU(2)$군과 $SO(3)$군의 2 대 1 대응 관계

$$U^{\dagger}\sigma_i U = O_{ij}\sigma_j \quad (\sigma_i\text{는 파울리 행렬})$$

벡터를 360° 회전했을 때 고전적으로는 회전하지 않은 것과 같고, 따라서 벡터의 값은 원래 벡터와 같아야 한다. 그런데 스피너는 360° 회전했을 때 원래의 스피너 값에 -1을 곱한 것이 되고, 720° 회전을 해야만 원래의 값이 된다. 따라서 360° 회전했을 때 항상 회전하지 않은 것과 같은 값만 허용되는 고전 역학에서는 스피너 표현이 허용되지 않는다. 그러나 양자 역학에서는 제곱한 것만 같으면 되므로 이것이 허용이 되고, 실제로 페르미온은 스피너 표현으로 기술된다.

이제 벡터 표현과 텐서 표현의 관계를 알아보자. 앞서 텐서는 벡터를 곱해 놓은 것처럼 변환되는 것으로 정의했는데, 이 정의는 약간 더 다듬을 필요가 있다. 그 이유는 벡터를 두 개 곱해서 나오는 표현은 일반적으로 하나의 기약 표현이 아니고, 여러 개의 기약 표현들이 조합된(더해진) 표현이 되기 때문이다. 예를 들어 두 개의 벡터 A_i와 B_i를 곱해서 (이 곱을 텐서곱tensor product이라 한다) 텐서 $T_{ij}=A_iB_i$를 만들면 T_{ij}에는 독립적인 기약 표현이 3개 들어 있다. 텐서곱을 기약 표현들로 나누는 방법은 두 첨자 i와 j의 교환에 대한 대칭성이 회전 변환에 의해 바뀌지 않는다는 것을 이용한다. 그래서 텐서 T_{ij}는 $T_{ij}=T_{S,ij}+T_{A,ij}$로 두 첨자 교환에 대해 대칭인 텐서와 반대칭인 텐서로 나눌 수 있고, 두 텐서는 서로 독립적으로 변환되는 표현들이 된다. 대칭인 텐서는 다시 대각합(trace, tr $T=\sum_i T_{ii}$)이 회전 변환에 의해 바뀌지 않는다는 사실 때문에 대각합과 대각합이 0인 대칭인 텐서가 각각 독립적으로 변환되는 기약 표현이 된다. 그래서 벡터 표현 둘을 곱한 결과는 세 개의 기약 표현들의 합이 되고, 다음과 같이 표현의 차원을 사용하여 나타낸다.

$$\text{텐서곱}\quad A_iB_j=T_{ij}=tr\,T+T_{S,\text{traceless},ij}+T_{A,ij};\quad 3\times3=1+5+3$$

회전군 표현의 텐서곱은 두 개의 각운동량을 더할 때도 활용이 된다. 예를 들어 스핀이 1/2인 전자가 두 개 있을 때 총 스핀은 어떻게 될까? 각각의 전자가 두 개의 스핀 상태를 가지므로 총 네 개의 스핀 상태가 있다. 이 네 개의 스핀 상태는 스핀이 0인 하나의 상태와 스핀이 1인 세 개의 상태로 분리된다.

$$\text{스핀각운동량 더하기}\quad S_{1a}S_{2b}=S_{S,ab}+S_{A,ab};\quad 2\times2=3+1$$

스핀이 1인 상태는 두 전자의 교환에 대해 대칭이고, 스핀이 0인 상태는 반대칭이다. 이런 각운동량 덧셈의 기본적인 결과들은 여러 개의 페르미온 기본 입자들로 이루어진 복합 입자들(예를 들면 전자들로 이루어진 원자, 핵자들로 구성된 핵, 쿼크들로 이루어진 강입자)의 상태들을 이해하는 데 필요하다.

앞에서 가장 간단한 비가환 리군으로 리대수가 같은 $SO(3)$군과 $SU(2)$군을 살펴보았다. 이제 복소수비가환군의 전형인 $SU(n)$군에 대해 알아보자. $n \times n$ 복소수 행렬 중 $U^{\dagger}U=1$을 만족하는 행렬들은 $U(n)$군이 되고, $\det U=1$까지 만족하면 $SU(n)$군이 된다. $U(n)$군은 $SU(n)$군에 복소 위상 ($e^{i\alpha}$)을 곱하는 것이 더해진 것이어서, $U(n)=U(1)\times SU(n)$으로 쓸 수 있다. $SU(n)$군의 생성자들은 대각합이 0이고 반헤르미트 $n \times n$ 복소수 행렬이어서 독립적인 생성자의 수는 (n^2-1)개가 된다. 정의하는 표현은 $SU(n)$ 행렬 자체로 차원으로 표시하면 (복소수) $\mathbf{n}$ 표현이 된다. n이 3 이상일 때는 정의하는 표현의 복소켤레 표현이 독립적인 기약 표현이 되고 $\bar{n}$ 표현으로 표시한다. 예외적으로 $SU(2)$의 경우는 정의하는 표현 2와 그 복소켤레 표현 $\bar{2}$는 동형 표현으로 구별되지 않는다. $SU(n)$군의 모든 표현들은 정의하는 표현 n과 그 복소켤레 표현 $\bar{n}$의 텐서곱들을 분해해서 알아낼 수 있다.

최초의 쿼크 모형이나 강한 상호 작용을 기술하는 양자 색소 역학에 $SU(3)$ 대칭성이 쓰이므로, $SU(3)$군을 예로 들어본다. $SU(3)$군은 8개의 생성자가 있으며 기본 표현은 정의하는 표현인 3 표현과 그 복소켤레인 $\bar{3}$ 표현이고, 수반 표현은 8 표현이다. 3 표현과 $\bar{3}$ 표현을 텐서곱하면 9차원 표현이 되는데, 이 중 대각합에 해당하는 것은 복소 벡터의 길이를 주는 것이어서 길이를 보존하는 유니테리군에서는 불변으로 1 표현으로 분리되고, 따라서 1 표현과 나머지 8 표현(수반 표현)으로 분리된다. 이를 $3\times\bar{3}=8+1$로 나타낸다. 두 개의 3 표현을 텐서곱하면 두 표현의 첨자 교환에 대해서 대칭인 것과 반대칭인 것으로 분리되어서 6차원 표현과 3차원 표현이 되는데, 반대칭인 3차원 표현은 $\bar{3}$ 표현과 동형임을 보일 수 있다. 따라서 이것을 $3\times3=6+\bar{3}$로 나타낸다. 이렇게 얻은 표현에 3 표현을 다시 텐서곱하면 $6\times3=10+8$과 $3\times\bar{3}=8+1$이어서, 세 개의 3 표현을 텐서곱하면 $3\times3\times3=$

10+8+8+1로 10차원, 8차원 2개, 1차원의 표현들이 얻어진다. 기본 표현들의 텐서곱에서 나타나는 표현들은 쿼크 모형이나 양자 색소 역학을 이해하는 데 중요한 역할을 하니, 기억해 둘 필요가 있다.

물리학의 가장 기본이 되는 우리가 살고 있는 4차원 시공간의 대칭성군과 그 표현들을 알아보자. 시공간의 대칭성은 시공간 간격 $ds^2 = -c^2dt^2 + d\vec{x}^2$은 관찰자와 무관하다는 것으로 요약될 수 있으며, 그 대칭성군은 시공간 간격을 보존하는 시공간 좌표의 변환인 로렌츠 변환과 시공간 병진 변환으로 이루어진 푸앵카레군이다.

$$\text{푸앵카레 변환}\quad x'^{\mu} = \Lambda^{\mu}_{\nu}x^{\nu} + \alpha^{\mu}$$

$$\text{로렌츠 변환 행렬의 직교 조건}\quad \eta_{\mu\nu}\Lambda^{\mu}_{\lambda}\Lambda^{\nu}_{\rho} = \eta_{\lambda\rho}$$

$$\text{시공간 병진 변환}\quad \alpha^{\mu}\text{는 상수}$$

먼저 로렌츠 변환($\alpha_{\mu}=0$)만을 다루어 보자. 로렌츠 변환은 직교 조건($\eta_{\mu\nu}\Lambda^{\mu}_{\lambda}\Lambda^{\nu}_{\rho} = \eta_{\lambda\rho}$)을 만족하는 4×4 행렬로 나타낼 수 있고, 로렌츠 변환들이 만드는 로렌츠군은 $O(1, 3)$로 표시한다. O는 직교를 나타내고 괄호 안의 1과 3은 민코프스키 메트릭 $\eta_{\mu\nu} = \mathrm{diag}[-1, +1, +1, +1]$의 부호가 −1이 하나, +1이 세 개인 것을 나타낸다. 로렌츠 변환은 공간 좌표의 회전 변환과 부스트 변환에 더해서 공간 반전parity($P = \mathrm{diag}[1, -1, -1, -1]$)과 시간 역전 time reversal($T = \mathrm{diag}[-1, 1, 1, 1]$)을 포함하고 있다. 로렌츠군은 로렌츠 행렬의 행렬식($\det \Lambda = +1$ 또는 -1)과 Λ^0_0의 부호($\Lambda^0_0 \geq 1$ 또는 ≤ -1)로 구별되는 네 개의 영역으로 분리되어 있고, 네 개의 영역은 시간 역전 변환(T)과 공간 반전 변환(P)에 의해 서로 연결된다. 그중 항등원(1)을 포함하는 영역은 부분군이 되는데, 이를 제한된 로렌츠군이라 하고 $SO(1, 3)^+$로 표시한다. (제한된) 로렌츠군의 표현들을 찾으려면, 먼저 로렌츠 리대수, 즉 로렌츠 변환의 생성자들과 그들의 교환자 관계를 구해야 한다. 로렌츠 변환의 생성자는 세 개의 회전 생성자 J_i와 세 개의 부스트 생성자 K_i로 모두 여섯 개고, 이들의 교환자 관계는 다음과 같다.

$$[J_i, J_j]=i\epsilon_{ijk}J_k,\quad [J_i, K_j]=i\epsilon_{ijk}K_k,\quad [K_i, K_j]=-i\epsilon_{ijk}J_k$$

회전 생성자와 부스트 생성자로 쓴 교환자 관계는 서로 얽혀 있는데(이런 이유로 방향이 다른 두 부스트 변환을 합성하면 부스트 변환과 더불어 공간 회전 변환이 나타난다), 둘을 조합하여 생성자를 $A_i=(J_i+iK_i)/2$, $B_i=(J_i-iK_i)/2$로 쓰면 위의 교환자 관계는 다음과 같이 된다.

$$[A_i, A_j]=i\epsilon_{ijk}A_k,\quad [B_i, B_j]=i\epsilon_{ijk}B_k,\quad [A_i, B_j]=0$$

이것은 두 개의 $su(2)$ 리대수를 합쳐 놓은 $su(2)+su(2)$ 구조이고, 따라서 로렌츠군의 리대수는 $SU(2)\times SU(2)$의 리대수와 같다. 앞에서 회전군 $SO(3)$의 위상 구조가 단순하지 않았는데, 회전군을 부분군으로 가지고 있는 로렌츠군 $SO(1, 3)$도 위상 구조가 단순하지 않다. 로렌츠군의 덮개군은 $SL(2, C)$로 알려져 있고, 세 개의 리군 $SO(1, 3)^+$, $SU(2)\times SU(2)$, $SL(2, C)$는 리대수가 같아서 표현을 공유한다. 로렌츠군의 표현들은 리대수의 구조로부터 짐작할 수 있다. 두 개의 독립적인 $su(2)$ 리대수를 $su(2)_L$과 $su(2)_R$로 구별하고, 각각의 스피너 표현을 왼손 스피너left-handed spinor와 오른손 스피너right-handed spinor라 부른다. 이름을 왼손, 오른손으로 붙인 것은 두 스피너가 공간 반전 변환(P)을 통해 서로 전환되기 때문이다. 공간 반전 변환을 하면 회전 생성자는 변하지 않고 부스트 생성자는 부호가 바뀌는데, 따라서 A_i와 B_i가 뒤바뀌고, L과 R이 서로 바뀌게 된다. 로렌츠군의 일반적인 표현으로 $su(2)_L$과 $su(2)_R$의 표현을 각각 j_L, j_R이라 하면 (j_L, j_R)로 나타낼 수 있다. 생성자의 교환자 관계식을 보면 쉽게 알 수 있듯이 왼손 스피너와 오른손 스피너는 회전에 대해서는 같은 변환을 하지만 부스트 변환에 대해서는 다르게 변환된다.

푸앵카레군은 로렌츠군에 시공간 병진 변환이 더해진 것이다. 시공간 병진 변환의 생성자는 에너지-운동량 4-벡터 P^μ이므로 생성자는 모두 10개가 되고, 생성자의 교환자 관계에는 다음이 더해지게 된다.

$$[P_\mu, P_\nu]=0,\quad [J_i, P_0]=0,\quad [J_i, P_j]=i\epsilon_{ijk}P_k,$$
$$[K_i, P_0]=-iP_i,\quad [K_i, P_j]=i\delta_{ij}P_0$$

푸앵카레군의 표현은 로렌츠군의 표현 (j_L, j_R)에 $P^2=P_\mu P^\mu$의 고윳값에 해당하는 질량 m이 새로 들어와서 질량과 스핀으로 푸앵카레군의 표현을 나타내게 된다. 한 가지 주의할 점은 질량 m이 0이 아닐 때는 로렌츠군의 표현이 그대로 나타나지만, 질량 m이 0인 경우에는 주의가 필요하다. 질량이 0이면 입자의 정지계가 존재하지 않으므로 입자의 운동량 방향이 특별한 방향이 되고, 스핀이 가질 수 있는 방향도 제약을 받아 스핀의 운동량 방향의 성분이 $\pm j$의 두 상태만 가능하다. 질량이 0이 아닐 때와 0일 때는 단순히 에너지와 운동량의 관계식만 달라지는 것이 아니라 이렇게 자유도의 수가 달라진다. 특수 상대성에서는 질량 $m\to 0$인 극한과 $m=0$은 연속적으로 이어져 있지 않음에 주의해야 한다.

이제 대칭성이 물리 현상에서 어떻게 나타나는가를 군과 표현의 관점

에서 살펴본다. 우선 양자 역학에서 대칭성은 해밀토니안(H)이 대칭성 변환에 대해서 불변이라는 것으로 대칭성 변환 연산자를 G라 하면 $G^{-1}HG = H$ 또는 $[H, G]=0$이 되는 것이다. H와 G가 서로 교환되기 때문에 에너지 고유 상태 $|E\rangle$와 그것을 대칭성 변환을 한 상태 $G|E\rangle$가 같은 에너지 고윳값을 갖게 되어, 에너지 고유 상태에 겹침이 나타날 수 있다. 이렇게 대칭성 변환으로 연결된 에너지가 E이고 서로 독립적인 겹침 상태들이 n개가 있어서 $|E,i\rangle$($i=1, \cdots, n$)로 쓰면 $G|E,i\rangle = g_{ij}|E, j\rangle$로 쓸 수 있어서 행렬 g_{ij}는 대칭성군의 하나의 (차원이 n인) 표현이 된다. 이 과정을 잘 보여 주는 예가 수소 원자의 해밀토니안이 회전 대칭성을 가지고 있고, 그래서 에너지 고유 상태에서 각 j에 대해 $(2j+1)$개의 겹침 상태가 나타나고, 이것이 회전군의 $(2j+1)$ 표현을 이루는 것이다.

계가 가진 대칭성이 연속 대칭성이면 고유 상태의 겹침과 더불어 연속 대칭성군의 각 생성자에 대응되는 보존되는 양이 존재하게 된다. 양자장론에서는 이 대응 관계가 뇌터 정리Noether's theorem로 나타난다. 각 생성자 T_a에 대응하는 보존 전류conserved current(j_a^μ)가 있어서, 보존 법칙은 연속방정식continuity equation($\partial_\mu j_a^\mu = 0$)으로 나타나고 전류의 시간 성분을 공간 적분한 양이 보존 전하conserved charge($Q_a = \int d^3\vec{x} j_a^0$)가 된다. 보존 전하는 $[H, Q]=0$을 만족하고, 그 결과로 해밀토니안에 의해 전이가 일어나는 처음 상태와 나중 상태는 같은 전하를 가져야 한다. ($[H, Q]=0$에 처음 상태와 나중 상태를 좌우에 작용하면 $0=\langle f|[H, Q]|i\rangle = (Q_i - Q_f)\langle f|H|i\rangle$가 얻어진다. 이는 처음 상태와 나중 상태의 전하가 같지 않으면, 즉 $Q_f \neq Q_i$이면, $\langle f|H|i\rangle = 0$이 되고, 이것은 전이가 일어날 확률 진폭이 0임을 뜻한다.) 물리 현상에 나타나는 여러 보존 법칙들을 대칭성으로 이해할 수 있는 것이다.

마지막으로 대칭성군과 그 표현들의 물리적 중요성을 다시 음미해 보

자. 3차원 공간은 회전 대칭성을 가지고 있고 그 대칭성군은 $SO(3)$인데, 물리 현상에 나타나는 물리량에는 3차원 벡터처럼 변환되는 것 이외에 다른 방식으로 변환되는 것들이 존재하고, 실제로 우리는 자연에서 그것들이 구현되어 있는 것을 발견할 수 있다. 대칭성을 말할 때는 대칭성군이 무엇인지와 더불어 어떤 표현을 통해서 구현이 되었는지도 살피는 것이 중요하다.

특수 상대성을 표현하는 민코프스키 공간의 대칭성은 시공간 평행 이동, 회전, 부스트 대칭성이고 그것을 나타내는 대칭성군은 푸앵카레군이다. 양자장론은 민코프스키 공간에서 정의되므로, 푸앵카레군은 양자장론의 대칭성군이기도 하다. 따라서 양자장론에 나타나는 모든 기본 입자는 이 군의 한 표현이 되어야 한다. 푸앵카레군의 표현은 질량과 스핀으로 분류가 되는데, 자연에 푸앵카레군의 모든 표현이 나타나지는 않는다.

오히려 몇몇 표현들이, 예를 들면 입자물리 표준 모형에서는 스핀 1/2 표현과 스핀 1 표현이, 중요한 역할을 한다. 왜 그 대칭성이 나타나는가를 이해하는 것이 우선적으로 중요하지만, 어떤 표현을 통해서 대칭성이 구현되고, 왜 하필 그 표현인가를 이해하는 것도 물리학에서는 중요하다. 군론은 대칭성군에 어떤 표현들이 존재한다는 것을 알려주지만, 마찬가지로 그 중에 어떤 표현이 자연에 의해 선택되는가는 불행히도 말해 주지 않는 것 같다.

2. 특수 상대성과 양자 역학

앞에서 다룬 양자 역학은 빛의 속력에 비해 느리게 움직이는 입자를 다루는 비상대론적인 뉴턴 역학에서 출발해서 파동-입자 이중성을 나타내는 양자화 조건 $[x, p]=i\hbar$을 부여해서 미시 세계에 적용되는 역학 체계를 만든 것이다. 슈뢰딩거 방정식을 통해 파동 함수의 시간 진화를 기술하는 해밀토니안 연산자는 고전 역학의 에너지를 상태 벡터에 작용하는 연산자로 바꾼 것이다.

$$\text{양자화 조건}\quad [x, p]=i\hbar,\ x\to x,\ p\to -i\hbar(\partial/\partial x)$$

$$\text{시간진화}\quad [t, E]=-i\hbar,\ t\to t,\ E\to i\hbar(\partial/\partial t)$$

$$\text{해밀토니안}\quad E=p^2/2m+V(x)\to \hat{H}=-\hbar^2/2m(\partial/\partial x)^2+V(x)$$

이렇게 양자화하는 것은 빛의 속력에 비해 느리게 움직이는 입자에만 적용될 수 있다. 만약 전자가 빛의 속력에 근접하는 속력으로 움직인다면 어떻게 될까? 한걸음 더 나아가 애초부터 뉴턴 역학으로 다룰 수 없었던 빛을 양자 역학적으로 다루려고 하면 어떻게 해야 할까? 빛의 파동-입자 이중성을 나타내는 양자화 조건은 무엇일까?

먼저 빛의 속력에 근접하는 속력을 가진 전자를 양자 역학적으로 다루는 것을 고려해 보자. 첫 번째로 생각해 볼 수 있는 것은 파동 함수의 방정식을 특수 상대성에 맞게 바꾸는 것이다. 상대론적 에너지 $E=\sqrt{m^2c^4+c^2p^2}$에 해당하는 해밀토니안 연산자를 쓰는 것이다. 그러나 제곱근호 안에 있는 미분연산자는 무한급수로 정의할 수밖에 없어서 도무지 그럴듯한 결과를 얻을 수 없다. 다음으로 생각해 볼 수 있는 것이 에너지 제곱 관계식 $E^2=m^2c^4+c^2p^2$을 쓰는 것이다. 그러면 다음의 클라인-고든 방정식Klein-Gordon equation을 얻는다.

$$\text{클라인-고든 방정식}\quad -\hbar^2\partial_t^2\phi(x^\mu)=(m^2c^4-c^2\hbar^2\partial_x^2)\phi(x^\mu)$$

클라인-고든 방정식을 파동 함수에 대한 방정식으로 봤을 때 몇 가지 문제점들이 드러났다. 파동 함수의 제곱을 입자를 발견할 확률로 해석하려고 하는데, 그러려면 파동 함수의 제곱($|\phi(x^\mu)|^2$)을 전 공간에서 적분한 것이 보존이 되어야 한다. 즉 입자가 어딘가는 존재하고 사라지지 않는다는 것을 전제로 한다. 클라인-고든 방정식은 이를 만족하지 않았다.

또 하나의 문제는 이 방정식이 자유 입자에 대한 방정식임에도 불구하고 에너지 고윳값이 음과 양 대칭적으로 존재한다는 것이다. 단순하게 생각하면 에너지 제곱 관계식 $E^2=m^2c^4+c^2p^2$을 썼으니 $E=\pm\sqrt{m^2c^4+c^2p^2}$으로 크기는 같고 부호가 반대인 두 가지 에너지가 나올 수 있다는 것은 납득할 수 있다. 하지만 자유 입자가 가지는 음의 에너지 상태의 정체가 무엇인지, 그리고 그것을 어떻게 다루어야 할지가 분명하지 않았다.

1928년 폴 디랙은 클라인-고든 방정식이 가진 문제의 원인이 방정식에 에너지의 제곱, 즉 시간에 대한 2차 미분이 나타나는 것이라고 판단하고, 시간과 공간에 대해 1차 미분만 나타나면서 상대론적 에너지 관계식을 만족하는 파동방정식을 구했다. 운동량을 상대론적 4-운동량으로 확장하여 $p_\mu \to i\hbar\partial_\mu$의 규칙을 적용하면 시공간에 대한 1차 미분과 질량만 나타나는 일반적인 파동 함수 방정식은 4개의 상수계수 γ^μ를 도입하여 다음과 같이 적을 수 있다.

디랙 방정식 $$i\hbar\gamma^\mu\partial_\mu\psi(x^\mu)-mc\psi(x^\mu)=0$$

이 방정식이 상대론적 에너지 관계식 $E^2-\vec{p}^{\,2}c^2=m^2c^4(p_\mu p^\mu=-m^2c^2)$을 만족하려면 (방정식을 $i\hbar\gamma^\mu\partial_\mu\psi=mc\psi$로 적고 양 변에 $i\hbar\gamma^\mu\partial_\mu$를 적용하면 $-\hbar^2\gamma^\mu\gamma^\nu\partial_\mu\partial_\nu\psi=m^2c^2\psi$가 되므로) 계수 γ^μ가 다음의 관계식을 만족해야 한다.

$$\text{디랙 감마}(\gamma)\text{ 행렬}\quad \gamma^\mu\gamma^\nu + \gamma^\nu\gamma^\mu = 2\eta^{\mu\nu}$$

이것으로부터 계수 γ^μ는 보통의 수는 아니라는 것을 알 수 있다. 예를 들어 $\gamma^0\gamma^1 + \gamma^1\gamma^0 = 0$이므로 γ^0와 γ^1은 곱셈 순서를 바꾸면 부호가 바뀐다. 디랙은 이 관계식을 만족하는 γ^μ가 4×4 행렬로 구현될 수 있다는 것을 찾아냈는데, 이 행렬을 디랙 감마(γ) 행렬이라 한다. 디랙 감마 행렬의 표현은 여러 가지가 있는데, 다음은 그중 하나로 디랙이 처음으로 썼기에 디랙 표현이라고 한다.

$$\gamma^0 = \begin{pmatrix} 1 & 0 & 0 & 0 \\ 0 & 1 & 0 & 0 \\ 0 & 0 & -1 & 0 \\ 0 & 0 & 0 & -1 \end{pmatrix}, \gamma^1 = \begin{pmatrix} 0 & 0 & 0 & 1 \\ 0 & 0 & 1 & 0 \\ 0 & -1 & 0 & 0 \\ -1 & 0 & 0 & 0 \end{pmatrix}, \gamma^2 = \begin{pmatrix} 0 & 0 & 0 & -i \\ 0 & 0 & i & 0 \\ 0 & i & 0 & 0 \\ -i & 0 & 0 & 0 \end{pmatrix}, \gamma^3 = \begin{pmatrix} 0 & 0 & 1 & 0 \\ 0 & 0 & 0 & -1 \\ -1 & 0 & 0 & 0 \\ 0 & 1 & 0 & 0 \end{pmatrix}$$

계수 γ^μ가 4×4 행렬이므로 파동 함수 ψ는 4개의 성분을 가져야 한다.

$$\text{디랙 스피너}\quad \psi(x^\mu) = \begin{pmatrix} \psi_1(x^\mu) \\ \psi_2(x^\mu) \\ \psi_3(x^\mu) \\ \psi_4(x^\mu) \end{pmatrix}$$

당시 파동 함수가 하나가 아니라 네 개의 성분을 가지는 것이 완전히 새로운 것은 아니었는데, 이미 파울리가 전자의 스핀 상태를 표현하기 위해서 2개의 성분을 가진 파동 함수를 도입했고, 디랙도 독자적으로 이것을 발견했다.

ψ는 네 개의 성분을 가지므로 4-벡터가 아닌가를 의심해 볼 수 있지만, 4-벡터가 아니다. 로렌츠 변환 $x'^\mu = \Lambda^\mu_\nu x^\nu$에 대해 스피너의 변환 방식은 4×4 행렬 S를 도입해 $\psi'(x') = S\psi(x)$로 쓸 수 있을 텐데, 디랙 방정식이 공

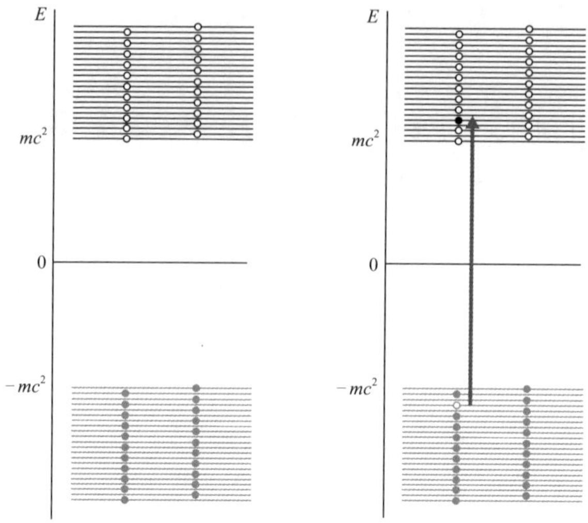

그림 90 전자의 디랙 바다와 전자와 양전자 쌍의 생성.

변이기 위해서는 행렬 S가 $S\gamma^{\mu}S^{-1}=(\Lambda^{-1})^{\mu}_{\nu}\gamma^{\nu}$를 만족해야 한다. 로렌츠 변환에 대한 ψ의 이 변환 방식은 4-벡터와는 다른 방식으로, 이렇게 변화되는 양을 디랙 스피너Dirac spinor라 한다. 디랙은 로렌츠 변환에 대한 새로운 변환 방식(표현)을 발견한 것이다. 이러한 디랙의 발견으로 독일의 수학자 헤르만 바일Hermann Weyl(1885~1955)과 헝가리 출신의 미국 물리학자 유진 위그너Eugene Wigner(1902~1995)가 로렌츠군의 스피너 표현들을 모두 밝힐 수 있는 계기가 되었다.

디랙 스피너는 왼손 스피너와 오른손 스피너를 합쳐 놓은 것으로, 디랙 감마 행렬을 디랙 표현 대신 바일 표현을 쓰면 디랙 스피너를 왼손 스피너와 오른손 스피너로 2개의 성분씩 나누어 나타낼 수 있다.

$$\text{바일 표현}\quad \gamma^{0}=\begin{pmatrix} 0 & I_2 \\ I_2 & 0 \end{pmatrix},\ \gamma^{k}=\begin{pmatrix} 0 & \sigma_k \\ -\sigma_k & 0 \end{pmatrix}$$

$$\text{디랙 스피너} \quad \psi(x) = \begin{pmatrix} \psi_L(x) \\ \psi_R(x) \end{pmatrix}$$

애초의 기대와는 달리 디랙 방정식은 클라인-고든 방정식이 가지고 있던 문제점들을 해결하지는 못했다. 자유 입자에 대하여 여전히 음의 에너지 상태가 존재했다. 그렇지만 디랙은 이 새로운 방정식이 전자와 그 스핀을 기술하는 데 아주 적합하다는 것을 알아냈다. 디랙 방정식을 사용하여 수소 원자의 에너지 준위들을 구해 보면 스핀-궤도 결합과 상대론적 에너지 보정 등 상대론적 효과에 의한 미세 구조를 정확하게 보여 준다.

또한 자기장을 걸어 주었을 때 전자의 궤도각운동량과 스핀각운동량에 의한 자기 모멘트의 반응으로 에너지 준위가 분리되는 제이만 효과가 나타나는데, 궤도각운동량이 주는 자기 모멘트에 비해 스핀각운동량이 주는 자기 모멘트의 크기가 2배로 나타났다. 당시에는 이 궤도각운동량과 스핀각운동량이 주는 차이에 대한 이유를 알지 못하고 있었는데, 디랙 방정식은 이 차이를 정확하게 보여 주었다. 디랙 방정식은 전자에 대한 제대로 된 상대론적인 방정식이었던 것이다.

디랙은 이 성과를 살리기 위해 음의 에너지 상태의 해석과 관련해서 새로운 아이디어를 내놓았는데, 진공 상태와 반입자라는 두 개념을 도입한 것이다. 먼저 전자는 페르미온이므로 배타 원리에 의해 한 상태에는 전자 하나만 들어갈 수 있다는 것에 착안해서, (가장 낮은 에너지를 갖는) 바닥 상태를 음의 에너지 상태는 이미 전자들로 다 차 있는 상태로 보았다. 이 바닥 상태의 에너지는 음의 무한대고 전하도 음의 무한대지만 실험으로는 이 상태와 다른 상태의 에너지와 전하 차이만 측정할 수 있으므로 문제가 되지 않는다고 보았다.

이 상태는 입자가 유한한 경우의 바닥 상태에 대비되는데, 무한개의 전자들이 만드는 상태들 중에서 제일 낮은 에너지 상태란 뜻에서 진공 상태vacuum state라 불렀다. 그러면 음의 에너지 상태는 이미 전자로 다 차있으므로 새로 추가되는 전자는 양의 에너지 상태에만 들어갈 수 있다. 그런데 진공 상태일 때 외부에서 들어온 빛이 음의 에너지 상태를 채우고 있는 전자와 충돌해서 에너지를 전달하면, 전자가 양의 에너지 상태로 옮겨 가는 것이 가능하다. 이렇게 음의 에너지 상태에 있던 전자 하나가 빠져나간 상태는 진공 상태와 대비해 양의 에너지와 양의 전하를 가지고 있어서, 질량은 전하와 같고 전하만 반대인 양의 에너지를 가진 입자가 있는 것과 같다.

디랙은 이를 전자의 반입자anti-particle가 존재하는 것으로 해석했다. 처음에 그는 질량이 전자와 같아야 한다는 것을 고려하지 않아서 전자의 반입자로 양성자를 생각했다. 그러나 곧 질량이 같아야 한다는 반박을 받았고 반입자는 세상에 존재하지 않는 것으로 보여서 좌절을 겪었다. 하지만 행운이 따랐는지 1929년부터 하늘에서 날아오는 우주선에서 전자와 질량이 같고 전하가 반대인 입자에 대한 증거들이 나타나기 시작했고, 1932년 칼 데이비드 앤더슨Carl David Anderson(1905~1991)이 그 존재를 확인했다. 전자의 반입자가 실제로 발견된 것이다. 전자의 반입자에는 양전자positron라는 이름이 붙었고, 디랙은 1933년 노벨물리학상을 수상했다.

그렇지만 ψ를 파동 함수로 해석하는 것에는 여전히 문제가 있었는데, 음의 에너지 상태, 반입자의 존재 등은 특수 상대성과 양자 역학을 통합해서 다룰 수 있는 양자장론이 등장하고 나서야 깔끔하게 정리되었다.

3. 양자장론

이제 우리가 미뤄 왔던 빛의 양자화에 대한 궁금증을 풀어볼 때가 되었다. 양자 역학의 단서는 플랑크가 발견한 빛 에너지의 양자화였지만 정작 양자 역학의 발전은 전자의 파동-입자 이중성을 통해 이루어졌다. 그렇게 얻어진 양자 역학의 규칙들을 빛에 적용하면 어떤 결과들이 얻어질까? 지금까지 이 문제를 미뤄온 것은 세 가지 이유 때문이다.

> 첫째, 빛은 근본적으로 특수 상대성을 적용해야 한다. 그런데 앞에서 보았듯이 전자에 대해서도 비상대론적인 양자 역학의 규칙들을 상대론적인 상황에 그대로 적용하면 문제점들이 나타났다.
> 둘째, 빛은 (질량이 없기 때문에) 상호 작용에 의해 쉽게 생성과 소멸이 가능하기에 근본적으로 다입자계many particle system로 취급해야 한다. 즉 하나의 광자를 다루는 것이 아니라 시작부터 무한개의 자유도를 염두에 두어야 한다.
> 셋째, 빛을 기술하는 맥스웰 방정식은 게이지 대칭성을 가지고 있어서 양자화 조건을 적용하는 데 기술적인 어려움이 있다.

첫 번째와 두 번째 문제를 어떻게 풀어 나가는지를 다음에서 다루고, 세 번째 문제는 '게이지 대칭성'에서 다룬다.

고전 전자기학(맥스웰 방정식)에서 빛을 기술하는 방법은 전기장과 자기장을 쓰는 것이다. 전자와 같은 입자를 다루는 것과 전자기장과 같은 장field을 다루는 것에는 어떤 차이가 있을까? 빛의 양자 역학을 이해하려면 먼저 장의 개념에 익숙해질 필요가 있다. 장이라고 하는 것은 공간의 모든 위치에 자유도가 있는 것이다.

기타 줄의 진동을 예로 들어서, 장의 개념과 그것을 양자화했을 때 얻어지는 결과를 알아보자. 기타 줄 위의 위치를 x로 나타내면 각 x에서 시간 t일 때 평형 위치로부터 줄의 변위를 $\psi_x(t)$로 나타내자. 기타 줄 위의 각 점 x마다 진동하는 자유도 $\psi_x(t)$가 있기 때문에, 기타 줄은 x로 이름을 붙인 무한개의 자유도를 가지고 있다. 이제 편의를 위해 $\psi_x(t)$를 $\psi(x, t)$로 쓸 것이다. 하지만 $\psi(x, t)$에서 x는 입자의 위치를 나타내는 것이 아니라 자유도의 이름표라는 것을 명심해야 한다.

먼저 이 기타 줄을 고전 역학으로 풀어 보자. 기타 줄의 파동방정식을 구하고 그 해를 구한다. 나중에 양자 역학으로 넘어가는 것까지 고려하면 파동방정식을 유도하는 가장 좋은 방법은 18세기에 프랑스의 수학자 조제프 루이 라그랑지Joseph-Louis Lagrange(1736～1813) 등이 개발한 라그랑지안Lagrangian과 최소 작용의 원리least action principle를 쓰는 것이다. 줄의 길이를 l, 밀도를 ρ, 장력을 τ라 하면 기타 줄의 라그랑지안은 다음과 같다.

$$L[\psi, \partial_t\psi, \partial_x\psi] = \int_0^l \mathcal{L}(\psi, \partial_t\psi, \partial_x\psi)dx = \int_0^l \left[\frac{\rho}{2}\left(\frac{\partial\psi}{\partial t}\right)^2 - \frac{\tau}{2}\left(\frac{\partial\psi}{\partial x}\right)\right]dx$$

줄 위의 각 위치 x마다 자유도가 있으므로 전체 라그랑지안은 각 위치 x에서의 라그랑지안, 즉 라그랑지안 밀도lagrangian density $\mathcal{L}(x)$를 줄을 따라 모두 더한 것(적분)이 된다. 이 라그랑지안이 주는 운동방정식(오일러－라그랑지 방정식Euler-Lagrange equation)은 다음의 파동방정식이고 파동의 전파 속력은 $v = \sqrt{\tau/\rho}$이 된다.

$$\text{기타 줄의 파동방정식} \quad \rho\frac{\partial^2\psi}{\partial t^2} - \tau\frac{\partial^2\psi}{\partial x^2} = 0$$

라그랑지안과 오일러-라그랑지 방정식

라그랑지안은 뉴턴 역학을 다루는 새로운 방법으로 개발되었다. 퍼텐셜 $V(x)$에서 움직이는 입자의 궤적을 $x(t)$라 하면 라그랑지안을 운동 에너지 빼기 퍼텐셜 에너지로 정의한다.

$$L\left(x, \frac{dx}{dt}\right) = \frac{m}{2}\left(\frac{dx}{dt}\right)^2 - V(x)$$

작용action이란 궤적 $x(t)$의 시작점 $x(t_0)=x_0$와 끝점 $x(t_1)=x_1$을 고정하고 라그랑지안을 시간에 대해 적분한 것이다.

$$S[x(t)] = \int_{t_0}^{t_1} L\left(x, \frac{dx}{dt}\right) dt$$

궤적 $x(t)$가 시간 t의 함수이므로 작용 $S[x(t)]$는 함수의 함수가 되는 셈이다. 그런 의미에서 작용을 범함수functional라고 부른다. 최소 작용의 원리는 작용 $S[x(t)]$를 궤적 $x(t)$의 함수로 보아서 $S[x(t)]$를 최소화하는 궤적 $x(t)$가 입자의 운동방정식을 만족하는 실제 궤적이 된다는 것이다. 범함수를 최소화하는 함수 $x(t)$를 구하는 방법은, 함수의 최솟값을 찾는 미분법보다 어려운데, 변분법calculus of variation이라고 한다. 변분법을 통해서 얻은 결과는 작용 $S[x(t)]$를 최소화하는 궤적 $x(t)$는 다음의 오일러-라그랑지 방정식을 만족해야 한다는 것이다.

최소 작용의 원리 $$\frac{\delta S[x(t)]}{\delta x(t)} = 0$$

오일러-라그랑지 방정식 $$\frac{d}{dt}\frac{\partial L}{\partial(dx/dt)} - \frac{\partial L}{\partial x} = 0$$

오일러-라그랑지 방정식을 퍼텐셜에서 움직이는 입자의 라그랑지안에 적용하면 $\partial L/\partial(dx/dt) = m\,dx/dt$, $\partial L/\partial x = -dV(x)/dx$이므로 $md^2x/dt^2 + dV/dx = 0$이 되어서, 뉴

턴의 운동방정식을 얻게 된다. 사실 라그랑지안 방법은 뉴턴의 운동방정식과 같은 결과를 주지만, 관련된 힘이 복잡하거나 숨어 있어서 잘 알기 어려운 상황에서도 운동 에너지와 퍼텐셜 에너지만 제대로 계산하면 적용할 수 있다는 것이 그 강점이다. 또한 라그랑지안은 다음과 같이 일반화된 운동량을 정의하는 데도 필요하다.

$$x\text{에 대응하는 일반화된 운동량} \quad p = \frac{\partial L}{\partial(dx/dt)}$$

이를 위의 입자의 라그랑지안에 적용하면 잘 알려진 운동량 $p=mdx/dt$가 나온다. 라그랑지안 방법의 또 하나의 강점은 계가 가지고 있는 대칭성을 쉽게 알 수 있다는 것이다. 계의 대칭성은 운동방정식을 풀고 그 결과를 이해하는 데 큰 도움이 된다.

기타 줄의 양 끝은 고정되어($\psi(0, t)=\psi(l, t)=0$) 있다. 그러면 이 방정식을 만족하는 기타 줄의 고유 모드(정상파)는 $\sin(k_j x)e^{\pm i w_j t}$($j=1, 2, 3, \cdots$), 그 파장은 $\lambda j=2l/j$(파수 $k_j=j\pi/l$), 진동수는 $f_j=jv/2l$(각 진동수 $w_j=j\pi v/l$)로 주어진다. 파동방정식의 일반해는 다음과 같이 고유 모드들의 선형 결합(중첩)으로 쓸 수 있다.

$$\text{기타 줄 진동의 일반해} \quad \psi(x, t)=\sum_{j=1}^{\infty}\left[a_j e^{-i\omega_j t}+a_j^* e^{+i\omega_j t}\right]\sin(k_j x)$$

고유 모드의 계수 a_j는 각 고유 모드들의 진폭을 나타내고, 진동의 초기 조건 $\psi(x, t=0)$(기타 줄의 진동이 어떻게 시작되었는가)에 의해 정해진다. 기타 줄의 진동이 고유 모드들의 중첩으로 표현될 수 있다는 것은 자유도에 대한 새로운 해석을 주는데, 줄 위의 각 위치의 진동 대신 각 고유 모드를 하나의 자유도로 생각할 수도 있다는 것이다.

이제 기타 줄의 진동을 양자 역학으로 풀어 보자. 양자 역학에서는 먼저 각 x에서의 자유도 $\psi(x, t)$의 짝이 되는 일반화된 운동량을 구해야 한다.

$$\psi(x, t)\text{의 짝이 되는 일반화된 운동량} \quad \Pi(x, t) = \frac{\partial \mathcal{L}}{\partial(\partial_t \psi)} = \rho \partial_t \psi(x, t)$$

그리고 각 위치의 자유도에 대하여 양자화 조건을 부여한다. 무한한 자유도를 수학적으로 편하게 다루는 방법으로 위치 x라고 이름표를 붙인 연속적인 자유도 $\psi(x, t)$를 가정하는데, x의 값이 다를 경우 독립적인 자유도라 서로 교환된다는 것을 나타내기 위해 δ_{ij}를 연속 변수로 확장한 디랙 델타 함수Dirac delta function $\delta(x)$를 써서● 양자화 조건은 다음과 같다.

$$\text{제2 양자화 조건} \quad [\psi(x, t), \Pi(y, t)] = i\hbar\delta(x-y)$$

이 양자화 조건을 이전의 하나의 자유도에 대한 양자화 조건 $[x, p] = i\hbar$와 구별하기 위하여 '제2 양자화 조건the second quantization condition'이라 부른다. 사실 자유도의 수만 무한개가 되었을 뿐 본질적으로 다른 것은 없다. 다음으로 에너지를 계산해서 해밀토니안 연산자를 구한다. 에너지 밀도는 라그랑지안 밀도에서 퍼텐셜 에너지의 부호만 바꾸면 되고, 해밀토니안은 에너지에서 $\rho\partial_t\psi$를 운동량 Π로 바꿔주고 ψ와 Π를 양자화 조건이 부과된 연산자로 취급하면 된다.

$$H = \int_0^l \left[\frac{\Pi^2}{2\rho} + \frac{\tau}{2} \left(\frac{\partial \psi}{\partial x} \right)^2 \right] dx$$

● $\delta(x)$는 $x \neq 0$이면 0이고, $\int_{-\infty}^{+\infty} \delta(x)dx = 1$로 정의된다. 그래서 $\int_{-\infty}^{+\infty} f(x)\delta(x-y)dx = f(y)$가 된다.

이제 이 해밀토니안의 고유 상태와 고윳값들을 구해야 하는데, 여기에 지혜가 필요하다. 고전 역학에서 일반적인 줄의 진동을 고유 모드들의 중첩으로 쓸 수 있고, 각 고유 모드를 하나의 자유도로 볼 수 있었다. 이 사실을 활용해 보자. 파동방정식의 일반해와 같이 ψ를 고유 모드의 중첩으로 쓴다(상수 $\sqrt{\hbar/2l}$은 나중의 편의를 위해 넣은 것이다).

$$\psi(x,t)=\sum_{j=1}^{\infty}\sqrt{\frac{\hbar}{2l}}[a_j e^{-i\omega_j t}+a_j^{\dagger}e^{+i\omega_j t}]\sin(k_j x)$$

그 계수 a_j와 $a_j^\dagger$를 자유도로 보고 ψ_x와 Π_x 대신 a_j과 $a_j^\dagger$를 연산자로 사용하는 것이다. 그러면 계산을 통해 위의 ψ와 Π에 대한 양자화 조건은 다음과 같이 a_j와 $a_j^\dagger$에 대한 양자화 조건으로 바뀐다.

$$[a_j, a_k^\dagger]=\delta_{jk}$$

해밀토니안을 a_j과 $a_j^\dagger$으로 쓰면, 다음과 같이 각 고유 모드의 해밀토니안의 합으로 나타난다.

$$H=\sum_{j=1}^{\infty}\hbar\omega_j(a_j^\dagger a_j+\frac{1}{2})$$

이것은 조화 진동자의 소멸, 생성 연산자를 하나에서 무한개의 자유도가 있는 경우로 확장한 것과 같다(4장 '슈뢰딩거 방정식' 참조). 각 고유 모드의 해밀토니안은 각 진동수가 ω_j인 조화 진동자의 해밀토니안과 같고, 따라서 에너지 고유 상태와 고윳값도 조화 진동자의 것과 같다. 그러면 조화 진동자에서와 마찬가지로 a_j와 $a_j^\dagger$를 각 고유 모드의 에너지 $\hbar\omega_j=j\pi\hbar v/l$을 가진 입자를 소멸, 생성하는 연산자로 볼 수 있고, 고유 상태들은 에너지가 $\hbar\omega_j$인 입자가 0개에서부터 무한개까지 있는 상태들이다.

이제 장(기타 줄의 진동)을 양자화해서 얻은 결과들을 정리해 보자. 장(기타 줄의 진동)이 만족하는 (파동)방정식을 풀어서 고유 모드들을 구한 후에 장을 다시 고유 모드들의 중첩으로 쓰면서 그 계수를 소멸, 생성 연산자로 놓으면, 장의 해밀토니안은 고유 모드들의 진동수를 가진 조화 진동자들의 합이 되고, 고유 상태는 고유 진동들의 에너지를 가진 입자들의 상태로 나타난다. 장이 가지고 있는 무한개의 자유도가 파동방정식에 의해 정해지는 에너지 관계를 따르는 입자들의 생성과 소멸로 나타나는 것이다. 이것을 한마디로 줄여서 표현하면, 장을 양자화하면 입자가 된다는 것이다.

본격적으로 양자장론으로 들어가기에 앞서 꼭 알아두어야 할 일이 하나 있다. 양자장론은 장을 상대론적으로 그리고 양자 역학적으로 다루게 된다. 따라서 양자 역학의 기본 상수인 플랑크 상수 $\hbar$와 특수 상대성의 기본 상수인 빛의 속력 c가 항상 나타나는데, 두 기본 상수들을 기본 단위로 삼는 단위 체계를 쓰는 것이 손의 수고도 덜고 이해의 정도도 높일 수 있다. 그래서 앞으로는 플랑크 상수와 빛의 속력을 1로 놓은 자연 단위natural units 체계를 쓰겠다.

자연 단위 $\hbar=1, c=1$

먼저 $c=1$로 놓으면 길이와 시간 단위가 같아진다. 다음으로 $\hbar=1$로 놓으면 질량 단위가 길이 단위의 역수가 된다. 따라서 모든 물리량을 질량 단위 (또는 길이 단위) 하나만 써서 나타낼 수 있다. 질량 단위는 에너지의 단위와 같기 때문에($E=mc^2$) 자연 단위에서는 에너지 단위인 eV를 기본 단위로 주로

기타 줄의 라그랑지안과 파동방정식

기타 줄을 점 질량들의 사슬로 근사해서 그 라그랑지안과 운동방정식을 구해 보자. 질량이 m인 입자들이 Δx의 간격으로 위치 x_1에 놓여 있고 각 입자들은 바로 옆의 입자들과 용수철 상수 k인 용수철로 서로 연결되어 있다고 하자. 시간 t에서 위치 x_1에 놓여 있는 질량의 평형점으로부터의 변위를 ψ_i라 하면 전체 계의 운동 에너지와 용수철에 의한 퍼텐셜 에너지는(이웃한 두 입자의 변위 차 $|\psi_{i+1}-\psi_i|$가 입자들의 간격 Δx보다 충분히 작다면) 다음과 같다.

$$L=\sum_i \frac{m}{2}\left(\frac{d\psi_i}{dt}\right)^2-\sum_i \frac{k}{2}(\psi_{i+1}-\psi_i)^2$$

여기서 간격 Δx를 0으로 보내는 극한을 취하면서 $m/\Delta x$는 줄의 선밀도 ρ로, $k\Delta x$는 줄의 장력 τ로, 각각을 상수로 놓으면 급수가 적분으로 바뀐다.

$$L=\lim_{\Delta x\to 0}\left[\sum_i \frac{m/\Delta x}{2}\left(\frac{d\psi_i}{dt}\right)^2\Delta x-\sum_i \frac{k\Delta x}{2}\left(\frac{\psi_{i+1}-\psi_i}{\Delta x}\right)^2\Delta x\right]=\int\left[\frac{\rho}{2}\left(\frac{\partial\psi}{\partial t}\right)^2-\frac{\tau}{2}\left(\frac{\partial\psi}{\partial x}\right)^2\right]dx$$

각 입자의 운동방정식은 양 옆의 입자에 연결된 용수철의 복원력이 작용하므로 다음과 같다.

$$m\frac{d^2\psi_i}{dt^2}=-k(\psi_i-\psi_{i+1})-k(\psi_i-\psi_{i-1})$$

양 변을 Δx로 나눈 후 Δx를 0으로 보내는 극한을 취하면 다음 방정식을 얻게 된다. 이것이 줄의 진동을 기술하는 파동방정식이다.

$$\lim_{\Delta x\to 0}\left[\frac{m}{\Delta x}\frac{d^2\psi_i}{dt^2}-k\Delta x\frac{1}{\Delta x}\left(\frac{\psi_{i+1}-\psi_i}{\Delta x}-\frac{\psi_i-\psi_{i-1}}{\Delta x}\right)\right]=\rho\frac{\partial^2\psi}{\partial t^2}-\tau\frac{\partial^2\psi}{\partial x^2}=0$$

쓴다. 모든 단위를 에너지 단위 하나로 통일해서 쓸 수 있으니 편리한 점도 있지만, 익숙해질 때까지는 조금 혼란스러울 것이다. 어쨌든 평소에 쓰던 표준 단위(MKS)계와 자연 단위계 사이의 변환식은 기억해 둘 필요가 있다.

$$1\text{eV}=1.78\times10^{-36}\text{kg},\ 1\text{eV}^{-1}=1.97\times10^{-7}\text{m}=6.58\times10^{-16}\text{s}$$

$$1\text{kg}=5.62\times10^{35}\text{eV},\ 1\text{m}=5.10\times10^{7}\text{eV}^{-1},\ 1\text{s}=1.52\times10^{15}\text{eV}^{-1}$$

자연 단위에서 전자의 질량은 $m_e=0.51\text{MeV}$, 보어 반지름은 $a_0=2.68\times10^{-4}\text{eV}^{-1}$이다.

상대론적인 상황에서 양자 역학을 하려면 반드시 많은 입자를 다루는 장의 양자화를 써야 하는 이유는 명백하다. 특수 상대성에서는 에너지와 물질이 서로 전환될 수 있어서 에너지로부터 얼마든지 새로운 입자가 만들어질 수 있기 때문이다. 그런데 이렇게 파동 함수로 취급했던 $\psi(x)$를 장으로 취급해서 장을 양자화하는 방법을 적용하면, 앞에서 상대론적인 양자 역학을 시도했을 때 부딪혔던 문제들을 해결할 수 있다.

클라인-고든 방정식을 만족하는 스칼라장을 예로 들어 본다. 앞에서 스칼라장 $\phi(x)$를 입자의 파동 함수로 보고 에너지 고윳값을 구하고 확률 해석을 시도한 결과 음의 에너지 상태 문제와 확률이 보존이 안 되는 문제가 나타났다. 이제 스칼라장 $\phi(x)$를 파동 함수가 아니라 무한개의 자유도를 가진 장으로 보고 양자화해 보자. 먼저 제2 양자화 조건을 부여하기 위해, 클라인-고든 방정식을 주는 라그랑지안 밀도를 찾고, $\phi(x)$의 짝이 되는 일반화된 운동량을 구해 보면 다음과 같다.

스칼라장의 라그랑지안 밀도와 방정식

$$\mathcal{L}=\frac{1}{2}\partial_\mu\partial^\mu\phi-\frac{1}{2}m^2\phi^2,\quad \partial_\mu\partial^\mu\phi-m^2\phi=0$$

스칼라장의 양자화 조건

$$\Pi_\phi=\frac{\partial\mathcal{L}}{\partial(\partial_0\phi)}=\partial_0\phi,\ [\phi(\vec{x},t),\partial_t\phi(\vec{y},t)]=i\hbar\delta(\vec{x}-\vec{y})$$

다음으로 클라인-고든 방정식을 만족하는 고유 모드를 구해 보면, 고유 모드는 운동량 $\vec{p}$로 식별되고 그 에너지는 다음과 같다.

$$\phi_{\vec{p},\pm}(x)=Ae^{\pm i(E_pt-\vec{p}\cdot\vec{x})/\hbar}=Ae^{\pm ip_\mu x^\mu},\ E_{\vec{p}}^2=m^2+\vec{p}^2,\ p_\mu=(E_{\vec{p}},\vec{p})$$

이제 스칼라장 $\phi(x)$를 고유 모드의 중첩으로 쓰고, 각 모드의 소멸, 생성 연산자에 대한 양자화 조건을 구해 보면 다음과 같다. (음의 에너지를 가진 고유 모드는 존재하지만, 그 계수는 입자를 생성하는 연산자가 된다.)

$$\phi(x)=\int\frac{d^3\vec{p}}{(2\pi)^3}\left[ae^{-ip_\mu x^\mu/\hbar}+a^\dagger e^{+ip_\mu x^\mu}\right],\ \left[a_{\vec{p}},a_{\vec{q}}^\dagger\right]=\delta(\vec{p}-\vec{q})$$

이제 해밀토니안을 소멸, 생성 연산자로 쓰면 각 고유 모드의 에너지를 진동수로 갖는 조화 진동자들의 합으로 나타난다.

$$H=\int\frac{d^3\vec{p}}{(2\pi)^3}E_{\vec{p}}\left(a_{\vec{p}}^\dagger a_{\vec{p}}+\frac{1}{2}\delta(0)\right)$$

따라서 에너지 고유 상태는 (정해진 질량(m)과) 모든 가능한 운동량($\vec{p}$)을 가지는 입자들이 각각 $n_{\vec{p}}=0, 1, 2, \cdots$개가 있는 상태가 되고, 소멸($a_{\vec{p}}$), 생성 연산자($a_{\vec{p}}^\dagger$)는 하나의 입자를 생성 또는 소멸하는 연산자가 된다. 즉 장을 양자화하면 하나의 입자만 다루는 것에서 수많은 (동일한) 입자를 다룰 수 있는 다체계로 넘어가는 것이다.

이제 스칼라장을 양자화해서 얻는 것들을 살펴보자. 첫째, 특수 상대성과 부합하려면 다체계를 다루어야 한다는 것은 앞에서 언급했듯이 명백하다. 특수 상대성에는 에너지와 물질이 서로 전환될 수 있어서 상호 작용에 의해 새로운 입자들이 생겨날 수 있기 때문이다. 그래서 양자 역학과 특수 상대성을 모두 고려하려면 양자장론이 자연스러운 틀이 되는 것이다. 둘째, 바닥 상태($|0\rangle$)는 모든 소멸 연산자에 의해 소멸되는($a_{\vec{p}}|0\rangle=0$) 상태로 입자가 하나도 없는 상태이고, 이런 이유로 진공 상태라 부른다. 해밀토니안에 들어 있는 상수는 조화 진동자에 있는 영점 에너지들의 합으로 진공 상태의 에너지를 나타내는 상수다. 겉보기에는 무한대처럼 보인다(이에 대해서는 '진공 상태'에서 다룬다). 셋째, 장 연산자field operator $\phi(x)$는 시공간 x에 하나의 입자를 소멸 또는 생성하는 연산자다. 파동 함수를 통해 다루었던 한 입자의 비상대론적인 양자 역학의 모든 결과들은 한 입자 상태one-particle state($\phi(x)|0\rangle$)에서 자연스럽게 얻어진다. 넷째, 하나의 입자를 다루는 대신 장을 양자화하는 것이 좋은 또 하나의 이유는 동일한 입자들이 나타났을 때 입자의 교환에 대해 보손인 경우 대칭화되어야 하는데, 생성 연산자들이 서로 교환되기 때문에 이것이 자동적으로 이루어진다는 것이다. (페르미온인 경우 반대칭화되어야 하는데, 이것은 뒤에 디랙장의 양자화에서 다룬다.) 또한 장은 전 공간에 존재하는 동일한 자유도를 다루므로 동일한 입자의 의미가 명확해진다. 지구에 있는 입자나 태양에 있는 입자는 모두 하나의 장으로 기술되는 동일한 입자인 것이다.

실수 스칼라장을 복소수 스칼라장으로 확장하면 주목할 만한 새로운 현상이 나타난다. 복소수 스칼라장 $\phi(x)=\phi_1(x)+i\phi_2(x)$로 두 개의 실수 스

진공 상태

양자 역학에서 바닥 상태의 정의는 명확해서 에너지 고유치가 가장 낮은 상태를 말한다. 양자장론에서는 바닥 상태를 진공 상태라 부르는데, 가장 낮은 에너지 상태가 공간의 모든 곳에서 입자가 하나도 없는 상태이기 때문이다. 하지만 진공 상태가 완전히 아무것도 없는 상태는 아니다.

먼저 진공 상태의 에너지 고윳값부터 살펴보자. 스칼라장의 해밀토니안을 보면 상수항이 있는데, 이는 조화 진동자들의 바닥 상태들이 가지고 있는 영점 에너지들의 합으로 진공 상태의 에너지를 나타내는 상수가 된다. 상수항에 나타나는 $\delta(0)$는 무한대이지만, 그 기원을 살펴보면 우리가 무한한 공간을 가정하고 각 고유 모드를 규격화했기 때문에 나온 것으로, 공간의 전체 부피로 볼 수 있다. 따라서 $\delta(0)$를 제외한 나머지 상수를 진공 상태의 에너지 밀도로 볼 수 있다.

$$\text{진공 상태의 에너지 밀도} \quad \rho_{\text{vac}} = \frac{1}{2}\int \frac{d^3\vec{p}}{(2\pi)^3} E_{\vec{p}}$$

그런데 이 적분은 발산한다. 진공 상태의 에너지 밀도가 무한대인 것이다. 그렇지만 이 상수는 중력을 고려하지 않는다면 관찰할 수 있는 양이 아니어서 간단히 무시하면 된다. 그렇지만 중력은 모든 에너지에 결합을 하기 때문에 진공 에너지도 영향이 있고, 특히 우주론에서는 진공 에너지 밀도가 중요한 역할을 하는 것으로 드러났다. 그래서 진공의 에너지 밀도를 제대로 계산해 고려해야 한다. 페르미온의 진공 에너지 밀도는 스칼라와 반대의 부호를 가지고 있다. 같은 질량을 가지는 복소수 스칼라장과 바일 스피너가 짝으로 있으면 정확히 상쇄되어 진공 에너지 밀도는 0이 된다.

진공 상태는 요동을 가지고 있다. $\langle\phi(x)\rangle$는 0이지만 $\langle\phi(x)^2\rangle$는 0이 아니다. 급팽창하는 우주에서는 진공 상태의 요동이 밀도 요동을 만들어 낼 수 있어서 현대 우주론에서 중요한 역할을 하고 있다.

칼라장과 자유도가 같다. 자유도가 두 배가 되는 것에 더해서 실수 스칼라장이 하나만 있을 때는 없던 대칭성이 나타난다. 실수 스칼라장의 라그랑지안을 복소수 스칼라장으로 단순히 확장하면 다음과 같다.

$$\mathcal{L}=\frac{1}{2}\partial_\mu\phi\partial^\mu\phi^*-\frac{1}{2}m^2\phi\phi^*$$

이 라그랑지안은 온곳 위상 변환 $\phi(x)\to\phi'(x)=e^{i\alpha}(x)$에 대한 $U(1)$ 대칭성이 있다. (두 실수 스칼라장 $\phi_1(x)$와 $\phi_2(x)$의 입장에서 보면 이 위상 변환은 $\phi_1^2+\phi_2^2$의 크기를 유지하는 회전 변환에 대한 $SO(2)$ 대칭성이 있는 것이다.) 이 대칭성은 연속 대칭성이므로 뇌터 정리에 의해 보존 전하가 존재하게 된다. 복소수 스칼라장을 양자화해서 나타나는 입자의 스펙트럼을 보면, 실수 스칼라장일 때 나타나는 상태수의 두 배가 되는데, 질량(에너지-운동량)은 같고 보존 전하의 크기만 반대인 상태가 항상 쌍으로 나타나게 된다. 하나를 입자 상태라고 하면 그 짝인 상태는 반입자 상태가 되는 것이다. 복소수장을 쓰면 입자와 반입자의 존재가 자연스럽게 나타나는 것이다.

장을 양자화하는 것을 페르미온인 전자를 기술하는 디랙장에도 적용할 수 있다. 디랙장의 방정식과 그것을 주는 라그랑지안은 다음과 같다.

$$\mathcal{L}=i\vec{\psi}\gamma^\mu\partial_\mu\psi-m\bar{\psi}\psi,\ i\gamma^\mu\partial_\mu\psi-m\psi=0$$

먼저 디랙 방정식을 풀어서 고유 모드를 구해야 한다. 디랙장이 네 개의 성분을 가진 스피너이므로 주어진 운동량에서 네 개의 스핀 상태와 관련된 고유 모드가 존재한다. 양의 에너지 고유 모드를 $u^{(1)}(p)$, $u^{(2)}(p)$, 음의 에너지 고유 모드를 $v^{(1)}(p)$, $v^{(2)}(p)$라 하면, 디랙장은 고유 모드의 중첩으로 다음과 같다.

$$\psi(x)=\int\frac{d^3\vec{p}}{(2\pi)^3}\sum_{s=1,2}(b_{\vec{p}s}u^{(s)}(p)e^{-ip_\mu x^\mu}+d^\dagger_{\vec{p}s}v^{(s)}(p)e^{+ip_\mu x^\mu})$$

디랙장 $\psi(x)$는 복소수장이므로 $b_{\vec{p}s}$와 $d_{\vec{p}s}$가 다르며, 각각 입자와 반입자에 대한 연산자가 된다. 이제 $\psi(x)$와 일반화된 운동량 $\partial\mathcal{L}/\partial(\partial_0\psi)=i\psi^\dagger$ 사이에 양자화 조건을 부여하면 된다. 그런데 스칼라장에 부여했던 양자화 조건을 그대로 부여하는 것은 문제가 발생한다. 스칼라장의 입자는 스핀이 0인 보손으로 두 입자의 교환에 대해 대칭인 상태가 되는 것은 양자화 조건으로부터 자동으로 따라 나왔다. 그런데 디랙장이 기술하는 전자는 스핀이 1/2로 페르미온이어서 두 입자의 교환에 대해 반대칭인 상태가 되어야 한다. 보손과 페르미온의 양자화 조건은 달라야 하는 것이다. 디랙장에 페르미온의 성질을 부여하면서 양자화하는 방법은 의외로 간단하면서 아름답다. 디랙장의 양자화 조건을 교환자 대신에 반교환자anticommutator를 써서 부여하면 된다.

교환자와 반교환자 $[A,B]=AB-BA,\ \{A,B\}=AB+BA$

디랙장의 제2 양자화 조건 $\{\psi_a(\vec{x},t),\ i\psi_b^\dagger(\vec{y},t)\}=\delta(\vec{x}-\vec{y})\delta_{ab}$

디랙장의 양자화 조건을 고유 모드들의 소멸, 생성 연산자에 대해 쓰면 다음과 같다.

$$\{b_{\vec{p}s},b^\dagger_{\vec{q}t}\}=\delta(\vec{p}-\vec{q})\delta_{st},\ \{d_{\vec{p}s},d^\dagger_{\vec{q}t}\}=\delta(\vec{p}-\vec{q})\delta_{st},$$
$$\{b_{\vec{p}s},b_{\vec{q}t}\}=\{b^\dagger_{\vec{p}s},b^\dagger_{\vec{q}t}\}=\{d_{\vec{p}s},b_{\vec{q}t}\}=\{d^\dagger_{\vec{p}s},d^\dagger_{\vec{q}t}\}=0$$

해밀토니안을 적어 보면 다음과 같다.

$$H=\int\frac{d^3\vec{p}}{(2\pi)^3}\sum_{s=1,2}E_{\vec{p}}(b_{\vec{p}s}b_{\vec{p}s}+d_{\vec{p}s}d_{\vec{p}s}-\delta(0))$$

반교환자 양자화 조건 때문에 에너지 고유 상태는 (정해진 질량(m)의) 모든 가능한 운동량($\vec{p}$)과 스핀 상태(s)를 가지는 입자와 반입자들이 각각 $n_{\vec{p}s}=0, 1$개가 있는 상태로, 보손인 스칼라장의 경우와는 차이를 보인다. 반교환자로 양자화 조건을 주었기 때문에 파울리의 배타 원리가 자동으로 적용되어 한 상태에 두 개의 입자가 있을 수 없는 것이다. 생성자들끼리 서로 반교환된다는 조건은 모든 상태들을 두 동일한 입자의 교환에 대해 반대칭이 되도록 해서 파울리의 배타 원리를 구현하게 된다.

이제 생성 연산자 $b_{\vec{p}s}^{\dagger}$가 만드는 입자 상태와 $d_{\vec{p}s}^{\dagger}$가 만드는 입자 상태를 비교해 보자. 디랙 방정식과 라그랑지안은 온곳 위상 변환 $\psi(x)\rightarrow\psi'(x)=e^{i\alpha}\psi(x)$에 대한 $U(1)$ 대칭성이 있고, 따라서 보존 전하가 존재한다. 이 보존 전하를 뇌터 정리를 따라 구해 보면 다음과 같다.

$$Q=\int\frac{d^3p}{(2\pi)^3}\sum_{s=1,2}(b_{\vec{p}s}^{\dagger}b_{\vec{p}s}-d_{\vec{p}s}^{\dagger}d_{\vec{p}s})$$

생성 연산자 $b_{\vec{p}s}^{\dagger}$와 $d_{\vec{p}s}^{\dagger}$로 만들어지는 상태는 같은 에너지 고윳값을 갖지만 서로 반대의 보존 전하값을 갖고, 따라서 입자–반입자의 관계, 즉 전자와 양전자가 되는 것이다.

이 장에서는 (자유)장의 양자화를 통해 입자를 다루는 과정을 살펴보았다. 장은 공간의 각 위치마다 자유도를 갖고 있다. 각 위치마다 있는 자유도가 하나가 아니라 여럿일 수도 있다. 앞에서 실수 스칼라장은 자유도가 하나였지만, 복소수 스칼라장은 두 개의 (입자, 반입자) 자유도가 있었다. 디랙장은 입자, 반입자와 2개의 스핀 상태로 4개의 자유도를 가진다.

각 위치마다 지닌 자유도의 특성에 따라서 장을 분류할 수 있다. 우선 자유도를 시공간과 관련된 자유도와 시공간과는 무관한 내부 자유도로 구분할 수 있다. 시공간과 관련된 자유도란 시공간 좌표의 변환에 대해 특정 방식으로 변환되는, 즉 푸앵카레군의 표현으로서의 자유도로 질량 m과 스핀 s로 분류를 할 수 있다. 가장 간단한 것은 질량 m, 스핀 $s=0$인 스칼라장이다. 빛을 기술하는 전자기장은 질량 $m=0$, 스핀 $s=1$에 해당하고, 벡터(게이지)장이라 한다. 전자를 기술하는 디랙장은 질량 $m>0$, 스핀 $s=1/2$인 두 개(전자와 양전자)의 바일 스피너장으로 되어 있다. 내부 자유도는 주로 장들이 가진 내부 대칭성과 관련되어 나타나는 것으로, 장이 게이지 대칭성이나 온곳 대칭성global symmetry의 한 표현으로 들어가므로 그 표현의 차원만큼의 자유도가 있는 것이다.

한편, 왜 보손은 교환자로 양자화 조건을 주고 페르미온은 반교환자로 양자화 조건을 주어야 하는 것일까? 보손과 페르미온의 이 심각한 차이에 대한 답으로 파울리는 보손을 반교환자로 양자화하거나 페르미온을 교환자로 양자화하면 특수 상대성의 인과율에 위배된다는 것을 보였다. 특수 상대성과 양자 역학이 인과율을 가지려면 보손은 교환자로, 페르미온은 반교환자로 양자화 조건을 부여해야 한다는 것이다. 이것을 '스핀-통계 정리 spin-statistics theorem'라 한다.

4. 게이지 대칭성

빛의 양자화

이제 빛(전자기장)의 양자화를 다뤄 보려고 한다. 우리의 출발점은 전자기장의 방정식인 맥스웰 방정식이다. 반대칭 2계 텐서인 전자기장 텐서 $F^{\mu\nu}(x)$($F^{0i} = -F^{i0} = E^i$, $F^{ij} = \epsilon^{ijk}B^k$. 3장 '로렌츠 변환과 민코프스키 공간' 참조)를 쓰면 맥스웰 방정식은 다음 두 개의 방정식이 된다.

$$\text{맥스웰 방정식} \quad \partial_\mu F_{\nu\lambda} + \partial_\lambda F_{\mu\nu} + \partial_\nu F_{\lambda\mu} = 0, \quad \partial_\mu F^{\mu\nu} = j^\nu$$

첫 번째 방정식은 전자기장 텐서에 대한 제한 조건을 주는 것으로, 전자기 4-벡터퍼텐셜 $A_\mu(x)$를 도입해서 $F^{\mu\nu}(x)$를 다음과 같이 적는 것이 일반적인 해라는 것을 보일 수 있다.

$$F_{\mu\nu}(x) = \partial_\mu A_\nu(x) - \partial_\nu A_\mu(x)$$

이 $F_{\mu\nu}(x)$를 두 번째 방정식에 넣으면 퍼텐셜 $A_\mu(x)$로 적은 맥스웰 방정식이 된다.

$$\text{맥스웰 방정식} \quad \partial_\mu \partial^\mu A^\nu(x) - \partial^\nu(\partial_\mu A^\mu(x)) = j^\nu(x)$$

맥스웰 방정식을 $A_\mu(x)$로 다시 적는 이유는 2계 텐서장인 전자기장을 대신해서 벡터장인 전자기 퍼텐셜 $A_\mu(x)$로 전자기 현상을 다룰 수 있다는 것을 보여 주기 위해서다. 따라서 빛의 양자화는 벡터장 $A_\mu(x)$를 양자화하는 것이다. 그런데 벡터장의 양자화에 스칼라장이나 스피너장을 양자화할 때는 없었던 한 가지 문제가 나타나는데, 퍼텐셜 $A_\mu(x)$가 전자기장을 기술하는 데 필요한 것보다 더 많은 자유도를 가진다는 것이다. 이것은 $A_\mu(x)$를 $\theta(x)$라는 함수에 도입하여 다음과 같은 변환을 시켜도 전자기장 텐서 $F^{\mu\nu}(x)$는 바뀌지 않는다는 것에서 알 수 있다.

$$\text{게이지 변환}\quad A_\mu(x) \rightarrow A'_\mu(x) = A_\mu(x) - \partial_\mu \theta(x), \quad F'_{\mu\nu}(x) = F_{\mu\nu}(x)$$

이 변환을 게이지 변환gauge transformation이라 한다. 맥스웰 방정식은 게이지 변환에 대해 불변인 게이지 대칭성gauge symmetry을 가지고 있다. 푸앵카레군의 관점에서 보면 빛은 질량 $m=0$, 스핀 $s=1$인 표현으로 각 점에서 두 개의 자유도(스핀 상태 $+1$, -1)를 가지고 있다. 그런데 $A_\mu(x)$는 네 개의 독립 성분이 있으므로 두 개의 불필요한 성분이 있고, 이것을 처리해야 하는 문제가 생기는 것이다. 이 문제는 퍼텐셜 $A_\mu(x)$에 양자화 조건을 주려고 할 때 구체적으로 드러난다. 위의 맥스웰 방정식을 주는 라그랑지안을 구해 보면 다음과 같다.

$$\mathcal{L} = -\frac{1}{4}(\partial_\mu A_\nu - \partial_\nu A_\mu)(\partial^\mu A^\nu - \partial^\nu A^\mu) + A_\mu j^\mu$$

이 라그랑지안으로부터 $A_\mu(x)$의 짝이 되는 일반화된 운동량을 구해 보면, 라그랑지안에 $\partial_0 A_0(x)$가 없기 때문에 $A_0(x)$의 짝이 되는 운동량은 정의가 안 된다는 것을 알 수 있다. 양자장론 초창기에 이 문제를 극복했던 방법은 게이지 변환을 이용해서 불필요한 성분을 제거하는 것이었다. 빛과 다른 입자의 상호 작용을 고려하지 않는다면($j^\nu(x)=0$), 가장 편리한 선택은 게이지 변환을 해서 $A_0(x)=0$, $\vec{\nabla} \cdot \vec{A}(x)=0$으로 만드는 것이다. 이렇게 게이지 변환을 해서 A_μ의 형태를 고정하는 것을 '게이지 고정gauge fixing'이라 하고, 앞의 게이지 고정을 '복사 게이지radiation gauge'라 부른다. 그러면 맥스웰 방정식은 다음과 같이 된다.

$$\text{복사 게이지에서 맥스웰 방정식} \quad A_0(x)=0, \vec{\nabla}\cdot\vec{A}(x)=0, \quad \partial^2\vec{A}(x)=0$$

이 방정식을 풀면 운동량 $\vec{p}$와 두 개의 스핀 상태를 나타내는 $\lambda=+1$, -1로 표시되는 퍼텐셜 $\vec{A}(x)$의 고유 모드 $\vec{A}(x)=\vec{\epsilon}(\vec{p},\lambda)e^{\pm ip_\mu x^\mu}$를 얻는다. 여기서 p_μ는 $\partial^2\vec{A}(x)=0$에 의해 $p_\mu p^\mu=E^2-\vec{p}^{\,2}=0$을 만족해서 빛의 질량은 0임을 보여 준다. $\vec{\epsilon}(\vec{p},\lambda)$는 스핀 상태에 따른 빛의 편극polarization을 나타내는데, $\vec{\nabla}\cdot\vec{A}(x)=0$ 조건에 의해 $\vec{p}\cdot\vec{\epsilon}(\vec{p},\lambda)=0$이므로 빛은 편극 방향이 진행 방향에 수직인 횡파이고, 두 개의 자유도가 있음을 확인할 수 있다. 이제 퍼텐셜 $\vec{A}(x)$를 다음과 같이 고유 모드의 중첩으로 쓸 수 있다.

$$\vec{A}(x)=\int\frac{d^3\vec{p}}{(2\pi)^3\sqrt{2E_{\vec{p}}}}\sum_{\lambda=+1,-1}\left[a_{\vec{p}\lambda}\,\vec{\epsilon}\,(\vec{p},\lambda)e^{-ip_\mu x^\mu}+a_{\vec{p}\lambda}\,\vec{\epsilon}^{\,*}\,(\vec{p},\lambda)e^{+ip_\mu x^\mu}\right]$$

스칼라장에서 했듯이 $\vec{A}(x)$에 양자화 조건을 직접 부여하려는 것은 $\vec{\nabla}\cdot\vec{A}(x)=0$이라는 조건 때문에 간단치 않다. 그래서 스칼라장의 결과를 참고하여 각 고유 모드의 소멸, 생성 연산자에 직집 양지화 조건 $[a_{\vec{p}\lambda}, a^\dagger_{\vec{q}\lambda}]=(2\pi)^3\delta^{(3)}(\vec{p}-\vec{q})\delta_{\lambda\lambda'}$를 부여하면, 스칼라장의 경우와 마찬가지로 해밀토니안은 고유 모드의 진동수를 가진 조화 진동자들의 합이 되고, 에너지 고유 상태는 빛의 양자인 광자photon로 해석이 된다.

복사 게이지를 쓰면 실제 자유도가 무엇인지 명확해서 자유 전자기장을 양자화해서 고유 상태들을 구하는 데는 좋지만, 대신 치러야 하는 대가가 있다. 빛과 전자와의 상호 작용을 포함하면 그 효과를 섭동론으로 계산해야 되는데, 복사 게이지 조건이 로렌츠 공변이 아니어서 각 섭동항의 계산이 복잡하고 어려워진다. 그래서 전자와의 상호 작용을 계산할 때는 로렌츠 공변인 게이지 고정을 사용하는 것이 유리하다.

복사 게이지 대신 로렌츠 공변인 게이지 고정을 사용하면 에너지 고유 상태에 확률 해석을 할 수 없는 물리적이지 않은 상태들이 나타나서, 이제는 양자화 과정이 까다로워진다. 하지만 물리적인 상태들 간의 전이 확률은 게이지 고정과는 무관하게 같은 결과가 나와서 결국은 게이지 대칭성을 확인할 수 있다. 그런데 광자는 왜 이런 게이지 대칭성을 가지고, 스핀이 1이고 질량이 0인 입자가 되는 것일까? 이에 대한 답을 빛과 전자의 상호 작용에서 찾아볼 수 있다.

빛과 전자의 상호 작용

이제 빛과 전자의 상호 작용을 고려해 보자. 전자기장을 만드는 것은 4-전류 $j^\nu(x)$이고, 이는 전하를 띤 입자에 의해 생긴다. 전자도 전하(e)를 띠고 있으니 전자가 만드는 4-전류 $j^\nu(x)$는 어떤 것인지 알아야 한다. 4-전류는 4-벡터이니 전자를 기술하는 디랙장을 조합해서 만들 수 있는 4-벡터를 찾아보면 되는데, 그중 가장 간단한 것이 다음의 4-벡터 조합이다.

$$\text{전자에 의한 4-전류} \quad j^\mu(x) = e\bar{\psi}(x)\gamma^\mu\psi(x)$$

빛과 전자가 이 전류를 통해 상호 작용하는 것이 양자 전기 역학이다. 이 상호 작용을 포함하면 맥스웰 방정식과 디랙 방정식, 그리고 라그랑지안은 다음과 같이 바뀐다.

$$\text{맥스웰 방정식} \quad \partial_\mu F^{\mu\nu}(x) = e\bar{\psi}(x)\gamma^\nu\psi(x)$$

$$\text{디랙 방정식} \quad i\gamma^\mu\partial_\mu\psi(x) - m\psi(x) = eA_\mu(x)\gamma^\mu\psi(x)$$

$$\text{QED 라그랑지안} \quad \mathcal{L} = -\frac{1}{4}F_{\mu\nu}F^{\mu\nu} + i\bar{\psi}\gamma^\mu\partial_\mu\psi - m\bar{\psi}\psi - eA_\mu\bar{\psi}\gamma^\mu\psi$$

전자와 빛의 상호 작용을 포함하면 맥스웰 방정식이 가지고 있던 게이지 대칭성은 어떻게 될까? 맥스웰 방정식에는 게이지 변환을 해도 바뀌지 않는 $F_{\mu\nu}$만 나오므로 여전히 게이지 대칭성이 있다. 그런데 디랙 방정식은 오른쪽에 게이지 변환을 하면 바뀌는 A_μ가 나오므로 게이지 대칭성이 없는 것처럼 보인다. 그렇지만 잘 들여다보면 이 대칭성은 빛과 전자가 상호 작용을 할 때도 남아 있다. 벡터장 A_μ의 변환과 더불어 디랙장 ψ도 다음과 같이 변환을 하면 위의 두 방정식은 모두 바뀌지 않고 게이지 대칭성은 성립한다.

$$\text{게이지 변환}\quad \psi(x)\rightarrow\psi'(x)=e^{ie\theta(x)}\psi(x),\quad A_\mu(x)\rightarrow A'_\mu(x)=A_\mu(x)-\partial_\mu\theta(x)$$

그렇다면 양자 전기 역학이 가지고 있는 게이지 대칭성의 결과는 무엇일까? 양자 전기 역학은 상수 α에 의한 디랙장의 위상 변환 $\psi(x)\rightarrow\psi'(x)=e^{i\alpha}\psi(x)$에 대해서도 대칭성을 가지고 있는데, 이렇게 시공간의 모든 점에서 균일한 변환에 대한 대칭성을 온곳 대칭성이라 한다. 반면 게이지 대칭성은 시공간의 각 점마다 변환이 달라서 '한곳 대칭성local symmetry'이라 한다.

온곳 대칭성이 있을 때 나타나는 가장 중요한 결과는 뇌터 정리에 의해 보존되는 양이 존재한다는 것이다. 앞에서 말한 양자 전기 역학의 온곳 대칭성은 그 변환이 $U(1)$군이므로 $U(1)$ 온곳 대칭성이라 하고, 그 결과로 보존되는 양은 다름 아닌 전자수electron number(전자의 개수－양전자의 개수) 또는 전하electric charge다. 따라서 양자 전기 역학의 모든 과정에서 전자수 또는 전하가 보존된다. 전하 보존의 법칙을 온곳 대칭성으로 설명할 수 있는 것이다.

양자 전기 역학이 가진 한곳 대칭성 변환도 각 점에서 변환이 $U(1)$군이므로 $U(1)$ 게이지 대칭성이라 한다. 게이지 대칭성의 중요한 결과는 두 가지다. 첫째, 전자와 빛의 상호 작용의 형태를 결정한다. 게이지 변환을 전자의 입자에서 보면 시공간에 의존하는 위상 변환 $\psi(x) \to \psi'(x) = e^{ie\theta(x)}\psi(x)$이어서, 디랙 방정식(또는 라그랑지안)에서 $\partial_\mu \psi(x)$와 같이 미분이 나타나는 항은 대칭성이 없다. 그런데 이 미분에 벡터장 $A_\mu(x)$를 도입해서 공변미분covariant derivative이라고 부르는 $(\partial_\mu + ieA_\mu(x))\psi(x) \equiv D_\mu \psi(x)$의 조합을 만들면 이 조합은 게이지 변환에 대해 온곳 변환과 같은 식으로 변환된다.

$$D_\mu \psi \to (D_\mu \psi)' = (\partial_\mu + ieA'_\mu)(e^{ie\theta(x)}\psi)$$
$$= e^{ie\theta(x)}(\partial_\mu + ie\partial_\mu \theta + ieA_\mu - ie\partial_\mu \theta)\psi = e^{ie\theta(x)} D_\mu \psi$$

따라서 전자의 입장에서 게이지 대칭성을 가지려면 벡터장 $A_\mu(x)$를 도입해서 방정식(또는 라그랑지안)에 나타나는 미분 ∂_μ를 공변미분 D_μ로 바꿔 주면 된다. 양자 전기 역학에서 전자와 빛의 상호 작용을 위해 도입한 전류 $j^\mu(x)$는 정확하게 이 역할을 하고 있다. 이렇게 스칼라장 또는 디랙장이 게이지 대칭성을 갖기 위해서 도입한 벡터장 $A_\mu(x)$를 '게이지장gauge field'이라 부른다. 게이지 대칭성은 전자와 게이지장인 빛이 상호 작용하는 형태를 결정한 것이다.

둘째, 게이지 대칭성은 게이지장의 방정식에도 제한을 주는데, 맥스웰 방정식에 게이지 대칭성을 깨는 게이지장의 질량항 $m^2 A^\nu(x)$(라그랑지안에서는 $(m^2/2)A_\mu(x)A^\mu(x)$)를 쓸 수 없게 한다. 따라서 게이지장을 양자화하면 스핀이 1이고 질량이 0인 입자가 되는데 이 입자를 '게이지 보손gauge boson'이라 한다. 빛의 입자인 광자는 $U(1)$ 게이지 대칭성의 게이지 보손이다. 게이지 대칭성은 (질량이 없는) 게이지 보손의 존재를 필요로 하고, 게이지 보손은 상호 작용(힘)을 전달하는 입자가 된다.

이제 빛과 전자가 상호 작용해서 나타나는 현상들을 살펴보고 게이지 보존의 역할을 알아보자. 이 현상들을 양자 역학적으로 기술하는 것은 에너지 고유 상태들 사이의 전이 확률 진폭이므로 양자 전기 역학에서 이를 계산하는 문제를 다루어 보겠다. 전자기 상호 작용이 없을 경우 에너지 고유 상태는 운동량과 스핀 상태로 구별되는 (자유) 전자와 광자 상태일 것이다. 전자기 상호 작용을 포함하면 맥스웰 방정식과 디랙 방정식은 모두 비선형 방정식이 되고, 일반적인 풀이 방법은 아직까지도 없다. 그래서 우리가 할 수 있는 최선은 전자기 상호 작용의 영향이 충분히 작다고 보고, 이것이 없는 경우의 해인 (자유) 전자와 광자 상태를 출발점으로 해서 전자기 상호 작용에 의한 효과를 급수로 전개하여 낮은 차수의 항부터 차례로 구해 나가는 것이다. 이렇게 근사해를 찾는 방법을 '섭동론perturbation theory'이라 한다.

양자장론의 섭동론에서 계산하는 것은 주로 주어진 처음 상태 $|i\rangle$에서 주어진 나중 상태 $|f\rangle$로 가는 전이 확률 진폭이다. 처음 상태에서 나중 상태로 가는 동안 걸린 시간은 상호 작용을 하는 시간보다 충분히 길다고 봐서 대개 처음 상태는 시간이 음의 무한대, 나중 상태는 시간이 양의 무한대일 때의 상태로 봐도 된다. 따라서 전이 확률 진폭을 계산하는 방법은 처음 상태 $|i\rangle$를 음의 무한대의 시간에서 양의 무한대의 시간까지 상호 작용에 따른 시간 진화를 시킨 후에 그 상태에서 나중 상태와의 중첩을 보는 것이다. 양자 역학에서 시간의 진화는 해밀토니안이 결정하는데, 우리에게 필요한 것은 상호 작용에 의한 상태 변화여서 $H_{\text{상호 작용}}$이 중요하고, 이것은 다시 라그랑지안에서 상호 작용을 나타내는 항의 부호만 바꾸면 된다. 따라서 전이 확률 진폭을 (수식을 가장한 그림으로) 표현하면 다음과 같다.•

$$\left\langle f \left| \exp\left(i\int_{-\infty}^{+\infty} H_{\text{상호 작용}} dt \right) \right| i \right\rangle \sim \sum_{n=0}^{\infty} \frac{1}{n!} \left\langle f \left| \left(\int \mathcal{L}_{\text{상호 작용}}(x) d^4x \right)^n \right| i \right\rangle$$

양자 전기 역학에서 상호 작용을 나타내는 항은 $\mathcal{L}_{\text{상호 작용}}(x) = -eA_\mu(x)\bar{\psi}(x)\gamma^\mu\psi(x)$이므로 위의 급수에서 n번째 항은 다음과 같이 $\mathcal{L}_{\text{상호 작용}}(x)$가 n번 곱해진 것을 계산한 것이다.

$$\frac{1}{n!}\int d^4x_1 \cdots d^4x_n \left\langle f \left| \underbrace{eA_\mu(x_1)\bar{\psi}(x_1)\gamma^\mu\psi(x_1)}_{\mathcal{L}_{\text{상호 작용}}(x_1)} \cdots \underbrace{eA_\mu(x_n)\bar{\psi}(x_n)\gamma^\mu\psi(x_n)}_{\mathcal{L}_{\text{상호 작용}}(x_n)} \right| i \right\rangle$$

이 계산은 무지하게 복잡해 보이지만(실제로 복잡하고 어렵다!) 몇 가지 양자장론의 지식으로 결과에 대해 추측은 해 볼 수 있다. 우선 $\mathcal{L}_{\text{상호 작용}}(x)$가 작용하면 어떻게 되는가를 보자. $\mathcal{L}_{\text{상호 작용}}(x)$는 세 개의 연산자 $A_\mu(x)$, $\bar{\psi}(x)$, $\psi(x)$의 곱으로 되어 있고, 각각의 연산자는 광자나 전자(또는 양전자)를 생성 또는 소멸하는 연산자의 합으로 되어 있다. 따라서 $\mathcal{L}_{\text{상호 작용}}(x)$의 작용은 점 x에서 전자(또는 양전자) 두 개와 광자 하나의 소멸과 생성에 관여하며, 이는 그림 91 맨 아래에 있는 꼭짓점vertex으로 표현할 수 있다. 다음으로 서로 다른 두 점 x_1과 x_2에서 작용하는 $\mathcal{L}_{\text{상호 작용}}(x_1)$과 $\mathcal{L}_{\text{상호 작용}}(x_2)$와 만나면 전자나 광자가 한 점에서 생성되어 다른 점까지 전파한 후 거기에서 소멸하는 것이 가능하고, 이것은 그림 91 위의 두 줄에 있는 전자와 광자의 전파자propagator로 표현할 수 있다. 따라서 확률 진폭에는 꼭짓점들과 전파자들을 이어붙인 여러 조합들이 나타나게 되는데, 결국 모든 가능한 조합들의 합으로 표현할 수 있다.

● 대략적으로 설명하면 시간 진화를 주는 연산자는 e^{iHt}이고, 이것을 테일러 전개 $e^x = \Sigma_{n=0}^{\infty}(x^n/n!)$을 써서 전개한 것이다.

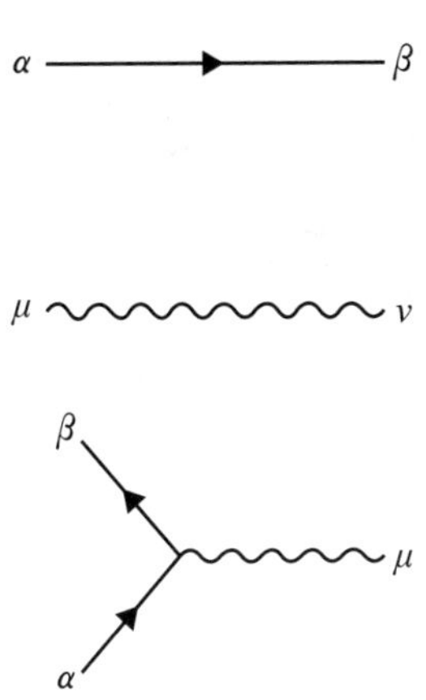

$$\rightarrow \left(\frac{i}{\not{p}-m+i\varepsilon}\right)_{\beta\alpha}$$

$$\rightarrow \frac{-i\eta_{\mu\nu}}{p^2+i\varepsilon}$$

$$\rightarrow -ie\gamma^{\mu}_{\beta\alpha}(2\pi)^4\delta^{(4)}(p_1+p_2+p_3)$$

그림 91 양자 전기 역학의 파인만 규칙. 직선은 전자 또는 양전자를 나타내고 물결선은 광자를 나타낸다.

1940년대에 리처드 파인만은 섭동론에서 확률 진폭을 계산하는 체계적인 방법을 찾아냈다. 섭동의 각 항을 파인만 도형Feynman diagram이라는 꼭짓점과 전파자들을 조합한 하나의 그림으로 표현한다. 그 그림에 파인만 규칙Feynman rules이라는 것을 적용하여 거기에 해당하는 확률 진폭을 계산할 수 있도록 만든 것이다. 그러면 확률 진폭은 가능한 모든 파인만 도형들의 확률 진폭들을 전부 더한 것이 된다. 이 계산법 덕에 이전에는 복잡하고 어려워서 잘 훈련된 사람이 아니면 엄두도 못 냈을 계산들을 많은 사람들이 쉽게 할 수 있게 되었고, 양자 전기 역학의 발전에 큰 기여를 하였다.

빛의 입자성을 확인한 콤프턴 산란을 예로 들어 파인만의 방법을 맛보자. 콤프턴 산란은 전자와 광자의 산란으로 처음 상태와 나중 상태가 모두 (특정 운동량들을 가진) 전자 하나와 광자 하나인 상태다. 이 과정에 기여하는 가장 낮은 차수의 섭동은 $\mathcal{L}_{\text{상호 작용}}(x)$가 두 번 들어가서 e^2에 비례하고 가능한 파인만 도형이 두 개 나타난다. 두 파인만 도형 각각의 기여분을 합하여

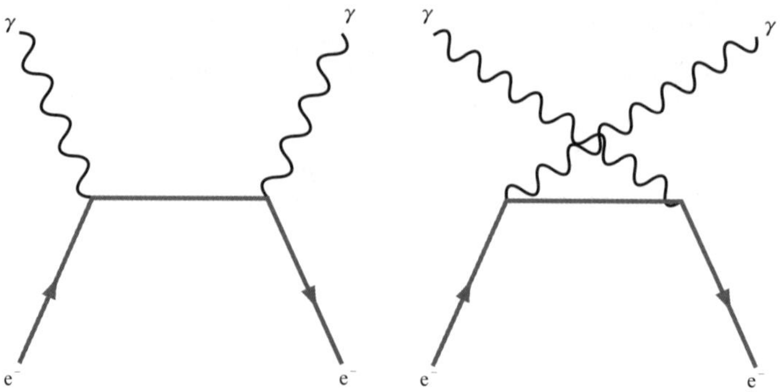

그림 92 콤프턴 산란의 파인만 도형들. 왼쪽 도형을 s채널, 오른쪽 도형을 t채널이라 부른다.

확률 진폭을 계산하고, 그것을 제곱하여 물리적으로 측정이 가능한 양인 산란 단면적scattering cross section을 계산할 수 있다.●

$$\begin{aligned} iM &= iM_s + iM_t \\ &= \epsilon_\mu(p_2)\,\epsilon_v^*(p_4)\bar{u}_s(p_3)(-ie\gamma^v)\frac{i(p_{1\lambda}\gamma^\lambda - p_{2\lambda}\gamma^\lambda + m)}{(p_1+p_2)^2 - m^2 - i\epsilon}(-ie\gamma^v)u_{s'}(p_1) \\ &\quad + \epsilon_\mu(p_2)\,\epsilon_v^*(p_4)\bar{u}_s(p_3)(-ie\gamma^u)\frac{i(p_{1\lambda}\gamma^\lambda - p_{4\lambda}\gamma^\lambda + m)}{(p_1-p_4)^2 - m^2 - i\epsilon}(-ie\gamma^v)u_{s'}(p_1) \end{aligned}$$

콤프턴 산란 단면적 $$\frac{d\sigma}{d\Omega} = \frac{\alpha^2}{2m_e^2}\left(\frac{\omega'}{\omega}\right)^2\left[\frac{\omega'}{\omega} + \frac{\omega}{\omega'} - \sin^2\theta\right]$$

● 콤프턴 산란 단면적은 파인만의 방법이 나타나기 훨씬 전인 1929년 스웨덴 물리학자 오스카 클라인Oscar Klein(1894~1977)과 일본 물리학자 니시나 요시오仁科芳雄(1890~1951)가 복잡한 양자 역학의 시간 의존 섭동론을 써서 처음으로 계산을 했다. 이들의 이름을 붙여 클라인-니시나 공식이라고 한다.

여기서 θ는 빛의 산란각이며, ω와 ω'은 산란 전후의 빛의 에너지를 나타내고, 에너지-운동량 보존 법칙(콤프턴 공식)에 의해 $\omega'/\omega=[1+(\omega/m_e)(1-\cos\theta)]^{-1}$의 관계가 성립한다. 콤프턴 산란의 진폭에는 전자기 상호 작용 꼭짓점이 두 개 들어가고, 각 꼭짓점마다 e가 하나씩 곱해지므로 진폭은 e^2에 비례하고 산란 단면적은 진폭의 제곱에 비례하므로 e^4에 비례한다. 클라인-니시나 공식을 보면 이 e^4 인자가 미세 구조 상수 $\alpha=e^2/\hbar c$의 제곱 형태로 나타난다. 양자 전기 역학의 여러 과정들의 섭동으로 계산해 보면 이와 같이 양자 전기 역학의 섭동 매개 변수는 미세 구조 상수임을 알 수 있다. 콤프턴 산란의 첫 섭동은 α^2항, 다음 섭동은 α^4항, 이런 식으로 이어진다. 미세 구조 상수의 값이 $\alpha\approx1/137$로 충분히 작기 때문에 양자 전기 역학의 섭동 계산은 상당히 정확한 결과를 주게 된다. 콤프턴 산란에서 빛의 에너지가 전자의 질량에 비해 충분히 작아지면(빛의 파장이 전자의 콤프턴 파장에 비해 충분히 크면) 산란 전후 빛의 에너지가 같음을($\omega'/\omega\approx1$) 알 수 있고, 이 경우 고전 전자기학에서의 빛과 전자의 산란인 톰슨 산란Thomson scattering의 산란 단면적 $d\sigma/d\Omega=(\alpha^2/2m_e^2)[1+\cos^2\theta]$와 같아진다.

고전적인 의미의 전자기력을 양자 전기 역학은 어떻게 설명할까? 예를 들어 양성자와 전자의 산란은 그림 93의 파인만 도형으로 표시되는데, 전자와 양성자가 광자를 서로 교환함으로써 상호 작용하는 것을 나타낸다. 마찬가지로 양전자와 전자의 산란도 광자를 하나 교환하는 파인만 도형이 있다. 양성자와 전자의 산란과 양전자와 전자의 산란은 모두 전하가 $+e$인 입자와 $-e$인 입자의 산란이긴 하지만 몇 가지 차이가 있다. 우선 양전자는 점 입자로 볼 수 있지만, 양성자는 크기가 있고 그 안에 구조를 가지고 있다. 산란 입자들의 에너지가 작을 때에는 양성자가 크기와 구조를 가지고 있다는 것이 큰 차이를 주지 않지만, 산란 입자들의 에너지가 커지면 양성

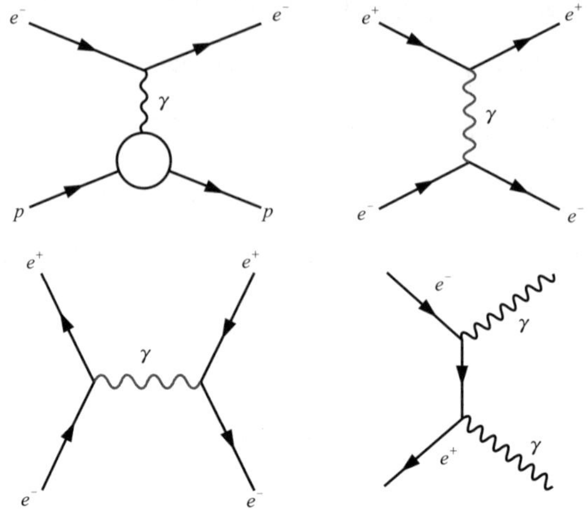

그림 93 전자와 양성자 산란의 파인만 도형(왼쪽 위), 전자와 양전자 산란의 파인만 도형(오른쪽 위, 왼쪽 아래), 전자와 양전자 쌍소멸의 파인만 도형(오른쪽 아래).

자 구조의 영향으로 상당히 다른 결과를 준다. 또 하나는 양성자와 전자는 다른 입자이지만, 양전자와 전자는 서로 반입자이기 때문에 양성자–전자 산란에는 없는 파인만 도형이 나타나는데, 바로 양전자–전자가 쌍소멸해서 광자가 되었다가 다시 양전자–전자 쌍으로 나타나는 것이다. 또한 양전자–전자가 아예 소멸해서 두 개의 광자로 가는 과정도 가능하다.

어쨌든 이 과정들의 확률 진폭을 계산해 보면, 산란 입자들의 에너지가 충분히 작으면 양성자와 양전자는 같은 결과를 주는데, 이 결과는 양자역학에서 전자를 쿨롱퍼텐셜(ke^2/r)에서 산란시킨 결과와 일치한다. 따라서 전자기력은 전하를 띤 입자들이 광자(빛)를 교환함으로써 작용하는 것으로 볼 수 있다. 그런데 이때 교환되는 광자는 우리가 실제로 보는(관측되는) 광자와는 차이가 있다. 우리가 검출하는 빛은 질량이 없는 입자로 에너지–운동량 4–벡터의 제곱은 $p_\mu p^\mu = 0$을 만족한다. 하지만 양성자와 전자가 교환하는 광자는 이를 만족하지 않아서, 이런 입자를 실제 입자real particle와 구별하여 가상 입자virtual particle라 한다.

가상 입자를 교환하여 힘으로 작용하는 것은 게이지 보손에 한정되는 것은 아니다. 스핀 0인 스칼라 입자의 교환을 통해서도 힘을 작용하는 것이 가능하다. 질량이 m인 스칼라 입자를 교환하는 경우에 낮은 에너지 영역에서의 결과는 e^{-mr}/r의 퍼텐셜에서 산란시킨 결과와 같은데, 이 퍼텐셜을 유카와 퍼텐셜이라 한다. 교환하는 가상 입자의 질량이 0일 때는 작용하는 힘의 범위가 무한대지만, 질량이 있는 입자의 경우에는 힘의 작용 범위가 질량에 반비례하는 것을 보여 준다. 일본의 물리학자 유카와 히데키湯川秀樹(1907~1981)는 질량이 있는 스칼라 입자의 교환으로 유한한 범위에서 작용하는 핵력을 설명하려고 했다. 우리가 알고 있던 고전적인 힘은 운동량이 충분히 작은 입자들이 가상 입자를 교환하는 효과로서 나타나는 것이다. 입자들의 운동량이 커지면 상대론적 효과들이 나타나서 e^{-mr}/r 퍼텐셜에 보정을 주게 된다. 고전적인 결과와 다른 면은 상대론적 효과 이외에 양자 역학 효과에 의한 보정도 있는데, 이는 다음 섭동항을 계산하면서 나타나게 된다.

양자 역학적 보정과 재규격화

양자 전기 역학의 섭동론을 써서 콤프턴 산란이나 전자-양전자 산란을 첫 번째 섭동(미세 구조 상수의 제곱 차수)까지 계산한 결과는 아주 만족스러웠다. 그렇지만 더 정확한 결과를 얻기 위해 다음 차수의 섭동을 계산하면서 심각한 문제에 봉착하게 됐다. 다음 차수의 파인만 도형에는 그림 94와 같이 고리loop가 들어간 것이 나타나는데, 이것을 파인만 규칙에 따라 계산하면(고리를 전파하는 입자들의 운동량에는 제약이 없어서 모든 가능한 운동량에 대해 적분을

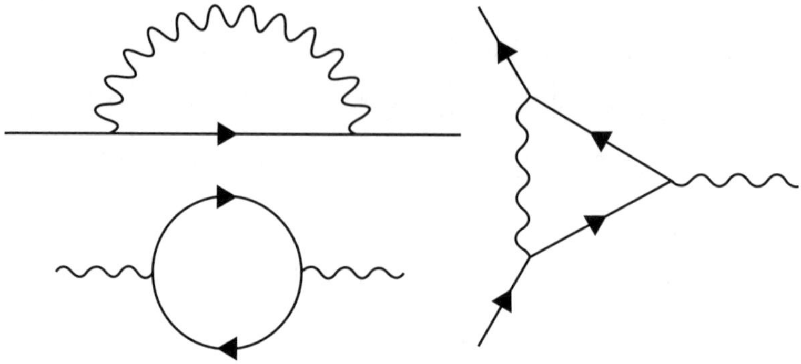

그림 94 높은 차수의 섭동항의 파인만 도형에 나타나는 고리들.

해야 하는데, 그 결과로) 무한대가 나온다. 섭동이란 것은 원래 작은 섭동 매개 변수(양자 전기 역학에서는 미세 구조 상수)가 있어서 섭동 차수가 높아질수록 그 결과가 섭동매개 변수의 높은 차수에 비례해 작아져서 수렴을 한다는 가정 아래 하는 것이다. 섭동 첫 차수를 계산하면 유한한 계수가 나오고 그 결과가 실험과 잘 맞았는데, 그다음 차수의 항을 계산했더니 계수가 무한대로 나온 것이다. 이 상황을 진지하게 받아들여야 하는 것은 고리가 있는 파인만 도형에 대한 다른 관점이 있기 때문이다. 파인만 도형이 주는 확률 진폭에 대해 차원 분석을 해 보면 고리의 수는 확률 진폭을 계산한 결과에 나타나는 플랑크 상수($\hbar$)의 수에 비례해서 고리가 없는 도형은 고전적인 (상대론적인) 결과를 주고 고리가 있는 것은 양자 역학 효과의 크기를 보여 주는 것이다. 겉보기에 (진정한) 양자 역학 효과는 무한대로 나타나는 것이다.

이 심각한 무한대 문제를 푸는 실마리는 무한대가 실제로 우리가 관측할 수 있는 양에서 나타나는 것인가를 생각해 보는 것이었다. 우리가 계산한 확률 진폭은 라그랑지안에 들어 있는 전자의 질량(m)과 전하(e)의 함수가 되는데, 여기에 우리가 관측해서 얻은 전자의 질량과 전하 값을 그대로 넣었을 때 확률 진폭은 무한대가 된다. 그런데 우리가 관측한 전자의 질량과 전하 값이라는 것도 사실은 어떤 과정들의 확률 진폭을 실험 결과와 비교해서 얻는 값들이다. 즉 라그랑지안에 있는 질량과 전하는 전자가 전자기 상호 작용을 하지 않을 때의 값이고, 우리가 실제로 관측한 질량과 전하는 전자기 상호 작용에 의한 효과가 덧씌워진 값이라는 것이다. 그래서 라그랑지안에 나타나는 질량과 전하를 벌거벗은 질량과 전하라 하고, 우리가 관측하는 질량과 전하를 재규격화된 질량과 전하라 한다. 먼저 재규격화된 질량과 전하를 벌거벗은 질량과 전하의 함수로 구하고, 이것을 뒤집어서 확률 진폭을 벌거벗은 질량과 전하의 함수에서 재규격화된 질량과 전하의 함수로 적으면, 확률 진폭에서 나온 무한대와 벌거벗은 값과 재규격화된 값 사이에서 나오는 무한대가 적절히 상쇄되어 유한한 섭동계수가 나와 섭동론이 다시 가능해진다. 자세히 조사해 보니 모든 차수의 섭동에 나타나는 무한대를 장(파동 함수), 질량, 전하의 세 매개 변수를 재규격화해서 모두 제거할 수 있다는 것이 밝혀졌다. 이렇게 라그랑지안에 나타나는 유한개의 매개 변수를 재규격화해서 무한대를 제거하고 섭동론을 할 수 있다면 그 이론은 재규격화 가능한renormalizable 이론이라 말한다. 양자 전기 역학은 재규격화가 가능한 이론이었던 것이다.

이론적 예측과 실험적 확인이라는 측면에서 양자 전기 역학의 재규격화는 대성공을 거두었다. 이것을 보여 주는 대표적인 예로 전자의 이상 자기 모멘트anomalous magnetic moment 크기의 계산과 실험적 확인을 들 수 있다. 4장의 '각운동량과 스핀'에서 전자는 고유 스핀에 의한 자기 모멘트를 가지고, 그 $g-$인자는 2가 된다는 것을 말했었다. 그런데 2라는 값은 고전적인 값이고, $g-$인자에는 양자 역학적 효과에 의한 보정이 있다. 자기 모멘트는 전자와 자기장의 상호 작용이고 이를 나타내는 파인만 도형들은 그림에 있는 전자와 광자의 꼭짓점과 그에 대한 양자 역학적 보정을 담고 있는 고리 도형들이다. 현재까지 이론적인 계산은 α^4(고리 네 개가 있는 파인만 도형들)까지 되어 있고 측정 실험은 유효 숫자 10자리 이상의 정확도를 얻고 있어서, 가장 정밀한 이론적 예측과 실험적 확인을 달성했다.

전자 이상 자기 모멘트 이론값

$$\frac{g}{2} = 1 + \frac{\alpha}{2\pi} - 0.328\cdots\left(\frac{\alpha}{\pi}\right)^2 + 1.182\cdots\left(\frac{\alpha}{\pi}\right)^3 - 1.505\cdots\left(\frac{\alpha}{\pi}\right)^4$$

전자 이상 자기 모멘트 실험값 $\frac{g}{2} = 1.00115965218073(28)$

이 범위까지 이론값과 실험값이 잘 일치하고 있고, 그 정밀도가 다른 실험들을 압도하기 때문에 현재는 거꾸로 전자의 이상 자기 모멘트 측정을 통해 미세 구조 상수의 정확한 값을 얻고 있다($\alpha^{-1} = 137.035999070$).

양자 전기 역학은 전자(스핀 1/2)와 광자(스핀 1)의 $U(1)$ 게이지 양자장론으로, 재규격화를 통해서 전자의 모든 알려진 전자기 상호 작용을 완벽하게 기술한다. 양자 전기 역학은 성공적인 물리 이론의 모범이라 할 수 있다. 그렇지만 무한대에서 무한대를 빼서 재규격화된 유한한 값이 나오는 재규격화 과정의 정당성은 여전히 논의 대상이다. 양자장론은 점 입자를 다루는 이론이고, 무한대의 발생은 무한히 작은 점 입자 개념이 만드는 피해갈 수 없는 문제로 보인다.

또한 모든 양자장 이론이 재규격화가 가능한 것은 아니다. 1970년대 초까지도 재규격화 가능한 이론만이 진정한 이론이 될 수 있다는 생각이 지배적이었다. 그러나 1960년대부터 재규격화 과정이 물리계의 척도 변환scaling과 연관되면서 재규격화에 대한 새로운 관점이 밝혀졌다. 예를 들어 재규격화된 질량과 전하를 정의하려면 특정 에너지에서 일어나는 과정의 산란 단면적을 써야 한다. 이때 사용되는 특정 에너지를 재규격화 척도renormalization scale라 한다. 그런데 산란 단면적은 일반적으로 에너지에 따라서 크기가 변하므로 재규격화된 질량과 전하는 재규격화 척도를 바꾸면 값이 바뀌는, 즉 그것의 함수가 된다.

재규격화 척도는 우리가 재규격화된 질량과 전하를 정의하기 위해 임의로 도입한 에너지 척도이기 때문에 어떤 값을 택하더라도 물리적(관찰되는) 결과에는 영향을 주지 않는다. 예를 들어 어떤 에너지의 산란 단면적을 계산하면 재규격화된 질량과 전하의 함수가 될 텐데, 재규격화 척도의 선택에 따라서 재규격화된 질량과 전하의 값이 바뀌지만, 함수의 형태도 맞추어 바뀌어서 산란 단면적의 크기는 재규격화 척도의 선택과 무관하게 같아야 된다는 것이다.

그런데 섭동론을 써서 양자 역학적 보정을 실제로 계산해 보면 재규격화 척도의 선택이 섭동론의 효율에 영향을 미친다. 어떤 에너지를 가진 입자들의 산란 단면적을 양자 역학적 보정을 포함해서 계산하면 재규격화 척도를 그 에너지로 잡는 것이 양자 역학적 보정의 크기를 최소화해서 섭동론의 정확성이 가장 좋아진다. 이것은 특정 재규격화 척도에서 정의한 질량과 전하가 실제로 입자들의 에너지가 재규격화 척도 정도일 때의 상호 작용 크기를 반영한다는 것을 의미한다.

입자들의 에너지를 바꾸는 것은 양자 역학의 원리에 의하면 거리를 바꾸는 것과 같다. 에너지 척도를 높이는 것은 거리 척도를 줄이는 것과 같다. 재규격화 과정에서 재규격화 척도의 선택에 따른 변화가 보여 주는 것은 에너지 척도를 높여 갔을 때, 즉 거리 척도를 줄여서 더 작은 세계로 갔을 때 상호 작용이 어떻게 달라지는가를 보여 주는 것이다. 예를 들어 양자 전기 역학에서 재규격화 척도를 바꾸었을 때 재규격화된 질량(재규격화된 질량은 우리가 보통 질량이라고 말하는 물리적 질량과는 다른 것이다)과 전하의 값이 바뀌는 것은 전자들의 에너지(또는 거리) 척도를 바꾸면 같은 양자 전기 역학으로 기술되지만 매개 변수인 질량과 전하의 값이 바뀐다는 것이다.

이렇게 에너지에 따라 질량, 전하 같은 매개 변수의 값이 바뀌는 것이 양자 역학적 보정의 가장 큰 효과로, 매개 변수의 달림running이라 한다. 이 달림의 효과가 어느 정도인지는 실제로 양자 역학적 보정을 계산해 봐야 알 수 있다. 양자 전기 역학의 결합 상수인 전자의 전하 e(또는 미세 구조 상수 α)의 경우 에너지가 커질수록 값이 ($\ln E$에 비례해서) 조금씩 커진다. 이것은 우리가 보는 전자의 전하는 낮은 에너지, 즉 먼 거리에서 보는 값인데, 더 가까이 갈수록 전자의 전하가 커져 보인다는 것이다. 이에 대한 간단한 설명을 살펴보자.

전자가 만드는 전기장은 양자 역학적 효과에 의해 전자-양전자 쌍을 일시적으로 만들어 낼 수 있다. 이렇게 만들어진 전자-양전자 쌍은 전기장 차단 효과를 주기 때문에• 거리가 멀면 차단 효과가 크다. 하지만 가까이 갈수록 차단 효과가 줄어들기 때문에 전하가 더 커져 보이는 것이다. 미세 구조 상수는 달림에 의해 낮은 에너지에서의 값은 $\alpha=1/137$이지만 90GeV 정도에서는 $\alpha=1/127$로 되는 것이 1980년대 LEP(Large Electron Positron Collider) 실험에서 확인되었다. 매개 변수의 달림은 양자장론을 이해하는 데 중요한 역할을 한다.

• 유전체에서 전기장이 약해지는 것과 같은 원리다.

비가환 게이지 이론

양자 전기 역학의 게이지 대칭성 군은 가환군인 $U(1)$군인데, 게이지 대칭성 군을 비가환군, 예를 들어 가장 간단한 $SU(2)$군으로 확장하면 어떻게 될까? 1954년 미국 물리학자 양전닝楊振寧(1922~)과 로버트 밀스Robert Mills(1927~1999)가 이에 대한 결과를 내놓았는데, 비가환 게이지 이론의 중요한 결과는 다음과 같다.

(1) 게이지 입자의 스핀이 1이고 질량이 0인 것은 같다.
(2) 비가환군의 생성자 수만큼의 게이지장이 필요하다. 즉 게이지 입자의 종류가 생성자 수만큼 존재한다.
(3) $U(1)$ 게이지 이론에서는 게이지장의 자체 상호 작용은 없었는데, 비가환군인 경우 게이지장의 자체 상호 작용이 존재한다.

당시에는 광자 이외에는 질량이 없는 스핀 1인 입자가 없었으므로, 이들의 제안은 쓸모가 없다는 비판을 받고 한동안 잊혀졌다. 그러나 약한 상호 작용에 대한 이론으로 무거운 게이지 보손 이론이 발전하면서 $SU(2)$ 게이지 이론의 가능성이 살아났다. 문제는 게이지 입자에 질량을 주는 것인데, 게이지 대칭성의 자발적 깨짐을 통해 질량을 주는 힉스 메커니즘Higgs mechanism이 나오면서 비가환 $SU(2)\times U(1)$ 게이지 이론이 전자기 상호 작용과 약한 상호 작용을 통합하는 이론이 되었다.

1970년대에는 강한 상호 작용이 보이는 쿼크 가둠 문제를 $SU(3)$ 게이지 이론이 점근 자유성asymptotic freedom(게이지 결합 상수가 달림에 의해 에너지가 커질수록 작아져서 0에 접근하는 것)이라는 특성을 가져서 설명할 수 있다는 것이 밝혀지면서 $SU(3)$ 게이지 이론이 양자 색소 역학이라는 이름으로 강한 상호 작용의 표준 이론으로 자리 잡았다. 현재 입자물리학의 표준 모형은 $SU(3)\times SU(2)\times U(1)$ 비가환 게이지 대칭성을 가진 게이지 이론이다.

1970년대에는 게이지 대칭성 군의 확장을 통한 전자기, 강한, 약한 상호 작용 세 힘의 통합이 시도되어 대통일 이론grand unified theory이라 불렸던 $SU(5)$ 게이지 이론, $SO(10)$ 게이지 이론 등이 연구되었다. 빛과 전자의 상호 작용에서 발견된 게이지 대칭성은 약한 상호 작용과 강한 상호 작용도 설명하게 되었고, 게이지 대칭성은 입자물리학이 발견한 가장 중요한 원리로 자리매김하였다.

5. 원자핵

이제 원자의 중심에 있는 작은 세계인 원자핵으로 들어가 보자. 원자 속에서 핵의 존재를 발견한 계기는 금 박막에 α 입자를 산란시킨 실험이지만 핵에 대한 연구는 이미 방사능의 발견에서 출발했다고 볼 수 있다.

1896년 앙리 베크렐은 우라늄에서 나오는 새로운 입자선을 발견했다. 이는 검은 종이를 투과해서 사진 건판을 감광시키는 데서 착안했다. 처음에는 비슷한 시기에 막 발견된 X선과 비슷해 보였다. 하지만, 러더퍼드, 피에르 퀴리Pierre Curie(1859~1906)와 마리 퀴리Marie Curie(1867~1934) 부부 등의 연구로 이 입자선의 방출이 좀 더 복잡한 현상임을 알게 되었고, 방사능radioactivity이라고 부르게 되었다. 우라늄 이외에도 많은 원소들이 방사성 동위원소들을 가진다는 것이 발견이 되었고, 퀴리 부부는 폴로늄과 라듐 등 새로운 방사성 원소들도 찾아냈다. 러더퍼드는 이 방사능 현상으로 원소의 변환이 일어나는 것을 확인했고, 최종적으로 핵이 다른 핵종으로 붕괴하면

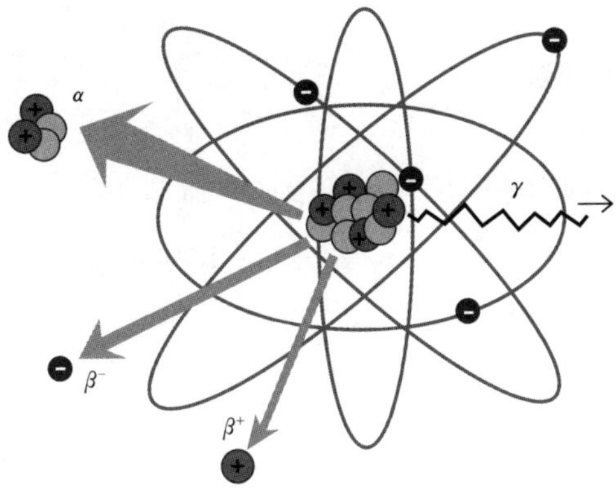

그림 95 핵의 붕괴는 나오는 입자의 종류에 따라 *α* 붕괴, *β* 붕괴, *γ* 붕괴 등으로 분류된다. *α* 붕괴, *β* 붕괴 과정에서는 핵종이 변한다.

서 입자를 방출하는 것임을 밝혔다. 방출된 입자선에 전기장과 자기장을 걸어 본 결과 양전기를 띤 입자선과 음전기를 띤 입자선, 중성인 입자선 세 종류로 나뉨을 알게 되었고, 물질에 대한 투과력이 약한 것부터 차례로 α선, β선, γ선이라 이름을 붙였다. 곧이어 α선 입자는 헬륨의 핵($^4_2$He), β선 입자는 전자(e−), γ선 입자는 파장이 아주 짧은 전자기파(γ)임이 밝혀졌다.

α 입자는 20세기 초 원자와 핵의 연구에 결정적인 역할을 했다. 러더퍼드와 그의 학생이었던 가이거와 마르스덴은 α 입자를 금 박막에 산란시킨 결과, 원자 내에 질량과 양전하가 아주 작은 영역에 밀집된 핵의 존재를 발견했다. 러더퍼드는 이를 바탕으로 양전하를 가진 핵 주위를 음전하를 가진 전자들이 돌고 있는 원자 모형으로 제시했으며, 보어는 러더퍼드의 원자 모형으로부터 원자가 방출하는 빛의 선 스펙트럼을 설명할 수 있는 양자 가설을 제안해서 양자 역학의 서막을 열었다. 1917년에 러더퍼드는 α 입자를 공기에 쏘면 새로운 입자가 나온다는 것을 발견했는데, 양성자proton(p)라 이름을 붙인 이 입자가 수소 원자의 핵($^1_1$H)임을 밝혔다. 이 과정은 최초로 발견된 (인

방사능 연대 측정

수명이 긴 핵의 붕괴는 생명체의 잔해나 암석의 연대 측정에 사용될 수 있다. 탄소 연대 측정Carbon dating은 ^{14}C의 붕괴를 이용하여 과거 생명체의 연대를 측정하는 것이다. 1940년대에 미국의 화학자 윌라드 리비Willard Libby(1908~1980)가 이를 개발했는데, 이는 고고학에 혁명을 가져왔다. 그 공로로 리비는 1960년 노벨 화학상을 받았다.

자연에 존재하는 탄소는 안정된 ^{12}C(99%)와 ^{13}C(1%)로 구성되어 있는데, 방사성 동위원소인 ^{14}C를 극소량 포함하고 있다. ^{14}C의 반감기는 5,730년으로 새로 생성되지 않는다면 수십만 년이 지나 붕괴($^{14}_{6}C \rightarrow {}^{14}_{7}N + e^{-} + \bar{\nu}_e$)에 의해 다 사라져 버릴 것이다. 그런데 지구의 대기 중에는 ^{14}C의 비율이 어느 정도 일정하게 유지되는 것이 알려졌다. 이것은 우주에서 쏟아지는 우주선에 의해 ^{14}C가 지속적으로 만들어지기($n + {}^{14}_{7}N \rightarrow {}^{14}_{6}C + p$) 때문인 것으로 밝혀졌다. 이 비율은 대략 $^{14}C/^{12}C \approx 1.5 \times 10^{-12}$이다.

살아 있는 생명체는 대기와 지속적으로 물질을 교환하기 때문에 ^{14}C의 비율이 대기와 같다. 그렇지만 생명체가 죽게 되면 더 이상의 물질 교환이 없기 때문에 ^{14}C의 비율은 붕괴에 의해 서서히 줄어들게 된다. 따라서 죽은 생명체에서 ^{14}C의 비율을 측정하면 생명체가 죽은 시점을 알아낼 수 있다.

공) 핵반응으로 α 입자가 공기 중에 있는 질소 원자의 핵과 충돌하여 산소 핵이 만들어지면서 양성자가 분리돼 나온 것으로($^{14}_{7}N + \alpha \rightarrow {}^{17}_{8}O + p$), 원자핵 속에 양성자가 존재함을 확인해 주었다.

핵의 연구에 새로운 전환점은 1932년 영국의 물리학자 제임스 채드윅이 중성자를 발견한 것이다. 러더퍼드가 핵에서 양성자를 발견한 후 원자

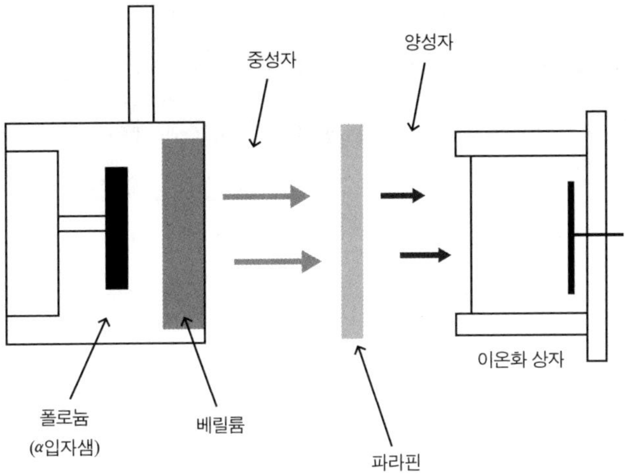

그림 96 중성자의 존재를 확인한 채드윅 실험의 개념도.

를 양성자로 이루어진 핵과 주변을 도는 전자로 이해했지만, 여기에는 해결되지 않은 문제가 있었다. 원자 질량의 대부분은 핵이 가지고 있고, 핵의 질량은 대략 양성자 질량의 정수배가 되는데, 이 정수를 질량수mass number라 하고 A로 쓴다. 핵의 전하는 전자 전하(e)의 정수배가 되는데, 이 정수를 원자 번호atomic number라 하고 Z로 쓴다. 원자는 전기적으로 중성이므로 핵 주위를 도는 전자의 수는 원자 번호와 같다. 수소 원자의 경우 $A=Z=1$이지만, 많은 원소는 A가 Z의 대략 2배 근처다.

원자 번호와 질량수가 일치하지 않는 것을 설명하기 위해 러더퍼드는 핵 안에 Z개의 양성자와 $(A-Z)$개의 양성자와 질량이 비슷한 중성인 입자가 있다고 제안했고, 이 중성 입자를 중성자neutron(n)라고 이름을 붙였다. 러더퍼드는 이 중성자가 양성자와 전자의 속박 상태bound state라고 생각했다. 그러면 핵의 β 붕괴로 전자가 나오고 질량수는 변하지 않으면서 원자 번호가 하나 커지는 것을 자연스럽게 설명할 수 있다고 보았던 것이다. 하지만 양자 역학이 등장하면서 원자 크기의 10만 분의 1 크기인 핵 속에 전자를 가두는 것은 불확정성 관계에 의해 전자의 운동 에너지가 너무 커서 양성자와 전자 사이의 전자기력으로는 불가능한 것으로 밝혀졌다. 그래서 핵 속에 질량은 양성자와 비슷하지만 전기적으로 중성인 새로운 입자가 존재해야 했다.

중성자의 존재에 대한 첫 단서는 1931년 독일 물리학자 발터 보테Walther Bothe(1891~1957)와 헤르베르트 베커Herbert Becker가 폴로늄에서 나오는 α 입자를 가벼운 핵인 베릴륨, 보론, 리튬에 충돌시키면 투과력이 강한 새로운 방사선이 나온다는 것을 발견한 것이다. 이 방사선은 전기적으로 중성이고 강한 투과력을 가지고 있어서 처음에는 γ선일 것이라고 생각했다. 그러나 γ선보다 투과력이 더 좋은 것으로 드러났고 새로운 중성 입자일 가능성이 있었으나 실험 결과의 해석이 어려워서 그 정체를 제대로 밝히지 못했다.

1932년 이렌느 졸리오 퀴리Iréne Joliot-Curie(퀴리 부부의 딸)와 프레데릭 졸리오Frédéric Joliot 부부는 이 방사선을 (수소 원자가 많이 포함된 물질인) 파라핀에 쏘았더니 큰 에너지를 가진 양성자가 나온다는 것을 발견했다. 그렇지만 여전히 이 방사선이 γ선인지 새로운 중성 입자인지 확실한 결론을 내지는 못했다.

이 결과를 들은 채드윅은 앞의 두 실험들을 좀 더 정교하게 해서 새로운 방사선이 γ선이 아니고 전기적으로 중성이면서 양성자와 질량이 거의 같은 새로운 입자임을 밝혀냈다. 그는 보테와 베커의 실험이 α 입자가 베릴륨 핵과 충돌하여 탄소 핵과 중성자가 나오는 핵반응($^{9}_{4}Be+^{4}_{2}He \rightarrow ^{12}_{6}C+^{1}_{0}n$)임을 보였고, 중성자와 양성자의 충돌 실험을 통해서 중성자의 질량을 추정함으로써 러더퍼드가 제안했던 중성자의 존재를 확인한 것이다.

핵이 양성자와 중성자로 구성된 것으로 밝혀진 후 최대의 의문은 이들이 어떻게 결합하여 핵을 구성하는가였다. 중성자는 전기적으로 중성이지만, 양성자는 $+e$의 양전하를 가지고 있어서 서로 밀어내는 전기력이 작용한다. 더군다나 원자핵의 크기는 매우 작으므로 핵 속의 양성자들 사이의 반발력은 엄청나다.

이런 전기적 반발력에도 불구하고 어떻게 뭉쳐서 핵을 만들 수 있을까? (전자가 핵에 붙어 버리는) 러더퍼드 원자 모형의 안정성 문제와는 반대 방향인 핵의 안정성 문제가 대두된 것이다. 양성자들 사이의 전기적 반발력보다 더 강력한 인력이 핵 속의 양성자, 중성자들 사이에 작용할 것으로 사람들은 생각했고, 아직은 그 실체가 드러나지 않았지만, 이 힘을 핵력nuclear force이라 불렀다. 그런데 전기력보다 더 강력한 이 힘의 존재를 사람들은 왜 여태 모르고 있었을까? 이는 무한한 범위까지 작용하는 전기력이나 중력과 달리 핵력은 작용하는 범위가 원자핵 크기 이내라고 보았기 때문이다.

1930년대에는 양자장론이 발전하면서 전자기력의 작용을 (가상) 광자의 교환으로 이해하기 시작했는데, 이에 따르면 전자기력의 작용 범위가 무한한 것은 광자가 질량이 없기 때문이었다. 핵력의 작용도 가상 입자의 교환에 의한 것으로 보면 작용 범위가 유한한 것은 교환되는 입자가 질량이 있는 것으로 설명할 수 있다.

1935년 유카와 히데키는 양성자와 중성자가 스핀이 0이고 질량이 있는 스칼라 입자를 교환함으로써 핵력이 작용한다는 이론을 제안했고, 작용 범위가 핵의 크기 정도가 되기 위해서는 질량이 $\sim$100MeV 정도일 것으로 예측했다. 질량이 전자와 양성자의 중간에 있다는 의미로 예측된 스칼라 입자에는 중간자meson라는 이름이 붙었다.

이에 앞서 하이젠베르크는 핵력의 작용에 있어서는 양성자와 중성자가 동일하다고 생각했고, 그래서 양성자와 중성자를 동일한 입자의 다른 (내부)

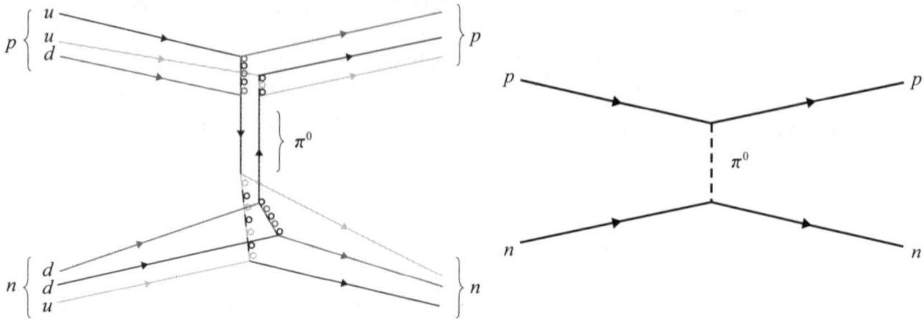

그림 97 유카와 이론에 따르면 핵력의 작용은 파이 중간자의 교환을 통해서 이루어진다(왼쪽). 현재 표준 이론인 양자 색소 역학에서는 게이지 보손인 글루온을 교환을 통해서 이루어진다고 보고 있다(오른쪽).

상태로 보는 아이소스핀isospin의 개념을 도입했다. 스핀이 1/2인 전자가 특정 방향에 대해 +1/2, −1/2 상태가 존재하는 것과 마찬가지로, 양성자와 중성자는 아이소스핀이 1/2인 동일한 입자인 핵자nucleon의 아이소스핀이 +1/2, −1/2인 상태로 보고, 핵력은 아이소스핀 회전에 대해 대칭성이 있다고 제안한 것이다.

1947년 포웰 등에 의해 예측된 질량과 스핀을 가진 파이온이 발견되면서 유카와 이론은 공식적인 핵력 이론으로 인정을 받았고, 1949년 유카와는 이 공로로 노벨물리학상을 수상했다. 그러나 1950년대 이후 양성자와 중성자 이외의 새로운 강입자들이 잇달아 발견이 되고, 1960년대에는 양성자와 중성자가 근본적인 입자가 아니라 쿼크들의 속박 상태인 것으로 밝혀졌다.

이에 따라 핵력에 대한 새로운 이해가 필요하게 되었고, 1970년대에 $SU(3)$ 게이지 이론인 양자 색소 역학으로 기술되는 강한 상호 작용strong interaction이 쿼크를 묶어서 양성자, 중성자 같은 강입자를 만들고, 그 여력이 이들을 다시 묶어서 핵을 구성하는 것으로 받아들여지게 되었다. (강한 상호 작용에 대한 자세한 이야기는 6장 '입자물리 표준 모형'에서 다룬다.) 원자는 전기적으로 중성이지만 원자들 사이에 전자기력의 여력인 반 데 발스 힘van der Waals force 같은 것이 작용하여 원자들을 묶어 둘 수 있는 것과 같은 원리로, 핵자들을 묶어 주는 핵력은 쿼크를 묶어서 핵자를 만드는 강한 상호 작용의 여력에 의한 것으로 이해하고 있다.

핵의 구조와 붕괴

이제 핵의 구성 요소인 양성자와 중성자, 이들 사이에 작용하는 핵력과 전자기력을 통해서 핵을 이해해 보자. 핵의 크기는 대략 10^{-14}m이고 밀도는 $\rho_N = 2\times10^{17}$kg/m³으로 물의 밀도의 2×10^{14}배이고, 중성자별의 밀도가 이와 비슷하다. 다양한 핵의 모습을 정량적으로 이해하는 것은 원자의 다양성을 이해하는 것보다 훨씬 어려운 일이다. 입자의 수도 많고 핵력과 전자기력을 모두 고려해야 하는데, 전자기력은 어느 정도 잘 이해하고 있지만 핵력에 대한 이해는 아직도 부족하다.

화학 원소의 분류는 핵의 전하, 즉 핵 속에 있는 양성자의 수로 한다. 원자의 화학적 성질들은 전자들에 의한 것이고, 그들의 수와 상태가 핵과의 전자기 상호 작용에 의해 결정되기 때문이다. 반면 핵은 양성자와 중성자 두 종류의 입자로 구성되어 있으며, 핵력과 전자기력이 동시에 작용한다. 따라서 핵의 종류는 화학 원소의 종류보다 더 다양하다. 핵의 분류는 양성자의 수와 중성자의 수로 하며, 핵의 전하를 결정하는 양성자의 수를 원자 번호(Z), 핵의 질량을 결정하는 양성자와 중성자를 더한 수를 질량수(A)라 한다. 원자 번호는 같지만 질량수가 다른 핵을 동위체isotop라 하는데, 동위체들을 핵으로 가진 원자들은 질량은 다르지만 화학적으로는 서로 구별할 수 없다.

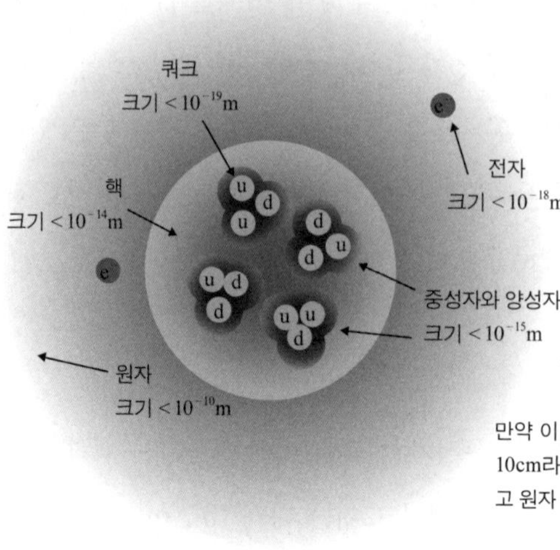

만약 이 그림에 있는 양성자와 중성자의 크기가 10cm라면, 쿼크와 전자의 크기는 0.1㎜보다 작고 원자 전체의 크기는 약 10㎞가 될 것이다.

그림 98 입자물리 표준 모형에 따른 원자의 구조. 원자는 핵과 그 주변을 돌고 있는 전자로 구성된다. 핵은 양성자와 중성자로 구성되고, 양성자와 중성자는 세 개의 쿼크로 구성된다.

여기서 원자를 다룰 때 나왔어야 했을 질문을 핵과 관련지어서 해 보자. 왜 (화학) 원소의 종류가 (103개로) 유한할까? 이 질문은 결국 왜 핵의 종류가 유한할까와 같은 질문이 된다. 핵자들 사이에 전자기력보다 더 강력한 힘인 핵력이 작용해서 핵이 만들어진다면, 지속적으로 핵자들을 붙여서 무한히 큰 핵이 만들어 질 수 있지 않을까?

그림 99는 현재 알려진 핵들의 종류를 보여 준다. 자연에 존재하는 핵을 보면 핵의 종류가 무한히 많지 않고 핵자의 수는 대략 250개가 한계다. 핵력이 강력한 인력임에도 불구하고 핵자들을 붙이는 데 한계가 있는 이유는 무엇일까? 정성적으로 답을 하자면, 핵은 스핀이 1/2로 페르미온인 양성자와 중성자로 이루어진 양자 역학계이고 강하지만 작용 범위가 유한한 핵력과 약하지만 작용 범위가 무한한 전자기력이 동시에 작용하여 만들어지기 때문이다.

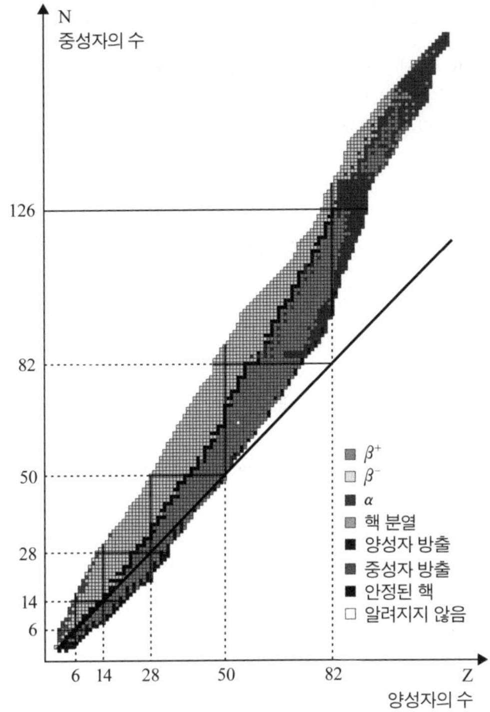

그림 99 핵의 양성자-중성자 구성과 그에 따른 붕괴 방식.

먼저 전자기적 반발력의 영향을 고려해 보자. 양성자의 수 *Z*가 커지면 양성자 하나에 미치는 전자기력은 모든 양성자가 다 기여하므로 *Z*에 비례해서 커지지만, 핵력에 의한 인력은 작용 범위가 작아서 기껏해야 주변의 몇 개의 핵자에게서만 받으므로 일정하다. 결국 양성자의 수가 많아지다 보면 전기적 반발력이 핵력의 인력보다 커지므로 안정된 핵이 가질 수 있는 양성자 수에 상한이 있게 된다.

그렇다면 양성자의 수는 유한하지만 전기적 반발력이 없는 중성자는 무한히 많이 붙일 수 있지 않을까? 그림 99에서 알 수 있듯이 물론 그렇지 않다. 핵을 구성하는 양성자와 중성자 모두 스핀이 1/2인 페르미온이므로 파울리의 배타 원리가 적용된다. 양성자나 중성자의 수가 많아지면서 낮은 에너지 준위들부터 채워서 속박 상태 준위들을 다 채우게 되면 더 이상의 핵자들을 속박할 수 없게 된다. (핵의 크기가 작기 때문에 에너지 준위 사이의 간격은 반비례해서 매우 크다.)

또한 이것은 왜 대부분의 원자 번호가 작은 핵들에서 양성자와 중성자의 수가 비슷한가를 설명한다. 아직 양성자들의 전기적 반발력이 중요하지 않으므로 양성자와 중성자의 에너지 준위는 거의 같고, 따라서 낮은 준위부터 차례로 교대로 채워 가는 것이 더 낮은 에너지 상태가 될 것이다. 각 에너지 준위에는 최대 4개(스핀 2×아이소스핀 2 상태)의 핵자가 들어갈 수 있어서, 가장 낮은 에너지 준위에 양성자 2개와 중성자 2개가 있는 헬륨의 핵(α 입자)은 매우 안정된 핵이 될 것으로 예상할 수 있고, 이것은 그림 100에 있는 핵자당 결합 에너지 도표에서 확인할 수 있다. 원자 번호(양성자의 수)가 커지면 전자기력의 영향이 커져서 양성자보다 중성자의 수가 어느 정도 더 많은 핵이 더 안정된 핵이 된다.

그림 100에서 보이듯이, 전체 핵종에서 절대적으로 안정된 핵은 아주 일부에 지나지 않고, 대부분의 핵은 정해진 유형의 붕괴를 통해 다른 핵종으로 변환된다. (안정된 핵 중 질량수가 가장 큰 핵은 납이다.) 핵의 붕괴는 나오는 방사선의 종류에 따라 α 붕괴, β 붕괴, 중성자 방출neutron emission, 자발적 분열spontaneous fission 등으로 나뉜다. α 붕괴는 α 입자(헬륨의 핵, ${}^4_2\mathrm{He}$)를 방출하는 붕괴로 핵의 원자 번호는 2 질량수는 4 줄어든다. β 붕괴는 전자(e^-) 또는 양전자(e^+)를 방출하는 붕괴로 질량수는 변화는 없고 원자 번호가 +1 또는 −1만큼 바뀐다. γ 붕괴는 γ선을 방출하고, 핵종의 변화는 없다. 핵의 붕괴는 양자 역학으로 이해해야 하며 정해진 단위 시간당 확률에 따라 붕괴한다. 즉 붕괴할 확률은 알 수 있지만 특정한 핵이 언제 붕괴할지는 예측할 수 없다.

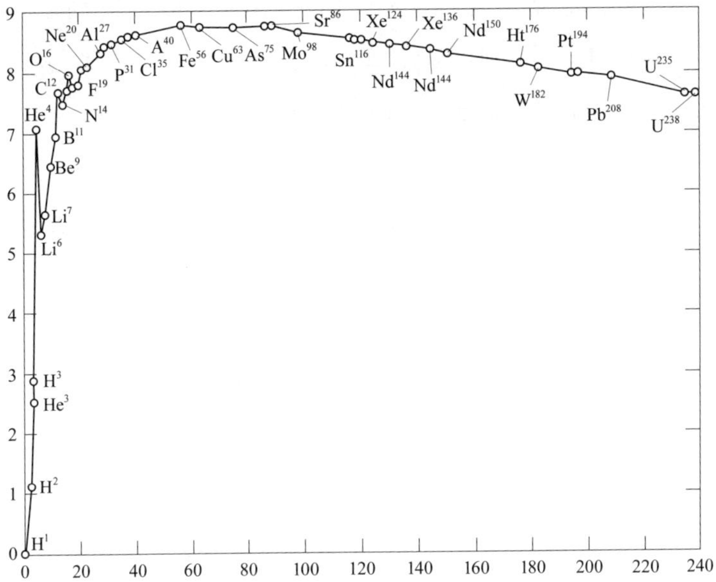

그림 100 핵종들의 핵자당 결합 에너지.

어느 시간 t에 $N(t)$개의 동일한 핵들이 있을 때, 붕괴에 의해 핵들의 수가 줄어드는 것을 표현하는 미분방정식은 다음과 같다.

$$\frac{dN(t)}{dt} = -\Gamma N(t),\ N(t) = N_0 e^{-\Gamma t}$$

상수 Γ는 핵이 단위 시간당 붕괴할 확률로 붕괴폭decay width이라 하고, 그 역수 $\tau = 1/\Gamma$를 (평균) 수명lifetime이라고 한다. 시간이 평균 수명만큼 지나면 붕괴로 인해 핵의 수는 처음의 $e^{-1} \approx 0.368$배로 줄어든다. 일상적으로는 붕괴로 핵의 수가 1/2로 줄어드는 데 걸리는 시간인 반감기half life($\tau_{1/2}$)를 많이 쓴다. 반감기와 평균 수명 사이에는 $\tau_{1/2} = (\ln 2)\tau$의 관계가 있다.

핵의 붕괴 유형은 핵자당 결합 에너지와 양성자–중성자의 균형을 살펴보면 짐작할 수 있다. 그림 100은 안정된 핵들의 핵자당 결합 에너지를 질량수(A)의 함수로 나타낸 도표다. 핵자당 결합 에너지가 클수록 안정된 핵이라 할 수 있다. 가벼운 핵들 중에서는 헬륨의 핵(α 입자)이 두드러지는데, 양성자 2개와 중성자 2개의 결합은 매우 안정되어서 무거운 핵이 붕괴할 때도 양성자 하나 또는 중성자 하나를 방출하지 않고 대부분 α 입자를 방출한다. 전체 핵종에서 가장 안정된 핵들은 질량수 56 근처의 철과 니켈 핵들이다. 이 핵보다 더 무거운 핵들은 α 입자를 방출하거나 핵분열을 함으로써 더 안정된 핵으로 옮겨간다. 안정된 핵들보다 중성자나 양성자가 많은 핵종들은 β 붕괴를 통해 질량수가 같으면서 안정된 핵으로 옮겨간다.

α 붕괴는 무거운 핵종에서 일어나는 붕괴로 핵은 α 입자($^{4}_{2}\mathrm{He}$)를 방출하면서 원자 번호는 2, 질량수는 4가 줄어든 핵으로 변환된다. 대표적인 예로 우라늄-238의 붕괴($^{238}_{92}\mathrm{U} \rightarrow {}^{234}_{90}\mathrm{Th} + {}^{4}_{2}\mathrm{He}$)를 들 수 있다. 이론적으로는 핵자당 결합 에너지가 줄어들기 시작하는 니켈(원자 번호 28) 이상의 핵에서 가능하지만, 실제로 α 붕괴를 하는 가장 가벼운 핵은 텔륨(원자 번호 52)이다. α 붕괴는 핵력과 전자기력이 동시에 작용하여 일어나며, 핵력과 전자기력이라는 강력한 상호 작용에도 불구하고 상당히 긴 수명을 가지고 있다. (전자기력의 작용으로 일어나는 원자의 전자 준위 간의 전이는 수명이 $10^{-10}s$ 정도다.)

1928년 러시아 출신의 미국 물리학자 조지 가모프George Gamow(1904~1968)는 α 붕괴가 긴 수명을 가지는 이유를 양자 투과로 설명했다. 핵 속의 α 입자는 인력인 핵력과 척력인 전자기력이 만드는 퍼텐셜 우물에 잡혀 있어서 고전적으로는 밖으로의 탈출이 불가능하지만, 당시에 새로 등장한 양자 역학에 의하면 양자 투과 현상으로 탈출이 가능하다. 하지만 양자 투과는 일어날 확률이 매우 적기 때문에 긴 수명을 가지는 것이다.

또한 양자 투과는 핵의 전자기력 에너지 장벽은 수십MeV로 큰데, 이 장벽을 빠져나온 α 입자의 운동 에너지는 대부분 5MeV 정도인지를 잘 설명한다. 고전적으로는 에너지 장벽을 넘어 입자가 탈출하려면 에너지 장벽보다 큰 에너지가 필요하지만 양자 투과는 우물에 갇혀 있을 때의 운동 에너지를 그대로 가지고 나온다. 대신 투과 확률이 운동 에너지의 크기에 따라 예민하게 변하는데, 이것은 α 붕괴의 수명과 α 입자의 운동 에너지의 관계에 대한 알려져 있던 실험 법칙인 가이거-누탈Geiger-Nuttall 법칙으로 확인된다.

β 붕괴는 안정된 핵종들 이외의 핵종들 대부분에서 일어나며 핵은 전자 또는 양전자를 방출하며 질량수의 변화는 없고 원자 번호는 1 증가하거나 1 감소한다. 전자를 방출하고 원자 번호가 1 증가하는 것을 $\beta-$ 붕괴, 양전자를 방출하고 원자 번호가 1 감소하는 것을 $\beta+$ 붕괴라 한다. 중성자가 발견된 이후에 중성자도 β 붕괴를 통해 양성자로 바뀌면서 전자를 방출하는 것이 밝혀졌고, 핵의 β 붕괴는 핵 속의 중성자와 양성자 간의 변환이 일어나는 것으로 이해했다. 중성자(질량 938MeV)가 양성자(질량 938MeV)보다 조금 더 무겁기 때문에 고립된 양성자는 중성자로 변환될 수 없지만, 핵 속의 양성자는 중성자로 바뀌면 질량 차(1.2MeV)보다 더 크게 핵의 결합 에너지를 낮출 수 있어서 $\beta+$ 붕괴가 일어난다.

그런데 β 붕괴로 나오는 전자의 에너지를 조사해 본 결과 문제가 발생했다. α 붕괴에서는 하나의 입자가 두 개의 입자로 분리되므로 분리된 두 입자의 에너지가 에너지-운동량 보존 법칙에 의해 완전히 고정이 된다. 그리고 α 붕괴 실험에서 붕괴 전후의 에너지를 확인해 본 결과 α 붕괴에서 에너지가 보존된다는 것이 확인되었다. β 붕괴에서도 전자만 방출된다면 하나의 입자가 두 개의 입자로 분리되는 것이므로 두 입자의 에너지는 고정된 값을 가지게 되고, 핵의 질량이 전자의 질량보다 매우 크기 때문에 붕괴 에너지의 대부분을 전자가 가지게 된다.

그런데 β 붕괴에서 방출되는 전자의 에너지를 측정해 보면 고정된 값이 아니라 연속적인 분포를 가진 것으로 나타났다. β 붕괴는 에너지를 보존하지 않는 것처럼 보였다. 또한 붕괴 전후의 핵은 정수의 각운동량을 가진 것이 다른 실험들을 통해서 확인이 되었는데, 전자는 1/2인 반정수 스핀각운동량을 가지고 있어서 각운동량 보존도 위배되는 것으로 나타나서 많은 논란이 있었다.

이 문제를 해결하기 위해 1930년 파울리는 새로운 입자인 중성미자 neutrino의 존재를 제안했다. β 붕괴에서 전자와 더불어 전하를 띠지 않으며 질량이 없는 스핀 1/2 입자가 같이 방출되어 에너지와 각운동량이 보존된다는 것이다. 1934년 엔리코 페르미는 중성미자를 포함하여 양성자, 중성자, 전자, 4개의 페르미온이 직접 접촉하는 상호 작용을 통해 β 붕괴를 설명하는 이론을 내놓았다. β 붕괴의 긴 수명은 전자기력과 핵력으로는 설명할 수 없고 다른 새로운 상호 작용을 도입해야 했던 것이다.

전자기력과 핵력이 가상 입자의 교환을 통해 이루어진다는 것이 밝혀진 후에는, 작용 범위가 0인 접촉 상호 작용은 이론적으로 문제가 많으므로, 스핀이 1이고 아주 무거운 벡터 보손의 교환으로 β 붕괴를 설명하게 되었다. 이제 β 붕괴가 긴 수명을 갖는 것과 붕괴를 일으키는 힘의 작용 범위가 아주 작은 것은 교환되는 벡터 보손의 질량(~100GeV)이 핵자의 질량(~1GeV)보다 훨씬 커서 핵자의 β 붕괴가 일어나는 핵자의 질량 정도의 낮은 에너지에서는 이 힘이 아주 약해지기 때문인 것으로 설명이 되었다. 무거운 벡터 보손의 교환을 통해 작용하여 β 붕괴를 일으키는 이 힘은 약력 weak force이라 불리게 되었다.

한편 β 붕괴에서 나오는 중성미자는 물질과의 상호 작용이 (크기가 아주 작은) 약력만 있기 때문에 직접적인 검출은 어려운 도전 과제였다. 1953년 미국의 물리학자 프레더릭 라이너스Frederick Reines(1918~1998)와 클라이드 코원Clyde Cowan(1919~1974)이 원자로에서 나오는 중성미자 검출에 성공해서 그 존재가 확인되었고, 이들은 이 공로로 1995년 노벨물리학상을 수상했다.

1932년 발견된 중성자는 이후 핵물리 연구의 새로운 도구로 부상했다. 중성자는 전하가 없어서 전기적 반발력을 이겨내야 하는 양성자나 α 입자보다 더 작은 에너지로도 핵반응을 일으킬 수 있었다. 중성자를 이용한 핵반응 분야의 선두 주자인 페르미는 중성자를 다양한 핵에 충돌시켜 새로운 방사성 핵들을 만들어 냈고, 그 공로로 1938년 노벨물리학상을 수상했다. 그는 중성자를 우라늄 핵에 충돌하는 실험에서 두 개의 새로운 핵종을 발견했다고 발표했는데, 사실 중성자와 충돌 후 우라늄 핵이 크기가 비슷한 두 개의 핵들로 분열된 것임을 알아차리지는 못했다.

1938년 독일의 화학자 오토 한Otto Hanh(1879~1968)과 프리츠 스트라스만Fritz Strassmann(1902~1980)은 중성자를 우라늄 핵에 충돌시키면 중성자를 방출하며 두 개의 더 작은 핵으로 붕괴되어 바륨이 나오는 것을 발견했다. 이듬해 오스트리아의 물리학자 리제 마이트너Lise Meitner(1878~1968)와 오토 프리슈Otto Frisch(1904~1979)가 이것이 핵분열nuclear fission이 일어난 것임을 확인했다.

미국에 있던 헝가리의 물리학자 레오 실라르드Leó Szilrád(1898~1964)는 중성자에 의해 유도된 핵분열이 계속해서 중성자를 내놓음으로써 연쇄 반응으로 이어져서 핵반응기nuclear reactor나 핵폭탄을 구현하는 데 쓰일 수 있다는 것을 깨달았다. 그런데 하필 그 시기에 2차 세계 대전이 발발하고, 양 진영은 연쇄 핵분열을 이용한 폭탄의 개발에 경쟁적으로 뛰어들게 되었다. 미국에서는 맨해튼 계획이라는 이름으로 핵무기의 개발을 진행했다. 그

원자력과 핵력

1945년 2차 세계 대전의 대미는 히로시마와 나가사키에 투하된 원자 폭탄atomic bomb이다. 이 폭탄이 방출하는 에너지의 근원은 핵분열에서 오는 것이므로 핵폭탄nuclear bomb이라 부르는 것이 맞다. 하지만 대중에게는 원자 폭탄이라는 이름이 더 익숙하다. 이것은 아마도 과학 지식을 대중들이 이해하기까지는 시간이 걸리기 때문일 것이다. 1940년대에는 첨단 과학하면 사람들은 1930년대부터 휘몰아쳤던 원자물리학를 떠올렸고, 핵물리학은 아직 생소했기 때문에 원자 폭탄으로 알려지게 되었다.

그 영향이 70년이 지난 지금도 남아 있다. 예를 들면 핵 에너지와 핵무기를 관리하는 유엔 기구 이름은 여전히 IAEA(International Atomic Energy Agency, 국제원자력기구)이고, 아직도 핵발전소는 원자력 발전소로 불린다. 또 핵 에너지를 상징하는 로고도 사실 전자들이 핵 주위를 도는 원자를 상징하는 그림이다. 한국원자력연구원에서는 사실 원자력atomic force를 연구하지 않는다.

1940년대 후반부터는 핵폭탄의 지대한 영향으로 첨단 과학하면 대중은 핵물리학을 떠올리게 됐다. 그렇지만 사실 핵물리학의 전성기는 핵폭탄 개발에 열을 올리던 1940년대 초였고, 물리학계의 첨단 영역은 1940년대 후반부터 입자물리학으로 옮겨 가고 있었다.

1950년대 초에는 유럽에서 입자물리학 연구를 위한 가속기 연구소를 만드는데, 그 이름을 CERN(Conseil European Organization for Nuclear Research, Conseil Européenne pour la Recherche Nucléaire, 유럽핵물리연구소)이라고 지었다. 입자물리학을 연구하지만 연구소를 설립할 재정 지원을 받기 위해서는 이름에 핵물리학을 넣어야 했다. 그래서 어떤 물리학자는 유럽핵물리연구소에서는 핵물리를 연구한 적이 없다며 농담을 했다. (요즘은 언론에서도 CERN을 유럽입자물리연구소로 맞게 부르고 있다.)

과학자들의 첨단 연구와 대중의 인식 간의 큰 차이를 한국에서도 경험한 적이 있다. 한 소설가가 세계적으로 저명한 한국인 입자물리학자를 졸지에 핵폭탄이나 만드는 시대에 뒤떨어진 과학자로 둔갑시켜 애국심에 호소하는 소설을 썼는데, 이를 사실로 받아들이는 사람들이 많았다. 핵무기의 영향력은 여전히 무시할 수 없지만, 그래도 1970년대에 핵무기를 만드는 데 천재 과학자가 필요한 무슨 큰 비밀이 있다고 우기고, 그걸 또 믿는 사람이 많았던 것이다. 대중이 핵물리학과 입자물리학을 구별하는 데는 시간이 더 필요한 모양이다.

결과 불과 몇 년 사이에 우라늄의 대량 생산, 우라늄-235와 플로토늄의 농축 기술 등에서 엄청난 진전을 이뤄내며 1945년에는 핵무기가 실제로 등장하게 되었다. 20세기 과학의 가장 어두운 단면은 이렇게 제어할 틈도 없이 만들어졌다.

핵자당 결합 에너지를 보면 가장 안정된 핵은 철(Fe)과 니켈(Ni)이다(그림 100).● 대략 질량수 56~62 정도를 기준으로 이보다 질량수가 크면 핵은 더 작은 핵들로 분열함으로써 에너지를 얻을 수 있고, 이보다 질량수가 작으면 융합해서 더 무거운 핵을 만듦으로써 에너지를 얻을 수 있다.

가벼운 핵들의 융합을 통해서 큰 에너지를 얻을 수 있다는 것은 1929년 영국 물리학자 로버트 앳킨슨Robert Atkinson(1898~1982)과 독일 물리학자 프리츠 하우터만스Fritz Houtermans(1903~1966)가 핵들의 질량 측정 결과를 바탕으로 예측했다. 1932년 호주 물리학자 마크 올리판트Mark Oliphant(1901~2000)가 수소 동위원소들의 합성에 성공했다. 1930년대에 별

● 핵자당 결합 에너지가 큰 순서로는 ^{62}Ni, ^{58}Fe, ^{56}Fe, ^{60}Ni이다.

의 에너지원이 수소로부터 헬륨을 만드는 핵융합 과정이라는 가설이 제안되었고, 독일 출신의 미국 물리학자 한스 베테Hans Bethe(1906~2005)는 별에서 일어나는 핵융합의 주요 순환 구조들을 찾아냈다(6장 '별 핵합성' 참조). 1940년대에는 군사적 목적을 위한 핵융합 연구가 맨해튼 계획의 일부로 진행되었고, 1951~1952년 핵융합 폭탄의 폭발 실험이 성공적으로 이루어졌다.

핵융합을 발전에 이용하기 위한 연구는 1950년대에 이미 시작되었는데, 고온을 필요로 하는 양성자-양성자 융합 대신 중수소와 삼중수소의 융합을 이용한다. 중수소는 수소의 1/5,000 정도 존재하므로 바닷물로부터 무한정 공급이 가능하고, 반감기가 약 10년이어서 자연에서는 미량으로만 존재하는 삼중수소는 리튬에 중성자를 때려 생산이 가능하다. 핵융합 반응이 일어나려면 전자기력에 의한 쿨롱 장벽을 넘어야 해서 커다란 운동 에너지, 즉 고온이 필요한데, 핵융합에 필요한 고온의 상태를 만들고 유지하고, 반응 속도를 조절하는 문제가 아직 해결 과제로 남아 있다.

6. 소립자의 세계

이제 이 장을 시작하면서 던졌던 궁극적인 질문으로 돌아가 보자. 세상은 무엇으로 이루어져 있는가? 이 질문에 대한 현재의 답이 입자물리 표준 모형으로, 이는 상대성 이론, 양자 역학과 더불어 20세기 물리학의 위대한 업적이라 할 수 있다. 20세기 초에 원자 모형과 양자 역학이 완성되면서 물질에 대한 이해를 바탕으로 인류는 엄청난 과학과 기술의 발전을 이뤄 냈다.

입자물리 표준 모형이 앞으로 그 정도의 역할을 할지는 현재로서는 가늠할 수 없다. 입자물리학과 표준 모형이 우리 주변의 물질을 이해하는 데는 새로운 변혁을 주지 않더라도, 기대하건대 우리 우주와 그 기원을 이해하는 데는 큰 진보를 가져다 줄 것이다. 다음은 전자, 핵과 원자의 발견 이후부터 입자물리 표준 모형에 이르기까지 역사적인 발견들 위주로 살펴보고, 이어서 입자물리 표준 모형의 구체적인 내용을 중심으로 다룬다.

원자핵보다 더 작은 물질의 근본적인 구성원들을 밝혀내고자 하는 입자물리학particle physics은 1897년에 톰슨이 전자를 발견하면서 시작되었다. 1911년에는 러더퍼드가 원자핵의 존재를 발견했고, 1917년에는 핵의 구성 요소로서 양성자의 존재를 발견했다. 1932년에 채드윅에 의해 중성자의 존재가 발견되면서 핵의 구성 성분은 양성자와 중성자로 밝혀졌다.

1930년대에는 양자 역학의 정립과 함께 원자물질관이 완성되었다. 모든 물질은 원자로 이루어져 있고, 원자는 양성자와 중성자로 구성된 핵과 그 주위를 도는 전자들로 구성되어 있다. 원자들이 보이는 성질들은 핵과 전자들의 전자기 상호 작용과 양자 역학을 통해 이해할 수 있다. 그리고 이를 바탕으로 원자들로 이루어진 모든 물질의 성질을 이해할 수 있을 것이라고 여겼다.

세상의 물질을 그 근본 요소부터 시작해서 진정한 이해에 도달했다는 이 자신감은 그리 오래가지는 못했다. 1930년대에 이미 우주로부터 날아오는 입자(방사선)들에서 근본 입자들에 대한 새로운 단서들이 발견되기 시작했기 때문이다. 이 발견에는 우주선이라는 새로운 발견과 입자검출기라는 새로운 발명이 동시에 중요한 역할을 했다.

우주선에서 발견된 소립자

먼저 우주로부터 지구로 날아드는 입자인 우주선에 대해 알아보자. 우라늄, 라듐 등 방사성 원소의 발견 이후 이들이 내는 방사선을 검출할 수 있는 정밀한 전위계electrometer들이 나오면서 지표면에서 많은 방사선이 검출된다는 사실이 알려졌다. 처음에 이 방사선들은 모두 지각에 들어 있는 방사성 원소들의 붕괴로부터 오는 것으로 여겨졌다. 이 가설을 확인해 보는 방법으로 제안된 것은 고도에 따른 방사선 양의 변화를 관찰하는 것이다. 이 가설에 따른다면 고도가 높아질수록 양이 줄어들어야 한다.

1912년 미국의 물리학자 빅터 헤스Victor Hess(1883～1964)는 예상과는 반대로 고도가 높아질수록 방사선의 양이 많아짐을 확인했다. 그는 이어진 여러 실험을 통해 이 방사선들은 우주로부터 대기로 들어온다는 것을 알아냈다. (헤스는 이 발견으로 1936년 노벨물리학상을 받았다.)

이 방사선 입자들의 정체를 밝히려는 과정에서 뜻밖의 새로운 입자들을 발견하게 된다. 이 입자들이 새로운 입자들이라는 것을 밝힐 수 있었던 것은 방사선 입자들의 궤적을 직접 관찰하기 위해 만들어진 장치인 입자검출기particle detector의 등장 덕택이었다.

입자검출기의 초기 원형은 구름 상자cloud chamber다. 구름 상자는 물이나 알코올의 증기를 과포화 상태로 유지하는데, 전하를 띤 입자가 지나가면 주변의 원자를 이온화하고 이들이 응결핵으로 작용해 구름이 형성되어서 입자의 궤적을 보여 주는 장치다. 구름 상자의 등장 이후 새로운 입자검출기들이 개발되었는데, 대표적인 것으로 거품 상자bubble chamber, 스파크 상자spark chamber, 전선 상자wire chamber 등이 있으며, 현재는 반도체를 응용한 실리콘 검출기를 주로 쓴다.

우주선에서 첫 번째로 발견된 새로운 입자는 1932년 미국의 물리학자 칼 데이비드 앤더슨이 발견한 양전자다. 이 공로로 1936년 노벨물리학상을 받았다. 그는 구름 상자를 사용해 우주선 입자들의 궤적을 조사했는데, 자기장을 걸어서 휘어지는 반지름으로부터 전하－질량비를 알아낼 수 있도

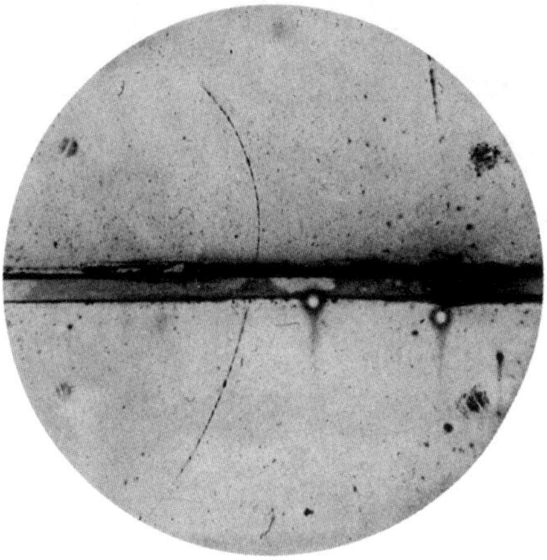

그림 101 최초로 관측된 양전자의 구름 상자 사진. 구름 상자에 자기장을 걸면 전하를 띤 입자는 원 궤적을 그리고, 그 곡률 반지름을 재면 입자의 질량-전하 비를 알 수 있다. 앤더슨은 우주선 입자 중에서 전하-질량(q/m) 비는 전자와 같지만 반대 방향으로 휘는, 즉 전하가 반대인 입자를 발견했다. 가운데 검게 보이는 것은 납판으로 입자의 에너지를 줄여서 입자의 진행 방향을 확인해서 전하의 부호를 결정하기 위한 것이다.

록 했다. 이 과정에서 그는 전자와 전하-질량비는 같지만 반대로 휘어지는, 즉 전하가 반대인 입자를 발견했다(그림 101). 전자의 반물질anti-matter인 양전자를 발견한 것이다.

양전자의 존재는 1928년 디랙이 전자에 대한 상대론적인 파동방정식인 디랙 방정식을 내놓으면서 음의 에너지 상태에 대한 해석으로 제안을 했는데(4장 '특수 상대성과 양자 역학' 참조), 앤더슨의 발견으로 그 실체를 인정받게 되었다. 디랙 방정식의 성공과 반물질의 발견은 비상대론적인 양자 역학에서 상대론적인 양자장론으로 넘어가는 계기가 되었다.

두 번째로 발견된 새로운 입자는 1936년에는 앤더슨과 세스 헨리 네더마이어Seth Henry Neddermeyer(1907~1988)가 발견한 뮤온muon이다. 양전자와 마찬가지로 구름 상자를 써서 전하-질량비를 구함으로써 전자와 같은 전하를 갖지만 질량이 100MeV 정도인 새로운 입자로 밝혀졌다.

당시는 유카와가 핵력에 대한 이론으로 중간자 이론을 막 제안했을 때였고, 뮤온의 질량이 예측된 중간자의 질량과 비슷해서 처음에는 중간자가 발견된 것으로 기대를 했다. 그러나 곧 뮤온은 중간자로서 필요한 핵과의 강한 상호 작용이 없는 것으로 드러났고, 스핀 1/2, 전하 $-e$로 전자와 같은 성질을 가졌지만 질량만 200배 더 무거운 전자의 유사품으로 드러났다. 뮤온의 질량은 105.7MeV이고 전자와 중성미자들로 붕괴하며 평균 수명은 2.2×10^{-6}s이다.

질량을 제외하면 전자와 똑같은 이 입자의 존재에 대해 오스트리아 출신의 미국 물리학자 이지도어 아이작 라비Isidor Isaac Rabbi(1898~1988)는 "누가 그것을 주문했어?Who ordered that?"라며 의아함을 나타냈다. 뮤온의 발견은 기본 입자들이 보이는 반복되는 가족 구조를 최초로 발견한 것이었다. 그리고 기본 입자들에 (세 번) 반복되는 가족 구조가 왜 있는지는 아직도 의문으로 남아 있다. 라비의 불평은 결코 가벼운 것이 아니었다.

우주선에서 발견된 세 번째 새로운 입자는 파이온pion이다. 앞서 발견된 양전자와 뮤온은 사실 우주에서 지구로 날아오는 우주선 입자들(대부분 양성자)이 공기 분자의 핵과 충돌하면서 주로 만들어지는 2차 우주선 입자인 파이온이 붕괴하면서 나오는 것이다. 파이온은 뮤온과 중성미자로 붕괴하는데, 수명이 2.6×10^{-8}s로 짧아 그 존재를 발견하려면 양전자나 뮤온에 비해 두 가지 요건이 더 필요했다. 파이온은 붕괴가 빨라 대부분 지표면까지 도달하지 못하므로 높은 곳으로 올라가야 검출할 수 있었다. 다른 하나는 수명이 짧아 궤적 또한 매우 짧아서 해상도가 낮은 구름 상자로는 관찰할 수 없고 새로운 검출 기술이 필요했다. 1947년에는 영국의 물리학자 세실 프랭크 포웰Cecil Frank Powell(1903~1969) 등이 사진 에멀션photographic emulsion을 스위스 융프라우 정상에 설치해 우주선에 노출한 후, 현상을 해서 나타나는 방사선들이 만든 미세한 궤적들을 현미경으로 관찰해 파이온의 존재를 발견했다(그림 102).

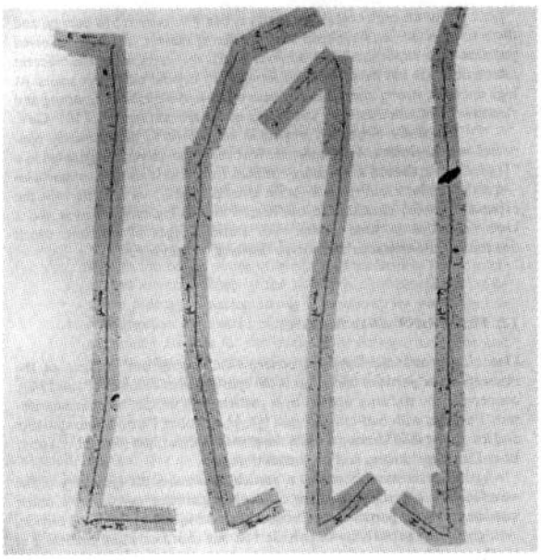

그림 102 포웰 등에 의해 사진 에멀션 속에서 발견된 파이온의 궤적들. 파이온 궤적의 길이는 수십 μm 정도로, 현미경으로 확대 촬영한 사진을 이어붙인 것이다. 파이온은 뮤온으로 붕괴하고($\pi^- \rightarrow \mu^- + \bar{\upsilon}_e$), 뮤온은 다시 전자로 붕괴하는($\mu^- \rightarrow e^- + \upsilon_\mu + \bar{\upsilon}_e$) 궤적을 보여 준다. 파이온과 뮤온의 붕괴는 약한 상호 작용을 통해 일어난다. 포웰은 사진 에멀션 기술의 개발과 파이온을 발견한 공로로 1950년 노벨물리학상을 받았다.

1948년 사이클로트론Cyclotron으로 가속한 α 입자를 탄소 핵에 충돌시켜 인공적으로 파이온을 만드는 데 성공했고, 파이온에 대한 자세한 연구가 이루어졌다. 파이온의 질량은 139.6MeV, 스핀은 0이고 핵자와 강한 상호 작용을 하므로, 유카와가 제안한 중간자 이론에 딱 맞는 입자가 발견된 것이다. 그래서 파이 중간자π meson로 불렸으며• 핵력을 전달하는 입자로 취급되었다.

1938년 러시아 출신의 영국 물리학자 니콜라스 케머Nicholas Kemmer(1911~1998)는 하이젠베르크가 제안한 핵력의 아이소스핀 대칭성이 유카와 이론에 적용되려면, 핵자(양성자 p, 중성자 n)가 아이소스핀의 1/2 표현이므로 여기에 결합하는 파이온은 아이소스핀이 1 표현이어야 해서 질량이 거의 같고 전하가 +1, 0, −1인 세 개의 (π^+, π^0, π^-) 파이온 입자가 있어야 한다고 제안했다. 전하를 띤 파이온 π^+와 π^-는 서로 입자−반입자 관계이며 둘 다 우주선에서, 중성 파이온 π^0는 입자 가속기를 통해서 발견됨으로써, 핵력의 아이소스핀 대칭성이 확인이 되었다.

• 지금도 파이온과 파이 중간자라는 명칭이 같이 쓰인다. 당시에는 뮤온도 뮤 중간자로 불렸다.

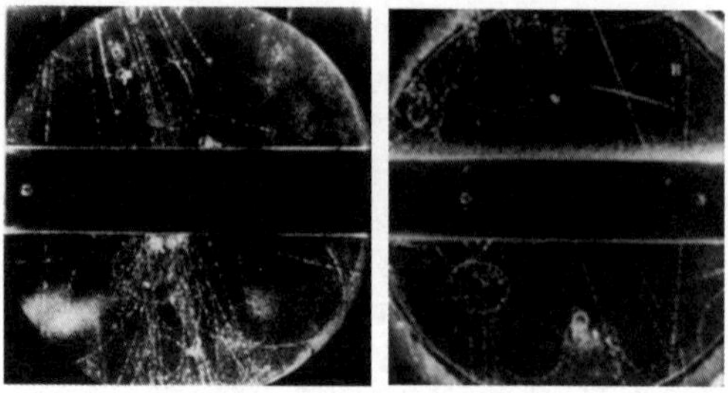

그림 103 V 입자(K^0)의 발견. 오른쪽 아래에서 V의 궤적이 보인다(왼쪽). V 입자(K^+)의 발견. 오른쪽에 살짝 꺾인 직선이 보인다(오른쪽).

하지만 그 후 핵력의 전달자로서 파이온에 대한 관점은 시대에 따라 변한다. 1960년대에 핵자가 세 개의 쿼크로 구성되어 있다는 쿼크 모형의 등장으로 핵력에 대해서도 쿼크 수준의 이해가 필요하게 되었다. 1970년대에 양자 색소 역학이 쿼크들의 강한 상호 작용에 대한 이론으로 받아들여지면서 파이온의 역할은 그 바탕 위에서 다시 해석되었다. 그렇지만, 파이온은 강한 상호 작용을 하는 가장 가벼운 입자이기 때문에 강한 상호 작용 및 핵력과 관련해서 여전히 중요한 역할을 하고 있다.

우주선을 통해 마지막으로 발견된 새로운 입자들은 케이온kaon과 람다 바리온Λ baryon으로 대표되는 기묘한 입자strange particle들이다. 1947년 영국 물리학자 조지 로체스터George Rochester(1908~2001)와 클리포드 버틀러Clifford Butler(1922~1999)는 구름 상자에서 우주선이 만드는 새로운 입자 두 종류를 발견했다. 질량은 양성자의 절반 정도인 500MeV로 비슷하지만, 하나는 중성인 입자로 파이온들(π^+와 π^-)로 붕괴하고, 다른 하나는 양전하를 가지며 파이온(π^+)과 어떤 중성 입자로 붕괴했다. 이 입자들은 두 입자로 붕괴하면서 V자 형태의 궤적을 남겨서 처음에는 V 입자라고 불렸다.

1950년대 초까지 우주선에서 많은 V 입자들이 관찰되었고, 1950년에는 양성자보다 질량이 크고 양성자로 붕괴하는 새로운 V 입자도 발견되었다. 많은 V 입자를 관찰한 결과, 질량이 양성자보다 작은 것은 스핀이 0인 스칼라 입자로 K 중간자K meson, 질량이 양성자보다 무거운 것은 스핀이 1/2인 페르미온으로 Λ 하이퍼론Λ hyperon으로 불리게 되었다.

1950년대 중반 이후에는 입자 가속기로 V 입자들을 만들 수 있게 되면서 이 새로운 입자들에 대한 연구가 본격화되었는데, 사람들은 이 입자들의 생성과 붕괴에서 나타나는 특징 두 가지에 주목했다. 하나는 이 입자들이 생성될 때 반드시 쌍으로 생성된다는 것이었고, 다른 하나는 쉽게 생성되는 것에 비해 굉장히 느리게 붕괴한다는 것이었다. 두 번째 특징은 생성될 때는 강한 상호 작용을 통해 생성되고 붕괴할 때는 약한 상호 작용을 통해 일어난다고 하면 설명이 되었다.•

하지만 K 중간자나 Λ 하이퍼론 모두 강한 상호 작용을 하는 더 가벼운 입자인 파이온과 양성자가 있음에도 불구하고 왜 강한 상호 작용을 통해 이 입자들로 빠르게 붕괴하지 않는지 이해가 되지 않았다. 이를 설명하기 위해 아브라함 페이스Abraham Pais(1918~2000), 머리 겔만Murray Gell-Mann(1927~2019), 니시지마 카즈히코西島和彦(1926~2009)는 기묘도strangeness라는 새로운 보존 양자수conserved quantum number를 도입했다. 양성자와 파이온같이 이미 알려진 입자는 기묘도가 0이고, K 중간자와 Λ 하이퍼론은 +1 또는 −1의 기묘도를 갖는 기묘한 입자이고, 강한 상호 작용이나 전자기 상호 작용은 기묘도를 보존하는 반면, 약한 상호 작용은 기묘도를 보존하지 않는다고 한 것이다.

기묘한 입자의 생성은 양성자나 파이온같이 기묘도가 없는 입자의 강한 상호 작용을 통한 충돌로 일어나고 생성된 입자들의 총 기묘도가 0이 되어

• 입자를 생성하는 강한 상호 작용에 의한 전형적인 붕괴 수명은 10^{-23}s 수준인데, V 입자들의 붕괴 수명은 10^{-10}s 수준이다.

야 하므로 기묘한 입자는 반드시 기묘도가 +1인 입자와 −1인 입자가 쌍으로 생성되어야 한다. 또한 기묘한 입자가 붕괴할 때는 K 중간자와 Λ 하이퍼론은 가장 가벼운 기묘한 입자이므로 기묘도를 보존하는 강한 상호 작용이나 전자기 상호 작용으로는 붕괴할 수가 없고 약한 상호 작용으로 붕괴한다.

현재의 입자물리 표준 모형에서는 기묘도의 보존은 쿼크 모형과 양자 색소 역학이 가지는 맛깔 대칭성의 일부로 설명하고 있다. 이 관점에서 기묘한 입자의 발견은 뮤온의 발견과 같은 맥락으로 볼 수 있다. 뮤온이 질량만 다른 전자의 복제품이었듯이, K 중간자와 Λ 하이퍼론은 질량만 다른 파이온과 양성자의 복제품들인 것이다.

기묘한 입자들

케이온의 발견과 자세한 연구는 새로운 맛깔인 기묘도를 발견했을 뿐만 아니라 약한 상호 작용의 반전(P) 대칭성 위반과 전하 켤레−반전(CP) 대칭성 위반을 발견하는 데도 중요한 역할을 했다. 양자장론에서 반전 변환은 공간 좌표를 반전($\vec{r}\to\vec{r}$)시키는 것이다. 이때 입자를 기술하는 양자장도 변환이 되는데, 스칼라(스핀 0)나 벡터(스핀 1) 장은 +1 또는 −1이 곱해지는 위상 변환이 있게 되고, 스피너(스핀 1/2)는 위상 변환에 더해서 왼손 스피너와 오른손 스피너가 서로 뒤바뀌게 된다. 위상 변환이 +1이 될지 −1이 될지는 입자 고유의 성질로 정의될 수 있는데, 이 값을 입자의 고유 반전성intrinsic parity이라 한다.

1954년 독일 출신의 미국 물리학자 윌리엄 치노프스키William Chinowsky와 잭 스타인버거Jack Steinberger(1921~)는 약간 기술적인 방법을 쓴 실험을 통해 파이온의 고유 반전성이 −1임을 보였다. 고유 반전성을 구별하기 위해서 스핀이 0이고 고유 반전성이 +1인 입자는 스칼라scalar라 하고 스핀이 0

이고 고유 반전성이 -1인 입자는 유사 스칼라pseudoscalar라 한다. 파이온은 유사 스칼라 입자인 것이다.

1950년대까지 사람들은 모든 상호 작용이 반전 대칭성을 가진다고 생각했다. 좀 더 정확히 말하자면 반전 대칭성이 깨져 있을 거라고 생각할 이유가 딱히 없었다. 그런데 K 중간자의 붕괴 과정에서 동일한 입자처럼 보이는 입자가 반전성이 다른 두 상태로 붕괴하는 것이 관찰되었다. 당시에는 고유 반전성이 달라 보이는 이 두 입자를 다른 입자라 생각했다. 그래서 각각 θ와 τ라 불렀는데, θ는 반전성이 $+1$인 파이온 두 개로 붕괴하고($\theta^+ \to \pi^+ + \pi^0$), τ는 반전성이 -1인 파이온 세 개로 붕괴했다($\tau^+ \to \pi^+ + \pi^+ + \pi^-$). 질량은 같은데 고유 반전성만 다른 입자가 쌍으로 존재한다는 것에 의아한 사람들은 이를 $\tau-\theta$ 수수께끼라 불렀다.

1956년 중국 출신의 미국 물리학자 리정다오李政道(1926~)와 양전닝은 θ와 τ의 붕괴는 약한 상호 작용을 통해 일어나므로, 약한 상호 작용이 반전 대칭성이 있다는 증거가 있는지 이전의 실험들을 면밀히 검토해 보았다. 그 결과 강한 상호 작용과 전자기 상호 작용은 반전 대칭성이 있다는 증거가 확실하지만 약한 상호 작용은 확인된 적이 없다는 것을 알아냈다. 그들은 약한 상호 작용의 반전 대칭성 위반 여부를 알아볼 수 있는 실험들을 제안했고, 실험물리학자인 우젠슝吳健雄(1912~1997)에게 실험을 요청했다. 1957년 우젠슝 등은 코발트-60의 β 붕괴를 이용해서 약한 상호 작용이 반전 대칭성을 위반한다는 사실을 발견했고, 이 소식을 전해들은 미국의 물리학자 리처드 가윈Richard Garwin(1928~) 등은 입자 가속기를 사용하여 약한 상호 작용의 반전 대칭성 위반을 확인하였다.

θ와 τ는 동일한 입자로 K 중간자 중 하나인 K^+이고 고유 반전성이 -1이지만, 약한 상호 작용이 반전 대칭성을 위반하기 때문에 반전성이 $+1$인

상태로도 붕괴할 수 있고 −1인 상태로도 붕괴할 수 있는 것이다. 약한 상호 작용이 반전 대칭성을 위반한다는 것은 입자물리 표준 모형의 구조에 큰 영향을 끼친다. 표준 모형에서는 스핀이 1/2인 페르미온들인 쿼크와 렙톤이 물질을 구성하는 기본 입자들인데, 이 입자들에게 반전 대칭성이란 왼손 스피너와 오른손 스피너가 동일하게 상호 작용한다는 것이다. 강한 상호 작용과 전자기 상호 작용에 대해서는 이것이 성립하지만, 약한 상호 작용은 왼손 스피너와 오른손 스피너를 구별한다. 이후 여러 실험을 통해 왼손 스피너는 약한 상호 작용을 하지만 오른손 스피너는 약한 상호 작용을 하지 않아서 약한 상호 작용은 반전 대칭성을 완벽하게 위반한다는 것이 확립되었다.

약한 상호 작용에서 반전 대칭성의 위반이 발견됨에 따라 강한 상호 작용을 통해 만들어지는 모든 중간자 상태들은 반전 변환(P)의 고유 상태로 약한 상호 작용에 대한 고유 상태는 아닌 것이 되었다. 따라서 약한 상호 작용도 포함해서 고유 상태를 공유하는 새로운 대칭성의 필요성이 제기되었고, 반전 변환(P)에 전하 켤레 변환(C)을 곱한 전하 켤레 반전(CP) 변환에 대한 대칭성이 이 역할을 할 수 있다는 것이 제안되었다. CP 변환은 입자와 반입자를 교환하는 변환이어서(스핀 1/2 입자의 반입자는 전하와 더불어 손지기(왼손−오른손)도 반대여서 CP 변환을 해야 반입자 상태가 된다.) CP 대칭성은 입자와 반입자 간의 대칭성이다. 따라서 모든 상호 작용이 CP 대칭성을 가진다면 입자와 반입자는 정확하게 같은 성질을 가져야 한다.

1964년 미국의 물리학자 제임스 크로닌James Cronin(1931~2016)과 밸 피치Val Fitch(1923~2015)는 K^0 중간자에 대해 연구하는 과정에서 약한 상호 작용이 CP 대칭성도 (아주 약하게) 위반한다는 것을 발견했다. 이들은 이 발견으로 1980년 노벨물리학상을 수상했다. 이 과정을 이해하려면 먼저 K^0

중간자를 자세히 알아볼 필요가 있다.

K^0 중간자는 전하는 0이지만 기묘도를 가지고 있어서 그 반대의 기묘도를 가진 반입자인 $\overline{K^0}$가 존재해야 한다. 그런데 기묘도만 반대이고 다른 모든 것은 같은 입자-반입자 관계인 두 종류의 중성 K 중간자가 존재한다는 것을 어떻게 실험으로 확인할 수 있을까? K^0와 $\overline{K^0}$ 모두 약한 상호 작용을 통해서만 붕괴하고, 약한 상호 작용은 기묘도를 보존하지 않으므로 붕괴로 나온 입자들의 기묘도에서 이를 확인할 수는 없다. 반면 K^0와 $\overline{K^0}$는 약한 상호 작용을 통해 서로 전환될 수 있고, 이것 때문에 두 중간자 사이에 섞임mixing과 진동oscillation이 존재하는데, 이는 실험을 통해서 확인할 수 있다.

두 입자의 섞임과 진동을 이해하는 데는 양자 역학적 사고가 필요하다. K^0와 $\overline{K^0}$를 기술하는 해밀토니안에는 강한 상호 작용과 약한 상호 작용이 기여하는데, K^0와 $\overline{K^0}$는 강한 상호 작용의 고유 상태이므로 K^0와 $\overline{K^0}$ 상태를 기저 상태로 잡으면 중성 케이온들의 해밀토니안은 강한 상호 작용이 결정하는 질량(M)과 약한 상호 작용이 결정하는 작은 크기의 전이폭(Δ)으로 구성된 다음 행렬로 쓸 수 있다.

$$H=\begin{pmatrix} M & \Delta \\ \Delta & M \end{pmatrix}$$

만약 약한 상호 작용이 CP 대칭성이 있다면 전이폭(Δ)은 실수가 된다. 이 해밀토니안의 에너지 고유 상태는 $|K_1\rangle=(|K^0\rangle+|\overline{K^0}\rangle)/\sqrt{2}$와 $|K_2\rangle=(|K^0\rangle+|\overline{K^0}\rangle)/\sqrt{2}$이고 에너지 고윳값은 각각 $M+\Delta$와 $M-\Delta$이고 $|K_1\rangle$은 $CP=+1$인 상태이고 $|K_2\rangle$은 $CP=-1$인 상태다. 가속기에서 K^0 입자가 만들어지면 이것은 에너지 고유 상태인 $|K_1\rangle$과 $|K_2\rangle$의 중첩 상태이고 둘의 에너

지 고윳값이 다르므로 다른 진동수를 가지고 시간 진화를 하게 된다. 따라서 시간이 지나면 $|K_1\rangle$과 $|K_2\rangle$의 상대적인 위상이 바뀌면서 $|K^0\rangle$ 상태였던 것이 $|\overline{K^0}\rangle$ 상태로 바뀌었다가 다시 $|K^0\rangle$ 상태로 돌아오는 것이 반복되는 진동 현상이 일어나게 된다. 실제로 진동 현상이 일어나서 K^0 입자가 $\overline{K^0}$로 바뀌는 것은 K^0 입자 빔을 써서 확인할 수 있다. 중성 케이온 입자가 렙톤으로 붕괴할 때 K^0 입자는 전자로 붕괴하고 $\overline{K^0}$ 입자는 양전자로 붕괴하는데, K^0 빔이 이동한 거리에 따라서 렙톤 붕괴 양상이 이런 식으로 달라지는 것을 볼 수 있다. 이를 통해 전이폭(Δ)의 크기를 구할 수 있는데, $10^{-15}M$ 정도로 매우 작은 것으로 나타났다.

중성 케이온의 주 붕괴 양상은 파이온들로 붕괴하는 것인데, $CP=+1$인 $|K_1\rangle$은 역시 $CP=+1$인 두 개의 파이온들로 붕괴하고, $CP=-1$인 $|K_2\rangle$는 $CP=-1$인 세 개의 파이온들로 붕괴한다. 그런데 중성 케이온의 질량이 세 개의 파이온 질량과 거의 비슷해서 $|K_2\rangle$의 붕괴는 $|K_1\rangle$의 붕괴에 비해서 매우(약 600배) 느리게 일어난다. 이 사실을 나타내기 위해서 붕괴 수명이 짧은 $|K_1\rangle$은 $|K_S\rangle$(K short)로 붕괴 수명이 긴 $|K_2\rangle$는 $|K_L\rangle$(K long)으로 바꾸어 쓴다.

이 사실 역시 K^0 빔을 통해서 드러나는데, $|K^0\rangle$ 상태는 $|K_S\rangle$와 $|K_L\rangle$이 섞여 있으므로 빔의 이동 거리가 작을 때는 빠르게 붕괴하는 두 파이온들로 붕괴가 주로 관찰되고, 충분한 거리를 지나면 $|K_S\rangle$ 성분은 빠른 붕괴로 다 사라지고 $|K_L\rangle$ 성분만이 남아 세 개의 파이온으로 붕괴하는 것만 발견된다.

그런데 이렇게 $|K_L\rangle$ 성분만 남은 빔을 물질에 통과시키면 $|K_S\rangle$ 성분이 다시 생겨나는 재미있는 현상이 발견된다. 이는 $|K_L\rangle$ 상태는 $|K^0\rangle$ 상태와 $|\overline{K^0}\rangle$ 상태의 중첩 상태인데, 물질 속에서 $|K^0\rangle$와 $|\overline{K^0}\rangle$의 약한 상호 작용의 정도가 달라 상대적인 위상도 달라지면서 $|K_S\rangle$ 성분이 다시 생겨나기 때문

에 재발생regeneration이라 한다.

중성 케이온과 관련된 발견 중 가장 중요한 것은 CP 대칭성 위반을 발견한 것이다. K^0 빔이 충분한 거리를 이동하면 결국 $|K_L\rangle$ 성분만 남게 되는데, 이 $|K_L\rangle$은 같은 $CP=-1$인 파이온 세 개로 붕괴한다. 그런데 $|K_L\rangle$ 성분만 남았음에도 드물게 $CP=+1$인 파이온 두 개로 붕괴하는 것을 크로닌과 피치가 발견한 것이다. 약한 상호 작용의 CP 대칭성 위반이 있다면 이제 $|K_L\rangle$은 $|K_2\rangle$ 상태에서 조금 달라져서 아주 작은 $|K_1\rangle$ 성분을 가져야 한다 ($|K_L\rangle=|K_2\rangle+\epsilon|K_1\rangle$).

이 발견으로 약한 상호 작용에서 어떻게 CP 대칭성 위반이 일어나게 되는지를 밝혀야 하는데, 현재까지의 중성 케이온과 중성 B 중간자에서 드러난 CP 대칭성 위반은 CKM 행렬로 잘 설명되고 있다(5장 '입자물리 표준 모형' 참조). 또한 CP 대칭성 위반은 우주론에서 바리온 비대칭성을 설명하는데 꼭 필요한 요소다(6장 '바리온 비대칭성과 바리온 창조' 참조). 현재 CKM 행렬에 의한 CP 대칭성 위반은 바리온 창조에 필요한 크기에는 못 미치는 것으로 드러났다. 따라서 CP 대칭성 위반과 관련된 새로운 발견이 절실하다.

작은 세계를 들여다보는 현미경-가속기

1950년대부터는 가속기가 등장함에 따라 가속된 입자(양성자나 α 입자)를 목표물(양성자 또는 핵)에 충돌시켰을 때 만들어지는 입자들 속에서 많은 새로운 입자들을 발견하게 된다. 가속기accelerator는 전기장과 자기장을 이용하여 전하를 띤 입자를 가속하는 장치로, 우리가 원자보다 더 작은 세계를 들여다볼 수 있는 창의 역할을 한다.

작은 세계는 큰 세계를 단순히 축소해 놓은 세계가 아니다. 근본 입자들을 찾아서 더 작은 세계로 들어갈수록 우리는 새로운 현상과 원리에 맞닥뜨리게 된다. 원자 크기에 이르면 양자 역학의 원리가 적용되고, 원자핵의 크기에 이르면 큰 세계에서는 몰랐던 새로운 힘들이 나타난다.

이렇게 작은 세상에서는 양자 역학과 특수 상대성이 서로 얽혀 있고, 우리는 그 원리들이 적용되는 것을 피해갈 수 없다. 근본 입자의 세계는 파고들수록 크기가 작아지고, 불확정성 원리에 의해 관련된 에너지는 점점 커진다. 따라서 어느 크기 이하로 접어들면 에너지는 질량보다 커지고, 그 에너지가 질량으로 전환되어 새로운 입자들이 만들어지는 특수 상대론적인 상황을 피해갈 수 없다. 그리고 이 새로운 입자들이 따르는 물리 법칙들이 드러난다(컬러 그림 12 참조).

작은 세계를 들여다보기 위해서는 우리가 치러야 할 피해갈 수 없는 대가가 있다는 것을 양자 역학의 원리가 말해 준다. 아주 작은 세계를 들여다보기 위해서는 아주 큰 에너지가 필요하다. 크기(Δx)를 줄이기 위해서는 운동량(Δp) 또는 에너지(ΔE)가 커져야 한다. 예를 들어 핵 에너지는 화학 에너지에 비해 원자와 핵 크기 비의 역수인 10만 배 크다. 원자핵보다 훨씬 더 작은 세계를 들여다보려면 이보다 더 큰 에너지를 가진 입자가 필요한데, 어떻게 이런 큰 에너지를 가진 입자를 만들 수 있을까?

전하를 띤 입자는 전기장에 의해 가속되어 에너지를 얻는다. 전하 q인 입자를 전위 차 V로 (균일한 전기장 E가 거리 d의 공간에 존재하면 전위 차는 $V=Ed$가 된다) 가속하면 qV의 운동 에너지를 얻게 된다.● 따라서 전기장으로 가속해서 큰 에너지를 얻기 위해서는 높은 전위 차가 필요하다.

그런데 최대로 높일 수 있는 전위 차에는 한계가 있기 때문에, 가능한 최대 전위 차에서 반복적으로 가속해서 더 높은 에너지를 얻는 방법을 쓰

● 1eV(electron volt)는 전자나 양성자를 1V의 전위 차로 가속했을 때 얻는 에너지다.

게 된다. 가장 간단한 방법은 각 가속 구간을 일직선으로 이어 붙이는 것인데, 얻으려는 에너지가 클수록 비례해 가속기의 길이가 길어지고 비용이 늘어나는 단점이 있다. 그래서 작은 공간에 입자를 가둬 놓고 반복적으로 가속하는 방법들을 개발하게 되는데, 가속된 입자를 공간 안에 가두는 기본적인 방법으로 전하를 띤 입자는 자기장에서 휘어진다(원운동을 한다)는 것을 이용한다. 가속된 입자의 에너지가 더 커질수록 더 강력한 자기장이 필요해져서, 가속기에서 얻을 수 있는 최대 에너지는 자기장의 크기와 공간의 크기에 의해 제한이 된다(컬러 그림 14 참조).

원형 궤도를 돌며 입자를 반복적으로 가속하는 장치는 어니스트 로렌스Ernest Lawrence(1901~1958)가 사이클로트론을 만든 것이 시작이다. 입자의 속력이 빛의 속력보다 충분히 느리면 일정한 자기장에서 원궤도를 도는 주기가 궤도의 반지름과 무관하다는($T=2\pi m/qB$) 사실을 이용하여 이 주기에 맞춰 전기장의 방향을 역전시켜 반복적으로 가속하는 것이 사이클로트론의 원리다. 입자의 속력이 빛의 속력에 가까워지면 사이클로트론의 원리는 맞지 않게 되어 가속할 수 있는 에너지에 한계가 있지만, 사이클로트론은 지금도 방사성 동위원소의 생산이 필요한 의료기 등에서 활용되고 있다.

더 작은 세계를 보기 위해 더 높은 에너지가 필요하고 이에 따라 가속기의 크기는 계속 커져 왔는데, 이런 거대 가속기의 대부분은 싱크로트론synchrotron이다. 싱크로트론은 (원형) 고리를 형성하는 작은 관을 따라 전기장으로 입자를 가속하는 장치와 자기장으로 입자의 궤도를 바꿔 주는 장치를 반복해서 설치하고, 입자의 가속에 맞춰 전기장과 자기장의 주기를 맞춰줌으로써 반복적으로 가속이 가능하도록 한 가속기다.

입자물리학 연구에 가속기를 사용하게 되면서 새로운 입자의 발견이 이어지게 된다. 가속된 입자의 에너지가 커질수록 더 많은 새로운 입자들

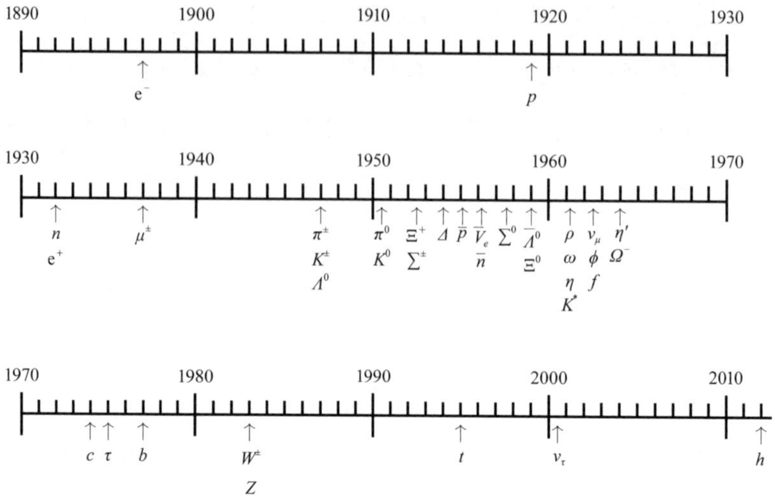

그림 104 소립자 발견 연표. 1930~1940년대에는 우주선에서 새로운 입자들이 발견되었다. 1950년대부터는 가속기의 등장으로 많은 새로운 입자들이 발견되었다.

이 쏟아져 나왔다. 우주선에서 먼저 발견이 되었던 파이온과 케이온들도 1940년대 후반부터 가속기에서 만들 수 있게 되면서 이 입자들에 대한 본격적인 연구가 이루어질 수 있었다. 가속기에서 발견된 최초의 새로운 입자는 중성 파이온이다. 이어서 1955년에는 양성자의 반입자인 반양성자가, 1956년에 중성자의 반입자인 반중성자가 가속기를 통해서 발견됨에 따라 모든 입자에는 반입자가 존재함이 확립되었다.

1950년대 후반부터 1960년대 초까지 입자 가속기에서 다양한 중간자와 중입자들이 발견이 되면서 입자물리학은 혼란의 시대로 접어들게 되었다(그림 104). 뮤온, 파이온, 케이온 등이 새로 발견됐을 때에는 이 입자들이 모두 근본 입자인 것으로 받아들여졌는데, 새로운 입자들의 수가 너무 많아지면서 사람들은 회의적으로 변했다. 근본 입자라고 하기는 입자의 수가 너무 많은 것 아닌가? 이에 따라 일단 새로 발견된 입자들을 체계적으로 정리할 필요가 있었다.

19세기 초에 원자설이 제시된 이후 새로운 원소들의 발견이 이어지면서, 그 특성을 바탕으로 많은 수의 원소들을 체계적으로 정리할 필요가 생겼고, 그 결과 주기율표가 얻어졌다. 주기율표는 원자를 구성하는 근본 입자인 핵과 전자로부터 양자 역학을 통해 원자를 이해하는 기초 자료가 되었다. 이와 같은 과정이 새로 발견된 많은 입자들에도 필요하게 된 것이다.

소립자 동물원

먼저 입자들을 특수 상대성과 양자장론의 관점에서 구분하는 기준은 입자의 질량과 스핀이다. 처음에 사용했던 분류는 질량을 기준으로 한 것이다. 전자와 같이 가벼운 입자는 렙톤(경입자), 핵자(양성자와 중성자)와 그보다 더 무거운 입자는 바리온(중입자)이라 하고 전자와 핵자 중간의 질량을 가진 입자는 중간자라 불렀다. 이 기준에 따르면 뮤온도 중간자로 분류되어 뮤 중간자라 불렸었다.

그러나 질량과 더불어 입자의 스핀과 상호 작용의 형태를 같이 고려하여 분류하는 것이 더 유익한 것으로 드러났다. 그래서 강한 상호 작용을 하는 입자는 하드론(강입자), 강한 상호 작용을 하지 않는 입자는 렙톤lepton으로 분류하게 되었다. 렙톤의 대표 격인 전자가 강한 상호 작용을 하지 않으므로 강한 상호 작용을 하지 않는 입자를 질량에 관계없이 렙톤으로 부르게 된 것이고, 이에 따라 뮤온은 중간자에서 렙톤으로 분류가 바뀌었다. 또한 약한 상호 작용에만 관여하는 중성미자도 렙톤으로 분류되었다. 알려진 모든 렙톤은 스핀이 1/2이고, 현재도 기본 입자로 받아들여진다. 강입자에는 이전의 분류인 중입자와 중간자가 있는데, 중입자는 스핀이 1/2로 페르미온이고 중간자는 스핀이 0으로 보손이었기 때문에 나중에는 강입자 중

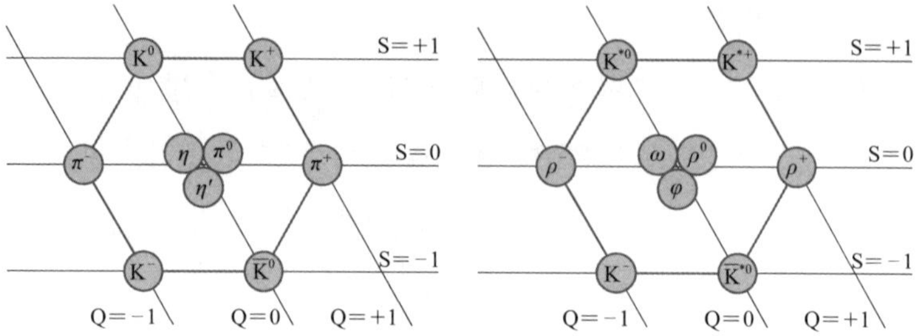

그림 105 유사 스칼라(스핀 0) 중간자(왼쪽). 벡터(스핀 1) 중간자(오른쪽).

반정수 스핀을 갖는 페르미온은 모두 중입자, 정수 스핀을 갖는 보손은 모두 중간자로 부르게 되었다.

강입자인 중간자와 중입자를 스핀과 반전성으로 분류하면 유사 스칼라(스핀 0, 반전성 −1) 중간자, 벡터(스핀 1, 반전성 −1) 중간자, 스핀 1/2 중입자, 스핀 3/2 중입자 등으로 분류가 된다. 1960년 초까지 새로 발견된 입자들을 포함한 강입자들을 이렇게 분류해 보면 질량이 비슷한 8개 또는 10개의 집단으로 묶을 수 있다. 각 집단의 입자들을 아이소스핀(또는 전하)과 기묘도 값에 따라 2차원 도표로 나열해 보면 그림 105에 있는 육각형과 삼각형의 배열을 얻을 수 있었다.

이 배열이 의미하는 것은 무엇일까? 만약 새로 발견된 많은 강입자들이 근본 입자들이 아니고, 어떤 근본 입자들로 구성된 합성 입자라면 이 배열을 이해하는 것이 근본 입자들의 정체를 밝혀내는 첫 단계가 될 것이다. 강입자들의 합성이 강한 상호 작용에 의해 일어나는 것이라면, 이 배열의 형성은 강한 상호 작용이 가진 대칭성과 연결된 것이라고 생각할 수 있다.

핵력은 양성자와 중성자에 대해 동일한데, 이를 표현한 것이 하이젠베르크가 제안한 아이소스핀 대칭성이다. 아이소스핀의 대칭성군은 스핀의 대칭성군과 같은 $SU(2)$이고 양성자와 중성자는 동일한 입자인 핵자의 아이소스핀이 +1/2인 상태와 −1/2로 아이소스핀 1/2 표현을 구성한다. 핵력을 파이 중간자의 교환으로 설명할 때도 아이소스핀 대칭성이 중요한 역할을 한다. 아이소스핀 1/2 표현이고 스핀 1/2인 핵자와 스핀이 0인 파이 중간자의 상호 작용이 아이소스핀 대칭성을 가지려면 파이 중간자는 π^+, π^0, π^-의 세 입자가 있어서 아이소스핀이 1인 표현을 구성해야 한다. 이 상황을 군론의 언어로 표현하면 핵력은 $SU(2)$의 아이소스핀 대칭성이 있고, 양성자와 중성자는 아이소스핀 1/2(2) 표현(괄호 안의 숫자는 표현의 차원을 나타낸다)을 구성하고 파이온들은 아이소스핀 1(3) 표현을 구성한다. 중입자는 양성자와 중성자 두 개에서 기묘한 중입자들이 들어와 여덟 개로 확장되었고, 중간자는 파이온들 세 개에서 기묘한 중간자들이 들어와 여덟 개로 확장되었다. 이 배열들은 강한 상호 작용이 아이소스핀 대칭성에 기묘도를 넣어 확장된 대칭성을 가진 결과로 볼 수 있고, 따라서 각 배열들은 이렇게 확장된 대칭성군의 한 표현이 되어야 한다. 그림에 나타나는 표현들의 차원은 1, 8, 10인데, 이런 차원의 표현들을 갖는 대칭성군은 바로 $SU(3)$군이었다.

맛깔과 색깔

강입자들이 보이는 $SU(3)$ 대칭성을 자연스럽게 구현하는 방법으로 미국의 물리학자 머리 겔만과 조지 츠바이크George Zweig(1937~)는 1964년에 강입자들은 세 종류의 쿼크들의 합성으로 만들어진다는 쿼크 모형을 각기 독립적으로 제안했다.●

● 쿼크라는 이름은 겔만이 제임스 조이스James Joyce의 소설 《피네간의 경야Finnegans Wake》에서 따온 것이다. 츠바이크는 에이스ace란 이름을 붙였지만 쿼크와의 명칭 경쟁에서 졌다.

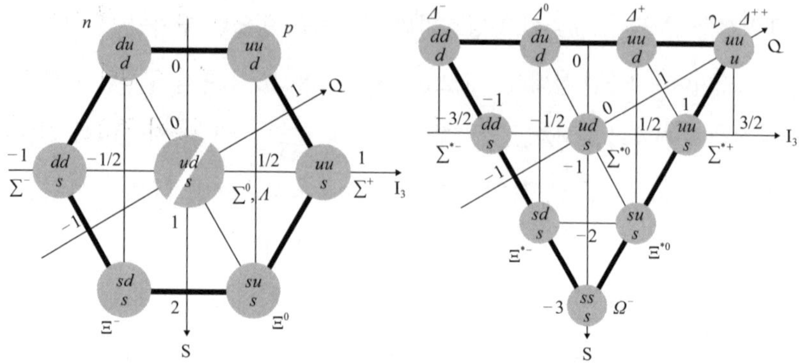

그림 106 스핀 1/2 중입자의 쿼크 조성(왼쪽)과 스핀 3/2 중입자의 쿼크 조성(오른쪽).

쿼크quark들은 스핀이 1/2인 페르미온들로 (u, d, s)로 세 종류가 있어서 $SU(3)$ 대칭성군에 대해서는 기본(3) 표현이 되고, 그 반입자인 반쿼크antiquark인 $(\bar{u}, \bar{d}, \bar{s})$는 기본 표현의 복소켤레($\bar{3}$) 표현이 된다. 각 쿼크의 명칭은 위up, 아래down, 기묘strange로 붙였는데, 이것을 쿼크의 맛깔flavor이라 한다. 위와 아래라는 명칭은 위(u) 쿼크와 아래(d) 쿼크가 아이소스핀의 위(+1/2), 아래(−1/2) 성분이어서 붙은 이름이고, 기묘(s) 쿼크는 기묘도를 주는 쿼크이기에 붙은 이름이다.

강입자들의 전하는 모두 기본 전하(e)의 정수배이지만 이것을 쿼크들의 조합으로 설명하려면 각 쿼크가 가진 전하는 위 쿼크는 $+2e/3$, 아래 쿼크와 기묘 쿼크는 $-e/3$이 되어야 한다. 중간자와 중입자는 쿼크와 반쿼크들의 합성(속박 상태)으로 만들어지는데, 중간자는 쿼크와 반쿼크로 되어 있고 중입자는 세 개의 쿼크들로 되어 있다. 쿼크들의 합성으로 만들어질 수 있는 강입자들의 스펙트럼(표현)을 알아내는 데 대칭성군과 그 표현, 그리고 표현들의 텐서곱을 분해했을 때 어떤 기약 표현들이 나오는지를 안다면 유용하다.●

먼저 중간자부터 살펴보면 우선 스핀은 쿼크와 반쿼크의 1/2 두 개가 더해지므로 0과 1이 가능하다. 스핀이 0인 것이 유사 스칼라 중간자이고 스핀이 1인 것은 벡터 중간자가 된다. 맛깔 $SU(3)$ 대칭성군에 대해 쿼크는 3 반쿼크는 $\bar{3}$ 표현이어서 둘을 조합하면 8차원과 1차원 두 개의 표현이 나오는데($SU(3)$의 기본 표현 3과 그 복소켤레 표현 $\bar{3}$의 텐서곱은 $3\times\bar{3}=8+1$로 분해된다), 유사 스칼라 중간자와 벡터 중간자 모두 이 구조를 잘 보여 주고 있다. 그림 105에서 η'과 φ는 1 표현에 해당하는 입자들이고, 나머지 입자들이 8 표현을 구성한다. 중입자는 쿼크 세 개의 합성이어서 스핀과 $SU(3)$ 대칭성을 따지는 것이 조금 더 복잡하다. 우선 스핀 1/2 세 개를 더하면 가능한 스핀은 1/2과 3/2으로 스핀 1/2 중입자와 스핀 3/2 중입자와 맞아 떨어진다. 다음으로 맛깔 $SU(3)$의 3 표현을 세 개 곱했을 때 나오는 기약 표현은 1, 8, 10이 있는데(기본 표현 3의 텐서곱은 $3\times3\times3=10+8+8+1$로 분해된다), 스핀 1/2 중입자의 8과 스핀 3/2 중입자의 10과 맞아떨어진다. 따라서 세 쿼크의 합성으로 중입자들의 스펙트럼을 설명할 수 있을 것이다.

하지만 중입자에 대해서는 좀 더 정교해질 필요가 있는데, 쿼크들은 페르미온들이므로 모든 상태는 동일한 쿼크들의 교환에 대해 반대칭이어야 하기 때문이다. 그런데 스핀과 맛깔을 모두 고려하여 동일한 입자 교환에 대하여 반대칭이 되는 표현은 10(1/2)(괄호 안은 스핀)밖에 없어서 두 중입자 집단을 설명할 수 없는 반면, 대칭이 되는 표현은 10(3/2)+8(1/2)로 두 중입자 집단과 딱 맞아떨어진다.

이 문제는 1964년 미국의 물리학자 오스카 그린버그Oscar Greenberg

● 5장 '대칭성, 군과 표현' 참조. 군의 표현을 합성하는 것이 텐서곱을 하는 것이고, 텐서곱은 기약 표현들로 분해될 수 있다.

(1932~)가 Δ^{++} 입자는 동일한 u쿼크 3개로 되어 있고 스핀이 3/2이어서 동일한 입자 교환에 대해 반대칭이 될 수 없다는 것을 지적하면서 알려졌고, 양자 역학의 기본 원리 중 하나인 파울리 배타 원리에 위배되므로 심각하게 받아들여야 했다. 이 문제를 해결하기 위해 같은 해에 한국인 물리학자 한무영(1934~2016)과 일본의 물리학자 난부 요이치로南部陽一郎(1921~2015)가 맛깔과는 독립적인 새로운 양자수인 색깔color를 도입하는 것을 제안했다. 이는 각 맛깔의 쿼크에 다시 세 종류의 다른 색을 갖는 쿼크들이 있고, 이들이 새로운 색깔 $SU(3)$ 대칭성군의 기본 표현(3)이 된다는 것이다. 색깔이라고 이름을 붙인 것은 세 종류를 쿼크를 빛의 3원색에 비유한 것으로, 한 맛깔의 쿼크를 예로 들면 (u_R, u_G, u_B)와 같이 쓰고 각각 적, 녹, 청 쿼크라 부른다.

맛깔 대칭성과 색깔 대칭성을 구분하기 위해 앞의 것은 $SU(3)_F$로 쓰고 뒤에 것은 $SU(3)_C$로 쓴다. 중입자는 세 쿼크의 색깔 조합이 서로의 교환에 대해 반대칭이 되도록 조합한 것으로 앞서 텐서곱의 분해($3\times3\times3=10+8+8+1$)에서 1 표현에 해당하고, 나머지 스핀과 맛깔에 대해서는 대칭이 되도록 한 것이다. 그러면 스핀 1/2 중입자와 스핀 3/2 중입자 집단을 잘 설명할 수 있다.

물론 의문은 남아 있다. 색깔 대칭성에 대해서는 왜 반대칭인 상태만 허용되는가를 설명해야 한다. 똑같은 질문은 중간자 집단에 대해서도 할 수 있는데, 중간자는 쿼크와 반쿼크의 조합이므로 색깔의 표현은 1과 8이 가능하지만($3\times\bar{3}=8+1$), 중간자 집단들의 입자 수는 이미 맛깔의 표현으로 잘 설명이 되므로 색깔의 표현은 역시 1 표현이어야 한다. 따라서 중간자와 중입자를 모두 설명하기 위해서는 쿼크들의 색깔 조합은 외톨이singlet 표현, 즉 1 표현만 허용된다고 하면 된다. 색깔이라는 대칭성의 이름에 맞춰 표현하면 강입자는 색깔이 있는 쿼크들의 조합으로 만들어지지만 우리가 볼 수 있는 물리적 상태는 색깔이 없는 상태만 허용된다고 할 수 있다.

쿼크가 가지는 맛깔 대칭성과 색깔 대칭성의 본질은 무엇일까? 맛깔 대칭성과 색깔 대칭성은 같은 대칭성군 $SU(3)$를 가지고 있지만, 겉으로 드러나는 모습은 완전히 다르다. 맛깔 대칭성은 각 맛깔에 해당하는 입자들이 표현에 반영되어 나타나지만, 색깔 대칭성은 각 색깔에 해당하는 입자는 관찰이 되지 않고 색깔이 없는 입자만 허용된다. 이와 관련하여 쿼크 모형에는 사실 중대한 의문이 하나 있다. 쿼크들의 조합으로 강입자들은 잘 설명하지만, 왜 고립된 쿼크는 관찰이 되지 않을까 하는 것이다.

고립된 쿼크는 (전자 전하의) 분수 전하를 가지는데, 그런 입자들은 아직 관찰된 적이 없다. 색깔 대칭성은 이 의문을 풀어줄 단서를 갖고 있다. 색깔 대칭성은 색깔이 없는 상태만 허용하므로, 고립된 쿼크는 색깔이 있는 상태이기에 허용되지 않는다는 것이다.

고립된 쿼크를 관찰할 수 없음에도 불구하고 쿼크 모형을 실험적으로 확인할 수 있는 방법이 있을까? 쿼크의 존재는 1960년대 말 깊은 비탄성 산란deep inelastic scattering 실험으로 양성자 안에는 거의 속박되지 않고 자유롭게 돌아다니는 점 입자들의 존재가 드러나면서 받아들여지기 시작했다. 전자를 양성자에 충돌시키면 전자의 에너지가 낮을 때에는 양성자 전체가 전자를 산란시킨 결과가 나오지만, 전자의 에너지를 아주 높이면 양성자 전체가 아니라 부분 전하($\pm(1/3)e$ 또는 $\pm(2/3)e$)를 가진 점 입자에 산란된 것 같은 결과가 나온다. 이것은 양성자 속에 이런 점 입자들이 존재하고, 낮은 에너지에서 보면 이들이 강하게 속박되어 있는 것으로 보이지만, 높은 에너지에서는 자유 입자처럼 보인다는 것이다.

이 발견을 설명할 수 있는 좋은 방법은 쿼크들 사이의 상호 작용이 낮은 에너지에서는 강하고 높은 에너지로 갈수록 점점 약해지는 것이다. 1973년 미국의 물리학자 데이비드 그로스David Gross(1941~), 프랭크 윌첵Frank Wilczek(1951~), 휴 데이비드 폴리처Hugh David Politzer(1949~)가 $SU(n)$ 게이지 이론이 점근 자유성이라 부르는 이런 특성을 가진다는 것을 발견했다. 그렇다면 색깔 대칭성 $SU(3)_C$가 게이지 대치성이 돼서 쿼크들의 상호 작용을 준다면 쿼크 가둠, 점근 자유성 등 강한 상호 작용과 관련된 실험 결과들을 모두 설명할 수 있게 된다. 결국 쿼크들을 기본 표현으로 하는 $SU(3)_C$ 게이지 이론은 강한 상호 작용의 이론으로 받아들여졌고, 양자 색소 역학(quantum chromodynamics: QCD)으로 불리게 되었다.

맛깔 대칭성은 강한 상호 작용을 주는 색깔 (게이지) 대칭성이 쿼크의 맛깔과는 무관하기 때문에 나타나는 것이다. 쿼크 모형이 등장하던 당시에는 위, 아래, 기묘의 세 종류의 맛깔이 있었지만, 그 후 세 종류가 더 발견되어 현재 여섯 종류의 맛깔이 있다고 확인되었다. 겔만이 쿼크의 존재 세 가지를 제안한 후, 쿼크들의 전자기 상호 작용과 약한 상호 작용에 대한 모형들이 만들어지기 시작했는데, 미국의 물리학자 셸던 리 글래쇼Sheldon Lee Glashow(1932~) 등이 약한 상호 작용에서의 대칭성 때문에 네 번째 맛깔의 쿼크가 있을 것이라고 제안했다. 전자기약 상호 작용의 통합이 이루어진 후인 1970년대 초에 글래쇼, 이오아니스 일리오풀로스Ioannis Iliopoulos, 루차노 마이아니Luciano Maiani는 다른 이유(맛깔을 바꾸는 중성류의 작용이 거의 관찰이 안 되는 사실을 설명하기 위해)로 네 번째 맛깔 쿼크의 존재를 제안했다. 이 맛깔의 쿼크는 아래 쿼크의 질량만 다른 복제품이어야 한다. 이 쿼크는 1974년에 두 실험 그룹에 의해 독립적으로 발견되었고(J/ψ 입자라 이름이 붙은 이 쿼크와 그 반쿼크로 이루어진 중간자를 발견했다), 맵시charm 쿼크라 이름이 붙었다. 이로써 (위-아래)와 (기묘-맵시)가 짝을 이루는 두 가족 구조가 성립되었다.

한편 일본의 물리학자 고바야시 마코토小林誠(1944~)와 마스카와 도시히데益川敏英(1940~)는 표준 모형에서 *CP* 대칭성의 깨짐이 있기 위해서는 세 가족, 여섯 개의 쿼크가 필요함을 보였다. 1975년에는 세 번째 렙톤인 타우(τ)가 발견되어 세 번째 가족의 존재 가능성을 알렸다. 1977년에는 다섯 번째 맛깔의 쿼크인 바닥bottom 쿼크가 발견되었다. 바닥 쿼크의 발견으로 세 번째 가족의 짝이 되는 꼭대기top 쿼크의 존재가 확실시되었지만, 그 발견은 18년이나 지난 1995년에야 이루어졌다. 이렇게 꼭대기 쿼크의 발견에 오랜 시간이 걸린 것은, 꼭대기 쿼크가 예상보다 훨씬 큰 질량을 가지고 있어서 그것을 만들 수 있는 가속기 에너지에 도달하는 데 오래 걸렸기 때문이다. 다른 쿼크들에 비해서 꼭대기 쿼크만 왜 이렇게 질량이 큰가는(다른 관점에서는 꼭대기 쿼크에 비해 다른 쿼크들의 질량이 왜 이렇게 작은가는) 아직도 풀리지 않은 표준 모형의 수수께끼다.

유령 입자 중성미자

이제 마지막으로 유령 같은 입자인 중성미자neutrino에 대해 알아보자. 중성미자는 β 붕괴 과정에서 에너지, 운동량, 각운동량의 보존을 유지하기 위해 파울리가 도입한 스핀이 1/2이고 전하가 0인 입자였다. 약한 상호 작용에 의한 대부분의 붕괴에서 중성미자가 방출되지만, 중성미자는 전자기 상호 작용과 강한 상호 작용을 하지 않아서 검출하기가 어렵고, 그 존재를 확인하는 데 상당한 노력이 필요하다. 처음으로 중성미자의 검출에 성공한 실험은 1956년 미국의 물리학자 클라이드 코원과 프레데릭 라이너스의 실험으로, 핵반응기에서 나오는 반전자 중성미자($\bar{\nu}_e$, 전자 중성미자의 반입자)가 (커다란 물탱크 속의) 양성자(p)와 반응하여 중성자(n)와 양전자(e^+)를 만드는 반응($\bar{\nu}_e+p\rightarrow n+e^+$)을 본 것이다. 이 반응이 일어난 것을 확인하는 방법은 동시에 만들어진 중성자와 양전자를 검출하는 것으로, 양전자는 전자를 만나서 두 개의 γ선을 내고 중성자는 핵에 흡수되면서 γ선을 내므로 해당되는 에너지를 가진 세 개의 γ선이 동시에 검출되는지 여부를 통해 알 수 있었다.

전하를 띤 렙톤이 전자(e), 뮤온(μ), 타우(τ)의 세 종류가 있는 것에 맞춰서, 중성미자도 각 렙톤과 연결된 전자 중성미자(ν_e), 뮤온 중성미자(ν_μ), 타우 중성미자(ν_τ)의 세 종류가 있다. 이렇게 구별되는 다른 중성미자들이 존재한다는 것은 1962년 미국의 물리학자 레온 레더만Leon Lederman(1922~2018), 멜빈 슈바르츠Melvine Schwartz(1932~2006), 잭 스타인버거에 의해 뮤온 중성미자의 존재가 확인됨으로써 알려졌다. 이들이 밝힌 것은 뮤온의 붕괴에서 나오는 중성미자가 핵의 붕괴에서 나오는 중성미자와 구별된다는 것이었다. 가속기에서 나오는 양성자 빔을 물질에 쏘아 파이온 빔을 만들 수 있고, 이 빔의 파이온들은 곧 뮤온과 뮤온 중성미자로 붕괴해서 뮤온과 뮤온 중성미자가 섞인 빔이 만들어진다. 이 빔을 두꺼운 강철벽에 쏘면 뮤온은 통과하지 못하고 뮤온 중성미자만 통과해 뮤온 중성미자 빔이 남게 된다. 이 뮤온 중성미자 빔을 불꽃 상자 안에 놓인 알루미늄 판에 쏘면 핵과 반응해 뮤온을 생성하게 되는데, 불꽃 상자를 통해 이 뮤온을 검출함으로써 뮤온 중성미자의 존재를 확인할 수 있다. 만약 뮤온 붕괴에서 나온 뮤온 중성미자가 전자 중성미자와 같은 것이라면 불꽃 상자에서 전자도 검출되어야 하는데, 뮤온만 검출된다는 것은 이 둘이 서로 구별된다는 것을 뜻한다. 1975년에 세 번째 전하를 띤 렙톤인 타우(τ)가 발견되었을 때, 당연히 이 새로운 렙톤과 연결된 중성미자도 있을 것이라고 예상되었고, 여러 정황 증거들이 알려진 끝에 2000년에 페르미연구소의 DONuT(Direct Observation of Neutrino Tau) 실험에서 타우 중성미자(ν_τ)의 존재가 확인되었다.

중성미자는 검출 자체가 쉽지 않은 만큼, 그 성질을 밝히는 것도 쉽지 않다. 중성자의 β 붕괴($n \rightarrow p + e^{-} + \bar{\nu}_e$)에서 나오는 전자의 최대 에너지로부터 전자 중성미자의 질량을 간접적으로 추정할 수 있는데($m_{\nu e} < m_n - m_p - E_{e,\max}$) 오차 범위 내에서 0과 일치했다. 뮤온 중성미자의 질량에 대해서도 비슷한 상황이어서, 표준 모형이 형성되던 1970년대까지 중성미자는 질량이 없는 입자로 간주되었다. 그래서 표준 모형에서는 중성미자는 왼손 스피너만 (반입자인 반중성미자는 오른손 스피너만) 존재하고, 따라서 질량은 자동적으로 0이 되었다.

그렇지만 중성미자들이 아주 작지만 0이 아닌 질량을 가지고 있다는 증거들이 중성미자 진동neutrino oscillation 현상을 통해서 발견되었다. 첫 단서는 태양 중성미자 문제였다. 1960년대 후반부터 태양에서 나오는 전자 중성미자의 검출이 시도되었는데, 검출된 중성미자의 양이 표준 태양 모형이 예측하는 양보다 절반 또는 그 이하로 적었다. 이에 대한 설명으로 제안된 것이 중성미자 진동이다. 전자 중성미자와 뮤온 중성미자 사이에 섞임이 있으면 서로 전환될 수 있고, 태양에서 나온 전자 중성미자가 지구까지 오는 동안 진동에 의해 상당 부분 뮤온 중성미자로 전환되었기 때문에 검출된 전자 중성미자의 양이 예측보다 작을 수 있다는 것이다. 이 제안은 오랜 논란 끝에 2001년 서드베리 중성미자 관측소(Sudbury Neutrino Observatory: SNO)의 실험을 통해서 태양 중성미자의 전환에 대한 확실한 증거가 나오면서 받아들여졌다. 비슷한 시기에 대기 중성미자 문제도 제기되었다. 대기에는 우주선 입자들에 의해 만들어지는 중성미자들이 있는데, 이 중성미자들은 대부분 파이온의 붕괴($\pi^{\pm} \rightarrow \mu^{\pm} + \nu_{\mu}$)와 이어진 뮤온의 붕괴($\mu^{\pm} \rightarrow e^{\pm} + \nu_{\mu} + \nu_{e}$)에서 나온다. 따라서 뮤온 중성미자와 전자 중성미자의 비가 대략 2 : 1 정도 되어야 한다. 그런데 지구 반대편에서 만들어져서 지구를 관통해 오는 중성미자를 검출해 보면 뮤온 중성미자가 예측보다 적게 관측된다. 이에 대한 설명으로 제안된 것이 지구를 관통하는 동안 중성미자 진동에 의해서 뮤온 중성미자가 타우 중성미자로 전환된다는 것이었다.

일본의 슈퍼카미오칸데(Super-Kamiokande/スーパーカミオカンデ) 관측소는 지구를 관통해서 올라오는 중성미자에서 에너지와 관통 각도에 따른 뮤온 중성미자와 전자 중성미자의 비를 측정해서 뮤온 중성미자-타우 중성미자 전환에 대한 확실한 증거를 찾아낼 수 있었다.● 최근에는 핵반응기나 가속기에서 나오는 중성미자를 거리가 다른 몇 곳에서 검출해서 중성미자 진동에 의한 전환 여부를 확인하는 실험들이 진행 중이다. 이는 특히 전자 중성미자-타우 중성미자 간의 전환을 확인할 수 있어서 중요한데, 최근에 중국의 다야 베이Daya Bay 실험과 한국의 RENO(Reactor Experiment for Neutrino Oscilations) 실험에서 이 전환이 존재함을 확인했다. 중성미자 진동 현상은 이렇게 여러 실험을 통해 사실로 확립되었다. 중성미자 진동은 세 종의 중성미자들이 질량을 가지고 그 차이가 있기 때문에 나타나는 현상이므로, 이 실험들을 통해 중성미자 종들 간의 질량 차를 얻을 수 있다.

$$\Delta m_{21}^2 = \Delta m_{\mathrm{sol}}^2 = (7.53 \pm 0.18) \times 10^{-5}\,\mathrm{eV}^2$$
$$|\Delta m_{31}|^2 \simeq |\Delta m_{32}|^2 = \Delta m_{\mathrm{atm}}^2 = (2.44 \pm 0.66) \times 10^{-3}\,\mathrm{eV}^2$$

중성미자 진동 실험을 통해서는 질량 차만 알 수 있고, 질량의 절댓값을 알 수 없다. 어쨌든 현재의 입자물리 표준 모형은 근본적으로 중성미자의 질량을 설명할 수 없으므로 수정이 필요하다.

● 중성미자 진동의 존재를 확인한 공로로 가지타 다카아키梶田隆章(슈퍼카미오칸데 관측소)와 아서 맥도널드Arthur McDonald(서드베리 중성미자 관측소)는 2015년 노벨물리학상을 받았다.

7. 입자물리 표준 모형

물질을 구성하는 기본 입자는 여섯 종의 쿼크와 렙톤으로 밝혀졌다. 이제 이 기본 입자들을 묶어서 핵과 원자, 그리고 다양한 물질을 구성하게 만드는 상호 작용들에 대해 살펴보자. 상호 작용interaction의 고전적인 개념은 힘이었다. 뉴턴 역학에서 세상을 이해하는 방법이 힘과 운동인데, 힘은 운동을 일으키는 원인으로 작용한다. 일상생활에서 우리에게 친숙한 개념인 힘을 상호 작용과 거의 같은 의미로 받아들여도 크게 문제될 것은 없다. 다만 양자 역학에서 미시 세계를 이해하는 방법이 상호 작용과 전이 확률 진폭이므로 여기서는 상호 작용이라는 용어를 주로 쓰겠다. 현재까지 알려진 상호 작용들은 그 속성에 따라 중력, 전자기 상호 작용, 약한 상호 작용, 강한 상호 작용의 네 가지로 분류된다.

중력

중력gravitational interaction●은 네 가지 상호 작용들 중에서 가장 약하지만 가장 먼저 알려진 상호 작용이다. 중력은 상대적으로는 매우 약한 상호 작용임에도 우리 삶에 중요하게 작용하는 이유는 거리제곱에서 반비례해서 줄어드는 장거리 힘long-range force으로 항상 잡아당기는 인력만 존재해 물질이 축적되면 그에 비례해 커지는 중력의 속성 때문이다. 예를 들어 사람과 사람 사이에 작용하는 중력은 너무나 작아서 일상에서 전혀 영향이 없지만, 사람보다 훨씬 무거운 지구가 우리에게 작용하는 중력은 일상생활에 큰

● '중(력) 상호 작용'보다는 '중력'이라는 용어를 더 많이 쓰고 있어서 여기서도 중력이라고 부르겠다. 중력에서 양자 역학적 효과가 아직 관측되지 않았다는 것이 부분적인 이유라 본다.

영향을 끼친다. 같은 이유로 중력은 별과 행성의 운동, 은하의 형성, 우주의 진화에서 지배적인 역할을 하는 그야말로 우주를 지배하는 힘이다.

하지만 원자에서 쿼크에 이르는 미시 세계에서는 입자들 사이에 작용하는 중력이 다른 세 상호 작용들에 비해 너무나 미약하기 때문에 현재 입자물리 표준 모형에서는 중력은 고려의 대상에 포함되지 않았다. 그렇다고 미시 세계에서 완전히 중력을 무시할 수 있는 것은 아니다. 양자 역학의 원리에 의해 우리가 더 작은 세계로 들어갈수록 수반되는 에너지는 거리에 반비례해서($E \propto l^{-1}$) 커진다. 중력의 크기는 에너지 제곱($G_N E^2$)에 비례해서 커지므로 더 작은 거리로 갈수록 중력의 영향이 커지고 결국은 더 이상 무시할 수 없는 거리에 도달하게 되는데, 이 거리를 플랑크 거리($l_P = \sqrt{G_N} = 1.6 \times 10^{-35}$m)라 하고 이에 해당하는 에너지를 플랑크 에너지($M_P = l_P^{-1} = 1.2 \times 10^{28}$GeV)라 한다. 현재 입자물리학에서 중력을 무시할 수 있는 이유는 다루는 입자들의 에너지가 플랑크 에너지에 비해 너무 작기 때문이다. 입자들의 에너지가 플랑크 에너지에 도달하는 상황이 되면 중력이 상대적으로 중요해질 뿐만 아니라 중력에서 양자 역학적 효과도 중요해진다.

중력에 대한 최초의 이론은 뉴턴의 중력 법칙(만유인력 법칙)으로, 뉴턴은 운동 법칙에 중력 법칙을 더해 행성들의 운동을 완벽하게 설명했다(1장 '뉴턴의 운동 법칙과 중력 법칙' 참조). 20세기 특수 상대성의 등장에 따라 뉴턴의 중력 법칙은 아인슈타인의 일반 상대성으로 대치되었으며, 일반 상대성에서는 중력을 물질에 의한 시공간의 휘어짐으로 본다(3장 '시공간과 상대성' 참조). 일반적으로 일반 상대성의 효과는 작은 편이지만 무거운 천체로 갈수록 그 효과가 중요해져서 중성자별, 블랙홀 등 상대론적 천체나 우주를 다룰 때는 뉴턴 중력 대신 일반 상대성을 써야 정확한 결과를 얻으며, 현재의 표준 우주론 역시 일반 상대성에 기반을 두고 있다(6장 '팽창하는 우주' 참조). 블랙홀의 중심이나 빅뱅 우주의 시작같이 특이점이 생기는 영역에서는 입자들의 에너지가 플랑크 에너지까지 도달할 수 있고, 이 영역을 이해하는 데는 중력에 양자 역학의 원리를 적용한 양자 중력quantum gravity 이론이 필요하다. 전자기, 강한, 약한 상호 작용들은 스핀이 1인 게이지 입자의 교환으로 설명하는 게이지 이론이 대단한 성공을 거두었지만, 중력은 교환 입자의 스핀이 2이고, 이 입자에 의한 상호 작용은 양자화에 어려움이 있기에 양자 중력 이론의 완성은 아직 숙제로 남아 있다.

전자기 상호 작용

전자기 상호 작용electromagnetic interaction은 전하를 띤 입자들 사이에 작용하는 상호 작용이다. 우리의 몸이 전하를 띤 핵과 전자들의 전자기 상호 작용에 의해 유지되고 있기 때문에 전자기 상호 작용은 우리의 삶에서 가장 중요한 상호 작용이다. 전기와 자기는 서로 무관한 현상으로 알려져 있다가 19세기에 전기와 자기가 서로 연관된 여러 현상들의 발견을 통해 전자기로 통합되었으며 맥스웰 방정식으로 전자기 현상에 대한 (고전적인) 이론이 완성이 되었다(3장 '빛과 상대성' 참조). 맥스웰 방정식으로부터 전자기파의 존재가 알려졌고 빛이 전자기파임도 밝혀졌다. 그 후에 밝혀진 빛의 속성들은 20세기 위대한 두 발견의 발단이 되었다. 빛의 속력이 관찰자의 운동과 무관하다는 사실은 특수 상대성의 발단이 되었고, 빛이 파동성뿐만 아니라 입자성을 보인다는 사실은 양자 역학이 탄생하는 발단이 되었다. 특수 상대성과 양자 역학의 원리들을 동시에 적용해야 하는 전자기장의 양자화는 양자장론과 게이지 이론의 성립으로 이어졌다. 전자와 광자의 전자기 상호 작용을 기술하는 게이지장론인 양자 전기 역학은 전하를 띤 입자들이 게이지 보손인 광자를 교환함으로써 서로에게 전자기력을 작용한다는 해석을 내놓았고, 섭동론과 재규격화를 통한 정밀한 예측들이 실험으로 확인되면서 양자 전기 역학은 대성공을 거두었다(5장 '게이지 대칭성' 참조). 양자 전기 역학의 성공은 게이지 대칭성의 중요성을 보여 주었고, 이후 약한 상호 작용과 강한 상호 작용에 대한 이론 모두 확장된 게이지 대칭성을 원리로 해서 만들어지는 계기가 되었다. 전자기 상호 작용은 네 상호 작용들 중 우리의 삶에서 가장 지배적이면서 동시에 가장 정밀하게 이해하고 있는 상호 작용이라 할 수 있다.

약한 상호 작용

약한 상호 작용weak interaction은 핵의 β 붕괴를 일으키는 상호 작용이다. β 붕괴는 전자기 상호 작용이나 강한 상호 작용을 통해 일어난다고 보기에는 너무 긴 평균 수명들을 가지고 있어서 이들과는 다른 더 약한 새로운 상호 작용을 통해 일어나는 것으로 보였다(5장 '원자핵' 참조). β 붕괴에 대한 최초의 이론은 파울리가 중성미자의 존재를 제안한 후인 1933년에 페르미가 제안한 양성자－중성자－전자－중성미자의 4－페르미온 접촉 상호 작용이었다.• 페르미 이론은 낮은 에너지에서 일어나는 β 붕괴 현상을 잘 설명했지만, 양자장론의 관점에서는 재규격화가 되지 않기 때문에 근본적인 이론이 되기에는 한계가 분명했다.

전자기 상호 작용에 대한 게이지 이론인 양자 전기 역학이 성공을 거두면서 따라 약한 상호 작용도 게이지 보손의 교환으로 설명하려는 시도가 있었다. 약한 상호 작용이 네 페르미온들의 접촉 상호 작용으로도 잘 기술

● 불행히도 페르미의 논문은 너무 사변적이란 이유로 학술지 게재를 거절당했고, 이를 계기로 페르미는 이론물리학보다는 실험물리학에 더 집중하게 되었다.

이 되고 매우 약한 상호 작용으로 보이는 것은 이 상호 작용을 전달하는 게이지 보손은 질량을 가지고 있고, 그 질량이 양성자나 중성자의 질량에 비해 매우 크다는 것을 뜻했다. 그렇지만 게이지 보손에 질량을 부여하면 게이지 대칭성이 깨지면서 재규격화도 되지 않는 것으로 드러나서 페르미 이론이 가지고 있던 문제를 해결하지는 못했다.

한편 1956년에 리정다오와 양전닝은 약한 상호 작용이 전자기 상호 작용, 강한 상호 작용과 확연이 구별되는 속성을 가진 것을 발견했는데, 약한 상호 작용은 반전 대칭성을 위반한다는 것이었다. 이 사실은 1957년 우젠슝 등에 의해 실험으로 확인되었다. 강한 상호 작용과 전자기 상호 작용은 왼손 스피너와 오른손 스피너에 동일하게 작용하는데 비해, 약한 상호 작용은 왼손 스피너에만 작용하는 것으로 나타났고, 파인만과 겔만은 이를 반영하여 왼손 스피너만 약한 상호 작용에 참여하는 V−A 이론을 제안했다.

1960년대 초에 게이지 대칭성을 유지하면서 게이지 보손에 질량을 줄 수 있는 방법이 나타났는데, 그것은 바로 게이지 대칭성의 자발적 깨짐을 이용하는 것으로, 후에 힉스 메커니즘으로 불리게 되었다. 1968년에 글래쇼, 압두스 살람Abdus Salam(1926~1996), 스티븐 와인버그Steven Weinberg(1933~)가 전자기 상호 작용과 약한 상호 작용을 하나로 통합해서 설명하는 $SU(2)_L \times U(1)_Y$ 게이지 이론인 전자기약 이론을 제시했다. 이 이론에서는 $SU(2)_L \times U(1)_Y$ 게이지 대칭성이 자발적 깨짐을 통해 전자기 상호 작용을 주는 $U(1)_Y$ 게이지 대칭성은 그대로 유지되어 전자기 상호 작용을 전달하는 광자는 질량이 없지만, 나머지 세 개의 약한 보손(W^+, W^-, Z^0)은 힉스 메커니즘으로 질량을 얻고, 이들이 약한 상호 작용을 전달한다.

1972년에 네덜란드의 물리학자 마르티뉘스 펠트만Martinus Veltman (1931~)과 헤라르뒤스 엇호프트Gerard 't Hooft(1946~)가 전자기약 이론이

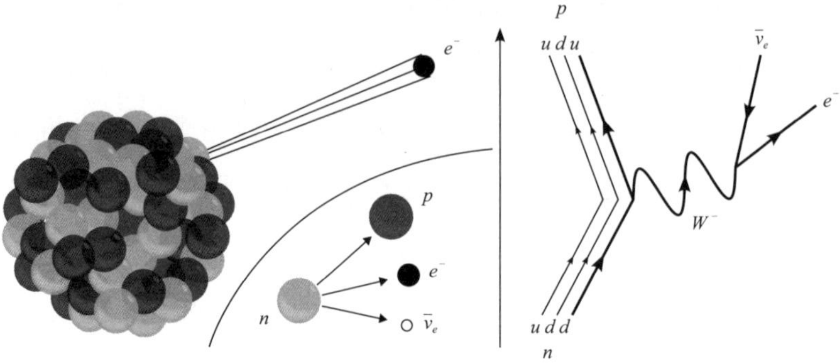

그림 107 핵의 β 붕괴와 중성자의 β 붕괴. β 붕괴는 약한 상호 작용으로 일어나고, 약한 상호 작용은 무거운 약한 보손이 전달한다.

재규격화가 가능하다는 것을 증명함에 따라 전자기약 이론은 입자물리 표준 모형이 탄생하는 토대가 되었다. 이 공로로 글래쇼, 살람, 와인버그는 1979년, 펠트만과 엇호프트는 1999년에 노벨물리학상을 수상했다. 약한 상호 작용을 전달하는 무거운 약한 보손 W^+와 W^-, 전자기약 이론이 예언한 새로운 중성 약한 보손 Z^0의 존재는 1983년 CERN의 양성자 가속기 Super Proton Synchrotron에서 UA1 실험과 UA2 실험을 통해 확인이 되었다. 그 공로로 이탈리아의 물리학자 카를로 루비아Carlo Rubbia(1934~)와 네덜란드의 물리학자 시몬 판 데르 메이르Simon van der Meer가 1984년 노벨물리학상을 받았다. 전자기약 이론의 성공은 전자기 상호 작용과 약한 상호 작용이 낮은 에너지에서는 매우 다른 상호 작용처럼 보이지만 입자들의 에너지가 약한 보손의 질량보다 커지면 본질적으로 같은 상호 작용이라는 것을 보여 주었다. 19세기에 전기와 자기가 맥스웰 방정식을 통해 하나로 통합된 것처럼 20세기에는 전자기 상호 작용과 약한 상호 작용이 전자기약 이론을 통해 하나로 통합된 것이다.

약한 상호 작용의 특징을 정리하면 다음과 같다. 첫 번째, 무거운 게이지 보손이 전달하는 힘의 작용 범위는 게이지 보손의 질량에 반비례하기 때문에 약력이 작용하는 범위는 $M_W^{-1} \sim 10^{-16 \sim -17}$m 정도로 핵의 크기보다도 훨씬 작다. 두 번째, 약한 상호 작용은 속박 상태를 만들지 못한다. 이것은 우주 스케일의 속박 상태를 만드는 중력, 원자 크기의 속박 상태를 만드는 전자기 상호 작용, 핵 크기의 속박 상태를 만드는 강한 상호 작용과 대비된다. 세 번째, 약한 상호 작용은 쿼크의 종을 바꿀 수 있는 유일한 상호 작용이다. 네 번째, 약한 상호 작용은 반전(P) 대칭성을 깬다. 또한 매우 작긴 하지만 전하짝×반전(CP) 대칭성을 완전히 깬다.

대칭성의 자발적 깨짐, 골드스톤 정리, 힉스 메커니즘

약한 보손이 질량을 얻게 되는 힉스 메커니즘에 대해 알아보자. 힉스 메커니즘을 이해하려면 먼저 대칭성의 자발적 깨짐spontaneous breaking of symmetry이 무엇인지 알아야 한다. 자연의 법칙을 보면 대칭성이 있는데 그 대칭성의 결과가 명확히 드러나지 않는 경우가 있다. 예를 들어 많은 원자들이 모여 물질을 형성할 때 각 원자들 사이의 상호 작용을 살펴보면 회전 대칭성이 있는데, 실제로 기체나 액체에서 회전 대칭성이 드러난다. 그런데 결정이 형성되면서 고체가 될 때는 원자들이 특정 방향으로 배열되면서 방향성이 생기고, 겉보기에는 회전 대칭성이 사라진 것으로 보인다. 기체나 액체에서 고체로 바뀌는 것이 상전이인데, 상전이 과정에서 대칭성에 변화가 일어나는 것처럼 보인다.

어떤 변화가 일어난 것인지를 비유적으로 알 수 있는 예를 들어 본다. 탄성이 있는 가는 철사를 수직으로 세워 놓고 위아래에서 동시에 누르는 상황을 생각해 보자. 작은 힘이 가해졌을 때, 철사가 일직선을 유지하면 그 직선을 축으로 하는 회전 대칭성을 가지고 있다. 그런데 가해지는 힘이 점점 커지면 어느 순간 철사는 어느 한 방향으로 (옆으로) 휘게 된다. 위아래로 가해진 힘 때문에 일직선을 유지하는 것보다 옆으로 휘어지는 것이 더 낮은 에너지 상태가 되는 것이다. 모든 방향이 같은 에너지를 가지고 있어서 어느 방향으로도 휘어질 수 있다. 그렇지만 어느 특정 방향으로 휘어진 철사를 본다면 회전 대칭성은 없는 것처럼 보인다. 회전 대칭성은 이제 완전히 사라진 것일까? 잘 살펴보면 회전 대칭성이 다른 방식으로 남아 있음을 알 수 있는데, 이는 철사를 일적선으로 되돌리는 데는 힘이 들지만 휘어진 방향을 옆으로 돌려서 다른 방향으로 바꾸는 데는 아무런 힘이 들지 않는다는 것에서 알 수 있다. 이렇게 물리 법칙은 대칭성을 가지고 있지만, (주어진 환경에 의해서) 가장 낮은 에너지 상태는 그 대칭성이 없는 것을 대칭성의 자발적 깨짐이라고 한다.

액체에서 고체로 바뀌는 상전이 과정에서도 비슷한 일이 일어난다. 온도가 높을 때에는 분자들이 무작위로 방향을 갖는 것이 자유 에너지가 작지만, 온도가 내려가면서 특정 방향으로 질서 있게 배열을 하는 것이 자유 에너지가 더 낮은 상태가 된다. 그런데 모든 배열의 방향은 동등하다. 철사와 마찬가지로 힘을 들이지 않고 배열의 방향을 바꿀 수 있을까? 이것은 안 된다. 철사와는 차이가 있는데, 철사는 휘는 방향이 하나의 자유도이지만 고체는 모든 분자의 방향이 자유도여서 엄청나게 큰 수의 자유도가 있고, 이것을 모두 다른 방향으로 바꾸는 데는 커다란 에너지 장벽을 넘어가야 한다. 그렇지만 일부 영역에서부터 조금씩 방향을 바꾸는 것에는 큰 에너지를 들이지 않고 할 수 있는데, 이는 배열된 분자들의 진동이 쉽게 전파되어 돌아다닐 수 있다는 것을 의미한다. 이 고체 격자의 파동은 다름 아닌 고체 내에서의 음파다. 이 음파는 파동이지만 입자의 성질도 가지는데, 작은 에너지로도 만들어져서 전파할 수 있다는 것의 실질적인 의미는 이 입자의 질량이 0이라는 것이다. 음파를 양자화하면 나타나는 입자를 음파 입자라는 뜻에서 포논phonon이라고 한다. 양자장론에서는 이렇게 연속 대칭성이 자발적으로 깨지는 경우 대칭성과 관련된 질량이 없는 입자가 나타나는데, 이 사실을 골드스톤 정리라 하고 그 입자를 골드스톤 보손Goldstone boson이라고 한다. 포논은 고체에서 회전 대칭성이 자발적으로 깨지면서 나타나는 골드스톤 보손인 것이다.

그런데 연속 대칭성이 게이지 대칭성인 경우 대칭성의 자발적 깨짐은 온곳 대칭성과는 다른 양상으로 나타난다. 질량이 없는 골드스톤 보손이 나타나지 않고, 대신 자발적으로 깨진 대칭성과 연결된 게이지 보손이 질량을 얻게 된다. 골드스톤 보손에 해당하는 자유도가 질량이 없는 게이지 보손의 자유도와 합쳐져 질량이 있는 게이지 보손이 나타나는 것이다. 이것을 힉스 메커니즘이라고 한다.

힉스 메커니즘에 대한 첫 언급은 1962년 미국의 물리학자 필립 워렌 앤더슨Philip Warren Anderson(1923~2020)이 초전도체에서 일어나는 자발적 대칭성의 깨짐과 관련하여 했다. 구체적으로 보면 게이지 대칭성의 자발적 깨짐의 결과로 게이지 보손이 질량을 얻는다는 사실은 1964년 로버트 브라우트Robert Brout(1928~2011)와 프랑수아 앙글레르François Englert(1932~), 피터 힉스Peter Higgs(1929~), 제럴드 구랄닉Gerald Guralnik(1936~2014)과 칼 리처드 하겐Carl Richard Hagen(1937~)과 톰 키블Tom Kibble(1932~2016)의 3개 팀이 독립적으로 제안했다. 힉스 메커니즘으로 약한 보손에 질량을 주어서 약한 상호 작용을 설명하는 제안은 1968년 와인버그와 살람이 독립적으로 하였고, 그 결과로 전자기약 상호 작용에 대한 이론이 만들어졌다.

게이지 대칭성의 자발적 깨짐은 스칼라장과 그 장에 진공 기대치vacuum expectation value를 주는 퍼텐셜을 도입해서 구현했다. 힉스는 이 과정에서 게

양자 색소 역학의 진공 상태와 강한 CP 문제

강한 상호 작용을 기술하는 양자 색소 역학을 포함해서 $SU(n)$ 게이지 이론은 단순하지 않은 진공 상태를 가지고 있다. 이 게이지 이론에는 에너지가 0이 되는 게이지장의 형태들 중에 위상적으로 단순하지 않은 게이지장의 형태들이 존재한다. 이것은 고전적인 의미의 진공 상태가 여럿 존재한다는 것을 말한다. 이런 게이지장 형태들은 폰트리아진 지수Pontryagin index라 부르는 정수 n으로 서로 구별할 수 있어서 해당하는 고전적인 진공 상태를 $|n\rangle$ 진공이라 한다. 이 $|n\rangle$ 진공 상태들 사이에는 유한한 에너지 장벽이 존재해서 고전적으로는 서로 구별되는 진공 상태이지만, 양자 역학적으로는 투과에 의한 전이가 일어날 수 있다. 이를 보여 주는 것이 서로 다른 두 $|n\rangle$ 진공을 연결하는 시간자instanton의 존재다.

양자 역학에 의하면 투과에 의한 전이가 있을 경우 진짜 진공 상태는 고전적인 $|n\rangle$ 진공들 중 특정한 하나가 아니라 $|n\rangle$ 진공들의 중첩 상태인 $\sum_{n=-\infty}^{n=+\infty} e^{i\theta n}|n\rangle$가 되는데, 이를 $|\theta\rangle$ 진공이라 하고, 매개 변수 θ의 값이 다르면 서로 전이가 불가능한 다른 진공 상태가 된다. 매개 변수 θ는 0과 2π 사이의 값을 가질 수 있는데, 그중 한 특정한 값을 가진 진공 상태가 우리 세계의 진공 상태로 선택된다. 그런데 이 θ 값이 0이 아니면 CP 대칭성 위반이 일어날 수 있다. 사실 게이지 이론의 라그랑지안을 적을 때 게이지장의 운동항으로 F^2과 $F\tilde{F}$ 이 둘이 가능한데, $F\tilde{F}$항은 고전적인 운동방정식을 바꾸지 않는 표면항이기 때문에 무시하고 F^2만을 썼다. $SU(n)$ 게이지군의 경우 단순하지 않은 진공 구조로 인해 $F\tilde{F}$을 무시할 수 없어서 $\theta F\tilde{F}$항을 반드시 포함해야 한다. 이 항의 계수 θ값을 바꾸는 것은 다른 $|\theta\rangle$ 진공을 선택하는 것과 같은 효과가 있다. 이 $\theta F\tilde{F}$항이 CP 대칭성을 위반하는 것이다.

표준 모형에서는 이 항과 동일한 CP 대칭성 위반이 유카와 상호 작용으로부터도 올 수 있다. 이것은 유카와 상호 작용의 결합 상수들이 일반적으로 복소수이고 왼손 스피너와 오른손 스피너에 다르게 결합하기 때문에 생기는 것으로 그 크기는 쿼크 질량 행렬의 행렬식의 위상($\theta_Y = \arg\det M_q$)으로 주어진다. 따라서 표준 모형에는 양자 색소 역학에 의한 기여와 유카와 상호 작용에 의한 기여가 합해져서 $\bar{\theta} = \theta_{QCD} + \theta_Y$의 크기를 갖는 $\bar{\theta} F\tilde{F}$에 의한 *CP* 대칭성 위반이 있게 된다.

CP 대칭성 위반에 의해 나타나는 대표적인 현상은 입자들이 전기쌍극자모멘트를 가진다는 것이다. 전기쌍극자모멘트는 반전(*P*) 대칭성과 시간-역전(*T*) 대칭성을 위반하고, 따라서 *CP* 대칭성을 위반한다. 전하가 없는 중성자는 전기쌍극자모멘트를 정밀하게 측정할 수 있는데, 현재 중성자 전기쌍극자모멘트의 측정 상한값은 $|d_n| < 2.9 \times 10^{-26} e\text{cm}$이다. 표준 모형에는 쿼크 섞임 행렬(CKM 행렬)에 의한 *CP* 대칭성 위반도 존재하는데, 이 CKM 위상이 주는 기여는 $|d_n| \sim 10^{-31} e$ cm로 현재의 상한값에 비해 무시할 수 있는 수준이다. 따라서 중성자 전기쌍극자모멘트의 측정 상한값은 바로 $\bar{\theta}$의 크기에 대한 상한을 주게 되고, 위의 측정값이 주는 상한값은 $\bar{\theta} < 10^{-10}$ 정도다. $\bar{\theta}$의 값이 이렇게 작다는 것은 문제가 된다. 이는 표준 모형이 *CP* 대칭성을 가지는 것이 아닌가 하는 의구심이 들게 한다. 그렇지만 표준 모형에는 CKM 위상에 의한 *CP* 대칭성 위반이 있다는 것이 실험으로 확인되어 있다. 따라서 *CP* 대칭성을 요구해서 간단히 $\theta_{QCD} = 0$과 $\theta_Y = 0$으로 놓는 것은 이 사실과 맞지 않는다. 결국 $\bar{\theta}$의 값이 작은 것은 θ_{QCD}와 θ_Y가 서로 기가 막히게 상쇄되어 그렇게 되었다고 볼 수 있는데, 문제는 기원이 전혀 다른 두 기여가 어떤 이유로 그렇게 정밀하게 상쇄될 수 있는가다. 이것을 강한 *CP* 문제strong CP problem라 한다.

이지 보손에 질량을 주기 위해 게이지 보손에 흡수되는 자유도 외에 하나 이상의 자유도가 남아서 스핀이 0이고 질량이 있는 보손도 있게 된다는 것을 발견했고, 이 입자는 나중에 힉스 보손으로 불리게 되었다. 힉스 보손은 2013년 CERN의 LHC(Large Hadron Collider) 실험에서 발견이 되었고, 2014년 힉스와 앙글레르가 힉스 메커니즘에 대한 공로로 노벨물리학상을 수상했다.

힉스 스칼라가 게이지 대칭성을 자발적으로 깨는 방법은 진공 상태에서 힉스 스칼라가 진공 기대치를 갖도록 퍼텐셜의 형태가 되어 있는 것이다. 표준 모형에서는 힉스 스칼라의 진공 기대치가 게이지 보손에 질량을 줄 뿐만 아니라 쿼크와 렙톤들에게도 유카와 상호 작용Yukawa interaction을 통해 질량을 준다. 그래서 힉스 입자는 물질에 질량을 주는 입자로 자주 언급된다. 사실 여기에는 함정이 하나 있다. 물질을 이루는 원자의 질량 대부분은 핵이 가진 질량이고, 핵은 양성자와 중성자로 되어 있는데, 양성자와 중성자의 질량이 쿼크의 질량에 기여하는 부분은 1% 정도이고 대부분은 강한 상호 작용에 의한 에너지다. 실제 물질에 질량을 주는 것은 힉스 메커니즘이 아니라 강한 상호 작용인 것이다.

강한 상호 작용

강한 상호 작용의 존재가 밝혀진 것은 핵력으로부터 시작되었다. 핵력의 존재는 원자핵이 양성자와 중성자로 구성되어 있다는 것이 알려진 후에 제안되었다. 양성자는 양의 전하를 띠고 있어서 핵 정도의 작은 크기의 공간에 여러 양성자들이 들어 있으면 그들 사이에 엄청난 전기적 척력이 작용할 텐데, 그럼에도 불구하고 양성자들이 모여서 핵을 구성하려면 전기력보다 더 강하게 양성자와 중성자들을 묶어 주는 힘이 있어야 한다.• 이런 강력한 힘이 먼 거리까지 작용한다면 우리가 쉽게 알 수 있었을 텐데, 우리가 강력의 존재를 거시 세계에서 느끼지 못하는 이유는 핵력이 작용하는 범위가 핵 크기 이내로 제한되기 때문인 것으로 여겨졌다. 1936년 유카와는 이런 핵력에 대한 이론으로 스핀이 0이고 질량은 100MeV 정도인 입자인 중간자의 교환을 통해서 이루어진다는 것을 제안했다. 중간자의 결합 상수가 광자의 전자기 결합 상수보다 훨씬 커서 더 강력한 힘을 발휘하지만, 질량이 있어서 작용 범위가 핵 크기로 이내로 제한된다는 것이다. 1947년에 이 제안에 딱 들어맞는 파이 중간자가 우주선에서 발견이 되면서 유카와는 1949년 노벨물리학상을 받았다.

그렇지만 그 이후 가속기를 통해 수많은 새로운 강입자들이 발견되었고, 이 입자들의 규칙성을 설명하는 과정에서 양성자, 중성자, 중간자 등을 포함한 모든 강입자들이 쿼크들로 구성되어 있다는 제안이 이루어졌다. 전자-양성자의 깊은 비탄성 산란 실험으로부터 양성자 안에 자유 쿼크들이 있다는 것이 알려지면서 쿼크의 존재가 사실로 받아들여졌다. 이에 따라 양성자와 중성자들 사이에 작용하는 핵력은 그들을 구성하는 쿼크들 간에 작용하는 더 근본적인 상호 작용으로 넘어가야만 했는데, 그 상호 작용은 강한 상호 작용이라 불리게 되었다.

이 쿼크들 간의 상호 작용은 당시의 여러 실험 결과들로부터 얻은 두 가지 사실을 설명해야만 했다. 하나는 강입자들이 쿼크들로 이루어져 있다는 것은 명백하지만 독립적인 쿼크는 발견되지 않는는 것으로, 쿼크는 강입자 안에 갇혀서만 존재한다는 의미에서 쿼크 가둠quark confinement이라 불렀다. 다른 하나는 쿼크들의 에너지가 커질수록 상호 작용의 크기가 약해진다는 것으로 점근 자유성이라 불렀다. 이 두 가지를 동시에 설명하려

● 핵의 크기인 10^{-15}m 정도에서 핵력은 전자기력보다 100배 강하다.

질량의 기원

힉스 스칼라는 진공 기대치를 통해 쿼크와 렙톤에 질량을 준다. 우리가 쿼크와 렙톤으로 이루어지기는 했지만 우리 몸의 질량의 기원은 이게 주가 아니다. 우리 몸은 원자들로 구성되어 있고, 원자의 질량은 거의 핵의 질량이라고 할 수 있다. 핵은 양성자와 중성자로 구성되어 있는데, 양성자와 중성자의 질량이 우리 몸의 질량을 준다고 할 수 있다. 그런데 양성자와 중성자의 질량에서 쿼크의 질량이 차지하는 비중은 그리 크지 않다. 양성자와 중성자는 위와 아래 쿼크 세 개로 이루어져 있다. 위와 아래 쿼크의 질량은 수MeV 정도인 반면, 양성자와 중성자의 질량은 1GeV 정도로 세 쿼크 질량을 합친 것보다 훨씬 크다.

양성자와 중성자에 이렇게 큰 질량을 주는 것은 사실 강한 상호 작용이다. 강한 상호 작용의 비섭동 효과에 의해 강입자들이 큰 질량을 얻게 되는 것이다. 따라서 우리를 포함한 지구, 별의 질량의 기원은 모두 강한 상호 작용이라 할 수 있다. 한편 우주 질량의 대부분을 차지하는 것은 (아직 실체가 확실히 밝혀지지 않은) 암흑 물질과 암흑 에너지로 밝혀졌다. 천상의 세계는 지상과는 상당히 다른 모양이다.

면 강한 상호 작용은 쿼크들 사이의 거리에 따라 상호 작용의 세기가 크게 달라져서 먼 거리로 갈수록 세지고 가까워질수록 약해지는 특성을 가져야 하는데, 이는 이전의 전자기 상호 작용이나 핵력과는 반대의 특성이었다. 1970년대 초에 *SU*(3) 게이지 이론이 강한 상호 작용의 이런 특성들을 다 설명할 수 있다는 것이 밝혀지면서, 강한 상호 작용에 대한 이론으로서 표준 모형에 포함되었다. *SU*(3) 게이지 이론에서 쿼크는 서로 다른 세 종류의 전하를 가진 쿼크 3개가 모여서 하나의 기본 표현(3)을 이룬다. 세 전하를 적, 녹, 청의 삼원색으로 이름을 붙였기 때문에, 이 이론은 양자 색소 역학으로 불린다. 양자 색소 역학에는 전하 셋 사이를 전달하는 게이지 보손 여덟 개가 있으며, 이들을 글루온gluon이라 한다.

양자 색소 역학으로 설명하는 강한 상호 작용들의 특성들을 살펴보자. 먼저 상호 작용의 세기를 나타내는 게이지 결합 상수는 상호 작용하는 입자들의 에너지에 따라 크기가 바뀌는데, 이것은 가상 입자들의 생성에 따른 양자 역학적 효과로 결합 상수의 달림running of coupling constant이라 한다. 전자기 상호 작용을 기술하는 $U(1)$ 게이지 이론의 경우, 결합 상수는 에너지가 커지면 천천히 커진다. 반면 비가환 게이지 이론의 결합 상수는 에너지가 커지면서 작아지는데, 1973년 이 사실의 발견이 $SU(3)$ 게이지 이론이 강한 상호 작용의 이론으로 받아들여지는 데 결정적으로 작용했다. 이 공로로 데이비드 그로스, 휴 데이비드 폴리처, 프랭크 윌첵이 2004년 노벨물리학상을 받았다. 양자 색소 역학의 경우 큰 에너지에서는 결합 상수가 작아서 섭동론이 적용 가능해지고, 가속기 실험을 통해 이 부분은 잘 확인이 되었다. 하지만 낮은 에너지 영역에서는 결합 상수가 커지면서 섭동론을 적용할 수 없게 된다. 쿼크들이 모여 양성자와 중성자를 형성하고 서로 핵력으로 작용하는 것은 낮은 에너지 영역에서 일어나기에 양자 색소 역학을 통해서 정성적으로는 쿼크 가둠 등이 일어나는 것을 이해하지만 아직 정량적인 이해는 매우 제한적으로 이뤄지고 있다.

쿼크 가둠과 더불어 낮은 에너지에서의 양자 색소 역학의 동역학을 통해 풀어야 할 중요한 숙제가 손지기 대칭성의 자발적 깨짐이다. 쿼크는 왼손 스피너와 오른손 스피너가 대칭적으로 존재하고 강한 상호 작용은 두 스피너에 똑같이 작용한다. 맛깔이 다른 N_F개의 쿼크들이 있고 쿼크들의 질량을 무시할 수 있다면 양자 색소 역학은 왼손 스피너와 오른손 스피너를 독립적으로 섞는 $SU(N_F)_L \times SU(N_F)_R$의 온곳 대칭성(이 대칭성을 손지기 대칭성이라 한다)을 가지는데 이들이 만드는 중간자와 중입자들의 스펙트럼을 보면 그 절반인 $SU_{L+R}(N_p)$ 대칭성만 나타난다. 이는 전형적인 온곳 대칭성의 자발적 깨짐 현상으로, 강한 상호 작용에 의해 일어나는 것으로 생각된다.

손지기 대칭성의 자발적 깨짐으로 인해 나타나는 가장 중요한 결과는 쿼크들의 질량은 수MeV 정도인데 비해, 쿼크 세 개가 모여서 만드는 중입자의 질량은 GeV 정도로 크다는 것이다. 중입자들의 질량의 대부분은 쿼크들의 질량에 의한 것이 아니라 강한 상호 작용으로 만들어진다. 중입자들이 결국 원자의 핵을 이루고, 핵이 원자 질량의 대부분을 차지하므로, 결국 우리의 질량은 강한 상호 작용이 만들어 내는 것이다. 또한 골드스톤 정리에 따르면 손지기 대칭성의 자발적 깨짐이 있을 때 골드스톤 보손들이 존재해야 하는데, 바로 가장 가벼운 중간자들이 골드스톤 보손에 해당한다. 양자 색소 역학이 실제로 손지기 대칭성의 자발적 깨짐을 주는지는 아직 엄밀하게 증명되지는 않았으며, 클레이수학연구소•는 이 증명의 중요성을 인식하여 100만 달러의 상금이 걸린 미해결 문제 7개에 이 증명 문제를 포함했다.

표준 모형

앞에서 살펴본 상호 작용들을 정리해 보자. 강한 상호 작용은 양자 색소 역학이라 불리는 $SU(3)_C$ 게이지 이론으로 잘 설명된다(아래첨자 C는 color를 나

• 클레이수학연구소는 수학을 발전시키고 널리 알리는 것을 목적으로 1998년 보스턴의 사업가 랜던 클레이Landon Clay가 설립한 비영리 재단이다. 2000년 푸앵카레 추측, 리만 가설 등을 비롯한 7개의 밀레니엄 문제를 제시하고 각각에 100만 달러의 상금을 내건 것으로 유명하다.

타낸다). 모든 쿼크들은 $SU(3)_C$ 게이지군의 기본 표현(3)이고, 강한 상호 작용은 쿼크들의 맛깔을 구별하지 않는다. 강한 상호 작용을 전달하는 게이지 보손은 여덟 개로 글루온(g)이라 한다. 전자기 상호 작용과 약한 상호 작용은 하나로 통합되어 전자기약 상호 작용으로 기술되어 $SU(2)_L \times U(1)_Y$ 게이지 이론으로 설명된다. 아래첨자 L은 왼손지기left-handed를 나타내는 것으로, 약한 상호 작용이 왼손 스피너에만 작용해서 반전 대칭성을 완전히 깬다는 사실을 반영한다. $SU(2)_L \times U(1)_Y$ 게이지군은 대칭성의 자발적 깨짐이 일어나 전자기 상호 작용에 해당하는 $U(1)_{EM}$ 게이지 대칭성만 남게 되며, 그 결과 약한 상호 작용을 전달하는 세 개의 게이지 보손(W^+, W^-, Z^0)은 질량을 얻게 되고 전자기 상호 작용을 전달하는 광자(γ)는 질량이 없는 상태를 유지한다. 요약하면 표준 모형은 강한, 약한, 전자기 상호 작용을 통합해서 기술하는 $SU(3)_C \times SU(2)_L \times U(1)_Y$ 게이지 이론이라 할 수 있다.

5장의 '소립자의 세계'에서 강입자를 구성하는 쿼크 여섯과 전하를 띤 렙톤 셋과 각각에 대응하는 중성미자 셋의 존재가 밝혀지는 과정들을 살펴보았나. 표준 모형에서 물질을 구싱하는 입자들은 모두 스핀 1/2인 페르미온들로 강한 상호 작용을 하느냐의 여부에 따라 강한 상호 작용을 하는 쿼크와 그렇지 않는 렙톤으로 구분된다. 쿼크와 전하를 띤 렙톤들은 왼손 스피너와 오른손 스피너가 모두 존재하고, 중성미자들은 왼손 스피너만 존재한다. 강한 상호 작용과 전자기 상호 작용은 왼손 스피너와 오른손 스피너에 똑같이 작용하는 반면, 약한 상호 작용은 왼손 스피너에만 작용한다. 약한 상호 작용의 반전 대칭성 위반과 이에 따른 왼손–오른손 스피너의 비대칭성은 표준 모형의 중요한 특징으로, 게이지 대칭성에 의해 페르미온들이 큰 질량을 갖지 못하는 요인이 된다. 또한 강한 상호 작용과 전자기 상호 작용에 의해서는 쿼크 간 또는 렙톤 간 변환이 일어나지 않지만, 약한 상호 작

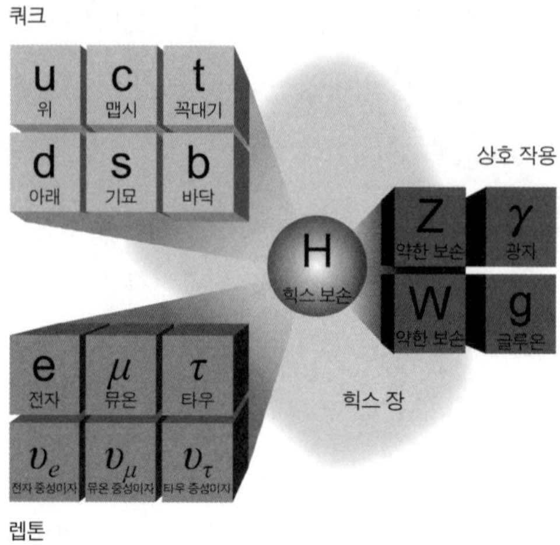

그림 108 표준 모형 입자들. 물질을 구성하는 쿼크와 렙톤 3가족과 전자기, 강한, 약한 상호 작용을 전달하는 게이지 보손들, 그리고 게이지 대칭성의 자발적 깨짐과 페르미온 질량을 주는 힉스 스칼라로 구성되어 있다.

표 7 표준 모형의 입자 구성. 각 칸의 숫자는 $SU(3)_C$와 $SU(2)_L$에 대해서는 표현의 차원을 나타내고, $U(1)_Y$에 대해서는 (하이퍼)전하의 크기를 나타낸다.

입자 종	(u_L, d_L) (c_L, s_L) (t_L, b_L)	u_R c_R t_R	d_R s_R b_R	(ν_{eL}, e_L) $(\nu_{\mu L}, \mu_L)$ $(\nu_{\tau L}, \tau_L)$	e_R μ_R τ_R	Φ
$SU(3)_C$	3	3	3	1	1	1
$SU(2)_L$	2	1	1	2	1	2
$U(1)_Y$	+1/3	+4/3	−2/3	−1	−2	−1
스핀	1/2	1/2	1/2	1/2	1/2	0

용은 종들 간 변환을 줄 수 있다. 따라서 쿼크와 렙톤들의 왼손 스피너들은 약한 상호 작용에 의해서 서로 변환될 수 있는 짝으로 묶어서, (u_L, d_L), (c_L, s_L), (t_L, b_L)의 쿼크 세 쌍과 (ν_{eL}, e_L), $(\nu_{\mu L}, \mu_L)$, $(\nu_{\tau L}, \tau_L)$의 렙톤 세 쌍 각각이 $SU(2)_L$ 게이지군의 기본 표현(2)이 된다.

각 쿼크와 렙톤의 왼손, 오른손 스피너들이 게이지군 변환에 대해 어떻게 바뀌는가를 표 7에 정리해 놓았다. 표에서 바로 알 수 있듯이 표준 모형 입자 구성에서 가장 두드러지는 특징은 같은 표현을 가진 입자들이 세 번 반복해서 존재한다는 것이다. 그래서 표의 한 행에 들어 있는 입자들을 한 가족family 또는 한 맛깔이라 부르고, 표준 모형의 입자 구성이 세 가족 또는 세 맛깔로 되어 있다고 말한다.

페르미온 한 가족에는 모두 15개(쿼크 4×3+렙톤 3)의 스피너가 들어 있다. 한 가족이 왜 이런 구성을 가지게 되었을까는 현재로서는 대답하기 어렵다. 다만 한 가지 주목할 것이 있는데, 그것을 손지기 게이지 이론이 가질 수 있는 문제점과 연관되어 있다. 손지기 대칭성은 일반적으로 양자 역학적 효과에 의해 깨지게 되는데,[•] 온곳 대칭성에 양자 이상이 생기는 것이 별다른 문제가 없지만, 한곳(게이지) 대칭성에 양자 이상이 생기면[••] 해결할 수 없는 내부 모순이 생겨 그 게이지 이론은 쓰지 못하게 된다. 표준 모형에서는 손지기 대칭성이 게이지 대칭성과 연결되어 있는 손지기 게이지 이론이어서 게이지 이상로부터 자유롭지 못한데, 표준 모형의 한 가족은 놀랍게도 게이지 이상을 일으키는 양자 역학적 효과가 정확히 서로 상쇄되는 구성을 가지고 있

● 라그랑지안이 가진 고전적인 대칭성이 양자 역학적 효과에 의해 깨지는 것을 양자 이상quantum anomaly라 한다. 손지기 대칭성의 양자 이상을 손지기 이상chiral anomaly이라 한다.

●● 이것을 게이지 이상gauge anomaly이라 한다.

다. 페르미온들이 한 가족을 이루어야만 내부 모순이 없는 게이지 이론이 되어 살아남을 수 있는 것이다. 왜 같은 구성을 가진 가족이 세 번 반복되는가도 의문인데, 현재로선 이 질문에도 그럴듯한 답이 없는 상태다.

표 7에 보면 스핀이 1/2인 페르미온들에 더해서, 맨 오른쪽에 스핀이 0인, 즉 스칼라이고 $SU(2)_L$의 기본 표현인 장이 추가되어 있는데, 이 장을 힉스 스칼라라 하며 이는 전자기약 게이지 대칭성의 자발적 깨짐을 주기 위해서 도입한 스칼라장이다. 힉스 스칼라는 자체 상호 작용(퍼텐셜)을 통해 진공기대치를 가지게 되는데, 이로 인해 게이지 대칭성의 자발적 깨짐이 일어나고, 그 결과 세 개의 약한 보손들은 힉스 메커니즘에 의해 질량을 얻게 된다.

힉스 스칼라를 도입하면 게이지 상호 작용gauge interaction과는 다른, 페르미온−페르미온−스칼라의 형태로 결합하는 새로운 상호 작용이 나타난다. 이 상호 작용은 유카와가 핵력을 설명하기 위해 도입한 핵자와 중간자 사이의 상호 작용과 같은 형태여서 유카와 상호 작용이라 부른다. 유카와 상호 작용은 표준 모형에서 나름의 중요한 역할들을 한다. 첫 번째로 힉스 스칼라가 진공 기대치를 가지면 유카와 상호 작용 때문에 쿼크와 렙톤들(중성미자는 제외)이 질량을 얻게 된다. 두 번째로 게이지 상호 작용만 있을 때에는 다른 가족 간의 변환은 일어날 수 없는데, 유카와 상호 작용은 다른 가족 간의 변환을 일으킬 수 있다. 이로 인해서 가족 간의 섞임이 생기게 되고, 쿼크들이 다른 가족의 쿼크들로 변환되는 것이 가능해진다. 이 변환은 왼손 스피너와 오른손 스피너가 동등한 전자기 상호 작용이나 강한 상호 작용에는 나타나지 않고, 왼손 스피너에만 작용하는 약한 상호 작용을 통해서만 나타난다. 이는 기묘(s) 쿼크가 약한 상호 작용을 통해 위(u) 쿼크로 붕괴하는 것을 설명하는 데 반드시 필요하다.•

쿼크 가족들 간의 섞임이 가능해지면 나타날 수 있는 중요한 현상 중에 CP 대칭성 위반이 있다. 고바야시와 마스카와는 가족의 수가 셋 이상이면 쿼크들의 섞임으로부터 CP 대칭성 위반이 일어날 수 있다는 것을 발견했다.●● 쿼크들의 섞임을 표현하는 3×3 행렬을 쿼크 섞임 행렬 또는 카비보-고바야시-마스카와(CKM) 행렬이라 하는데, 이 행렬이 복소수 위상(약한 CP 위상weak CP phase이라 한다)을 가질 수 있고, 이것이 CP 대칭성 위반을 준다. 이 위상을 통해서 중성 케이온에서 발견된 CP 대칭성 위반을 설명할 수 있으므로, 아주 중요한 발견이다.

이제 표준 모형에 대해 정리해 보자. 표준 모형은 $SU(3)_C \times SU(2)_L \times U(1)_Y$ 게이지 대칭성을 가진 게이지 이론이고, 게이지 대칭성의 자발적 깨짐에 의해 강한 상호 작용과 전자기 상호 작용을 주는 $SU(3)_c \times U(1)_{EM}$ 게이지 대칭성은 유지되고, 약한 보손들은 전자기약 척도의 질량을 얻게 된다. 페르미온은 같은 구성을 가지는 세 가족이 있고, 각 가족은 강한 상호 작용을 하는 쿼크와 하지 않는 렙톤으로 구성되어 있고, 약한 상호 작용은 왼손 스피너만 한다. 힉스 스칼라는 게이지 대칭성의 자발적 깨짐을 일으켜 약한 보손과 페르미온에 질량을 주게 되고, 하나의 스칼라 힉스 입자가 남게 된다(표 7과 그림 108 참조). 그림 109에는 표준 모형의 라그랑지안을 보였는데, 이 라그랑지안에는 모두 19개의 자유 매개 변수가 들어 있다(표 8 참조). 이 매개 변수들은 실험을 통해 결정되어야 한다. 결정된 매개 변수의 값들을 쓰고 이 라그랑지안에 나타나는 상호 작용 항들에 섭동론을 적용해 지금까지 행해진 입자물리학 관련 실험들의 대부분을 잘 설명할 수 있었기에 표

● 쿼크와 달리 렙톤에서는 중성미자의 질량이 없기 때문에 가족들 간의 변환이 일어나지 않는다.

●● 이들이 이 제안을 했을 때는 아직 페르미온 두 가족의 존재도 다 확인되지 않았던 1970년대 초였다. 아마도 이런 가능성도 한번 생각해 본다는 심정으로 제안한 것이었는데, 이 공로로 두 사람은 2008년 노벨물리학상을 수상했다.

$$
\begin{gathered}
\mathcal{L}_{SM} = -\tfrac{1}{2}\partial_\nu g^a_\mu \partial_\nu g^a_\mu - g_s f^{abc}\partial_\mu g^a_\nu g^b_\mu g^c_\nu - \tfrac{1}{4}g^2_s f^{abc} f^{ade} g^b_\mu g^c_\nu g^d_\mu g^e_\nu - \partial_\nu W^+_\mu \partial_\nu W^-_\mu - \\
M^2 W^+_\mu W^-_\mu - \tfrac{1}{2}\partial_\nu Z^0_\mu \partial_\nu Z^0_\mu - \tfrac{1}{2c^2_w} M^2 Z^0_\mu Z^0_\mu - \tfrac{1}{2}\partial_\mu A_\nu \partial_\mu A_\nu - igc_w(\partial_\nu Z^0_\mu (W^+_\mu W^-_\nu - \\
W^+_\nu W^-_\mu) - Z^0_\nu (W^+_\mu \partial_\nu W^-_\mu - W^-_\mu \partial_\nu W^+_\mu) + Z^0_\mu (W^+_\nu \partial_\nu W^-_\mu - W^-_\nu \partial_\nu W^+_\mu)) - \\
igs_w(\partial_\nu A_\mu (W^+_\mu W^-_\nu - W^+_\nu W^-_\mu) - A_\nu (W^+_\mu \partial_\nu W^-_\mu - W^-_\mu \partial_\nu W^+_\mu) + A_\mu (W^+_\nu \partial_\nu W^-_\mu - \\
W^-_\nu \partial_\nu W^+_\mu)) - \tfrac{1}{2}g^2 W^+_\mu W^-_\mu W^+_\nu W^-_\nu + \tfrac{1}{2}g^2 W^+_\mu W^-_\nu W^+_\mu W^-_\nu + g^2 c^2_w (Z^0_\mu W^+_\mu Z^0_\nu W^-_\nu - \\
Z^0_\mu Z^0_\mu W^+_\nu W^-_\nu) + g^2 s^2_w (A_\mu W^+_\mu A_\nu W^-_\nu - A_\mu A_\mu W^+_\nu W^-_\nu) + g^2 s_w c_w (A_\mu Z^0_\nu (W^+_\mu W^-_\nu - \\
W^+_\nu W^-_\mu) - 2A_\mu Z^0_\mu W^+_\nu W^-_\nu) - \tfrac{1}{2}\partial_\mu H \partial_\mu H - 2M^2 \alpha_h H^2 - \partial_\mu \phi^+ \partial_\mu \phi^- - \tfrac{1}{2}\partial_\mu \phi^0 \partial_\mu \phi^0 - \\
\beta_h \left(\tfrac{2M^2}{g^2} + \tfrac{2M}{g} H + \tfrac{1}{2}(H^2 + \phi^0\phi^0 + 2\phi^+\phi^-) \right) + \tfrac{2M^4}{g^2}\alpha_h - \\
g\alpha_h M \left(H^3 + H\phi^0\phi^0 + 2H\phi^+\phi^-\right) - \\
\tfrac{1}{8}g^2 \alpha_h \left(H^4 + (\phi^0)^4 + 4(\phi^+\phi^-)^2 + 4(\phi^0)^2\phi^+\phi^- + 4H^2\phi^+\phi^- + 2(\phi^0)^2 H^2\right) - \\
gMW^+_\mu W^-_\mu H - \tfrac{1}{2}g\tfrac{M}{c^2_w} Z^0_\mu Z^0_\mu H - \\
\tfrac{1}{2}ig \left(W^+_\mu(\phi^0 \partial_\mu \phi^- - \phi^- \partial_\mu \phi^0) - W^-_\mu(\phi^0 \partial_\mu \phi^+ - \phi^+ \partial_\mu \phi^0)\right) + \\
\tfrac{1}{2}g \left(W^+_\mu (H\partial_\mu \phi^- - \phi^- \partial_\mu H) + W^-_\mu (H\partial_\mu \phi^+ - \phi^+ \partial_\mu H)\right) + \tfrac{1}{2}g\tfrac{1}{c_w}(Z^0_\mu (H\partial_\mu \phi^0 - \phi^0 \partial_\mu H) + \\
M\left(\tfrac{1}{c_w} Z^0_\mu \partial_\mu \phi^0 + W^+_\mu \partial_\mu \phi^- + W^-_\mu \partial_\mu \phi^+\right) - ig\tfrac{s^2_w}{c_w} M Z^0_\mu (W^+_\mu \phi^- - W^-_\mu \phi^+) + igs_w M A_\mu (W^+_\mu \phi^- - \\
W^-_\mu \phi^+) - ig\tfrac{1-2c^2_w}{2c_w} Z^0_\mu (\phi^+ \partial_\mu \phi^- - \phi^- \partial_\mu \phi^+) + igs_w A_\mu (\phi^+ \partial_\mu \phi^- - \phi^- \partial_\mu \phi^+) - \\
\tfrac{1}{4}g^2 W^+_\mu W^-_\mu \left(H^2 + (\phi^0)^2 + 2\phi^+\phi^-\right) - \tfrac{1}{8}g^2 \tfrac{1}{c^2_w} Z^0_\mu Z^0_\mu \left(H^2 + (\phi^0)^2 + 2(2s^2_w - 1)^2 \phi^+\phi^-\right) - \\
\tfrac{1}{2}g^2 \tfrac{s^2_w}{c_w} Z^0_\mu \phi^0 (W^+_\mu \phi^- + W^-_\mu \phi^+) - \tfrac{1}{2}ig^2 \tfrac{s^2_w}{c_w} Z^0_\mu H (W^+_\mu \phi^- - W^-_\mu \phi^+) + \tfrac{1}{2}g^2 s_w A_\mu \phi^0 (W^+_\mu \phi^- + \\
W^-_\mu \phi^+) + \tfrac{1}{2}ig^2 s_w A_\mu H (W^+_\mu \phi^- - W^-_\mu \phi^+) - g^2 \tfrac{s_w}{c_w}(2c^2_w - 1) Z^0_\mu A_\mu \phi^+\phi^- - \\
g^2 s^2_w A_\mu A_\mu \phi^+\phi^- + \tfrac{1}{2}ig_s \lambda^a_{ij} (\bar{q}^\sigma_i \gamma^\mu q^\sigma_j) g^a_\mu - \bar{e}^\lambda (\gamma\partial + m^\lambda_e) e^\lambda - \bar{\nu}^\lambda (\gamma\partial + m^\lambda_\nu) \nu^\lambda - \bar{u}^\lambda_j (\gamma\partial + \\
m^\lambda_u) u^\lambda_j - \bar{d}^\lambda_j (\gamma\partial + m^\lambda_d) d^\lambda_j + igs_w A_\mu \left(-(\bar{e}^\lambda \gamma^\mu e^\lambda) + \tfrac{2}{3}(\bar{u}^\lambda_j \gamma^\mu u^\lambda_j) - \tfrac{1}{3}(\bar{d}^\lambda_j \gamma^\mu d^\lambda_j)\right) + \\
\tfrac{ig}{4c_w} Z^0_\mu \{(\bar{\nu}^\lambda \gamma^\mu (1+\gamma^5) \nu^\lambda) + (\bar{e}^\lambda \gamma^\mu (4s^2_w - 1 - \gamma^5) e^\lambda) + (\bar{d}^\lambda_j \gamma^\mu (\tfrac{4}{3}s^2_w - 1 - \gamma^5) d^\lambda_j) + \\
(\bar{u}^\lambda_j \gamma^\mu (1 - \tfrac{8}{3}s^2_w + \gamma^5) u^\lambda_j)\} + \tfrac{ig}{2\sqrt{2}} W^+_\mu \left((\bar{\nu}^\lambda \gamma^\mu (1+\gamma^5) U^{lep}{}_{\lambda\kappa} e^\kappa) + (\bar{u}^\lambda_j \gamma^\mu (1+\gamma^5) C_{\lambda\kappa} d^\kappa_j)\right) + \\
\tfrac{ig}{2\sqrt{2}} W^-_\mu \left((\bar{e}^\kappa U^{lep\dagger}{}_{\kappa\lambda} \gamma^\mu (1+\gamma^5) \nu^\lambda) + (\bar{d}^\kappa_j C^\dagger_{\kappa\lambda} \gamma^\mu (1+\gamma^5) u^\lambda_j)\right) + \\
\tfrac{ig}{2M\sqrt{2}} \phi^+ \left(-m^\kappa_e (\bar{\nu}^\lambda U^{lep}{}_{\lambda\kappa} (1-\gamma^5) e^\kappa) + m^\lambda_\nu (\bar{\nu}^\lambda U^{lep}{}_{\lambda\kappa} (1+\gamma^5) e^\kappa\right) + \\
\tfrac{ig}{2M\sqrt{2}} \phi^- \left(m^\lambda_e (\bar{e}^\lambda U^{lep\dagger}{}_{\lambda\kappa} (1+\gamma^5) \nu^\kappa) - m^\kappa_\nu (\bar{e}^\lambda U^{lep\dagger}{}_{\lambda\kappa} (1-\gamma^5) \nu^\kappa\right) - \tfrac{g}{2}\tfrac{m^\lambda_\nu}{M} H (\bar{\nu}^\lambda \nu^\lambda) - \\
\tfrac{g}{2}\tfrac{m^\lambda_e}{M} H (\bar{e}^\lambda e^\lambda) + \tfrac{ig}{2}\tfrac{m^\lambda_\nu}{M} \phi^0 (\bar{\nu}^\lambda \gamma^5 \nu^\lambda) - \tfrac{ig}{2}\tfrac{m^\lambda_e}{M} \phi^0 (\bar{e}^\lambda \gamma^5 e^\lambda) - \tfrac{1}{4}\bar{\nu}_\lambda M^R_{\lambda\kappa} (1-\gamma_5) \hat{\nu}_\kappa - \\
\tfrac{1}{4}\bar{\nu}_\lambda M^R_{\lambda\kappa} (1-\gamma_5) \hat{\nu}_\kappa + \tfrac{ig}{2M\sqrt{2}} \phi^+ \left(-m^\kappa_d (\bar{u}^\lambda_j C_{\lambda\kappa} (1-\gamma^5) d^\kappa_j) + m^\lambda_u (\bar{u}^\lambda_j C_{\lambda\kappa} (1+\gamma^5) d^\kappa_j\right) + \\
\tfrac{ig}{2M\sqrt{2}} \phi^- \left(m^\lambda_d (\bar{d}^\lambda_j C^\dagger_{\lambda\kappa} (1+\gamma^5) u^\kappa_j) - m^\kappa_u (\bar{d}^\lambda_j C^\dagger_{\lambda\kappa} (1-\gamma^5) u^\kappa_j\right) - \tfrac{g}{2}\tfrac{m^\lambda_u}{M} H (\bar{u}^\lambda_j u^\lambda_j) - \\
\tfrac{g}{2}\tfrac{m^\lambda_d}{M} H (\bar{d}^\lambda_j d^\lambda_j) + \tfrac{ig}{2}\tfrac{m^\lambda_u}{M} \phi^0 (\bar{u}^\lambda_j \gamma^5 u^\lambda_j) - \tfrac{ig}{2}\tfrac{m^\lambda_d}{M} \phi^0 (\bar{d}^\lambda_j \gamma^5 d^\lambda_j) + \bar{G}^a \partial^2 G^a + g_s f^{abc} \partial_\mu \bar{G}^a G^b g^c_\mu + \\
\bar{X}^+ (\partial^2 - M^2) X^+ + \bar{X}^- (\partial^2 - M^2) X^- + \bar{X}^0 (\partial^2 - \tfrac{M^2}{c^2_w}) X^0 + \bar{Y} \partial^2 Y + igc_w W^+_\mu (\partial_\mu \bar{X}^0 X^- - \\
\partial_\mu \bar{X}^+ X^0) + igs_w W^+_\mu (\partial_\mu \bar{Y} X^- - \partial_\mu \bar{X}^+ Y) + igc_w W^-_\mu (\partial_\mu \bar{X}^- X^0 - \\
\partial_\mu \bar{X}^0 X^+) + igs_w W^-_\mu (\partial_\mu \bar{X}^- Y - \partial_\mu \bar{Y} X^+) + igc_w Z^0_\mu (\partial_\mu \bar{X}^+ X^+ - \\
\partial_\mu \bar{X}^- X^-) + igs_w A_\mu (\partial_\mu \bar{X}^+ X^+ - \\
\partial_\mu \bar{X}^- X^-) - \tfrac{1}{2}gM \left(\bar{X}^+ X^+ H + \bar{X}^- X^- H + \tfrac{1}{c^2_w} \bar{X}^0 X^0 H\right) + \tfrac{1-2c^2_w}{2c_w} igM \left(\bar{X}^+ X^0 \phi^+ - \bar{X}^- X^0 \phi^-\right) + \\
\tfrac{1}{2c_w} igM \left(\bar{X}^0 X^- \phi^+ - \bar{X}^0 X^+ \phi^-\right) + igMs_w \left(\bar{X}^0 X^- \phi^+ - \bar{X}^0 X^+ \phi^-\right) + \\
\tfrac{1}{2}igM \left(\bar{X}^+ X^+ \phi^0 - \bar{X}^- X^- \phi^0\right) .
\end{gathered}
$$

그림 109 표준 모형 라그랑지안. 이 라그랑지안에 나타나는 상호 작용 항들에 섭동론을 적용하여 대부분의 실험 결과들을 잘 설명할 수 있다.

표 8 표준 모형의 매개 변수

매개 변수	개수	기호
게이지 결합 상수	3	g_Y, g_L, g_C
게이지 보손과 힉스 질량	2	m_W, m_h
쿼크와 렙톤 질량	9	$m_u, m_d, m_c, m_s, m_t, m_b, m_e, m_\mu, m_\tau$
쿼크 혼합각과 약한 *CP* 위상	4	$\theta_1, \theta_2, \theta_3, \delta$
강한 *CP* 위상	1	$\bar{\theta}$

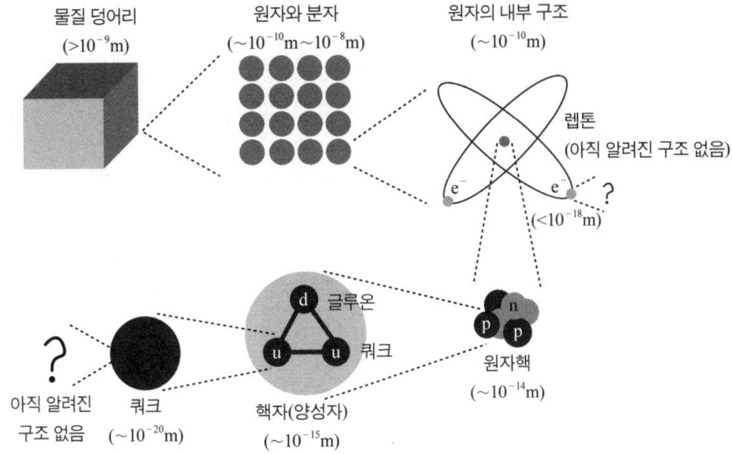

그림 110 현재 물질의 구성하는 입자에 대한 이해.

준 모형은 그 이름과 명성을 얻게 된 것이다.

표준 모형이 입자물리학의 끝이 아님은 명백하다. 아직 설명하지 못하는 실험 결과들도 있고, 이론적으로 완전하지 않은 부분도 있다. 그렇지만 이 성공은 대단한 결과로 20세기의 위대한 성과라 할 수 있다. 우리는 미시 세계로부터 거시 세계까지 물질과 상호 작용을 이해하는 이론을 가지고 있는 것이다. 거시 세계의 물체에서 쿼크와 렙톤에 이르기까지 물질이 어떻게 구성되어 있는지에 대한 현재까지 이해한 바를 그림 110에 보였다. 그 이해의 맨 밑에 쿼크와 렙톤의 표준 모형이 자리하고 있다. 표준 모형의 밑에 무엇인가 더 있을 것만 같은데, 실제로 있을까? 있다면 그것은 무엇일까?

8. 더 작은 세계

앞에서 입자물리 표준 모형이 성립되기까지의 과정과 그 내용을 살펴보았다. 이제 비판적인 관점에서 질문을 던져 보자. 표준 모형은 어느 정도로 훌륭한 이론인가? 객관적인 기준을 갖기 위해 이 질문을 여러 각도에서 표준 모형을 평가할 수 있는 질문들로 바꿔 하나씩 다뤄 보겠다.

첫 번째로 실제적인 관점에서 표준 모형이 설명하지 못하는 실험 결과가 있는가? 표준 모형은 현재까지 소립자와 관련된 거의 모든 실험 결과들을 잘 설명하고 있다. 한 가지 예외가 있다면 중성미자 진동 현상으로 이를 설명하려면 중성미자가 질량을 가져야 하는데, 표준 모형은 중성미자가 질량을 가질 수 없는 구조다. 따라서 표준 모형의 중성미자 부분은 반드시 고쳐져야 하지만, 그 정확한 형태에 대해서는 아직도 실험 결과들이 충분하지 않아서 확정짓지 못하고 있다.

두 번째는 예측 능력의 관점이다. 표준 모형에는 그 자체로는 예측이 안 되고 실험 결과로부터 값을 결정해야 하는 입력 매개 변수input parameters가 앞의 표 8에 보인 것처럼 19개가 있다. 입력 매개 변수가 19개면 너무 많은 것 아닌가? 물론 매개 변수가 많다는 것에는 기준이 있어야 한다. 이에 대한 예로 원소 주기율표에 있는 원소들의 화학적 성질을 이해하는 데는 몇 개의 매개 변수가 필요할지 생각해 보자. 동위원소 간의 (질량) 차이를 무시하고 화학적 성질만을 본다면 이것은 핵의 전하, 전자의 전하, 전자의 질량 (핵의 질량은 전자에 비해 충분히 커서 화학적 성질에는 영향이 거의 없다), 셋에 의해 결정이 되지만, 핵의 전하는 전자의 전하의 정수배이므로 사실상 입력 매개 변수 둘로 모든 원소의 화학적 성질을 설명할 수 있다. (오, 양자 역학의 위대함이여!) 그에 비하면 표준 모형의 19개는 아주 많다고 할 수도 있다. 여러분들은 19개가 많은지 적은지 어떻게 판단하겠는가?

대통일 이론

매개 변수의 수를 줄이는 방향으로 표준 모형을 개선하려는 여러 시도가 있었다. 그중 현재까지 가장 그럴듯한 결과를 주는 것은 게이지군을 단순화하여 세 개의 게이지 결합 상수들을 하나로 줄이는 모형으로 대통일 이론(grand unified theories: GUT)으로 불린다. 대통일 이론의 전형은 $SU(5)$ 모형으로 전자기약 척도(electroweak scale, ~100GeV)보다 훨씬 더 큰 대통일 척도(GUT scale, ~10^{15}GeV)에서 표준 모형의 $SU(3) \times SU(2) \times U(1)$ 게이지군이 단순군인 $SU(5)$ 게이지군으로 통합되는 것이다. 이 모형에서는 게이지 대칭성의 자발적 깨짐이 대통일 척도와 전자기약 척도에서 두 번에 걸쳐 일어나고 관련된 게이지 보손들은 각각 대통일 척도와 전자기약 척도의 질량을 가지게 된다.

대통일 이론이 공통적으로 주는 실험으로 확인이 가능한 예측은 두 가지로, 게이지 결합 상수의 통일과 양성자 붕괴다. 게이지 결합 상수의 통일은 전자기약 척도에서는 다른 값을 가진 세 개의 게이지 결합 상수들이 (재규격화에 의해) 에너지 척도에 따라 그 값들이 변해 대통일 척도에서는 같은 값으로 통합되어야 한다는 것이다. 에너지 척도에 따른 결합 상수의 변화는 양자 역학적 효과로 모형이 가지고 있는 입자 내용물particle content에 좌우된다. 전자기약 척도에서 결합 상수들의 값은 실험을 통해 상당한 정밀도로 결정되어 있기 때문에 에너지 척도에 따른 결합 상수의 달림이 잘 맞아떨어져야만 대통일 이론의 예측이 맞을 수 있는데, 이는 대통일 이론 입자 내용물의 선택에 상당한 제약을 준다. 실제로 1980~1990년대에 결합 상수들에 대한 측정값들의 정확도가 높아지면서 간단한 $SU(5)$ 모형은 실험 결과를 맞출 수 없는 것으로 판명이 났다.

쿼크와 렙톤은 표준 모형에서는 서로 독립된 게이지군의 표현이지만 대통일 이론에서는 게이지군이 통합되므로 둘이 합쳐서 하나의 표현으로 들어오게 된다. 이 경우 쿼크와 렙톤이 서로 전환되는 것이 허용되고, 이는 양성자 붕괴라는 현상으로 나타난다. 물론 쿼크와 렙톤 간의 전환을 전달하는 게이지 보손들은 대통일 척도의 질량을 가지므로 양성자 붕괴는 그 수명이 우주의 나이보다 훨씬 더 크고 엄청나게 느리게 진행되는 것으로 예측된다. 그러나 양성자의 수명을 측정하는 실험도 정확도가 커지면서 수명의 하한값도 계속 올라갔고, 간단한 $SU(5)$ 모형은 실험 결과와 맞지 않는 것으로 드러났다. 그렇지만 대통일 이론의 기본 정신은 아직도 훌륭하게 여겨진다. 특히 $SO(10)$ 모형은 대통일 이론의 정신을 가장 잘 구현하는 모형인데, 표준 모형에 나타나는 페르미온 한 가족 전체를 하나의 게이지군 표현(16)에 다 담을 수 있고, 여분의 중성 페르미온을 통해 중성미자에 작은 질량을 줄 수 있어서 여전히 연구할 가치가 있다.

사실 서로 다른 상호 작용을 통합해서 하나의 통일된 이론으로 설명하려는 시도는 제법 역사가 있다. 첫 번째 성공은 19세기에 이룬 전기 현상과 자기 현상을 통합해 전자기 이론(맥스웰 방정식)을 완성한 것이다. 두 번째 성공은 1960~1970년대에 전자기 상호 작용과 약한 상호 작용을 통합하여 전자기약 상호 작용을 만든 표준 모형이다. 20세기 중반에 아인슈타인은 중력과 전자기력의 통합을 시도했는데, 전자기력을 기술하는 전자기장을 시공간의 특성으로 기술하려고 했다. 이런 시도는 시공간을 기술하는 일반 상대성도 게이지 이론이고 전자기장을 기술하는 맥스웰 방정식도 게이지 이론이라는 측면에서 그 가능성이 있다. 실제로 공간 차원을 하나 늘린 (1+4)차원 시공간에서 4번째 공간을 원으로 잡으면 5차원의 일반 상대성 이론으로부터 4차원 일반 상대성 이론과 전자기장을 기술하는 $U(1)$ 게이지 이론이 나온다. 이것을 일반화해서 고차원의 일반 상대성 이론으로부터 여분의 공간 차원을 작게 말아서 4차원 일반 상대성 이론과 게이지 이론을 얻는 이론을 칼루자-클라인Kaluza-Klein 이론이라 한다. 그렇지만 중력과 전자기력을 통합하려던 아인슈타인의 이러한 시도는, 핵 속에 존재하는 약력과 강력이라는 새로운 힘들이 발견되면서 통합의 의미가 퇴색했고, 사람들에게 차츰 잊혀지게 된다. 1970년대에 표준 모형의 게이지군을 단순군으로 확장하여 상호 작용을 통합하려는 대통일 이론이 등장하면서, 게이지군을 확장하는 대신 공간의 차원을 늘리는 이론들도 다시 주목받게 되었다. 특히 10차원에서만 정의가 되는 초끈 이론이 등장하면서 6차원의 여분 공간을 작게 말아서 4차원 이론을 얻는 것이 상당히 정당화되었으며, 이 노력은 지금도 계속되고 있다.

맛깔 문제

표준 모형의 매개 변수에서 가장 많은 수를 차지하는 것이 쿼크와 렙톤의 질량과 혼합각으로, 이것은 쿼크와 렙톤으로 이루어진 페르미온 입자 내용물에 똑같은 것이 세 번 반복되어 나타나는 것이 핵심 요인이다. 이를 쿼크와 렙톤의 맛깔 또는 가족 구조라 하고, 이와 관련된 문제를 표준 모형의 맛깔 문제 또는 가족 문제라 한다. 근본적인 의문은 왜 같은 게이지군 표현들로 구성된 페르미온 가족이 세 벌로 반복해서 나타나는가다. 전자와 질량만 다르고 그 외의 성질은 다 같은 뮤온이 발견된 직후 라비가 던졌던 질문 "누가 그것을 주문했어?"의 확장판이다.

페르미온 맛깔 세 벌의 게이지군 표현 구조가 똑같아서, 게이지 상호 작용은 세 맛깔을 구별하지 않고, 따라서 맛깔을 섞는 변환($SU(3)_F$)에 대해 불변인 맛깔 대칭성flavor symmetry을 가진다. 만약 게이지 상호 작용만 있다면 이 맛깔 대칭성에 의해 맛깔 간의 변환은 일어날 수 없다. 그런데 맛깔들이 게이지군에 대한 표현이 동일하기 때문에 다른 맛깔들끼리 힉스 스칼라와 유카와 상호 작용을 하는 것은 게이지 대칭성을 위반하지 않는다. 유카와 상호 작용은 다른 맛깔들 사이를 전달하는 것이 허용이 되고, 일반적으로 유카와 상호 작용은 맛깔 대칭성을 완전히 깨 버리게 된다. 그 결과로 쿼크와 렙톤은 제각각 다른 질량을 가질 수 있고, 다른 맛깔들 사이의 변환이 가능해진다. 문제는 맛깔 대칭성이 완전히 깨져 버렸기 때문에 쿼크와 렙톤의 질량과 섞임에 대한 아무런 제약이 없고, 따라서 이들 모두가 표준 모형의 입력 매개 변수가 돼 버린다는 것이다. 더군다나 이들에 대한 실험값들이 눈에 띄는 규칙성을 보이지 않는다는 것이 맛깔 문제를 더욱 어렵게 하고 있다. 쿼크들의 질량을 보면 꼭대기 쿼크(t)만 전자기약 척도 수준으로 무겁고 나머지 쿼크들은 상대적으로 매우 가벼우며, 가벼운 쿼크들이나 렙톤들의 질량에도 뚜렷한 규칙성은 없다. 유카와 상호 작용에도 (축소된) 맛깔 대칭성을 부여해서 입력 매개 변수의 수를 줄이면서 이런 양태를 설명하려는 다양한 시도가 있었지만, 그럴듯하게 성공적인 모형은 아직 나타나지 않았다. 현재까지도 맛깔 문제에 대한 그럴듯한 해결책은 없는 상황으로, 맛깔 문제는 표준 모형이 가진 가장 어려운 문제로 생각되고 있다. 맛깔 문제를 좀 더 근본적으로 파고들면, 게이지군과 페르미온 표현들의 선택 문제로 생각할 수 있다. 게이지 대칭성이 상호 작용의 형태는 결정하지만, 어떤 표현의 페르미온들이 존재해야 하는지는 결정해 주지 않는다. 표준 모형의 페르미온 구성은 드러난 실험 결과만을 반영한 것으로, 이것을 결정할 수 있는 어떤 원리가 있는지는 아직 모르고 있다.

자연스러움 문제

이제 질문의 방향을 바꿔 보겠다. 어떤 기준에서 봤을 때 표준 모형에는 일반적인 예상에 비해 이상하게 매우 작은 값을 가지는 매개 변수들이 있다. 대표적으로 약한 보손들의 질량이 그렇고, 다음으로 강한 *CP* 위상이 그렇고, 중성미자의 질량이 그렇다. 이 값들은 이론적으로 자연스럽게 예측되는 값들이 있는데, 실험값들이 이 예측값들에 비해 매우 작은 것으로 나타난 것으로, 이런 (이론적인) 문제를 자연스러움 문제naturalness problem라 한다. 대개의 경우 어떤 매개 변수가 0이거나 아주 작은 것은 대칭성과 관련이 있다. 그 매개 변수를 0으로 놓았을 때 대칭성이 있고, 0이 아닐 때 그 대칭성이 깨진다면, 그 값이 작은 이유가 그 대칭성으로 인해서라고 보는 것이다. 대칭성과의 관련이 중요한 이유는 대부분 매개 변수가 상호 작용들에 의해 재규격화가 되는데, 대칭성이 없는 경우는 재규격화의 영향이 작게 조절이 안 되기에 큰 값들 사이의 미세 조정을 통해서만 작은 값들을 얻을 수 있기 때문이다. 미세 조정이 기술적으로 가능은 하지만 자연스럽지는 않다는 것이다. 이제 표준 모형이 가진 자연스러움 문제들을 살펴보기로 하자.

표준 모형이 가지고 있는 대표적인 자연스러움 문제가 게이지 계층성 문제다. 약한 보손의 질량은 힉스 스칼라장의 진공 기대치로 결정되고, 그 값은 100GeV 근처로 이를 전자기약(에너지) 척도라 한다. 힉스장의 진공 기대치는 퍼텐셜에 나오는 두 개의 매개 변수, 자체 상호 작용 결합 상수 λ와 스칼라질량제곱 m^2에 의해 결정된다.• 두 매개 변수는 상호 작용에 의해 재규격화가 되는데, 스칼라질량제곱의 재규격화가 되는 양상이 문제가 된다. 재규격화된 질량제곱을 m^2, 벌거벗은 질량제곱을 m_0^2, 차단 척도cutoff scale••

• 힉스 입자의 질량은 매개 변수 m^2이 결정한다.

를 M이라 하면 재규격화는 $m^2 = m_0^2 - M^2$의 형태로 주어진다. 여기서 차단 척도의 크기가 문제인데, 표준 모형에 다른 질량 척도가 도입되지 않는다면 플랑크 척도가 자연스러운 크기가 될 것이다. 그렇다면 벌거벗은 질량도 10^{19}GeV 정도인 플랑크 척도의 값을 가져야 하고, 둘 사이의 차가 10^{-17} 이상의 정확도로 미세 조정되어야만 재규격화된 질량제곱의 크기로 100GeV 정도인 전자기약 척도를 얻을 수 있는 억지스러운 상황이 된다.

스칼라질량제곱의 문제를 대칭성의 관점에서 볼 수도 있는데, 스칼라 질량제곱을 0으로 놓더라도 새롭게 나타나는 대칭성이 없다는 것이 문제의 원인이다. 즉 스칼라질량제곱을 0으로 놓아도 이것을 보호해 줄 대칭성이 없고, 그렇다면 그 크기는 그 이론이 가진 자연스러운 질량 척도의 크기를 가져야 하는데, 표준 모형에서 그 자연스러운 질량 척도는 플랑크 척도가 된다. 따라서 표준 모형에서 힉스 입자와 약한 보손의 질량을 결정하는 전자기약 척도는 플랑크 척도 크기 정도가 자연스러운 크기라 볼 수 있는데 반해 실제 크기는 그보다 10^{-17}이나 작은 것이다. 따라서 두 에너지 척도 사이에 왜 이렇게 큰 차이가 나는지에 대한 이론적인 설명이 필요한데, 이를 게이지 계층성 문제gauge hierarchy problem라 한다.

표준 모형에서는 페르미온들의 질량도 힉스장의 진공 기대치가 그 척도를 정해 준다. 페르미온들도 스칼라와 같이 자연스러운 질량 크기가 플랑크 척도가 될까? 스핀 1/2 페르미온들의 질량은 스핀 0인 스칼라의 질량과는 재규격화 양상이 다르다. 이는 페르미온들에 대해서는 질량을 0으로 만들 수 있는 대칭성이 존재하기 때문이다. 이 대칭성은 손지기 대칭성으로 왼손 스피너와 오른손 스피너가 서로 독립적으로 변환되는 대칭성이다. 표준

●● 표준 모형을 유효하게 쓸 수 있는 최대 에너지 척도다.

모형의 왼손 스피너와 오른손 스피너는 서로 다른 게이지군 표현들이어서 서로 독립적으로 변환되고, 그래서 손지기 대칭성을 가지게 된다. 이 손지기 대칭성이 페르미온 질량의 재규격화에 차단 척도가 바로 들어오는 것을 막아 주기 때문에 미세 조정을 하지 않고도 작은 값을 유지할 수 있고, 따라서 페르미온들은 자연스럽게 질량이 작을 (또는 0일) 수 있다.

현재까지 제시되었던 게이지 계층성 문제를 푸는 방법들은 대개 표준 모형을 확장해서 차단 척도를 전자기약 척도보다 조금 더 큰 정도로 만드는 것으로, 그러면 합리적인 수준의 미세 조정을 통해서 전자기약 척도를 얻을 수 있다. 그렇지만 이것은 에너지가 차단 척도를 넘어가면 더 이상 표준 모형이 유효하지 않고 더 확장된 이론이 적용되어야 한다는 것을 뜻한다. 그런데 새롭게 확장된 이론의 입자에서 보면 이 차단 척도는 표준 모형의 전자기약 척도와 같이 필요에 의해서 도입된 에너지 척도고 결국은 자연스러운 크기가 다시 플랑크 척도가 되어 버릴 수가 있다. 이것을 피하기 위해서는 원하는 플랑크 척도로부터 미세 조정에 의존하지 않고 자연스럽게 훨씬 작은 크기의 차단 척도를 얻을 수 있는 어떤 메커니즘이 필요하다. 이에 대한 여러 제안들 중에 관심을 둘 만한 세 가지를 소개한다.

강한 게이지 상호 작용

표준 모형에는 서로 무관하며 기원이 다른 두 개의 에너지 척도가 들어 있다. 하나는 힉스 스칼라장의 진공 기대치를 통해 약한 보손의 질량을 결정하는 전자기약 척도이고, 다른 하나는 양자 색소 역학의 비섭동 효과가 드러나는 에너지인 양자 색소 역학 척도(Λ_{QCD})로 크기는 수백MeV 정도이고, 강한 상호 작용에 의한 바리온의 질량을 결정한다.

일반적으로 비가환 게이지 상호 작용의 결합 상수는 에너지가 줄어들면서 커지는 달림 현상을 보이는데, 결합 상수가 충분히 커져서 비섭동 효과가 나타나는 에너지 척도가 있게 된다. 결합 상수의 달림은 에너지의 로그 값에 비례하기 때문에 플랑크 척도에서 작은 값으로 시작하면 달림의 정도에 따라 비섭동 효과가 나타나는 에너지 척도가 자연스럽게 플랑크 척도에 비해 매우 작을 수 있다. 표준 모형에 힉스 스칼라를 도입하는 대신, 적절한 비가환 게이지를 추가하고 이 게이지군 전하를 가진 페르미온들을 도입하여 비섭동 효과를 통해 (양자 색소 역학의 비섭동 효과가 손지기 대칭성의 자발적 깨짐을 주듯이) 전자기약 대칭성의 자발적 깨짐을 줄 수 있다. 이렇게 하면 전자기약 척도가 적어도 기술적으로는 자연스럽게 된다.

초대칭성

초대칭성supersymmetry 변환은 민코프스키 시공간의 푸앵카레 변환에 페르미온과 보손을 서로 바꾸는 변환을 더하여 확장한 것이다. 따라서 초대칭성이 있으려면 페르미온과 보손이 짝을 이루어야 하고, 서로를 초대칭짝supersymmetric partner이라 한다. 초대칭성이 있으면 스칼라질량제곱의 자연스러움 문제를 대칭성을 통해 해결할 수 있다. 스핀 1/2 페르미온은 손지기 대칭성에 의해 질량이 0이 될 수 있으므로, 여기에 초대칭성을 부여하면 두 대칭성의 결합에 의해 초대칭짝인 스칼라의 질량도 0이 되어야 한다.

섭동론의 관점에서 보면 스칼라질량제곱에 대한 양자 역학적 보정은 페르미온이 주는 보정과 보손이 주는 보정의 부호가 서로 반대인데, 초대칭성이 있어서 질량과 전하가 같은 페르미온과 보손이 짝을 이루면 이 둘의 기여가 정확하게 상쇄되어 양자 역학적 보정이 0이 된다. 그러므로 표준 모형을 확장하여 초대칭성을 갖도록 하면 스칼라질량제곱의 문제가 사라지고, 이를 통해 게이지 계층성 문제를 자연스럽게 해결할 수 있다. 다만 이것을 표준 모형에 적용하려면 먼저 해결돼야 할 문제들이 있다.

첫 번째로 표준 모형에 있는 입자들끼리는 서로 초대칭짝이 될 수 있는 페르미온–보손 쌍을 찾을 수 없어서 모든 입자들에 대해 초대칭짝을 도입해야 한다. 스핀 1/2인 쿼크와 렙톤은 스핀 0 스칼라 초대칭짝이 필요하고, 스핀 0인 힉스 스칼라와 스핀 1인 게이지 보손들은 스핀 1/2인 스피너 초대칭짝이 필요하다. 쿼크와 렙톤의 초대칭짝은 스쿼크squark와 스렙톤slepton이라 하고 힉스 스칼라와 게이지 보손들의 초대칭짝은 각각 힉시노higgsino와 게이지노gaugino라 한다. 힉스 스칼라 관련해서는 초대칭성 때문에 표준 모형과 달라지는 점이 생기는데, 유카와 상호 작용을 통해 쿼크와 렙톤들에 질량을 주기 위해서는 위 쿼크 계열(u, c, t)과 아래 쿼크 계열(d, s, b, e, μ, τ)에 각각 결합하는 두 개의 힉스 스칼라가 필요하다. 이렇게 표준 모형을 최소한으로 확장하여 초대칭성을 갖도록 한 모형을 최소 초대칭 표준 모형(minimal supersymmetric standard model: MSSM)이라 한다. 많은 수의 초대칭짝이 들어옴에 따라 새로운 심각한 문제가 하나 생긴다. 표준 모형에서는 게이지 대칭성에 의해서 바리온 수와 렙톤 수가 자동으로 온곳 대칭성이 되었는데, 최소 초대칭 표준 모형에서는 일반적으로 바리온 수와 렙톤 수 위반이 생긴다는 것이다. 이것을 막기 위하여 추가로 R 반전R parity이라는 새로운 이산 대칭성discrete symmetry을 부여하는데, 표준 모형에 있던 입자들은 +1, 그들의 초대칭짝들은 −1로 R 전하를 주는 것이다. R 반전은 바리온 수와 렙톤 수를 보존하게 만들 뿐만 아니라 가장 가벼운 초대칭 입자(Lightest Supersymmetric Particle: LSP)는 붕괴하지 않게 한다.• 가장 가벼운 초대칭 입자는 안정되고 대개 약한 상호 작용만을 하기 때문에 암흑 물질의 강력한 후보로 많이 거론되고 있다(6장 '암흑 물질' 참조).

두 번째로 초대칭 표준 모형의 가장 심각한 문제는 질량과 전하를 갖고 있고 스핀만 다른 초대칭짝들이 우주에서나 거대 가속기에서 아직 하나도 발견되지 않았다는 것이다. 이에 대한 가장 타당한 설명은 초대칭짝들이 표준 모형의 입자들보다 훨씬 질량이 커서 현재의 거대 가속기들이 도달할 수 있는 에너지에서도 초대칭짝 입자들을 만들거나 그 효과를 보지 못한다는 것이다. 초대칭성의 여러 장점을 유지하면서 표준 모형의 입자들은 질량이 작은 반면, 그 초대칭짝들이 질량을 크게 하는 것은 초대칭성의 부드러운 깨짐soft breaking을 통해 구현이 가능하다.●● 초대칭성의 부드러운 깨짐을 구현하는 방법도 여러 가지가 제안되었는데, 이 중 많이 활용되는 것은 초대칭 표준 모형의 입자들과는 중력 이외의 상호 작용은 없는 입자들로 구성된 숨겨진 부분hidden sector이 있어서 이 부분에서의 동역학에 의해 초대칭성이 자발적으로 깨지고 이 효과가 중력을 통해서 초대칭 표준 모형으로 전달되는 방법이다. 그 결과 초대칭 표준 모형에 있는 초대칭짝들은 비슷한 크기의 질량을 얻게 되는데, 그 크기를 초대칭성 깨짐 척도(M_S)라 하고 크기는 1TeV 정도로 보고 있다. 초대칭성의 부드러운 깨짐은 힉스 스칼라들의 퍼텐셜에도 영향을 주어 전자기약 게이지 대칭성의 자발적 깨짐을 유도하게 되고, 전자기약 척도는 자연스럽게 초대칭성 깨짐 척도보다 조금 작은 크기로 결정이 된다.

표준 모형의 확장 모형들 중에서 초대칭성 표준 모형은 가장 많은 연구

● 초대칭 입자가 붕괴하면 R 전하 보존에 의해 반드시 초대칭 입자가 적어도 하나는 나와야 하는데, 가장 가벼운 초대칭 입자는 붕괴할 수 있는 더 가벼운 초대칭 입자가 없으므로 붕괴할 수 없다. 같은 이유로 바리온 수 보존에 의해 가장 가벼운 바리온인 양성자는 붕괴하지 않는다.

●● 초대칭성의 자발적 깨짐으로는 이를 구현하는 것이 어려운 것으로 밝혀졌다. 부드러운 깨짐은 기술적인 용어로 자발적 깨짐보다는 약간 더 강하게 깨지는 것으로, 스칼라 질량제곱 문제를 악화시키지 않는 범위에서 깨는 것이다.

가 이루어진 모형이다. 1980년대 초끈 이론이 양자 중력 이론을 넘어 '모든 것의 이론'까지 될 수 있다는 기대감이 커지면서, 초끈 이론의 중요한 요소인 초대칭성을 표준 모형에 맞추어 현실적으로 다룰 필요가 제기된 것이다. 현재도 거대 가속기 실험들의 주요 목표들 중 하나는 초대칭짝 입자의 발견을 통해 초대칭성을 확인하는 것이다.

여분 차원

여분 차원extra dimensions을 통해서 게이지 계층성 문제를 해결하려는 제안은 자연의 근본적인 에너지 척도(M)가 1TeV 정도로 전자기약 척도와 크게 다르지 않다는 것을 가정한 것이다. 이렇게 하면 게이지 계층성 문제의 양상이 반대가 되어, 중력의 크기를 나타내는 플랑크 척도($M_p \sim 10^{19}$GeV)가 왜 근본적인 에너지 척도보다 훨씬 큰지를, 즉 중력이 약력을 포함한 다른 힘들에 비해서 왜 그렇게 작은지를 설명해야 한다. 그런데 이에 대한 설명은 공간이 $(3+n)$차원으로 3차원의 무한한 공간과 n차원의 작게 말린 여분 차원으로 구성이 되어 있고, 여분 차원의 크기가 충분히 크거나 충분히 휘어져 있다면 가능하다는 것이다.

$(4+n)$차원 시공간에서는 중력의 크기도 근본적인 에너지 척도인 M으로 주어지는데, 여분 차원의 크기가 R^n이면 4차원 유효 중력의 플랑크 척도는 $M_p^2 = M^{2+n}R^n$이 된다. 따라서 여분 차원의 길이가 $R \sim 10^{30/n-17}(M/\text{TeV})^{1+2/n}$㎝이면 두 에너지 척도의 차이를 설명할 수 있다. 문제는 거리가 R보다 클 때는 중력이 r^{-2}에 비례하지만 R보다 작을 때는 r^{-2-n}에 비례하게 된다는 것이다. 중력이 r^{-2}에 비례한다는 것은 1㎜ 이상의 거리에서는 확인되어 있으므로, 이 제한을 피해 가기 위해서는 여분 차원의 차원이 2 이상($n \geq 2$)이어야 한다. 그런데 전자기력도 차원이 달라지면 똑같이 r^{-2}에서 r^{-2-n}에 비

례하는 것으로 바뀌는데, 전자기력이 r^{-2}에 비례한다는 것은 이보다 훨씬 작은 전자기약 척도($l_{EW}\sim10^{-18}$m)까지 확인이 되어 있다. 이 제한을 피해 가기 위해 중력은 $(4+n)$차원 시공간을 다 전파하지만, 전자기력을 비롯한 다른 상호 작용은 4차원 막 위에서만 전파한다고 가정한다. 이러한 중력과 그 외의 (게이지) 상호 작용이 전파하는 차원이 다른 모형을 막세계brane world 모형이라 하는데, 예를 들어 초끈 이론에 나타나는 D막D-brane을 활용해서 이 모형을 구현할 수 있다. 이 막세계 모형에서는 여분 차원의 크기가 근본거리 척도(M^{-1})보다 훨씬 크기 때문에 큰 여분 차원large extra dimensions 또는 ADD(Arkani-Hamed-Dimopoulos-Dvali) 모형이라 한다. 시공간이 5차원($n=1$)이어도 반-더 시터르Anti-de Sitter 시공간인 경우 여분 차원 방향의 휘어짐에 의해 근본 척도와 플랑크 척도의 계층성을 설명할 수 있는데, 이런 막세계 모형을 휘어진 여분 차원warped extra dimension 또는 RS(Randall-Sundrum) 모형이라 한다.

강한 *CP* 문제와 액시온

강한 *CP* 문제(5장 '양자 색소 역학의 진공 상태와 강한 *CP* 문제' 참조)도 표준 모형이 가진 자연스러움 문제의 하나다. 강한 *CP* 문제를 해결할 수 있는 가장 간단한 방법은 질량이 0인 쿼크가 존재하는 것이다. 그러면 쿼크 질량 행렬의 행렬식이 0이 되고, 따라서 그 위상(θ_Y)이 잘 정의되지 않는다. 이 경우 위상을 아무 값에나 맞출 수 있는 자유가 있고, 그 결과 $\bar{\theta}F\tilde{F}$항은 물리적인 효과가 없어서 강한 *CP* 문제는 사라진다. 그렇지만 여러 실험적 증거들이 질량이 0인 쿼크를 배제하는 것으로 나타나서, 이것은 강한 *CP* 문제의 실제 해결 방법은 아닌 것으로 보인다. 강한 *CP* 문제를 해결하는 가장 잘 알려진 방법은 로베르토 페체이Roberto Peccei(1942~)와 헬렌 퀸Helen

Quinn(1943~)이 제안한 페체이-퀸 메커니즘이다. 페체이-퀸(PQ) 대칭성이라 부르는 온곳 손지기 $U(1)$ 대칭성(손지기의 의미는 왼손 스피너와 오른손 스피너가 다르게 변환된다는 것이다)을 도입하고 큰 에너지 척도(f_a로 쓰고, 액시온 척도라 한다)에서 대칭성의 자발적 깨짐이 일어나도록 하면 손지기 $U(1)$ 대칭성에 해당하는 골드스톤 보손이 나타나는데, 이 골드스톤 보손을 액시온(axion, a)이라 하고 게이지장과는 $(a/f_a)F\widetilde{F}$의 상호 작용을 가진다. 이것은 강한 CP 위상이 상수가 아닌 액시온이라는 동역학 변수가 되었음을 의미하고, 액시온의 진공 기대치가 (기존의 $\theta_{QCD}+\theta_Y$에 더해져서) $\bar{\theta}$의 역할을 하게 된다.

원래 골드스톤 보손은 퍼텐셜(질량)이 없어서 액시온의 진공 기대치는 0에서 2π 사이의 어떤 값도 될 수 있다. 그런데 양자 색소 역학의 시간자 instanton들에 의한 비섭동 효과가 페체이-퀸 대칭성을 깨기 때문에 (손지기 이상이 생기는 것이다) 그 효과로 액시온 퍼텐셜이 생기는데, 흥미롭게도 이 퍼텐셜은 강한 CP 위상이 0이 되는 곳에서 최솟값을 가지고 있음이 밝혀졌고, 진공 상태의 강한 CP 위상은 항상 0으로 맞춰지게 된다. 이 메커니즘이 맞다면 골드스톤 보손에 해당하는 작은 질량을 갖는 새로운 스칼라 입자인 액시온이 존재해야 되는데, 아직 실험으로 그 존재가 확인되지는 않았다. (현재 액시온을 검출하려는 실험들이 진행되고 있다.) 또한 액시온은 우주론에서의 역할도 있을 수 있는데, 액시온 진동을 통해 암흑 물질로 작용할 가능성이 있다(7장 '암흑 물질' 참조).

중성미자 질량

중성미자의 질량은 그 존재 자체가 표준 모형을 확장해야 할 가장 시급한 동기인 동시에 그 크기와 관련된 자연스러움 문제도 가지고 있다. 입자물리 표준 모형에서 중성미자는 왼손 스피너들만 존재하기에 질량을 가질 수 없게 되어 있다. 그런데 중성미자 진동 실험의 결과들은 세 종류의 중성미자들이 수MeV에서 수eV까지의 질량을 가지고 있음을 보여 준다. 이 결과들을 설명하기 위해, 왼손과 오른손 스피너가 모두 있는 전하를 띤 렙톤들과 마찬가지로, 중성미자도 오른손 스피너들을 도입해서 힉스 스칼라의 진공 기대치에 의한 질량을 줄 수 있다. 문제는 실험 결과들로부터 추정되는 중성미자 질량들의 크기는 쿼크는 물론 가장 가벼운 렙톤인 전자의 질량보다도 훨씬 작다는 것이다.

표준 모형에서 쿼크와 렙톤은 어느 정도 대칭적인 구조를 가지고 있는데, 오른손 중성미자가 있으면 전하를 띤 렙톤들(전자, 뮤온, 타우)과 마찬가지로 힉스장의 진공 기대치에 의해 중성미자도 비슷한 크기의 질량을 얻을 것으로 기대한다. 그런데 왜 중성미자의 질량만 이렇게 작은 것일까? 중성미자가 쿼크나 전하를 띤 렙톤에 비해 작은 질량을 갖는 이유를 설명하는 잘 알려진 방법으로 시소 메커니즘seesaw mechanism이 있다. 이것은 오른손 중성미자는 쿼크나 전하를 띤 렙톤과 달리 표준 모형의 게이지군에 대해 전하를 띠고 있지 않기 때문에 마요라나Majorana 질량을 가질 수 있다는 사실을 이용하는 것이다.

마요라나 질량의 크기는 힉스 스칼라의 진공 기대치, 즉 전자기약 척도와는 무관한 새로운 질량 척도로, 이렇게 확장한 표준 모형에서는 그 크기에 대한 제한이 없다. 시소 메커니즘은 오른손 중성미자에 큰 마요라나 질량을 주면 왼손 중성미자의 질량이 아주 작아질 수 있다는 것이다. 왼손과 오른손 중성미자의 질량 행렬을 적어 보면 다음과 같은 구조가 된다.

$$\text{중성미자 질량 행렬} \quad M_\nu = \begin{pmatrix} 0 & m \\ m & M \end{pmatrix}$$

여기서 m은 힉스 스칼라의 진공 기대치가 주는 디랙 질량으로 그 크기는 전하를 띤 렙톤의 질량과 비슷한 크기(~MeV)이고, M은 마요라나 질량으로 디랙 질량보다 훨씬 큰 값을 가졌다고 해 보자. 그러면 중성미자의 질량 고윳값은 $m_{\nu\pm}=(M\pm\sqrt{M^2+4m^2})/2$로 큰 값은 $m_{\nu+}\approx M$, 작은 값은 $m_{\nu-}=-m^2/M$이 되므로 m보다 훨씬 작은 질량을 가지게 된다. 디랙 질량을 전자의 질량 정도인 $m\sim 1\text{MeV}$로 잡으면 $m_{\nu-}\sim 1\text{eV}$ 정도의 중성미자 질량을 얻기 위해 필요한 마요라나 질량은 $M\sim 10^9\text{GeV}$ 정도다. 자연스러움의 입장에서 보면 마요라나 질량의 자연스러운 크기는 전자기약 척도와 마찬가지로 플랑크 에너지가 될 것이다. 그런데 필요한 마요라나 질량의 크기는 이것보다 10^{-10} 정도 작으므로, 이 척도는 어떻게 얻을 수 있는지 설명이 다시 필요하다.

양자 중력

마지막으로 표준 모형이 가진 근본적인 문제인 중력을 어떻게 포함할 것인지를 살펴보자. 표준 모형은 전자기, 강한, 약한 상호 작용을 잘 기술하고 있지만, 중력은 포함되어 있지 않다.

첫 번째 이유는 현재 도달할 수 있는 에너지의 소립자 세계에서 중력은 너무나 미약하기 때문에 다른 상호 작용에 미치는 영향이 없고, 따라서 실험으로 검증할 방법이 없기 때문이다. 그러나 중력의 크기는 입자의 에너지가 커질수록 $G_N E^2$(G_N은 뉴턴 중력상수)에 비례해서 커지고, 플랑크 에너지($M_p\sim 10^{28}\text{eV}$)에 이르면 다른 상호 작용과 비슷한 크기에 도달한다.

두 번째 이유는 다른 세 상호 작용은 양자 역학을 기반으로 하고 있는데 반해, 현재의 중력 이론인 일반 상대성은 고전 역학에 기반하고 있어서, 단순한 결합은 의미가 없다. 그런데 입자의 에너지가 플랑크 에너지에 이르면 중력에도 양자 역학적 효과가 중요해질 것으로 예상된다. 우리의 궁극적 이론은 아주 작은 세계와 큰 에너지의 입자들에도 적용되어야 하므로 중력도 반드시 포함되어야 한다. 중력을 포함하기 위해서는 중력에도 다른 상호작용들과 마찬가지로 양자 역학의 원리들이 적용되어야 하는데, 아직 완전히 해결되지 않고 있다. 일반 상대성에 양자 역학의 원리를 적용하는 기본적인 접근 방법은 일반 상대성은 중력장을 고전적인 장으로 다루는데, 이것을 양자장으로 보고 양자장론의 방법들을 적용하는 것이다. 이렇게 접근했을 때의 문제점은 일반 상대성이 (섭동론의 관점에서) 재규격화가 가능한 이론이 아니라는 것이다. 유효장론의 입장에서 재규격화가 가능하지 않다는 것이 심각한 문제는 아니지만, 궁극적 이론으로서는 재규격화 가능한 이론이 아니면 예측을 할 수 없게 된다. 기술적으로 보면 일반 상대성을 주는 아인슈타인–힐베르트 라그랑지안($\mathcal{L} = -M_p^2 R/2$)을 양자화하면 질량이 0이고 스핀 2인 중력자graviton가 중력의 전달 입자가 되고, 이를 써서 섭동론을 하게 되면 (고리 도형들이 주는 양자 역학적 효과에 의해) 계수가 무한대로 나와서 재규격화가 필요한 항들이 ($R^2, R^3, R^4, \cdots$) 무한히 많이 나타나게 된다. 따라서 이들의 재규격화에 무한히 많은 매개 변수가 필요하게 되기에 실험을 통해 각 항의 계수들을 결정하고 그로부터 예측을 하는 것이 원칙적으로 불가능해지는 것이다. 물론 이 고차항들의 계수는 플랑크 질량 역수의 거듭제곱들에 비례하므로, 플랑크 질량보다 아주 낮은 에너지에서는 무시할 수 있고, 앞의 몇 항만을 고려해서 중력의 양자 역학적 효과를 계산할 수 있다.● 그렇지만 플랑크 에너지보다 큰 영역에서는 어느 항도 무시할 수 없고, 따라

● 이것이 유효장론의 입장이다. 예를 들어 뉴턴 퍼텐셜에 대한 양자 역학적 보정을 계산할 수 있지만, 실제로 측정이 불가능한 정도의 작은 크기다.

서 예측력이 없게 된다. 양자장론의 관점에서 재규격화 불가능 문제가 해결되려면, 결국 어떤 원리나 대칭성이 있어서 (매개 변수를 0으로 만들거나 서로 상관되도록 해서) 매개 변수의 수를 무한에서 유한으로 줄일 수 있어야 하는데, 일반 상대성만으로는 이것이 되지 않는 것이다.•

일반 상대성의 재규격화 문제에 새로운 대칭성을 부과해서 해결을 시도해 볼 수 있는데, 가장 가능성이 높은 것은 초대칭성이다. 온곳 대칭성인 초대칭성을 한곳(게이지) 대칭성으로 만들면 자연스럽게 중력이 나타나게 된다. 이는 초대칭성이 푸앵카레 대칭성의 확장이기 때문에, 그 안에 평행 이동 대칭성이 들어 있고, 이것을 국소 대칭성으로 만들면 일반 공변이 되어 중력이 포함되게 된다. 이런 이유로 한곳 초대칭성을 초중력supergravity이라 부른다. 초중력은 당연히 초대칭성을 가지고, 중력을 전달하는 스핀 2인 중력자의 초대칭짝은 스핀이 3/2인 입자로 그래비티노gravitino라 한다. 초중력은 일반 상대성보다 대칭성이 좋으므로 당연히 중력의 재규격화와 관련하여 개선이 이루어지지만(공간의 차원을 3에서 더 늘려가면 초대칭성이 더 커지고 더 많은 개선이 이루어진다), 불행히도 완전히 해결하지는 못해서 여전히 재규격화가 불가능한 이론임이 밝혀졌다. 중력의 양자화 문제를 해결하려면 초중력보다 더 강력한 무엇인가가 필요하다.

끈 이론

점 입자를 다루는 장론을 버리고, 중력의 양자화를 하는 전혀 새로운 접근

• 일반 상대성은 양자 역학과 양립할 수 없다고 언급되기도 하는데, 이는 너무 강한 표현이다. 질량이 없는 스핀 2인 입자를 양자 역학적으로 다루면 낮은 에너지 극한에서는 항상 일반 상대성이 나온다. 따라서 일반 상대성이 완전하지 않은 것이지 양자 역학과 양립할 수 없는 것이 아니다.

방법이 있다. 양자장론의 재규격화 과정에서 무한대가 나타나는 근본적인 이유는 양자장론이 크기가 0인 점 입자를 가정하기 때문이다. 물질을 구성하는 근본적인 실체가 점 입자가 아니라, 만약 끈이라면 어떻게 될까? 이런 생각을 입자물리학자들이 진지하게 시작한 동기는 사실 중력의 양자화 문제를 풀기 위해서가 아니라 쿼크 가둠 같은 강한 상호 작용 현상을 이해하려는 시도에서 왔다. 핵자들 사이의 핵력의 작용을 1차원 끈의 진동으로 설명해 보려고 했던 것이다.

1960년대 후반부터 활발하게 진행됐던 이런 시도는 1974년 양자 색소역학이 등장하면서 사람들의 관심에서 멀어지게 된다. 하지만 존 헨리 슈워츠John Henry Schwarz(1941~)와 조엘 셰르크Joël Scherk(1946~1980)는 같은 해에 끈의 진동을 양자화했을 때 스핀 2인 입자가 나타나는 것을 발견했고, 끈의 진동을 통해 중력을 포함하는 좀 더 근본적인 이론인 끈 이론string theory의 가능성을 보았다.

끈은 양 끝이 자유로운 열린 끈open string과 고리 형태의 닫힌 끈closed string을 생각할 수 있는데, 끈의 형태에 따라 양자화했을 때 나타나는 고유상태의 에너지와 스핀이 다르고, 이것을 다른 질량과 스핀을 가진 입자들로 볼 수 있다. 끈의 진동으로 다양한 질량과 스핀을 가진 입자들의 존재를 설명할 수 있는 것이다. 다만 끈 이론을 양자화하면 등각 이상conformal anomaly이라는 게이지 이상이 생겨서 문제가 발생하는데, 시공간 차원이 26일 때만 등각 이상이 사라지기 때문에 시공간 차원을 26으로 고정해야 한다. 26차원의 시공간을 받아들여도 두 가지의 문제가 있었는데, 하나는 스핀이 정수인 보손만 나타난다는 것이고, 다른 하나는 타키온(질량제곱이 음수인 입자)이 나타난다는 것으로 이것은 이 이론이 불안정한 진공에 있다는 것을 뜻했다. 이 두 가지 문제는 끈에 페르미온 자유도를 넣어서 해결할 수 있었는데, 이

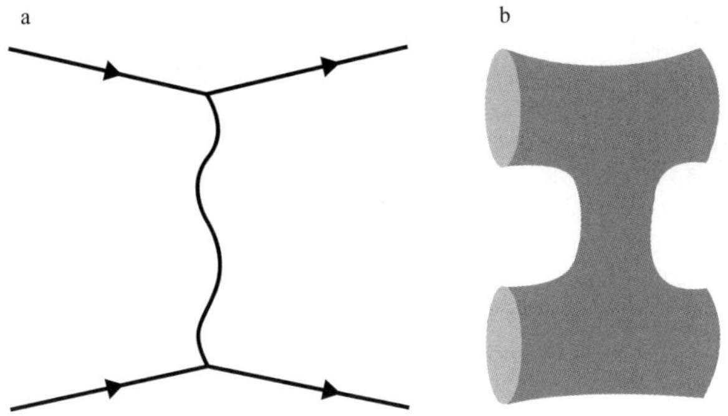

그림 111　끈 이론의 개념. 점 입자들의 상호 작용은 한 점에서 일어나지만, 끈의 상호 작용은 매끄러운 2차원 면에서 일어난다.

렇게 하면 보손과 페르미온 자유도 사이에 초대칭성이 생기고 타키온은 사라졌다. 그리고 등각 이상이 사라지는 시공간의 차원은 26차원에서 10차원으로 바뀌어서, 시공간의 차원을 10으로 고정해야 한다. 이렇게 해서 탄생한 것이 초대칭성을 가진 끈 이론인 초끈 이론superstring theory이다.

그런데 초끈 이론이 소립자들과 그 상호 작용을 기술하려면 넘어야 될 산이 하나 더 있었다. 열린 끈으로부터 스핀 1이고 질량이 0인 입자들이 나타나는데, 이것은 초끈 이론이 게이지 이론을 포함한다는 것을 의미한다. 또한 페르미온 자유도에서 스핀 1/2인 왼손 또는 오른손 스피너들이 나타나는데, 왼손 또는 오른손이 서로 독립적으로 나타나는 이론을 손지기 이론이라 한다. 손지기 게이지 이론은 양자화하면 게이지 이상과 중력 이상이 생길 수 있는데, 이것이 있으면 이론에 자체에 모순이 생겨서 문제가 된다.

1984년 영국 물리학자 마이클 그린Michael Green(1946~)과 미국의 물리학자 존 슈워츠는 열린 끈과 닫힌 끈의 조합을 잘 구성하여 게이지 이상과 중력 이상이 사라지는 초끈 이론의 구성을 하나 찾아냈다. I형 초끈 이론type I string theory이라 불리는 이 이론의 발견으로, 초끈 이론은 중력과 게이지 이론들을 동시에 포함할 수 있는 준비가 된 것이다. 이후 IIA형, IIB형, Heterotic–$SO(32)$, Heterotic–$E_8 \times E_8$의 네 가지가 더 발견되어 가능한 초끈 이론은 모두 5개가 되었다. 사람들은 이 시기를 초끈 이론의 제1 혁명기라 부른다. 초끈 이론은 중력(스핀 2 중력자)과 게이지 상호 작용(스핀 1 게이지 보손)을 모두 포함하여 재규격화가 가능한 이론이고 상호 작용은 물론 물질(스핀 1/2 페르미온)까지 한꺼번에 다 설명할 수 있는 꿈의 이론이어서 많은 사람들의 관심을 끌어들이기에 충분했다.

상세하게 들여다보면 그 꿈을 실현하기 위해서 넘어야 할 산들이 많았다. 우선 초끈 이론이 정의된 시공간은 10차원인데, 우리는 4차원만 보고 있으므로, 나머지 6차원은 어떻게 숨겨진 것인지 밝혀야 한다. 또한 초끈 이론은 초대칭성을 가지고 있는데, 우리는 초대칭짝들을 보지 못했으므로, 초대칭성은 어떻게 된 것인지 밝혀야 한다. 이와 관련해서 유용한 것이 초끈 이론과 초중력의 관계인데, 초끈 이론은 플랑크 에너지보다 낮은 에너지에서는 특별한 형태의 10차원 초중력 이론으로 기술될 수 있다. 9차원의 공간 중 6차원을 칼라비–야우Calabi-Yau 공간이라 불리는 특별한 형태의 공간으로 잡으면 10차원($N=4$) 초대칭성이 깨져서 4차원($N=1$) 초대칭성만 남게 된다. 이것은 4차원 초대칭 표준 모형을 얻는 발판이 될 수 있다. 이렇게 해서 초대칭 표준 모형(의 게이지군과 입자 구성)을 얻으려는 많은 노력이 있었으나 초끈 이론이 표준 모형을 줄 수 있다는 확실한 증거는 아직 찾지 못했다.

1990년대에 초끈 이론의 제2 혁명이 일어났다. 미국의 물리학자 에드워드 위튼Edward Witten(1951~)은 5개의 초끈 이론이 모두 M 이론이라 부르는 11차원 이론의 특정 극한에서 나오는 이론이라는 증거들을 발견했고, 이를 바탕으로 여러 초끈 이론들을 M 이론 하나로 통합될 수 있는 가능성을 열었다. 그렇지만 아직도 M 이론의 실체가 무엇인지는 확실히 밝혀지지 않았다. 이와 비슷한 시기에 미국의 물리학자 조지프 폴친스키Joseph Polchinski(1954~2018)는 끈 이론에 끈뿐만이 아니라 D막이라 하는 새로운 자유도를 반드시 포함해야 한다는 것을 발견했다. 이 발견으로 끈 이론의 다양성이 크게 증가했으며, D막 위에서만 존재하는 자유도를 바탕으로 막세계 이론 등이 활발하게 연구되었다. 1997년에는 아르헨티나의 물리학자 후안 말다세나Juan Maldacena(1968~)가 끈 이론을 통해서 AdS/CFT 대응이라 부르는 반-더 시터르 시공간에서의 중력 이론과 그 공간의 표면에서 정의된 등각장론conformal field theory이 동등하다는 연결 고리를 찾았는데, 홀로그래피 원리의 일종으로, 블랙홀 엔트로피 등 중력의 내면을 이해하는 데 도움을 주었다.

2000년대에는 초끈 이론이 수많은(대략 10^{500} 또는 그 이상의) 서로 다른 진공 상태를 가진다는 이른바 초끈지형string landscape이 발견되었고, 이것은 다중 우주multiverse를 논의하는 이론적 발판이 되었다(7장 '우주의 시작과 끝' 참조). 끈 이론은 지금도 발전 중이고, 어떤 새로운 결과를 내놓을지 지켜볼 가치가 있다. 초끈 이론은 중력의 양자화뿐만 아니라 모든 상호 작용과 물질들을 통합하려는 야심찬 이론이다. 현재 초끈 이론의 문제점은 아직도 초끈 이론을 충분히 이해하지 못하고 있다는 것이고, 이보다 더 심각한 문제점은 실험적 증거가 하나도 없다는 것이다. 아마도 초끈 이론의 첫 단서는 초대칭성의 발견일 것이다. CERN의 LHC 실험에서 초대칭 입자가 발견된다면 초끈 이론은 피할 수 없는 선택이 될 수도 있다.

초끈 이론이 점 입자를 끈으로 바꿈으로써 중력의 양자화를 얻었다면, 시공간에 직접 양자 역학적 성질을 부여하는 접근 방법도 있다. 대표적인 것이 고리 양자 중력loop quantum gravity 이론이다.• 시공간이 플랑크 척도의 크기에서는 알갱이 구조granular structure를 가진다는 것으로, 시공간의 면적과 부피에 해당하는 연산자가 이산 스펙트럼을 가져서 양자화된다는 것에서 출발한다. 그 결과 일반 상대성의 매끄러운 시공간은 교점들nodes과 이들을 잇는 연결들links로 이루어진 네트워크로 바뀌게 된다. 시공간이 이런 구조를 가지면 물질을 기술하는 자유도는 교점과 연결 위에 정의되어야 하고, 시공간 구조와 합쳐져서 스핀 네트워크라는 것을 구성하게 된다. 고리 양자 중력도 초끈 이론과 마찬가지로 지금도 발전 중인 이론이다. 스핀 네트워크의 동역학을 통해서 어떻게 일반 상대성이 얻어질 수 있고, 양자 역학적 효과들은 어떻게 나타나는지는 아직도 완벽하게 이해되지는 않았지만, 고리 양자 중력을 써서 블랙홀 엔트로피와 초기 우주를 이해하려는 시도가 이루어지고 있다. 한편, 초끈 이론과 고리 양자 중력은 출발점이 다르고 겉모습은 더욱 달라 보이지만 사실은 동전의 양면같이 한 이론의 다른 면을 보는 것일 수 있다는 주장도 제기되고 있다.

중력의 양자화와 관련해서 좀 더 실제적인 질문을 해 보자. 우리가 양자 중력의 효과를 볼 수 있는 상황이 있는가? 일반 상대성은 우주 척도의 물체를 다룰 때 주로 쓰이고 양자 역학은 원자 척도의 물체를 다룰 때 주로 쓰인다. 이 대상의 차이로 인해 둘을 같이 다룰 필요가 있는 경우는 드물다. 그렇지만 양자 역학의 원리에 따르면 작은 척도로 갈수록 에너지가 커지고 결국 플랑크 척도에 이르게 되면 중력과 그 양자 역학적 효과가 중요해진다. 현재의 (그리고 앞으로도?) 입자 가속기를 통해서는 이 에너지에 도달할 가능성은 없어 보이므로, 지상에서 양자 중력 이론을 직접적으로 실험해 볼

● 고리 양자 중력이란 이름은 시공간을 양자화하는 기본 방정식인 휠러-드윗Wheeler-DeWitt 방정식의 해가 고리loop로 분류되는 것에서 온 것이다.

가능성은 거의 없다. 우주는 양자 중력이 필요한 극단적인 상황을 포함하고 있는데, 대표적인 예가 블랙홀과 초기 우주다. 일반 상대성의 관점에서는 두 경우 모두 특이점을 가지고 있다는 공통점이 있다. 특이점에서는 물질과 시공간 모두 극한 상황으로 내몰리는데, 이것을 이해할 수 있는 통합된 이론이 있다면 어찌 끌리지 않겠는가?

6장

팽창하는 우주

17세기 전후에 행성들이 지구가 아니라 태양을 중심으로 회전한다는 사실을 알아낸 것은 인류의 세계관에 큰 전환을 가져 왔다. 이후 이런 행성의 운동을 설명하는 이론으로 등장한 것이 뉴턴의 운동의 법칙과 중력의 법칙이었다. 20세기 초에 우주가 팽창하고 있다는 사실을 발견한 것은 그에 견줄 획기적인 사건이다. 우주에 대한 인류의 인식은 영원불변한 우주에서 팽창하는 우주로 전환되었다. 우주의 팽창을 설명할 수 있는 새로운 이론이 우연히도 비슷한 시기에 이 발견과는 무관하게 등장했다. 바로 아인슈타인의 일반 상대성으로 시공간의 동역학을 다루는 새로운 중력 법칙이다. 시공간의 동역학은 물질이 결정한다. 양자 역학으로부터 출발한 원자와 소립자에 대한 이해는 물질의 동역학을 다루는 입자물리 표준 모형으로 귀결됐다.

이 장에서는 3장 시공간과 상대성에 다룬 일반 상대성과 5장 소립자와 표준 모형에서 다룬 물질의 동역학을 기반으로 팽창하는 우주를 설명하는 표준 우주론인 빅뱅 이론을 다룬다. 우주는 소립자들로 이루어진 뜨거운 플라즈마 상태에서 시작됐다. 물질은 우주를 팽창시키고, 뜨거웠던 물질은 팽창에 의해 식어 가면서 우주의 역사가 만들어진다. 우주 역사의 대표적인 결과가 빅뱅 핵합성으로 만들어진 가벼운 핵들과 광자의 분리로 나타나는 우주 마이크로파 배경 복사다. 빅뱅 이론과 입자물리 표준 모형은 가벼운 핵들의 존재와 우주 마이크로파 배경 복사의 존재를 성공적으로 설명했고, 이 덕분에 빅뱅 이론이 표준 우주론으로 받아들여지게 됐다. 한편 은하들의 분포가 보이는 거대 구조나 우주 마이크로파 배경 복사의 비등방성을 설명하는 데 현재 입자물리 표준 모형은 부족하다. 입자물리 표준 모형으로는 설명이 안 되는 암흑 물질과 암흑 에너지의 존재가 드러난 것이다. 빅뱅 이론이 설명하는 우주의 역사를 쫓아가 보는 것은 흥미진진하지만 만만치 않다. 우주론이 최근에 이룬 눈부신 발전의 주역인 우주 배경 복사의 비등방성과 은하들의 거대 구조 형성 부분이 특히 그럴 것이다. 어렵다고 느껴진다면 그 결과만을 음미해도 좋다.

1. 우주론

우주론cosmology은 우주의 구조, 기원, 진화와 이를 지배하는 물리 법칙을 알아내기 위해 우주를 과학적으로 연구하는 학문이다. 물론 우주에 대한 인류의 궁금증은 시대를 초월한 것이어서 과학적인 방법으로 우주를 다루기 전에도 우주에 대한 당시의 생각들을 담은 다양한 우주론이 존재했다. 우주는 우리가 살고 있는 전체 시공간과 그 안에 담겨 있는 삼라만상을 다 포함하기에, 우주론은 당대 사람들의 궁극적인 호기심을 담아내는 그릇이고 그 시대의 지식과 사상의 집합체였다. 각 시대의 우주론들을 살펴보고 그 속에 담긴 지혜를 배워 보는 것도 유익할 것이다.

고대 인도인들의 우주를 묘사한 그림 112를 보자. 사람들이 사는 땅을 여러 동물들이 차례로 떠받치는 구조를 가지고 있다. 인도인들은 왜 이런 황당해 보이는 우주를 생각했을까? 여러 관점에서 나온 답들이 있을 수 있겠지만, 물리적인 관점에서 답을 제시하자면, 아마도 세상의 모든 것이 아래

그림 112 고대 인도인의 우주. 고대 인도인들은 사람들이 살고 있는 땅을 코끼리가 떠받치고 있어서 밑으로 떨어지지 않는다고 믿었다. 그럼 그 코끼리들은 어디에 서 있는 것일까? 그들은 거북 등에 올라타고 있다. 그럼 거북을 떠받치는 것은? 거북은 똬리를 튼 뱀이 받치고 있다. 그렇다면 뱀은? 이렇게 계속되면 끝이 안 날 것 같자 뱀은 자신의 꼬리를 물고 스스로 떠 있을 수 있는 것으로 보았다.

로 떨어진다는 사실을 반영한 것이 아닐까 싶다. 모든 것이 아래로 떨어지는데, 땅은 왜 아래로 떨어지지 않는지에 대한 대답을 담고 있는 것이다. 하지만 땅이 아래로 떨어지는 것을 막기 위해 다른 것으로 떠받치는 구조는 그것이 끝없이 이어져야 하는 문제를 안고 있어서, 결국 어느 선에선가 이 돌려 막기를 다른 방법으로 끝내야 한다. 고대 인도인들은 결국 자신의 꼬리를 입에 물고 스스로 떠 있는 뱀을 생각해 냈다. 이는 땅을 둘러싸고 있는 하늘에 대한 형상일 것이다. 이 그림을 그저 재미있는 발상 정도로 넘길 수도 있겠지만, 이 이어지는 돌려 막기를 어떻게 끝낼 수 있는가는 우리 우주의 시작을 설명할 때도 풀어야 하는 숙제다.

고대 바빌로니아인들의 우주를 보여 주는 그림 113을 보자. 이들의 우주는 땅, 물, 하늘이 구분되어 나타나고, 하늘과 땅이 각각 세 층을 가진 복잡한 구조를 하고 있다. 하늘이 세 층으로 된 것은 어떤 이유가 있겠지만, 바빌로니아인들이 천문 관측에 열심이었다는 것을 반영한다. 천문 현상, 기

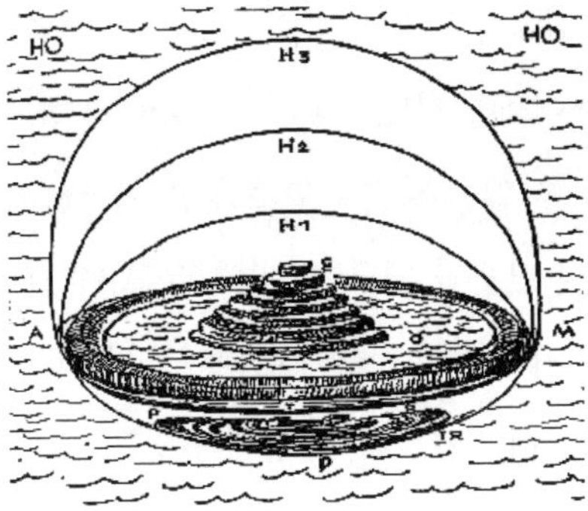

그림 113 바빌로니아인의 우주. 바빌로니아인들에게 우주는 물속에서 탄생한 생명의 보금자리였다.

상 현상에 대한 지식이 늘어나면서, 하늘에서 구분해 설명해야 될 현상이 많아졌던 것이다. 바빌로니아인의 우주에서 특징적인 것은 물이 강조되고 있다는 점이다. 땅 주위, 땅 밑, 그리고 하늘의 바깥에는 온통 물이 있다. 이들의 우주는 왜 온 사방에 물이 있을까? 아마도 세상은 어떻게 생겨났으며 무엇으로 만들어져 있는가가 이들에게 중요한 호기심으로 떠올랐기 때문으로 보인다. 우주를 만들어 낸 물질에 대한 고민을 담은 것이다. 그들은 생명체에게 중요한 역할을 하는 물이 보여 주는 다양한 현상을 통해 물이 우주 탄생의 주역이라고 생각했다. 바빌로니아인에게 우주는 물속에서 탄생한 생명의 보금자리였던 것이다. 이 생각은 고대 그리스에도 전승되어, 탈레스는 '만물의 근원이 물'이라고 주장했다. 우주를 탄생시킨 물질이 무엇인가는 현대 우주론에서도 유효하면서 또한 중요한 질문이다.

(1장의) 그림 3은 고대 그리스인들의 우주를 보여 준다. 바빌로니아에서 그리스로 이어지면서 사람들은 꾸준한 천문 관측을 통해 해, 달, 5행성들의 움직임에 주목하고, 여기서 규칙성을 찾아내게 된다. 인류의 관심이 땅에서 하늘로 확대되고, 하늘의 구조뿐 아니라 그 안에 있는 천체의 운동에 대한

이해를 시도했다는 점에서 큰 변화가 있다. 우주의 주역이 하늘로 바뀌었을 뿐만 아니라 세밀한 이해를 시도하기 시작한 것이다. 지속적인 관측 자료의 축적은 이를 설명할 수 있는 더 정교한 모형을 요구했고, 그림에 묘사된 아리스토텔레스 시대의 단순한 지구 중심 모형에서 출발해 프톨레마이오스의 복잡하고 정교한 지구 중심 모형에 이를 수 있었던 것이다. 한편 고대 그리스인들의 우주는 당대 관측 기술의 한계도 명확히 보여 준다. 천체까지의 거리를 알 수 없었기에 행성들은 주기의 순서로 균등하게 나누어진 하늘의 껍질들을 하나씩 차지해 돌고, 별이 모두 같이 돌아가는 것은 하늘의 맨 마지막 껍질인 천구에 박혀 있어서 그런 것이라고 이해했다.

코페르니쿠스가 태양 중심 모형을 부활시킨 이후, 지구 중심 모형과 태양 중심 모형의 대립, 티코의 방대하고 정밀한 관측, 케플러의 행성 운동 법칙 발견, 갈릴레이의 망원경을 통한 천체 관측, 뉴턴의 운동 법칙과 중력 법칙을 통한 행성 운동의 이해로 이어지는 과정을 통해 그 당시의 우주라 할 수 있는 태양계를 거의 완벽하게 이해해 냈던 것은 인류의 획기적인 성과였다. 관측과 이론이라는 과학적인 방법으로 당시의 우주를 어떻게 이해하는가를 잘 보여 주었고, 천체의 운동을 이해하려던 시도는 물리학이라는 새로운 과학의 분야가 탄생하는 계기가 되었다. 반면, 엄청난 성공에도 불구하고 결국 우주론은 그 시대의 관측 능력과 지식에 좌우될 수밖에 없다는 사실 또한 명확히 보여 준다. 천체까지의 거리는 여전히 알 수 없었고, 태양계 밖의 우주는 여전히 너무 멀리 있어서 당시의 우주론에서는 제대로 담아내지 못했던 것이다.

19세기에 별까지의 거리 측정에 성공하면서부터 우리의 우주는 별들의 바다로 확장된다. 이후 현재 우주의 모습을 파악하는 데는 거리 측정 기술이 결정적인 역할을 했으며, 그 바탕에는 망원경의 발전, 사진 기술의 발명, 빛의 스펙트럼 분석과 같은 과학 기술의 발전이 있었다. 세페이드 변광성이라는 표준 촛불의 발견은 인류가 별들의 바다인 은하수를 넘어 은하들의 바다인 현재의 우주로 넘어가는 사다리가 되었다. 이를 통해 은하들까지의 거리를 알 수 있게 되었고, 허블의 법칙과 우주의 팽창을 발견하면서 20세기 우주의 모습은 별들의 바다에서 은하들의 바다로, 영원불변한 정적인 우주에서 팽창하는 동적인 우주로 완전히 바뀌었다.

이런 우주의 모습을 체계적으로 설명할 수 있는 과학 이론이 우연히도 비슷한 시기에 성립되었다. 뉴턴이 행성의 운동을 이해한 틀이 운동의 법칙과 중력의 법칙이었다면, 현재 우리 우주를 이해하는 틀은 일반 상대성과 입자물리학에 기반을 둔 시공간과 물질의 동역학이라 할 수 있다. 우주가 팽창하고 있다는 사실과 양자 역학의 원리는 우주를 이해하려면 거시 세계뿐만 아니라 미시 세계에서의 시공간과 물질에 대한 이해가 요구된다.

이 장에서는 앞에서 다룬 일반 상대성과 입자물리학을 바탕으로 시공간과 물질의 동역학이라는 틀에서 현재 인류가 이해한 우주를 살펴보고자 한다. 우수론의 역사가 보여 주듯이, 현재의 우주론도 완벽한 최종 이론은 절대 아닐 것이다. 현재의 우주론 자체도 많은 의문점들이 있으며, 미래에는 우리 우주의 범위가 더 확장될 수도 있다. 현재의 우주론도 앞선 우주론들과 마찬가지로 현재 인류의 지식과 호기심을 담아내는 것임을 명심해야 한다. 그러기에 우주론을 음미하는 데는 알려진 질문들에 대한 답을 이해하는 것도 중요하지만, 더 중요한 것은 새로운 질문들을 찾아내는 것이다. 과학에서는 언제나 답보다 질문이 더 중요하다. 현재의 우주론을 배워 가면서 우리 시대의 호기심은 무엇인가, 우주에서 앞으로 무엇을 어떻게 들여다봐야 할 것인가를 생각해 보면 더 재미있을 것이다. 이 장과 다음 장을 읽으며 현재 우주론에 대한 이해와 더불어 자신의 질문을 만들어 보기를 권한다.

2. 우주의 모습

현재 인류가 파악한 우주의 모습은 어떤 것일까? 2장에서 살펴보았듯이 은하들의 분포와 우주 배경 복사를 통해서 본 우리 우주의 대략적인 모습은 거대 거리 척도에서는 균일homogeneous하고 등방isotropic해, 공간의 모든 곳이 동일하며 특별한 방향성이 없고, 그보다 작은 거리 척도에서는 초은하단과 은하단 같은 거대 구조들과 은하, 성단에서 별까지 수많은 구조들이 단계적으로 형성되어 있다. 동적인 측면에서는 (가까운) 은하들의 광도 거리-적색 이동의 비례 관계(허블의 법칙)는 우리 우주의 공간이 팽창하고 있다는 것을 말해 준다.

현재 우주의 모습을 지구 표면의 모습과 비교해 보면 이해가 쉬울 것 같다. 지구의 (2차원) 표면에 살고 있는 인류에게 지구 표면은 큰 거리 척도에서 보면 (거의 완벽한) 구면이다. 구면의 특징은 모든 지점이 동등하여(균일) 특별한 지점이 없고, 각 지점에서 모든 방향이 동등하여(등방) 특별한 방향이란 없다는 것이다. 그러나 작은 거리 척도에서 보면 지구 표면에는 산과 바다 같은 다양한 높낮이의 구조들이 존재한다. 이렇듯 3차원과 2차원이라는 차이를 제외하면, 모습의 측면에서는 우주의 공간과 지구 표면이 유사하다. 하지만 동적인 측면에서 우주와 지구 표면은 차이를 보인다. 우주의 팽창은 지구에 비유하면 지구의 크기(반지름)가 커지는 것에 해당한다. 그러나 지구는 팽창하지 않는다. 대신 지구는 자전하고 있고, 이로 인해 자전축 방향이라는 특별한 방향이 존재한다.

왜 지구가 이런 모습을 가지게 되었는지 어떻게 이해할 수 있을까? 지구가 구의 형태가 된 것은 중력의 작용으로 이해할 수 있다. 물체의 질량이 일정 크기 이상이 되면 형태를 유지하는 힘(물질을 구성하는 원자 사이의 전자기력)보다 중력의 작용이 더 중요해지고, 물체는 전자기력에 의한 에너지 장벽을 넘어 중력(+전기력) 에너지를 최소화해 더 안정된 형태를 향해서 진화하는데, 그 결과가 구형이다. 동적인 측면인 지구의 자전은 어떻게 이해할 수 있을까? 아마도 지구의 형성 과정에서 그 원인을 찾아야 할 텐데, 지구를 형성한 물질들이 원래 가지고 있던 각운동량의 일부가 자전 운동으로 넘어간 것으로 본다.● 지구 표면에 작은 스케일의 구조들이 형성된 것은 어떻게 이해할 수 있을까? 지구 내부에 있는 고온의 액체 상태 물질들의 열적 요동이 표면의 지각 운동을 통해 발현되는 것으로 이해할 수 있을 것이다.

이제 이런 질문들을 우주에 대해서도 던져 보자. 우주는 어떻게 균일하고 등방하게 되었을까? 우주의 팽창은 왜 일어나는 것일까? 우주의 거대 구조들은 어떻게 형성된 것일까? 우리는 이 질문들에 대한 답을 시공간과 물질의 동역학이라는 틀에서, 즉 시공간을 다루는 일반 상대성과 물질을 이해하는 데 필요한 양자 역학과 원자, 핵, 입자물리학의 지식들을 동원해서 구해 보려고 한다.

우주는 우리가 살고 있는 전체 시공간과 그 안에 담겨 있는 물질의 총체를 의미한다. 일반 상대성은 물질에 의해 일어나는 시공간의 동역학을 다루므로 일반 상대성의 틀 안에서 전체 시공간, 즉 우주도 다뤄 볼 수 있다. 아인슈타인 방정식을 우주에 적용해 보는 것이다. 그리하면 아인슈타인 방정식의 왼쪽은 우주의 모습(기하학)을, 오른쪽은 우주를 채우고 있는 물질을 나타낸다. 태양계에 대한 모형을 세울 때 우리는 행성 운동 관측 자료를 기반으로 모형을 세우고, 더 정밀한 또는 새로운 관측 자료를 사용하여 모형을 검증했다. 우주에 대해서도 우리는 마찬가지로 접근해 볼 수 있다.

● 자전이 빠르면 지구의 형태에도 영향을 미쳐서 적도 쪽으로 더 긴 타원체가 된다.

일반 상대성을 기반으로 우리 우주에 대한 모형을 세우기 위해서는 우리 우주의 모습과 물질에 대한 관측 자료부터 살펴보는 것이 순서다. 그런데 일반 상대성에 기반을 둔 우주론을 처음 고려한 아인슈타인은 사실 이런 과정을 따르지는 않았다. 그는 관측 자료보다는 자신이 가지고 있던, 일종의 편견이라고 할 수 있는 믿음에 의존했다. 그는 그것을 '우주 원리cosmological principle'라 불렀다. 이는 우주의 모습에 대한 하나의 가설로, 우주의 공간은 균일하고 등방이어서 어디에 있는 누구에게나 똑같이 보인다는 것이다.● 이 믿음은 역사적으로 꽤 오래된 것으로, 코페르니쿠스도 가졌으며, 뉴턴은 《자연 철학의 수학적 원리》에서 이 주장을 펼쳤다. 사실 아인슈타인이 일반 상대론을 기반으로 우주론을 시도할 당시에는 우주의 범위가 아직 우리 은하에 머무르고 있던 시절이었고, 우주가 균일하고 등방하다는 관측 자료는 없었다. 당시의 상황에서 보면 관측 자료를 무시하고 단순한 (어쩌면 무모한) 시도를 한 것이었지만, 현재의 관점에서 보면 아인슈타인의 선택은 탁월했다. 현재 우리가 볼 수 있는 범위 안의 은하 분포와 우주 배경 복사 관측 자료를 보면, 우리 우주는 큰 거리 척도에서 10만 분의 1($\delta\rho/\rho \sim \delta T/T \sim 10^{-5}$) 수준으로 충분히 균일하고 등방인 것으로 나타난다. 우주 원리가 관측으로 확인되는 것이다.

이제 우주 원리를 일반 상대성의 언어로 옮겨 보자. 우주 원리가 말해주는 것은 우리의 시공간은 모든 시각에서 균일하고 등방인 공간 단면을 가지고 있다는 것이다. 이를 기하학 언어인 메트릭을 사용하여 표현한 것이 다음의 프리드만–르메트르–로버트슨–워커(Friedmann-Lemaître-Robertson-

● 공간뿐만 아니라 시간에 대해서도 균일하다는 가설도 생각해 볼 수 있다. '완전한 우주 원리' 참조.

완전한 우주 원리

우주 원리는 우주의 공간에 대해서만 균일 등방성을 주장하기 때문에 공간이 시간에 따라 팽창 또는 수축하면서 우주가 변화할 여지를 가지고 있다. 우주 원리에 우주가 시간에 대해서도 균일해서 모든 시각이 동등하다는 조건을 더한 것을 '완전한 우주 원리perfect cosmological principle'라 한다. 완전한 우주 원리가 시간에 따른 변화가 전혀 없는 정적인 우주만을 가정하는 것은 아니다. 예를 들어 팽창을 하더라도 그 팽창 속력이 일정하게 유지되면 된다. 영원불변한 우주를 선호하는 사람들은 완전한 우주 원리를 주장한다. 아인슈타인은 우주 원리로부터 시작했지만, 결과적으로는 정적인, 그래서 영원불변한 우주를 생각했다('아인슈타인의 최악의 실수' 참조).

허블이 우주의 팽창을 발견한 후에도 영원불변한 우주에 대한 믿음이 완전히 사라진 것은 아니다. 예를 들어 호일 등은 완전한 우주 원리를 바탕으로 정상 상태 우주를 주장했다. 우주가 팽창한다는 사실은 받아들였지만, 팽창에도 불구하고 우주는 적당량의 물질을 계속 공급받아서 모습은 변화가 없다는 것이다. 물론 이런 주장은 현재 우리가 볼 수 있는 우주의 크기 정도에서는 틀린 것으로 관측이 되었다. 우리의 우주는 시간에 따라 변하고 있는 동적인 우주인 것이다.

하지만 우리가 볼 수 없는 영역까지 확장해서 고려한다면(물론 이 경우 이것을 관측으로 확인해 볼 방법이 없다는 문제가 있지만), 빅뱅 우주 같은 것이 수없이 많고 계속 생겨나고 사라져서 전체적인 모습은 영원불변한 우주를 생각해 볼 수 있다. 실제로 빅뱅 우주의 문제들을 해결하기 위해서 도입된 혼돈 급팽창이나 영원한 급팽창 모형들은 이런 다중 우주를 자연스러운 결과로 본다. 아마도 우주가 어떻게 시작되었는가라는 잘 해결될 것 같지 않은 문제를 계속 고민하다 보면 영원불변한 우주라는 유혹을 떨쳐 버리기는 힘들 것이다. 우주 원리 자체도 문제점이 없지 않다는 것을 알아야 한다. 무한한 우주의 공간이 어디나 같은 모습을 가진다는 것은 전파 속력이 유한한 특수 상대성의 인과율 관점에서는 결코 자연스러운 상황은 아니다.

Walker: FLRW) 메트릭이다.

$$\text{FLRW 메트릭}\quad ds^2 = -dt^2 + a(t)^2\left[\frac{dr^2}{1-Kr^2} + r^2(d\theta^2 + \sin^2\theta d\phi^2)\right]$$

현대 우주론의 이해는 이 메트릭이 나타내는 시공간의 모습을 살펴보는 것에서 시작한다. 시공간의 메트릭을 표현하기 위한 좌표계는 다양한 선택이 가능한데, 위에서 잡은 좌표계는 우주 원리를 가장 명확하게 드러내는 좌표계를 선택한 것이다. 이 좌표계에서는 시공간이 동일한 시간을 갖는 균일 등방인 3차원 공간 단면의 연속체가 되는데, 이렇게 되는 시간 좌표 t를 우주 시간cosmic time이라 부른다. 대괄호 안의 공간 메트릭은 균일하고 등방하여 최대의 대칭성을 가진 3차원 공간을 나타낸다. 이 공간의 형태는 K의 값이 +1, 0, −1 중에 어느 것인가에 따라 달라지는데,• +1인 경우 (국소적으로) 3차원 구면(S^3), 0인 경우 3차원 유클리드 공간(E^3), −1인 경우 3차원 쌍곡면 공간(H^3)이 된다. 이 3차원 공간들은 2차원 지면에 그릴 수 없기 때문에, 대신 그림 114에 같은 특성을 가지는 2차원 공간들을 보였다. 이 그림에서 이들 2차원 공간(곡면)이 균일 등방하다는 것이 어떤 것인지 대략 느낄 수 있을 것이다. 상상력으로 이 2차원 공간들을 3차원 공간으로 확장해 보기 바란다. $K=0$이면 3차원 유클리드 공간을 구면 좌표계로 쓴 것이다. 좌표가 r인 구면의 표면적이 $4\pi r^2$으로 주어지고 이 구면의 반지름(원점으로부터 구면까지의 거리)은 r이다. $K=+1$이면 표면적 $4\pi r^2$을 갖는 구면의 반지름이 r보다 큼을 알 수 있고, 이는 3차원 구면이다. $K=-1$이면 표면적 $4\pi r^2$을

• 공간 좌표의 축척을 바꿔 축척 인자를 다시 정의해서 K의 크기를 조정할 수 있어서 K=+1, 0, −1로 맞출 수 있다.

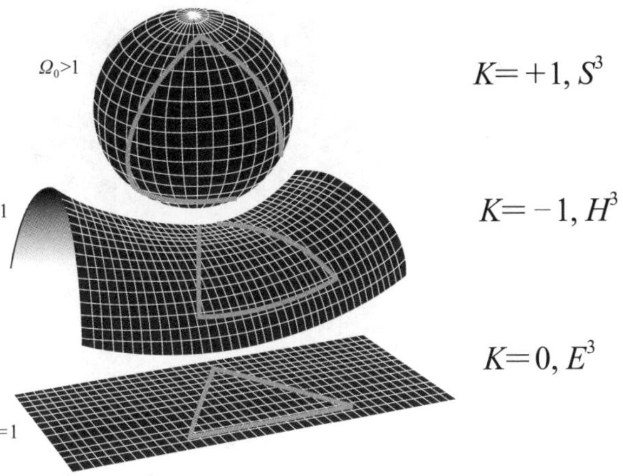

그림 114 대칭성이 최대인 2차원 공간은 세 가지 종류가 있다. (FLRW 메트릭의 공간은 같은 성질을 가진 3차원 공간이다.) 공간 곡률의 부호는 우주의 밀도가 팽창 속력으로 결정되는 임계 밀도보다 큰가 작은가에 따라 각각 양, 음으로 결정되고, 공간 곡률의 부호가 양이면 닫힌 우주, 음이면 열린 우주, 0이면 평평한 우주라 한다.

갖는 구면의 반지름이 r보다 작은 쌍곡면 공간이다.

공간 메트릭 앞의 $a(t)$는 시간의 함수로, 그 크기가 변하면 공간의 거리가 바뀌게 되므로 공간의 팽창 또는 수축을 나타내고(그림 115 참조), 그런 이유로 축척 인자scale factor라 부른다. 우리가 우주 원리, 즉 공간은 균일하고 등방이라는 것을 받아들였기 때문에, 로버트슨-워커 메트릭에는 단 하나의 동역학 변수만 존재하는데, 그것이 축척 인자 $a(t)$이다. 공간 메트릭에 나타나는 좌표 (r, θ, ϕ)는 공간에 고정되어 있어 공간이 팽창하면(축척 인자 $a(t)$가 커지면) 같이 움직이므로 동행 좌표comoving coordinates라 한다.

시간이 흐르면서 팽창하고 있는 공간은 팽창이 없는 공간과 어떤 차이점들이 있을까? 여기서는 중요한 차이 세 가지를 말하려고 한다. 첫째, 공간이 팽창하면 입자의 운동량이 공간의 팽창에 반비례해서 줄어든다. 빛의 경우 운동량과 에너지가 비례하므로 공간이 팽창하면 파장이 길어지는 적색

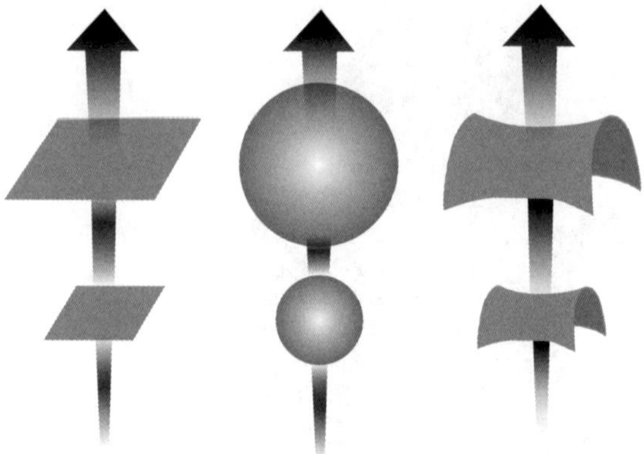

그림 115 축척 인자 a(t)가 시간에 따라 커지거나 작아지면, 공간은 팽창하거나 수축한다. 공간은 균일 등방해서 팽창 또는 수축은 어느 한 점을 중심으로 일어나는 것이 아니라 모든 점에서 동일하게 일어난다. 공간에 고정되어 공간이 팽창하면 같이 움직이는 좌표계를 동행 좌표계라 한다.

이동이 일어난다. 둘째, 두 점 사이의 거리가 거리 측정 방법에 따라 달라질 수 있고, 그 차이에는 팽창이 어떻게 진행되어 왔는가가 반영된다. 셋째, 팽창하는 공간에서는 지평선, 즉 인과관계로 연결되는 범위가 팽창하지 않는 공간과는 다르게 커진다.

먼저 팽창하는 공간에서는 입자의 운동량이 공간의 팽창에 따라 줄어든다는 것을 알아보자. 이것은 FLRW 시공간에서 움직이는 자유 입자의 운동에서 알 수 있다. 자유 입자의 운동은 측지선방정식을 따르는데, 이 방정식의 시간 성분($E(dE/dt)=-\Gamma^0_{ij}p^ip^j$)은 공간의 팽창에 따른 입자의 에너지 변화를 보여 준다. FLRW 메트릭의 이음($\Gamma^0_{ij}=\delta_{ij}a\dot{a}$)과 상대론적 에너지-운동량 관계($E^2=m^2c^4+c^2p^2, p=|\vec{p}|$)를 쓰면 운동량의 크기가 축척 인자에 반비례해서 줄어듦을 알 수 있다.

$$\frac{\dot{p}}{p}+\frac{\dot{a}}{a}=0 \Rightarrow p \propto \frac{1}{a}$$

따라서 질량이 있고 느리게 움직이는 입자는 그 속력이 축척 인자에 반비례해서 줄어든다. 빛과 같이 질량이 없는 (또는 상대적으로 무시할 수 있는) 입자는 에너지가 운동량과 비례하고($E=cp$), 파장은 에너지와 반비례하므로($E=hc/\lambda$), 빛의 파장은 공간의 팽창에 따라 비례해 커지게 된다. 그러므로 과거의 한 시점 t에서 파장 $\lambda(t)$로 방출된 빛이 현재(시점 t_0)에 검출될 때, 그 파장 λ_0는 두 시점의 축척 인자의 비만큼 커지는 적색 이동이 일어나고 다음의 관계가 성립한다. (아래에서 $a_0 \equiv a(t_0)$, 축척 인자의 현재 값이다.)

$$\text{적색 이동} \quad \frac{\lambda_0}{\lambda(t)}=\frac{a_0}{a(t)} \equiv 1+z(t)$$

멀리 있는 은하에서 온 빛에서 적색 이동이 나타나는 것은 엄밀하게 말하면 은하들이 멀어지면서 나타나는 도플러 효과가 아니다. 현재 관측되는 빛은 과거에 그 은하에서 나온 것이라서 (빛의 속력이 유한하기 때문에) 우리에게 도달하는 시간 동안 공간이 팽창해서 파장이 길어지기 때문인 것이다.● 위 관계식에서 정의한 $z(t)$를 적색 이동 매개 변수red shift parameter라 하며, 스펙트럼의 적색 이동 정도를 나타내는 데 쓰이고 또한 우주 시간 t나 축척 인자 $a(t)$와 더불어 우주 역사의 한 시점을 나타내는 데도 사용된다.

우리가 주목해야 할 또 다른 차이는 팽창하고 있는 공간에서는 두 지점 사이의 거리가 측정 방법에 따라 달라진다는 것이다. 먼저 동행 좌표계

● 사실 관측으로 이 둘을 구별할 수 없기 때문에 어떻게 해석해도 무방하다. 또한 가까이 있는 은하의 경우에는 실제 은하의 운동에 의한 도플러 효과도 적색 이동에 중요한 기여를 한다.

메트릭을 적용해 구한 두 지점 간의 동행 좌표 거리를 동행 거리comoving distance라 한다. 두 지점 간의 물리적 거리physical distance는 동행 거리에 그 시점에서의 축척 인자를 곱한 것이다. 동행 거리는 공간에 고정된 동행 좌표계의 거리여서 팽창에 의해 변하지 않지만 물리적 거리는 공간이 팽창하면 축척 인자에 비례해서 커지게 된다. 길이가 고정된 물체의 시각이 거리에 따라 달라지는 것을 이용해서 재는 거리를 각지름 거리angular diameter distance라 하고, 거리에 따른 광원의 밝기 변화를 이용해서 재는 거리를 광도 거리라 한다. 광도 거리는 우주의 팽창을 발견하는 데 쓰였으므로 자세히 알아본다.

팽창이 없는 공간에서는 광원의 광도luminosity(단위 시간당 내보내는 에너지)를 L, 광원의 거리를 d라 하면 광원의 밝기brightness(단위 시간당 단위 면적당 들어오는 에너지) F는 $F=L/4\pi d^2$로 거리 제곱에 반비례해서 줄어든다. 따라서 광도를 알고 있는 광원의 밝기를 재면 광원까지의 거리를 알 수 있는데, 이렇게 정한 거리 $d_L \equiv \sqrt{L/4\pi F}$를 광도 거리라 한다. 공간이 팽창하는 경우에는 빛의 밝기가 (물리적) 거리의 제곱보다 더 빨리 줄어드는데, 이는 두 가지 효과에 의한 것이다. 하나는 빛이 방출된 후 검출될 때까지 공간의 팽창에 의한 적색 이동 때문에 빛이 가진 에너지 자체가 줄어드는 것이고, 다른 하나는 광원에서 빛이 방출되는 데 걸리는 시간보다 우리가 검출하는 데 걸리는 시간이 공간의 팽창으로 인해서 늘어나는 것이다. 광원에서 빛이 과거의 시점 t에 방출되었고, 그것을 우리가 현재(시점 t_0) 검출한다면, 두 효과가 각각 두 시점에서의 축척 인자의 비 $a(t)/a_0$만큼 밝기를 줄여서, 밝기가 $F=(L/4\pi d^2)(a(t)/a_0)^2$이 된다. 광도 거리는 $F=L/4\pi d_L^2$로 정의되므로 광도 거리는 $d_L=d(a_0/a(t))$로 물리적 거리보다 축척 인자의 비만큼 크게 나타난다. 과거의 시점 t에서 빛을 방출한 광원까지의 물리적 거리($a_0 r(z)$)는 빛의 측지선

방정식($ds^2=0$)을 풀어서 구할 수 있고('팽창하는 공간에서 빛의 진행' 참조), 그러면 광도 거리를 $d_L=a_0r(z)(1+z)$로 적색 이동 매개 변수의 함수로 구할 수 있는데, 이것을 광도 거리－적색 이동 관계라 한다. 여기서 $r(z)$는 광원까지의 동행 거리로 우주가 어떻게 과거에 팽창해 왔는가에 따라 달라지기 때문에, 이 관계는 천체의 광도 거리와 적색 이동을 관측해서 우리 우주 팽창의 역사를 추적하는 데 중요하게 쓰인다.

적색 이동 매개 변수 z의 값이 작을 때는 $r(z)$를 테일러 전개하여 z^2항까지 쓰면($r(z=0)=0$이므로 상수항은 0이다) 다음과 같이 된다.

$$H_0 d_L = z + \frac{1}{2}(1-q_0)z^2 + \cdots$$

여기서 $H_0=\dot{a}_0/a_0$로 허블 상수 또는 팽창 매개 변수라 하고, $q_0=-a_0\ddot{a}_0/\dot{a}_0^2$으로 감속 매개 변수라 하는데, 현재 우주의 팽창 속도와 가속도를 나타내는 매개 변수들이다. 적색 이동 매개 변수 z가 충분히 작으면 z^2항은 무시할 수 있고 $H_0d_L=z$가 되는데, 이는 바로 허블의 법칙을 나타낸다. 적색 이동 매개 변수 z가 충분히 작은 광원들에 대해 성립하는 허블의 법칙은 단순히 우리 우주가 팽창하고 있다는 사실을 나타내며, 그 관측을 통해서 현재의 팽창 속도(H_0)를 알 수 있다. 적색 이동 매개 변수 z가 커지면 허블의 법칙에서 벗어나게 되는데, 먼 광원의 광도 거리와 적색 이동 관측을 통해서 이를 확인할 수 있다면 우주의 팽창이 감속 또는 가속되고 있는지 알 수 있고, 이를 통해 우주를 채우고 있는 물질에 대한 정보를 얻을 수 있다. 실제로 최근 Ia형 초신성을 사용해 큰 z값 영역의 관측이 이루어졌고, 이를 통해 우리 우주의 팽창이 가속되고 있음이 밝혀져서, 우주론 연구자들을 놀라게 했다.

팽창하는 공간에서 빛의 진행

빛이 오는 방향을 지름 방향으로 잡으면 빛의 측지선방정식($ds^2=0$)은 다음과 같이 되고, 과거의 시점 t에 반지름 좌표 r에서 출발한 빛이 현재 시점 t_0의 원점에 있는 우리에게 도달한 것으로 해서 적분을 하면 t와 r의 관계를 얻을 수 있다.

$$\frac{dr}{dt}=\frac{\sqrt{1-Kr^2}}{a(t)} \Rightarrow \int_0^r \frac{dr'}{\sqrt{1-kr'^2}}=\int_t^{t_0}\frac{dt'}{a(t')}$$

이 결과로부터 빛이 온 동행 거리를 적색 이동 매개 변수의 함수 $r(z)$로 구할 수 있는데, $f(z)=\int_t^{t_0}\frac{dt'}{a(t')}=\int_0^z\frac{dz'}{a_0H(z')}$로 정의하면 $K=0,\ +1,\ -1$인 경우에 각각 $r(z)=f(z)$, $\sin f(z)$, $\sinh f(z)$가 된다. $f(z)$를 구하려면 $H(z)$에 대한 프리드만 방정식을 넣어서 적분해야 하는데, 이것은 우주를 채우는 물질의 종류와 양에 따라 달라진다(6장 '팽창하는 우주' 참조).

정적인 공간과 팽창하는 공간의 또 다른 중요한 차이는 한 지점에서 볼 수 있는 공간의 범위가 시간이 흐르면서 다르게 커진다는 것이다. 특수 상대성(+일반 상대성)에 따르면 어떤 물질이나 정보도 빛의 속력보다 빨리 전달될 수 없으므로, 우주의 과거 시간이 유한하다면(즉 우주의 시작이 있어서 $t=0$으로 잡는 어떤 시점이 존재한다면) 볼 수 있는 공간의 크기가 그 시간 동안 빛이 간 거리 이내로 한정될 것이다. 어느 한 시점에 공간의 한 점에서 보면 이 거리 너머의 영역은 그 점과 인과관계가 있을 수 없어서, 즉 볼 수가 없으므로, 이 거리에 있는 등거리 면을 사건의 지평선event horizon이라 부른다. 팽창이 없는 (민코프스키) 공간이라면 지평선의 거리는 단순히 ct로 커진다. 팽창하는 (FLRW) 공간에서는 시작 시점 $t=0$에서 현재 시점 t까지 빛이 간 동행 거리를 동행 지평선comoving horizon이라 하고 $\eta(t)$라고 표시한다. FLRW 메트릭에서 빛의 측지선방정식으로부터 다음과 같이 주어짐을 쉽게 보일 수 있다. ('팽창하는 공간에서 빛의 진행' 참조.)

$$\int_0^r \frac{dr'}{\sqrt{1-Kr^2}} = \int_0^t \frac{dt'}{a(t')} \equiv \eta(t)$$

동행 지평선까지의 물리적 거리는 $d_H(t)=a(t)\eta(t)$가 된다. 만약 우주가 $a(t)\propto t^\alpha (0<\alpha<1)$로 ($t$에 비례하는) 빛의 진행보다 천천히 팽창한다면, 동행 지평선은 $\eta(t)=t^{1-\alpha}/(1-\alpha)$으로 커지고, 물리적 지평선은 $d_H(t)=t/(1-\alpha)$로 커진다. 즉 축척 인자가 빛의 진행보다 천천히 팽창하면 어쨌든 우리가 볼 수 있는 공간의 범위를 나타내는 동행 지평선이 시간이 지남에 따라 늘어난다는 것이고, 그 물리적 거리는 축척 인자의 팽창이 곱해지기 때문에 t의 상수배로 커진다. 반대로 만약 축척 인자가 빛의 진행보다도 빠르게 팽창한다면 ($\alpha>1$) 우리가 볼 수 있는 영역인 동행 지평선은 줄어들게 된다. 이런 사실들은 우리 우주가 어떻게 균일 등방하게 만들어질 수 있는지를 이해하는 데 중요하게 작용한다.

앞에서 우주의 시공간은 FLRW 메트릭으로 쓸 수 있음과 이 시공간의 속성들을 살펴보았다. 아인슈타인 방정식($G_{\mu\nu}=M_P^{-2}T_{\mu\nu}$)에는 아인슈타인 텐서($G_{\mu\nu}$)가 들어가므로, FLRW 메트릭으로부터 아인슈타인 텐서를 계산해야 되고(3장 '리만 기하학'과 '아인슈타인 방정식' 참조), 그 결과는 다음과 같다.

$$G^\mu_\nu = \begin{pmatrix} -3\left[\left(\frac{\dot{a}}{a}\right)^2 + \frac{K}{a^2}\right] & 0 \\ 0 & \left[2\frac{\ddot{a}}{a} + \left(\frac{\dot{a}}{a}\right)^2 + \frac{K}{a^2}\right]\delta_{ij} \end{pmatrix}$$

시공간의 기하를 나타내는 아인슈타인 텐서에 축척 인자는 항상 상대적인 비의 형태($\dot{a}/a$, $\ddot{a}/a$)로 나타나는데, 이것은 축척 인자 자체는 좌표의 축척을 바꾸면 달라지는 양이지만 시공간의 기하는 좌표계의 축척 변환에는 무관하다는 것을 보여 준다. 축척 인자의 절대 크기는 의미가 없고 다른 우주 시간들에서 비교하는 상대 크기만 의미를 가지는 것이어서, 편의를 위해서 현재의 축척 인자의 크기를 1로($a_0=1$) 잡기도 한다.

3. 팽창하는 우주

이제 우주를 다루는 아인슈타인 방정식($G_{\mu\nu}=M_P^{-2}T_{\mu\nu}$)의 오른쪽에 들어가는 우주의 물질 분포에 대해 알아보자. 우주의 공간이 균일하고 등방인 것은 우주를 채우고 있는 물질의 분포에서 결정된 것이므로, 이것은 우주의 물질 분포 역시 아주 특별한 형태라는 것을 의미한다. 이를 일반 상대성의 언어로 바꾸면 물질의 분포를 기술하는 스트레스-에너지 텐서가 특별한 형태를 가진다는 것이다. 우선 공간이 균일하고 등방이려면 물질의 분포가 공간 위치에 따라 달라져서는 안 될 것이다. 즉 스트레스-에너지 텐서가 공간 좌표에는 의존하지 않고 시간만의 함수여야 한다. 아인슈타인 방정식의 왼쪽에 로버트슨-워커 메트릭을 넣고, 오른쪽에 시간만의 함수인 스트레스-에너지 텐서의 형태를 넣어 서로 맞춰 보면, 약간의 계산을 통해 스트레스-에너지 텐서가 아래의 형태여야 한다는 것을 알 수 있다.

$$T^{\mu}_{\nu}=\begin{pmatrix} -\rho(t) & 0 \\ 0 & p(t)\delta_{ij} \end{pmatrix}$$

이것은 정지 상태에 있는 이상 유체ideal fluid의 스트레스-에너지 텐서의 형태로, $\rho(t)$는 유체의 에너지 밀도이고 $p(t)$는 압력을 나타낸다. 공간이 균일하기 위해서는 에너지 밀도와 압력이 균일해야 하고, 움직이는 유체는 방향성을 주므로 등방이기 위해서는 유체는 정지해 있어야 한다. 이 유체의 종류가 무엇인지는 에너지 밀도 $\rho(t)$와 압력 $p(t)$의 관계(유체의 상태방정식이라 한다)로 나타낼 수 있는데, 이는 공간이 균일 등방하다는 조건만으로는 결정되지는 않는다. 물질의 종류와 양이 축척 인자의 진화를 결정할 텐데, 우주를 채우는 물질의 종류와 양은 이에 대한 관측들과 이를 이해하는 물리 법칙들로부터 결정되어야 한다. 현재 우리의 관점에서는, 비록 물질이 시공간의 구조를 결정한다고 하지만, 시공간과 물질은 다른 기반에서 다뤄지고 있다. 시공간을 다루는 것이 일반 상대성이라면 우주를 채우고 있는 물질의 종류와 양을 다루는 것은 입자물리학이다. 우주를 채우고 있는 물질들의 실체를 이해하기 위해서 우리는 다음 절들에서 조금 긴 여정을 가게 될 것이다. 그에 앞서 물질의 종류와 양이 어떻게 우주의 팽창을 결정하는지 먼저 살펴보도록 하자.

FLRW 메트릭으로부터 계산된 아인슈타인 텐서와 앞에서 설명한 형태의 스트레스-에너지 텐서를 아인슈타인 방정식 $G_{\mu\nu}=T_{\mu\nu}/M_P^2$에 넣으면, 물질의 에너지 밀도 $\rho(t)$와 압력 $p(t)$가 어떻게 축척 인자 $a(t)$의 진화를 결정하는지를 나타내는 다음 두 개의 방정식을 얻는다.•

$$\text{프리드만 방정식 (1)} \quad \left(\frac{\dot{a}(t)}{a(t)}\right)^2+\frac{K}{a(t)^2}=\frac{1}{3M_P^2}\rho(t)$$

• $a(t)$ 위의 점은 우주 시간(t)에 대한 미분을 의미하며, 한 개는 한 번, 두 개는 두 번 미분함을 의미한다.

$$\text{프리드만 방정식 (2)} \quad \frac{\ddot{a}(t)}{a(t)} = -\frac{1}{6M_P^2}\left[\rho(t) + 3p(t)\right]$$

이 우주 진화의 기본 방정식을 프리드만 방정식이라 한다. 우주 시공간의 진화, 즉 축척 인자의 시간에 따른 변화를 이해하기 위해 이 방정식들을 음미해 보자. 첫 번째 방정식은 축척 인자의 변화, 즉 팽창 속력을 결정하는 방정식으로, 에너지 밀도가 양이면($\rho(t)>0$) 일반적으로 우주는 팽창하든지($\dot{a}(t)>0$) 수축하든지($\dot{a}(t)<0$) 둘 중 하나의 상태에 있게 됨을 말해 준다. 팽창 속력은 우주의 상태를 나타내는 중요한 변수여서, 다음과 같이 허블 매개 변수Hubble parameter를 정의해 사용한다.

$$\text{허블 매개 변수} \quad H(t) = \frac{\dot{a}(t)}{a(t)}$$

허블 매개 변수의 현재 값을 허블 상수Hubble constant라 하고 H_0로 쓰는데,● 현재 우주의 나이와 크기를 결정하는 중요한 값이다. 이는 허블의 법칙($v=H_0r$)에 나타나는 비례 상수가 되므로 광도 거리-적색 이동 관계를 비롯한 몇 가지 관측들로부터 구할 수 있고, 현재의 값은 다음과 같다.●●

$$\text{허블 상수} \quad H_0 = h\times 100\text{km/s/Mpc},\ h = 0.68\pm 0.02$$

● 변수에 아래첨자 0을 붙인 것은, 특별한 언급이 없으며, 변수들의 현재의 값을 나타내는 것으로 한다.

●● h는 허블 상수 값을 나타내기 편리하게 하기 위해 도입한 매개 변수이고, 1Mpc 떨어진 은하의 후퇴 속력이 $h\times 100$km/s가 됨을 말한다.

두 번째 방정식은 팽창 가속도를 결정하는 방정식으로, 일반 상대성에서는 (질량을 포함한) 에너지 밀도와 더불어 압력도 중력이 작용한다는 것을 보여 준다. 보통의 물질인 경우 에너지 밀도와 압력은 모두 양의 값을 가져서 $\rho(t)+3p(t)>0$을 만족하므로 팽창은 감속된다. 그러나 음의 압력을 가져서 $p(t)<-\rho(t)/3$인 특이한 물질이 있다면 팽창이 가속될 수도 있다.

이 두 방정식들을 풀려고 할 때 문제는, 방정식은 두 개인데 변수는 $a(t)$, $\rho(t)$, $p(t)$의 세 개가 있다는 것이다. 방정식에 대한 상식으로 변수의 개수보다 방정식의 개수가 적으면 답이 결정이 되지 않는다. 즉 아인슈타인 방정식만으로는 우주의 진화가 완전히 결정되지 않는 것이다. 방정식이 하나 더 필요한데, 그 방정식은 에너지 밀도 $\rho(t)$와 압력 $p(t)$의 관계, 즉 우주를 채우고 있는 물질의 특성을 말해 주는 방정식이다. 어떤 물질의 에너지 밀도와 압력의 관계를 나타내는 식을 그 물질의 상태방정식equation of state이라고 부른다. 우주에 어떤 물질이 있어서 어떤 상태방정식을 사용해야 하는지는 우리 우주를 관측해서 알아내야 하고, 이를 이해하기 위해서는 물질을 다루는 입자물리학의 지식이 필요하다. 우주의 진화는 우주를 채우고 있는 물질의 양과 종류에 의해 결정이 되는데, 이것을 알기 위해 입자물리학이 필요한 것이다. 현재까지 알려진 우리 우주의 주요 구성 물질들은 간단한 형태의 상태방정식인 $p=w\rho$(w는 상수)로 기술될 수 있는 복사($p=\rho/3$), 물질($p=0$), 진공 에너지($p=-\rho$) 세 가지로 근사할 수 있어서, 우선 이 물질들로 구성된 우주의 진화는 어떻게 되는지를 다룬다.

물질의 종류는 상태방정식으로 나타내는데, 그 물질의 양은 어떻게 나타내는 게 좋은지 알아보자. 첫 번째 프리드만 방정식을 보면 $K=0$이 되는, 즉 평평한 우주가 되는 에너지 밀도의 크기가 있다. 이 크기는 $\rho_c(t)=3M_p^2H(t)^2$로 허블 매개 변수에 의해 결정되고, 임계 밀도critical density라고

한다. 현재의 임계 밀도는 ρ_c로 쓰는데, 그 값은 다음과 같다.●

$$\text{임계 밀도}\quad \rho_c \equiv 3M_P^2 H_0^2 = 1.9h^2 \times 10^{-26}\text{kg/m}^3$$

우주를 구성하는 물질의 양을 나타내는 데는 현재의 임계 밀도에 대한 그 물질의 현재 에너지 밀도 비 ρ_{i0}/ρ_c를 사용하는 것이 편리하다. 이 비를 그 물질의 밀도 매개 변수density parameter라 하고 Ω_i로 쓴다.

$$\text{밀도 매개 변수}\quad \Omega_i = \frac{\rho_{i0}}{\rho_c}$$

임계 밀도는 우주 공간의 형태를 결정하는 데 기준이 되는 밀도다. 현재의 총 에너지 밀도와 그 밀도 매개 변수를 $\rho_0 = \sum_i \rho_i$, $\Omega_0 = \sum_i \Omega_i$라 하면, 첫 번째 프리드만 방정식으로부터 밀도 매개 변수로 나타낸 우주의 에너지 밀도와 우주 공간의 곡률 사이의 다음 관계식을 얻는다.

$$\text{밀도 매개 변수 – 공간곡률 관계}\quad \Omega_0 - 1 = \frac{3M_P^2}{a_0^2 \rho_c} K$$

우주의 총 에너지 밀도가 임계 밀도보다 크면($\Omega_0 > 1$), $K = +1$로 양의 곡률을 가진 3차원 구면이 되므로 이를 닫힌 우주라 하고, 임계 밀도보다 작으면($\Omega_0 < 1$), $K = -1$로 음의 곡률을 가진 무한한 3차원 쌍곡선 공간이 되는

● 이 크기는 대략 1㎥당 수소 원자 6개가 있을 때의 에너지 밀도다. 지구의 평균 밀도(5g/㎤)에 비하면 10^{30}분의 1이고 실험실에서 만들 수 있는 최고의 진공 상태보다 훨씬 작은 값이다. 우주의 평균 밀도는 우리가 주변에서 보는 물질의 밀도보다 어마어마하게 작다.

데 이를 열린 우주라 하고, 임계 밀도와 같으면($\Omega_0=1$), $K=0$으로 곡률이 0인 3차원 유클리드 공간이 되는데 이를 평평한 우주라 한다.

우리 우주에는 상태방정식이 다른 여러 종류의 물질이 있을 수 있다. 현재의 우주의 모습을 설명하는 데는 앞서 언급한 세 물질들이 가장 중요한 역할을 한다. 이 중 한 가지 물질만 있을 때(또는 한 가지 물질이 지배적으로 작용할 때) 물질의 에너지 밀도와 축척 인자의 진화가 어떻게 되는지 알아보자. 두 개의 프리드만 방정식을 조합하면 에너지 밀도와 압력에 대한 다음의 보존방정식을 얻을 수 있다.

물질의 보존방정식 $$\dot{\rho}(t)+3\frac{\dot{a}(t)}{a(t)}\left[\rho(t)+p(t)\right]=0$$

이 방정식을 보존방정식으로 부르는 것은 스트레스-에너지 텐서가 에너지-운동량 보존 법칙에 해당하는 $\nabla_\mu T^\mu_\nu=0$을 만족해서 나온 것이기 때문이다. 우주를 구성하는 물질이 서로 독립적으로 진화하면 각각의 물질이 독립적으로 이 보존방정식을 만족한다. 이 식에 간단한 형태의 상태방정식인 $p_i=w_i\rho_i$를 넣어서 풀어 보면 축척 인자가 변함에 따라 에너지 밀도가 변하는 것이 계수 w_i의 값에 따라 축척 인자의 $-3(1+w_i)$제곱에 비례하는 ($\rho_i(t)\propto a(t)^{-3(1+wi)}$) 것을 알 수 있다.

상태방정식에 따른 에너지 밀도의 진화

$$\frac{\dot{\rho}_i}{\rho_i}+3(1+w_i)\frac{\dot{a}}{a}=0 \ \Rightarrow\ \rho_i(t)\propto a(t)^{-3(1+w_i)}$$

이 결과를 첫 번째 프리드만 방정식에 넣으면 축척 인자가 시간의 $2/3(1+wi)$ 제곱에 비례해서 ($a(t)\propto t^{2/3(1+wi)}$) 커짐을 알 수 있다. 복사, 물질,

표 9 우주의 주요 구성 물질들인 복사, 물질, 진공 에너지의 상태방정식과 그에 따른 각각의 에너지 밀도의 변화와 그 물질이 지배하는 우주의 축척 인자의 진화.

		복사	물질	진공 에너지
표시 기호		R	M	Λ
상태방정식	$p=w\rho$	$p=\rho/3$	$p=0$	$p=-\rho$
에너지 밀도 진화	$\rho \propto a^{-3(1+w)}$	a^{-4}	a^{-3}	a^{0}, 상수
축척 인자 진화	$a \propto t^{2/3(1+w)}$	$t^{1/2}$	$t^{2/3}$	e^{Ht}

우주 상수의 세 가지 경우에 대하여 그 결과를 표 9에 요약해 놓았다. 물질은 압력이 없고 질량 에너지가 지배적이므로 그 에너지 밀도는 단순히 부피($\propto a^3$)가 늘어나는 만큼 줄어들기 때문에 $\rho_M \propto a^{-3}$으로 줄어든다. 복사는 부피가 늘어나는 것에 더해서 에너지 자체도 적색 이동에 의해 줄어들기 때문에 $\rho_R \propto a^{-4}$으로 줄어든다. 우주 상수는 팽창과 무관하게 일정하게(ρ_Λ= 상수) 유지된다.

물질의 종류에 따라 에너지 밀도가 다르게 변화한다는 것은 축척 인자가 커지거나 작아지면서 물질들의 상대적인 중요성이 달라진다는 것을 뜻한다. 관측에 따르면 현재 우주의 에너지 밀도에 대한 기여는 우주 상수, 물질, 복사의 순으로 크다($\Omega_\Lambda > \Omega_M > \Omega_R$). 그러나 축척 인자가 작아지는 과거로 거슬러 올라가면 우주 상수, 물질, 복사의 에너지 밀도는 각각 a^0, a^{-3}, a^{-4}에 비례하므로, 초기 우주에는 복사의 에너지 밀도가 가장 큰 복사 지배 시대(radiation dominated era: RD)에서 시작해서, 물질의 에너지 밀도가 가장 큰 물질 지배 시대(matter dominated era: MD)를 거쳐서 현재는 우주 상수의 에너지 밀도가 가장 큰 우주 상수 지배 시대(Λ dominated era: ΛD)에 이른 것으로 볼 수 있다.

우주가 팽창하면 우리 몸도 늘어나는가

우주가 팽창하면 우주의 모든 물체도 같이 팽창할까? 그렇지는 않다. 우리 몸의 크기를 결정하는 데는, 즉 우리 몸 크기 정도의 물체의 동역학에는 원자들과 그들 사이의 상호 작용이 가장 중요하고, 지구의 중력도 약간 영향을 미치지만, 우주의 팽창은 (실제로는 측정이 불가능할 정도로 작아서) 영향이 없다고 보면 된다. 태양계와 은하의 크기도 마찬가지다. 태양계의 크기는 태양의 중력이 지배적으로 작용해서 결정되고, 우주의 팽창은 영향이 없다. 은하에서도 은하 내 별 사이가 우주의 팽창에 의해 멀어지지 않는다. 우주 전체에 작용하는 중력보다는 국소적인 중력의 작용이 훨씬 크게 작용하기 때문이다. 심지어는 은하와 은하 사이도 모두 멀어지는 것은 아니다. 예를 들어 우리 은하와 안드로메다은하는 서로의 중력에 의해 가까워지고 있고 결국 충돌해서 하나의 거대한 타원 은하가 될 것이라고 예측된다. 우주의 팽창에 의해서 은하가 서로 멀어진다는 것은 이보다는 큰 거리 척도에서의 이야기인 것이다.

러시아의 물리학자이자 수학자 알렉산드르 프리드만Alexander Friedmann (1888~1925)은 1922년 균일한 물질로 이루어진 우주에 대한 아인슈타인 방정식의 일반해를 구하고, 우주는 일반적으로 팽창 또는 수축해야 한다는 사실을 발표했다. (이 사실을 모른 채 벨기에의 천문학자이자 신부인 조르주 르메트르Georges Lemaître(1894~1966)는 1927년 같은 해를 다시 발견했다.) 하지만 프리드만의 연구는 당시에 전혀 주목을 받지 못하고 무시되었다. 그의 발견은 시대를 너무 앞서갔기 때문이었다. 당시의 우주는 우리 은하였고, 우리 은하 내의 별들이 서로 멀어지고 있다는 아무런 증거가 없었다. (위에서 말했듯이 실제로도 멀어지지 않는다.) 얼마 지나지 않아 외부 은하와 우주의 팽창이 발견되어 업적을 인정을 받을 수 있었지만, 안타깝게도 그는 1925년 37세의 나이에 장티푸스로 죽고 말았다.

여러 종류의 물질이 같이 있을 때 축척 인자의 진화는 어떻게 진행될까? 이것을 직관적으로 파악할 수 있는 방법이 있는데, 프리드만 방정식을 퍼텐셜에서 운동하는 물체의 방정식의 형태로 써 보는 것이다. 아래첨자 i로 나타내는 상태방정식이 $p_i = w_i\rho_i$인 물질들이 섞여 있을 경우 각각의 에너지 밀도는 $\rho_i \propto a^{-3(1+w_i)}$을 따르고 프리드만 방정식의 오른쪽은 이들의 합이 된다.

$$\left(\frac{\dot{a}}{a}\right)^2 + \frac{k}{a^2} = \frac{1}{3M_P^2}\sum_i \rho_{i0}\left(\frac{a}{a_0}\right)^{-3(1+w_i)}$$

양 변에 $a^2/2$를 곱한 후, 밀도 매개 변수를 사용하면 위 방정식을 다음과 같은 형태로 쓸 수 있다.

$$\frac{1}{2}\dot{a}^2 + V(a) = 0,\ V(a) = \frac{1}{2}H_0^2\left[\Omega_K - \sum_i \Omega_i a^{-1-3w_i}\right]$$

이 방정식은 뉴턴 역학에서 퍼텐셜 $V(a)$에서 움직이는 에너지가 $E=0$인 입자의 운동방정식과 형태가 똑같다. 우주의 물질 구성에 대해 몇 가지 상황을 설정하여 퍼텐셜 $V(a)$를 그려 보면 각각의 경우에 축척 인자의 진화가 어떻게 될지 운동방정식을 풀던 방법으로 쉽게 알 수 있다. 그림 116에 몇 가지 물질 구성 조합에 대한 퍼텐셜 $V(a)$의 모양을 그려 놓았는데, 공통적인 특징을 보면 안정된 극소점이 없다는 것을 들 수 있다. 이는 축척 인자가 항상 팽창하든지 수축하는 상태에 있다는 것이고, 따라서 팽창이 없는 정적인 우주는 나타나지 않는다는 것이다. 우주 상수가 없는($\Omega_\Lambda=0$) 경우 팽창은 항상 감속되고, 우주 상수가 있을 경우에는 퍼텐셜에 최대점이 나타나고 이 지점을 전후로 팽창이 감속에서 가속으로 바뀐다는 것을 알 수 있다. 우주 상수가 없고($\Omega_\Lambda=0$), $\Omega_0>1$인 닫힌 우주의 경우에는 $V(a)=0$이 되는 반

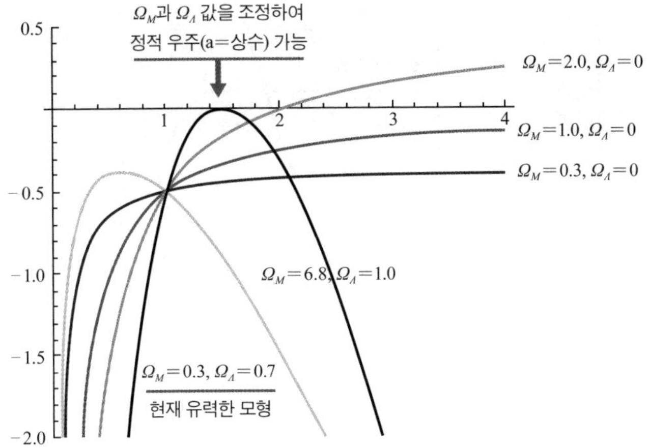

그림 116 몇 개의 밀도 매개 변수 값 조합에 따른 V(a)의 형태.

환점이 있어서, 팽창을 하다가 축척 인자가 반환점에 도달하면 팽창을 멈추고 다시 수축을 하게 된다.

그림 117은 물질의 종류와 양을 다르게 잡은 몇 가지 경우에 대하여 축척 인자의 진화가 어떻게 되는지를 보여 준다. 우주 상수가 없는 경우 물질의 양이 임계 밀도보다 큰 닫힌 우주는 팽창하다 다시 수축하게 되고, 열린 우주와 평평한 우주는 팽창을 영원히 지속한다. 우주 상수가 있고, 그것이 충분히 큰 경우라면 우주는 어느 시점에서 우주 상수 지배 상태가 되고 영원히 가속 팽창하게 된다. 여러 가지 경우에서 공통적인 것은 현재의 팽창하고 있는 상황에서 과거로 거슬러 갔을 때 유한한 시간 내에 축척 인자가 0에 도달한다는 것이다. 과거의 우주가 물질($p=0$)이나 복사($p=\rho/3$)가 지배적이었다면 이들의 에너지 밀도는 축척 인자가 0으로 갔을 때 무한대로 발산한다. 따라서 축척 인자가 0인 점은 무한대의 밀도와 이로 인해 무한대의 곡률을 가지는 특이점이 돼서, 현재의 물리학 지식으로는 이해할 수 없는

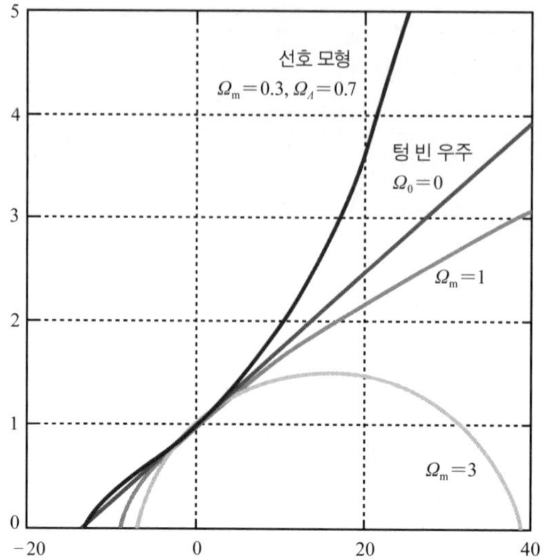

그림 117 물질의 종류와 양에 따른 축척 인자의 진화 양상.

영역이 되어 버린다. 어쨌든 우리 우주가 이 특이점 근처의 아주 작은 축척 인자로부터 시작해서 현재에 이르는 시간, 즉 우리 우주의 나이는 유한하다는 것이다. 현재 우리 우주의 팽창 상태와 물질 구성을 보면 우리 우주는 유한한 과거의 한 시점에 특이점에 가까운 아주 큰 에너지 밀도 상태에서 빠르게 팽창하면서 시작한 것으로 보인다. 그래서 이 시작점은 '빅뱅big bang'이라는 이름이 붙었다.

4. 우주는 영원한가, 무한한가?

빅뱅 우주의 나이는 얼마나 될까? 현재 팽창하고 있다는 관측 사실과 축척 인자의 진화방정식을 고려하면, 과거로 갈수록 축척 인자는 빅뱅 특이점인

$a=0$에 근접한다. 그런데 이 시점이 유한한 시간 전의 과거이고 우주의 나이는 유한할까? 프리드만 방정식을 적분해서 우주의 나이를 구할 수 있는데, 일반적으로 다음과 같다.

$$\text{우주의 나이} \quad t_0 = H_0^{-1} f(\Omega_i),$$
$$H_0^{-1} = (0.71/h) \times 138\text{억 년}, \quad f(\Omega_i) = \int_0^1 \left[-\Omega_k + \sum_i \Omega_i x^{-1-3w_i} \right]^{-1/2} dx$$

허블 상수의 역수 H_0^{-1}는 허블 시간Hubble time이라 부르며 우주의 현재 나이의 대략적인 크기를 준다. 허블 시간에 빛의 속력을 곱한 cH_0^{-1}를 허블 길이Hubble length라 부르며 현재 우리가 볼 수 있는 공간의 크기를 결정짓는 양이 된다. 우주의 나이는 기본적으로 허블 시간이 결정하고, 그 앞에 곱해지는 상수 값 $f(\Omega_i)$이 물질 구성에 따라 조금씩 달라진다. 현재 우주의 물질 구성은 복사, 물질, 우주 상수의 조합으로 잘 설명되고, 복사 지배 시대, 물질 지배 시대, 우주 상수 지배 시대를 차례로 거친다. 팽창이 계속 느려지는(감속되는) 탓에 우주 나이의 대부분은 물질 지배 시대와 우수 상수 지배 시대가 차지하게 되므로, 우주의 나이에는 물질의 양과 우주 상수의 양이 중요한 변수가 된다. 그림 118에 물질($p=0$)과 우주 상수($p=-\rho$)의 밀도 매개변수의 값에 따른 $f(\Omega_i)$ 값을 보였다. 대략적인 결과는 (주어진 허블 상수 값에서) 물질의 양(Ω_M)이 커질수록 우주의 나이는 줄어들고 우주 상수의 양(Ω_Λ)이 커질수록 우주의 나이는 커진다는 것이다. 현재 우주의 에너지 밀도는 임계 밀도($\Omega_0=1$)에 아주 가까운 것으로 관측되고 있어서 그림상의 대각선($\Omega_0 \approx \Omega_M + \Omega = 1$)을 따라서 어떻게 값이 변하는가에 주목해야 한다.

우주의 나이에 대한 빅뱅 우주의 예측은 때때로 위기를 맞기도 했다. 이것은 주로 허블 상수에 대한 관측값이 시대에 따라 크게 변하기도 했

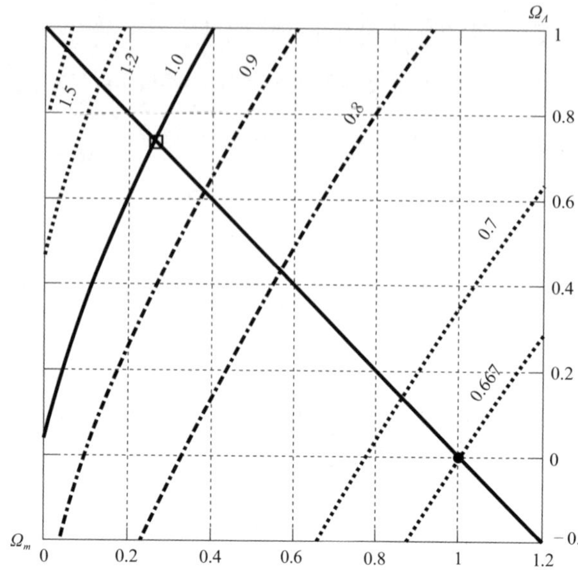

그림 118 물질($p=0$)의 양(Ω_M)과 우주 상수($p=-\rho$)의 크기(Ω_Λ)에 따른 $f(\Omega_i)$ 값의 변화. 작은 사각형으로 표시된 지점이 현재 선호되는 값이다.

고, 우주의 물질 구성에 대한 관측값이 불확실해서 생긴 문제였다. 예를 들어 1970년대에 사람들이 믿었던 물질 구성은 $\Omega_0 \approx \Omega_M \approx 1$인데, 이 경우 $f(\Omega_i) \approx 0.67$이고 우주의 나이는 90억 년 정도가 된다. 그런데 1960년대 이후 별의 진화 과정에 대한 이해를 바탕으로 구상성단들의 나이에 대한 믿을 만한 추정들이 이루어졌는데, 대개 100억 년 이상으로 나왔다. 그래서 우주의 나이보다 오래된 구상성단이 존재하는 (말이 안 되는) 상황이 벌어졌다. 현재 이 문제는 우주 상수의 존재로 해결되었다. 현재 선호되는 물질 구성인 $\Omega_M \approx 0.3$, $\Omega_\Lambda \approx 0.7$인 경우 $f(\Omega_i) \approx 1.0$이고 우주의 나이는 138억 년이 되므로 가장 오래된 구상성단의 나이보다 많다. 우주 상수의 존재는 우주의 나이를 설명하는 데도 중요한 역할을 한 것이다.

빅뱅 우주의 나이는 어떤 경우에도 유한할까? 현재 우주의 물질 구성이 과거에도 쭉 그대로 유지되어 온 것이었다면 우주의 나이는 유한하다. 그러나 초기 우주의 특정한 시기에 특별한 물질이(예를 들면 우주 상수) 지배하는 시기가 오래 유지되었다면 우주의 나이는 크게 달라질 수 있고, 경우에 따라서는 무한할 수도 있다.

인류가 우주에 대해서 진지하게 생각하기 시작한 이래로, 아리스토텔레스, 뉴턴, 아인슈타인 등을 포함한 많은 사람들은 우주는 영원불변한 것이고 무한한 시간과 무한한 공간을 가지고 있다고 생각했다. 만약에 우주가 유한한 시간, 유한한 공간을 가지고 있다면 그 시작과 끝에는 무엇이 존재하는가라는 더 어려울 수 있는 질문이 기다리고 있기 때문에 무한한 시간, 무한한 공간, 그리고 영원불변은 우주에 대해 진지하게 생각해 본 사람들에게 뿌리치기 힘든 유혹이었을 것이다.

그래서 선택한 (또는 믿고 싶었던) 무한한 우주에도 문제점이 있었다. 뉴턴이 운동의 법칙과 중력의 법칙을 제시하고, 이를 기반으로 인류가 우주의 역학에 대한 이해를 시작하면서, 영원불변하고 무한한 우주는 오히려 더 현실적이고 심각한 문제들을 안고 있다는 게 드러나기 시작했다('벤틀리의 역설,' '올베르스의 역설' 참조). 아인슈타인이 일반 상대성을 완성해 이를 우주에 적용했을 때, 앞 절에서 설명한 바와 같이 일반적으로 우리 우주는 팽창하고 있는 상태임이 나타났다. 이는 영원불변한 우주를 믿고 있었던 아인슈타인에게 당황스러운 것이었다. 그는 정적이고 영원불변한 우주에 대한 믿음을 버리지 못했고, 오히려 일반 상대성에서 정적인 우주 해를 얻기 위해 그의 중력방정식을 고쳐 우주 상수라는 것을 도입했다. 물질의 양과 우주 상수의 양을 정밀하게 맞춰서 정적인 우주를 얻는 것은 한 발짝만 떨어져서 진지하게 생각해 보아도 상당한 바보짓이라는 것을 알 수 있었을 테지만('아인슈타인의 최악의 실수' 참조) 영원불변에 대한 믿음이 그의 이성을 가렸던 것이다.

벤틀리의 역설

1687년 뉴턴은 중력을 제안한 《자연 철학의 수학적 원리》를 출판했다. 5년 후인 1692년 그는 신학자인 리처드 벤틀리Richard Bentley(1662~1742)와 서신을 통해 우주에 고르게 퍼져 있는 별들 사이에 중력이 작용하면 (심각한?) 문제가 있다는 것을 논의하게 된다. 벤틀리는 우주가 유한하다면 별들은 중력 때문에 우주의 중심으로 몰려 들어 종말을 맞이할 것이고, 우주가 무한하다면 별들은 양쪽으로부터 무한한 중력을 받아 모두 쪼개질 것이라고 지적했다.

뉴턴은 이에 대해 우주가 무한하고 균일하다면 모든 지점에서 양쪽으로부터 받는 중력이 균형을 이루어 정적인 우주가 유지될 것이라고 답했다. 뉴턴도 이 균형은 불안정한 것이어서 조금의 요동만 생겨도 깨질 것이라는 것을 알고 있었고, 결국 이 균형을 유지하기 위해서는 지속적인 신의 간섭이 필요하다고 고백했다.

현재의 관점에서 보면 벤틀리의 주장에는 빠져나갈 구멍들이 있다. 우선 유한하면서도 중심이 없는 공간(구면을 예로 들 수 있다)이 있을 수 있다. 공간이 무한한 경우에도 좌우의 별들로부터 무한한 중력이 양쪽에서 작용한다고 해서 지구가 둘로 갈라지지는 않는다. 왼쪽 있는 별들은 지구의 왼쪽에만, 오른쪽에 있는 별들은 지구의 오른쪽에만 힘을 가하는 것이 아니라, 지구의 모든 곳에서 왼쪽에 있는 별들과 오른쪽에 있는 별들에서 같이 중력을 작용하기에 서로 상쇄되기 때문이다.

뉴턴의 대답은 스스로가 인정했듯이 무한하고 정적인 우주가 가능은 하지만 불안정한 것이어서 완벽한 대답은 아니다. 만약 뉴턴 중력 대신에 일반 상대성을 적용한다면 어떻게 될까? 이 경우 (중심이 있든 없든) 유한한 우주뿐만 아니라 뉴턴이 제안한 무한한 우주도 별들의 중력에 의해 공간이 수축하게 돼서 별들이 서로 몰려들어 종말을 피할 수 없다. 반면 빅뱅 우주에서는 현재 팽창하고 있기 때문에 벤틀리의 역설을 피해갈 수 있다. 그렇지만 이 경우에도 별들의 밀도가 임계 밀도보다 크다면 다시 수축해서 종말을 피해 갈 수 없다.

올베르스의 역설

밤하늘이 어둡다는 사실과 무한한 정적 우주는 서로 모순된다는 제안은 여러 사람들이 했지만, 독일의 천문학자 하인리히 올베르스Heinrich Olbers(1758~1840)의 이름이 붙었다. 우주의 시간과 공간이 무한하고, 빛을 내는 별들의 밀도가 균일하다면 밤하늘은 별빛으로 가득 차서 무한히 밝아야 한다는 것이다. 한 지점에 도달하는 별빛의 밝기는 별의 거리제곱에 반비례해서 줄어들지만 별들의 밀도가 일정하다면 그 거리에 있는 별들의 수는 (구면의 면적에 비례하므로) 거리제곱에 비례해서 늘어나므로 둘을 곱한 것은 상수가 되고 이를 거리가 0에서 무한대까지 다 더하면 무한대가 되기 때문이다.

어떻게 하면 올베르스의 역설을 피해갈 수 있을까? 여러 가지 제안이 있었는데, 몇 가지를 적어 보면 다음과 같다. (1) 우주의 공간이 유한하다. (2) 별이 유한한 공간에만 존재한다. (3) 우주의 나이가 유한하다. (4) 멀리서 온 빛일수록 세기가 더 약해진다.

우주의 나이가 유한하다는 것이 올베르스의 역설에 대한 해결책이 될 수 있는 이유는 빛의 속력이 유한하기 때문이다. 우주의 공간이 무한하더라도 우주가 탄생해서 현재까지의 시간, 즉 우주의 나이가 유한하면 우주의 나이×빛의 속력으로 주어지는 거리 안쪽의 별들에서 온 빛만 도달한다. 빅뱅 우주는 우주의 (정확하게는 별의) 나이가 유한하기 때문에 올베르스의 역설이 적용되지 않는다. (팽창 때문에 멀리서 온 빛의 세기가 약해지는 효과도 있다.)

반면 빅뱅 우주big bang universe는 동적이며, 빅뱅이라는 특이점 근처의 극한 상태에서 시작해서 현재에 이르기까지 유한한 시간이 있는, 즉 유한한 과거를 갖는 우주로, 그때부터 지금까지 그리고 앞으로도 팽창에 의해 계속 변화하는 우주다. 허블에 의해 우주의 팽창이 발견된 후에도 우주는 영원불변하다고 믿는 사람은 여전히 존재했고 빅뱅 우주는 그 시작이 특이점이 된다는 것 때문에 받아들이기를 주저했다. 그 대표 주자는 영국의 천문학자 프레드 호일Fred Hoyle(1915~2001)로 영원불변과 관측된 팽창을 동시에 설명하기 위해 정상 상태 우주steady state universe 모형을 들고 나왔다. 1950년대에는 빅뱅 우주와 정상 상태 우주가 대결 양상이었고, 대중의 관심도 끌었기에 각각을 지지하던 조지 가모프와 호일은 방송 토론까지 벌였다. 아이러니하게도 빅뱅이라는 이름은 이때 호일이 팽창하는 우주의 특이한 시작을 비판하기 위해 붙인 것이다.● 1960년대에 빅뱅 우주를 지지하는 강력한 증거인 우주 배경 복사가 발견됨으로써 빅뱅 우주 쪽으로 전세가 기울었고, 1970년대에는 빅뱅 핵합성에 대한 예측과 이를 지지하는 관측 결과들이 나오면서 빅뱅 우주는 대세가 되었다. 그러나 그와 동시에 진지한 연구에 의해 빅뱅 우주가 관측 결과들은 잘 맞추지만, 빅뱅의 존재와 균일하고 등방한 시작 상태를 설명하는 것은 자연스럽게 되지 않는다는 것이 점차 밝혀졌다.

빅뱅 우주가 어떻게 시작되었는가를 설명하는 것은 여전히 숙제로 남아 있는데, 현재 정설은 초기 우주의 급팽창이 빅뱅 우주의 초기 조건을 만들어 낸다는 것이다. 그렇지만 급팽창은 어떻게 시작되었는가가 새로운 문제로

● 호일이 한 다음 말에서 나왔다. "이 순간적인 우주의 창조는 생일 케이크에서 파티 걸(매춘부)이 튀어나오는 것과 같다. 말도 안 된다. 나는 그것을 빅뱅이라 부른다."

아인슈타인의 최악의 실수

아인슈타인은 자신의 중력방정식에 우주 원리를 적용해서 우주를 다뤄 보는 시도를 했다. 그런데 우주는 영원불변하다는 자신의 믿음과는 달리, 공간이 시간에 따라 팽창 또는 수축하는 해만을 얻었다. 그래서 정적인 우주 해를 얻기 위해 1917년 방정식의 왼쪽에 우주 상수항 $\lambda g_{\mu\nu}$을 도입했다. 그림 116의 특별한 경우의 예에서 보듯이 감속을 시키는 물질의 양과 가속을 시키는 우주 상수의 크기를 잘 조정하면 정적인 해가 나오도록 맞출 수 있다. 그러나 이 해는 그림에서 쉽게 알 수 있듯 불안정한 해로, 조금의 요동만 있어도 우주는 정적인 상태를 유지하지 못하고 팽창하거나 수축한다.

잘 따져 보면 상당히 바보 같은 짓이지만(정적인 우주를 유지하기 위해서는 뉴턴이 생각했던 대로 신의 간섭이 필요하다), 아인슈타인은 원하는 정적인 우주가 가능하다는 사실만으로 만족했는데, 1929년 허블에 의해 우주의 팽창이 발견되자 곧바로 정적인 우주를 포기하고 우주 상수를 도입했던 것을 자책하면서 자신이 한 최악의 실수라고 언급했다. 우주 상수와 물질의 양을 끼워 맞춰서 정적인 우주를 얻었다고 한 것은 확실한 실수이지만, 우주 상수를 도입한 것은 결국은 탁월한 선견지명이었다. 우주 상수는 최근에 관측된 우주의 가속 팽창을 설명하는 가장 간단하면서도 그럴듯한 방법이다.

나타나서, 문제만 바뀌었을 뿐 우주의 기원 문제는 여전히 해결되지 않았다. 급팽창의 시작을 설명하기 위해 일부 사람들은 다중 우주를 가정하기도 하는데, 이는 좀 더 커진 (우리가 관측할 수 없는) 스케일에서 정상 상태 우주를 가정하고 있다. 영원불변과 유한 역사의 대결은 아직 끝나지 않았다.

5. 우주의 물질

앞에서 우주를 채우고 있는 물질의 종류와 양에 따라 축척 인자의 진화가 어떻게 달라지는지를 살펴보았다. 우주의 현재 모습에서 우주의 나이를 비롯한 과거의 역사를 알아내기 위해서는 현재 우주를 채우고 있는 물질들은 무엇이며 그 양은 얼마나 있는지를 알아야 한다. 우주를 채우고 있는 물질의 종류와 양을 어떻게 알아낼 수 있을까? 우주 구성 물질의 관측은 물질 자체 또는 물질이 내는 빛을 검출해서 알아내는 직접적인 관측과, 물질의 존재로 인해 나타나는 현상들이 우주의 진화에 끼치는 영향을 통해 알아내는 간접적인 관측이 있다. 이 절에서는 직접 또는 간접적인 관측 방법들을 통해서 현재 파악하고 있는 우리 우주의 구성 물질을 차례로 살펴본다.

바리온

우선 우리 자신, 그리고 행성, 별, 은하의 존재에서 볼 수 있듯이 우주에는 많은 양의 원자들이 존재한다. 우주론에서는 물질을 구분할 때 원자와 그 구성 성분을 모두 묶어서 바리온이라 부른다. 바리온은 원래 무거운 입자라는 뜻으로, 가벼운 입자라는 뜻의 렙톤과 대조되어, 양성자, 중성자를 포함하는 다양한 (세 쿼크들로 이루어진) 입자들을 부르는 용어다. 원자에는 바리온들로 구성된 핵과 더불어 가장 가벼운 렙톤인 전자들이 있지만 전자의 질량이 양성자나 중성자 질량의 1/1800 정도로 작아서 에너지 밀도 측면에서는 무시할 수 있기 때문에 원자를 바리온으로 부르는 것이다. 바리온은 우주에 별, 행성, 먼지, 기체 등의 형태로 존재하며, 이 중 대부분을 차지하는 것은 은하 간 기체로 추정된다. 대부분의 바리온들은 온도와 압력이 질량 에너지에 비해 무시될 수 있는 수준이라 상태방정식이 $p=0$이고, 따라서 상태방정식에 따른 분류상으로는 물질matter의 일부가 된다.

우주의 평균 바리온 밀도는 어느 정도일까? 직접적인 바리온의 관측은 별과 은하에 포함되어 있거나, 뜨거운 기체 형태로 되어 있어서 빛을 내는 바리온만 가능하다. 여러 가지 방법을 사용하여 추정한 빛을 내는 바리온의 양은 $\Omega_{b빛} \sim 0.02$ 정도다. 그런데 우주 바리온의 총량을 추정해 보면 빛을 내는 바리온보다는 빛을 내지 않는 바리온(그래서 암흑 바리온dark baryon이라 불린다)의 양이 더 많은 것으로 보인다. 현재 바리온의 총량을 간접적으로 알 수 있는 방법으로 빅뱅 핵합성의 결과로 만들어지는 가벼운 원소의 양을 통하거나 우주 배경 복사 비등방성의 크기에 미치는 영향을 통해 추정하는 두 가지가 알려져 있다. 이 두 가지 방법은 접근 방식이 완전히 다름에도 불구하고, 놀랍게도 우리 우주의 바리온 양에 대해 거의 일치하는 결과를 주고 있다. 그 값은 다음과 같다. (6장 '빅뱅 핵합성'과 '구조 형성과 우주 배경 복사 비등방성' 참조.)

$$\text{바리온의 양} \quad \Omega_b \approx 0.05$$

광자

바리온 이외에 직접적인 관측으로 존재가 확인되는 것은 바로 빛이다. 관측에 의하면 별과 은하들이 내는 빛이 가진 에너지는 상대적으로 큰 양은 아니고, 우주의 빛 에너지의 대부분을 차지하는 것은 우주 마이크로파 배경 복사다. 이들의 존재는 1948년 가모프와 랠프 앨퍼Ralph Alpher(1921~2007)가 뜨거운 빅뱅 우주에 대한 증거로 제시했고, 1965년 아노 펜지어스와 로버트 윌슨이 발견했다. 우주 배경 복사는 하늘의 모든 방향에서 오는데, 온도가 $T=$ 2.73K인 완벽한 흑체 복사 스펙트럼을 가지고 있고(4장 '뜨거운 물체가 내는 빛' 참조), 매우 등방이어서 방향에 따른 온도 차가 $\delta T/T \sim 10^{-5}$ 수준으로 아주 작다. 이 빛으로 이루어진 열복사는 $p=\rho/3$의 상태방정식을 갖는데, 상태방정식에 따른 분류상으로 복사radiation가 된다. 우주 배경 복사가 가진 에너지 밀도는 그 온도로부터 계산할 수 있고, 현재 값은 대략 다음과 같다.

$$\text{광자의 양} \quad \Omega_\gamma \approx 5\times10^{-5}$$

중성미자

뜨거운 빅뱅 우주는 우주 마이크로파 배경 복사뿐만 아니라 우주 중성미자 배경 복사의 존재도 예견한다. 약한 상호 작용을 하는 중성미자는 전자기 상호 작용을 하는 광자에 비해 일찍 분리되며, 현재의 에너지 밀도가 이들의 질량이 무시할 정도로 작다면 광자와 비슷한 수준이 될 것으로 예측된다.

$$\text{중성미자의 양(질량이 없는 경우)} \quad \Omega_\nu \approx 3\times10^{-5}$$

그러나 최근의 중성미자 진동 현상이 발견됨으로써 중성미자가 수 MeV에서 수eV 정도의 질량을 가질 가능성이 제기되고 있으며, 이 경우 우주 배경 중성미자의 에너지 밀도는 다음과 같이 중성미자의 질량에 비례하고, 질량이 없는 경우보다 커진다.

$$\text{중성미자의 양(질량이 있는 경우)} \quad \Omega_\nu \approx (m_\nu/47\text{eV})$$

우주 중성미자들은 약한 상호 작용만 하는데다, 평균 에너지도 아주 작아서 직접적인 검출은 불가능하다. 그러나 이들의 에너지 밀도와 압력은 우주의 팽창과 우주 구조 형성에 영향을 끼치므로, 빅뱅 핵합성의 결과나 우주 구조 형성의 결과로부터 간접적으로 그 존재를 확인해 볼 수 있다.

암흑 물질

1930년대에 은하단들의 움직임에서 빛을 내지는 않지만 중력을 작용하는 물질이 있어야 하는 몇몇 증거들이 제시되었지만, 학계의 관심을 끌지는 못했었다. 그러다가 1970년대 우주 거대 구조 형성에 대한 연구가 활발하게 진행되면서 바리온으로만 구성된 우주의 문제점들이 드러나기 시작했고, 암흑 물질의 존재가 다시 주목을 받게 되었다. 바리온으로만 구성된 우주에서는 바리온과 광자의 강한 결합 때문에 구조 형성이 충분히 되지 않는 문제가 있음이 드러났고, 전체 우주 스케일에서 암흑 물질의 필요성이 대두되었던 것이다.

현재는 은하의 회전 곡선, 은하단의 운동, 중력 렌즈 관측, 우주 배경 복사의 비등방성 등 여러 거리 척도에서 암흑 물질이 존재한다는 증거들이 있다(7장 '암흑 물질' 참조). 우주의 평균 암흑 물질의 에너지 밀도는 우주 구조 형성과 관련된 우주 배경 복사의 비등방성과 은하 분포의 비균일성으로부터 다음의 값으로 추정된다.

$$\text{암흑 물질의 양} \quad \Omega_{\mathrm{DM}} \approx 0.25$$

암흑 에너지

1990년대에 초신성 Ia형을 표준 촛불로 사용해 우주 팽창의 역사를 추적하는 관측이 진행되었으며, 그 결과 현재 우주의 팽창이 가속되고 있는 것으로 드러났다. 가속 팽창을 일반 상대성 기반에서 설명하려면 음의 압력 ($p<-\rho/3$)을 갖는 특이한 물질이 필요한데, 이를 암흑 에너지dark energy라 부

른다. 암흑 에너지의 존재는 우주 배경 복사의 비등방성에도 영향을 끼치기 때문에 이 관측을 통해서도 암흑 에너지의 양을 추정할 수 있다. 암흑 에너지의 평균 에너지 밀도는 가속 팽창의 관측에서 추정되는 것과 우주 배경 복사 비등방성 관측으로부터 추정되는 것이 오차 범위 내에서 일치하며, 그 크기는 대략 다음과 같다.

$$\text{암흑 에너지의 양} \quad \Omega_\Lambda \approx 0.70$$

암흑 에너지의 정체에 대해서는 현재도 논의가 진행 중이며, 진공 에너지•일 가능성이 가장 큰 지지를 받고 있다(7장 '암흑 에너지' 참조).

이상에서 살펴본 우주의 구성 물질들의 양은 현재의 임계 밀도에 대한 비로 나타냈으며 암흑 에너지($\Omega_\Lambda \approx 0.70$), 암흑 물질($\Omega_{\rm DM} \approx 0.25$), 바리온($\Omega_b = 0.05$)의 순으로 양이 많다. 그러나 우주가 팽창하면 우주를 채우는 물질들은 상태방정식에 따라 그 에너지 밀도가 다르게 변한다. 이 장의 '팽창하는 우주'에서 보았듯이 축척 인자 a가 변하면 복사는 a^{-4}, 물질은 a^{-3}에 비례해서 에너지 밀도가 변하고, 암흑 에너지의 유력 후보인 우주 상수는 상수로 유지된다. 현재는 암흑 에너지와 물질이 우주를 지배하고 있지만, 과거로 갈수록(축척 인자 a가 작아질수록) 물질과 복사가 상대적으로 중요해지고 초기 우주는 복사 지배 시대가 된다. 우주 역사의 많은 사건들은 복사 지배 시대에 일어나기 때문에 복사 지배 시대를 잘 이해할 필요가 있다.

• 진공 에너지는 우주 상수로도 불리며 $p=-\rho$의 상태방정식을 가진다.

6. 팽창과 우주의 온도

우주 배경 복사의 존재는 우리 우주를 이해하는 데 있어 팽창과 더불어 가장 결정적인 단서다. 우주 배경 복사가 담고 있는 우주에 관한 정보는 크게 세 가지다. 첫째는 온도가 $T=2.73$K인 거의 완벽한 흑체 복사 스펙트럼을 가지고 있다는 것이다. 둘째는 그것이 매우 등방이라는 것이다. 셋째는 아주 작지만 $\delta T/T \approx 10^{-5}$ 수준의 비등방성을 가지고 있다는 것이다. 우주 배경 복사가 등방이라는 것은 우리 우주가 균일, 등방하다는 사실에 대한 현재로선 관측할 수 있는 가장 큰 거리 척도에서의 증거가 된다. 그리고 우주 배경 복사가 10^{-5} 수준의 비등방성을 가지고 있다는 것은 우리 우주가 가진 거대 구조들의 형성을 이해하는 데 가장 중요한 단서가 된다. 우주 배경 복사의 비등방성에 대해서는 우주 구조의 형성을 다루는 부분(6장 '구조 형성과 우주 배경 복사 비등방성')에서 자세히 다루기로 하고, 여기서는 우주 배경 복사가 흑체 복사 스펙트럼을 가지고 있다는 것과 현재의 온도가 우리 우주에 대해 무엇을 말해 주는지 살펴보려고 한다.

흑체 복사 스펙트럼은 열평형 상태에 있는 뜨거운 물체가 내는 빛이 가지는 스펙트럼이다. 우주 배경 복사가 흑체 복사 스펙트럼을 가진다는 것은 우리 우주에 있는 물질들이 옛날에, 적어도 우주 배경 복사가 방출되는 시기에는, 열평형 상태에 있었음을 말해 준다. 열평형 상태에서 우주가 팽창하면 어떤 변화가 일어날까? 열평형 상태에서는 (닫힌) 계의 엔트로피가 보존된다. 엔트로피는 엔트로피 밀도에 부피를 곱한 양이다. 우리 우주에 여러 종류의 물질(상태방정식 $p=0$)과 복사(상태방정식 $p=\rho/3$)가 온도 $T(t)$인 열평형 상태에 있다고 가정하고 엔트로피 밀도를 계산해 보면 물질(질량이 T보다 큰 입자들)의 기여는 미미하고 복사(질량이 T보다 작은 입자들)가 대부분을 기여하는데, 그 크기는 온도의 세제곱에 비례한다. 그런데 부피는 축척 인자 $a(t)$의 세제곱에 비례한다. 따라서 열평형 상태에서 엔트로피가 보존된다는 것은 $T(t)^3 a(t)^3 =$ 상수라는 것이고, 축척 인자와 우주의 온도 사이에 $a(t)T(t) =$ 상수라는 관계가 성립한다(6장 '우주의 열 역사' 참조). 즉 우주가 팽창해서 축척 인자가 커지면, 열평형 상태에 있는 우주의 온도는 반비례해서 작아진다는 것이다. 복사의 온도가 축척 인자에 반비례한다는 것은 직관적으로도 이해할 수 있다. 온도는 대략 입자들이 가진 평균 운동 에너지이고 (질량을 무시할 수 있는 입자들로 된) 복사(빛)의 에너지는 공간이 팽창하면 적색 이동이 되면서 축척 인자에 반비례해서 줄어들기 때문이다. 우리 우주가 빅뱅에서 현재까지 열평형 상태를 계속 유지했다면,• 엔트로피는 빅뱅 이후 열평형이 깨지는 몇몇 시기를 제외하고는 계속 보존되었을 것이고, 축척 인자와 온도의 반비례 관계는 계속 성립했을 것이다. 현재 우주가 팽창하고 있다는 것은 축척 인자가 커진다는 것이고, 따라서 온도는 내려가고 있다는 것이다. 이것은 과거로 시간을 거슬러 올라가면 축척 인자는 작아지고 따라서 우주의 온도는 더 높았을 것이라는 것을 의미한다. 우리 우주는 빅뱅 후 고온의 열평형 상태에서 시작했고, 우주가 팽창하면서 계속 식어 현재의 온도 2.73K에 이르렀다는 것이다. 그런 의미에서 빅뱅 우주를 뜨거운 빅뱅 우주 Hot Big Bang Universe라 부르기도 한다(컬러 그림 13 참조).

우리 우주가 어떻게 시작되었고, 어떻게 진화해서 현재의 모습에 이르렀는가를 이해하기 위해서는 이 뜨거운 초기 우주의 상태를 이해할 필요가 있다. 우주의 온도가 높다는 것은 우주를 채우고 있는 열평형 상태의 복사와 물질로 된 열탕thermal bath의 온도가 높다는 것이고, 이는 열탕을 구성하는

• 실제로는 가끔씩 열평형이 깨지는 일들이 일어나고, 이는 우주의 역사에 중요한 역할을 한다.

입자들의 평균 에너지가 크다는 것을 의미한다. 양자 역학의 원리에 의하면 높은 에너지는 작은 거리와 연결되어 있다. 따라서 물질의 이 뜨거운 상태를 이해하기 위해서는 아주 작은 세계에서 어떤 일들이 일어나는지를 알아야 한다. 우리 우주는 팽창하고 있기 때문에 우주의 현재 모습과 진화 과정을 통해 그 기원을 이해하려면 우주의 과거를 알아야 하고, 우주의 과거를 이해하기 위해서는 높은 온도와 높은 에너지에서 물질의 상태를 알아야 하는 것이다. 이 상태를 이해하는 데 작은 거리의 미시 세계를 다루는 원자, 핵, 입자물리학에 대한 지식이 필요하다. 우주의 팽창은 가장 큰 세계를 다루는 우주론과 가장 작은 세계를 다루는 입자물리학을 연결시켜주는 고리가 되는 것이다. 극과 극은 통한다는 것을 우리 우주가 보여 주는 것일까?

우리 우주의 시작 온도는 얼마나 높았을까? 이 질문에 대한 답은 입자물리학과 연관되어 있어서 온도 단위도 일반적으로 쓰이는 켈빈(K)에서 입자물리학에서 쓰는 에너지 단위인 전자볼트(eV)로 바꿔 쓰는 것이 더 편리하다. 온도와 에너지를 연결시키는 상수가 볼츠만 상수Boltzmann constant다.

$$\text{볼츠만 상수} \quad k_B = 1.38 \times 10^{-23}\,\text{J/K}$$

따라서 1K은 1.38×10^{-23}J의 에너지에 해당한다. 에너지 단위인 1전자볼트는 $1\text{eV} = 1.60 \times 10^{-19}$J이므로, 온도로는 1.16×10^{4}K에 해당한다. 대략 1전자볼트는 1만 켈빈에 해당된다는 것을 기억해 두자. 우주가 열평형 상태를 유지한 채로 빅뱅 시점까지 거슬러 올라간다면 우주의 에너지 밀도와 온도는 무한히 올라간다. 온도가 플랑크 에너지라 부르는 $M_P \approx 10^{28}$eV보다 더 높아지면 현재의 일반 상대성과 입자물리학으로 다룰 수 있는 영역 밖이 되기 때문에 우주가 과거에 실제로 그런 극한 상황에서 시작됐는지 현재

온도와 볼츠만 상수

일상에서 온도는 물체의 뜨겁고 차가운 정도를 나타낸다. 또한 이것은 물체들 사이의 열의 흐름의 방향을 결정하는데, 열은 온도가 높은 곳에서 낮은 곳에서 흐른다. 열의 실체가 물체를 구성하는 입자(원자나 분자)들의 평균(운동) 에너지임이 드러나면서 온도에 대한 미시적인 의미도 명확해졌는데, 이를 가장 잘 보여 주는 것은 이상 기체ideal gas다.

분자들로 이루어진 낮은 압력의 기체는 이상 기체 상태방정식 $pV=nRT$를 만족한다는 것이 실험적으로 알려져 있다. 이 방정식 오른쪽의 압력 × 부피(pV)는 미시적으로 분자들의 운동에 의해서 생기는 것으로 분자의 개수를 N, 질량을 n, 속력을 v라 하면 간단한 계산을 통해 $Nm\langle v^2\rangle/3$임을 보일 수 있다. 방정식 오른쪽에 나타나는 기체 상수 R은 실험을 통해 정해지는 상수인데, 거시적 관점의 몰수(n) 대신 미시적 관점의 원자의 수($N=nN_A$, N_A는 아보가드로 수)를 쓰고, 볼츠만 상수를 $k_B=R/N_A$로 정의하면 $nR=Nk_B$로 바꿔 쓸 수 있다. 그러면 이상 기체 방정식은 $(2/3)\langle K\rangle=k_BT$가 되어(여기서 $K=mv^2/2$는 분자의 운동 에너지다), 기체의 온도는 미시적으로 분자들의 평균 운동 에너지를 나타낸다는 것을 알 수 있다. 여기서 볼츠만 상수의 역할을 볼 수 있는데, 온도와 에너지를 연결시키는 상수로 그 값은 $k_B=1.38\times10^{-23}$J/K이다. 분자들의 운동은 x, y, z 세 방향이 서로 독립적이어서 세 개의 자유도를 가진 것으로 보는데, 각 자유도가 가지는 평균 운동 에너지는 $k_BT/2$가 된다. 이를 확장하면 온도의 미시적 의미는 각 미시적 자유도가 가지는 평균 에너지가 $k_BT/2$라는 것을 알 수 있다.

로서는 답할 수 없다.

그렇다면 우주의 온도가 과거에 어느 정도까지 올라갔는지를 관측 자료를 통해 알 수 있을까? 만약 우주가 열평형 상태를 계속 유지해 왔다면, 현재의 우주 모습에는 열탕의 온도 $T(t)$ 이외에 과거의 모습은 모두 지워지고 남아 있지 않게 되므로 우주의 시작 온도를 알 길은 없게 된다. 다행히 우주가 팽창하면서 입자들의 밀도는 줄어들고 온도는 내려가기 때문에, 몇몇 구성 물질들은 열평형 상태를 유지하지 못하고 열탕으로부터 분리된다. 그 결과 현재의 우주에 흔적을 남기게 된다. 이 흔적들을 관찰할 수 있다면 그것을 조사해서 열평형 분리가 일어난 온도를 추정할 수 있고, 우리 우주가 최소한 이 온도보다는 더 높은 온도까지 올라갔다는 것을 간접적으로 알 수 있다. 현재 관측을 통해 그 존재를 확인할 수 있는 열평형 깨짐 현상들 중에 가장 높은 온도에서 일어난 것은 약한 상호 작용의 분리로 일어나는 양성자-중성자 비의 고정, 중성미자 분리와 그 뒤에 이어 일어나는 빅뱅 핵합성 과정이다. 이 과정에 대한 빅뱅 이론의 예측과 현재의 관측이 아주 잘 맞다는 것이 빅뱅 이론에 대한 관측 증거의 한 축을 이루고 있다. 이 과정은 온도가 1MeV 근처일 때 시작되는데, 열평형 깨짐 과정이 매끄럽게 일어나서 현재의 관측과 맞으려면 우주의 온도가 10MeV보다는 높은 온도에서 시작했을 것으로 추정된다. 물론 현재 관측되는 바리온이나 암흑 물질의 양을 설명하려면 이보다 훨씬 더 높은 온도가 필요하다고 보이지만, 이들의 열평형 깨짐이 남긴 흔적은 아직 직접 관측을 못했으므로, 관측 측면에서는 빅뱅 우주에 필요한 최소한의 시작 온도를 10MeV 정도로 낮춰 볼 수도 있다.

열역학 법칙

고온의 우주 상태를 다루는 데는 열역학 법칙들이 가끔 필요하다.

열역학 제1 법칙은 열역학 과정의 에너지 보존 법칙으로, 계의 내부 에너지 변화(dE)는 들어온 열 에너지(dQ)에서 계가 외부에 한 일($dW=pdV$)을 뺀 것이다.

$$\text{열역학 제1 법칙} \quad dE=dQ-pdV$$

열역학 제2 법칙은 열역학 과정은 방향성이 있다는 법칙으로, 닫힌 계의 엔트로피는 감소할 수 없다는 것이다. 이 법칙을 이해하려면 먼저 거시적인 엔트로피 정의를 알아야 한다. 계의 엔트로피의 변화(dS)는 들어온 열 에너지(dQ)를 계의 온도(T)로 나눈 것으로 정의한다.

$$\text{엔트로피의 거시적 정의} \quad dS=\frac{dQ}{T}$$

$$\text{열역학 제2 법칙} \quad dS\geq 0$$

에너지 보존 법칙은 미시적인 세계에서도 성립하므로 많은 입자들의 집합체인 거시적인 세계에서도 당연히 성립할 것이고, 따라서 열역학 제1 법칙은 쉽게 받아들일 수 있다. 그런데 열역학 제2 법칙의 미시적인 해석이 무엇인지를 이해하기는 쉽지 않다. 우선 거시적인 엔트로피의 정의 자체가 별 느낌이 오지는 않을 것이다. 그렇지만 적어도 이 엔트로피의 정의와 열역학 제2 법칙을 통해서 열 에너지는 온도가 높은 곳에서 낮은 곳으로 흐르는 방향성이 있다는 것은 쉽게 알 수 있다. 온도가 T_1과 T_2인 ($T_1<T_2$) 두 계가 접촉해서 열 에너지(ΔQ)가 온도가 낮은 T_1에서 T_2쪽으로 흘렀다고 해 보자. 그러면 전체 계의 엔트로피가 줄어드므로($\Delta S=-\Delta Q/T_1+\Delta Q/T_2<0$) 이런 일은 일어날 수 없다. 볼츠만은 거시적인 엔트로피와 같은 결과를 주는 미시적인 엔트로피의 정의를 찾아냈는데, 엔트로피는 동일한 거시적인 상태를 주는 미시적인 상태의 수(W)를 나타낸다.

엔트로피의 미시적 정의 $S = k_B \ln W$

이 미시적 정의에 따르면 열역학 제2 법칙은 확률에 의한 법칙이 된다. 모든 미시적인 상태가 같은 확률로 일어날 수 있다면, 계는 미시적인 상태의 수가 적은 (엔트로피가 작은) 거시적인 상태에서 미시적인 상태의 수가 많은 (엔트로피가 큰) 거시적인 상태로 갈 확률이 크다는 것이다. 열역학 제2 법칙의 본질은 아직도 완벽하게 이해되지는 않았다. 열역학 제2 법칙은 시간의 방향과 밀접하게 연관되어 있기 때문에 이 법칙의 난해함은 우주론에서도 문제가 된다. 우주의 기원을 논의할 때 시간의 방향성이 왜 생기는가도 중요한 이슈이기 때문이다.

7. 우주의 열 역사

초기 우주에는 물질이 고온의 열평형 상태에 있었다. 이 상태는 도대체 어떤 상태일까? 이 상태에 접근해 보기 위해 우리가 상온에서부터 조금씩 온도를 올릴 때 물질에 일어나는 변화들을 떠올려 보자. 온도가 올라갈수록 물질은 딱딱한 고체 상태에서 유동적인 액체 상태를 거쳐 분자나 원자로 분리된 기체 상태로 바뀐다. 기체에서 온도란 기체를 이루는 입자들의 평균 운동 에너지를 나타낸다(앞의 '온도와 볼츠만 상수' 참조). 기체 상태에서 온도가 계속 올라가면 분자의 평균 운동 에너지가 커지면서 압력이 계속 커진다. 이것으로 끝일까? 그렇지는 않다. 분자들로 구성된 기체는 온도가 충분히 올라가서 분자들이 가진 운동 에너지가 분자의 결합 에너지보다 더 커지면 충돌에 의해 분자들이 부서져 원자들로 분해가 된다. 이제 원자들로 된 기체에서 온도가 더 올라가 원자들의 운동 에너지가 원자 안의 핵과 전자의 결합 에너지보다 더 커지면, 원자도 분해되어 핵과 전자가 분리된 플라즈마 plasma 상태가 된다.

물론 열평형이란 이렇게 일방적인 분해 과정만 있는 것은 아니다. 분리된 핵과 전자가 충돌하여 다시 원자를 만들 수도 있다. 결국 합쳐진 원자와 분리된 핵과 전자 중 어느 것이 더 많은가의 문제이며, 이 비는 온도에 의해 결정된다. 온도가 높으면 개개 입자의 운동 에너지가 커지고, 이것이 원자의 결합 에너지보다 커지면 분리된 핵과 전자가 상대적으로 훨씬 많아지게 되는 것이다.

이 과정에는 양자 역학의 원리가 작동한다. 양자 역학의 불확정성 원리란 작은 세계로 들어갈수록 관련된 에너지는 더 커진다는 것이다. 원자(핵과 전자로 구성)의 결합 에너지(~10eV), 핵(양성자와 중성자로 구성)의 결합 에너지(~1MeV), 양성자(쿼크 셋으로 구성)의 결합 에너지(~100MeV)는 그 크기에 반비례해서 커진다. 기체의 온도가 계속 올라가면서 입자들이 가지고 있는 운동 에너지가 커지고, 이 운동 에너지가 입자들을 구성한 더 작은 단위 입자들의 결합 에너지보다 커지면 열평형은 충돌을 통해 입자들이 분해되면서 기체는 더 작은 단위의 입자들로 된 기체로 바뀌는 쪽으로 옮겨 간다. 온도가 올라갈수록 우리는 물질을 구성하는 점점 더 작은 단위의 기본 입자들이 나타나는 것을 보게 되는 것이다.

이제 입자들의 운동 에너지가 기본 입자들의 질량 에너지보다 더 커지면 충돌에 의해서 이 운동 에너지로부터 새로운 기본 입자들이 만들어지기 시작한다. 특수 상대성의 효과들이 나타나기 시작하는 것이다. 온도가 전자의 질량 에너지($m_e = 0.52$MeV)보다 더 높아지면, 이제는 기체의 입자들이 충돌하면서 전자와 전자의 반입자인 양전자를 쌍으로 만들어 내면서 전자-양전자의 기체가 만들어진다. 그리고 이 새로 더해진 자유도에 의해 기체의 비열이 커진다. 온도가 핵의 결합 에너지보다 더 커지면 핵들은 모두 양성자와 중성자로 분해되고, 온도가 쿼크들의 결합 에너지보다 더 커지면 양성자와 중성자 모두 쿼크들로 분해되어 열평형 상태는 이제 쿼크–반쿼크와 전자–양전자의 기체가 되고, 여기에 높아진 에너지 덕에 약한 상호 작용이 활성화되면서 중성미자들이 생겨나게 된다. 초기 우주의 온도는 양성자나 원자핵의 질량 에너지(~1GeV)보다 훨씬 더 높았을 것이므로 추측되므로, 우주는 이것들이 다 분해되어 기본 입자들인 렙톤과 쿼크들의 기체로 가득 차 있었을 것이다.

이상 기체의 열평형

초기 우주에 있었던 고온의 열평형 상태는 기본 입자들의 이상 기체로 볼 수 있다. 이런 우주의 진화 과정을 알려면 이 이상 기체의 에너지 밀도와 압력을 온도의 함수로 알아야 한다. 이것을 정확하게 계산하는 데는 양자통계역학이 필요하다. 그러나 우주론을 연구하려는 우리의 목적에 충실하려면 계산 과정은 버리고 그 결과만 가져와도 충분할 것 같다. 열평형에 있는 한 종류의 입자가 기여하는 에너지 밀도와 압력은 입자의 질량과 스핀, 온도, 화학 퍼텐셜•의 함수다.

온도가 입자의 질량보다 매우 크면 질량은 무시할 수 있으며, 질량이 없는 광자의 경우, 즉 복사(상태방정식 $p=\rho/3$)와 같아진다. 개수 밀도는 온도

• 화학 퍼텐셜은 입자와 반입자 간의 불균형을 나타내는 변수다. 대부분의 상호 작용이 입자와 반입자에 대칭이어서 같은 양의 입자와 반입자를 만들거나 소멸시킨다. 그래서 처음에 어떤 이유에서 만들어진 입자–반입자 간의 비대칭성이 없어지지 않고 남게 되는데, 화학 퍼텐셜은 이것을 나타내는 변수다. 이 책에서 다루는 대부분의 내용에서는 작은 크기의 바리온 비대칭성 이외에는 나타나지 않으므로 화학 퍼텐셜은 무시하기로 한다.

세제곱, 에너지 밀도는 온도 네제곱에 비례하고, 압력은 에너지 밀도의 1/3이다. 정확한 계산 결과는 입자가 보손인지 페르미온인지에 따라 조금 달라지는데, 다음과 같다.

$$T \gg m : n(T) = \left[\frac{3}{4}\right]\frac{\zeta(3)}{\pi^2}gT^3, \quad \rho(T) = \left[\frac{7}{8}\right]\frac{\pi^2}{30}gT^4, \quad p(\mathrm{T}) = \frac{1}{3}\rho(T)$$

여기서 대괄호 [ ] 안의 숫자는 입자가 페르미온인 경우에 곱해 주는 인자이고, $\zeta(x)$는 리만 제타 함수로 $\zeta(3) \approx 1.20$이며, g는 입자의 자유도를 나타내는데, 스핀이 있는 입자의 경우 스핀 상태의 수(스핀이 s이면 $2s+1$이다), 내부 자유도가 있는 경우는 내부 자유도의 수를(예를 들어 각 맛깔의 쿼크는 색깔 자유도가 3이다) 곱해 준다.

온도가 입자의 질량보다 작은 경우 입자가 가진 운동 에너지가 질량 에너지에 비해 무시될 수 있고, 입자가 소멸해서 더 가벼운 입자를 만드는 쪽으로 평형이 이동하므로 개수 밀도는 지수 함수로 줄어드는데, 이를 볼츠만 억제Boltzmann suppression라 한다. 에너지 밀도는 질량과 개수 밀도의 곱이 되고, 압력은 에너지 밀도에 비해 매우 작아서 무시할 수 있다. 즉 물질(상태방정식 $p=0$)처럼 행동한다.

$$T \ll m : n(T) = g\left(\frac{mT}{2\pi}\right)^{3/2} e^{-m/T}, \quad \rho(T) \approx mn(T), \quad p(T) \ll \rho(T)$$

이상의 내용을 요약하면, 질량이 m인 입자들로 된 열평형 상태에 있는 이상 기체는 온도가 질량보다 충분히 큰 경우에는 복사처럼(상태방정식 $p=\rho/3$), 온도가 질량보다 작은 경우에는 에너지 밀도가 급격히 줄면서 물질처럼(상태방정식 $p=0$) 행동한다.

우주에는 질량과 스핀이 다른 여러 종류의 입자들이 섞여서 열평형 상태에 있게 된다. 이 경우에 전체 계의 에너지 밀도와 압력은 어떻게 되는지 구해 보자. 열평형 상태에서는 질량이 온도보다 큰 입자들은 그 수가 볼츠만 억제에 의해 아주 작아져서 에너지 밀도에 거의 기여하지 않게 되고, 총 에너지 밀도와 압력은 질량이 온도보다 작은, 그래서 복사처럼 행동하는 입자들의 에너지 밀도와 압력의 합이 된다. 따라서 온도가 충분히 높은 초기 우주는 복사가 지배하는 시대가 되고 총 에너지 밀도는 다음과 같이 쓸 수 있다.

$$\text{복사 지배 시대의 에너지 밀도} \quad \rho_R(T) = \frac{\pi^2}{30} g_*(T) T^4,$$

$$g_*(T) = \sum_{\text{보손}} g_b + \frac{7}{8} \sum_{\text{페르미온}} g_f$$

여기서 $g_*(T)$는 온도 T에서 질량이 T보다 작은 입자들의 자유도의 합으로 유효 자유도라 한다. 예를 들어 온도가 200GeV보다 더 높으면 표준모형의 모든 입자들이 기여를 하는데(5장 '입자물리 표준 모형' 참조), 쿼크의 자유도는 2(스핀)×2(입자, 반입자)×3(색)×6(종)=72, 렙톤의 자유도는 [2(전자 스핀)+1(중성미자 스핀)]×2(입자, 반입자)×3(종)=18, 게이지 보손의 자유도는 2(광자 스핀)+3(약한 보손 스핀)×3($W^\pm$, Z^0)+2(글루온 스핀)×8(종)=27, 힉스 보손의 자유도는 1로, 유효 자유도는 $g_*=(27+1)+(7/8)(72+18)=106.7$이다. 중성미자 분리가 일어나기 직전인 온도가 수MeV일 때는 광자, 전자, 중성미자 3종만 기여해서 유효 자유도는 $g_*=2+(7/8)(4+2\times3)=10.75$로 줄어들고, 빅뱅 핵융합이 시작되는 온도인 0.1MeV일 때는 전자도 사라져서 $g_*=7.25$가 된다. 그림 119는 현재의 입자물리학에 근거한 온도에 따른 유효 자유도의 변화다.

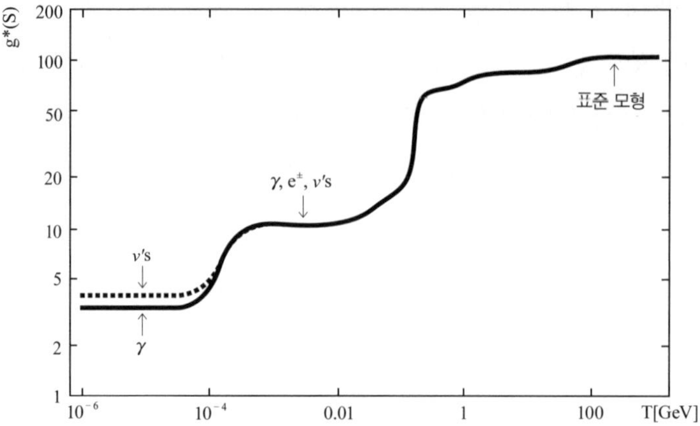

그림 119 온도에 따른 상대론적 입자들의 유효 자유도. 수백GeV 이상의 온도에서는 입자물리 표준 모형의 모든 입자들이 기여하고, 온도가 내려가면서 무거운 입자들은 차례로 없어진다. 1MeV 근처에서는 전자, 중성미자, 광자가 남고 최종적으로 중성미자와 광자만 남게 된다.

우주의 팽창과 온도

지금까지 주어진 온도 T에서 물질들의 열평형 상태에 대해 알아보았는데, 이제 우주가 팽창하면서 온도는 어떻게 변하는지 알아보자. 우주의 팽창과 온도의 관계에서는 엔트로피가 중요한 역할을 하는데, 그 이유는 열평형 상태에서는 총 엔트로피가 보존되기 때문이다. 열역학에서 엔트로피는 $dS=dQ/T$로, 즉 엔트로피의 변화는 출입한 열을 온도로 나눈 것으로 정의된다. 온도가 T인 이상 기체의 엔트로피는 이 정의에 열역학 제1 법칙(에너지 보존 법칙 $dQ=dE+pdV$)을 넣고 적분해서 구할 수 있고, 그 결과 $S=(E+pV)/T$가 된다. 양쪽을 부피 V로 나누면 이상 기체의 엔트로피 밀도 $s=(\rho+p)/T$를 얻는다. 열평형 상태에 있는 이상 기체의 엔트로피 밀도는 에너지 밀도와 압력의 합에 비례하므로 복사(질량이 온도보다 작은 입자들)가 주로 기여하고, 위에서 구한 총 에너지 밀도와 압력을 대입하면,

$$\text{빅뱅 우주의 엔트로피 밀도}\quad s(T)=\sum_i \frac{\rho_i(T)+p_i(T)}{T}=\frac{2\pi^2}{45}g*(T)T^3$$

이 되어서, (자유도×온도 세제곱)에 비례한다. 엔트로피는 엔트로피 밀도에 부피를 곱한 것이므로 (엔트로피 밀도×축적인자 세제곱)에 비례한다. ($S\propto s(T)a^3$) 열평형 상태에서는 엔트로피가 보존되므로 온도와 축척 인자의 곱이 유효 자유도에 비례하는 상수가 되고, 이것은 우주의 온도가 축척 인자의 변화에 따라 어떻게 바뀌는지를 결정한다.

$$\text{빅뱅 우주의 온도와 축척 인자 관계}\quad T\propto g^*(T)^{-1/3}a^{-1}$$

유효 자유도의 크기가 변화가 없다면 온도는 축척 인자에 반비례하게 된다. 우주의 온도가 내려가면서 특정 입자의 질량 근처가 되면 이 입자들은 더 가벼운 입자들로 소멸하면서 사라지고 유효 자유도의 크기는 줄어들게 된다. 이 과정이 일어나는 동안은 특정 입자들이 가지고 있던 에너지와 엔트로피가 가벼운 입자들에게 넘어가기 때문에 가벼운 입자들의 온도는 a^{-1}보다 천천히 내려가게 된다.

초기 우주가 복사 지배 시대라는 사실을 프리드만 방정식에 넣으면, 초기 우주 복사 지배 시대의 시간-온도 관계를 구할 수 있다.

$$\text{복사 지배 시대의 시간-온도 관계}\quad t=\left(\frac{90}{\pi^2 g*}\right)^{1/2}\frac{M_P}{T^2}=1.32s\left(\frac{1\text{MeV}}{T}\right)^2$$

우주의 시간이 빅뱅 후 1초일 때 우주의 온도는 대략 1MeV이고, 복사 지배 시대의 온도는 $t^{1/2}$에 반비례해서 바뀐다.

엔트로피 밀도가 유용한 또 다른 경우는 열평형이 깨져서 열탕으로부터 분리된 입자들의 개수 밀도를 나타낼 때다. 이 경우 개수 밀도와 엔트로피 밀도가 모두 부피에 비례해서 줄어드므로($n \propto a^{-3}, s \propto a^{-3}$), 개수 밀도와 엔트로피 밀도의 비인 수율 $Y_i \equiv n_i/s$은 축척 인자가 변해도 상수로 유지된다. 열평형이 깨질 때 결정된 Y_i를 알고 있다면, 현재의 개수 밀도는 $n_{i0} = Y_i s_0$가 된다. 열평형에 있는 입자의 개수도 a^{-3}에 비례해서 떨어지지만, 가끔씩 온도가 질량보다 내려가서 볼츠만 억제가 시작되는 입자들이 쌍소멸로 사라지면서 이 입자들이 가지고 있던 엔트로피가 남아 있는 입자들로 전달되고, 그 결과 비례 상수가 그때마다 바뀌게 된다.

열평형은 어떻게 유지되는가

팽창하는 우주에서 열평형은 입자들 간의 반응 속도가 우주의 팽창 속도보다 클 때만 유지된다. 반응 속도는 입자들 간의 상호 작용의 세기와 개수 밀도에 의해 결정되는데, 현재의 입자물리학에 따르면 초기 우주 대부분의 시간 동안 기본 입자들은 열평형 상태를 유지했다. 만약 열평형 상태가 현재까지 그대로 유지된다면 어떻게 될까? 우주론을 연구하는 입장에서는 비극이 될 것이다. 현재의 온도가 현재 열평형 상태의 모든 것을 말해 주기 때문에 우리는 현재의 모습에서 과거의 흔적을 찾을 수 없게 되어 과거의 역사를 확인할 방법이 없어진다. 그러나 우주의 팽창에 따라 온도가 내려가면서 몇몇 입자 종들은 반응 속도가 팽창 속도보다 더 빨리 줄어들어서 열평형을 유지하지 못하게 되고, 이렇게 열평형이 깨지는 과정에서 그 흔적이 남게 된다. 우주의 팽창이 우리가 우주의 과거를 추적해 볼 수 있는 우주의 역사 기록을 만들어 내는 것이다. 남겨진 흔적을 통해서 과거의 역사를 추적한다는 점에서 우주론은 거대 시간 척도의 고고학이라 할 수 있다.

우주의 열 역사를 알아내려면 물질들의 열평형이 어떻게 성립하고 어떻게 깨지는지를 이해해야 한다. 이를 다루는 것이 볼츠만 방정식이다. 볼츠만 방정식은 입자들 간의 상호 작용에 의해 입자의 분포 함수 $f(\vec{r}, \vec{p}, t)$가 어떻게 바뀌는지를 기술하는 무시무시한 방정식으로, 우주론에서 물질의 동역학을 다루는 기본 방정식이다.

$$\frac{df}{dt} = C[f]$$

뭐가 무시무시하다는 건가 하는 생각이 들 텐데, 이는 복잡함을 충돌항collision term이라 부르는 $C[f]$ 속에 다 쓸어 담았기 때문이다. 예를 들어, 팽창하는 우주에서 1, 2라는 두 입자들이 충돌해서 3, 4라는 입자들을 만드는 상호 작용이 있는 전형적인 경우의 볼츠만 방정식은 다음과 같다. (이 식은 감상용이니 그저 눈으로 그림 감상하듯이 즐기면 된다.)

$$\begin{aligned}\frac{dn_1}{dt} + 3H(t)n_1 = \int & \frac{d^3\vec{p}_1}{(2\pi)^3 2E_1} \frac{d^3\vec{p}_2}{(2\pi)^3 2E_2} \frac{d^3\vec{p}_3}{(2\pi)^3 2E_3} \frac{d^3\vec{p}_4}{(2\pi)^3 2E_4} (2\pi)^4 \delta(p_1 + p_2 - p_3 - p_4) \\ & \times |M(p_1, p_2, p_3, p_4)|^2 \{f_3(p_3) f_4(p_4)(1 \pm f_1(p_1))(1 \pm f_2(p_2)) \\ & - f_1(p_1) f_2(p_2)(1 \pm f_3(p_3))(1 \pm f_4(p_4))\}\end{aligned}$$

방정식 왼쪽의 $n_1(t)$는 우리가 알고자 하는 1번 입자의 개수 밀도(분포 함수를 모든 운동량에 대해 적분한 것, $n_1(t) = \int d^3\vec{p}_1 (2\pi)^{-3} f_1(p_1, t)$)이고, 허블 매개 변수($H(t)$)가 있는 항은 팽창에 의해서 개수 밀도가 줄어드는 효과를 나타낸다. 방정식 오른쪽의 $M(p_1, p_2, p_3, p_4)$은 $1+2 \leftrightarrow 3+4$ 과정이 일어날 확률 진폭으로 입자들의 상호 작용에 의해 결정되는 에너지-운동량 벡터들의 함수다. 이를 계산하는 데 앞 장에서 다룬 양자 역학과 입자물리학이 필요하다. 이 방정식에 더해 입자 2, 3, 4에 대한 방정식들이 있고, 이들이 서로 얽혀 있어서, '연립–비선형–적분–미분' 방정식이라는 무시무시한 방정식이 된다. 우주 열 역사에서 일어나는 여러 과정들을 자세히 이해하려면 이 볼츠만 방정식들을 어떻게 하든 풀어내야 한다. 다행히 우주론에서 다루는 많은 경우에 이 볼츠만 방정식은 풀 수 있을 정도로 간단해진다.

열평형은 입자들의 에너지 분포에 대한 운동 평형kinetic equilibrium과 입자 종들의 개수 분포에 대한 화학 평형chemical equilibrium이 동시에 이루어질 때 성립한다. 입자 종들 간의 변환에 의해 유지되는 화학 평형은 특정한 상호 작용에 좌우되지만 운동 평형은 모든 상호 작용에 의해 유지될 수 있어서, 많은 경우 화학 평형은 성립하지 않지만 운동 평형은 성립한다. 이 경우 위의 볼츠만 방정식은 다음과 같이 간단해진다.

$$\frac{dn_1}{dt}+3Hn_1=\langle\sigma v\rangle n_1^{(0)}n_2^{(0)}\left\{\frac{n_3n_4}{n_3^{(0)}n_4^{(0)}}-\frac{n_1n_2}{n_1^{(0)}n_2^{(0)}}\right\}$$

여기서 $n_i(0)$는 i 입자가 열평형에 있을 때의 개수 밀도고, $\langle\sigma v\rangle$는 $1+2\rightarrow3+4$ 과정의 산란 단면적을 1, 2 입자가 열평형에 있을 때의 에너지 분포에 대해서 평균을 낸 열평균 산란 단면적으로, 모두 온도의 함수로 주어진다. 방정식이 말해 주는 것은 입자 1의 개수 밀도의 변화는 방정식 왼쪽에 팽창에 의한 변화를 나타내는 팽창 속도(허블 매개 변수, H)와 오른쪽에 있는 상호 작용에 의한 변화를 나타내는 반응 속도($\Gamma=\langle\sigma v\rangle n_2$)에 좌우된다는 것이다. 반응 속도가 팽창 속도보다 훨씬 크다면 화학 평형이 이루어지는데, 이 방정식은 그 결과가 무엇인지 잘 보여 준다. 이 경우 방정식의 왼쪽이 작은 값이 되는데 오른쪽 괄호 앞의 반응 속도는 큰 값이므로 양쪽이 같아지려면 괄호 안의 값이 아주 작아져야 한다. 즉 다음이 성립해야 한다.

$$\frac{n_3 n_4}{n_3^{(0)} n_4^{(0)}} = \frac{n_1 n_2}{n_1^{(0)} n_2^{(0)}}$$

이 관계식은 평형이 유지될 때 개수 밀도가 온도에 따라 어떻게 바뀌는지 보여 주는데, 일반적으로 화학 평형, 빅뱅 핵합성을 다루는 사람들은 핵통계 평형nuclear statistical equilibrium, 재결합을 다루는 사람들은 사하 방정식Saha equation 등 여러 이름으로 부른다. 한편 팽창 속도가 반응 속도보다 커지면 더 이상 열평형 분포를 유지하지 못하게 되고, 이 경우에는 볼츠만 방정식을 풀어서 개수 밀도를 구해야 한다.

볼츠만 방정식으로부터 알 수 있는 기초적인 사실은 열평형을 유지하기 위해서는 반응 속도가 우주의 팽창 속도보다 빨라야 한다는 것이다. 팽창 속도는 허블 매개 변수 $H(T)$로 주어지는데, 우주 열 역사의 대부분이 일어나는 복사 지배 시대에는 $H(T) \propto \rho(T)^{1/2}/M_p \propto T^2/M_p$로, 온도의 제곱에 비례해서 줄어든다. 반응 속도 $\Gamma(T)$는 입자의 개수 밀도 $n(T)$와 산란 단면적의 열평균 $\langle \sigma v \rangle_T$의 곱으로 주어지는데, 입자의 상태와 그 입자가 가지는 상호 작용에 따라 온도 의존성이 다르다.

$$\text{열평형 유지 조건} \quad \Gamma(T) > H(T)$$
$$\Gamma(T) = n(T)\langle \sigma v \rangle, \; H(t) \approx T^2/M_p$$

열평형을 유지하지 못하는 입자 종은 열평형을 유지하고 있는 입자들로 구성된 열탕으로부터 분리되어 독자적인 길을 가게 된다. 이렇게 입자의 종이 열평형으로부터 분리되는 것을 입자 종 분리decoupling라고 한다. 이 과정을 대략적으로 이해하기 위해 두 가지 예를 들어 설명해 본다.

첫 번째 예로 질량이 온도보다 충분히 작고, 무거운 게이지 보손이 전달하는 상호 작용을 하는 입자 종을 생각해 보자. 이 입자는 열평형 상태에서 복사와 같아서 개수 밀도는 $n \sim T^3$로 온도 세제곱에 비례한다. 질량이 M_X인 무거운 게이지 보손이 매개하는 상호 작용에 의한 산란 단면적은 $\sigma \sim E^2/M_X^4$로 입자들의 에너지의 제곱에 비례하고, 열탕의 복사 입자들의 에너지는 대략 $E \sim T$이므로 평균을 취하면 $\langle \sigma v \rangle_T \sim T^2/M_X^4$로 온도 제곱에 비례한다. 따라서 반응 속도는 $\Gamma \sim T^5/M_X^4$로 온도의 다섯 제곱에 비례한다. 우주가 팽창하면서, 온도의 제곱에 비례하는 팽창 속도에 비해, 반응 속도는 온도의 다섯 제곱에 비례해서 훨씬 빨리 줄어들므로 우주의 온도가 $T_D \sim (M_X^4/M_P)^{1/3} \sim 1\text{MeV}(M_X/100\text{GeV})^{1/3}$보다 내려가면 평형 상태를 유지할 수 없게 된다. 이 온도 T_D를 이 입자 종의 분리 온도decoupling temperature라 한다. 이 분리 과정은 온도가 내려가면서 상호 작용이 에너지 의존성에 의해 약해지는 것이 분리의 주요 원인이다. 분리 온도 이하에서는 입자의 총 개수가 보존되므로 수율 $Y = n/s$는 상수를 유지하게 되고, 현재 우주에 남아 있는 이 입자의 개수 밀도는 $n_0 \sim Ys_0$이 된다. 개수 밀도가 $n \sim T^3$ 상태에서 분리가 되므로 Y의 값은 $Y \sim g/g^*(T_D)$로 1보다 그리 작지 않은 값으로 현재의 개수 밀도가 광자와 비슷한 수준이 된다. 약한 상호 작용을 하는 가벼운 입자의 분리 과정이 적용되는 대표적인 예는 중성미자다.

두 번째 예로 상호 작용이 강해서 질량보다 낮은 온도까지 열평형이 유지되는 입자를 생각해 보자. (질량이 없는 게이지 보손이 전달하는) 전자기 상호 작용을 하는 입자들이 여기에 해당한다. 온도가 질량보다 작아지면 입자의 개수 밀도는 볼츠만 억제($n/s \sim (m/T)^{3/2} e^{-m/T}$)에 의해 급격히 줄어들어서 대략 온도가 질량의 1/20~1/30이 되면 상호 작용이 강함에도 불구하고 개수 밀도가 너무 작아져서 더 이상 평형을 유지할 수 없게 된다. 이렇게 분리되는 입자 종은 분리 온도가 $T_D \sim m/(20 \sim 30)$ 수준이므로 Y의 값은 $10^{-9} \sim 10^{-13}$으로

표 10 현재 표준 우주론에 의한 우주 열 역사의 주요 장면. 위의 세 장면은 있어야 할 것으로 믿지만 그 과정을 아직 이해하지 못하고 있는 것, 가운데 세 장면은 현재의 입자물리학으로 이해는 하고 있지만 흔적을 관찰할 수 없어서 확인되지 않은 것, 아래의 네 장면은 관측으로 확인이 된 것들이다.

장면	시간	온도	내용
빅뱅	?	?	우주는 높은 온도의 열평형 상태에서 팽창하면서 시작되었다.
바리온 창조	?	?	현재 우주 바리온의 양을 설명하는 바리온 비대칭성이 만들어진다.
암흑 물질 분리	?	?	열탕으로부터 암흑 물질 입자가 분리되어 현재의 양으로 고정된다.
전자기약 상전이	10^{-10}초	100GeV	통일된 힘이었던 전자기약 상호 작용이 전자기 상호 작용과 약한 상호 작용으로 분리된다.
양자색역학 상전이	10^{-4}초	100MeV	쿼크로부터 양성자와 중성자가 만들어진다.
중성미자 분리	1초	1MeV	약한 상호 작용 열평형이 깨지면서 중성미자가 분리되고, 양성자-중성자 비율이 고정된다.
빅뱅 핵합성	10초~20분	0.1MeV	양성자, 중성자로부터 헬륨 등 가벼운 핵들이 합성된다.
복사-물질 동등 시점	47,000년 $z=3600$	0.3eV	복사와 물질의 에너지 밀도가 같아지고, 물질의 밀도 요동이 본격적으로 자라기 시작한다.
재결합과 광자 분리	300,000년 $z=1100$	0.1eV	전자와 양성자가 결합하여 수소 원자가 만들어지면서 광자가 바리온으로부터 분리된다.
현재	138억 년	10^{-4}eV 2.73K	인류가 탄생해 우주를 탐구한다.

매우 작다. 강한 상호 작용을 하는 무거운 입자들은 대부분 이 과정을 거쳐 아주 소량의 흔적만을 남기고 열탕에서 사라지게 된다.

현재 우주(배경 복사)의 온도는 약 3K이고, 이를 질량(에너지)으로 환산하면 $\sim 10^{-4}$eV이다. 우주가 현재까지 열평형을 유지했다면 이보다 작은 질량을 가진 빛(광자)과 중성미자를 제외하고는 모든 무거운 입자들은 사라지고 없을 것이다. 그러나 대부분의 입자들은 그 이전에 열평형이 깨지고 그 흔적으로 일정량의 입자들이 남게 된다. 이렇게 열평형의 깨짐에 의해 남은 입자들을 관측함으로써, 우리는 우주의 과거 역사를 추적해 볼 수 있다. 우주의 팽창은 열평형의 깨짐을 만들고, 열평형의 깨짐은 분리된 입자들을 남긴다. 우리는 그것을 확인함으로써 현재의 우주론이 맞는지 확인해 볼 수 있다. 앞서 말한 대로 우주론은 거대한 시공간 척도의 고고학인 것이다. 대부분의 열 역사 과정들은 초기 우주의 고온, 고에너지 상태에서 일어나는 과정으로, 이를 이해하기 위해서는 입자물리학, 핵물리학의 지식이 필요하다. 현재의 입자물리학에 입각해서 볼 때 우리가 볼 수 있는 우주의 역사 기록은 어떤 것들이 있을까? 이에 대한 답으로 우주 열 역사의 주요 장면들을 표 10에 정리해 놓았다. 이 중 실제 관측으로 확인된 것은 엄밀하게는 빅뱅 핵합성과 우주 배경 복사뿐이다. 하지만 이 둘의 관측 결과만으로도 빅뱅 우주는 충분히 정당화되었다. 다음은 이 과정들을 차례로 살펴본다.

8. 바리온 비대칭성과 바리온 창조

빅뱅 핵합성과 우주 배경 복사 비등방성으로 결정된 우주 바리온의 양은 $\Omega_b = 0.05$라고 했는데, 이 크기는 우주론에서 현재의 입자물리학으로 설명하지 못하는 것들 중 하나다. 입자물리 표준 모형에 의하면 모든 입자는 반입자를 가지고 있고, 입자와 반입자는 매우 대칭적이어서 전하가 반대인 것을 빼고는 거의 모든 성질이 같다. 바리온(b)과 그 반입자인 반바리온($\bar{b}$) 사이의 대칭성이 초기 우주부터 지금까지 완벽하게 유지되었다면 현재 바리온의 양과 반바리온의 양은 같아야 한다. 또한 바리온과 반바리온은 강한 상호 작용과 전자기 상호 작용을 통해 질량보다 아주 낮은 온도까지 열평형을 유지할 수 있어서 열탕으로부터의 분리가 질량보다 훨씬 낮은 온도에서 일어나고, 남아 있는 바리온과 반바리온의 양은 위의 관측 값의 100만 분의 1밖에 안 되는 것으로 예측된다. 그런데 우리 우주를 살펴보면 바리온의 양이 바리온–반바리온 대칭성이 있을 때 예측되는 양보다 훨씬 크고, 반바리온의 양은 훨씬 작아서 둘 사이의 대칭성이 깨져 있다. 이것을 우주의 바리온 비대칭성baryon asymmetry이라고 한다. 미시 세계 이론인 입자물리학에서는 바리온과 반바리온이 아주 대칭적으로 보이는데, 거시 세계인 우주에서는 왜 바리온과 반바리온이 아주 비대칭적으로 나타날까? 이를 바리온 비대칭성 문제라 한다. 바리온 비대칭성의 크기를 나타내는 양으로 Ω_b와 더불어 우주론에서 많이 쓰는 것은 광자 수에 대한 바리온 수의 비 η_b이다.[•] 현재 관측된 η_b값과 Ω_b와의 관계는 다음과 같다.

바리온 비대칭성의 크기

$$\eta_b \equiv \frac{n_b - n_{\bar{b}}}{n_\gamma} \approx 4\times10^{-9},\ \Omega_b = 0.05\left(\frac{h}{0.72}\right)^{-2}\left(\frac{\eta_b}{4\times10^{-9}}\right)$$

앞에서 언급한 대로 이 값은 빅뱅 핵합성의 결과와 우주 배경 복사의 비등방성의 관측으로부터 결정된 것이다. 이 두 과정은 일어나는 시기도 다르고 관련된 물리도 완전히 달라서 서로 연관성이 전혀 없으며, 따라서 두 방법이 완전히 독립적인데도 불구하고, 그 결과가 놀라운 일치를 보인다는 것은 빅뱅 모형이 우리 우주를 잘 설명하고 있다는 강력한 증거다.

현재 관측되는 바리온 비대칭성은 빅뱅 직후에 초기 조건으로 주어졌

● 엔트로피에 대한 비 Y_b를 쓰는 것이 더 체계적이지만, 관습적으로 η_b가 많이 쓰이고 있다.

다고 생각할 수도 있다. 그러나 과학자들은 이런 설명에는 만족하지 못한다. 과학자들이 선호하는 것은 우리 우주의 시작에는 바리온이 대칭인 상태였지만, 우리가 이해할 수 있는 어떤 과정을 통해서 현재의 바리온 비대칭성이 만들어졌다는 것이다. 바리온 비대칭이 만들어지지 않은 채 바리온–반바리온 종 분리가 일어난다면 그 결과는 $n_b/n_\gamma = n_{\bar{b}}/n_\gamma \approx 10^{-16}$ 정도로 예측되고 관측으로부터 추정한 양에 비해 매우 작다. 관측으로부터 추정된 값을 설명하려면 빅뱅에서 바리온–반바리온 동결이 일어나는 시기 사이에 동역학적으로 바리온 비대칭성을 만들어 내야 한다. 바리온의 비대칭성을 만들어 내는 (아직 밝혀지지 않은) 이 과정을 바리온 창조baryogenesis라 부른다. 1960년대에 러시아 과학자 안드레이 사하로프Andrei Sakharov(1921~1989)는 바리온 창조 과정에는 다음 세 가지 조건이 필요하다는 것을 밝혔다.

(1) 바리온 수(baryon number, B) 보존 깨짐
(2) 전하 켤레 바꾸기(charge conjugation, C)와 전하 켤레 바꾸기×반전성(charge conjugation times parity, CP) 대칭성 깨짐
(3) 열평형의 깨짐

현재의 입자물리 표준 모형은 위의 세 가지 조건을 모두 갖춘 것으로 보인다. 입자물리 표준 모형에서 바리온 수(B)는 보존되는 양으로 한동안 간주되어 왔다. 그러나 1980년대에 전자기약 상호 작용을 기술하는 $SU(2)_L$ 게이지 상호 작용이 비가환 게이지 이론이 가지는 진공 구조의 특이성에 의해 바리온 수를 깬다는 것과, 그 효과가 낮은 에너지에서는 매우 작지만 초기 우주와 같은 고온 상태에서는 커진다는 것이 밝혀졌다. 그 결과 표준 모형 안에서 바리온 비대칭성을 설명하는 데 획기적인 전기가 마련됐다. 두

번째 조건에 대해서, 표준 모형의 약한 상호 작용은 C 대칭성과 P 대칭성을 완전히 깨고 있고, 둘을 곱한 CP 대칭성은 작은 크기로 깨고 있다. 이 CP 대칭성 위반은 입자와 반입자 사이의 비대칭성을 주는데, 예를 들어 K^0 중간자와 그 반입자인 $\overline{K^0}$ 중간자는 이 효과에 의해 서로 섞임이 일어나서 질량과 수명에 약간의 차이가 있는 K_L과 K_S의 두 입자로 나타난다. 문제는 표준 모형이 CP 대칭성을 깨고는 있지만 그 크기가 너무 작아서 바리온 창조 과정을 통해서 충분한 양의 바리온을 만들어 내지는 못한다는 것이다. 세 번째 조건인 열평형의 깨짐은 표준 모형에서는 우주의 온도가 약한 게이지 보손 질량 근처일 때 일어나는 전자기약 상전이를 통해서 실현될 수 있다. 우주의 온도가 상전이 온도보다 크면 전자기약 게이지 대칭성은 깨지지 않은 상태로 약한 게이지 보손과 쿼크, 렙톤들 모두 질량이 없다가, 온도가 내려가면서 상전이가 일어나 게이지 대칭성이 깨지고 입자들이 질량을 얻는 변화가 일어난다. 그런데 계산을 자세히 해 본 결과 이 상전이가 충분히 급격하게 일어나야만 충분한 양의 바리온이 만들어진다고 나오는데, 표준 모형의 상전이는 부드럽게 일어나는 것으로 밝혀졌다. 요약하자면, 현재의 입자물리 표준 모형은 바리온 창조에 필요한 조건을 다 갖추기는 했지만, CP 대칭성 위반의 크기가 충분하지 않고, 전자기약 상전이가 충분히 급격하지 않아서 관측된 만큼의 바리온을 만들어 내지 못한다는 것이다.

바리온 창조 과정을 통해 만들어진 우주 바리온은 우리의 몸과 별과 은하의 재료가 된다. 관측된 Ω_b의 크기를 설명하는 것은 우주에서 우리의 존재를 설명하는 데 가장 중요한 요소인 재료의 출처를 밝히는 것이다. 가끔 CP 대칭성의 깨짐을 확인한 입자물리 실험의 결과가 보도될 때, 우주와 우리의 존재를 연관시키는 것은 이런 맥락에서다. 현재의 입자물리 표준 모형이 이를 설명하지 못하고 있음은 확실하다. 입자물리 표준 모형이 지상의 거의 모든 실험을 아주 잘 설명하고 있지만, 여전히 부족한 면이 있다는 것을 우주에서 우리의 존재 자체가 보여 준다.

9. 약한 상호 작용과 중성미자 분리

약한 상호 작용은 질량이 $M_W \sim 100\text{GeV}$ 정도 되는 약한 보손이 전달하기에 이 상호 작용에 의해 열평형이 유지되는 입자들은 빅뱅 후 1초 정도, 온도로는 1MeV 정도에서 더 이상 열평형을 유지하지 못하고 열탕으로부터 분리된다. 1MeV보다 조금 높은 온도의 열탕에는 질량이 1MeV보다 작은 광자, 전자, 중성미자에 질량이 1GeV로 1MeV보다 훨씬 크지만 바리온 비대칭성에 의해 존재하는 소량($n_b/n_\gamma \approx 10^{-9}$)의 양성자와 중성자가 열평형을 유지한다. 온도가 1MeV보다 낮아지면 전자기 상호 작용에 의한 열평형은 계속 유지되지만, 약한 상호 작용에 의한 열평형은 더 이상 유지되지 못한다. 그 결과는 두 가지로 나타나는데, 중성미자가 열탕으로부터 분리되는 것과, 양성자와 중성자의 개수 비가 고정되는 것이다.

중성미자와 전자는 다음의 약한 상호 작용 반응으로 열평형이 유지된다. 앞에서 설명했던 열평형 조건을 적용해 보면 분리 온도는 대략 1MeV이고, 온도가 그 아래로 내려가면 열평형이 깨지면서 중성미자가 열탕으로부터 분리된다.

$$e^{+} + e^{-} \leftrightarrow \nu_e + \bar{\nu}_e : \Gamma(T) = n(T)\langle \sigma v \rangle_T \sim \alpha_\omega \frac{T^5}{M_W^4} \Rightarrow T_{\text{dec}} \sim 1\text{MeV}$$

분리된 중성미자는 분리될 당시에는 광자와 같은 온도를 가진다. 하지만 중성미자가 분리된 직후, 열탕의 온도가 전자 질량 $m_e = 0.52\text{MeV}$보다 낮아지면 전자-반전자의 수는 볼츠만 억제로 급격히 줄어들고, 이들이 가지고 있던 에너지와 엔트로피는 열평형에 있는 질량이 더 작은 입자로 전달되는데, 중성미자는 이미 분리가 되어 전달되지 않기에 모두 광자로 전달이 된다. 그 결과 중성미자의 온도는 축척 인자에 반비례해서 계속 떨어지지만 광자의 온도는 조금 천천히 떨어져서, 전자-반전자가 거의 소멸한 후에는 광자의 온도와 중성미자의 온도는 그 비가 $T_\nu/T_\gamma = (4/11)^{1/3} = 0.71$로 조금 차이가 생기게 된다. 분리된 중성미자는 이 온도 비를 유지한 채 팽창에 의해 식으면서 현재까지 남아 우주 중성미자(배경 복사)가 된다. 우주 중성미자의 에너지 밀도는 중성미자 3종 모두 질량이 0일 경우 $\Omega_\nu = 1.68 \times 10^{-5} h^{-2}$, 질량이 있으면 $\Omega_\nu = (\sum_{\nu i} m_{\nu i}/93\text{eV}) h^{-2}$이 된다. 현재 우주 중성미자들은 약한 상호 작용만 하는데다, 에너지도 작아서 직접적인 검출은 불가능하다. 그렇지만 우주 중성미자들이 가진 에너지 밀도는 우주의 팽창 속력에 영향을 미쳐서, 중성미자 분리 뒤 바로 이어 일어나는 빅뱅 핵합성이나 물질 지배 시대 이후 우주의 구조 형성에 영향을 주므로 간접적으로 그 존재를 확인할 수 있다.

약한 상호 작용에 의해 유지되는 또 하나의 중요한 열평형은 양성자(p)와 중성자(n) 사이의 열평형이다. 양성자와 중성자 사이의 열평형은 다음의 약한 상호 작용 과정에 의해 유지된다.

$$n + e^{+} \leftrightarrow p + \bar{\nu}_e, \quad n + \nu_e \leftrightarrow p + e^{-}, \quad n \leftrightarrow p + e^{-} + \bar{\nu}_e$$

양성자와 중성자는 질량이 각각 $m_p = 938.3\text{MeV}$, $m_n = 939.6\text{MeV}$로 거의 같지만 조금의 차이 $\Delta m = m_n - m_p = 1.3\text{MeV}$로 중성자가 더 무거워서, 질량

$$n \rightarrow p\, e^-\, \bar{\nu}_e$$

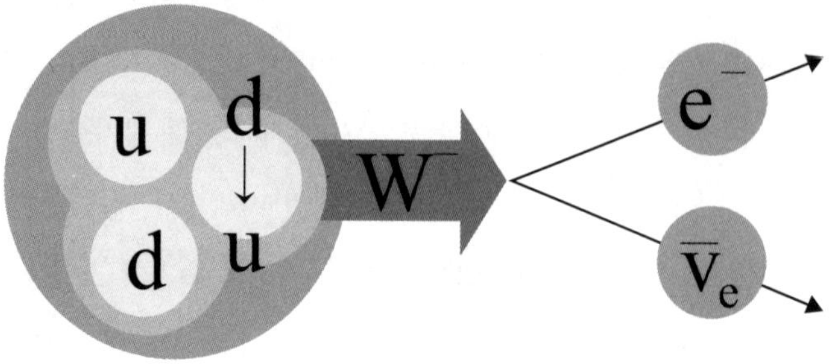

그림 120 중성자의 β 붕괴. 중성자는 약한 상호 작용에 의해 양성자, 전자, 반-전자 중성미자로 붕괴하고, 평균 수명은 약 800초다.

보다 낮은 온도의 열평형 상태에서는 중성자-양성자 개수 밀도의 비가 $n/p = e^{-\Delta m/T}$로 유지된다. 열탕의 온도가 중성자-양성자 질량 차 Δm보다 클 때에는 두 입자의 수가 거의 같지만, 열탕의 온도가 질량 차보다 더 내려갔을 때 열평형이 계속 유지된다면 질량이 더 큰 중성자의 수는 빠르게 줄어든다. 온도가 내려가면 약한 상호 작용의 크기와 전자, 중성미자의 개수 밀도가 줄어드는 효과에 의해 양성자-중성자 전환 반응이 느려지다가 1MeV 이하에서 열평형이 무너지고 중성자-양성자 개수 비가 고정되는데, 이때의 온도를 중성자-양성자 동결 온도freeze-out temperature라 한다.• 이 과정에 대한 볼츠만 방정식을 수치 계산으로 풀어서 정확한 값을 계산해 보면 중성자-양성자 동결 온도는 $T_f \approx 0.75$MeV로 중성자-양성자 질량 차와 크기가 비슷하기 때문에 우주에는 상당량의 중성자가 남게 된다. 동

• 양성자와 중성자는 전자기 상호 작용을 통해 여전히 전자, 광자와 열평형을 유지하고 있지만, 중성자와 양성자의 비는 고정이 되는 것이다.

결 온도에서 중성자–양성자 개수 밀도 비는 $n/p = e^{-\Delta m/T_f} \approx 0.18$이 되고, 동결 후에도 중성자는 평균 수명 약 15분으로 서서히 붕괴해서 양성자로 바뀌므로, 중성자의 수는 조금씩 줄어들어서, 빅뱅 핵융합이 시작되는 시점인 빅뱅 후 약 200초(온도 0.07MeV)일 때는 $n/p \approx 0.13$(대략 양성자 일곱 개당 중성자 하나)로 떨어진다. 중성자–양성자 개수 비는 빅뱅 핵합성의 결과를 결정하는 중요한 입력 값으로, 이 시점까지 살아남은 중성자는 빅뱅 핵합성을 통해서 대부분 헬륨 핵을 형성하는 데 쓰이므로, 현재 우주에 남아 있는 헬륨과 수소의 비를 대략적으로 결정한다. 헬륨의 핵은 양성자 2개와 중성자 2개로 구성되므로, 양성자 7개당 중성자 1개의 비는 헬륨 1개당 수소(양성자) 12개의 비가 되고, 헬륨의 질량수는 4이고 수소의 질량수는 1이므로 질량비로는 헬륨이 약 4/(4+12)=25%가 된다.

10. 빅뱅 핵합성

이제 우주의 온도가 1MeV보다 훨씬 낮아졌을 때 일어나는 일들을 살펴보자. 1MeV는 대략적으로 원자핵들의 결합 에너지에 해당하기 때문에 원자핵의 변환과 관련된 현상이 일어날 것으로 예상할 수 있다. 양성자와 중성자로 이루어진 가장 간단한 핵은 중수소deuterium(^{2}H 또는 D로 표시)이고, 결합 에너지는 $B_D = m_p + m_n - m_D = 2.2$MeV다. 우주의 온도가 이 결합 에너지보다 내려가면, 열평형은 $p + n \leftrightarrow D + \gamma$의 반응을 통해 중수소가 많아지는 쪽으로 기울게 된다. 그리고 점차 중수소보다 양성자와 중성자를 더 많이 가진 무거운 핵들이 만들어지는 쪽으로 열평형이 기운다. 이렇게 우주의 온도가 핵의 결합 에너지 아래로 떨어지면서 양성자와 중성자로부터 가벼운 핵들인 중수소, 헬륨, 리튬의 핵이 만들어지는 과정을 빅뱅 핵합성(Big Bang Nucleosynthesis: BBN)이라 한다.

그런데 실제로 핵의 합성은 중수소의 결합 에너지보다 훨씬 낮은 온도에서 시작된다. 이유는 우주에는 핵을 만드는 데 쓰이는 바리온(양성자, 중성자)의 수보다 만들어진 핵을 부술 수 있는 광자의 수가 압도적으로 더 많기 때문이다. 바리온의 수와 광자의 수의 비 η_b는 빅뱅 핵합성의 결과를 결정하는 가장 중요한 매개 변수인데, 현재의 우주 바리온의 양으로부터 추정되는 값은 대략 $\eta_b \sim 10^{-9}$이다. 이 값이 작기 때문에 열평형의 균형이 양성자와 중성자에서 중수소로 넘어가는 온도는 중수소의 결합 에너지보다 훨씬 낮은 온도인 $T_{\mathrm{BBN}} \approx 0.1\mathrm{MeV}$이다. 일단 중수소가 많아지면 연속적인 중성자, 양성자, 중수소의 반응을 통해 더 무거운 핵들인 삼중수소(tritium, $^3\mathrm{H}$ 또는 T로 표시), 헬륨-3($^3\mathrm{He}$), 헬륨-4($^4\mathrm{He}$), 베릴륨-7($^7\mathrm{Be}$), 리튬-7($^7\mathrm{Li}$)을 차례로 만들게 되고, 열평형의 균형은 가벼운 핵들 중 가장 안정된 헬륨●으로 기울게 된다. 열평형이 계속 유지된다면, 헬륨보다 더 안정적인 탄소, 질소, 산소의 핵들이 많아지는 쪽으로 균형이 넘어갈 것이다. 하지만 팽창하는 우주에서의 핵합성은 헬륨을 만드는 단계 후에 더 진행되지 못하고 끝나 버린다. 질량수가 4인 헬륨으로부터 더 무거운 핵이 만들어지는 첫 단계는 수적으로 가장 많은 양성자, 중성자, 헬륨이 반응해서 질량수가 5나 8인 핵을 만드는 것인데, 질량수가 5와 8인 안정된 핵이 존재하지 않는 탓에 이 반응 속도가 매우 느려서 우주의 팽창 속도를 쫓아가지 못하기 때문이다. 만약 이 반응이 빨랐더라면 빅뱅 핵합성의 결과는 많이 달라졌을 것이고, 현재 우리의 모습도 달라졌을 것이다('인류의 에너지원' 참조)

● 헬륨의 결합 에너지가 $B_{He}=28.3\mathrm{MeV}$로 핵자당 결합 에너지가 가벼운 핵들 중 가장 크다.

별 핵합성

우주에 존재하는 여러 핵종의 개수 비율을 보면 대부분은 수소(양성자)와 헬륨인데, 헬륨의 비율은 초기 우주의 양성자와 중성자로부터 빅뱅 핵합성 과정에서 만들어지는 결과와 잘 맞는다. 반면 빅뱅 핵합성은 리튬보다 무거운 핵들은 만들지 못하는데, 우리가 사는 지구는 대부분 (리튬보다) 무거운 핵종들로 이루어져 있고, 우리의 몸을 구성하는 주요 원자들은 수소-탄소-질소-산소(H-C-N-O)다. 이 중 수소를 제외하고 나머지 원자들의 핵은 빅뱅 핵합성에서 만들어지지 않는다.

그렇다면 이 무거운 원소들은 어떻게 만들어진 것일까? 현재의 정설은 철보다 가벼운 핵종들은 주계열 별들의 진화 과정에서 별 핵합성Stellar Nucleosynthesis을 통해 만들어지고, 철보다 무거운 핵종들은 초신성 폭발 과정에서 생성된다는 것이다. 철이 기준이 되는 것은 많은 핵종 중에 철이 핵자당 결합 에너지가 가장 커 가장 안정적인 핵종이기 때문이다(5장 '원자핵의 이해' 참조). 별 핵합성과 같이 열평형 상태에서 일어나는 융합 과정을 통해서는 가장 안정적인 철보다 무거운 핵종은 만들어지지 않는다. 주계열 별들은 수소 핵에게서 시작해 핵융합을 통해 더 무거운 핵들을 차례로 만드는 과정에 있는 별들로, 이때 나오는 에너지에 의해 평형이 유지되며, 이 기간이 별 수명의 대부분을 차지한다.

별의 질량이 클수록 더 무거운 핵까지 반응이 진행되는데, 우리 별인 태양은 가벼운 별이어서 수소로부터 헬륨을 합성하고 백색 왜성으로 끝이 난다. 충분히 무거운 별은 모든 핵융합 반응이 끝나면 일시적으로 식으면서 수축하게 되고 그 반동으로 강력한 폭발이 일어나 초신성이 된다. 이 초신성 폭발 과정에서 철을 포함한 무거운 핵들은 날아오는 헬륨의 핵들과 계속 반응하고 더 무거운 핵들이 만들어지게 된다. 태양계에는 철보다 무거운 핵들이 많이 존재하는 것으로 보아 태양은 초신성이 폭발한 잔재에서 다시 만들어진 별이고, 따라서 우리는 초신성의 후예라 할 수 있다.

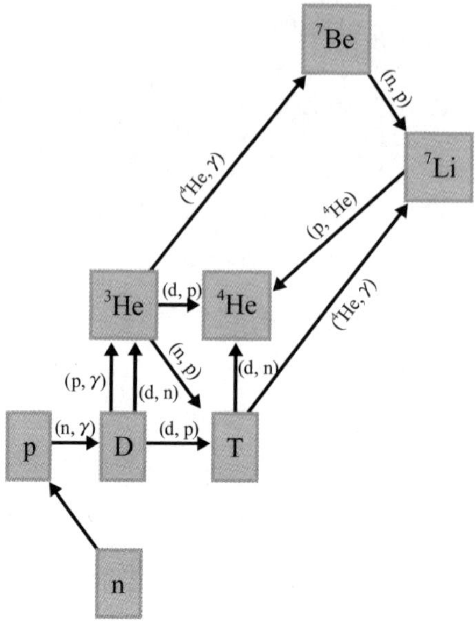

그림 121 빅뱅 핵합성에 들어가는 핵 반응들. 각 핵들 사이의 변환을 나타내는 화살표 옆에 붙은 괄호 안에는 왼쪽에 반응에 들어가는 핵자, 오른쪽에 반응 결과로 나오는 입자가 표시되어 있다.

빅뱅 핵합성은 우주의 중성자를 다 소진하여 헬륨-4를 만들고, 소량의 중수소, 삼중수소, 헬륨-3, 베릴륨-7, 리튬-7을 남기고, 팽창에 의해 동결되면서 끝난다. 각 핵들이 얼마나 만들어지는지는 각각의 핵자에 대한 볼츠만 방정식을 수치 계산으로 풀어 구해 볼 수 있다. 볼츠만 방정식에는 각 핵반응에 대한 정보와 초기 우주의 상태를 나타내는 몇 개의 매개 변수가 들어간다. 그림 121은 빅뱅 핵합성에 관여하는 핵 반응들을 보여 주는 것이고, 그림 122는 볼츠만 방정식을 풀어서 전체 바리온에 대한 각 핵들의 질량비가 시간에 따라 어떻게 바뀌는지를 보여 주는 그래프다. 처음에 양성자-중성자 반응을 통해 중수소가 늘어나다가, 이것이 모두 헬륨으로 전환되는 것을 볼 수 있다. 헬륨의 생성으로 핵합성이 끝나기 때문에 수소(양성

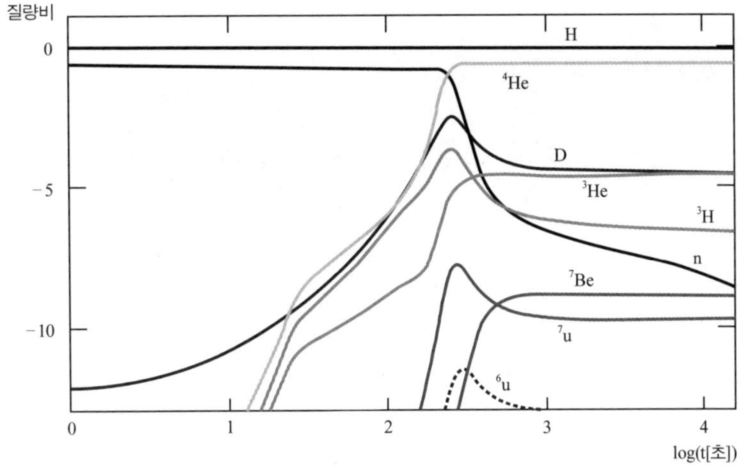

그림 122 빅뱅 핵합성을 통해 만들어지는 가벼운 핵들의 전체 바리온에 대한 질량비의 시간 진화. 중성자−양성자 비가 결정되는 1초에서 핵합성이 본격적으로 진행되는 200초 정도를 지나 1,000초 정도에 이르면 팽창에 의해 핵반응들이 멈추면서 핵들의 양이 동결되고 빅뱅 핵합성은 끝이 난다.

자)의 대부분은 더 무거운 핵으로 전환되지 않고 그대로 남게 된다.

빅뱅 핵합성에 의해 우주에 남겨지는 핵들 중에 삼중수소, 베릴륨−7은 불안정한 핵으로 붕괴되어 사라지고 중수소, 헬륨−3, 헬륨−4, 리튬−7은 현재까지 남는다. 우주에 있는 별이나 기체에서 이 핵들의 상대적인 양들을 관측해서 빅뱅 핵합성의 예측이 잘 맞는지 확인해 볼 수 있다.● 빅뱅 핵합성의 매개 변수 중 결과에 가장 큰 영향을 미치는 것은 바리온 창조에 의해 결정되는 바리온−광자 개수 비 η_b이다. 헬륨−4의 질량비는 η_b의 영향을 거의 받지 않는데, 이것은 대부분의 중성자가 헬륨−4에 흡수되기 때문에 헬륨−4의 질량비는 약한 상호 작용의 분리에서 결정되는 중성자−

● 별에서 관찰되는 가벼운 핵들 중에는 나중에 별에서 합성된 것도 있지만, 적은 양이라 체계적으로 배제할 수 있다.

인류의 에너지원

빅뱅 핵합성의 결과와 관련한 질문을 하나 던져 보자. 만약 헬륨의 반응 속도가 충분히 빨라서 우주의 모든 양성자와 중성자가 가장 안정된 핵인 철이 되었다면 현재의 상황은 어땠을까? 지구에 사는 인류의 가장 주된 에너지원은 태양이고, 태양의 에너지는 수소를 태워서 헬륨을 만드는 과정에서 나오는 것이므로, 우리의 에너지원은 결국 우주에 널려 있는 수소(양성자)다. 빅뱅 핵합성이 많은 양성자를 그대로 남겨두었기에 별이 지금처럼 오래 빛날 수 있다. 만약 수소를 다 태워서 모두 철이 되어 버렸다면 모든 별들은 중력 에너지를 소모하며 짧게(1억 년 이하) 빛난 후 끝나 버려 우주는 일찌감치 죽은 별들의 세상이 되었을 것이다. 태양은 핵융합 반응을 통해서 엄청난 에너지($L_{\odot}=3.8\times10^{26}W$)를 내고 있지만, 태양의 부피를 따져 보면 그렇게 효율적이지는 않아서, 태양이 내는 단위 부피당 에너지는 인체가 체온을 유지하기 위해 내는 단위 부피당 에너지의 1/4 수준밖에 안 된다.

양성자 개수 비 n/p에 의해 결정되기 때문이다. 그런데 중수소의 질량비는 η_b에 예민하게 좌우된다. 광자의 수가 늘어날수록 광자에 의해 분해되지 않고 살아남는 중수소의 수가 급격히 줄어들기 때문이다. 그림 123은 빅뱅 핵합성의 예측과 관측 결과를 비교해서 바리온–광자 개수 비 η_b를 결정하는 것을 보여 준다.

빅뱅 핵합성으로부터 결정된 바리온 – 광자 개수 비

$$\eta_b \approx 4\times10^{-9},$$

$$\Omega_b \approx 0.05$$

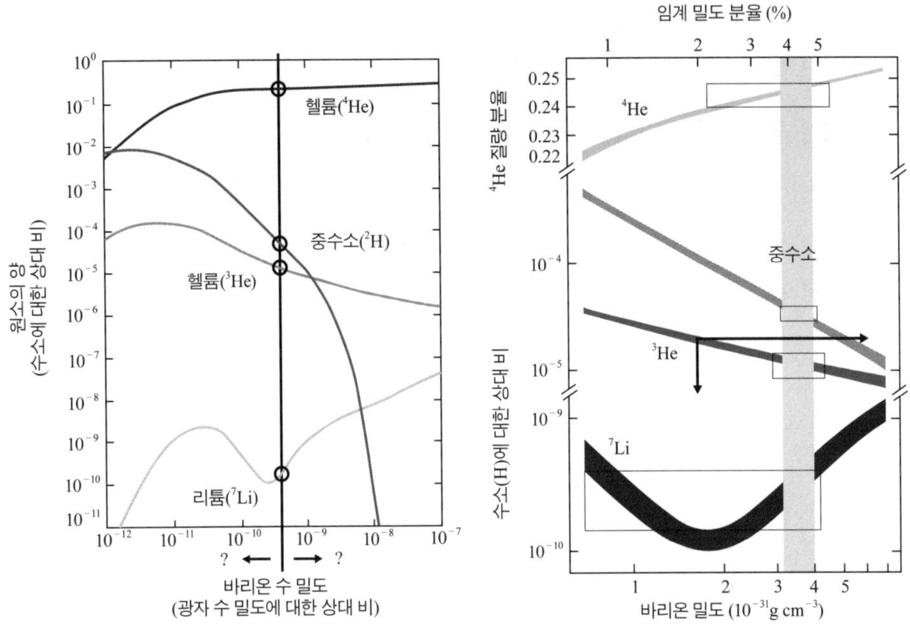

그림 123 가벼운 핵자들의 질량비에 대한 빅뱅 핵합성의 예측과 우주에서 관측한 값을 비교해서 우리 우주의 바리온의 양을 추정할 수 있다.

빅뱅 핵합성은 가벼운 핵들의 상대 비를 이 매개 변수 하나의 값만 조정해서 잘 설명함으로써 빅뱅 이론의 중요한 근거가 되었다. 1990년대 이후에는 우주 배경 복사의 비등방성 관측을 통해서도 우주 바리온의 양을 추정해 볼 수 있게 되었는데, 이 두 독립적인 관측의 결과가 놀랍게도 잘 일치해서 빅뱅 우주가 옳음을 방증했다.

11. 우주 배경 복사

빅뱅 핵합성 후에 우주의 열탕에는 광자, 전자, 양성자(헬륨 등 가벼운 핵들도 존재하지만 소량이므로 무시하기로 하자)가 남게 되는데, 이들은 다음의 전자기 상호 작용을 통해 강하게 결합되어 있어 우주의 온도가 내려가도 오랫동안 열평형 상태를 유지한다.

톰슨 산란 $e^- + \gamma \leftrightarrow e^- + \gamma$

쿨롱 산란 $p + e^- \leftrightarrow p + e^-$

수소 원자 합성/이온화 $p + e^- \leftrightarrow H + \gamma$

이 평형 상태가 깨지기 시작하는 것은 우주의 온도가 수소 원자의 결합 에너지($E_H = 13.6\text{eV}$)보다 충분히 낮아져서 양성자와 전자가 결합해 수소 원자가 많아지는 쪽으로 평형이 이동하게 되면서다. 실제로 수소 원자가 본격적으로 만들어지는 것은, 빅뱅 핵합성의 경우와 같은 이유로, 즉 광자의 수가 양성자-전자의 수보다 훨씬 커서, 수소의 결합 에너지보다 훨씬 낮은 온도인 $T_H \sim 0.1\text{eV}$ 정도에서 시작된다. 수소 원자의 합성은 전자를 흡수하므로 전자의 수는 급격히 줄어들고, 전자의 수가 줄어서 더 이상 광자와 전자의 충돌이 일어나지 않게 되면서 광자가 바리온(양성자-전자)으로부터 분리된다. 광자의 입장에서 보면 많은 전자들 때문에 우주는 불투명했는데, 전자가 수소 원자에 흡수되어 사라지면서 우주가 투명해지는 것이다. 그 이후 광자는 더 이상의 산란이 없어서 자유롭게 우주 공간을 날아가고, 우주의 팽창에 따라 식어서 현재의 우주 마이크로파 배경 복사가 된다.

양성자와 전자로부터 수소 원자가 형성되는 과정을 재결합recombination•

이라 하고, 그 결과로 광자 분리photon decoupling가 일어난다. 재결합에 의해 전자의 수가 급격히 줄어드는 탓에, 광자 분리는 상대적으로 짧은 순간에 일어나게 된다. 그래서 현재 우리가 관찰하는 우주 배경 복사는 우리로부터 모든 방향으로 같은 거리(137억 광년)에 있는 얇은 두께의 구면에서 마지막으로 전자에 산란된 후 우리에게 온 빛이다. 이 구면을 최종 산란면이라 한다. 최종 산란면에서 우리에게 도달하기까지 우주의 팽창에 의해 적색 이동이 되고, 중간에 놓인 은하와 물질들에게서 약간의 영향을 받긴 하지만, 기본적으로 현재 우리가 보는 우주 배경 복사는 빅뱅 후 38만 년 됐을 때 최종 산란면을 찍은 스냅 사진이라고 할 수 있다. 이는 우리가 빛을 통해서 볼 수 있는 우주의 가장 오래된 모습으로, 최종 산란면은 우리가 볼 수 있는 하늘의 맨 끝이라 할 수 있다.

재결합과 광자 분리가 정확히 언제 일어나는지를 알기 위해서는 먼저 수소 원자 합성 반응($p+e^- \leftrightarrow H+\gamma$)에 의해 변하는 자유전자분율free electron fraction $X_e = n_e/(n_e + n_H)$에 대한 다음 볼츠만 방정식을 풀어야 한다. (β는 이온화($H+\gamma \rightarrow p+e^-$) 속도이고 $\alpha^{(2)}$는 수소 합성($p+e^- \leftrightarrow H+\gamma$) 속도다.)

$$\frac{dX_e}{dt} = (1 - X_e)\,\beta - X_e^2 n_b \alpha^{(2)}$$

그림 124는 수치 적분으로 구한 자유전자분율의 변화를 보여 준다. 재결합이 시작되는 시기는 적색 이동으로는 $z_{\rm dec} = 1100$이고, 우주 시간으로는 빅뱅 후 약 38만 년이다. 재결합이 일어나면서 자유전자분율이 1에서 최

● 이 시기 이전에 수소 원자가 존재했던 적은 없었음에도 불구하고 '재'가 붙은 이유는 처음에 이름을 잘못 붙여서다.

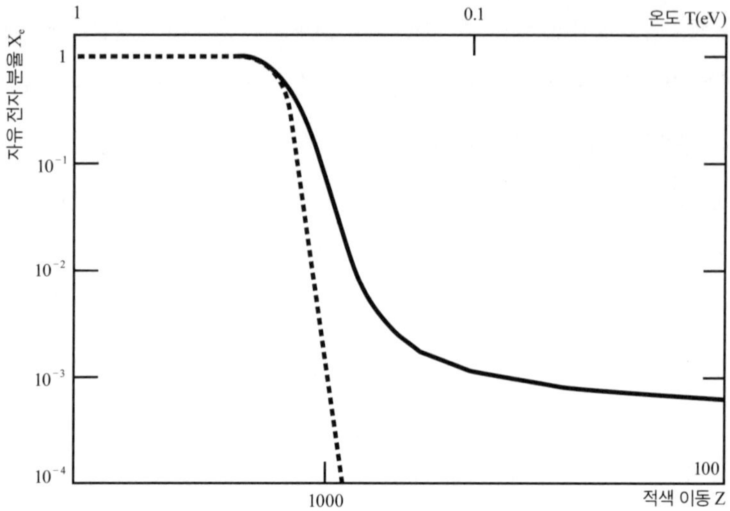

그림 124 팽창(적색 이동 값으로 나타냈다)에 따른 자유전자분율의 변화. 실선은 수치 적분으로 구한 정확한 결과이고, 점선은 열평형이 계속 유지된다고 가정했을 때의 결과다.

종값인 약 10^{-3}으로 빠르게 떨어지는 것을 볼 수 있다. 한편, 광자 분리는 광자–전자의 콤프턴 산란 속도($\Gamma = n_e\sigma_T$)가 팽창 속도(H)보다 작아지면 일어나게 된다.

$$\frac{n_e\sigma_T}{H} = 0.0692a^{-3}X_e\Omega_b h\frac{H_0}{H}$$

이 비율이 1이 되는 시점은 자유전자분율이 $X_e \sim 10^{-2}$ 정도로 떨어졌을 때인데, 재결합이 일어나면서 자유전자분율이 10^{-3}으로 빠르게 떨어지므로, 재결합 시기에 광자 분리도 같이 일어나게 된다.

우주 배경 복사의 존재는 1948년 랠프 앨퍼와 로버트 허먼Robert Herman(1914~1997)이 처음으로 예측했다. 두 사람은 우주가 팽창하면서 초기의 뜨거운 복사가 식어서 낮은 온도의 복사가 남을 것이라고 보았는데, 그 온도를 5K 정도로 어림했다. 이 예측은 주목을 받지 못하다가, 1960

년대 초에 러시아 물리학자 야코프 보리소비치 젤도비치Yakov Borisovich Zeldovich(1914~1987)와 미국 물리학자 로버트 딕Robert Dicke(1916~1997)에 의해 우주 배경 복사의 존재가 재발견되고, 1964년 아노 펜지어스와 로버트 윌슨에 의해 우연히 관측되었다('우주 배경 복사의 발견' 참조). 이 발견 이후 이어진 관측에서 이 마이크로파 복사가 흑체 복사 스펙트럼을 가지고 있고 온도는 약 3K임이 확인되면서 빅뱅 이론이 받아들여지는 결정적인 계기가 되었다. 당시의 경쟁자였던 정상 상태 우주는 이 낮은 온도의 복사가 존재한다는 것을 설명할 방법이 없었기 때문이었다. 우주 배경 복사는 실험실에서는 얻을 수 없는 수준의 정확한 흑체 복사 스펙트럼을 가지고 있으며, 온도의 현재 관측값은 2.72548±0.00057K다. 스펙트럼의 최대 복사 진동수는 160.23GHz로(최대 복사 파장은 1.063㎜) 마이크로파 영역이어서 우주 마이크로파 배경 복사 또는 줄여서 우주 배경 복사라 한다. 우주 배경 복사의 에너지 밀도는 $0.25\text{eV/cm}^3 = 4.0 \times 10^{-14}\text{J/m}^3$이고, 개수 밀도는 413광자/cm^3이다. 관측된 우주 배경 복사의 중요한 특징은 매우 등방이라는, 즉 하늘의 모든 방향에서 오는 복사의 온도가 같다는 것으로, 우리 우주가 균일 등방이라는 증거가 된다. 그런데 어느 정도로 등방인가도 중요한 이슈가 된다. 작은 비등방성의 존재는 우주 거대 구조 형성의 이해에 중요한 단서가 되기 때문이다(6장 '구조 형성과 우주 배경 복사 비등방성' 참조). 이런 이유로 이 비등방성의 존재를 확인하려는 실험들이 이루어졌고, 10만 분의 1 정도의 온도 요동($\delta T/T \sim 10^{-5}$)을 발견했다. 우주 배경 복사는 이보다 큰 10^{-3} 정도의 쌍극자 온도 요동을 가지고 있는데, 이는 지구가 우주 정지계에 대해 움직이고 있어서 나타나는 도플러 효과로 본다. 쌍극자 온도 요동이 온전히 도플러 효과에 의한 것이라면, 우주 정지계에서 지구는 사자자리 방향으로 371㎞/s의 속력으로 움직이고 있다.

우주 배경 복사의 발견

1964년 벨연구소의 천문학자 아노 펜지어스와 로버트 윌슨은 위성통신을 위한 커다란 마이크로파 안테나Dicke Radiometer를 제작해 시험을 진행하면서, 안테나에 잡히는 잡음을 제거하기 위해 노력했다. (잡음 제거와 배경 신호의 이해는 모든 측정 실험의 기본이다.) 그런데 예상하지 않았던 4GHz대의 잡음이 검출됐는데, 안테나의 방향과 무관하게 모든 방향에서 밤과 낮 구별 없이 항상 잡히고, 아무리 노력해도 없앨 수가 없었다. 주변의 레이더나 라디오 방송국 같은 모든 전파원을 점검하고, 열에 의한 잡음을 줄이기 위해 수신기를 액체 헬륨에 담가 4K까지 온도를 내리기도 했다. 심지어 안테나 안에 비둘기와 그 배설물이 원인일까 하여 모두 치워 봤지만 소용이 없었다. 결국 두 사람은 이 잡음이 우리 은하 밖에서 오는 것으로 결론을 내렸다.

당시 프린스턴 대학에 있던 로버트 딕, 짐 피블스Jim Peebles(1935~), 데이비드 윌킨슨David Wilkinson(1935~2002)도 이 마이크로파 복사를 찾아보려고 준비하고 있었다. 그러던 중 펜지어스의 친구였던 한 MIT 교수가 빅뱅에서 남은 우주를 가득 채운 복사를 발견할 가능성을 언급한 피블스의 논문에 대해 말해 주었고, 펜지어스와 윌슨은 자신들이 한 발견의 중요성을 인식하게 됐다. 펜지어스는 딕에게 전화를 걸어 논문을 보내달라고 요청해 읽어 보았다. 그 뒤 딕을 벨연구소로 초청해 안테나와 자신들의 발견을 보여 주었고, 딕, 피블스, 윌킨슨 세 사람은 펜지어스와 윌슨이 발견한 마이크로파 잡음이 자신들이 찾고 있던 빅뱅의 배경 복사임을 확인했다.

펜지어스와 윌슨은 우주 배경 복사를 발견한 공로로 1978년 노벨물리학상을 수상했다. 우주 배경 복사의 발견을 보고한 펜지어스와 윌슨의 논문은 대략 한 쪽 분량이니 가장 짧은 논문으로 노벨상을 받은 셈이다. 사실 프린스턴 대학의 세 사람은 좀 억울했을 것이다. 중요한 발견이라는 것을 알고 있었고, 관측 장비도 제작 중

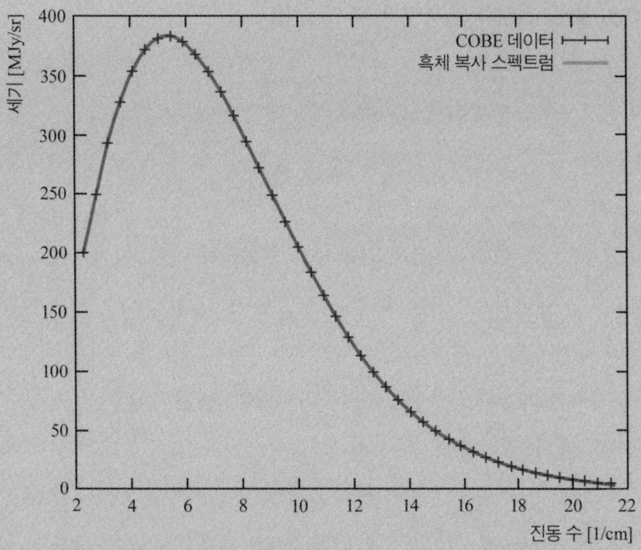

그림 125 COBE가 관측한 우주 배경 복사 스펙트럼 – 완벽한 흑체 복사 스펙트럼을 보인다.

이었는데, 얼마 떨어지지 않은 곳에서 큰 시간 차도 없이 우연히 발견한 사람들에게 선수를 뺏긴 것이다. 딕은 펜지어스의 전화를 받고 동료들에게 "제군들, 우리는 앞지르기를 당했네"라며 빈정거렸다고 한다. 그렇지만 이들은 실험을 포기하지 않았고, 결국 펜지어스와 윌슨의 발견을 재확인했다. 우주 배경 복사를 더 정밀하게 관측하려는 노력으로 결국 20여 년 후에 COBE와 WMAP 실험을 통해 우주 배경 복사의 비등방성을 발견하게 된다.

태초의 빛과 재이온화

우주 배경 복사의 분리 후 온도가 내려 감에 따라 우주는 (가시광선 영역의 빛이 없는) '암흑 시대'가 된다. 이 암흑 시대는 첫 별(은하)이 탄생하면서 나온 '태초의 빛'이 우주를 밝히면서 끝난다. 별의 탄생은 우주의 (바리온) 기체에 다시 한 번 변화를 가져온다. 별에서 나온 자외선에 의해 주변의 수소 원자가 양성자와 전자로 분리되어 재결합 이전의 상태로 돌아가는 것이다. 그래서 이 사건을 재이온화 reionization라 부른다. 재이온화는 1억 5000만 년에서 10억 년(적색 이동으로는 $6<z<20$) 사이에 진행된 것으로 보인다. 이 시기에 재이온화가 있었다는 근거로는 높은 적색 이동을 가진 퀘이사quasar의 흡수선 관측 결과가 있다. 적색 이동이 $z\sim6$까지의 퀘이사에는 중성 수소 배경의 흡수선이 없는 반면, 적색 이동이 그보다 큰 퀘이사에서는 흡수선이 나타난다. 재결합에 의해 만들어졌던 수소 원자가 그 시점에 다시 이온화되면서 사라지기 때문에 나타나는 현상으로 보인다. 재이온화로 분리된 전자는 우주 배경 복사와 상호 작용하지만 밀도가 많이 떨어졌기 때문에 우주는 아주 조금 불투명해진다. 그 결과 우주 배경 복사 비등방성이 조금 지워지게 되고, 암흑 시대 이전의 우주를 보는 시야가 약간 흐려진다.

12. 구조 형성과 우주 배경 복사 비등방성

은하 분포의 균일성과 우주 배경 복사의 등방성은 400Mpc 이상의 매우 큰 거리 척도에서는 우주의 물질 분포가 매우 균일 등방($\delta\rho/\rho\sim10^{-5}$)하다는 것을 보여 준다. 그렇지만 그보다 작은 거리 척도에서는 물질 분포는 균일하지 않은($\delta\rho/\rho\sim10^{-5}-10^{5}$) 것으로 나타난다. 은하의 분포를 보면 은하 크기 정도에서 우주가 균일 등방하게 보이는 크기 사이에 은하, 은하단, 초은하단으로 불리는 다양한 밀집 구조를 보인다(컬러 그림 15 참조). 이 구조들은 어떻게 생겨나게 되었을까? 완벽하게 균일한 상태에서 시작한 빅뱅 우주는 진화를 통해 현재 우리가 보고 있는 별, 은하, 은하단, 초은하단 등의 구조들을 만들 수 있을까? 이런 구조들의 형성 없이는 별과 행성이 만들어지고 생명의 탄생으로 이어지는 '우주에서 우리의 존재를 설명'할 수 없다. 우주 구조들의 형성을 이해하는 것은 밀집된 물질에서 발생한 인류의 존재를 설명하는 데 꼭 필요한 것이다. 우주의 물질 분포와 관련한 질문을 좀 더 구체적으로 해 보자.

우리가 살고 있는 지구의 평균 에너지 밀도(5.5g/㎤)는 우주의 평균 에너지 밀도(대략 임계 밀도 $\rho_c \sim 10^{-26}$kg/㎥)에 비해서 10^{30}배 크다. 우리 은하 원반의 평균 밀도는 10^{-23}g/㎤로 추정되는데, 이 값은 임계 밀도의 100만(10^6)배다. 우리는 우주의 평균 밀도에 비해서 엄청나게 물질이 집적된 곳에 살고 있는 것이다. 우주의 평균 밀도와 우리의 존재에 필요한 밀도 사이의 이 엄청난 차이를 어떻게 설명할 수 있을까?

별의 형성에서부터 우주의 거대 구조가 형성되는 과정에 대한 기본적인 이해는 그리 어렵지 않다. 우주는 중력이 지배하고, 중력은 그 크기가 물질의 양에 비례해 인력으로만 작용한다. 그렇기에 물질이 많은 곳은 주변의 물질을 끌어당기고, 충분한 시간이 흐른 후에는 물질이 많은 곳은 주변보다 상대적으로 물질이 더 많아지고 적은 곳은 상대적으로 더 적어지게 된다. 따라서 초기 우주에 균일하게 분포한 물질에 작은 밀도 요동density perturbation이 발생하면 중력의 작용으로 밀도 요동이 증폭되면서 구조물들을 형성하게 된다.

빅뱅 우주의 시작과 함께 존재했을 것으로 생각되는 이 태초의 밀도 요동을 원시 밀도 요동primordial density perturbation이라 한다. 그런데 작은 밀도 요동이 커져 우주의 거대 구조를 만들어 내는 과정은 복잡하기는 하지만 개념적으로는 어렵지 않은 반면, 균일 등방인 우주에서 원시 밀도 요동이 언제 어떻게 만들어질 수 있는가를 설명하는 것은 개념적으로 어렵다. 그리고 원시 밀도 요동의 크기는 정밀한 조정이 필요하다. 너무 작으면 현재 관측되는 구조들을 모두 설명하지 못할 것이고 너무 크면 현재 우주가 균일 등방하지 않을 것이기 때문이다. 현재 관측으로부터 추정되는 원시 밀도 요동의 크기는 10만 분의 1($\delta\rho/\rho \sim 10^{-5}$) 정도다.

원시 밀도 요동의 기원과 그 크기를 설명하는 것은 우주론에서 중요한 부분이다. 원시 밀도 요동의 기원 문제를 포함해서 빅뱅 우주의 시작 상태 관련된 내용은 7장에서 다루기로 하고, 여기서는 주어진 원시 밀도 요동으로부터 거대 구조들이 생겨나는 과정을 통해서 현재의 관측 사실들로부터 빅뱅 우주에 대한 여러 가지 정보를 어떻게 얻을 수 있는가에 초점을 둔다. 이 과정은 사실 매우 복잡하기는 하지만 빅뱅 우주에 대한 가장 정밀한 정보를 주는 창구라는 의미에서 매우 중요하며, 현재 우주론의 핵심 중 하나라 할 수 있다. 그렇지만 내용이 길고 기술적인 부분이 많기에 우주론의 깊은 산속을 헤매는 것이 두렵지 않은 용감한 독자들에게만 도전해 보기를 권한다. 그렇지 않다면 과감하게 건너뛰어 마지막 부분(밀도 요동 관측으로부터 얻는 정보)만 읽고 넘어가기를 권한다.

밀도 요동의 진화방정식

팽창하는 우주에서 물질의 밀도 요동과 복사의 온도 요동이 어떻게 진화하는지 알아보자. 이제 우주가 균일 등방이라는 가정을 버리고, 즉 FLRW 메트릭이 아닌 일반적인 메트릭과 일반적인 물질 분포를 넣은 시공간 진화방정식(아인슈타인 방정식)과 물질 진화방정식(볼츠만 방정식)을 풀어야 한다.•

시공간 동역학(아인슈타인 방정식) $G^{(0)}_{\mu\nu}+\delta G_{\mu\nu}=T^{(0)}_{\mu\nu}+\delta T_{\mu\nu}$

물질 동역학(볼츠만 방정식) $\frac{d}{dt}(f^{(0)}_i+\delta f_i)=C[f^{(0)}+\delta f]$

이 정도의 연립-비선형-적분-편미분방정식은 일반적으로 풀릴 가능성이 거의 없다. 그렇지만 현재 우주가 매우 균일 등방인 것을 볼 때 초기 우주의 밀도 요동은 충분히 작았을 것이다. 밀도 요동이 작을 때는 균일 등방인(FLRW) 우주를 배경으로 놓고 밀도 요동의 1차항까지만 포함하는 선형 근사($\delta f \ll f^{(0)} \rightarrow \delta T_{\mu\nu} \ll T^{(0)}_{\mu\nu} \leftrightarrow \delta G_{\mu\nu} \ll G^{(0)}_{\mu\nu}$)를 할 수 있고 이렇게 얻어진 선형방정식은 푸리에 변환을 이용하여 풀 수 있다. 이제 밀도 요동의 선형방정식에 나타나는 변수들을 살펴본다. 밀도 요동방정식을 다루는 데는 독립변수를 우주 시간(t) 대신 동행 지평선($\eta(t)=\int^t dt'/a(t')$)을 쓰는 것이 편리하다. 분포 함수를 통해 각 구성 물질의 밀도 요동을 나타내는 종속변수로는 복사(온도에 비해 질량을 무시할 수 있는 입자, 광자와 중성미자)인 경우는 온도 대조temperature contrast($\Theta(\vec{r}, \hat{p}, \eta)=\delta T(\vec{r}, \hat{p}, \eta)/T(\eta)$)를 쓰고, 물질(온도보다 질량이 훨씬 큰 입자, 바리온과 암흑 물질)인 경우 밀도 대조density contrast($\delta(\vec{r}, \eta)=\delta\rho(\vec{v}, \eta)/\rho(\eta)$)와 유동 속력($\vec{v}(\vec{r}, \eta)$)을 쓴다.●● 메트릭의 요동은 (공간 회전에 대한) 스칼라, 벡터, 텐서 요동으로 분리할 수 있고, 이들은 서로 독립적으로 진화한다. 벡터 요동은 우주가 팽창하면 감쇠되어 사라지기 때문에 물질 요동에는 거의 영향을 주지 않고, 따라서 무시할 수 있다. 텐서 요동은 스칼라 요동과 독립적으로 진화할 뿐만 아니라 물질 요동에 주

● 각 물질의 분포 함수 f_i가 그 물질의 에너지 밀도와 압력 등을 결정하므로, 아인슈타인 방정식의 스트레스-에너지 텐서는 분포 함수들의 함수이고($T_{\mu\nu}[f_i]$), 볼츠만 방정식에는 메트릭이 들어가므로, 두 방정식은 서로 연립되어 있다.

●● 표 11 참조. 물질은 균일 등방인 우주에서 정지해 있기 때문에 밀도 요동에 의해 작은 유동 속력이 생긴다. 복사는 빛의 속력으로 움직이고 있으므로 밀도 요동에 의해 방향에 따른 온도 차가 생기고, 따라서 복사의 온도 대조는 방향($\hat{p}$)의 함수도 돼서 물질보다 더 복잡하다.

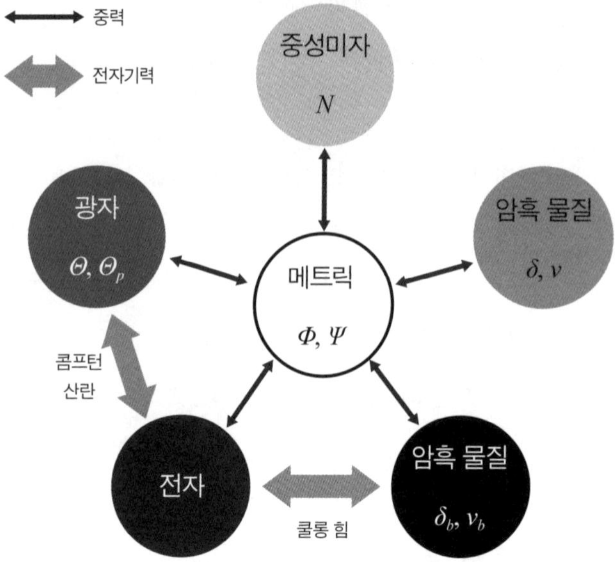

그림 126 복사 지배–물질 지배 전환 전후의 우주 구성 성분들과 그들의 밀도 요동 사이의 결합 관계. 광자, 전자, 바리온은 마지막 산란 전까지 전자기 상호 작용에 의해 강하게 결합되어 있고, 나머지 구성 성분들은 중력에 의해 결합되어 있다.

는 영향도 상대적으로 작기 때문에(텐서 요동은 광자의 편극 요동에 영향을 준다), 물질 요동과 관련해서는 스칼라 요동만이 중요한 역할을 한다. 메트릭의 스칼라 요동은 두 개의 (중력) 퍼텐셜 Ψ와 Φ를 써서 나타낸다. 이제 선형근사를 하면 물질 요동과 메트릭 요동의 진화방정식은 이 변수들의 연립–선형–미분방정식이 된다.

이 선형방정식들을 푸는 데는 푸리에 변환이 필요하다. 예를 들어, 밀도 대조를 푸리에 변환을 해서 다음과 같이 파수 벡터 k인 푸리에 모드($e^{i\vec{k}\cdot\vec{r}}$)들의 합으로 쓰면, 각 푸리에 모드의 계수($\delta_{\vec{k}}(\eta)$)는 파수의 역수인 파장($\lambda=2\pi/k$)을 가진 밀도 요동 모드의 크기를 나타내게 된다.

표 11 밀도 요동 변수와 진화방정식.

물질		분포 함수와 요동 변수의 정의
복사 (광자, 중성미자)		$f_\gamma(\vec{x}, \hat{p}, \eta) = \left[e^{p/T(\eta)[1+\Theta(\vec{x}, \hat{p}, \eta)]} - 1\right]^{-1}$
물질 (암흑 물질, 바리온)		$n_{\rm dm}(\vec{x}, \eta) = n_{\rm dm}^{(0)}(\vec{x}, \eta)[1+\delta(\vec{x}, \eta)] = \int \frac{d^3\vec{p}}{(2\pi)^3} f_{\rm dm}(\vec{x}, \vec{p}, \eta)$ $\vec{v}(\vec{x}, \eta) = \frac{1}{n_{\rm dm}} \int \frac{d^3\vec{p}}{(2\pi)^3} f_{\rm dm}(\vec{x}, \vec{p}, \eta) \frac{\vec{p}}{E}$
메트릭 (중력 퍼텐셜)		$g_{00}(\vec{x}, \eta) = -\left[1+2\psi(\vec{x}, \eta)\right],\ g_{0i}(\vec{x}, t) = 0,$ $g_{ij}(\vec{x}, t) = a(\eta)^2 \delta_{ij}[1+2\Phi(\vec{x}, \eta)]$
물질	변수	진화방정식
광자	$\Theta(\mu, \eta)$	$\dot{\Theta} + ik\mu\Theta = -\dot{\Phi} - ik\mu\Psi - \dot{\tau}[\Theta_0 - \Theta + \mu \mathrm{v}_b - P_2(\mu)\Pi/2$
중성미자	$N(\mu, \eta)$	$\dot{N} + ik\mu N = -\dot{\Phi} - ik\mu\Psi$
암흑 물질	$\delta(\eta), v(\eta)$	$\dot{\delta} + ikv = -3\dot{\Phi},\ \dot{v} + \frac{\dot{a}}{a} v = -ik\Psi$
바리온	$\delta_b(\eta), v_b(\eta)$	$\dot{\delta}_b + ikv_b = -3\dot{\Phi},\ \dot{v}_b + \frac{\dot{a}}{a} v_b = -ik\Psi + \frac{\dot{\tau}}{R}[\mathrm{v}_b + 3i\Theta]$
메트릭 스칼라 요동	$\Phi(\eta), \Psi(\eta)$	$k^2\Phi + 3\frac{\dot{a}}{a}\left(\dot{\Phi} - \Psi\frac{\dot{a}}{a}\right) = 4\pi Ga^2[\rho_{\rm dm}\delta + \rho_b\delta_b + 4\rho_\gamma\Theta_0 + 4\rho_\nu N_0]$ $k^2(\Phi+\psi) = -32\pi Ga^2[\rho_\gamma\Theta_2 + \rho_\nu N_2]$

밀도 대조의 푸리에 분해 $\delta(\vec{r}, \eta) = \int \delta_{\vec{k}}(\eta) e e^{i\vec{k}\cdot\vec{r}} d^3\vec{r}$

공간의 함수인 밀도 요동($\delta(\vec{r}, t)$)을 대신해서 각 파수의 밀도 요동 모드($e^{i\vec{k}\cdot\vec{r}}$)의 푸리에 계수($\delta_{\vec{k}}(t)$)를 변수로 보는 것이다. 이제 밀도 요동과 시공간 요동의 진화방정식을 각 푸리에 계수의 방정식으로 바꿔 쓰면 공간 좌표에 대한 미분방정식은 다루기가 더 쉬운 대수방정식으로 바뀌는데, 선형 미분방정식인 경우 이 대수방정식들이 각 파수별로 완전히 분리되어서 파수가 다른 계수들은 서로 무관하게 진화한다는 큰 이점이 있다. 따라서 각 파수별로 주어지는 밀도 요동 푸리에 계수들의 연립방정식을 풀면 된다.

FLRW 메트릭 배경에서는 공간 좌표($\vec{r}$)가 동행 좌표이기 때문에, 파수 $\vec{k}$의 밀도 요동 푸리에 계수($\delta_{\vec{k}}(t)$)는 주어진 동행 파장($\lambda=2\pi/k$)을 가진 밀도 요동의 크기를 나타내고, 따라서 우주가 팽창하면 주어진 동행 파장의 물리적 크기는 척도 인자에 비례해서 늘어나게 된다. 동행 파장의 크기에 따른 밀도 요동의 진화 방식을 가르는 가장 중요한 기준은 동행 파장과 동행 지평선의 상대적인 크기다. 동행 지평선은 주어진 시점에서 동역학적 인과관계가 가능한 동행 거리를 나타내므로, 동행 파장이 동행 지평선보다 크면($k\eta<1$) 그 밀도 요동은 상호 작용에 의한 동역학적인 진화는 없고, 단지 우주의 팽창에 따른 진화만 있게 된다. 동행 파장이 동행 지평선보다 작으면($k\eta>1$) 중력과 여러 상호 작용의 동역학에 의해 밀도 요동이 진화하게 된다. 그런데 복사 지배와 물질 지배 시대에는 팽창에 따라 동행 지평선이 커진다는 것에 주목해야 한다. 따라서 주어진 동행 파장을 가진 밀도 요동은 처음에는 동행 지평선보다 큰 파장을 가지고 있어서(초지평선 요동, $k\eta<1$) 팽창에 의한 진화만을 하다가, 동행 지평선과 동행 파장이 같아지는 시점이 오고(지평선 통과, $k\eta=1$), 그 이후에는 지평선 안으로 들어와서(속지평선 요동, $k\eta>1$) 동역학적 진화 과정을 가게 된다.

우리가 현재 보는 거대 구조들의 동행 파장은 대부분 복사 지배 시대에서 물질 지배 시대로 넘어가는 전후에 지평선 안으로 들어오므로 이 시기의 물질과 메트릭 요동의 진화를 결정하는 방정식들을 적고 적합한 초기 조건을 주어 요동의 진화를 추적하면 된다. 이 시기에 우주에는 양성자와 전자로 구성된 바리온, 광자, 중성미자, 암흑 물질이 존재하고, 메트릭 요동 두 개를 포함해서 모두 여덟 개의 요동 변수가 있다. 변수 여덟 개와 이들의 진화방정식을 표 11에 정리해 놓았다.● 보기만 해도 머리가 터질 것 같은 방정식들인데, 그냥 이런 방정식들을 풀어서 밀도 요동의 진화와 구조 형성을 이해하는구나 정도로 받아들이기 바란다.

밀도 요동의 기원과 초기 조건

선형 미분방정식을 푸는 데는 초기 조건을 부여해야 하는데, 이제 이 밀도 요동방정식들에 적합한 초기 조건은 어떤 것인지 알아보자. 변수 여덟 개가 있어서 가능한 초기 조건이 매우 다양하고 복잡할 것 같지만, 사실은 매우 간단하다. 간단해지는 이유는 초기 조건이 주어지는 시점은 요동이 초지평선 상태일 때인데, 초지평선($k\eta \ll 1$) 요동에 대해서는 k항과 상호 작용 항들을 모두 무시할 수 있어 위의 방정식들이 간단해지고 어렵지 않게 풀 수 있기 때문이다. 실제로 풀어 보면 모든 요동이 각 파장에서 메트릭 요동($\Phi_{\vec{k}}$)과 적분 상수($C_{\vec{k}}$), 이 둘만 주어지면 결정됨을 알 수 있다.

$$\Theta = N = \frac{1}{2}\Phi,\ \delta = \delta_b = \frac{3}{2}\Phi + C,\ v = v_b = 0,\ \Psi = -\Phi$$

메트릭 요동(Φ)은 복사와 물질에 같은 요동을 주고, 적분 상수(C)는 복사 요동과 물질 요동의 차이를 주는데, $\Phi \neq 0$, $C=0$이면 단열 요동adiabatic perturbation이라 하고, $\Phi=0$, $C \neq 0$이면 등곡률 요동isocurvature perturbation이라 한다. 메트릭 요동(Φ)과 적분 상수(C)의 크기는 원시 밀도 요동의 기원

● 엄밀하게 다루면 광자에는 편극 요동도 있어서 변수 아홉 개지만, 여기서는 생략했다. 이 표에서도 그렇고, 앞으로도 모든 푸리에 계수, 예를 들어 $\delta_{\vec{k}}$에서 파수를 나타내는 아래첨자 $\vec{k}$를 생략하고 δ로 쓰겠다. 필요시엔 아래첨자 $\vec{k}$를 변수처럼 취급해서 $\delta_{\vec{k}}=\delta(\vec{k})$로도 쓰겠다.

모형이 결정할 텐데, 등곡률 요동을 만드는 모형들이 일부 있지만, 현재 가장 유력한 급팽창 모형은 대부분 단열 요동을 만든다. 또한 등곡률 요동이 크면 현재의 관측 결과와 잘 맞지 않는 결과를 주므로, 주로 단열 요동만을 고려하고 있다.

각 동행 파장에서의 메트릭 요동(Φ)의 크기에 대한 초기 조건을 주는 데는 밀도 요동의 무작위성randomness을 고려해야 한다. 대개 모형들이 각 파장의 요동들이 어느 크기로 생기는지만 예측할 수 있고, 구체적으로 어느 지점에 생기는지는 무작위로 정해진다. 이 무작위성을 푸리에 계수로 표현하면 각 파장의 요동 평균이 0이라는($\langle\Phi(\vec{k})\rangle=0$) 것이다. 이 경우 각 파장의 요동 크기는 2점-상관 함수를 통해서 세기 스펙트럼(power spectrum, $P_\Phi(k)$)으로 나타낸다.

$$\langle\Phi(\vec{k})\Phi^*(\vec{k}')\rangle=(2\pi)^3\delta^3(\vec{k}-\vec{k}')P_\Phi(k)$$

세기 스펙트럼이 파수의 함수로 어떻게 주어지는가는 밀도 요동의 기원에 달렸는데, 많은 경우 거듭제곱 함수로 근사할 수 있기 때문에 다음과 같이 스칼라 세기 스펙트럼 진폭 A_s(또는 밀도 요동 진폭 δ_H)와 스칼라 세기 스펙트럼 지수 n_s, 두 매개 변수를 도입하여 나타낸다.

$$P_\Phi(k)=A_s k^{n_s-4}=\frac{50\pi^2}{9k^3}\left(\frac{k}{H_0}\right)^{n_s-1}\delta_H^2\left(\frac{\Omega_m}{D_1(a=1)}\right)^2$$

대부분의 급팽창 모형은 $n_s\approx1$을 주는데, $n_s=1$인 경우를 척도 불변scale invariant 또는 해리슨-젤도비치Harrison-Zeldovich 스펙트럼이라 하고, 이를 비교하는 기준으로 삼는다.• 두 번째 등식은 세기 스펙트럼 진폭 A_s를 밀도 요동 진폭 δ_H로 바꿔 쓴 것인데, 나머지 상수들은 요동의 진화와 관련된 상수들로 진화의 최종 결과를 간단히 쓸 수 있도록 미리 도입한 것이다. 실제 관측을 통해서는 밀도 요동 진폭 δ_H를 결정하게 된다.

밀도 요동의 성장

이제 밀도 요동이 진화해서 어떤 결과를 주는지 알아보자. 현재 밀도 요동을 알아낼 수 있는 관측은 은하의 분포 등을 통해 물질 분포를 보는 것과 우주 배경 복사의 비등방성을 보는 것이 있다. 이 두 가지와 직접적으로 연관되는 것은 암흑 물질의 밀도 대조와 광자의 온도 요동이므로, 이 두 요동의 진화를 중심으로 알아본다.•• 밀도 요동의 진화는 먼저 요동의 척도(파장)가 지평선보다 큰가, 작은가에 따라 크게 달라진다. 요동의 척도가 지평선보다 크면($k\eta \ll 1$), 초기 조건을 논의할 때 말했듯이, 모두 상수로 유지된다. 빅뱅 우주에서는 팽창하면서(시간이 흐르면서) 지평선이 커지므로, 처음에는 (우리가 관심이 있는) 모든 요동이 지평선보다 크지만 척도가 작은 요동부터 차례로 지평선보다 작아져서 지평선 안으로 들어오게 된다. 지평선 안으로 들어온 밀도 요동의 진화방정식은 기본적으로 다음 형태로 되어 있다.

$$\ddot{\delta} + [\text{압력} - \text{중력}]\delta = 0$$

● 위의 세기 스펙트럼을 정의하는 2점-상관 함수를 보면 $k^3 P_\Phi$가 차원이 없는 양이 되므로, 아무런 (거리) 척도를 도입하지 않았을 때 세기 스펙트럼은 파수의 세제곱에 반비례한다.

●● 현재의 관측 결과를 바탕으로 암흑 물질의 밀도가 바리온의 밀도보다 훨씬 크다는 것을 가정한 것이다. 이 경우 바리온 요동은 재결합 이후에 빠르게 암흑 물질의 요동을 따라가서 같아진다. 그리고 중성미자 요동은 현재로선 (아마 앞으로도) 관측할 방법이 없다.

중력은 요동을 키우는 쪽으로 작용하고 압력은 커지는 것을 막고 진동하게 만든다. 따라서 압력이 지배적인 광자의 요동은 진동하며 초기 조건으로 주어진 크기가 거의 유지되고, 압력이 없는 암흑 물질의 요동은 중력의 작용으로 빠르게 커진다.● 그런데 요동의 척도에 따라 지평선 안으로 들어오는 시기가 다르기 때문에 어느 한 시점에서 요동이 성장한 정도는 요동의 척도에 따라 다르게 된다.

지평선 안으로 들어온 암흑 물질 요동의 진화에 큰 영향을 주는 사건은 복사 지배-물질 지배의 전환이다. 복사 지배 시대에는 중력 퍼텐셜이 복사와 그 요동에 의해 결정이 되는데, 복사는 기본적으로 중력 퍼텐셜을 0으로 떨어지게 만든다. (복사는 지평선 안으로 들어오는 순간부터 요동을 지우는 쪽으로 작용한다.) 따라서 복사 지배 시대에는 지평선 안의($k\eta<1$) 요동들은 척도 인자의 로그에 비례해서($\delta\propto \ln a$) 조금씩 커진다. 반면 물질 지배 시대에는 중력 퍼텐셜이 물질 요동에 비례하고, 지평선 안의 요동들은 척도 인자에 비례해서($\delta\propto a$) 커지게 된다. 따라서 복사-물질 동등 시점(a_{eq})보다 훨씬 뒤의 한 시점($a\gg a_{eq}$)에서 각 파수의 요동이 성장한 양을 보면, 복사-물질 동등 시점 훨씬 이전에 지평선에 들어온 요동($k\ll k_{eq}$)은 복사 지배 시대에 척도 인자 로그에 비례해서 조금 성장한 인자($\ln(k/k_{eq})$)를 제외하면 물질 지배 시대 동안 똑같이 성장하므로 파수(k)의 크기에 관계없이 성장한 정도가 모두 같다. 반면 복사-물질 동등 시점 이후에 지평선에 들어온 요동($k\ll k_{eq}$)은 파수(k)가 작을수록 늦게 지평선 안으로 들어오고●● 그만큼 성장 시간이 짧

● 이 방정식만 보면 지수 함수로 커질 것 같지만, 실제로는 팽창에 의한 감쇠($\propto -H\dot{\delta}$)가 있어서 거듭제곱 함수로 커진다.

●● 물질 지배 시대에는 동행 지평선이 척도 인자 제곱근에 비례($\eta\propto a^{1/2}$)해서 커지므로 파수 k의 요동이 지평선을 통과($k\eta=1$)하는 척도 인자의 크기는 파수 역제곱에 비례($a_k\propto k^{-2}$)한다.

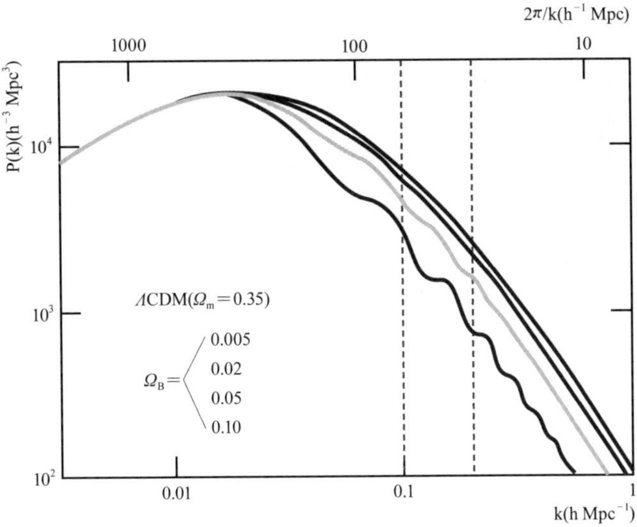

그림 127　성장한 밀도 요동의 세기 스펙트럼. 바리온의 양에 따라 어떻게 달라지는지 보여 준다.

으므로 요동이 성장한 정도가 파수 제곱(k^2)에 비례하게 된다.

요동의 성장 결과를 관측과 직접적으로 연결되는 세기 스펙트럼으로 보면 어떻게 될까? 세기 스펙트럼은 대략 요동의 세곱($P_\delta(k) \sim \delta(k)^2$)으로 볼 수 있다. 세기 스펙트럼의 초기 조건으로 척도 불변 스펙트럼($P_{\delta초기}(k) \propto k^{-3}$)이 주어졌을 때, 성장이 된 후의 세기 스펙트럼($P_{\delta후기}(k)$)은 어떻게 되는지 살펴보자. 복사-물질 동등 시점 이전에 지평선에 들어온 요동($k \gg k_{eq}$)에 대해서는 로그 인자($\ln(k/k_{eq})$)를 제외하면 성장량이 상수이므로 세기 스펙트럼은 초기 조건과 마찬가지로 파수 세제곱에 반비례한다($P_{\delta초기}(k) \propto k^{-3}$). 복사-물질 동등 시점 이후에 지평선에 들어온 요동($k \ll k_{eq}$)에 대해서는 성장량이 파수 제곱(k^2)에 비례하므로 세기 스펙트럼은 파수에 비례한다($P_{\delta후기}(k) \propto k$). 그리고 복사-물질 동등 시점에 지평선에 들어온 요동($k \sim k_{eq}$) 근처에서는 거듭제곱 함수의 지수가 바뀌어 가는 영역이 있게 된다. 그림 127에 수치 적분

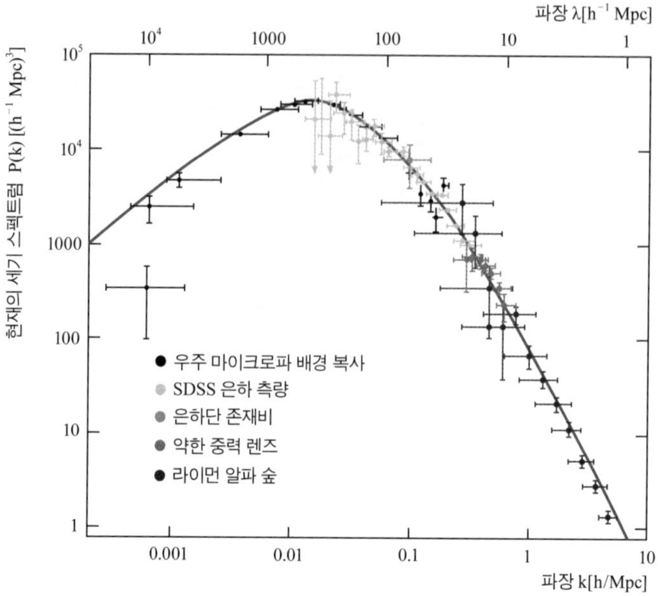

그림 128 관측 결과에 맞춘 밀도 요동 세기 스펙트럼.

으로 얻은 세기 스펙트럼의 정확한 결과를 보였는데, 파수에 따른 이런 변화를 확인할 수 있다.

암흑 물질 요동의 성장한 세기 스펙트럼이 $\Omega_{\rm dm}$, Ω_b 같은 우주 매개 변수cosmic parameters의 값에 따라 어떻게 바뀌는지 알아보자.

물질의 양 | 성장한 세기 스펙트럼의 형태에 가장 큰 영향을 주는 것은 복사-물질 동등 시점으로, 이 시기에 지평선 안으로 들어온 요동($k=k_{\rm eq}$)을 전후해서 함수의 형태가 바뀐다. 복사의 양은 우주 배경 복사 관측에 의해 고정되어 있으므로 이 시점을 결정하는 것은 물질의 양(Ω_m)이다. 밀도 요동의 세기 스펙트럼은 그림 128에 소개된 여러 가지 관측을 통해서 구할 수 있는데, 현재의 자료들을 종합해서 맞춰 보면 $\Omega_m h=0.20$(허블 상수를 $h=0.7$로 잡으면 $\Omega_m \approx 0.3$) 정도로 정해진다. 따라서 물질이 지

배하는 편평한 우주($\Omega_m=1$)는 배제되는 것이다.

바리온의 양 | 현재의 표준 우주론에서는 바리온의 에너지 밀도가 전체 에너지 밀도의 1/20, 암흑 물질 에너지 밀도의 1/5 정도여서 세기 스펙트럼에 미치는 영향이 작지만, 완전히 없는 것은 아니다. 복사-물질 동등 시점 조금 후에 재결합이 일어나는데, 이때까지 바리온은 광자와 강하게 결합되어 있어서 요동의 성장을 저지하는 쪽으로 작용하고, 복사-물질 동등 시점 이전에 지평선 안으로 들어온 작은 척도의 요동에 작용한다. 그림 127에 바리온의 양에 따라 세기 스펙트럼이 어떻게 달라지는지를 보였는데, 바리온의 양이 커질수록 작은 척도에서의 세기가 줄어드는 것을 볼 수 있다. 바리온의 양이 너무 많아지면 작은 척도에서 물질 요동의 크기가 너무 작아져서 은하단 등의 구조 형성을 설명할 수 없게 된다. 또 한 가지 주목할 점은 파수가 $k\sim0.1h\mathrm{Mpc}^{-1}$ 정도에 세기 스펙트럼이 요동치는 것인데, 이는 바리온이 광자와 강하게 결합해서 나타나는 소리 진동에 의한 것이다. 물질 요동의 세기 스펙트럼을 정밀하게 관측해서 이 요동침을 확인할 수 있다면, 물질 요동에 나타난 광자 요동의 흔적을 확인할 수 있다. 최근에 은하의 분포를 통해 이것을 확인한 보고가 있다.

중성미자 질량 | 중성미자 진동 현상을 통해서 중성미자도 질량을 갖는 것으로 드러났다. 중성미자가 질량이 있을 경우 우주 중성미자의 에너지 밀도는 $\Omega_\nu h^2=\sum_i m_{\nu i}/93\mathrm{eV}$로 주어진다. 한때 중성미자가 암흑 물질일 가능성이 제시되었는데, 중성미자의 질량이 수eV 정도이면 복사-물질 동등 시점까지 상대론적인 속력을 유지해 상당한 압력을 가지게 되어 차가운 암흑 물질과는 다른 양상을 보여서 뜨거운 암흑 물질로 불렸다. 중성미자 에너지 밀도의 비중이 커지면 복사-물질 동등 시점 이전에 지평선 안으로 들어온 작은 척도의 요동은 중성미자의 자유 흐름에 의해 지워지게

되는데, 중성미자가 지배적인 암흑 물질인 경우에는 작은 척도의 요동이 너무 작아져서 관측과 맞지 않으므로 배제되었다.

암흑 에너지의 영향 | 우주 모형에 따라서는 물질 지배 시대 이후에 곡률 지배 시대나 암흑 에너지 지배 시대가 올 수 있다. 이 경우에 물질 요동의 성장은 어떻게 될까? 이때는 물질의 에너지 밀도 비중이 줄어들기 때문에 물질 요동은 척도 인자보다 조금 느리게 커진다. 다만 이때는 우리가 관심 있는 척도의 요동들은 모두 지평선 안에 있으므로 이 효과는 파수와 관계없이 모든 요동에 적용되고, 따라서 세기 스펙트럼의 규격화 상수를 바꾸는 효과가 있다. 이 효과를 고려하기 위해 성장 인자growth factor $D_1(a)$를 도입하는데, 현재가 편평한 물질 지배 시대가 되는 $\Omega_m=1$인 경우를 $D_1(a)=a$로 잡고, Ω_m의 값이 다르거나 Ω_Λ가 있을 경우와 상대적으로 비교한다. 모형에 따라서 $D_1(a=1)=0.4\sim1$ 정도의 차이가 날 수 있다.

우주 배경 복사의 비방등성

이제 광자의 온도 요동으로 넘어가 보자. 광자 요동은 물질 요동보다 복잡해지는 요소가 하나 있는데, 광자 요동은 복사 요동이라 온도 요동의 크기가 위치뿐만 아니라 방향에 따라서도 달라질 수 있다는 것이다. 방향은 단위 벡터 $\hat{p}$로 나타내고, 일반적으로 온도 요동은 파수 벡터와 방향 벡터 사이의 각($\mu=\hat{k}\cdot\hat{p}=\cos\theta$)의 함수가 된다. 방향의 함수인 광자 요동($\Theta(\mu,\eta)$)을 일반적으로 다음과 같이 다극자 함수(르장드르 다항 함수, $P_l(\mu)$)의 합으로 쓸 수 있고, 그 계수 $\Theta_l(\eta)$을 다극자 모멘트multipole moment라 한다.

$$\Theta(\mu,\eta)=\sum_{l=0}^{\infty}\Theta_l(\eta)P_l(\mu)$$

그러면 방향의 함수인 광자 요동을 다극자 모멘트로 변수를 바꿔서 다룰 수 있다.●

앞에서 말했듯이 광자는 질량이 없는 입자로 압력이 크게 작용하기 때문에 기본적으로 요동이 크게 자라지 않고 진동한다. 광자 요동의 진화에 가장 큰 영향을 미치는 사건은 양성자와 전자가 합쳐져서 수소 원자가 되는 재결합이다. 재결합 이전에는 광자는 전자, 양성자와 전자기 상호 작용을 통해 강하게 결합되어 하나의 (바리온－광자) 유체처럼 행동하고, 재결합에 의해 광자와 상호 작용하던 전자가 사라진 후에는 광자는 우주를 자유롭게 흘러 다니게 되는데, 이것이 현재 우리가 보고 있는 우주 배경 복사다. 따라서 재결합 시점(이 시점의 동행 지평선을 η^*로 표시한다)을 기준으로 이전과 이후로 나누어서 광자 요동의 진화를 살펴본다.

재결합 시점까지 지평선 밖에 있는 광자 요동은 거의 변하지 않고 초기값을 그대로 유지한다. 따라서 이 척도의 요동은 우리가 관측을 통해 원시 밀도 요동의 크기를 알아낼 수 있는 좋은 창구가 된다. 재결합 이전에 지평선 안으로 들어온 광자 요동은 바리온과 강하게 결합해서 대략 나음 형태의 미분방정식을 따른다.

$$\ddot{\Theta}+k^2c_s^2\Theta=F$$

광자 요동은 광자의 압력이 복원력($-k^2c_s^2\Theta$)으로 작용해서 진동을 하게 되는데,●● 바리온과 강하게 결합하고 있기 때문에 바리온과 같이 움직이게 되고 이 진동은 바리온－광자 유체의 소리 진동acoustic oscillation이 된다. 바리

● 위치의 함수인 밀도 요동을 푸리에 변환해서 푸리에 계수를 다루는 것과 같은 방식이다.

온–광자 소리 진동의 중요한 매개 변수는 소리 속력sound velocity으로 바리온과 광자의 에너지 밀도 비($R=3\rho_b/4\rho_\gamma$)의 함수($c_s(\eta)=\sqrt{1/3(1+R(\eta))}$)로 주어진다. 바리온이 없는 경우 광자 유체는 압력이 $p=(1/3)\rho$이어서 소리 속력은 $c_s=\sqrt{1/3}$이고, 바리온의 비중이 커질수록 바리온–광자 유체는 무거워져서 소리 속력이 줄어든다. 소리 지평선sound horizon(빛의 속력 대신 소리의 속력으로 정의한 지평선)을 $r_s(\eta)=\int_0^\eta d\eta' c_s(\eta')$로 정의하면, 소리 진동은 $kr_s(\eta)$의 사인과 코사인 함수로 주어진다. 즉 소리 진동의 거리 척도는 소리 지평선으로 주어지고, 현재의 광자 요동에 남아있는 소리 진동 흔적의 거리 척도는 재결합 시점에서의 소리 지평선($r_s(\eta^*)$)의 크기가 된다.

재결합 이전에 광자가 바리온과 강하게 결합하고 있을 때는 광자 요동의 다극자들 중에서 단극자(Θ_0)와 쌍극자(Θ_1)만 중요하고 나머지는 모두 무시할 수 있을 정도로 작다. 이것은 강하게 결합한 바리온은 물질 요동으로 단극자에 해당하는 밀도 대조와 쌍극자에 해당하는 유동 속력만을 갖기 때문이다. 즉 강하게 결합한 상태에서는 광자도 바리온–광자 유체의 일부로서 행동하는 것이다. 단극자와 쌍극자는 같은 진동수로 소리 진동을 하지만 진폭은 단극자가 (약 3배) 더 크고, 서로 (대략 90° 차이) 다른 위상을 가지고 진동한다. 재결합 후에는 광자의 자유 흐름에 의해서 단극자와 쌍극자로부터 그 이상의 다극자 모멘트들($\Theta_l(\eta_0)$)이 생기게 된다.

지평선 안으로 들어온 광자와 바리온의 요동은 주어진 초기값에서 소리 진동을 시작하게 되고, 이 소리 진동은 재결합이 일어나는 시점까지 유지된다. 재결합은 짧은 기간에 빠르게 일어나는데, 바리온–광자의 상호 작

●● 우주의 팽창에 의한 감쇠는 작은 효과이므로 무시했다. 오른쪽의 F는 중력 퍼텐셜로부터 오는데 평형점을 이동시키기는 하지만 진동 자체를 바꾸지는 않는다.

용이 없어지면 소리 진동은 멈추게 되고, 광자 요동은 소리 진동이 멈춘 크기에서 자유 흐름free streaming을 시작하게 된다. 그런데 광자 요동의 파수(k)에 따라 지평선을 넘는 시기가 다르기 때문에, 소리 진동을 시작하는 시기가 다르고, 따라서 재결합 시점에서는 파수에 따라 진동의 위상이 다른 상태에서 소리 진동이 멈추게 된다. 즉 재결합 시점에서 요동의 크기를 파수의 함수로서 보면 $kr_s(\eta^*)$의 값에 따라 진동하게 된다.

재결합이 일어난 후에 광자가 자유 흐름을 할 때에도 요동방정식을 형식적으로 풀 수 있는데, 그 결과를 보면 현재의 어떤 한 지점에서의 광자 요동은 재결합이 일어나는 시점에서 최종 산란면에 있던 광자 요동(단극자(θ_0)와 쌍극자(θ_1))이 그 지점까지 전파해 와서 만들어지는 요동과• 빛이 전파해 오는 동안 중력 퍼텐셜의 시간 변화가 있으면 생기는 요동이•• 더해지는 것이다. 이 결과에는 몇 가지 주목할 점들이 있다. 첫째, 최종 산란면에 있던 광자 요동의 단극자($\theta_0(\eta^*)$)는 중력 퍼텐셜($\Psi(\eta^*)$)과 합쳐져서 $(\theta_0+\Psi)(\eta^*)$의 조합으로 현재의 광자 요동을 만든다. 이것은 빛이 최종 산란면의 중력 퍼텐셜을 빠져나오면서 적색 이동 또는 청색 이동이 일어나기 때문이다. 둘째, 물질 지배 시대에는 중력 퍼텐셜이 거의 변하지 않고 일정하게 유지된다. 따라서 적분된 작스-볼페 효과는 (10% 이내의) 작은 효과다. 암흑 에너지 지배 시대에는 중력 퍼텐셜이 변하므로 이 효과가 커지는데, 이 시기에 지평선 안으로 들어오는 큰 척도의 요동이 영향을 받는다. 셋째, 최종 산란면에서는 평면파 광자 요동의 단극자와 쌍극자만 있지만, 현재의 관측 지점에서는 구면인 최종 산란면의 모든 방향에서 오는 것의 합이 되므로 쌍극자 이상의

• 여기에는 최종 산란면의 중력 퍼텐셜(Ψ)의 영향도 들어간다.

•• 이것을 적분된 작스-볼페integrated Sachs-Wolfe 효과라 한다.

다극자들도 생겨나게 된다.

이제 초기 조건과 요동 방정식을 풀어서 얻은 광자 요동이 어떻게 우주 배경 복사 비등방성 관측과 연결되는지 알아보자. 광자의 온도 요동(Θ)은 $T(\vec{x}, \hat{p}, \eta)=T(t)[1+\Theta(\vec{x}, \hat{p}, \eta)]$로 정의되었는데, 우리는 온도 요동 관측을 시공간의 한 점인 현재 시간(η_0), 현재 위치($\vec{x}_0$)에서만 할 수 있기 때문에, 실제로 관측 가능한 것은 광자가 오는 방향($\hat{p}$)에 따른 온도의 차이($\Theta(\vec{x}_0, \hat{p}, \eta_0)$) 뿐이다. 그리고 이 관측을 연속적인 모든 점에서 할 수 있는 것이 아니고, 하늘을 작은 구역(픽셀)들로 나누어 각 구역의 온도 차를 얻게 된다. 따라서 $\Theta(\vec{x}_0, \hat{p}, \eta_0)$를 직접 구할 수 없는데, 이런 경우를 다루는 방법은 $\Theta(\vec{x}_0, \hat{p}, \eta_0)$를 구면조화 함수($Y_{lm}(\hat{p})$)로 전개한 계수들을 얻는 것이다.•

$$\Theta(\hat{p})=\sum_{l=0}^{\infty}\sum_{m=-1}^{l} a_{lm}Y_{lm}(\hat{p})$$

관측된 $\Theta(\hat{p})$로부터 계수 a_{lm}은 역변환($a_{lm}=\int d\Omega Y^{*}_{lm}(\hat{p})\Theta(\hat{p})$)을 통해서 계산할 수 있는데, $\Theta(\hat{p})$의 해상도에 따라서 계산할 수 있는 계수의 최대 지수($l_{\max}$)가 정해진다. 예를 들어 COBE 관측은 하늘을 7°×7°의 사각 픽셀로 나누어 온도를 측정했다. 전체 하늘은 $4\pi(\text{radian})^2=41000(\text{degree})^2$이므로, 840개의 픽셀로 나누어 관측한 것이다. 이 관측을 통해서는 $\sum_{l=0}^{l_{\max}}(2l+1)=(l_{\max}+1)^2=840$이 되는 $l_{\max}=28$까지 a_{lm}을 결정할 수 있다.

• 푸리에 변환이 평면 위의 함수를 평면조화 함수($e^{i\vec{k}\cdot\vec{x}}$)로 전개하는 것이라면, 이것은 구면 위의 함수를 구면조화 함수($Y_{lm}(\hat{p})$)로 전개하는 것으로, 푸리에 변환을 일반화한 것으로 볼 수 있다. 푸리에 변환에서 파수 $\vec{k}$가 하던 역할을 여기서는 지수 l, m이 하는 것이다. 평면조화 함수는 $|\vec{k}|$가 커질수록 작은 거리 척도($\lambda\sim2\pi/k$)의 요동을 나타냈듯이, 구면조화 함수는 l이 커질수록 작은 각 척도 ($\theta\sim\pi/l$)의 요동을 나타낸다.

컬러 그림 16은 플랑크 실험의 관측 결과를 보여 주는 것으로, 온도 차를 색으로 표현했다. 플랑크 실험의 온도 측정 정밀도는 $\delta T/T \sim 2\times10^{-6}$ 정도이고, 각해상도는 10′ 정도로 $l_{\max}=2400$까지 얻을 수 있다.

관측으로부터 구면조화 함수의 계수를 얻기 때문에 이에 대한 예측값을 구해서 비교해야 한다. 그런데 초기 조건을 다룰 때 말했듯이, 밀도 요동의 기원이 양자 요동이고, 양자 요동은 무작위성을 가지고 있어서 요동에 대한 직접적인 예측은 할 수 없고($\langle\Theta(\vec{k})\rangle=0$), 2점-상관 함수를 통해서 세기 스펙트럼만($\langle\Theta(\vec{k})\Theta(\vec{k}')\rangle=(2\pi)^3\delta^3(\vec{k}-\vec{k}')P_\Theta(k)$) 예측할 수 있다. 이것은 a_{lm}에도 적용되어 $\langle a_{lm}\rangle=0$이고, 2점-상관 함수 관계식 $\langle a_{lm}a_{l'm'}\rangle=\delta_{ll'}\delta_{mm'}C_l$를 통해 C_l에 대한 예측만 할 수 있다. 먼저 시공간의 임의의 점에서 계수 $a_{lm}(\vec{x}, t)$는 광자 요동 $\Theta(\vec{k}, \hat{p}, t)$를 $\vec{k}$와 $\hat{p}$ 모두에 대해 역변환을 해서 구할 수 있다.

$$a_{lm}(\vec{x},\eta)=\int\frac{d^3k}{(2\pi)^3}e^{i\vec{k}\cdot\vec{x}}\int d\Omega Y_{lm}^*(\hat{p})\Theta(\vec{k},\hat{p},\eta)$$

이 변환식을 이용하여 $\langle a_{lm}a_{l'm'}\rangle$를 계산해서 C_l을 구할 수 있다.

$$C_l=\frac{2}{\pi}\int_0^\infty dkk^2P_\Theta(k)\left|\Theta_l(k)\right|$$

이 식을 보면 모든 파수의 요동이 C_l에 기여하는 것처럼 보이지만, $\Theta_l(k)$가 $k\eta_0=l$ 근처에서만 큰 값을 가져서 $k\eta_0\sim l$인 요동이 지배적인 기여를 한다. 따라서 C_l은 파수가 $k=l/\eta_0$인 요동의 크기를 반영하는 것이다. 그림 129에 플랑크 실험에서 얻은 C_l의 관측값과 이를 가장 잘 맞추는 ΛCDM 모형의 예측값을 비교해 보였다. ($D_l=l(l+1)C_l$로 다음 설명을 참조하라.)

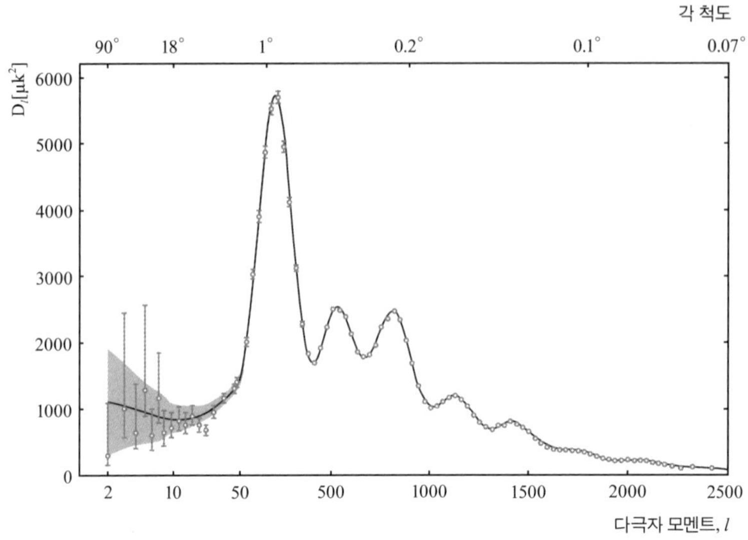

그림 129 플랑크 관측 결과로 구한 $D_l = l(l+1)C_l/2\pi$ 값과 가장 잘 맞는 ΛCDM 모형의 예측값 비교.

C_l-스펙트럼으로 표현되는 현재의 우주 배경 복사 비등방성 예측값을 정성적으로 이해해 보자. 먼저 재결합 시점에서 지평선 밖에 있었던 요동들은 l이 작은($l<100$) C_l에 기여를 하는데, 이 요동들은 재결합 시점의 $(\Theta_0+\Psi)(\eta^*)$ 값이 지배적으로 결정하고,● 이 값은 초기 조건으로 주어진 값이 거의 유지된다. 따라서 작스-볼페 효과로 주어지는 큰 척도의 요동은 곧바로 원시 밀도 요동의 크기(δ_H)와 연결된다.

$$l(l+1)C_l^{\mathrm{SW}} = \frac{\pi}{2}\left(\frac{\Omega_m}{D_1(a=1)}\right)\delta_H^2$$

● 이것을 작스-볼페 효과라 한다.

따라서 이 척도에서의 요동의 크기는 요동의 규격화 상수를 정하는 기준이 된다. 그리고 $l(l+1)C_l$이 이 크기를 나타내는 상수가 되기 때문에, C_l의 스펙트럼을 보여 줄 때도 대개 $l(l+1)C_l/2\pi=D_l$ 조합의 스펙트럼을 보여 주는 것이 비교하기에 좋다.

물질 지배 시대에 중력 퍼텐셜은 암흑 물질의 밀도 요동이 좌우하고, 중력 퍼텐셜을 통해서 광자 요동에도 영향을 미치므로 암흑 물질의 밀도 요동과 광자의 밀도 요동은 서로 상관된다. 물질 요동이 큰 곳에서 광자의 요동도 크게 되는 것이다. 물질 요동이 큰 곳에서 중력 퍼텐셜은 큰 음의 값을 갖게 된다. 그런데 우리가 관측하는 광자의 요동은 $(\Theta_0+\Psi)$의 조합이고, 물질 요동이 큰 곳에서 Θ_0의 크기보다 Ψ의 크기가 더 크기에 $(\Theta_0+\Psi)$는 음의 값이 된다. 즉 우리가 우주 배경 복사의 온도가 주변보다 낮다고 관측한 최종 산란면의 지점이 사실은 반대로 암흑 물질과 광자가 많이 밀집된 지점인 것이다.

재결합 이전에 지평선 안으로 들어온 작은 척도의 영향이 지배적인 $l>100$ 영역의 C_l 스펙트럼에서는 단극자, 쌍극자, 적분된 삭스-볼페 효과가 모두 기여를 하고, 우주 매개 변수들의 값이 결과에 미치는 영향이 드러난다. 여기서는 중요한 몇 개의 우주 매개 변수만을 다루고, 전반적인 우주 매개 변수는 다음에서 논의한다.

그림 129의 플랑크 관측 결과를 보면 C_l 스펙트럼에서 $l\sim200$ 근처에서 첫 봉우리를 시작으로 봉우리와 골짜기가 교대로 나타난다. 재결합 시점에서 소리 진동의 크기에는 단극자의 기여가 지배적이고 그 크기가 대략 $\cos(kr_s(\eta^*))$에 비례하므로 파수가 $k_p=n\pi/r_s(\eta^*)$, $n=1, 2, \cdots$인 요동이 최대가 되어 여기에 해당하는 l값에서 $(k_p\eta_0\sim l_p)$ 봉우리가 나타나게 된다. 정확하게 계산해 보면 쌍극자의 기여와 자유 흐름 효과에 의해 첫 봉우리의

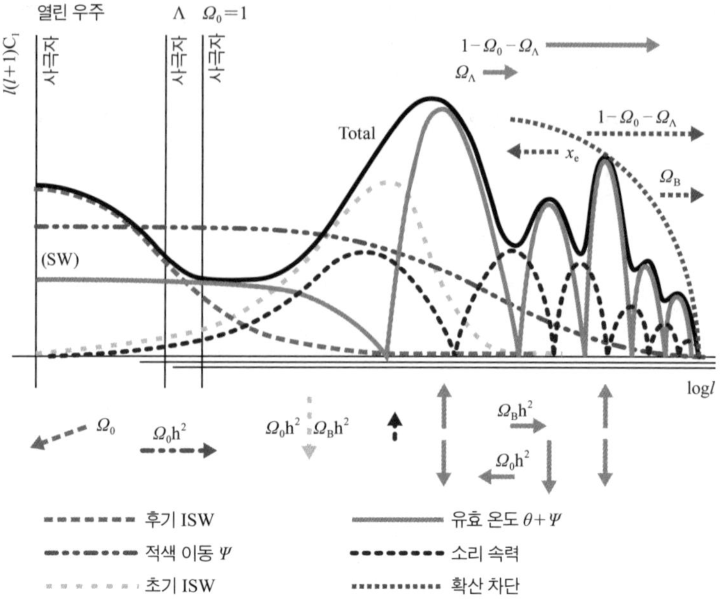

그림 130 초기 ISW: 재결합 시점의 복사 에너지 밀도의 영향. 후기 ISW: 암흑 에너지의 영향.

위치는 이 예측보다 25% 작은 $l_p \approx 0.75\pi\eta_0/r_s(\eta^*)$이 된다. 결국 C_l 스펙트럼의 봉우리 위치, 특히 첫 번째 봉우리의 위치(l_p)가 말해 주는 것은 재결합 시점의 최종 산란면에서의 소리 지평선($r_s(\eta^*)$)이 하늘에서 차지하는 각도($\theta_p \sim \pi/l_p \sim r_s(\eta^*)/\eta_0$)다. 예를 들어, 바리온의 양이 달라지면 소리 지평선의 크기도 달라지므로 봉우리의 위치도 달라진다. 그런데 봉우리의 위치에 가장 큰 영향을 미치는 것은 공간의 곡률($\Omega_K = \Omega_0 - 1$)이다. 소리 지평선의 각도가 $\theta_p \sim r_s(\eta^*)/\eta_0$로 주어지는 것은 편평한 공간($\Omega_K=0$)에서만 성립하는 것이고, 휘어진 공간($\Omega_K \neq 0$)에서는 $\theta_p \sim r_s(\eta^*)/\eta_0(1-\Omega_K)^{0.45}$이 된다. 따라서 봉우리의 위치는 우주의 편평성에 대한 정보를 주는 중요한 자료다.

다음으로 C_l 스펙트럼에 미치는 효과가 비슷한 두 매개 변수인 스칼라 세기 스펙트럼 지수(n_s)와 재이온화에 의한 광깊이(τ)에 대해 살펴본다. 성장한 요동의 세기 스펙트럼은 초기값에 비례하므로, 초기값을 결정하는 세기 스펙트럼 지수가 1보다 작으면(n_s<1) 작은 척도의 요동이 상대적으로 더 작아지고, 따라서 C_l 스펙트럼에서 l이 커질수록 C_l이 작아지는 효과를 준다. 한편 재이온화에 의해 생긴 자유 전자가 우주 배경 복사와 다시 상호 작용을 하게 되면 비등방성을 줄이는 작용을 한다('태초의 빛과 재이온화' 참조). 이 효과를 나타내기 위해서 광깊이(optical depth, τ)를 쓰는데, 재이온화가 없었다면 최종 산란면까지의 광깊이는 0이지만 재이온화에 의해 생겨난 전자들에 의해 τ>0이 된다. 이 효과는 재이온화 시점에 지평선 안에 있는 요동에만 작용해서 $l>(\eta_0/\eta_{\text{reion}})$인 영역에서 $e^{-\tau}$만큼의 감쇠를 주어서 C_l이 작아지는 효과를 준다. 두 효과 모두 작은 척도의 요동을 줄이지만, 정밀한 관측 자료가 있다면 세기 스펙트럼 지수와 최종 산란면까지의 광깊이를 독립적으로 추정할 수 있다.

물질과 바리온 양의 영향에 대해 논하기 전에 밀도 매개 변수로 물질의 양을 나타낼 때 왜 h^2 인자를 곱하는지 알아두는 것이 좋다. Ω_i는 임계 밀도에 대해 물질이 가진 에너지 밀도의 비를 나타내고, 임계 밀도는 허블 상수제곱(H^2)에 비례하므로, 실제 에너지 밀도는 $\Omega_i h^2$에 비례한다. 따라서 에너지 밀도 자체가 영향을 미치는 경우에는 $\Omega_i h^2$의 조합이 변수로 나타나게 된다. 물질과 바리온 밀도의 변화는 C_l 스펙트럼을 좀 더 복잡한 양상으로 변화시킨다. 이들은 모두 $\eta_0/r_s(\eta^*)$ 값에 영향을 주어서 봉우리 위치들을 바꾸는데, 물질 밀도($\Omega_m h^2$)가 바리온 밀도($\Omega_b h^2$)보다 영향이 더 크다. 암흑 에너지 밀도($\Omega_\Lambda h^2$)도 η_0의 값에 영향을 주므로 봉우리 위치를 조금 변화시킨다. 바리온 밀도에 두드러지는 영향을 받는 것은 봉우리의 높이다. 바리온 에너지 밀도($\Omega_b h^2$)를 높이면 홀수 봉우리 높이는 올라가고 짝수 봉우리 높이는 내려간다. 이것은 바리온 에너지 밀도만 가지고 있는 유일한 특성이어서 바리온 에너지 밀도($\Omega_b h^2$)를 상당히 정확하게 결정할 수 있게 해 준다.

밀도 요동 관측으로부터 얻는 정보

구조 형성 과정에 대한 자세한 이해와 물질 세기 스펙트럼과 우주 배경 복사 비등방성의 관측을 통해 이를 확인하게 되면서 빅뱅 우주에 대한 많은 정보를 얻을 수 있었다. 중요한 사실 몇 가지만 들어 본다. 첫째, 우주 배경 복사의 비등방성(온도 요동)으로부터 원시 밀도 요동의 존재를 확인할 수 있었고, 그 크기는 $\delta\rho/\rho \sim \delta T/T \sim 10^{-5}$ 정도다. 둘째, 바리온이 지배적인 물질이 되면 광자와의 강한 결합에 의해 충분한 구조 형성이 이루어지지 않는다. 현재 관찰되는 거대 구조들을 설명하기 위해서는 바리온($\Omega_b \approx 0.05$)과 더불어 차가운 암흑 물질cold dark matter($\Omega_{\rm cdm} \approx 0.25$)이 필요하다. 셋째, 우주 배경 복사 비등방성에서 바리온 소리 진동의 존재를 확인할 수 있으며, 소리 지평선의 시각을 통해 우주가 편평하다는 것($\Omega_0 = 1$)을 알 수 있다. 이는 바리온과 암흑 물질의 양과 연관해서 보면, 암흑 에너지가 있어야 한다는 간접적인 증거가 되기도 한다. 넷째, 원시 밀도 요동의 스펙트럼은 척도 불변 스펙트럼에 아주 가까우며($n_s \approx 1$), 이는 그 기원에 대한 중요한 단서가 된다.

13. 우주론, 정밀 과학이 되다

우주론에서 20세기는 눈부신 발전의 시기였다. 그 서막은 1912년 헨리에타 리빗이 세페이드 변광성의 주기–광도 관계를 발견해 은하의 거리를 잴 수 있는 표준 촛불을 얻은 것이다. 1929년 에드윈 허블은 세페이드 변광성을 이용하여 은하의 적색 이동-밝기 거리의 비례 관계를 발견했고, 이를 우주의 팽창으로 해석함으로써 현대 우주론이 시작되었다. 한편 이런 관측 결과와는 무관하게 팽창하는 우주를 설명할 수 있는 이론이 우연히도 비슷한 시기에 나타났다. 1915년 아인슈타인은 새로운 중력 이론인 일반 상대성을 완성했고, 이를 우주에 적용해 보려고 했다. 이후 1922년 프리드만은 아인슈타인 방정식을 써서 균일한 물질을 가진 우주는 일반적으로 팽창한다는 것을 밝혔다. 관측과 이론의 성공적인 조합으로 우주의 팽창은 곧 사실로 받아들여졌지만, 우주에 대한 연구가 빠르게 발전하기에는 관측 자료도 사람들의 관심도 부족했다. 1930~1940년대는 기반을 잡은 양자 역학과 급속히 발전하는 핵물리학의 시대였다. 1940년대 후반에 와서야 팽창하는 우주의 여러 면들이 논의되기 시작했는데, 대표적으로 랠프 앨퍼, 조지 가모프 등이 뜨거운 빅뱅 우주에서 핵합성 과정을 밝혔고, 우주 배경 복사의 존재를 예측했다. 한편 이 시기에 정상 상태 우주론이 제안되어 빅뱅 우주론과 대립하기 시작했다.

1960년대에 들어 빅뱅 우주론은 실험 과학으로 도약하는 전기를 마련했다. 1964년 펜지어스와 윌슨이 빅뱅 우주의 강력한 증거인 우주 배경 복사를 발견했고, 또한 이 시기를 전후하여 빅뱅 핵합성의 예측이 관측을 통해 확인되기 시작했다. 이런 분위기에 힘입어 1960년대 후반부터 빅뱅 우주론을 대하는 연구자들의 태도는 자못 진지해졌고, 우주 배경 복사와 빅뱅 핵합성에 대한 자세한 검증, 우주 구조 형성에 대한 이론적인 연구가 시작되었다. 또한 빅뱅 우주의 문제점인 편평성 문제, 지평선 문제 등이 제기되었고, 입자물리학 연구자들 사이에서도 우주론에 대한 관심이 높아지기 시작했다. 빅뱅 우주 초기의 고온 상태가 입자물리학 이론들의 시험장이 될 수 있기 때문이었다. 1970년대에는 암흑 물질의 존재가 본격적으로 거론되기 시작했다. 빅뱅 핵합성으로부터 예측되는 바리온의 에너지 밀도와 우주의 팽창과 구조 형성을 설명하는 데 필요한 물질의 에너지 밀도 사이에 무시할 수 없는 크기 차이가 발견된 것이다. 마침내 1980년대 초에는 많은 연구자들이 우주가 차가운 암흑 물질로 차 있다고 주장하기에 이르렀다. 한편 이 시기에 빅뱅 우주의 편평성 문제와 지평선 문제의 해결책으로 미국의 물리학자 앨런 구스Alan Guth(1947~)가 급팽창 이론을 제시했고, 곧 이어 여러 사람들에 의해 급팽창에 의해 양자 요동이 우주 구조의 씨앗 요동이 될 수 있다는 것이 알려졌다(7장 '급팽창' 참조).

1990년대에는 빅뱅 우주론에 두 번째 전기가 왔다. 1992년 COBE 실험이 우주 배경 복사 비등방성을 발견함으로써 씨앗 요동의 존재를 확인했다. 1998년에는 두 초신성 관측팀이 각각 독립적으로 우주가 가속 팽창하고 있음을 발견했고, 암흑 에너지의 존재가 드러났다. 1990년대의 성공은 우주론이 정밀 실험 과학으로 도약하는 계기가 되었다. 사실 1980년대까지도 우주론은 크기 자릿수order of magnitude 정도를 맞추는 분야로 간주되었는데, 이제는 오차에 대해서 논의하는 수준으로 올라선 것이다. 2000년대에는 COBE의 뒤를 잇는 WMAP, 플랑크 실험을 통해 관측의 정밀도는 더 높아졌고, 이제는 정확한 수치를 바탕으로 우주를 논의할 수 있게 되었다.

1990년대부터 우주론이 진지한 과학을 지나서 정밀성을 논하는 단계에 이를 수 있었던 배경에는 발전된 관측 기술을 활용한 많은 실험들이 있었다. CCD(Charge Coupled Device) 카메라와 컴퓨터를 이용한 정보의 빠른 처리는 망원경 관측에 혁신을 가져왔고, 인공위성의 활용은 대기의 장벽을 벗어나 마이크로파부터 γ선에 이르는 전자기파의 넓은 영역을 활용할 수 있게 해 주어 우리는 우주를 더 넓게 더 깊은 곳까지 더 세밀하게 볼 수 있게 되었다. 현재의 정밀 우주론을 확립하는 데 큰 기여를 한 중요한 관측 실험들을 한 번 살펴보자.

적색 이동 측량

은하들의 적색 이동을 대규모로 조사해 은하들의 3차원 분포를 조사하는 실험이다. 최초로 이루어진 것은 CfA & CfA2 적색 이동 측량으로 1990년대 초에 완료되었으며 약 15,000개 은하의 적색 이동을 측정했다. 그 뒤에 이어진 2dF 은하 적색 이동 측량은 2002년까지 221,000개 은하의 적색 이동을 측정했고, SDSS(Sloan Digital Sky Survey)는 2007년까지 약 100만 개 은하의 적색 이동을 얻었다. 더 먼 거리에 있는 은하들의 적색 이동 목록을 만들기 위해 현재 GAMA(Galaxy And Mass Assembly) 측량, DEEP2 적색 이동 측량, VVDS(VIMOS-VLT Deep Survey)가 진행 중에 있다. 대규모 적색 이동 측량을 통해 우주의 거대 구조들이 모습을 드러냈다. 은하의 분포를 분석해서 물질 요동의 세기 스펙트럼을 얻을 수 있고, 팽창의 역사도 추적할 수 있다. SDSS 실험에서 얻은 물질 세기 스펙트럼의 결과는 뜨거운 암흑 물질 모형을 배제시켰고, 차가운 암흑 물질 모형의 물질 밀도 매개 변수를 $\Omega_m h \approx 0.2$로 결정했다. 최근 은하의 분포에서 바리온 소리 진동의 흔적을 찾아내는 데 성공해서, 앞으로 이를 이용한다면 초신성 Ia형보다 더 먼 거리까지 팽창의 추적이 가능할 것으로 기대하고 있다.

우주 배경 복사 비등방성의 관측

우주 배경 복사 비등방성의 관측은 우주 배경 복사의 관측 방향에 따른 온도의 차이를 측정하는 실험으로, 복사의 온도를 10만 분의 1(10^{-5}) 이상의 정밀도로 관측할 기술이 있어야 한다. 1992년 COBE 실험이 처음으로 비등방성 관측에 성공했고, 이 공로로 미국의 천문학자 조지 스무트George

Smoot(1945~)와 존 매더John Mather(1946~)가 2006년 노벨물리학상을 수상했다. 우주 배경 복사 비등방성 관측의 성공은 우주론이 정밀 실험 과학으로 넘어가는 계기가 되었는데, 노벨상위원회는 다음과 같이 언급했다. "COBE 프로젝트는 정밀 과학으로서 우주론의 시작점으로 볼 수 있다." COBE 실험의 각해상도는 그렇게 높지 않아서 큰 척도에서의 작스-볼페 효과를 확인하는 데 그쳤지만, 비등방성의 존재를 확인했고, 여러 전자기파 띠에 걸친 측정을 통해 우주 배경 복사가 완벽한 흑체 복사 스펙트럼을 가졌음을 확인했다. 그 후 관측 영역이 작긴 하지만 각해상도를 높인 BOOMERanG[•] 실험 등 지상 관측 실험들을 통해 바리온 소리 진동의 존재가 확인이 되었다.

COBE의 뒤를 잇는 인공위성 관측 실험인 WMAP은 2001년에서 2010까지 9년간 관측을 했고, 훨씬 높은 해상도를 바탕으로 바리온 소리 진동에 의한 수 개의 봉우리를 확인하였다. 이로부터 빅뱅 우주의 여러 우주 매개 변수들을 상당한 정확도로 추정할 수 있게 되었고, 우주 배경 복사의 비등방성 관측은 우주론의 가장 강력한 도구가 되었다. WMAP의 관측 결과는 편평한($\Omega_0=1$) ΛCDM 모형이 표준 우주 모형으로 자리 잡는 계기가 되었다. 한편 2002년에는 지상 관측 실험인 DASI(Degree Angular Scale Interferometer) 실험에서 편광 비등방성의 관측에 성공했다.

WMAP의 후속으로 플랑크[••] 실험이 2009년에서 2013년까지 진행되었고, 훨씬 더 작은 척도의 요동까지 관측해 냄으로써 우주론은 진정한 정밀 과학으로 자리 잡게 되었다. 플랑크 실험은 바리온 소리 진동의 많은 봉

● Ballon Observations Of Millimetric Extragalactic Radiation ANd Geophysics.

●● 막스 플랑크에 대한 존경의 표시로 붙인 이름이다.

우리들을 확인했으며, 편광 비등방성도 TE, EE, EE 모드에서 편평한 ΛCDM과 척도 불변 스펙트럼을 가진 씨앗 요동을 조합한 모형의 예측과 잘 맞는 봉우리들을 확인했다. 이에 따라 ΛCDM과 급팽창을 조합한 모형의 지위가 견고해졌다(컬러 그림 17 참조).

팽창의 역사 추적

팽창의 역사 추적은 우주의 팽창 속도(허블 매개 변수)가 시간에 따라 어떻게 바뀌어 왔는가를 관측을 통해서 알아내는 것이다. 허블은 적색 이동–광도 거리의 비례 관계를 통해서 우주의 팽창을 발견했는데, 허블의 법칙으로서는 현재의 팽창 속도(허블 상수 H_0)만을 알 수 있다. 과거의 팽창 속도를 알려면 적색 이동–광도 거리 관계를 비례 관계가 성립하는 영역을 넘어서 적색 이동이 충분히 큰 영역까지 확장해서 알 수 있어야 한다. 이것이 가능하려면 세페이드 변광성보다 더 밝아서 더 먼 거리까지 측정할 수 있는 표준 촛불이 있어야 한다.

1930년부터 초신성들의 밝기가 대체로 일정하다는 제안이 있었는데, 오랜 검증을 거쳐 1980년대에는 초신성 중에서 Ia형은 밝기가 거의 일정하고, 광도 곡선을 이용하여 밝기를 정확하게 보정할 수 있어서 표준 촛불이 된다는 사실이 확립되었다. 초신성을 표준 촛불로 활용하려면 조기에 발견해서 광도 곡선을 얻는 것이 관건인데, 컴퓨터화된 망원경 기술과 인공위성에 탑재된 허블 망원경을 활용하게 되자 가능해졌다.

1990년대에 초신성 Ia형들을 찾아내서 팽창을 추적하는 연구가 두 개의 서로 독립적인 팀(초신성 연구Supernova Cosmology Project팀과 고–적색 이동 초신성 연구High-Z Supernova Search팀)에 의해 진행되었다. 두 팀은 적색 이동이 $z \sim 1$까지 이르는 먼 거리의 초신성들을 찾아내서, 1998년 마침내 우주의 팽창이 현재 가속되고 있다는 사실을 발견했다. 이 공로로 미국의 천체물리학자 솔 펄머터Saul Perlmutter(1959~), 브라이언 슈미트Brian Schmidt(1967~), 애덤 리스Adam Riess(1969~)가 2011년 노벨물리학상을 받았다. 가속 팽창을 설명하기 위해서 음의 압력을 갖는 암흑 에너지가 도입되었고, 아직 정체가 무엇인지 확실하게 밝혀지지 않은 이 물질이 우주의 지배적인 물질로 받아들여지게 되었다.

암흑 에너지의 정체를 밝히는 데는 적색 이동이 1보다 큰 영역에서 팽창의 역사를 아는 것이 중요한데, 이를 위해서는 초신성 Ia형보다 더 밝은 표준 촛불이나 더 먼 거리를 잴 수 있는 새로운 방법이 필요하다. 적색 이동 측량에서 언급한 은하의 분포에서의 바리온 소리 진동의 효과도 한 가지 방법이 될 수 있다. 바리온 소리 진동의 소리 지평선 크기는 재결합 시점에 결정되는 것으로 전 우주에서 크기가 동일하므로 표준자standard ruler가 된다. 먼 거리까지 은하의 분포를 정밀하게 조사하면, 소리 지평선을 표준자로 써서 적색 이동–각지름 거리의 관계를 알 수 있고, 이를 통해 팽창의 역사를 좀 더 먼 과거까지 알아낼 수 있을 것으로 기대하고 있다.

정밀 우주론

이제 앞에서 말한 다양한 관측들을 통해 알게 된 빅뱅 우주에 대한 자세한 정보들을 논의해 보자. 이 정보들은 여러 개의 우주 매개 변수를 통해서 표현된다. 표 12에 현재 일반적으로 쓰이고 있는 빅뱅 우주의 매개 변수들을 정리해 놓았다. 우주 매개 변수는 서로 독립적이지는 않지만 네 개의 무리로 나눠볼 수 있다.

첫째, 팽창에 관련된 매개 변수들로 허블 상수(H_0)와 감속 매개 변수(q_0)가 있다. 우주의 나이(t_0)는 밀도 매개 변수들의 함수이기는 하지만 허블 상수에 반비례하므로($t_0 = H_0^{-1} f(\Omega_i)$) 허블 상수를 대신할 수 있다. 감속 매개 변수는 상태방정식 매개 변수(w_i)와 밀도 매개 변수들(Ω_i)의 함수로 주어지므로($q_0 = \sum_i (1+3w_i)\Omega_i/2$) 암흑 에너지의 정체와 관련된다.

둘째, 물질들의 에너지 밀도를 나타내는 밀도 매개 변수들로 총 에너지 밀도(Ω_0), 바리온(Ω_b), 차가운 암흑 물질(Ω_c), 암흑 에너지(Ω_Λ), 광자(Ω_γ), 중성미자(Ω_ν) 등이 있다. 바리온과 차가운 암흑 물질을 포함해서 압력이 없는 물질의 에너지 밀도 합은 물질(Ω_m)로 나타낸다. 중성미자가 질량이 있는 경우에 Ω_ν의 값이 커지는데, 이때 비교의 편의를 위해 Ω_ν 대신 중성미자 질량 합($\sum m_\nu$)을 쓸 수도 있다. 중성미자 이외에도 복사와 같이 행동하지만 약한 상호 작용만을 하는 암흑 복사dark radiation가 있는 경우도 고려할 수 있다. 이들의 에너지 밀도는 중성미자와 비교하기 좋게 중성미자 한 종의 유효수를 $N_{\text{eff}}=1$로 잡는 상대론적 자유도의 유효수(N_{eff})로 나타낸다.

셋째, 밀도 요동과 관련된 매개 변수로 스칼라 세기 스펙트럼의 진폭(Δ_R^2)과 지수(n_s)가 있다. 세기 스펙트럼 지수의 달림을 고려할 때는 달림 지수($dn_s/d\ln k$)를 쓴다. 스칼라 요동과 더불어 텐서 요동도 고려할 때는 텐서 요동 진폭의 상대적인 크기를 나타내는 텐서-스칼라 비(r)와 텐서 세기 스펙트럼 지수(n_T)를 쓴다.

넷째, 우주 환경 및 역사와 관련된 매개 변수로 광깊이(τ)가 있다. 광깊이는 재이온화에 의해 생성된 전자기체가 우주 배경 복사 비등방성에 미치는 영향의 크기를 나타낸다.

열거된 우주 매개 변수들은 다양한 관측들을 통해 결정될 수 있다. 현재 많은 수의 우주 매개 변수들을 가장 정밀하게 결정할 수 있는 관측 결과는 우주 배경 복사 비등방성 관측 결과로, 표 12에서 최근의 플랑크 실험의 관측 결과로부터 결정된 우주 매개 변수들의 값을 볼 수 있다. 비등방성 관측 결과를 이용하여 우주 매개 변수의 값을 결정할 때, 고정 매개 변수는 미리 정해진 값으로 고정해 놓은 매개 변수고 독립 매개 변수는 관측 자료로부터 값을 결정하고자 하는 매개 변수다. 계산된 매개 변수는 고정 매개 변수와 독립 매개 변수의 함수로 독립 매개 변수의 값이 정해져야 계산할 수 있는 독립적이지 않은 매개 변수다. 독립 매개 변수 값의 결정은 일반적으로 최대 가능도 방법maximum likelihood method을 쓰기 때문에, 어떤 매개 변수들을 독립 매개 변수로 잡느냐에 따라서 결정된 값과 오차가 달라질 수 있다. 표 12에서는 현재 최적의 모형으로 생각되는 (ΛCDM 모형+급팽창)을 가정하여 독립 매개 변수 6개의 값을 결정한 것이다.

많은 우주 매개 변수들 중에서 중요하다고 생각되는 다음 몇몇 매개 변수들은 어떤 관측들을 통해 어떻게 결정되었는지 알아두는 것이 좋다. 우선 허블 상수(H_0)는 팽창의 역사 추적 실험을 통해서 직접적으로 결정할 수 있고, 우주 배경 복사 비등방성 관측을 통해서 간접적으로 결정할 수도 있다. 두 관측은 서로 독립적인 관측이므로 일치된 결과를 얻는 것은 두 관측 방법과 나아가 빅뱅 우주의 타당성을 보는 중요한 지표가 된다. 현재 오차 범위 내에서 일치된 결과를 보이지만, 초신성 관측의 결과가 플랑크 실험의 결과보다 약간 큰 것으로 나온다. 앞으로의 정밀 실험들을 통해서 두 관측값 사이의 차이가 오차 범위 밖으로 커진다면, 이를 설명할 수 있는 다른 가능성, 예를 들면 암흑 복사의 존재 등을 진지하게 고려해 봐야 할 것이다.

두 번째, 총 에너지 밀도($\Omega_0 \approx \Omega_\Lambda + \Omega_m$)는 우리 우주의 공간 곡률을 결정하는 매개 변수로, 비등방성에 나타나는 바리온 소리 진동의 봉우리 위치를 통해 상당히 정확하게 알 수 있다. 현재 오차 범위에 내에서 1과 일치하며, 이는 급팽창의 강력한 간접 증거의 하나로 받아들여지고 있다(7장 '급팽창' 참조). 표 12에서는 급팽창을 가정해 $\Omega_0 = 1$로 고정 매개 변수로 취급했다.

표 12 2015년 플랑크 관측 결과로부터 얻은 우주 매개 변수의 최적 값. (ΛCDM 모형+급팽창)을 가정한 6개 독립 매개 변수의 값을 최대가능도 방법으로 구한 것이다.

변수 구분	변수	기호	플랑크
독립 매개 변수	바리온 밀도	$\Omega_b h^2$	0.02230 ± 0.00014
	차가운 암흑 물질 밀도	$\Omega_c h^2$	0.1188 ± 0.0010
	우주의 나이	t_0	$13.799 \pm 0.021 \times 10^9$years
	스칼라 세기 스펙트럼 지수	n_s	$2.441 + 0.088 - 0.092$
	스칼라 세기 스펙트럼 진폭	Δ_R^2	$0.9667 \pm 0.0040 \times 10^{-9}$
	광깊이	τ	0.066 ± 0.012
고정 매개 변수	총 에너지 밀도 매개 변수	Ω_0	1
	암흑 에너지 상태방정식	w	-1
	중성미자의 질량 합	$\sum m_\nu$	0.06eV
	상대론적 자유도의 유효수	N_{eff}	3.046
	텐서-스칼라 비	r	0
	세기 스펙트럼 지수의 달림	$dn_s/d\ln k$	0
계산된 매개 변수	허블 상수	H_0	67.74 ± 0.46km/s/Mpc
	바리온 밀도 매개 변수	Ω_b	0.0486 ± 0.0010
	암흑 물질 밀도 매개 변수	Ω_c	0.2589 ± 0.0057
	물질 밀도 매개 변수	Ω_m	0.3089 ± 0.0062
	암흑 에너지 밀도 매개 변수	Ω_Λ	0.6911 ± 0.0062
	임계 밀도	ρ_c	$(8.62 \pm 0.12) \times 10^{-27}$kg/m³
	$8h^{-1}$Mpc 밀도 요동	σ_8	0.8159 ± 0.0086
	광자 분리 적색 이동	z_*	1089.90 ± 0.23
	광자 분리 시간	t_*	377700 ± 3200years
	재이온화 적색 이동	z_{reion}	$8.5 + 1.0 - 1.1$

세 번째, 바리온의 에너지 밀도($\Omega_b h^2$)는 빅뱅 핵합성의 예측 결과를 가벼운 핵들의 우주 질량비에 대한 관측 결과에 맞추어서 얻거나($0.019 \le \Omega_b h^2 \le 0.024$), 우주 배경 복사 비등방성(바리온 소리 진동) 관측 결과로부터 얻을 수 있는데($\Omega_b h^2 = 0.02230 \pm 0.00014$), 서로 오차 범위 안에서 일치한다. 전혀 연관성이 없는 두 독립적인 방법으로 결정한 바리온 에너지 밀도 값이 잘 일치한다는 것은 빅뱅 우주의 타당성에 대한 좋은 증거다.

네 번째, 암흑 물질 에너지 밀도($\Omega_c h^2$)는 거대 구조 관측과 비등방성 관측으로부터 독립적으로 구할 수 있다. 은하 분포로부터 구한 물질 세기 스펙트럼은 복사-물질 동등 시점에 지평선을 통과하는 척도를 결정하는데, 이로부터 물질의 에너지 밀도로 $\Omega_m h \approx 0.2$를 얻을 수 있고, 차가운 암흑 물질의 에너지 밀도도 추정할 수 있다. 차가운 암흑 물질 에너지 밀도의 더 정확한 값은 역시 우주 배경 복사의 비등방성 관측으로부터($\Omega_c h^2 = 0.1188 \pm 0.0010$) 얻을 수 있다. 1990년대에는 물질 지배의 편평한 우주($\Omega_m = 1$)가 선호되었는데, 물질 세기 스펙트럼으로부터 얻은 결과($\Omega_m h \approx 0.2$)와의 충돌을 피하기 위해 차가운 암흑 물질 대신 eV 수준의 질량을 가진 중성미자와 같은 뜨거운 암흑 물질hot dark matter이나 keV 수준의 질량을 가진 따뜻한 암흑 물질warm dark matter이 진지하게 고려되었다. 그러나 물질 세기 스펙트럼에 대한 정밀 관측과 우주 배경 복사 비등방성 관측이 나오면서 $\Omega_0 \approx \Omega_m \approx 0.3$인 열린 차가운 암흑 물질open cold dark matter 모형이 선호되었다가, 우주의 가속 팽창이 발견되면서 암흑 에너지가 도입되고 현재의 편평한 ΛCDM 모형이 표준 모형으로 자리를 잡았다.

다섯 번째, 암흑 에너지의 에너지 밀도(Ω_Λ)는 초신성 Ia형 관측을 통해서 직접적으로, 비등방성 관측을 통해서 간접적으로 결정된다. 초신성 Ia형 관측은 $\Omega_\Lambda - \Omega_m$ 조합을 결정하는 데 좋고, 비등방성 관측은 $\Omega_\Lambda + \Omega_m$ 조합

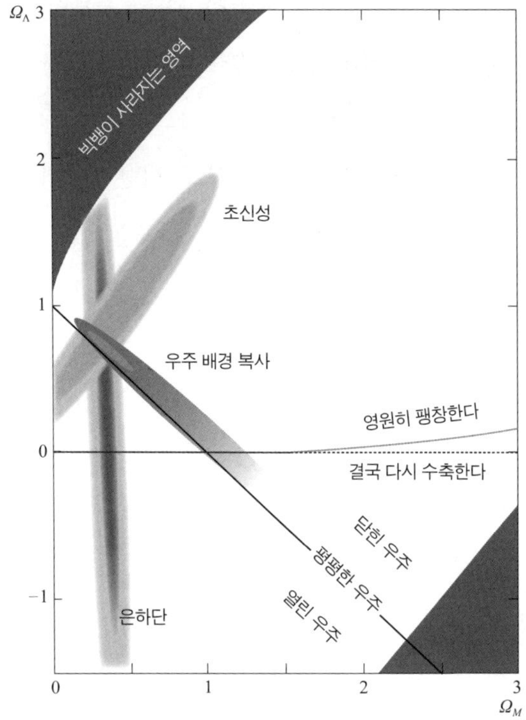

그림 131 우주 배경 복사 비등방성 관측, 초신성 Ia형 관측, 거대 구조 관측을 조합하면 우주의 에너지 밀도 구성을 정확하게 알 수 있다. 세 관측 자료의 조합을 통해 암흑 물질과 암흑 에너지의 존재를 확인할 수 있고, 이 결과는 편평한 ΛCDM 모형의 기반이 되었다.

을 결정하는 데 좋다. 따라서 이 두 가지를 조합하면 Ω_Λ와 Ω_m을 상당히 정확하게 결정할 수 있다. 그림 131에는 이 두 관측 결과에 Ω_m의 값을 결정하는 데 좋은 물질 세기 스펙트럼 관측 결과를 너하였을 때 세 관측 결과를 모두 만족시킬 수 있는 두 매개 변수의 영역이 있음을 보여 준다. 이렇게 얻은 $\Omega_\Lambda \approx 0.7$, $\Omega_m \approx 0.3$의 결과가 ΛCDM 모형의 기반이 되었던 것이다.

여섯 번째, 스칼라 세기 스펙트럼 진폭(Δ_R^2)과 지수(n_s)는 거대 구조 관측과 우주 배경 복사의 비등방성 관측으로부터 결정될 수 있는데, 정확도 면에서 비등방성 관측이 압도적이다. 비등방성 관측으로부터 얻은 지수 값은 $n_s \approx 1$로 척도 불변 스펙트럼에 아주 가깝고, 이것은 급팽창의 예측과 일치해서 급팽창 모형의 강력한 정황 증거가 되고 있다. 진폭의 크기($\Delta_R \sim 3 \times 10^{-5}$)도 우리 우주에 대한 아주 중요한 정보로, 빅뱅 우주의 시작을 이해하는 데 필요한 단서가 된다.

표준 우주 모형

이제 여러 관측 실험들을 통해 얻은 우주 매개 변수의 값들을 종합해서 팽창하는 우주에 대한 모형을 완성해 보자. 망원경을 통해 본 하늘에서 인류는 우주의 팽창을 발견했고 빅뱅 우주론이라는 성공적인 우주 모형을 만들어냈다. 빅뱅 우주는 균일하게 분포한 물질이 뜨거운 플라즈마 상태에서 시작해서 팽창하면서 식어서 현재에 이르렀다. 팽창하는 우주는 역사를 만든다. 그리고 우리는 그 흔적을 찾아내어 역사의 존재를 확인한 것이다. 모든 역사의 사건이 흔적을 남기는 것은 아니다. 또한 흔적이 남더라도 우리가 모두 관측할 수 있는 것은 아니다. 현재의 기술로도 빛과 빛을 내는 물질과 빛에 영향을 주는 물질만 추적할 수 있다. 하지만 관측 기술의 발전 덕에 이 빛을 정밀하게 관측하고 분석해 냄으로써 우주에 대한 많은 정보를 얻을 수 있었다. 갈릴레이가 하늘을 관측하는 데 처음 망원경을 쓴 것보다 더 혁신적인 일들이 지난 100년간 무더기로 일어났기 때문에 가능했다. 우리는 이 관측 기술들을 활용해 물질의 종류, 분포, 움직임을 파악하고 빛(우주 배경 복사)에 남아 있는 우주의 잔물결을 관측해서 우주 역사의 흔적을 찾아냈고, 이를 통해서 우주의 역사를 확인한 것이다.

컬러 그림 19는 지난 100여 년에 걸쳐 파악한 빅뱅 우주 역사의 사건들을 하나의 그림에 담은 것이다. 우리 우주의 나이는 약 138억 년이고, 현재 $H_0 \approx 68$km/s/Mpc의 속력으로 팽창하고 있으며, 암흑 에너지의 영향으로 인해 팽창은 가속되고 있다. 현재 우주의 물질 구성은 암흑 에너지 약 70%($\Omega_\Lambda \approx 0.7$), 암흑 물질 25%($\Omega_{dm} \approx 0.25$), 바리온(원자) 5%($\Omega_b \approx 0.05$)로 되어 있으며, 이들의 에너지 밀도 합은 우리 우주의 공간을 편평하게($\Omega_0 \approx 1$) 만들고 있다. 우주의 물질 분포는 거대 척도에서는 아주 균일하지만 그보다 작은 척도에서는 다양한 밀집 구조를 가지고 있으며, 이는 척도 불변($n_s \approx 1$) 스펙트럼을 가진 아주 작은 크기($\delta\rho/\rho \sim 10^{-5}$)의 씨앗 밀도 요동에서 시작되어 중력의 작용으로 만들어진 것이다.

빅뱅 우주의 매개 변수 중에는 중요하지만 우리가 결정 내리지 못하는 매개 변수도 있다. 대표적으로 빅뱅 우주의 시작 온도를 들 수 있다. 시작 온도는 빅뱅 우주가 어떻게 시작되었는가에 대한 중요한 단서지만, 시작 온도를 알 수 있는 직접적인 열역사의 흔적이 없기에, 현재로서는 흔적이 남아 있는 가장 높은 온도에서 일어난 사건인 빅뱅 핵합성의 온도보다는 크다는 것만 확실하다. 물론 대부분의 연구자들은 바리온 비대칭성과 암흑 물질의 존재를 근거로 시작 온도가 이보다는 훨씬 높았을 것으로 생각한다. 빅뱅 우주는 대부분의 시간 열평형을 유지하는데, 열평형은 과거의 흔적을 지우는 쪽으로 작용한다. 이런 의미에서 우리가 우주 배경 복사를 통해서 초기 우주의 모습을 볼 수 있다는 것은 팽창하는 우주의 또 다른 경이로움이다. 겉으로 보기에 우주 배경 복사는 하늘의 끝인 최종 산란면에서 온 빛을 보는 것이고, 그 이전의 빛은 열평형에 가려져 보이지 않는다. 그렇지만 최종 산란면에는 팽창을 통해 지평선을 넘나들은 초기 우주의 모습이 흔적으로 남아 있고, 우리는 그것을 볼 수 있다.

마지막으로 빅뱅 우주 모형에 들어 있는 우주 매개 변수 값들의 (형이상학적?) 의미를 논의해 보자. 드러난 우주 매개 변수의 값에 대한 근사한 설명이 있을까? 사실 이것이 다음 장(7장 우주의 시작과 끝)의 주요 주제이므로, 여기서는 대략적인 언급만 하고 이 장을 마치고자 한다.

먼저 물질의 존재를 어떻게 설명할 것인가? 현재 미시 세계 이론인 입자물리 표준 모형으로 그 존재가 드러난 구성 물질은 바리온, 광자, 중성미자로 다 합쳐도 5%에 불과하다. 심지어 바리온의 경우 존재는 알고 있는 것이지만 그 에너지 밀도의 크기(Ω_b)는 표준 모형으로 설명하지 못한다. 거시 세계를 다루는 우주론이 미시 세계 이론인 표준 모형의 불완전성을 말해 주는 것이다. 이것이 팽창하는 우주의 경이로움이다. 그런데 우리의 존재가 겨우 우주의 5%도 채 안 되는 물질에(실제로는 그보다도 훨씬 비율이 작은 무거운 원소들에) 기반하고 있다는 것이 놀라운 일일까? 관점을 바꾸어서 생각하면 사실 그렇게 이상한 건 아니다. 우리의 존재는 아주 밀집된 물질을 필요로 하고, 그 5%의 물질만이 그 정도의 밀집도를 만들어 낼 수 있다면 당연하다. (더 나아가 생명체는 그 5% 안에서도 극히 일부인 탄소와 산소에 크게 의존한다는 사실도 있다.) 그렇지만 나머지 95%가 무엇인지는 중요한 질문이다. 암흑 에너지와 암흑 물질의 정체를 밝히는 것은 21세기 우주론과 입자물리학의 중요한 과제다. 암흑 에너지의 정체는 진공 에너지라는 것이 대세지만, 그 크기(Ω_Λ)에 대해서는 현재 마땅한 설명이 (인류 원리를 제외하고는) 없다.● 암흑 물질의 경우 입자물리학 연구자들이 제안한 많은 후보 입자들이 있고, 이를

● 사실 암흑 에너지의 크기를 설명하는 것이 중요한 문제인가에 대해서도 실용주의자인 천문학자와 근본주의자인 입자물리학자 사이에 견해 차이가 있다.

검출하려는 여러 실험들이 진행 중이지만, 아직 단서가 확인된 것은 없다.

우리 우주의 에너지 밀도가 $\Omega_0=1$로 딱 맞아떨어져서 우리 우주가 아주 편평한 것은 급팽창으로 잘 설명된다. 또한 급팽창은 씨앗 밀도 요동의 기원과 그 매개 변수들의 크기도 잘 설명할 수 있다. 이런 이유로 많은 연구자들이 암흑 에너지와 암흑 물질이 지배하는 ΛCDM 모형에 급팽창을 결합한 것을 현재의 표준 우주론으로 본다.

7장

우주의 시작과 끝

우주가 어떻게 탄생했는가는 우주에 대한 질문 중에서도 가장 답하기 어려운 질문이다. 이 질문이 왜 어려운가는 태양계 탄생의 예에서도 볼 수 있다. 태양계는 어떻게 탄생했는가? 행성의 운동은 태양계 탄생의 중요한 단서들을 제공한다. 예를 들어 행성들의 공전 면들이 거의 일치하는 것은 이들이 별(태양)의 형성에 동반되는 물질 원반으로부터 유래했다는 것을 보여 준다. 하지만 행성의 운동을 완벽히 이해했다고 해서 태양계의 탄생 과정을 쉽게 알 수 있는 것은 아니다. 현재 태양계의 구성 원소를 보면 상당한 양의 무거운 원소들을 포함하고 있고, 이를 근거로 태양은 초신성이 폭발한 잔해에서 탄생한 상대적으로 젊은 별로 보고 있다. 이 결론을 얻는 데는 행성의 운동을 이해하는 것보다 훨씬 더 많은 정보를 필요로 한다.

우리는 빅뱅 이론을 통해 팽창하는 우주의 모습을 잘 이해하고 있다. 빅뱅 이론은 우주 탄생에 대한 중요한 단서들을 제공한다. 빅뱅 이론이 보여 주는 초기 우주의 모습은 뜨거운 소립자로 이루어진 고온의 플라즈마가 균일하고 등방하지만 후에 우주의 구조물로 발전하는 작은 밀도 요동을 포함해야 한다. 문제는 이 상태가 일반 상대성과 입자물리 표준 모형의 입장에서는 자연스럽지 않다는 것이다. 빅뱅 우주의 이런 난점을 해결해 주는 과정으로 급팽창 과정이 도입되었고, 현재 급팽창 과정은 빅뱅 이론과 더불어 표준 우주론의 일부로 받아들여지고 있다. 그렇지만 급팽창 과정은 왜 일어났는가라는 새로운 질문이 기다리고 있다. 이 장에서는 빅뱅 우주의 탄생과 더 나가서 우주의 탄생을 어디까지 이해할 수 있는지를 다룰 것이다. 우주가 시작이 있다는 것은 과학을 하는 즐거움과 큰 고민거리를 동시에 안겨 준다.

1. 빅뱅 우주의 시작

빅뱅 우주의 시작인 빅뱅의 실체는 무엇이며, 빅뱅은 왜 일어나게 되었을까? 6장에서 다룬 빅뱅 이론은 우주의 팽창을 통해서 현재 관찰되는 우주의 모습을 설명하는 우주의 신화에 대한 이론이었다. 정적인(영원불변한) 우주와 동적인(팽창하는) 우주의 큰 차이를 보면, 정적인 우주는 현재 관찰되는 모습만 설명하면 되지만, 동적인 우주는 우주의 시작에서 진화 과정 그리고 그 결과로서 현재의 모습까지 모두 설명할 수 있어야 한다는 것이다. 빅뱅 이론의 성공이 말해 주는 것은 적어도 현재 우리가 볼 수 있는 크기의 (국소) 우주에서 우주는 동적이며 팽창하고 있다는 것이다. 그 시작인 빅뱅은 멀지만 유한한 (약 138억 년) 과거에 있었고 우리는 그때의 모습을 현재의 모습에서 역추적해서 진화 과정을 유추해 볼 수 있다. 우주 배경 복사나 은하의 분포 등 현재 우주의 모습과 빅뱅 이론에서 유추되는 빅뱅 우주의 시작은 높은 온도를 가진 (기본 입자들의 이상 기체로 이루어진) 플라즈마가 매우 균일 등방하게 우주를 채운 상태에서 팽창하면서부터다. 우주의 시작 상태를 만들어 낸 이 과정을 우리는 빅뱅이라 부른다.

우주의 팽창은 지면에서 위로 던져진 물체에 비유할 수 있다. 다른 요인이 없다면 물체는 올라가면서 중력에 의해 감속된다. 그리고 물체의 최종 운명, 즉 계속 날아가서 지구를 벗어날지, 아니면 땅으로 다시 떨어질지는 지구 중력의 크기와 던져진 초기 속력에 의해 결정될 것이다. 우리의 상식으로는 위로 던져진 물체는 누군가 또는 무언가가 물체를 위로 던진 행위를 했어야 한다. 이 던지는 행위에 해당하는 사건, 즉 우주의 팽창을 시작하게 한 사건은 무엇이고, 그것은 왜 일어났던 것일까? 물체를 위로 던지는 과정은 짧은 시간 동안 큰 가속이 일어나는 격렬한 사건이다. 우주의 역사에도 이에 대응되는 사건이 있었다면 그것이 빅뱅의 실체일 것이다. 빅뱅 우주가 수축이 아니라 팽창으로 시작했다는 것으로부터 빅뱅 과정에서 우주의 팽창은 가속되다가 최종적으로 균일 등방한 뜨거운 플라즈마로 채워진 상태가 만들어진 것으로 짐작해 볼 수 있다.

빅뱅 우주의 시작 상태에서 중요한 조건의 하나는 (공간과 물질 분포가) 매우 균일 등방하다는 것이다.● 왜 우주는 균일 등방하게 시작되었을까? 아인슈타인은 우주 원리를 통해 균일 등방인 우주를 정당화하려고 했지만, 사실 복사와 물질이 지배하는 빅뱅 우주에서는 우주 전체가 균일 등방인 상태는 자연스럽게 만들어질 수 있는 상태는 아닌 것으로 보인다(7장 '빅뱅 우주의 문제점' 참조). 즉 빅뱅 우주의 시작 상태는 정교하게 맞추어진 매우 특별한 상태인 것이다.

● 그렇지만 반대로 완벽하게 균일 등방하면 안 되고, 현재 보이는 우주의 구조들을 설명하기 위해서는 적당한 크기의 작은 밀도 요동들이 초기 우주에 있어야 한다. 6장 '구조 형성과 우주 배경 복사의 비등방성' 참조.

빅뱅 우주의 시작은 높은 온도의 플라즈마로 채워져 있기 때문에 시작 상태를 기술하는 중요한 매개 변수들 중 하나는 시작 온도다. 빅뱅의 시작 온도를 현재의 관측을 통해 알 수 있을까? 이에 대한 직접적인 답을 줄 수 있는 관측 증거는 현재 없다. 대신 간접적인 귀띔이 되는 다음과 같은 증거는 있다. 첫째, 빅뱅 핵합성의 결과가 잘 맞는다는 것은 우주의 시작 온도가 빅뱅 핵합성이 시작되는 온도인 1MeV보다는 충분히 높아서, 최소한 10MeV 이상은 되어야 한다는 것을 말해 준다. 둘째, 빅뱅 핵합성과 우주 배경 복사의 비등방성으로부터 공통적으로 얻을 수 있는 중요한 정보는 바리온 비대칭성의 존재인데, 이를 설명하기 위해서는 우주의 시작 온도가 바리온 창조가 일어나는 온도보다는 높아야 한다. 그렇지만 바리온 창조 과정에 대해서는 아직 유일하게 받아들일 수 있는 방법이라고 할 수 있는 것이 없다. 심지어는 현재의 입자물리 표준 모형으로는 관측된 바리온 비대칭성을 설명할 수도 없다. 현재 제안되어 있는 대부분의 바리온 창조 과정들은 표준 모형을 확장한 모형에 기반을 두고 있으며 모형에 따라서 작동에 필요한 최소 온도가 다르다. 이런 이유로 바리온 비대칭성을 설명하기 위해 필요한 최소의 시작 온도를 명확하게 말하기는 어렵다. 전체적인 경향을 말하자면 전자기약 상전이가 일어나는 ~100GeV보다는 훨씬 높은 온도가 필요할 것으로 보인다. 입자물리 표준 모형을 확장하는 데는 우주론에 근거를 둔 바리온 창조보다는 표준 모형의 여러 문제들을 해결하고자 하는 동기가 더 중요하게 작용한다는 점을 고려하면, 가장 시급한 부분은 중성미자의 질량들을 설명하는 모형이다. 이런 모형들에서는 고온에서 렙톤 비대칭성이 만들어지고 이것이 표준 모형의 상호 작용을 통해 바리온 비대칭성으로 전환되는 이른바 렙톤 창조leptogenesis가 더 가능성이 높은 바리온 창조 시나리오로 알려져 있다. 이런 렙톤 창조에는 대개 $\sim 10^{10}$GeV 이상의 온도가 필요하다. 만약 바리온 창조가 대통일 이론이 가진 바리온 대칭성 깨짐과 대통일 상전이를 통해서 일어난다면 필요한 온도는 대통일 에너지 척도(10^{15}GeV) 이상의 온도가 필요하다.

현재 우주의 모습과 빅뱅 이론으로부터 추정되는 빅뱅 우주의 시작 상태는 다음과 같이 정리될 수 있다. 첫째, 빅뱅 우주는 균일 등방인 고온의 플라즈마 상태에서 시작했다. 시작 온도는 적어도 10MeV 이상이고, 아마도 전자기약 척도(~100GeV)보다 훨씬 높았을 것으로 예측된다. 둘째, 적어도 빅뱅 핵합성이 시작되기 전까지, 즉 온도가 10MeV 이하로 떨어지기 이전에 우주에는 바리온 비대칭성이 만들어져 있어야 한다. 셋째, 현재 우주의 에너지 밀도는 임계 밀도에 매우 가까워서 우리 우주의 공간은 아주 평평하다. 이는 우주의 시작 상태가 현재보다 훨씬 더 정확하게 임계 밀도에 맞춰져 있어서 아주 편평했다는 것을 의미한다(7장 '빅뱅 우주의 문제점' 참조). 넷째, 우주의 거대 구조 형성과 이를 통한 우리의 존재를 설명하기 위해서는 구조 성장의 씨앗이 되는 작은 크기의 원시 밀도 요동이 있어야 한다. 현재의 관측에 의하면 필요한 원시 밀도 요동의 크기는 10만 분의 1($\delta\rho/\rho \sim 10^{-5}$) 수준이다. 다섯째, 현재 관측되는 우주의 거대 구조를 설명하기 위해서는 바리온만 있어서는 안 되고 적절한 (바리온보다 더 많은) 양의 암흑 물질이 존재해야 한다. 여섯째, 우주의 최근 팽창은 가속되는 것으로 관측되었으므로, 이를 설명하기 위해서는 현재 임계 밀도의 70% 정도 크기의 에너지 밀도를 가진 암흑 에너지의 존재가 필요하다.

빅뱅 이론은 우주의 진화 과정에 대한 이론으로, 적절한 초기 조건이 갖추어졌다는 가정 아래 현재 알려진 물질들의 상호 작용으로 현재 우주의 모습을 잘 설명한다. 그런데 빅뱅 이론은 시작 상태에 대해 추정할 수 있게는 해 주지만 우주가 왜 그런 상태에 놓이게 되었는지를 설명해 주지는 않는다. 사실 이것은 일반적인 물리 법칙이 갖는 한계이기도 하다. 진화로 무엇을 설명하려면 진화에 대한 법칙이 필요하다. 하지만 시작 시점과 시작 상태가 있기에, 이 시작 시점은 어떻게 결정된 것이고 시작 상태는 어떻게 만들어졌는가의 문제도 함께 고려해야 한다. 현재 우리가 보는 대부분의 물리 법칙은 진화의 과정에 대한 법칙이고 초기 조건은 물리 법칙과는 독립적으로 입력해 주어야 하는 매개 변수 같은 것이다. 수학의 언어로 표현하면 진화 법칙은 미분방정식으로 표현되고, 초기 조건은 방정식과는 별도로 부과되며 우리가 조정해 볼 수 있는 조건인 것이다. 그런데 우주에 대해서는 우리에게 초기 조건을 바꾸거나 선택할 권리가 없기 때문에 진화 이론과 더불어 초기 조건에 대한 법칙이나 이론이 포함되어야 할 것 같다. 우리는 빅뱅 우주가 시작되게 만든 적절한 초기 조건이 언제, 어떻게, 그리고 왜 만들어졌는지에 대해서도 고민해 봐야 한다.

2. 빅뱅 우주의 문제점

이제 빅뱅 우주의 시작 상태가 현재의 빅뱅 이론과 그 기반이 되는 일반 상대성과 입자물리 표준 모형으로부터 자연스럽게 얻어질 수 있는가를 살펴보자. 결론부터 말하면 빅뱅 우주의 시작 상태를 자세히 들여다보면 그것이 일반 상대성과 빅뱅 이론의 틀 안에서 자연스럽게 만들어질 수 있는 상태가 아니라는 것을 알게 된다. 여기서는 그 이유와 더불어 빅뱅 우주가 안고 있는 여러 문제점을 차례로 살펴본다.

특이점 문제

빅뱅 우주를 $t=0$까지 거슬러 올라가면 에너지 밀도와 시공간 곡률이 무한대가 되는 특이점이 나타난다. 특이점에서는 일반 상대성을 포함한 일반적인 물리 법칙이 적용될 수 없다. 이런 특이점이 존재한다는 것은 보통 그것을 주는 이론, 여기서는 일반 상대성 또는 물질에 대한 이론(입자물리학)이 불완전하다는 것을 뜻한다. 그렇지만 어느 부분이 불완전하고, 특이점 문제가 어떻게 해결될지에 대해서는 아직 통일된 견해가 있는 것은 아니다. 극한의 에너지 밀도에서는 중력에서도 양자 역학적 효과가 중요해질 것으로 예상되므로 양자 중력 이론이 필요하고, 거기에 더해서 물질에 대한 새로운 이론이 필요할 수도 있다.

편평성 문제

우주의 공간이 휘어진 정도를 나타내는 척도로 곡률 반지름(R_{cur})을 생각할 수 있는데, 대략 구면을 떠올려 그 반지름이라 생각하고, 곡률 반지름이 클수록 편평한 공간에 가깝다고 보면 된다. 이 곡률이 미치는 영향은 우리가 보는 크기에 따라서도 달라진다. 지구는 반지름 6,400킬로미터의 구이지만 1미터 남짓한 크기의 주변만 보고 사는 사람에게는 거의 평면으로 느껴지고, 비행기를 타고 세계를 누비는 사람에게는 많이 휘어진 구로 느껴진다. 마찬가지로 우리가 느끼는 우주의 편평도는 지평선의 크기(H^{-1})와 곡률 반지름(R_{cur})의 비로 결정되는데, 빅뱅 우주에서는 이 비가 $H^{-1}/R_{cur}=|\Omega-1|^{1/2}$로 밀도 매개 변수의 값에 의해 결정된다. 현재 $\Omega-1$ 값은 0에 매우 가까운 것으로 보인다.* 즉 우리 우주의 공간은 아주 편평하다. 그런데 이 값이 정

* 현재의 관측 결과들에서 얻은 값은 대략 $|\Omega_0-1|<0.01$ 정도다.

확이 0이 아니라 그 근처의 적당히 작은 값이라면 빅뱅 시작 상태와 관련해 난감한 문제에 봉착한다. 우주가 팽창함에 따라 $\Omega-1$ 값이 어떻게 변하는지는 프리드만 방정식으로부터 구할 수 있다.

$$\Omega-1=\frac{K}{a^2H^2}=\frac{3KM_P^2}{\rho a^2}\propto\begin{cases} a & \text{물질 지배 시대} \\ a^2 & \text{복사 지배 시대} \end{cases}$$

우주 역사의 대부분을 차지하는 복사 지배와 물질 지배 시기 동안 이 값은 축척 인자 또는 그 제곱에 비례해서 계속 커진다는 것을 알 수 있다. 이것을 거꾸로 해석하면 우주 초기로 갈수록 $\Omega-1$ 값이 0에 아주 가까워진다는 것이다. 현재의 Ω_0-1 값을 대략 1로 놓으면, 빅뱅 핵융합이 일어나는 시기($t_{\mathrm{BBN}}\sim 1s$)에는 $|\Omega-1|\leq 10^{-16}$으로 $H^{-1}/R_{\mathrm{cur}}=10^{-8}$이 되고, 시간을 더 거슬러 올라가서 일반 상대성의 한계 시간인 플랑크 시간($t_P\sim 10^{-43}s$)에서는 $|\Omega-1|\leq 10^{-60}$으로 $H^{-1}/R_{\mathrm{cur}}=10^{-30}$이 된다. 즉 우리 우주는 극단적으로 편평한 상태에서 시작했다는 얘기가 된다.

현재의 상태를 가지고 과거의 상태를 유추하면 그렇다는 얘기인데, 반대로 우리 우주가 빅뱅이 일어나던 시기에 정해진 초기 조건에서 시작되었다고 생각하면, 우리 우주의 초기 조건이 아주 특별했다는 것을 의미한다. 이것이 얼마나 특별한지를 알아보기 위해 반대로 질문해 보자. 만약 우리 우주가 이런 특별히 편평한 상태가 아닌 대략 편평한 정도로 시작되었다면 우리 우주의 역사는 어떻게 달라졌을까? 만약 플랑크 시간에 Ω가 1 근처의 값으로 $R_{\mathrm{cur}}\sim H^{-1}$였다면, 닫힌 우주($K>0$)라면 우주는 플랑크 시간의 수 배 정도의 시간 안에 다시 수축해서 빅뱅 상태로 돌아온다. 열린 우주($K<0$)라면, 빠른 팽창에 의해 10^{-11}s 정도의 시간에 현재의 온도인 3K에 도달해 버리게 된다. 이 상황을 극단적으로 표현하면 양자 역학과 일반 상대론이 주

는 우리 우주의 자연스러운 시간 척도는 플랑크 시간으로 10^{-43}s인데, 우리 우주의 나이는 이것보다 10^{60}배나 많다는 것이다. 이렇게 우주를 오래 살아남게 하려면 빅뱅 우주의 초기에 우주의 밀도를 임계 밀도 10^{-60} 수준의 정확도로 맞추어 놓아야 한다. 이런 의미에서 편평성 문제를 우주의 오래됨 문제oldness problem 또는 미세 조정 문제fine tuning problem라고도 한다. 어떻게 우리 우주는 이런 특별한 초기 조건을 가지고 시작되었을까?

지평선 문제

빅뱅 우주와 같이 시작 시점이 있고 유한한 과거 시간을 가지는 우주는 빛의 속력이 유한하기 때문에 한 시점에서 볼 수 있는 우주의 크기도 유한하다. 공간의 한 지점에서 현재 볼 수 있는 최대 거리의 구면을 지평선이라고 부른다. 만약 우주가 팽창하지 않는다면 우주의 시작 후 시간 t 시점에서 지평선의 거리는 t로 커질 것이다. 팽창하는 빅뱅 우주에서 우리가 볼 수 있는 우주의 크기는 동행 지평선으로 결정된다. 우주가 복사 지배 시대와 물질 지배 시대를 거치는 동안 축척 인자는 각각 $t^{1/2}$과 $t^{2/3}$로 커지고 동행 지평선은 $2t^{1/2}$과 $3t^{1/3}$로 커진다.● 즉 시간이 지날수록 볼 수 있는 (다르게 표현하면, 인과관계가 있는) 우주의 범위가 (팽창하지 않는 우주보다 상대적으로 느리긴 하지만 어쨌든) 늘어난다.

그런데 이것을 반대로 보면 현재 우리가 보고 있는 우주는 옛날에는 인과관계가 없었던 많은 조각들로 이루어져 있다는 것을 말한다. 이 사실

● 6장 '우주의 모습' 참조. 지평선까지의 물리적 거리는 동행 지평선에 축척 인자를 곱한 값으로 각각 $2t$와 $3t$로 커진다.

은 우리가 현재 보고 있는 우주의 모습을 이해하는 데 심각한 문제점을 안겨 준다. 현재 우리가 볼 수 있는 우주의 범위에서는 전체가 매우 균일 등방한 것으로 관측된다. 그러나 그 안에 들어 있는 작은 조각들끼리는 과거에 인과관계가 있을 수 없었기 때문에, 전체가 이 정도로 균일한 상태로 맞춰졌는지를 동역학적인 인과관계로는 설명할 수가 없다. 이것을 지평선 문제horizon problem라고 한다.

우주 배경 복사의 등방성을 예로 들어보자. 우주 배경 복사의 분리가 일어나는 시기는 물질 지배 시대로 축척 인자는 $a \propto t^{2/3}$, 동행 지평선은 $\eta \propto t^{1/3}$으로 커지므로, 현재의 동행 지평선과 분리 시점의 동행 지평선의 크기 비는 분리 시점의 적색 이동의 제곱근이 된다.

$$\frac{\eta_0}{\eta_{\mathrm{CMB}}} = \left(\frac{t_0}{t_{\mathrm{CMB}}}\right)^{1/3} = \left(\frac{a_0}{a_{\mathrm{CMB}}}\right)^{1/2} = z_{\mathrm{CMB}}^{1/2}$$

우주 배경 복사가 오는 최후의 산란면과 현재 우리가 볼 수 있는 우주의 크기에는 큰 차이가 없으므로, 현재 우주 배경 복사를 통해 보는 최후의 산란면은 분리 당시 허블 면적•의 대략 $z_{\mathrm{CMB}}=1100$배다. 즉 현재 보는 전 하늘에 걸친 우주 배경 복사는 서로 인과관계가 없는 1,000개 이상의 조각들에게서 온 것인데, 놀랍게도 이들의 온도가 모두 10^{-5} 이내로 같다. 만약 빅뱅 우주의 초기 조건이 플랑크 시간에 정해진 것이라고 해 보자. 현재 볼 수 있는 우주에는 플랑크 시간일 때의 허블 부피가 대략 10^{88}개 들어 있다.

• 허블 면적은 지평선의 제곱 크기의 면적으로 서로 인과관계로 연결될 수 있는 최대 면적을 말한다.

현재의 우주가 매우 균일하다는 것은 플랑크 시간에 서로 인과관계가 없는 10^{88}개의 조각을 똑같은 상태로 맞춰 놓았다는 얘기가 된다. 이런 빅뱅 우주의 초기 조건은 어떻게 만들어질 수 있었을까?

원시 밀도 요동 문제

빅뱅 우주의 지평선 문제는 우주가 왜 균일한지뿐만 아니라, 그 반대로 불균일해서 거대 구조가 생겨나는 것도 설명할 수 없게 만든다. 현재 관찰되는 은하단, 초은하단 등의 거대 구조들은 복사 지배 시대에는 초지평선 척도(지평선보다 더 큰 거리의 구조)여서 이 구조들을 설명할 수 있는 밀도 요동의 씨앗이 동역학을 통해 형성될 수 없다. 그렇다면 원시 밀도 요동은 빅뱅 우주가 시작될 때 이미 만들어져 있었다는 얘기가 되는데, 이것이 어떻게 가능할까? 이는 빅뱅 우주의 균일 등방성을 설명하는 것만큼 중요한 문제다.

바리온 비대칭성 문제

현재의 입자물리 표준 모형을 통해서는 빅뱅 핵합성과 우주 배경 복사 비등방성 관측 결과를 맞출 수 있는 크기의 바리온 비대칭성을 빅뱅 우주의 열탕에서 만들어 낼 수 없는 것으로 드러났다. 그렇다면 바리온 창조는 언제, 어떻게 일어났을까? 바리온 비대칭성은 우주에서 우리의 존재를 설명하는 데 필요한 중요한 요소다. 표준 모형은 바리온 창조에 필요한 세 가지 요소 중 충분한 *CP* 대칭성 위반과 강한 비평형 과정을 줄 수 없어서, 바리온 비대칭성 문제를 해결하려면 물질에 대한 이해가 더 필요하다.

암흑 물질 문제

우주의 거대 구조 형성 과정과 우주 배경 복사 비등방성 관측 결과는 알려진 입자들과 약한 상호 작용만을 하고 압력이 없는 물질처럼 행동하며, 중력 효과를 통해서만 존재가 드러나는 암흑 물질이 바리온보다 훨씬 더 큰 에너지 밀도를 가지고 있음을 보여 준다. 현재의 입자물리 표준 모형에는 이를 설명할 수 있는 입자는 없다. 그렇다면 암흑 물질의 실체는 무엇이며, 언제, 어떻게 우리 우주에 존재하게 되었을까? 암흑 물질 문제 또한 물질에 대한 이해가 더 필요함을 보여 준다.

암흑 에너지 문제

우주의 팽창이 가속되고 있다는 발견과 우주 배경 복사 비등방성의 관측 결과는 큰 음의 압력을 가지고 있으며 우주의 에너지 밀도를 지배하는 암흑 에너지의 존재를 암시한다. 암흑 에너지의 실체는 무엇이고, 이 에너지 밀도의 크기는 어떻게 정해진 것일까? 만약 암흑 에너지의 실체가 진공 에너지(우주 상수)라면, 우주론을 통해 얻은 관측값과 현재의 입자물리학이 예견하는 자연스러운 값 사이의 엄청난 차이를 설명해야 하는 우주 상수 문제cosmological constant problem가 불거진다. 암흑 에너지 문제는 시공간과 물질에 대한 완전히 새로운 이해를 필요로 하는 폭발력이 있는 문제다.

자기 홀극 문제

대통일 이론이 맞다면 초기 우주에 몇 차례 상전이가 일어났을 것으로 예상된다. 상전이의 결과로 자기 홀극magnetic monopole을 비롯한 위상 결함topological defect 또는 고립자soliton들이 많이 생성되었을 것으로 예상되지만 현재까지 관찰된 것은 없다. 왜 이들은 관찰되지 않을까? 이 문제는 대통일 이론이 맞다는 직접적인 증거나 초기 우주에 상전이가 있었다는 직접 또는 간접적인 증거들이 아직 없으므로 심각하게 받아들이지 않을 수도 있다.

지금까지 살펴본 뜨거운 빅뱅 우주의 문제점들은 모두 빅뱅 우주의 시작 상태와 관련된 것으로 볼 수 있다. 여러 면에서 우리 우주는 현재의 시공간과 물질 이론의 관점에서 아주 특별해 보이는 상태로 시작되었다. 우주의 시작을 이해하려는 것은 우리에게 많은 고민거리를 안겨 준다. 우주의 시작은 시공간(중력)의 문제인가, 아니면 물질(입자물리학)의 문제인가? 우주의 시작을 과연 과학으로 이해할 수 있는 것일까? 앞에서 열거한 문제 중에서 현재의 이론을 가지고 구체적으로 다뤄 볼 수 있는 문제들부터 더 자세히 살펴본 후에, 우주는 어떻게 시작되었는가라는 궁극적 질문에 접근해 보도록 하자.

3. 암흑 물질

우주 거대 구조들이 형성된 것을 우주 진화를 통해 설명하려면 원시 밀도 요동과 더불어 암흑 물질의 존재가 필요하다(6장 '구조 형성과 우주 배경 복사 비등방성' 참조). 은하의 분포와 우주 배경 복사의 비등방성 관측으로부터 결정된 암흑 물질의 양은 $\Omega_{\mathrm{CDM}} \approx 0.25$이다. 이 암흑 물질의 정체는 무엇일까? 거대 구조의 형성에 필요한 암흑 물질의 특성은 압력이 거의 없는($p \approx 0$) 물질로, 강한 상호 작용과 전자기 상호 작용을 하지 않고, 약한 상호 작용이나 중력을 통해서만 영향을 미친다. 그런데 우주의 구조 형성에 필요하다는 절실하지만 간접적인 증거 이외에도 암흑 물질이 존재한다는 증거는 여러 거리 척도에서 오래전부터 제시되어 왔다. 이런 증거들도 암흑 물질의 실체를 밝히는 데 중요하게 작용할 수 있으므로 차례로 다룬다.

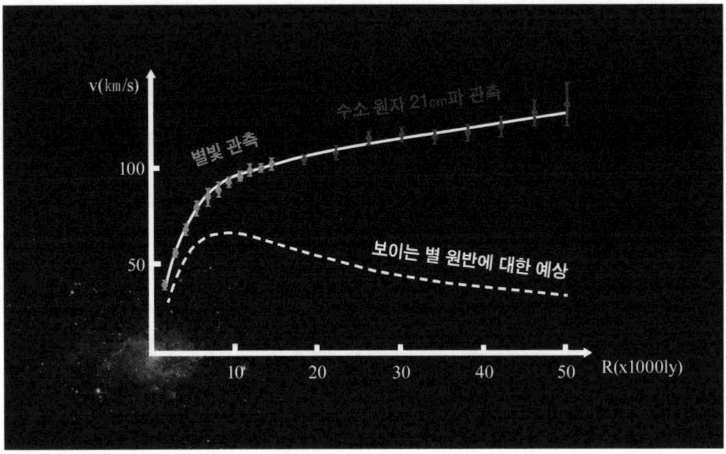

그림 132　은하의 회전 곡선은 은하의 원반 바깥에 눈에 보이지 않는 물질이 존재함을 보여 준다.

암흑 물질의 증거

은하단의 운동 | 1934년 불가리아 출신 스위스 물리학자 프리츠 츠비키Fritz Zwicky(1898~1974)가 은하단들의 고유운동을 관찰한 결과를 바탕으로 암흑 물질의 존재를 제안했다. 이웃한 은하단들은 서로 간에 작용하는 중력에 의해서 회전하는데, 빛을 통해 관측되는 물질의 양에 비해서 빠르게 회전한다. 은하단들이 빠르게 회전하면서도 서로 멀어지지 않는다는 것은 보이는 물질보다 더 많은 양의 보이지 않는 물질이 은하단에 있고 이들이 중력을 작용하기 때문이라고 보았다.

은하 회전 곡선 | 은하에 속한 별들은 은하 중심을 향해 회전하고 있다. 이들의 회전 운동은 케플러의 법칙을 따르므로 회전 속력은 궤도 안쪽에 있는 물질의 질량에 따라 달라진다. 1960년대에 미국의 천문학자 베라 루빈Vera Rubin(1928~2016)은 은하 원반의 바깥에 있는 별들의 회전 운동을 관찰해서 원반 바깥쪽에도 보이지는 않지만 많은 양의 물질

이 존재한다는 것을 밝혔다. 분석을 간단하게 하기 위해 은하의 물질 분포는 구 대칭성이 있고, 별은 원 궤도를 돈다고 하자. 은하 중심에서 별까지의 거리를 r, 별의 공전 속력을 $v(r)$, 반지름 r 안쪽에 있는 물질의 질량을 $M(r)$이라 하면, 별 원운동의 구심력이 중력이므로 $mv(r)^2/r = GM(r)m/r^2$이 된다. 이로부터 $v(r)$과 $M(r)$의 관계 $v(r) = \sqrt{GM(r)/r}$을 얻는다. 중심으로부터 거리 r의 함수로 주어지는 별의 공전 속력 $v(r)$을 은하의 회전 곡선rotation curve이라고 한다. 별들의 움직임을 관측해서 회전 곡선 $v(r)$을 구하면 앞의 관계식을 써서 은하의 질량 분포를 알 수 있는 것이다. 은하에서 별의 분포를 보면 우리 은하와 같이 원반 형태를 하고 있는 것도 있고 구 형태를 하고 있는 것도 있는데, 별들의 공전 속도를 통해 조사해 보면 질량의 분포는 구 대칭성이 있음을 확인할 수 있다. 별 원반 밖에서도 띄엄띄엄 별들이 관측되는데, 이 바깥쪽 별들의 움직임을 관측해서 원반 바깥의 회전 곡선을 그려 보면 원반 밖에도 많은 양의 질량이 있는 것으로 나타난다. 원반 바깥에 아무것도 없다면 더 이상이 질량이 늘어나지 않으므로 $M(r)$은 상수로 유지되고, 그러면 공전 속력 $v(r)$은 $1/\sqrt{r}$로 떨어져야 한다. 그런데 관측 결과는 $v(r)$이 상수로 유지되는 것으로 나타나고, 이는 $M(r) \sim r$을 뜻하므로 원반 바깥쪽에 빛을 내지는 않지만 많은 양의 물질이 존재함을 알 수 있다.

중력 렌즈 효과 | 일반 상대성에 따르면 물질이 존재하면 주변의 시공간이 휘어지는데, 먼 별에서 오는 빛이 이곳을 지날 때 방향을 휘어지게 할 수 있다. 이 효과에 의해 먼 거리의 은하와 우리 사이에 놓인 암흑 물질에 의해 은하의 상이 변형되는 중력 렌즈 효과가 나타난다. 은하의 거리와 변형된 상의 크기와 형태를 관찰해서 중간에 놓인 암흑 물질의 양을 추정할 수 있다. 컬러 그림 18은 멀리 있는 은하가 중력 렌즈 효과에 의해 여러 개의 상이 원형으로 나타나는 것을 보여 준다.

물질의 양이 충분히 크지 않거나 가까이 있을 때는 위와 같이 눈에 띄게 원형으로 나타나지는 않지만 은하의 상 자체가 조금 변형이 일어나게 되는데, 이를 미세 중력 렌즈 효과라 한다. 미세 중력 렌즈 효과는 체계적인 관측을 통해 암흑 물질의 분포를 알아낼 수 있는 좋은 도구다.

은하단의 충돌과 물질 분포 | 컬러 그림 20은 두 은하단이 충돌 후 서로 스쳐 지나가는 상황을 보여 주는 사진으로 총알 두 개가 서로 스쳐 지나가는 형상이어서 총알 은하단bullet cluster이라고 명명되었다. 그림의 사진은 가시광선 사진과 X선 사진을 합성한 것으로, 붉은색은 X선의 세기를 나타내고, 은하들 위에 더해진 푸른색은 중력 렌즈 효과로부터 추정되는 물질의 양을 나타낸 것이다. X선은 뜨거운 바리온 기체로부터 나오기 때문에 이로부터 두 은하단이 가진 바리온의 양을 추정할 수 있다. 추정된 바리온의 양은 은하단의 모든 별들을 합친 것보다 훨씬 더 큰 것으로 드러나서 은하단 대부분의 바리온은 별이 아닌 뜨거운 바리온 기체의 형태로 존재함을 알 수 있다. 푸른색으로 나타낸 것은 두 은하단에 속한 암흑 물질의 분포를 나타낸 것이다. 암흑 물질의 분포는 두 은하단 뒤편의 배경이 되는 은하들에 대해 두 은하단에 의한 중력 렌즈 효과를 관찰함으로써 추정이 가능하다. 두 은하단에서 암흑 물질의 분포는 은하들의 분포와 일치하는데, 은하들이 중력에 의해 암흑 물질에 종속되어 있음을 알 수 있다. 반면 뜨거운 바리온 기체는 이온화되어 있어 강한 전자기 상호 작용의 의해 결합되기 때문에 두 은하단이 충돌 후 멀어져 감에도 두 은하단이 질량 중심의 움직임을 바로 따라가지 못해 지체되는 것이다. 이렇게 은하단의 충돌 과정에서 은하들의 분포와 바리온의 분포가 일치하지 않는 것을 물질의 대부분을 차지하는 암흑 물질의 존재로 설명할 수 있고, 역으로 은하단 거리 척도에서 암흑 물질이 존재한다는 증거가 된다.

암흑 물질의 정체

여러 거리 척도에서 암흑 물질의 존재가 확인되고 있음을 살펴보았다. 그렇다면 암흑 물질의 정체는 무엇일까? 현재까지는 중력 효과를 통해서만 그 존재를 드러냈기 때문에, 암흑 물질의 정체를 밝히는 데는 입자물리학의 지식을 기반으로 직접적인 또는 간접적인 검출이 필요하다.

먼저 빅뱅 이론 내에서 암흑 물질이 가져야 할 성질은 어떤 것들이 있는지 살펴보자. 가장 중요한 조건은 강한 상호 작용과 전자기 상호 작용을 하지 않으면서, 거대 구조 형성이 시작되는 시기 전에 압력이 없는 물질로서 필요한 양만큼 존재해야 한다는 것이다. 만약 암흑 물질이 초기 우주에서 만들어졌다고 가정했을 때 거대 구조가 형성되는 시기까지 남아 있으려면 암흑 물질을 이루는 입자들은 안정된(수명이 우주의 나이보다 긴) 입자여야 한다. 다음으로 필요한 양만큼 생산되어야 하는데, 이는 이 입자들이 어떤 상호 작용과 어떤 과정을 거쳐서 남게 되는가에 달려 있다.

가장 유력한 시나리오는 표준 모형의 입자들과 약한 상호 작용을 통해 열평형을 유지하다가, 우주가 식으면서 열탕으로부터 분리되어 남는 것이다. 질량이 크고 약한 상호 작용을 하는 입자로 이 설명이 가능한데, 이런 입자를 WIMP(Weakly Interacting Massive Particle)라 부른다. 불행히도 현재의 입자물리 표준 모형에는 질량이 크고 약한 상호 작용을 하면서 안정된 입자가 없다. 힉스 입자나 약한 보손은 충분히 무겁고 약한 상호 작용만 하지만 안정성이 없다. 따라서 암흑 물질을 설명하기 위해서는 표준 모형의 확장이 불가피하다. 표준 모형을 확장한 모형 중에서 암흑 물질 후보가 있는 대표적인 모형이 초대칭 표준 모형이다(5장 '더 작은 세계' 참조). 초대칭 표준 모형에는 바리온 수 보존을 유지하기 위해서 R 반전성이라는 이산 대칭성을 부과한다. 이 대칭성에 의해 가장 가벼운 초대칭 입자(Lightest Supersymmetric Particle: LSP)

는 붕괴할 수 없고 안정성을 가진다. 초대칭 표준 모형은 아직 실험으로 확인된 내용이 없어서 가장 가벼운 초대칭 입자가 어떤 입자가 될지 정해지지는 않았지만, 가장 가능성이 큰 입자는 뉴트랄리노neutralino다. 뉴트랄리노는 힉스와 약한 보손의 초대칭 입자가 섞여 있는 입자로 암흑 물질 입자의 성질을 모두 갖추어 많이 연구가 되었다. 현재 LHC 실험에서 초대칭 입자를 찾으려는 노력이 계속되고 있으므로 그 결과를 기다려 볼 일이다.

표준 모형을 확장해서 얻을 수 있는 다른 WIMP로는 무거운 중성미자를 들 수 있다. 그렇지만 무거운 중성미자는 가속기 실험을 통해 이미 제외가 되었다. 한편, 중성미자 진동 현상이 확인되면서 표준 모형의 중성미자도 질량을 가지는 것으로 드러났다. 중성미자가 작은 질량을 가지면 암흑 물질의 역할을 할 수 있는데, 이들의 질량은 수eV 정도로 작아서 구조 형성 시기에도 어느 정도의 압력을 가지므로 뜨거운 암흑 물질로 불렸다. 그러나 1990년대 구조 형성에 대한 자세한 연구와 관측이 이루어지면서 뜨거운 암흑 물질은 관측 결과와 맞지 않는 것으로 드러났고 역시 제외되었다.

표준 모형을 확장한 모형이 주는 색다른 암흑 물질의 후보로 액시온이 있다(5장 '더 작은 세계' 참조). 표준 모형이 가진 강한 *CP* 문제를 해결하는 방법으로 페차이-퀸 대칭성을 쓸 수 있는데, 액시온은 이 페차이-퀸 대칭성이 자발적으로 깨지면서 나타나는 골드스톤 보손이다. 액시온은 양자 색소역학의 비섭동 효과에 의해 퍼텐셜이 생기는데, 액시온은 이 퍼텐셜로부터 아주 작은 질량을 얻게 된다. 초기 우주에서는 이 질량이 무시될 수 있어서 액시온장의 기대치는 어떤 값도 가질 수 있다. 우주의 팽창에 따라 액시온장도 일반적인 스칼라장과 같은 방식으로 진화한다. 전 우주에서 균일한 값을 가진 스칼라장의 진화는 두 단계로 나눠지는데('스칼라장의 우주 동역학' 참조), 처음에는 허블 매개 변수의 값이 스칼라장의 질량보다 커서 팽창에

스칼라장의 우주 동역학

스칼라장은 그 동역학을 다루기가 쉬워서 우주론에서 여러 제안의 가능성을 살펴보는 데 많이 활용되고 있다. 예를 들어 스칼라장이 암흑 물질이나 암흑 에너지의 역할을 할 수 있다면, 어떤 경우에 이렇게 될 수 있는지 살펴보기 위해 하나의 스칼라장($\phi(x^\mu)$)을 고려해 보자. 스칼라장은 퍼텐셜 $V(\phi)$를 가지고 있어서, 라그랑지안은 $\mathcal{L}=(1/2)\partial_\mu\phi\partial^\mu\phi-V(\phi)$이고, 스트레스-에너지 텐서는 $T_{\mu\nu}=\partial_\mu\phi\partial_\nu\phi-g_{\mu\nu}\mathcal{L}$이 된다. 이제 균일 등방인 우주에 맞추기 위해서 스칼라장은 전 공간에서 균일한 값을 가지고 있고, 그 값은 우주 시간 t만의 함수($\phi(t)$)라 가정하자. 스칼라장이 시간만의 함수일 때 스트레스-에너지 텐서는 다음과 같이 주어진다.

$$\rho=T_{00}=\frac{1}{2}\dot{\phi}^2+V(\phi);\ p=\frac{1}{3}T_{ii}=\frac{1}{2}\dot{\phi}^2-V(\phi)$$

FLRW 시공간에서 스칼라장의 동역학방정식은 다음과 같이 주어진다.

$$\ddot{\phi}(t)+3H(t)\dot{\phi}(t)+V'(\phi(t))=0$$

스칼라장 $\phi(t)$의 시간 진화에 따라 운동 에너지 $\dot{\phi}^2/2$와 퍼텐셜 에너지 $V(\phi)$의 상대적인 크기가 바뀌면서 다양한 상태가 나타날 수 있는데, 여기서는 두 가지 중요한 경우만 살펴본다.

(1) 완만한 퍼텐셜 $V(\phi)$에서 스칼라장 $\phi(t)$가 천천히 변하는 경우 퍼텐셜 에너지가 운동 에너지를 압도해서($\dot{\phi}^2/2\ll V(\phi)$) 진공 에너지와 같은 상태방정식 $p\approx-\rho$를 가지게 된다. 진공 에너지는 스칼라장이 퍼텐셜의 최소점에서 멈춰 있는 경우에 해당한다. (최소점 ϕ_m에서 $V'(\phi_m)=0$이므로 $\phi(t)=\phi_m$이 방정식의 해가 되고, 이 경우 $\dot{\phi}(t)=0$이다.)

(2) 스칼라장이 퍼텐셜의 최소점 근처에서 진화하는 경우(예를 들어 $\phi=0$이 최소점이라 하자), 퍼텐셜은 $V(\phi)\approx V_0+m^2\phi^2/2$로 근사할 수 있고, 상수 V_0는 진

공 에너지 밀도가 되고 상수 m은 스칼라 입자의 질량이 된다. 진공 에너지 밀도가 0인 ($V_0=0$) 상황에서 질량의 크기가 허블 파라미터보다 크면($m \gg H$), 스칼라장은 최소점을 중심으로 빠르게 진동하고 팽창에 의해($3H\dot{\phi}$항이 감쇠를 준다) 그 진폭은 조금씩 감소한다. 빠른 진동 운동에서는 운동 에너지와 퍼텐셜 에너지의 시간 평균이 거의 같아져서($\langle\dot{\phi}^2\rangle \approx \langle m^2\phi^2\rangle$) 압력이 거의 없는 물질과 같은 상태($p\approx 0$)가 된다.

의한 감쇠 효과에 의해 스칼라장은 초기에 정해진 값에서 고정되어 있게 된다. 점차 허블 매개 변수의 값이 줄어들다가 스칼라장의 질량보다 더 작아지면, 질량의 영향에 의해 스칼라장은 퍼텐셜의 최소점을 중심으로 진동하게 된다. 팽창하는 우주에서 균일한 스칼라장의 빠른 진동은 압력이 없는 물질과 같은 성질을 가지며, 운동량이 0인 스칼라 입자가 균일하게 분포한 것으로 볼 수 있다. 이 스칼라 입자가 안정적이어서 더 가벼운 입자로 붕괴하지 않으면 암흑 물질의 역할을 하게 된다. 이렇게 남는 스칼라 입자의 에너지 밀도는 질량과 스칼라장의 초기값에 의해 정해진다. 따라서 초기값이 어떻게 결정되는가가 중요한데, 대개 급팽창 과정에서(7장 '급팽창' 참조) 급팽창장과의 상호 작용에 의해 정해지는 것으로 가정한다. 급팽창이 일어나는 동안 급팽창장이 큰 값을 가지는데, 결합된 스칼라장의 퍼텐셜도 그 영향을 받아서 최솟값의 위치가 바뀌게 되고, 스칼라장은 바뀐 최솟값으로 흘러간다. 이 값이 급팽창이 끝난 후 스칼라장의 초기값이 되는 것이다. 대부분의 무거운 스칼라는 안정될 경우 남은 입자들의 밀도가 임계 밀도보다 훨씬 더 크고, 붕괴할 경우 붕괴하면서 많은 복사를 만들고, 그런 입자의 존재는 우주론에서 문제가 된다. 반면 액시온의 경우 질량이 매우 작아서 안정적이고, 액시온 붕괴 상수의 값에 따라 임계 밀도를 맞출 수 있어서 암흑 물질의 후보가 된다.

가장 가벼운 초대칭 입자, 액시온 이외에도 암흑 물질의 존재를 설명하는 수많은 모형들과 후보 입자들이 제시되었다. 액시온의 초대칭 입자인 액시노, 중력자의 초대칭 입자인 그래이비티노, 가장 가벼운 칼루자-클라인 입자 등이 대표적인 예다. 이 후보 입자들 중에서 어느 것이 진짜 암흑 물질이 될지는 이론만으로는 해결되지 않고, 암흑 물질 입자를 직접 검출해서 확인을 해야 한다. 암흑 물질 입자를 직접 검출하는 것은 이 입자들이 강한 상호 작용과 전자기 상호 작용을 하지 않기 때문에 기술적으로 매우 어렵다. 그렇지만 많은 난관을 뚫고 암흑 물질 입자를 찾는 실험들이 현재 여러 곳에서 진행되고 있다. 암흑 물질 입자의 검출은 입자를 직접 검출하는 직접 검출direct detection과 이 입자들의 상호 작용으로 만들어지는 2차 입자를 검출하는 간접 검출indirect detection로 구분해서 생각할 수 있다.

직접 검출은 지구를 지나는 암흑 물질 입자를 직접 검출하는 것이다. 우리 은하에도 많은 양의 암흑 물질이 있고, 수많은 암흑 물질 입자들이 지금도 지구를 스쳐 지나고 있을 것이다. 이들은 약한 상호 작용만 하므로 대부분 그냥 지나가 버리는데, 정밀한 검출기를 써서 이 입자들을 검출해 내는 것이다. 예를 들어 WIMP 입자의 경우, 이 입자가 정지한 원자핵과 충돌하면 원자핵이 운동 에너지를 얻는데, 이때 발생하는 열, 진동, 빛 또는 전기 신호를 검출해서 확인할 수 있다. 그렇지만 충돌 자체가 아주 드물게 일어나고, 미세한 신호이기에 잡음과 배경 사건들을 제거하는 것이 어렵다. 액시온의 경우에는 강한 자기장에서 액시온이 빛(마이크로파)으로 전환될 수 있다는 것을 이용해 검출할 수 있다. 이 실험은 강력한 자기장과 정밀한 마이크로파의 검출 기술이 필요하다. 현재 전 세계적으로 여러 팀에서 직접

검출 실험이 진행 중이며 한국에도 두 팀이 실험 진행 중이다.●

간접 검출은 주로 암흑 물질 입자들이 쌍소멸하면서 나오는 빛(γ선)을 검출해서 암흑 물질의 존재를 확인하는 것이다. 은하의 중심에는 암흑 물질들의 밀도가 지구 근처보다 훨씬 커서, 암흑 물질 입자들이 서로 충돌하여 쌍소멸할 가능성이 커진다. 최근에는 인공위성에 탑재된 γ선 망원경들이 여럿 운용되면서 우리 은하의 중심부나 가까운 외부 은하의 중심부에서 나오는 γ선들을 정밀 조사하여 암흑 물질의 신호를 찾으려는 시도가 이루어지고 있다. 몇 차례 가능성을 보여 주는 긍정적인 보고가 있었지만, 암흑 물질에 의한 신호인지는 아직 확실치 않은 상황이다.

마지막으로 암흑 물질 문제에 대해 전혀 다른 접근 방법도 생각해 볼 수 있다. 우주는 시공간과 물질의 동역학이고, 우리에겐 언제나 시공간과 물질, 두 선택지가 있다. 암흑 물질 문제를 물질의 문제가 아니라, 시공간의 문제로 볼 수도 있는 것이다. 이 관점에서 암흑 물질 문제를 해결하려는 대표적인 시도로 변형된 뉴턴 동역학(modified newtonian dynamics: MOND)을 들 수 있다. MOND의 원래 동기는 암흑 물질의 도입 없이 은하의 회전 곡선을 설명하는 것으로, 뉴턴 중력을 은하 거리 척도 정도에서는 거리제곱에 반비례하는 것이 아니라 거리에 반비례하는 것으로 바꾸는 것이다. MOND는 은하의 회전 곡선을 잘 설명하고, 나름의 장점도 있었다. 하지만 은하단 거리 척도에서 암흑 물질의 새로운 증거인 총알 은하단이 발견되고, MOND는 이 현상을 설명하기 어렵다는 비판을 받고 있다.

● 국제 공동 연구로 LUX(Large Underground Xenon experiment), EURECA(European Underground Rare Event Calorimeter Array) 등의 실험이 진행되고 있으며, 한국에서는 KIMS(Korea Invisible Mass Search), CULTASK(CAPP Ultra-Low-Temperature Axion Search in Korea) 실험이 진행 중이다.

4. 암흑 에너지

초신성 Ia형을 표준 촛불로 사용해서 먼 거리(~과거)까지 우주의 팽창을 추적해 본 결과, 현재 우리 우주의 팽창은 가속되고 있는 것으로 드러났다(2장 '우주의 모습' 참조). 일반 상대성에서는 복사와 물질만 있는 경우 감속 팽창을 하기 때문에, 현재의 가속 팽창을 설명하기 위해서는 음의 압력을($p<-\rho/3$) 갖는 물질이 필요하다. 현재 우주를 지배하며 가속 팽창을 일으키는 이 미지의 물질을 암흑 에너지라 한다. 가속 팽창과 우주 배경 복사의 비등방성 관측 결과는 암흑 에너지가 진공 에너지(상태방정식 $p=-\rho$)와 비슷한 상태방정식을 가지며 우주 에너지 밀도의 70% 정도($\Omega_\Lambda \approx 0.7$)를 차지하고 있음을 보여 준다. 암흑 에너지의 존재는 우주론을 연구하는 사람들에게 상당한 충격이었다. 주변에서 이런 물질을 경험하지 못했을뿐더러, 우주론에서도 음의 압력을 가진 물질을 고려하게 되리라고 전에는 예상을 못했기 때문이다.

암흑 에너지가 갖춰야 할 중요한 조건은 충분히 큰 (에너지 밀도 크기에 필적하는) 음의 압력을 갖는 것이다. 그런데 압력이 음수라는 것은 무엇을 의미하는 것일까? 압력을 이해하는 한 가지 방법은 열역학 제1 법칙($dE=dQ-pdV$, 6장 '열역학 법칙' 참조)을 보는 것인데 열의 출입이 없다면($dQ=0$) 압력은 $p=-dE/dV$, 즉 부피가 바뀔 때 계의 내부 에너지가 변하는 비율을 나타낸다. 보통의 물질들은 압력이 양수인데, 이것은 계의 부피가 늘어나면 계는 외부에 일을 하게 되므로 내부 에너지는 줄어든다는 것이다. 음의 압력이란 부피가 늘어나면 계의 에너지가 늘어난다는 것을 말한다. 어떤 물질이 이게 가능할까? 먼저 암흑 에너지 후보의 대표 격인 진공 에너지를 살펴보자. 진공 에너지는 공간 어디에나 깔려 있는 에너지 밀도(ρ_{vac})이므로 계의 부피가 늘어나면 부피(V)에 비례해 $E=\rho_{\text{vac}}V$로 에너지가 늘어난다. 진공 에너지는

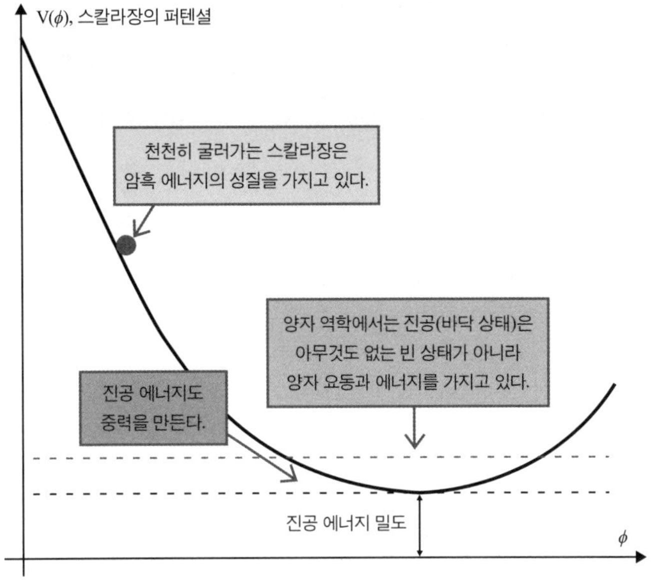

그림 133 암흑 에너지를 보는 여러 관점.

모든 공간에 배경처럼 깔려 있는 에너지 밀도이므로 부피를 늘리면 공짜로 에너지를 얻게 되는 것이다. 따라서 압력은 $p = dE/dV = -\rho_{vac}$가 되어 음수가 된다. 진공 에너지와 비슷한 상태방정식을 가지는 물질을 스칼라장으로 구현할 수 있다. 전 공간에서 균일한 값을 가진 스칼라장이 완만한 퍼텐셜에서 천천히 굴러가는 경우에도 상태방정식이 $p \approx -\rho$로 주어지고, 스칼라장이 암흑 에너지의 역할을 할 수 있다('스칼라장의 우주 동역학' 참조).

여러 정황 증거로 볼 때 암흑 에너지는 진공 에너지일 가능성이 크기 때문에, 먼저 암흑 에너지의 후보로 진공 에너지를 살펴보자. 1917년 아인슈타인은 일반 상대성에서 정적인 우주를 얻기 위해 우주 상수를 도입했는데, 1968년 젤도비치는 우주 상수가 진공 에너지 밀도와 동등한 것임을 보이고 이와 관련된 우주 상수 문제를 제기했다. 진공 에너지는 아인슈타인 방정식의 오른쪽에 있는 스트레스-에너지 텐서에 포함되는데, 진공 에너지가 주는 스트레스-에너지 텐서는 진공 에너지 밀도를 ρ_{vac}이라 했을 때 $T^{\text{vac}}_{\mu\nu}=\rho_{\text{vac}}g_{\mu\nu}$가 된다. 그런데 이 형태는 아인슈타인이 도입했던 우주 상수항($\Lambda g_{\mu\nu}$, $\Lambda=\rho_{\text{vac}}/3M_P^2$)과 같은 형태여서 우주 상수항의 효과와 진공 에너지의 효과를 구별할 수 없다. 우주의 가속 팽창이 진공 에너지에 의한 것이라 가정하면, 관측($\Omega_\Lambda\approx0.7$)으로부터 결정되는 진공 에너지 밀도의 크기는 $\rho_{\text{vac}}\approx(10^{-3}\text{eV})^4$이다. 이 진공 에너지 밀도의 크기를 물리 법칙으로 설명할 수 있을까?

먼저 진공 에너지를 알려진 이론들로부터 예측할 수 있는지 살펴보자. 우리가 우주론을 다룰 때 적용했듯이 시공간과 물질을 분리해서 다룬다면, 시공간은 일반 상대성을 써서 고전적으로 취급하고 물질은 양자장론을 써서 양자 역학적으로 취급해 진공 에너지의 크기를 계산할 수 있다. 양자장론에서는 진공 상태의 에너지 밀도를 (섭동론이 적용 가능하다면) 섭동론으로 계산할 수 있는데, 고전적인 진공 에너지 밀도(라그랑지안에 나타나는 상수 V_0)에 대한 양자 역학 효과에 의한 보정은 각 운동량 모드들이 주는 0점 에너지의 합으로 주어진다(5장 '진공 상태' 참조). 물론 이것을 단순히 계산하면 무한대가 되기 때문에, 진공 에너지 밀도(V_0)의 값은 독립적인 입력 매개 변수로서 재규격화를 하여야 한다.

양자장론에 대한 현대적 관점인 유효장론의 입장에서는 모든 양자장 이론은 특정 에너지보다 작은 에너지에서만 유효한데, 그 특정 에너지를 그 양자장 이론의 차단 에너지cutoff energy라 한다. 차단 에너지가 E_C인 양자장론에서 재규격화된 진공 에너지 밀도는 일반적으로 $V_{\text{ren}}=V_0+\text{상수}\times E_C^4$의 형태로 주어진다. 고전적인 진공 에너지 밀도(V_0)를 작게 잡더라도 E_C^4 크기의 양자 역학적 보정이 생겨서 일반적으로 재규격화된 진공 에너지 밀도(V_{ren})의 크기는 E_C^4 정도 되는 것이 자연스러운 결과라는 것이다. 그런데 자연에는 많은 입자들이 존재하고, 이 입자들을 기술하는 장들이 있어서 이들 모두 진공 에너지에 기여할 것이다. 한 가지 흥미로운 사실은 보손과 페르미온이 주는 양자 역학적 보정은, 크기는 같지만 보손은 양수로 페르미온은 음수로 서로 상쇄될 수도 있다는 것이다. 그렇지만 일반적으로 보손 입자의 수와 페르미온 입자의 수가 다르기 때문에 재규격화된 진공 에너지 밀도의 크기는 E_C^4 정도가 된다.

입자물리 표준 모형은 겉보기로만 보면 재규격화가 가능한 이론으로 차단 에너지가 무한대다. 그렇지만 이는 중력을 고려하지 않았기 때문이고, 중력을 포함한다면 자연스러운 차단 에너지는 플랑크 에너지($M_P \sim 10^{28}$eV)로 예상된다. 따라서 자연스러운 진공 에너지 밀도의 크기는 $V_{\text{ren}} \sim M_P^4$로 예측된다. 그런데 이 예측값은 현재 관측값의 10^{120}배다! 관측된 진공 에너지 밀도의 값이 이론적으로 예측되는 값과 비교해 터무니없이 작은 이유는 무엇일까?● 이 물리학 최대의 미세 조정 문제를 우주 상수 문제라 한다.

우주 상수 문제를 미세 조정 문제로 본다면, 진공 에너지와 관련된 대칭성을 이용해서 문제를 해결해 볼 수 있을 것이다. 그런데 진공 에너지를 0으로 놓아도 새로 나타나는 대칭성이 없는 것으로 보인다. 다만 반대로 우주 상수를 0으로 만들 수 있는 대칭성을 찾을 수 있는데, 바로 초대칭성이다. 앞에서 진공 에너지 밀도에 대한 양자 역학적 보정은 보손과 페르미온의 기여가 서로 반대 부호를 가져서 상쇄될 수 있음을 말했다. 초대칭성은

● 물론 원칙적으로 V_0와 상수$\times E_C^4$가 10^{-120}의 정밀도로 서로 상쇄돼서 그런 값이 되었다고 주장할 수는 있다.

보손과 페르미온을 연결하는 대칭성으로, 초대칭성이 있는 모형들은 같은 질량을 갖는 보손 입자와 페르미온 입자가 서로 초대칭 짝으로 있어서 양자 역학적 보정이 상쇄되어 0이 된다. 따라서 진공 에너지 밀도를 미세 조정 없이 작은 값으로 맞출 수 있다. 문제는 자연에서 초대칭성이 관찰되지 않고 있다는 것이다. 예를 들어 전자와 같은 질량과 전하를 가진 스칼라 입자는 발견된 적이 없다. 사실 초대칭성은 게이지 계층성 문제를 해결하는 것이 주요한 동기였고(5장 '더 작은 세계' 참조), 초대칭성의 부드러운 깨짐이 일어나서 스칼라 입자들이 초대칭성 깨짐 에너지 척도($M_s \sim 1\text{TeV}$) 정도의 질량을 가지도록 되어 있다. 초대칭성 깨짐이 일어나면 진공 에너지에 대한 양자 역학적 보정은 완전하게 상쇄되지 않아서 0이 아니라 초대칭성 깨짐 에너지 척도 네제곱($V_{\text{ren}} \sim M_s^4$) 정도가 된다. 초대칭성 깨짐 에너지 척도가 플랑크 에너지보다 훨씬 작아서 진공 에너지 밀도에 대한 예측값과 관측값 사이의 격차가 크게 줄어들기는 하지만 여전히 매우 큰 값이어서 우주 상수 문제가 해결되지는 않는다.

우주 상수 문제에 대한 다른 시각에는 중력에 대한 양자 역학적 효과를 배제하고 진공 에너지에 대한 논의가 가능한가에 대한 의문이 있다. 사실 진공 에너지의 존재는 물질들의 동역학을 통해서는 드러나지 않고, 중력 효과를 통해서만 알 수 있다. 앞에서 우주 상수와 진공 에너지의 효과를 구별할 수 없다는 것을 보았는데, 이는 우주 상수 문제가 물질의 문제인지 중력의 문제인지 그 구분이 명확하지 않을 수 있음을 말해 준다.• 따라서 우주 상수 문제는 문제 자체가 제대로 다듬어지지 않은 상태이므로 물질과 시

• 예를 들어 시공간의 양자 요동인 중력자의 0점 에너지도 진공 에너지에 영향을 미칠 것이라 예상된다.

공간을 모두 양자 역학적으로 다룬 근본 이론을 통해서 다시 제기되어야 한다고 본다.

현재 제시되어 있는 양자 중력 이론들인 초끈 이론이나 고리 양자 중력에서도 진공 에너지 문제에 대한 뚜렷한 답은 제시되어 있지 않다. 초끈 이론의 경우, 현재 알려진 바로는, 가능한 진공 상태가 유일한 것이 아니라 엄청나게 많고, 각 진공 상태마다 진공 에너지가 다른데, 그중에 어떤 진공 상태가 우리 우주의 진공 상태인지 밝혀지지 않아서 예측이란 것을 할 수가 없다. 대신 다양한 진공 상태의 존재는 우주 상수 문제에 대해 완전히 다른 접근을 가능하게 하는데, 다중 우주와 인류 원리를 통해 우주 상수의 크기를 설명하는 것이다. 이에 대한 논의는 이 장 '우주의 시작과 끝'에서 살펴보겠다.

암흑 에너지에 관한 현재의 관측 결과들을 보면 진공 에너지로 대부분 설명이 잘 되지만, 그렇다고 진공 에너지 이외의 다른 가능성을 배제할 필요는 없다. 앞에서 진공 에너지와 비슷한 상태방정식을 가지는 물질을 스칼라장으로 구현할 수 있다고 말했는데('스칼라장의 우주 동역학' 참조), 이 스칼라장의 동역학을 통해 구현한 암흑 에너지를 고대 철학의 정신을 되살려서 제5 원소quintessense라 부르고 있다. 제5 원소가 진공 에너지와 다른 점은 진공 에너지는 상수인 반면 제5 원소는 동역학을 가져서 시간에 따라 변화할 수 있다는 것이다.

우주 상수 문제를 보는 시각에는 단순히 '상수의 크기가 (물질 법칙들이 예측하는 값보다) 왜 작은가'보다, '왜 그 크기가 현재에 와서 물질의 에너지 밀도와 비슷해졌는가'가 있다. 뒤의 의문에 더 강조점을 둔다면 우주 상수 문제는 두 개의 독립된 문제로 나눌 수 있다. 첫 번째 문제는 "우주 상수는 왜 0인가?"이고 두 번째 문제는 "왜 최근에 물질과 암흑 에너지의 에너지 밀도

땅의 법칙과 하늘의 법칙

고대 철학자 아리스토텔레스는 땅의 법칙과 하늘의 법칙이 다를 것이라고 보았다. 이 생각은 중세를 지나 근대까지 이어졌다. 그렇지만 뉴턴은 중력 법칙과 운동 법칙으로 하늘의 행성 운동을 설명했고, 같은 법칙이 땅에서도 적용된다는 것을 증명했다. 땅의 법칙과 하늘의 법칙이 다르지 않다는 것을 보인 것이다. 최근 암흑 물질과 암흑 에너지의 존재는 이 믿음에 새로운 돌을 던지는 것 같다. 땅을 지구(별까지 포함해서), 즉 밀집된 물질의 세상으로 보고, 하늘을 우주, 즉 평균 밀도를 가진 세상으로 보면 땅과 하늘은 다른 물질 구성을 가지고 있고 다른 법칙의 지배를 받는 것 같다. 물론 현대 과학 입장에서 땅과 하늘의 법칙을 구분하는 것은 모두를 아우르는 근본 법칙의 취지에 맞지 않다. 그렇지만 다르게 보이는 것도 사실이므로, 그 의미를 생각해 볼 만하다. 사실 이는 법칙의 문제라기보다는 환경의 문제다. 생명체는 물질이 충분히 밀집된 곳에서만 탄생할 수 있고, 밀집될 수 있는 물질이 모여서 '땅'이 된 것이다. '땅'과 '하늘'의 구별은 물리 법칙 이전에 있는 것이 아니라, 물리 법칙의 결과인 것이다.

가 비슷해졌는가?"다. 앞의 의문은 원래의 우주 상수 문제와 거의 같은 것이고, 뒤의 의문은 우주 우연 일치 문제cosmic coincidence problem라 한다. 암흑 에너지가 진공 에너지가 아니라 천천히 굴러가는 스칼라장에 의해 발생하는 제5 원소 같은 것이라면, 그 동역학을 통해 두 번째 문제를 풀 가능성이 있다. 실제로 스칼라장을 물질의 에너지 밀도에 결합시켜 초기에는 스칼라장의 에너지 밀도가 물질의 에너지 밀도를 따라가다가, 후기에는 독립해서 암흑 에너지처럼 행동하는 '추적하는 제5 원소 모형'을 만들 수 있다. 이런 모형에서는 우주 우연 일치 문제를 설명할 수 있다. 물론 이론 모형이 원래의 우주 상수 문제를 해결하는 것은 아니어서, 첫 번째 의문은 그대로 남게 된다.

암흑 에너지의 존재 없이 우주의 가속 팽창을 설명할 수 있는 방법이 있을까? 우주의 방정식(아인슈타인 방정식)은 '시공간의 기하=물질'로 주어진다. 다른 선택을 할 수 있는 여지는 오른쪽의 물질 부분 대신, 왼쪽의 시공간 기하를 바꿔 보는 것이다. 즉 일반 상대성 자체를 고치는 것인데, 중력의 작용 방식뿐만 아니라 시공간 구조 자체도 바꿀 수 있는 대상이 된다. 여분 차원을 도입하는 것이 좋은 예다. 일반 상대성이 현재까지 모든 중력과 관련된 실험을 다 잘 설명한다고 하지만, 그것은 어디까지나 실험실 크기에서 태양계 크기 사이에서 한 실험들이다. 그보다 훨씬 작거나 더 큰 거리에서도 맞다는 보장은 없는 것이다. 1990년대에 표준 모형이 가진 게이지 계층성 문제의 해법으로 작은 거리에서의 중력의 성질을 바꾸는 모형들이 제시되었다(5장 '더 작은 세계' 참조). 또한 은하의 회전 곡선이나 은하단의 운동에서 나타나는 암흑 물질의 존재를 대치하기 위해 이 거리 척도에서 중력을 고쳐 보자는 제안이 이전에도 있었다.

거리 척도에 따라서 중력의 성질이 자연스럽게 달라지는 현상은 작은 크기의 여분 차원이 있을 때 가능하다. 예를 들어 우리의 공간이 우리가 알고 있는 3차원에 길이가 l_4로 작은 차원을 하나 더해 4차원이라고 해 보자. 그리고 (뉴턴) 중력 법칙은 여전히 포아송 방정식($\nabla^2\phi=4\pi\rho$)으로 주어진다고 하자. 물체 사이의 거리가 l_4보다 훨씬 큰 경우에 여분 차원의 영향은 미미해서 두 물체 사이의 중력 퍼텐셜은 여전히 $1/r$로 주어진다. 그런데 물체 사이 거리가 l_4보다 작아지면 이제는 여분 차원도 다른 3차원과 동등해져서 중력 퍼텐셜은 $1/r^2$을 따르게 된다. 거리 r이 l_4보다 클 때와 작을 때의 중력의 성질이 바뀌는 것이다. 그런데 우주의 거리 스케일에서는 중력이 일반 상대성과는 달라져서 우주의 가속 팽창을 설명하려면 앞의 경우와 반대가 되어야 하는데, 아직까지 자연스럽게 하는 방법은 알려지지 않았다. 물론 이렇게 중력을 변형하는 것은 쉽지 않긴 하지만 아주 불가능한 것도 아니다. 실제로 이런 변형이 가능한 5차원 막세계 모형도 제안이 되었다. 다만 이 모형은 다른 문제점들을 안고 있어서 진지하게 받아들여지지는 못했다.

5. 급팽창

현재의 관측 사실들로부터 알아낸 빅뱅 우주의 시작 상태는 (최소한 현재 볼 수 있는 범위의) 우주에 걸쳐 고온의 복사가 매우 균일 등방하게 분포했다는 것이다. 지평선 문제에서 밝혔듯이(7장 '빅뱅 우주의 문제점' 참조), 이 시작 상태는 빅뱅 우주 자체의 인과관계 관점에서 보면 자연스러운 상태가 아니다. 인과관계로 연결될 수 없는 넓은 범위가 어떻게 모두 같은 상태로 맞춰져서 팽창할 수 있었을까? 빅뱅 우주가 이런 지평선 문제를 갖게 되는 근본적인 원인으로는 우주의 시작이 있다는 것과 복사와 물질이 지배하는 동안은 축척 인자의 팽창이 빛의 진행보다는 느려서 동행 지평선, 즉 우리가 볼 수 있는 공간 범위가 시간이 가면서 계속 커진다는 것이 있다. 따라서 복사와 물질이 지배하는 시대가 우주의 시작부터 지금까지 계속 이어져 왔다면, 현재 관찰되는 우주의 균일 등방성을 동역학적으로 설명하기는 매우 어렵다. 그렇다면 복사 지배 시대 이전에 반대로 축척 인자의 팽창이 빛의 진행보다 더 빠르게 일어나는 시기가 있었다고 가정하면 어떻게 될까? 이 경우 우리가 볼 수 있는 우주의 범위는 점차 줄어들게 되고, 그 범위가 충분히 작아지면 매우 균일할 것이라고 기대할 수 있다. 즉 균일 등방성을 가진 매우 작은 공간 영역이 빠른 가속 팽창에 의해 엄청나게 커져서 현재 볼 수 있는 우주보다 더 커질 수 있고, 그 결과 현재의 우주 전체가 균일 등방일 수 있는 것이다. 이런 방식으로 균일 등방일 뿐만 아니라 매우 편평한 빅뱅 우주의 시작 상태가 만들어진다는 것이 급팽창inflation 이론이다.

급팽창이 빅뱅 우주가 가진 시작 상태 문제들을 해결할 수 있다는 것은 사실 조금 다른 동기로 인해 발견되었다. 1980년대 초까지 대통일 이론에 대한 연구가 집중적으로 이루어졌는데, 대통일 이론은 우주론과 연관해 한 가지 문제점이 알려졌다. 대통일 이론의 게이지군은 대개 단순 또는 반단순군으로, 대통일 척도에서 표준 모형의 게이지군을 남기고 나머지 대칭성은 자발적으로 깨지게 되는데, 이 경우 자기 홀극의 존재가 가능해진다. 맥스웰 방정식에는 전기장을 만드는 전하(전기 홀극)만 있고 자기장을 만드는 자기 홀극은 없는 것으로 되어 있다. 모든 자기 현상은 N극과 S극을 같이 가진 자기쌍극자(자석)에 의해 일어나고, N극과 S극이 분리될 수 없는데, 대통일 이론은 N극과 S극이 분리된 자기 홀극의 존재를 허용한다. 빅뱅 이후 우주의 진화 과정에서 대통일 척도 근처의 온도에서 대통일 상전이•가 일어나고, 이 과정에서 대략 당시의 지평선 부피마다 하나씩 자기 홀극들이 생성된다. 생성된 자기 홀극은 큰 질량을 가지기 때문에 물질과 같이 에너지 밀도가 축척 인자 세제곱 분의 1(a^{-3})로 줄어들고, 현재까지 살아남게 되면 그들의 에너지 밀도가 임계 밀도보다 훨씬 커지게 되어서 관측과 맞지 않게 된다. 1979년 구스가 급팽창의 존재를 제안했던 동기는 이 자기 홀극 문제를 해결해서 대통일 이론을 구제하려는 것이었다. 대통일 상전이 이후

• 게이지 대칭성의 자발적 깨짐이 일어나면서 대통일 이론 게이지 보손의 상당수가 질량을 얻고 게이지군이 표준 모형 게이지군으로 줄어드는 과정이다.

에 (그렇지만 전자기약 상전이보다는 이전에) 급팽창이 일어나서 자기 홀극의 밀도가 아주 작아지고, 급팽창이 멈춘 후 적당한 온도의 복사를 새로 생성함으로써 복사와 대비해 자기 홀극의 에너지 밀도를 상대적으로 확 낮추어 복사 지배 시대로 다시 돌아오는 것이다. 그런데 그는 이 과정이 빅뱅 우주의 더 심각한 문제인 편평성 문제와 지평선 문제도 해결한다는 것을 곧 알게 되었다.

급팽창은 빅뱅 우주의 문제들을 어떻게 해결하는가

급팽창이란 우주 초기 짧은 기간에 엄청나게 큰 가속 팽창이 일어나 우주가 10^{26}배 이상 커지는 것을 말한다. 이 가속 팽창은 진공 에너지와 같이 음의 압력을 가진 물질에 의해서 일어난다. (현재의 우주도 가속 팽창하고 있지만, 현재의 가속 팽창과 급팽창의 가속 팽창은 가속도의 크기, 즉 가속 팽창을 일으키는 진공 에너지 밀도의 척도에서 엄청난 차이가 있다.) 급팽창에 의해 빅뱅 우주의 여러 문제들이 어떻게 해결될 수 있는지 차례로 살펴보도록 하자.

우선 급팽창은 자기 홀극 문제를 해결한다. 지금은 대통일 이론의 열기가 식어서 자기 홀극 문제는 심각한 이슈로 취급되지는 않지만, 어쨌든 급팽창은 과거의 모든 흔적을 지워 버리는 우주의 청소 과정이라는 사실은 중요하다. 가속 팽창이 일어나는 동안 복사와 물질을 포함, 다른 물질들의 에너지 밀도는 진공 에너지에 비해 매우 빠르게 줄어들고 곧 진공 에너지가 우주를 지배하게 된다. 그리고 우주의 부피가 엄청나게 커지면서 우주의 온도가 거의 0도로 떨어질 뿐만 아니라, 급팽창 이전에 만들어져 있던 입자들의 밀도, 우주의 비균일성과 비등방성 등 모든 흔적들은 미미해지게 된다.

급팽창이 어떻게 편평성 문제를 해결하는지는 편평성 문제에서 설명했던 $(\Omega-1)$의 변화를 보면 쉽게 알 수 있다. 진공 에너지가 지배하는 동안 에너지 밀도는 일정하게 유지되므로 $(\Omega-1)$은 축척 인자의 제곱 분의 1로 줄어든다.

$$\Omega-1=\frac{K}{a^2H^2}=\frac{3KM_P^2}{\rho a^2}\propto a^{-2} \quad \text{진공 에너지 지배 시대}$$

따라서 급팽창에 의해 축척 인자 제곱이 $a^2>10^{60}/(\Omega_0-1)\approx 10^{62}$ 이상 커지면 엄청나게 편평한 빅뱅 우주의 초기 조건이 만들어지고, 현재까지 편평성을 유지할 수 있다. 급팽창이 우주를 편평하게 만든다는 것은 기하학적으로도 쉽게 이해할 수 있다. 진공 에너지가 지배하는 급팽창에서는 지평선의 크기(H^{-1})는 거의 일정하게 유지되는 반면 공간의 곡률 반지름은 $|\Omega-1|^{-1/2}$로 엄청나게 커진다. 풍선 위에 사는 개미가 있는데, 개미의 크기는 그대로인데 풍선의 반지름이 계속 커지면 개미 입장에서는 풍선이 점점 더 편평하게 되고, 엄청나게 커진다면 풍선을 그냥 평면이라고 생각하게 될 것이다. 급팽창을 구현하는 모형들 대부분에서 편평성 문제를 해결하는 데 필요한 정도보다 더 많은 팽창이 일어나서 현재의 Ω_0 값이 완벽하게 1임을 예측한다. 사실 급팽창 이론 초창기에는 Ω_0의 관측값이 1이 아니라고 알려져서, 이 예측은 급팽창 이론에 아주 불리하게 작용했다. 그러나 시간이 흐르면서 관측값이 1에 근접해 갔고, 급팽창 이론은 지지를 얻게 되었다. 유클리드가 2000년도 더 전에 발견한 평면 기하학은 (지구 표면의) 아주 작은 영역에서 유효한 공간의 특성인데, 온 우주에 다 적용된다는 게 놀랍지 않은가!

앞서 가속 팽창이 지평선 문제를 어떻게 풀 수 있는지 대략 살펴보았는데, 이제 급팽창의 역할을 정확히 알아보도록 하자. 현재 인과관계로 연결될 수 있는 우주의 범위를 나타내는 것이 동행 지평선인데(6장 '우주의 모습' 참조), 동행 지평선은 다음과 같이 우주의 시작 이후 축척 인자의 팽창에 따른 동행 허블 반지름의 누적 적분으로 쓸 수 있다.

$$\eta(a)=\int_0^t \frac{dt'}{a(t')}=\int_0^a \frac{dt'}{da'}\frac{da'}{a'}=\int_0^a \frac{da'}{a'}\frac{1}{a'H(a')}$$

오른쪽 맨 끝에 나타나는 허블 반지름을 축척 인자로 나눈 것($H(a)^{-1}/a$)이 동행 허블 반지름으로 우주가 한 번 팽창하는($da/a \sim 1$인, 즉 축척 인자가 $e^1 = 2.7182\cdots$배가 되는) 시간 동안 빛이 가는 동행 거리를 주며, 위의 관계식은 이를 각 팽창마다 누적한 것이 동행 지평선이란 것을 보여 준다. 빅뱅 우주가 지평선 문제를 가지게 되는 이유는 복사 지배나 물질 지배 시대 동안 동행 허블 반지름이 계속 커지기 때문에 위 누적 적분에서 최근의 기여분이 지배적이기 때문이다. 즉 동행 지평선이 현재의 동행 허블 반지름과 거의 같아서($\eta(a_0) \approx [a_0H(a_0)]^{-1}$), 현재 볼 수 있는 우주 전체는 최근에 인과관계로 연결되었다는 것이다. 만약 과거의 기여분이 지배적이어서 동행 지평선이 현재의 동행 허블 반지름보다 훨씬 크다면($\eta(a_0) \gg [a_0H(a_0)]^{-1}$) 현재의 한 팽창 동안 동행 지평선이 늘어나는 것은 미미하고 우리가 볼 수 있는 우주의 대부분은 이미 과거에 인과관계가 성립돼 있었기 때문에 지평선 문제가 해결된다.

그런데 앞에서 설명했듯이 복사 지배나 물질 지배 시대만 있다면 이렇게 될 수가 없고, 복사 지배 시대 이전에 동행 지평선이 현재의 동행 허블 반지름보다 엄청나게 커지는 시기가 있어야만 한다. 위의 동행 지평선에 대한 표현에서 이것을 실현하는 방법을 찾을 수 있는데, 축척 인자(a)가 0으로 갈 때 동행 허블 반지름($[aH(a)]^{-1}$)이 계속 커져서 이 기여분이 지배적으로 되는 것이다. 축척 인자를 우주 시간으로 바꿔 표현하면 이것은 $t=0$ 근처에서 시간이 흐르면서 동행 허블 반지름이 줄어들면 되는 것이고, 그러기 위해서는 축척 인자가 가속 팽창을 하면 된다.• 즉 복사 지배 시대 이전에 가속 팽창이 일어나는 시기가 있어서 우주가 충분히 팽창하면 지평선 문제가 해결되는 것이다.

그렇다면 현재 볼 수 있는 우주의 지평선 문제를 풀기 위해서 필요한 팽창의 양은 어느 정도일까? 급팽창에 의한 팽창의 양은 급팽창 시작과 끝에서의 축척 인자의 비(a_e/a_b)로 나타내는데, 이 비의 자연로그 값($\ln(a_e/a_b) \equiv N_I$)을 e－지수e-folding라 한다. 현재 볼 수 있는 우주의 지평선 문제를 풀기 위해서 필요한 최소 e－지수는 급팽창의 에너지 척도(M_I)와 급팽창 후 빅뱅 우주의 시작 온도(T_B)에 따라 변하는데, 대략 다음과 같이 주어진다.

$$N_I \geq 55 + \frac{2}{3}\ln\left(\frac{M_I}{10^{15}\,\mathrm{GeV}}\right) + \frac{1}{3}\ln\left(\frac{T_B}{10^{10}\,\mathrm{GeV}}\right)$$

지평선 문제와 편평성 문제를 모두 해결하는 데는 대략 60 e－지수 정도, 즉 $e^{60} = 10^{26}$배의 팽창이 있으면 되는데, 대부분의 급팽창 모형들에서는 이보다 훨씬 많은 팽창이 일어난다.

마지막으로 급팽창은 엄청난 가속 팽창을 통해 지평선 문제와 편평성 문제를 해결하지만, 또한 비균일성을 비롯한 모든 과거의 흔적들 또한 지워버린다. 그렇게 되면 우주 구조들의 씨앗이 되는 원시 밀도 요동이 언제 어떻게 만들어졌는지는 여전히 숙제로 남는다. 그런데 급팽창이 제안되고 얼마 지나지 않아 급팽창이 원시 밀도 요동을 만드는 메커니즘도 제공한다는 것이 밝혀졌다. 급팽창도 지울 수 없는 것이 있는데, 바로 (질량이 없는 입자들의) 양자 요동이다. 대부분의 급팽창 모형들은 스칼라장을 도입해서 진공

● $[aH(a)]^{-1}$가 줄어든다는 것은 $aH(a)$는 커진다는 것이고, 이것은 $d(aH(a))/dt = d^2a/dt^2 > 0$으로 가속 팽창을 뜻한다.

에너지와 같은 효과를 얻는데, 급팽창은 이 스칼라장의 양자 요동을 밀도 요동으로 변환시켜 원시 밀도 요동을 만든다. 이것은 지평선 문제와 편평성 문제를 푸는 것만큼 중요한 급팽창의 역할이며, 급팽창 과정을 관측을 통해서 확인해 볼 수 있는 창구의 역할도 한다. 이에 대한 자세한 논의는 급팽창을 어떻게 구현하는지 논의 후 다룬다.

급팽창의 구현

이제 급팽창이 어떻게 동역학적으로 구현될 수 있는지 알아보자. 급팽창은 가속 팽창이고, 일반 상대성에서는 가속 팽창이 일어나려면 음의 압력($p<-\rho/3$)을 가진 물질이 필요하다. 급팽창과 현재의 가속 팽창은 기본적으로 같은 현상으로 볼 수 있으며, 앞 절에서 다룬 암흑 에너지와 같은 물질이 필요하다. 그렇지만 급팽창과 현재의 가속 팽창은 에너지 척도에서 큰 차이를 보인다. 현재의 가속 팽창의 에너지 척도는 $\rho_\Lambda^{1/4}\sim10^{-3}$eV인 반면, 급팽창의 에너지 척도는 $\rho_I^{1/4}\sim10^{15}$GeV로 10^{27}배 크다. 따라서 같은 가속 팽창이지만, 그 동역학적 기원은 완전히 다를 것으로 예상된다. 둘 사이에 중요한 차이가 하나 더 있는데, 현재의 가속 팽창은 앞으로 영원히 지속될지 또는 멈출지 현재로서는 알 수 없지만, 급팽창은 반드시 끝나서 복사 지배의 빅뱅 우주로 전환되어야 한다는 것이다. 현재 암흑 에너지의 유력 후보인 진공 에너지(우주 상수)에 의한 가속 팽창은 자체로는 멈출 수 없다. 급팽창에는 진공 에너지처럼 행동하다 어느 순간 복사로 전환될 수 있는 그런 물질이 필요하다.

급팽창을 제안할 당시 구스는 가속 팽창을 구현하기 위해 자발적 대칭성의 깨짐이 있는 이론에서의 상전이를 이용했다. 진공 상태가 대칭성을 자발적으로 깨더라도 우주의 온도가 대칭성 깨짐 에너지 척도보다 높으면 우주는 열효과에 의해서 대칭성이 있는 가짜 진공 상태에 놓이게 되는데, 이

가짜 진공 상태의 에너지 밀도는 진짜 진공 상태보다 커서 그 차이가 진공 에너지로 작용해 가속 팽창이 일어나게 되고, 시간이 지남에 따라 가짜 진공 상태가 진짜 진공 상태로 붕괴하면서 급팽창이 끝나게 된다. 그러나 곧 가짜 진공 상태의 붕괴 속도가 느려서 대부분의 영역에서 급팽창이 끝나지 않고 계속 일어날 뿐만 아니라, 진짜 진공 상태로 붕괴한 영역에서도 균일 등방한 우주가 되지 않는 것으로 드러나서 이 방법은 배제되었다.

현재 급팽창을 구현하기 위해 가장 많이 쓰이는 방법은 천천히 구르는 스칼라장을 도입하는 것이다('왜 하필 스칼라장인가?' 참조). 적절한 포텐셜이 부여되면, 스칼라장은 처음에는 완만한 퍼텐셜을 따라 우주 전체가 균일한 값을 가지고 천천히 굴러서 진공 에너지와 같은 효과로 가속 팽창을 얻고, 어느 지점에 도달하면 빠르게 떨어지면서 퍼텐셜의 최소점 근처에서 진동하는 스칼라장 물질 지배 시대를 거쳐, 스칼라장 물질이 붕괴하면서 복사로 전환되어 복사 지배 시대로 넘어간다. 이 역할을 하는 스칼라장을 급팽창장inflaton field이라 부른다.

스칼라장을 사용하여 급팽창을 구현하기 위해 퍼텐셜($V(\phi)$)을 가진 스칼라장의 우주 동역학을 고려해 보자. 먼저 스칼라장이 전 우주에 걸쳐 균일한 값을 가진다고 가정한다. (이 가정이 성립할 수 있는가에 대해서는 이 장의 '우주의 시작과 끝'에서 다룬다.) 균일한 스칼라장이 진공 에너지와 같은 효과를 내려면 스칼라장의 퍼텐셜 에너지가 운동 에너지를 압도해야($\dot{\phi}^2 \ll V(\phi)$) 한다('스칼라장의 우주 동역학' 참조). 그리고 이 상태가 충분히 오래 유지되려면 스칼라장이 천천히 굴러가야 하는데, 이는 가속도보다 팽창에 의한 감쇠가 더 커야($\ddot{\phi} \ll \dot{\phi}H$) 가능하다. 이 두 가지 필요 조건이 급팽창장의 퍼텐셜과 동역학에 주는 제약을 천천히 구름 조건slow-roll condition이라 한다. 다음과 같이 천천히 구름 매개 변수 ϵ과 η를 정의하면 이 두 필요 조건은 이 매개 변수들

왜 하필 스칼라장인가?

입자물리 표준 모형에서는 게이지 대칭성의 자발적 깨짐을 구현하는 데 스칼라장을 이용한다. 우주론에서 급팽창을 구현하는 데도 스칼라장을 이용한다. 그런데 왜 하필 스칼라장인가? 스칼라장은 스피너장(스핀 1/2, 페르미온)이나 벡터장(스핀 1, 게이지 보손)과 비교해서 동역학을 다루기가 쉽다. 또한 상당히 제한된 형태의 상호 작용을 가지는 스피너장이나 벡터장에 비해 스칼라장은 (자체 상호 작용인) 퍼텐셜을 도입해서 많은 것을 구현할 수 있다. 하지만 스칼라장을 이용하는 데는 반대급부도 있다. 이상하게 자연에는 스핀이 0인, 그래서 스칼라장으로 기술되는 기본 입자가 별로 없다는 것이다. 입자물리 표준 모형에서도 주요 입자들은 스핀 1/2인 쿼크와 렙톤들, 스핀 1인 게이지 보손들이다.

유일한 스칼라장은 힉스 스칼라장으로 게이지 대칭성의 자발적 깨짐을 구현하기 위해 도입된 것이었고, 50년이 지난 최근에야 그 존재가 겨우 확인되었다. 표준 모형에 초대칭성을 갖도록 확장한 초대칭 표준 모형에는 모든 스피너에 초대칭 짝인 스칼라가 있으므로 많은 수의 스칼라장들이 존재한다. 하지만 초대칭성의 존재 자체가 아직 확인되지 않고 있다. 따라서 급팽창장도 필요에 의해서 도입되었지만, 실재 여부는 아직 확신할 수 없다.

급팽창장을 현재 유일하게 존재가 확인된 스칼라장인 힉스 스칼라와 연결하려는 시도는 아직 유효하지만, 게이지 대칭성의 자발적 깨짐과 급팽창이 일어나는 에너지 척도에는 큰 차이가 있어서, 두 에너지 척도를 하나의 퍼텐셜에 집어넣는 것이 진정한 통합의 의미가 있는지는 의문이다. 이와 관련해 스칼라장은 다양한 형태의 퍼텐셜을 부여할 수 있다는 장점이 있다고 했지만, 역으로 그런 제약이 없는 다양성이 선택된 퍼텐셜의 정당성을 약화시킨다는 것은 부인할 수 없다. 결국, 우리는 스칼라장에 대해서 아는 것이 생각보다 많지 않다. 힉스 스칼라의 퍼텐셜(자체 상호 작용)조차도 아직 실험으로 확인된 바는 없다. 자연은 왜 스칼라(스핀 0) 입자를 선호하지 않을까?

이 충분히 작다는($\epsilon, \eta \ll 1$) 것이 된다.

$$\epsilon = \frac{d}{dt} H^{-1} = \frac{M_P^2}{2} \left(\frac{V'}{V} \right)^2, \quad \eta = \frac{\ddot{\phi}}{H\dot{\phi}} = M_P^2 \left(\frac{V'}{V} \right)$$

급팽창 모형은 천천히 구름 조건을 만족시키는 스칼라장 값의 크기에 따라 플랑크 질량(M_P)보다 작은 값 영역을 쓰는 작은 장 급팽창small field inflation과 더 큰 값의 영역을 쓰는 큰 장 급팽창large field inflation으로 구분한다. 작은 장 급팽창은 충분한 팽창을 얻으려면 퍼텐셜이 매우 편평해야 되는데, 하나의 스칼라장으로는 자연스럽게 얻기가 어렵고 대개 여러 개의 스칼라장과 그로부터 편평한 퍼텐셜을 가진 조합이 나오는 메커니즘을 도입해야 하는 복잡함이 있다. 그에 비해 큰 장 급팽창은 간단한 거듭제곱 함수 퍼텐셜($V(\phi)=A\phi^p$, p는 2 이상의 정수)로도 천천히 구름 조건을 만족시킬 수 있다. 반면 스칼라장의 값이 플랑크 질량보다도 큰($\phi > M_P$) 영역에서 급팽창이 일어나기 때문에 퍼텐셜 자체가 정당한지 잘 살펴야 한다. 이 영역에서는 (양자) 중력의 영향으로 모든 거듭제곱 항이 같은 중요도를 가져서, 그중에 어느 한 항만을 골라 쓴다는 것을 정당화하기 어렵다. 그렇지만 어차피 스칼라장의 퍼텐셜에 대한 이해가 부족한 상태에서는 성공적인 결과를 주는 퍼텐셜을 찾고, 그 이유를 생각해 보는 것이 순서일 것 같다. 먼저 가장 간단한 다음의 거듭제곱 함수 퍼텐셜 모형을 가지고 급팽창 과정을 추적해 보자.

$$V(\phi) = \Lambda^4 \left(\frac{\phi}{M_P} \right)^p$$

이 퍼텐셜은 급팽창장(ϕ)의 값이 플랑크 질량(M_P)보다 크면($\phi > M_P$) 천천히 구름 조건을 만족한다. 급팽창장이 플랑크 질량보다 훨씬 큰 값에서($\phi \gg M_P$) 천천히 구름을 시작했다고 해 보자. 천천히 구름은 급팽창장이 플랑크 질량 정도로 떨어지면($\phi \sim M_P$) 끝나는데, 그동안 우주가 (가속) 팽창한 e-지수는 $N(\phi) = (\phi/M_P)^2/2p$로 ($\Lambda$와는 무관하게) 주어진다. 따라서 지평선 문제를 해결할 수 있는 60 이상의 e-지수를 얻으려면 급팽창장의 시작값(ϕ_I)이 $\sqrt{120p}\,M_P$보다 크면 된다. 급팽창장의 초기값은 어떻게 결정되는가도 고려해 봐야 되는데(7장 '우주의 시작과 끝' 참조), 단순한 가정은 급팽창이 퍼텐셜의 크기가 플랑크 척도($V \sim M_P^4$)로 주어져서 시작한다는 것이다. 그러면 급팽창장의 시작값은 $\phi_I = (M_P/\Lambda)^{4/p} M_P$가 되고, 퍼텐셜의 크기를 결정하는 매개 변수(Λ)가 플랑크 질량보다 조금만($\sim 10^{-2}$배) 작아도 충분한 팽창을 얻을 수 있다. 그런데 급팽창이 만든 밀도 요동의 크기가 관측과 맞으려면 매개 변수(Λ)가 플랑크 질량보다 충분히 작아야 한다. 이 이유로 거듭제곱 함수 퍼텐셜 모형뿐만 아니라 대부분의 급팽창 모형들은 60 e-지수보다 훨씬 많은 팽창을 주게 된다.

급팽창은 밀도 요동을 만든다

이제 급팽창이 어떻게 밀도 요동을 만들어 내는지 알아보자. 급팽창은 급팽창장이 천천히 굴러갈 때 일어나는데, 천천히 굴러갈 조건 중 하나($\eta \ll 1$)는 급팽창 입자의 유효 질량(m_I)이 허블 매개 변수(H_I)보다 충분히 작다는 것이다. 즉 급팽창이 일어나는 동안 급팽창 입자는 가벼운(즉 질량이 없는) 입자처럼 행동한다. 가속 팽창은 진공 상태로부터 이런 가벼운 입자들을 양자 역학적 과정을 통해 만들어 낼 수 있다. 일반적으로 휘어진 시공간에서는 중력과 양자 역학 효과에 의해 가벼운 입자의 생성이 가능한데, 이를 보여 주는 대표적인 예가 블랙홀 지평선 근처에서 광자들이 나오는 호킹 복사 Hawking radiation다. 진공 에너지에 의해 급팽창이 일어나면 우주는 더 시터르 시공간이 되므로, 급팽창에 의한 입자의 생성은 더 시터르 시공간의 지평선 근처에서 일어나는 입자의 생성으로 볼 수 있다. 입자들이 얼마나 생성되고, 이들이 에너지 밀도에 어떤 영향을 끼치는지를 계산하려면 휘어진 시공간에서의 양자장론을 다루는 기술들이 필요한데, 여기서는 그렇게 해서 얻은 결과를 바탕으로 정성적으로만 설명하겠다.

급팽창은 급팽창장이 진공 에너지와 같은 행동을 할 때, 즉 일종의 진공 상태에서 일어나는데, 이 진공 상태도 양자 요동을 가지고 있고, 이 양자 요동의 존재가 입자 생성의 기원이라 할 수 있다. 입자의 생성에 의해 양자 요동은 밀도 요동으로 바뀌고 이 밀도 요동이 자라서 우주의 거대 구조들을 만드는 것이다. 그런데 양자 역학은 작은 세계에서 적용되는 것인데 어떻게 거대한 우주의 구조를 만들어 낼 수 있을까? 급팽창이 양자 요동이 들끓는 작은 세계를 순식간에 거대한 세계로 확장시켜 버리기 때문이다. 즉 지금의 은하, 은하단들이 되는 크기가 급팽창 이전에는 원자보다도 작았다.

급팽창이 일어나면 급팽창장의 운동량 모드들은 동행 운동량($p=\hbar k$)의 역수인 동행 파장($\lambda=h/p=2\pi/k$)을 가진 요동으로서 각자 독립적으로 진화하는데, 급팽창 동안 동행 지평선이 줄어들기 때문에 동행 파장이 동행 지평선보다 작은 (속지평선) 상태에서 시작해서 동행 지평선과 같아지는 (지평선 통과) 시기를 거쳐 동행 지평선보다 커진 (초지평선) 상태로 바뀌어 간다. 요동이 동행 지평선 안에 있을 때는 일반적인 양자 요동처럼 진화하지만, 동행 지평선을 넘어서면 동역학이 작동할 수 없기 때문에 양자 요동은 얼어붙게 되고 고전적인 요동처럼 된다. 이렇게 얼어지는 급팽창장 요동($\delta\phi$)의 크기는 지평선을 넘어서는 순간의 허블 매개 변수의 크기($\sim H$)에 의해 결정된다. 요동의 크기가 동행 파장에 따라 어떻게 달라지는지를 나타내는 데는 요동제곱의 크기를 동행 파수(k)의 함수로 쓴 세기 스펙트럼($P_{\delta\phi}(k)$)을 쓴다. 양자 요동은 가우스 무작위 변수Gaussian random variable로 평균은 0이고($\langle \delta\phi_{\vec{k}} \rangle =$ 0) 분산으로($\langle \delta\phi_{\vec{k}} \delta_{\vec{k}'} \rangle = (2\pi)^3 \delta(\vec{k} - \vec{k}') P_{\delta\phi}(k)$) 기술되기 때문이다. 급팽창에 의해 만들어지는 급팽창장 요동의 세기 스펙트럼은 다음과 같다. 여기서 아래첨자($aH=k$)는 동행 파수 k인 요동이 지평선을 통과할 때의 허블 매개 변수의 값임을 나타내는 것이다.

$$P_{\delta\phi}(k) = \left. \frac{H^2}{2k^3} \right|_{aH=k}$$

급팽창장은 퍼텐셜이 있으므로 급팽창장의 값이 다르면 퍼텐셜 에너지의 값도 달라진다. 따라서 급팽창장의 요동에 의해 에너지 밀도 요동이 있게 되고, 이 에너지 밀도 요동은 메트릭 요동을 만들게 된다. 초지평선 요동들의 진화방정식을 풀면 이렇게 만들어지는 메트릭 요동(Φ)의 크기를 구할 수 있고, 메트릭 요동의 세기 스펙트럼을 구해 보면 다음과 같이 된다.

$$P_{\Phi}(k) = \left. \frac{4}{9} \left(\frac{aH}{\dot{\phi}} \right)^2 P_{\delta\phi}(k) \right|_{aH=k}$$

이렇게 만들어진 메트릭 요동이 밀도 요동 진화방정식의 초기 조건이 되는 것이다(6장 '구조 형성과 우주 배경 복사 비등방성' 참조).

천천히 구르는 스칼라장에 의한 급팽창의 경우 허블 매개 변수는 거의 일정하게 유지된다. 허블 매개 변수가 정확히 상수로 유지되면 얻어지는 세기 스펙트럼은 $P_{\Phi}(k) = Ak^{-3}$이 되는데, 이것을 척도 불변 스펙트럼이라 한다. 실제 급팽창 모형에서는 급팽창장이 천천히 구름에 따라 허블 매개 변수의 값이 조금씩 변하고, 따라서 세기 스펙트럼이 척도 불변 스펙트럼에서 조금 벗어나게 된다. 세기 스펙트럼이 척도 불변에서 벗어난 정도는 세기 스펙트럼 지수 n_s를 도입하여 세기 스펙트럼을 $P_{\Phi}(k)=Ak^{n_s-4}$로 써서 나타낸다. 척도 불변 스펙트럼은 $n_s=1$에 해당한다. 천천히 구름 급팽창 모형에서 세기 스펙트럼 지수를 계산해 보면 천천히 구름 매개 변수들의 조합인 $n_s=1+2\eta-6\epsilon$으로 주어지기 때문에, 세기 스펙트럼 지수는 급팽창 모형들을 구별하는 좋은 지표가 된다. 급팽창 모형이 만들어지면 세기 스펙트럼 지수를 계산할 수 있고, 우주 배경 복사 비등방성으로부터 얻은 관측값과 비교하여 모형의 예측이 맞는지 확인해 볼 수 있다. 거듭제곱 함수 퍼텐셜 모형의 세기 스펙트럼 지수는 $n_s=1-(2+p)/2N^*$로 e-지수($N(\phi)$)의 함수로 주어진다. 여기서 N_*의 의미는 우리가 관측하는 요동이 지평선을 통과할 때의 e-지수를 뜻하는 것으로, 보통 복사-물질 동등 시점에 다시 지평선 안으로 들어오는 요동을 기준으로 삼아서, $N_*=50\sim60$ 정도가 된다. 예를 들어 제곱 퍼텐셜($p=2$)에 $N_*=60$으로 놓으면 $n_s\approx0.97$이 된다.

급팽창장의 퍼텐셜에는 천천히 구름 조건에 더해서 밀도 요동의 크기와 관련된 미세 조정도 필요하다. 우주 배경 복사 비등방성 관측으로부터 유추되는 밀도 요동의 크기는 $\delta\rho/\rho\sim10^{-5}$ 수준이다. 급팽창 퍼텐셜이 주어지면 세기 스펙트럼의 진폭($A\sim(\delta\rho/\rho)^2$)도 계산할 수 있는데, 밀도 요동이 이렇게 작은 값이 되려면 대부분의 모형에서 퍼텐셜에 나타나는 매개 변수의 미세 조정이 필요하다. 거듭제곱 퍼텐셜 모형에서는 이 조건이 $\Lambda/M_P\approx10^{-2}\epsilon^{1/4}$이 되어서, 급팽창의 에너지 척도를 결정하는 매개 변수(Λ)가 플랑크 척도보다 충분히 작아야 한다.

급팽창장 외의 대부분의 입자들은 급팽창 동안 허블 매개 변수 정도의 질량을 갖게 되고, 따라서 급팽창에 의한 입자의 생성이 일어나지 않는다. 그런데 중력을 전달하는 중력자는 질량이 0으로 유지되어 급팽창에 의해 중력자들이 생성되고, 이것은 나중에 우주 중력파 배경 복사로 남게 된다.

급팽창에 의한 중력파의 에너지 밀도는 급팽창 에너지 척도에 좌우된다. 스칼라 밀도 요동에 대한 중력파 밀도 요동의 크기 비를 텐서-스칼라 비(r)라 하는데, 천천히 구름 급팽창의 경우 텐서-스칼라 비는 $r=16\epsilon$로 주어진다. 거듭제곱 퍼텐셜 모형에서는 이 값이 $r=4p/N_*$이 된다.

급팽창이 남긴 중력파를 검출하면 이 비를 알 수 있는데, 이 비는 급팽창 에너지 척도를 알려주므로 급팽창에 대한 중요한 단서가 된다. 우주 중력파 배경 복사의 직접적인 검출은 거의 불가능해 보이고, 대신 우주 배경 복사의 편광 비등방성에 영향을 주므로 그 관측을 통해서 간접적으로 확인해 볼 수 있다. 우주 배경 복사 편광 비등방성이 생기는 요인에는 우주 배경 복사 온도 비등방성 중 4극자 비등방성, 중력파 배경 복사, 그리고 우주 먼지 등이 있다. 그런데 편광 비등방성은 편광 방향의 분포 양상에 따라 E 모드와 B 모드로 나눌 수 있다. 우주 배경 복사의 온도 비등방성 4극자는 E 모드만 만들 수 있고, 중력파와 우주 먼지는 E 모드와 B 모드 둘 다 만들 수 있다. 따라서 우주 먼지의 효과를 배제할 수 있는 영역에서 B 모드를 검출하면 중력파의 존재를 확인할 수 있다. 그렇지만 편광 비등방성 관측은 온도 비등방성 관측보다 100배 이상의 정밀도를 요구하고, 우주 먼지의 효과를 배제하는 것도 쉽지 않다. 최근에 BICEP2(Background Imaging of Cosmic Extragalactic Polarization 2) 실험팀이 편광 비등방성 B 모드의 검출을 발표했지만, 후에 우주 먼지에 의한 효과일 가능성이 큰 것으로 판명났다. 어쨌든 우주 중력파 배경 복사의 단서를 발견하게 된다면, 이는 급팽창이 실제로 일어났었다는 직접적인 증거가 될 가능성이 크다.

우주의 가열 과정

급팽창이 끝나면 급팽창을 일으켰던 급팽창장의 진공 에너지는 복사로 전환되어 복사 지배의 빅뱅 우주로 전환되어야 한다. 이 과정은 급팽창에 의해 차가워진 우주를 뜨거운 복사 지배 우주로 데우는 가열heating 과정이다.[•] 천천히 구름 급팽창 모형에서 이 과정은 다음과 같이 진행된다. 급팽창장이 천천히 구르는 동안 급팽창이 일어나지만, 구름에 따라 천천히 구름 조건을 만족하지 않는 영역 쪽으로 이동하게 되고, 결국 어느 지점을 지나면 급팽창이 끝나고 급팽창장은 퍼텐셜의 최소점을 향해 빠르게 굴러 떨어져서 최소점을 중심으로 진동하게 된다. 이 상태는 압력이 없는 물질과 같아서 급팽창장의 진동에 의한 물질 지배 시대가 시작된다('스칼라장의 우주 동역학' 참조). 급팽창장이 진동하는 동안 급팽창장을 양자화한 입자인 급팽창자inflaton는 상호 작용에 의해 더 가벼운 (표준 모형의) 입자들로 붕괴하게 되고, 붕괴로 생겨난 가벼운 입자들이 서로 간의 상호 작용을 통해 열적 평형을 이루면서 빅뱅 우주의 복사 지배 시대가 시작된다. 이렇게 가열 과정으로 만들어진 복사의 온도가 빅뱅 우주의 시작 온도(T_B)가 된다. 시작 온도의 크기는 가열 과정의 효율성에 따라 달라진다. 단순히 급팽창자가 가벼운 입자들로 붕괴해서 가열이 되는 경우에는 시작 온도가 붕괴 수명에 의해 결정되고($T_B \sim \sqrt{M_P/\tau_I}$), 대개 급팽창의 에너지 척도보다는 많이 낮아지게 된다. 급팽창 모형에 따라서는 가열 과정이 다른 양상으로 진행될 수도 있고, 더 효율적인 가열 과정을 통해 높은 시작 온도를 얻을 수 있다.

급팽창의 관측 증거

이제 급팽창이 실제로 있었다는 관측 증거는 무엇인지 생각해 보자. 급팽창

● 이 과정은 관습적으로 재가열reheating 과정이라 많이 불린다. 급팽창이 처음 제안되었을 때 뜨거운 우주가 식으면서 일어나는 상전이 과정을 이용했기 때문에 다시 뜨거운 우주로 돌아간다는 의미에서 재가열이라 불렸다. 그러나 지금은 급팽창 이전에 복사 지배 시대가 있었다고 보지 않는다.

은 빅뱅 우주의 많은 문제점을 해결하지만, 이 사실이 급팽창이 실제로 일어났다는 직접적인 증거가 될 수는 없다. 급팽창의 중요한 예측은 척도 불변에 가까운 원시 밀도 요동을 만든다는 것이고, 이것은 우주 배경 복사 비등방성 관측을 통해서 확인되고 있다. 그렇지만 급팽창이 등장하기 이전에도 이미 척도 불변 스펙트럼이 고려되었던 탓에, 척도 불변 스펙트럼이 급팽창의 고유한 예측이라고 볼 수 없다는 견해가 많다. 심증은 가지만 확실한 물증은 아니라는 것이다. 급팽창 이전의 구조 형성 모형들이 전혀 고려하지 않았던 요소는 우주 중력파 배경 복사다. 앞서 말했듯이 우주 중력파 배경 복사는 우주 배경 복사의 편광 비등방성 B 모드를 만드므로, 이의 관측을 통해서 그 존재를 확인하는 것이 가능하다. 우주 중력파 배경 복사의 발견을 통해 급팽창 에너지 척도를 결정할 수 있다면 급팽창이 실제로 일어났다는 강력한 증거가 될 것이다.

지금까지 급팽창이 어떻게 빅뱅 우주의 시작 상태를 어떻게 만들어 낼 수 있는지 살펴보았다. 그런데 급팽창 자체도 반복되는 기원 문제를 피해 갈 수 없다. 급팽창은 왜, 언제, 어떻게 시작되었을까? 급팽창은 자연스럽게 시작될 수 있을까? 스칼라장이 진공 에너지와 같은 효과를 내려면 천천히 굴러 떨어지는 것 이전에 넓은 영역에 걸쳐서 충분히 균일해야 한다. 급팽창을 구현하기 위해 이것을 가정했지만, 실제로 이런 상황이 자연스럽게 만들어질 수 있는가는 별개의 문제다. 빅뱅 우주의 특별해 보이는 시작 상태를 설명하기 위해 급팽창을 도입했지만, 급팽창의 시작 상태도 그만큼 특별한 상태일 수 있는 것이다.

6. 우주의 시작과 끝

빅뱅이 일어나기 전은 어떤 상태일까? 우주론을 강의할 때 가끔 학생들에게 퀴즈로 이 문제를 내곤 했다. 학생들의 진지한 침묵이 길어질 때쯤, 이 넌센스 퀴즈의 정답을 말해 주었다. "빅뱅이 앉아 있었다." 그런데 이 질문을 정말로 진지하게 묻는다면 뭐라고 답을 해야 할까? 우주 팽창의 발견은 정적이고 영원불변한 우주에 대한 믿음을 버리게 만들었고, 일반 상대성의 시공간 동역학은 빅뱅 우주라는 성공적인 이론을 탄생시켰다. 하지만 영원불변한 우주를 버리면 대가를 치러야 한다. 빅뱅 우주는 우리에게 우주의 시작에 대한 고민을 던져 준다. 복사 지배 시대를 단순히 연장해 가면 빅뱅 우주의 시작은 물리 법칙이 손댈 수 없는 특이점이 된다. 그래서 앞의 질문에 대한 답으로 빅뱅 이전에는 시간 자체가 존재하지 않는다고 할 수도 있다. 하지만 이 답은 빅뱅 특이점이 실제로 존재할 때만 해당된다. 그런데 특이점이 있다는 것은 어떤 의미에서 그것이 나타나는 이론인 일반 상대성이 완전한 이론이 아니라는 것을 보여 준다. 일반 상대성보다 더 완전한 양자 중력 이론이 나온다면 이 질문에 대한 답이 달라질 수 있다. 현재는 그런 양자 중력 이론이 무엇인지 모르고 있고, 그렇기에 '모른다'가 정직한 답이다.

빅뱅 우주의 시작에는 특이점 문제를 해결하더라도 남는 의문이 있다. 복사 지배의 빅뱅 우주가 동역학적으로는 설명하기 어려운 아주 균일하고 편평한 상태에서 시작한 것처럼 보인다는 것이다. 다행히 급팽창 이론이 나와서 빅뱅 우주의 이 특별한 시작 상태를 자연스럽게 얻을 수 방법을 가지게 되었고 빅뱅 우주의 시작과 관련된 많은 문제들은 해결될 수 있었다. 하지만 급팽창이 우주의 시작 문제를 해결한 것은 아니다. 이어지는 질문이 기다리고 있기 때문이다. 급팽창은 왜, 언제, 어떻게 시작되었을까?

급팽창도 빅뱅 우주와 마찬가지로 일이 일어나기 위해서는 특별한 시작 상태가 필요하다. 천천히 구르는 스칼라장을 써서 급팽창을 구현했을 때 (당시의 지평선보다) 넓은 범위에 걸쳐 균일하고($(\nabla\phi)^2 \ll V(\phi)$), 천천히 구르는($(\dot{\phi})^2 \ll V(\phi)$) 상태에서 급팽창이 시작된다. 이 상태는 자연스럽게 얻어질 수 있을까? 이 질문의 답에 대해서는 현재도 연구자들 간에 의견이 엇갈리고 있다. 큰 장 급팽창 모형의 경우 어느 정도 불균일하고($(\nabla\phi)^2 \sim V(\phi)$) 빨리 구르는($(\dot{\phi})^2 \sim V(\phi)$) 상태에서 시작하더라도 급팽창장의 초기값($\phi_i$)이 천천히 구르는 조건을 만족하는 범위에 머물면 어쨌든 우주는 팽창을 하므로, 이 팽창에 의해서 불균일성과 빠른 구름이 줄어들어서 급팽창이 시작될 수 있다는 것이 대체적인 결론인데, 수치 해석으로도 확인이 된다. 그렇지만 급팽창장의 초기값(ϕ_i)이 어떻게 급팽창이 일어나는 범위에 놓이는가는 여전히 숙제로 남는다.

이렇게 우주의 시작 상태를 설명하기 위해 어떤 동역학 메커니즘을 끌어들여도 대개 그 메커니즘이 자신의 초기 상태는 스스로 결정하지 못하기 때문에, 결국 또다른 메커니즘을 끌어들이는 것이 끝없이 이어질 수밖에 없다. 고대 인도인들도 땅이 떨어지지 않도록 받쳐 주는 코끼리, 거북이를 도입했지만, 결국 이 끝없는 이어짐을 끝내려면 자기 스스로 떠 있는 뱀이 필요했던 것이다(6장 '우주론' 참조). 따라서 메커니즘보다는 초기 상태가 결정되는 방식을 생각해 보자. 우선 생각해 볼 수 있는 방식은 초기 상태가 무작위로 결정되는 것이다. 그다음으로 생각해 볼 수 있는 방식은 가능한 초기 상태가 모두 실현되는 것이다. 이 둘을 조합하면 급팽창은 '선택의 효과'로서 어쨌든 일어날 수 있다. 물리계에서 무작위성이 나타나는 전형적인 경우는 열 요동과 양자 요동이 있다. 따라서 구체적으로 급팽창이 양자 요동 때문에 시작될 가능성을 생각해 보자. 우주의 거대 구조들이 양자 요동에게서 생겨날 수 있는 것을 볼 때 (우리가 볼 수 있는) 우주 전체가 양자 요동에 의해 만들어지는 것도 충분히 그럴듯해 보인다.

어차피 양자 요동이라는 보검을 꺼냈으니, 가장 도전적인 가능성부터 생각해 보자. 양자 중력(또는 양자 시공간)에 대해서 정확히는 모르지만 양자 역학의 원리를 용감하게 시공간에 적용해 보는 것이다. 양자 중력에서 기준이 되는 척도는 플랑크 척도($M_p \sim 10^{28}$eV)다. 한 변의 길이가 플랑크 길이($l_p \sim M_p^{-1} \sim 10^{-35}$m)인 3차원 부피가 플랑크 에너지 밀도($M_p/l_p^3 \sim M_p^4$)를 가지고 있다면 이 부피에 들어 있는 에너지의 크기는 플랑크 에너지($M_p^4 l_p^3 \sim M_p \sim 10^{-5}$g)가 된다. 불확정성 원리($\Delta E \Delta t \geq 1$)에 의하면 이 정도의 에너지는 플랑크 시간($t_p \sim 10^{-43}$s) 동안 양자 요동으로 (아무것도 없는) 진공 상태로부터 만들어질 수 있다. 이렇게 만들어진 플랑크 부피는 대부분 플랑크 시간 정도만 유지되고 붕괴하겠지만, 아주 작은 확률이라도 매우 균일한 상태의 급팽창장에 의한 진공 에너지가 지배적이 되어서 (고전적인) 급팽창이 시작된다면 플랑크 시간보다 훨씬 긴 시간을 살아남아 우리 우주 전체를 만들어 낼 수 있을 것이다.●

이렇게 양자 요동으로 얻은 불과 10^{-5}g인 플랑크 에너지로부터 우리 우주가 만들어진다면, 우리 우주는 아무것도 없는 진공 상태에서 공짜로 얻어진 것일까? 그렇다면 양자 요동과 급팽창의 조합은 세상을 공짜로 얻는 최고의 방법일 것이다. 진공 에너지는 공간을 급팽창시키고 늘어난 부피에 비례해 총 에너지도 커진다.●● 이렇게 늘어난 에너지가 물질로 전환되어 우리 우주의 모든 물질을 만든다. 그런데 이렇게 우리 우주의 물질이 공짜로

● 어차피 양자 요동을 고려한다면 바로 백뱅 우주 초기 상태의 가능성을 생각하는 것이 나을 수도 있지만, 급팽창 상태의 가능성이 문제를 더 간단하게 만든다.

●● 공간이 팽창하면 양의 압력을 가진 복사는 총 에너지가 줄어들고, 압력이 없는 물질은 총 에너지의 변화가 없는 반면, 음의 압력을 가진 물질은 총 에너지가 늘어난다.

얻어지는 것은 에너지 보존 법칙에 위배되는 것 아닌가? 사실 일반 상대성에서 총 에너지의 개념은 간단치 않다. 급팽창에 의해서 에너지가 증가한 것은 물질 에너지만을 고려했기 때문이고 중력 에너지도 고려하면 총 에너지의 합은 0으로 유지된다. 물질이 얻은 에너지만큼 중력 에너지가 음의 값이 되는 것이다. 이것은 지구에서 낙하하는 물체에 비유될 수 있다. 지구에서 멀리 떨어진 곳에 정지해 있던 물체가 중력에 의해 지구 중심으로 끌려오면 운동 에너지를 얻는다. 하지만 중력 퍼텐셜 에너지가 음의 값으로 상쇄되므로 총 에너지는 항상 0으로 보존된다. 이것은 뉴턴 중력뿐만 아니라 일반 상대성에도 중력이 불안정성을 가진다는 것을 보여 주는 예다.●

'무로부터의 우주' 시나리오가 아주 그럴듯하게 들릴 수도 있지만, 이 시나리오를 구체화하기란 쉽지 않다. 먼저 이게 진짜로 가능한지를 따져 볼 양자 중력에 대한 이해가 부족하고, 물질뿐만 아니라 시공간도 없는 '진공 상태'가 어떤 것인지도 이해하기 쉽지 않다. 따라서 플랑크 부피가 급팽창을 시작할 수 있는 조건(균일성)을 갖출(파장이 플랑크 길이보다 짧은 요동이 없을 조건) 확률에 대한 진지한 계산이 가능할지 의문이다. 다만 확률이 0만 아니라면 언젠가는 일어날 것이고, 결국 우리 우주는 탄생할 것이라 주장할 수 있다. 그렇지만 이렇게 해서 얻을 수 있는 것은 아직까지는 마음의 위안뿐이다. 언젠가 이 가능성을 진지하게 다룰 수 있게 되기를 기대해 본다.

양자 중력에 의한 '무로부터의 우주' 제안과 관련하여 흥미 있는 질문 하나는 유한한 시간에 무한한 공간이 만들어질 수 있는가다. 플랑크 에너지를 가진 플랑크 부피 정도의 공간이 플랑크 시간 동안 양자 요동에 의해

● 중력 에너지를 음의 값으로 만들면서 무한한 에너지를 뽑아낼 수 있을까? 예를 들어 블랙홀의 지평선 안으로 들어간 물체의 에너지는 어떻게 될까? 결국은 양자 중력이 개입해서 한계를 줄 것이다.

만들어질 수도 있다. 이런 양자 요동에 의한 시공간의 형성이 (무한한) 배경 시공간의 존재를 전제로만 가능한 부트스트랩bootstrap 문제가 될 수도 있다. 반대로 배경 시공간의 존재가 새로운 가능성을 줄 수도 있다. 극단적인 경우로 블랙홀의 특이점을 생각할 수 있는데, 특이점 근처에서 양자 요동이 아주 커질 수 있고, 따라서 블랙홀이 새로운 우주 탄생의 모체가 될 수도 있는 것이다.

양자 요동에 의해 시공간 자체가 생겨나는 것보다 조금 더 현실적인 생각은, 무한한 배경 시공간이 주어져 있고, 그 위에서 급팽창장의 양자 요동에 의해 지평선보다 큰 영역에 진공 에너지가 지배적이 되면서 급팽창이 일어나는 것이다. 이 안은 양자 중력의 도입 없이 현재의 양자장론으로 다룰 수 있다. 물론 이런 일이 일어날 확률은 매우 작겠지만 어쨌든 0이 아니라면 우리에겐 무한한 배경 시공간이 있으므로 어디에선가는 반드시 일어날 것이다. 그런데 일반적으로 급팽창 모형에서는 일단 급팽창이 시작되면 일부 영역에서는 급팽창장이 다 굴러 내려가 급팽창이 끝나고 빅뱅 우주로 넘어간다. 그렇지만 다른 일부 영역에서는 양자 요동으로 인해 급팽창장의 값이 급팽창이 일어나는 범위로 다시 뛰어올라 급팽창은 끝나지 않고 계속되고, 그렇기 때문에 우주에는 항상 급팽창 상태에 있는 영역이 존재해 영원한 급팽창eternal inflation이 일어날 수 있다는 지적이 1980년대 초에 이미 있었다. 이 지적이 사실이라면 대부분의 급팽창 모형은 하나의 빅뱅 우주를 만드는 것이 아니라, 급팽창의 진행으로 계속 빠르게 커지는 영역과 급팽창이 끝나고 빅뱅 우주로 전환되는 영역이 생겨나게 된다. 그 결과로 많은 빅뱅 우주들이 생기고, 프랙탈fractal 구조를 이루는 다중 우주를 만들게 된다. 우리의 빅뱅 우주는 이 다중 우주에 속해 있는 많은 평행 우주들parallel universes 중 하나가 되는 것이다. 대부분의 급팽창이 다중 우주를 주는지에 대해서

무한의 함정

평행 우주의 수가 유한하지만 많다와 무한하다 사이에는 심각한 차이가 있다. 이 심각한 차이는 유한하지만 큰 공간과 무한한 공간 사이에도 적용된다. 예를 들어 각 평행 우주의 물질 분포가 서로 다르지만, 평행 우주의 수가 무한하면 반드시 물질 분포가 같은 평행 우주들이 존재하고, 그 수 역시 무한하다. 평행 우주들 중에는 우리의 태양계와 똑같은 행성계가 있고 지구도 있어서 당신과 똑같이 생긴 사람이 살고 있는 경우가 반드시 있다는 것이다. 구스의 표현을 빌리면 "일어날 수 있는 일은 결국 일어나고, 그것도 무한히 많이 일어난다." 이것이 수학의 함정인지 실제 세계의 모습인지는 현재로선 알 수 없다. 무한한 평행 우주의 존재로 인해 당장 부딪히는 문제는 평행 우주의 수가 무한하면 어떤 유형의 평행 우주를 발견할 확률이 잘 정의되지 않는다는 것이다. 예를 들어 자연수에서 수를 하나 뽑았을 때 짝수가 될 확률은 얼마일까? 상식적으로 1/2일 것이라고 생각하겠지만, 자연수의 개수가 무한하기 때문에 짝수와 홀수를 늘어놓는 순서에 따라 어떤 값도 될 수 있다. 무한한 원소를 가진 집합에서 확률을 정의하려면 측도measure 문제를 먼저 해결해야 한다.

는 아직 연구자들 사이에 논란이 있다. 더불어 다중 우주 자체는 더 큰 논란이 되고 있는 주제다. 급팽창은 좋든 싫든 우리가 원했던 것보다 더 많은 역할을 하고 있다.

진공 상태(또는 어떤 다른 상태)에서 양자 요동에 의해 급팽창장의 진공 에너지가 지배적인 (지평선보다 큰) 영역이 만들어질 확률이 0이 아니라면, 결국 어디선가는 급팽창이 일어날 수밖에 없고, 그러면 자연스러운 결과로 다중 우주가 만들어진다는 것이다. 급팽창이 일어나기 어려워서 빅뱅 우주가 생겨날 수 없는 경우를 걱정해야 되는 것이 아니라 빅뱅 우주들이 너무 많이 생기는 것을 걱정해야 할 판이다. 그런데 이 주장은 무한한 시공간의 존재를 전제로 하기 때문에 함정이 있을 수 있고('무한의 함정' 참조), 결국 아무것도 검증하지 못한 채 마음의 위안만 주는 주장이 될 가능성이 크다.

한편 급팽창과 빅뱅 우주가 시작될 확률이 작은 것은 열역학 제2 법칙 관점에서도 생각해 볼 필요가 있다. 우주의 엔트로피 변화를 고려해 보는 것이다. 급팽창이나 빅뱅 우주의 초기 상태는 모두 엔트로피가 상대적으로 매우 낮은 상태다. 엔트로피의 미시적인 정의에 의하면 이는 이 상태가 일어날 확률이 매우 작다는 것을 의미한다. 그렇지만 이렇게 엔트로피가 낮은 상태에서 우주가 시작된다는 것은 열역학 제2 법칙의 입장에서 엔트로피가 증가하는 방향으로 우리 우주의 시간 방향이 정해지는 이유가 되기 때문에 반드시 필요하다. (사실 열역학 제2 법칙의 우주론적 의미에 대해서는 정교한 논의가 필요하다.) 이 관점에서 급팽창과 빅뱅 우주는 일어날 확률이 아주 작은 상태지만 반드시 일어나야 하는 운명이다. 결국 우리 우주의 시작은 극히 작은 확률임에도 무한한 시행 횟수로 승리를 거두는 신의 도박인 것일까?

영원한 급팽창과 다중 우주는 평행 우주들이 어떻게 만들어지는지 설명한다. 그중 하나가 우리의 빅뱅 우주가 될 것이다. 그런데 다중 우주 전체를 보면 끊임없이 급팽창이 일어나고 새로운 평행 우주들이 생겨나면서 평행 우주들의 수만 늘어날 뿐 같은 모습을 유지하게 된다. 하나의 평행 우주는 유한한 역사를 갖지만 다중 우주는 언제 시작되었는지 알 수 없으며 영원히 지속된다. 이것은 개개의 평행 우주가 아니라 전체 다중 우주에 적용된 정상 상태 모형과 같은 것으로, 관점에 따라서는 영원불변한 우주로의 귀환으로도 볼 수 있다. 결국 우주의 시작 문제는 시작이 없어야 해결되는 것일까?

다중 우주

다중 우주는 유한 또는 무한한 평행 우주들로 구성된 우주를 말한다. 대개 평행 우주들 사이에는 통신이 불가능하다고 가정한다.

미국 MIT의 물리학자 맥스 테그마크Max Tegmark(1969~)는 평행 우주들 사이의 연관성에 따라 다중 우주를 4단계로 분류했다. 1단계 다중 우주는 평행 우주들이 같은 물리 법칙을 가지며 초기 조건만 다른 것이다. 혼돈 급팽창이 예측하는 다중 우주로, 평행 우주들은 같은 시공간에 지평선 너머로(테그마크의 계산으로는 평행 우주 간의 거리가 $\sim 10^{10^{115}}$ m다) 흩어져 있으며 물질의 분포만 다르다. 2단계 다중 우주는 평행 우주들이 서로 다른 물리 법칙을 가진다. 끈 지형string landscape이 예측하는 다중 우주로 각각의 평행 우주들이 다른 상전이 과정이나 진화 과정을 거치면서 다른 진공 상태로 가기 때문에 겉으로 드러나는 물리 법칙들이 달라진다. 3단계 다중 우주는 양자 역학의 다세계 해석many-world interpretation과 연결된 것으로 평행 우주들이 양자 다세계로 주어지는 것이다. 1단계 또는 2단계 다중 우주와 비슷하지만, 평행 우주들이 나타나는 곳이 시공간이 아니라 양자 역학의 힐베르트 공간이라는 점이 다르다. 4단계 다중 우주는 평행 우주들이 다른 수학적 구조를 가지는 것이다. 모든 가능한 평행 우주들을 포함하는 굉장히 포괄적인 개념이다.

미국의 물리학자 브라이언 그린Brian Green(1963~)은 다중 우주를 구현 방법에 따라 9개로 분류했는데, 어떤 배경 이론들을 통해서 다중 우주가 논의되고 있는지를 볼 수 있다. (1) 짜깁기 다중 우주: 평행 우주들을 단순히 짜깁기해서 만들어진 1단계 다중 우주, (2) 급팽창 다중 우주: 급팽창에 의해 만들어진 다중 우주, (3) 막 다중 우주: M 이론의 막들이 평행 우주를 이루는 다중 우주, (4) 순환 다중 우주: 막들의 충돌이 반복되어 평행 우주가 계속 새로 만들어지는 다중 우주, (5) 지형 다중 우주: 끈 지형의 모든 진공들이 평행 우주에 구현되는 다중 우주, (6) 양자 다중 우주(3단계 다중 우주에 해당), (7) 홀로그래피 다중 우주, (8) 시늉 낸 다중 우주: 평행 우주가 컴퓨터 시뮬레이션으로 만들어지는 다중 우주(영화 〈매트릭스〉에 나온 개념과 비슷하다), (9) 궁극의 다중 우주: 모든 수학적으로 가능한 평행 우주들을 포함(4단계 다중 우주에 해당).

다중 우주에 들어 있는 평행 우주들은 모두 같은 모습을 가지고 있을까? 급팽창 모형의 배경 이론에 따라 다중 우주는 여러 형태로 나타날 수 있다(다중 우주의 분류에 대해서는 '다중 우주' 참조). 혼돈 급팽창chaotic inflation처럼 하나의 급팽창장이 있고 하나의 진공 상태만을 가진다면 평행 우주들은 같은 물리 상수들과 물리 법칙을 가질 것이다. 평행 우주들 간의 차이는 양자 요동에 의해 결정되는 초기 조건을 따르는 물질의 분포뿐이다. 초끈 이론처럼 서로 구별되는 진공 상태들이 수없이 많이 존재하는 이론에서는 급팽창이 끝나면서 수많은 진공 상태들 중의 어떤 것으로도 떨어질 수 있기 때문에 각각의 평행 우주들은 다른 진공 상태에 놓이게 되고, 따라서 각 평행 우주마다 물리 상수와 물리 법칙이 다르게 나타날 수 있다.● 이런 다양한 다중 우주가 급팽창의 결과로 얻어질 수 있다는 것은 인류 원리anthropic principle를 통해 물리 상수들의 값을 설명할 수 있는 배경이 된다('인류 원리' 참조). 현재 다중 우주를 대하는 연구자들의 입장은 첨예하게 대립하고 있다. 존재를 검증할 방법이 없기 때문에 다중 우주는 과학의 범주에 들지 않

● 빛의 속력, 플랑크 상수 같은 기본 상수는 같지만, 예를 들어 공간의 차원, 힘의 종류, 입자의 종류와 질량 등이 다를 수 있다.

인류 원리

인류 원리anthropic principle는 우주의 (물리 상수와 초기 조건을 포함한) 물리 법칙이 (그 우주를 관찰할 수 있는) 인류(의식이 있고 지적인 생명체)의 존재가 가능하도록 되어 있어야 한다는 주장으로, 우리가 관찰하는 물리 상수들이 왜 그런 값을 가지는지를 '선택의 효과'로 설명하기 위해 도입되었다. 인류 원리는 주장의 강도에 따라 강한 인류 원리와 약한 인류 원리로 구분된다. 강한 인류 원리strong anthropic principle는 물리 법칙이 지적 생명체의 존재를 허용하도록 되어 있고, 지적 생명체의 존재는 물리 법칙의 필연이라는 주장이다. 약한 인류 원리weak anthropic principle는 물리 법칙이 각 우주마다 다를 수 있으며, 지적 생명체가 허용되는 물리 법칙을 가진 우주에서만 지적 생명체가 존재한다는 주장이다. 우리 우주의 물리 상수들 중에는 그 값이 미세 조정이 되어 있는 느낌을 주는 것들이 있다. 물리 상수 값의 작은 변화가 확연하게 다른 물리적 결과를 주는 경우, 특히 그 관찰자인 지적 생명체의 존재 유무를 바꿀 수 있다면 그 상수가 그런 값을 가지는 이유를 그때만 관찰자가 존재해 관측되는 '선택의 효과'로 보는 것이다. 우주의 나이, 우주 상수의 크기, 전자-양성자 질량비, 전자기 상호 작용의 크기, 약한 상호 작용의 크기 등 여러 물리 상수들에 대해 미세 조정 정도와 인류 원리 적용이 논의되어 왔다. 특히 우주 상수의 크기 문제에서는 인류 원리가 현재까지 유일한 설명으로까지 언급되고 있다. 물리 상수의 미세 조정을 인류 원리를 통해 설명하는 것이 정당화되려면 모든 가능한 물리 상수 값들을 갖는 평행 우주들이 존재해야 한다. 즉 다중 우주의 존재가 필요하다. 다중 우주의 존재를 받아들이는 입장에 따라 연구자들이 인류 원리를 대하는 입장도 갈리고 있다. 인류 원리는 물리 상수들의 미세 조정을 설명할 수 있는 유일한 대안이라는 주장이 있는가 하면, 다중 우주의 존재를 검증할 방법이 현재로선 없기 때문에 다중 우주와 인류 원리는 '과학에 근거한 철학적 사색'이라는 비판도 있다.

는다는 주장과 검증될 수 있는 이론의 결과이기 때문에 있는 그대로 받아들여야 한다는 주장이 맞서고 있다.

지금까지 우주의 시작에 대해 논의했는데, 시간축의 반대쪽인 우주의 끝에 대한 논의도 재미있을 것이다. 다만 미래의 일을 예측하는 것은 과거에 일어났던 일을 추적하는 것보다 우리가 모르는 변수가 더 많고, 그래서 틀릴 가능성이 더 많을 뿐만 아니라, 사실 (너무 먼 미래의 일이라) 직접 확인이 불가능해서 아마도 '학문적 재미'뿐일 것이다. 그럼에도 미래는 항상 궁금하다. 어떤 것의 끝의 의미가 단순히 무한한 시간이 흐른 후의 상태는 아닐 것이다. 인류에서 우주에 이르기까지 끝 또는 종말이 무엇을 의미하는지 차례로 살펴보고, 우주의 끝에 대해 논의해 보자.

먼저 인류의 종말을 생각해 보자. 인류의 종말은 개체의 종말과 종의 종말을 나눠서 생각할 수 있다. 각 개체는 어느 정도의 수명이 다한 후에 (자체의 물질 대사와 환경과의 물질 교환이 멈추는) 죽음으로써 종말을 맞는 것이 확실해 보인다. 종의 종말은 (개체의 수가 0이 되는) 멸종을 의미한다. 인류 종이 다른 포유류 종들과 크게 다르지 않다면, 다수의 예에 따라서 결국 멸종할 것으로 예상된다. 그렇지만 언제 어떻게 멸종할지에 대해서는 예측하기 어렵다. 지구의 모든 생명체들도 결국은 멸종할까? 현재의 지식으로는 지구의 종말은 태양의 팽창과 폭발에 의한 소멸로 예상되고 있어서, 지구 위의 생명체도 그 전에 지구를 떠나지 않는다면 같은 운명을 겪을 것으로 예상된다. 한편 지구의 생명체들 전체가 지구의 종말 이전에 멸종할 가능성도 배제할 수 없다. 소행성이 지구와 충돌하는 사건 같은 대재앙이 올 수도 있기 때문이다. 태양의 종말은 별의 진화에 대한 지식을 바탕으로 예상해 볼 수 있다. 태양은 전형적인 별로 현재 주계열 별의 수소 연소 과정을 45억 년째 유지하며 빛을 내고 있고, 앞으로 55억 년을 더 유지한 후 수소 연료가 바닥나면 적색 거성 시기를 거치며 일부의 물질을 바깥으로 뿌린 후 백색 왜성으로 남을 것이라고 예상하고 있다.

우리 은하는 어떤 종말을 맞게 될까? 현재의 관측에서 예상되는 사건 하나는 우리 은하와 안드로메다 은하가 서로 가까워져서 결국 충돌 후 하나의 은하가 되는 것이다. 현재의 은하들에는 아직 많은 양의 수소가 남아 있는 것으로 보이므로, 앞으로도 당분간은 새로운 별들이 탄생하고 계속 빛을 낼 것이다. 하지만 언젠가는 핵연료로 쓸 수 있는 물질들이 모두 소진될 것이므로 은하는 백색 왜성, 중성자별, 블랙홀 같은 죽은 별들의 집단이 될 것이다. 무한한 시간이 기다라고 있다면 이 죽은 별들도 뭉쳐서 거대한 블랙홀들로 끝이 날 것이다. 블랙홀도 아주 느리지만 복사를 내면서 증발하므로, 결국 은하는 사라지고 복사만 남게 될 것이다. 그런데 이 상황에 이르는 데 걸리는 시간이 어마어마하기 때문에 우리 우주의 운명에 따라 은하의 운명도 달라질 수 있다. 지구의 종말이 자체로 결정되는 것이 아니라 태양의 종말에 좌우되는 것과 같은 상황이다. 우리 우주의 종말에는 암흑 에너지의 정체가 중요하게 작용한다. 만약 암흑 에너지가 진공 에너지라면 우주는 영원히 팽창하고 온도는 0도로 떨어져 얼어붙는 종말Big Chill이 올 것이다. 하지만 암흑 에너지가 시간이 가면서 변신을 해 우주가 다시 수축하거나 더 빨리 팽창해서 완전히 다른 종말을 맞을 가능성도 배제할 수 없다.

하지만 인류는 아직 우주의 기원을 제대로 논의할 수 있는 수준에 와 있다고 생각하지 않는다. 우주의 시작과 끝을 흥미진진하게 읽은 독자들에게 찬물을 끼얹는 말이겠지만, 이 내용을 너무 진지하게 받아들이지는 않길 바란다. 비록 전문 연구자들이 진지하게 논의한 것들이기는 하지만, 현재 우주에 대한 인류의 이해 수준에서 우주의 기원을 본격적으로 논의하는 것은 무리이기 때문이다. 뉴턴이 운동의 법칙과 중력의 법칙으로 태양계 행성의 운동을 완전히 이해했을 때를 생각해 보자. 태양계의 모습을 이제 다 이해했다고 생각했을지 모르지만 그것으로 태양계의 기원을 밝히기는 마찬가지로 무리였을 것이다. 원자의 존재도 모르는 상태인데 태양계가 초신성의 잔해에서 다시 태어난 초신성의 후예라는 것을 과연 알 수 있을까? 현재까지 알아낸 우주의 모습만으로 그 기원을 논의하기에는 초기 우주나 블랙홀과 같이 물질과 중력이 극한에 도달하는 상황에 대한 충분한 관측 자료나 이것을 제대로 다룰 수 있는 물질 이론과 양자 중력 이론 모두 갖추지 못하고 있다. 그럼에도 불구하고 우주의 기원은 언제나 매혹적인 주제다.

7. 우주를 이해한다는 것

우주에 대한 인류의 호기심을 어떻게 설명해야 할까? 인류는 왜 생존에 그다지 도움될 것 같지 않은 우주에 관심을 가지게 되었을까? 호기심 자체는, 특히 주변 사물에 대한 호기심은 확실히 생존에 도움이 되었을 것이다. 이 호기심이 주변 세상으로 확장이 되고 마침내는 온 우주까지 멈추지 못하고 달려 버린 것일까? 밤하늘에 보이는 별들의 바다는 아름답고 장엄하다. 하늘에 대한 호기심과 경외감은 양면성이 있다. 비와 눈, 천둥과 번개로 대표되는 하늘의 기운을 인류는 때로는 경이롭게 때로는 두렵게 인식하고, 인간이 어찌할 수 없는 그 현상을 이해하고 예측하고 싶어 했다. 해와 달의 움직임이 인류에게 지대한 영향이 있음을 알게 되면서 하늘의 모든 별로 관심이 확장되고 지속적인 관찰이 이루어지게 된다.

바빌로니아에서 고대 그리스 시대까지 이어진 꾸준한 관찰을 통해 해, 달, 그리고 5행성의 움직임과 그 규칙성이 발견이 되면서 인류는 하늘의 움직임에 대한 모형을 만들기 시작했고, 프톨레마이오스의 지구 중심 모형이 그 규칙들을 온전히 담아냄으로써 정점을 찍었다. 그렇지만 근대에 와서 이루어진 더 정밀한 관측들에 의해 지구 중심 모형은 밀려나고 태양 중심 모형이 자리를 잡았다. 뉴턴이 물리 법칙으로 이를 설명해 낸 것은 인류의 호기심이 거둔 위대한 성공이었다. 운동의 법칙과 중력의 법칙으로 행성의 운동이 완벽하게 설명되었고, 땅의 법칙이 하늘의 법칙과 다르지 않다는 깨달음을 얻었다. 그렇지만 뉴턴의 이해에는 한계도 분명해 보였다. 태양과 행성의 기원에 대한 설명은 시도조차 못했고,• 태양계 밖의 세계를 진지하게 고려할 수 있게 해 줄 만한 자료도 없었다.

뉴턴 시대 이후 망원경은 지속적으로 발전했고 하늘에 대한 관측도 꾸준히 이어졌지만, 거리 측정의 한계에 막혀 우주의 이해에 있어 결정적인 진보는 이루지 못했다. 이런 의미에서 20세기 초 세페이드 변광성이라는 표준 촛불의 발견은 일대 전환점이었다. 이를 통한 외부 은하의 발견과 이 은하들의 운동으로부터 알아낸 우주의 팽창은 인류가 가진 우주에 대한 이해를 완전히 바꾸어 놓았다. 그리고 우연히도 그 시기에 아인슈타인은 팽창하는 우주를 이해할 수 있는 새로운 중력 이론인 일반 상대성을 내놓았다. 뉴턴의 중력이 힘과 운동의 관점에서 행성의 운동을 이해한 것이라면, 아인슈타인의 일반 상대성은 시공간과 물질의 동역학 관점에서 우주의 팽창을 이해한 것이다. 물질이 있는 우주는 팽창한다. 팽창하는 우주는 경이롭다. 팽창하는 우주는 거시 세계와 미시 세계를 연결하는 고리가 되어서 미시 세계의 물리 법칙이 거시 세계인 우주에 드러나게 했다. 이 연결 고리는 20세기

• 뉴턴은 왜 행성들의 궤도가 거의 한 평면에 놓여 있는지 의아해했지만, 거기서 태양계의 기원을 보는 대신 신의 섭리를 보았다.

물리학의 놀라운 발견들인 상대성 이론과 양자 역학의 원리들이 모두 작용한 결과다.

지난 100년간 이룬 우주론의 성공은 20세기 물리학의 성과에 따른 관측 기술의 발전이 있었기에 가능했다. 그리고 그보다 더 중요한 요소는 인류가 호기심에 더해 섬세함과 끈기를 가지고 있다는 것이었다. 세페이드 변광성, 일반 상대성, 우주 배경 복사의 비등방성 등의 발견은 아주 사소한 것까지 오랜 시간 들여다보았기에 이룰 수 있는 것들이었다. 예전에는 망원경의 성능이 하늘의 끝을 좌우했지만, 지금은 최종 산란면이라는 진정한 하늘의 끝까지 볼 수 있게 되었다. 우리는 여전히 빛을 통해서만 우주를 볼 수 있지만, 하늘의 끝에서 날아서 온 희미한 빛까지 세밀하게 들여다봄으로써 우주 역사의 흔적을 찾아낼 수 있었다. 이 흔적들은 우주의 팽창이 있었기에 최종 산란면과 그 안의 공간에 남겨질 수 있었다. 우주의 한 점에 불과한 지구라는 작은 행성에서 하늘에서 온 빛만 가지고 우주 역사의 흔적들을 찾아 이 정도로 우주를 이해할 수 있게 된 것은 정말로 놀라운 성과다.

시공간과 물질의 동역학이라는 관점에 정밀한 관측 결과들이 더해지면서 우리는 우리 우주에 대하여 많은 것을 알게 되었다. 우주의 팽창과 더불어 우리의 몸을 이루는 원자들이 어떻게 생겨났는지 이해하게 되었고, 태초에 심어진 10만 분의 1 정도의 작은 물질 요동으로부터 우주의 거대 구조들이 만들어졌다는 것도 확인할 수 있었다. 한편으로 땅에 살고 있는 우리가 예상하지 못했던 하늘의 물질이 존재한다는 것도 알게 됐다. 우리 우주는 암흑 에너지와 암흑 물질로 가득 차 있다. 우주의 겨우 5%를 차지하는 바리온 중에서도 별과 행성은 지극히 일부일 뿐이고, 우리는 그 일부 중에서도 또 지극히 일부일 뿐이다.

그러나 아는 것이 많아질수록 모르는 것은 더 많아지는 법이다. 그러면서 우리의 호기심은 다듬어지고 질문들은 정교해지며 답변은 더 그럴듯해진다. 현재의 우주론은 우리에게 어떤 의문들을 던지고 있을까? 가장 먼저 겉으로 드러나는 사실은 물질에 대한 이해가 더 필요하다는 것이다. 우리는 아직 바리온 비대칭성의 크기를 설명하는 입자물리 모형이 어떤 것인지 모르고 있다. 입자물리 표준 모형이 설명하지 못하고 있다는 것은 명백하다. 이는 (우주의 5%에 불과하지만, 우리의 존재를 만드는) 땅의 물질의 기원을 우리가 아직 이해하지 못했다는 것을 뜻한다. 암흑 물질과 암흑 에너지는 그 정체가 무엇인지조차 모르고 있다. 사실 암흑 물질과 암흑 에너지의 문제가 온전히 물질의 문제인지, 아니면 시공간(중력)이 개입된 문제인지도 현재로서는 확실하지 않다. 암흑 물질과 암흑 에너지가 흥미로운 것은 이것이 우주론만의 문제로 끝나지 않을 것이기 때문이다. 인류가 가진 물질에 대한 이해의 기반을 바꿀 수 있는 단서일 수도 있다.

현재 많은 연구자들이 빅뱅 우주와 급팽창의 기원에 대해서 연구하고 있고, 더 나가서 우주의 기원에까지 도전하고 있다. (인간이 신의 영역을 넘보고 있는 것일까?) 그렇지만 우주의 현재 모습을 이해하는 것과 그 기원을 이해하는 것은 완전히 다른 차원의 문제일 수 있다. 예를 들어 뉴턴의 운동 법칙과 중력 법칙을 통해 태양계의 운동을 완전히 이해했지만, 그 태양이 사실은 초신성이 폭발한 잔재에서 다시 생겨난 별이라는 것을 알아내는 것은 훨씬 어렵고 많은 지식을 요구하는 복잡한 과정이었다. 태양계가 초신성의 후예인 것을 밝혔듯이, 우리 우주가 양자 요동의 후예인 것을 밝힐 수 있을까? 양자화된 시공간이 빅뱅과 블랙홀의 특이점을 어떻게 해결할까? 이런 질문에 그럴듯한 답을 하기엔 아직 우리가 가진 시공간과 물질에 대한 이해가 부족하다. 어쩌면 시공간과 물질이라는 관점을 뛰어넘는 우주에 대한 새로운 관점이 필요할 수도 있다.

인류가 구축한 우주의 이해는 물질에 대한 상세한 이해와 그 바탕 위에 쌓아올린 수많은 관측 자료가 있었기에 가능했다. 티코 브라헤의 관측이 태양계 이해의 밑바탕이었듯이 현재의 우주론도 많은 정밀 관측들이 있었기에 완성된 것이다. 앞으로의 발전도 우리가 어떤 관측 자료를 더 쌓을 수 있느냐에 달렸다. 하늘을 보는 새로운 창이 필요한 것이다. 그리고 그것을 통해서 우리의 우주가 한 번 더 확장되기를 기대한다. 우리는 호기심만이 아니라 섬세함과 끈기도 가지고 있다. 결국은 무엇인가 이루어 낼 것이다.

우주는 왜 존재하며 우리는 왜 여기에 있는가? 인류의 호기심이 과연 자신의 존재의 기원을 밝힐 수 있을까? 아인슈타인은 자연이 이해 가능하다는 것이 가장 이해할 수 없는 것이라 했다. 과연 인류는 우주를 어디까지 이해할 수 있을까? 우주가 존재한다는 것보다 그 안에 우리(인류)가 존재한다는 것이 더 경이로울 수도 있다.

참고 문헌

그린, 브라이언 (2005). 《우주의 구조》. 박병철 옮김. 승산.
데이비스, 폴 (2010). 《코스믹 잭팟》. 이경아 옮김. 한승.
레더만, 리언 · 힐, 크리스토퍼 (2012). 《대칭과 아름다운 우주》. 안기연 옮김. 승산.
송희성 (2009). 《양자역학》. 교학연구사.
이강영 (2011). 《LHC, 현대 물리학의 최전선》. 사이언스북스.
이강영 (2012). 《보이지 않는 세계》. 휴먼사이언스.
이강환 (2014). 《우주의 끝을 찾아서》. 현암사.
이석영 (2009). 《모든 사람을 위한 빅뱅 우주론 강의》. 사이언스북스.
이재원 (2016). 《우주의 빈자리, 암흑 물질과 암흑 에너지》. 컬처룩.
이종필 (2015). 《신의 입자를 찾아서》. 마티.
이종필 (2015). 《이종필의 아주 특별한 상대성이론 강의》. 동아시아.
클로우스, 프랭크 (2014). 《보이드》. 이충환 옮김. MID.

Carroll, Sean (2010). *From Eternity to Here*. Dutton.
Dodelson, Scott (2003). *Modern Cosmology*. Academic Press.
Feynman, Richard (1963). *Lectures on Physics Vol. I, II, III*. Addison–Wesley.
Krauss, Lawrence (2013). *A Universe from Nothing*. Atria Books.
Peskin, Michael & Schroeder, Daniel (2015). *An Introduction to Quantum Field Theory*. Westview Press.
Smolin, Lee (2002). *Three Roads to Quantum Gravity*. Orion Books.
Susskind, Leonard (2015). *Quantum Mechanics*. Basic Books.
Tegmark, Max (2015). *Our Mathematical Universe*. Deckle Edge.

https://en.wikipedia.org/wiki/Atomic_nucleus
https://en.wikipedia.org/wiki/Cosmic_Background_Explorer
https://en.wikipedia.org/wiki/Pound-Rebka_experiment
https://en.wikipedia.org/wiki/Periodic_table
https://en.wikipedia.org/wiki/Planck_(spacecraft)
https://en.wikipedia.org/wiki/Radioactive_decay
https://en.wikipedia.org/wiki/Standard_Model
https://en.wikipedia.org/wiki/Twin_paradox
https://en.wikipedia.org/wiki/Wilkinson_Microwave_Anisotropy_Probe

사진 및 그림 출처

이 책에 실린 사진과 그림들은 본문의 이해를 돕기 위해 사용되었습니다. 사진의 사용을 허락해 주신 분들께 감사드립니다. 각 사진에 대해 잘못 기재한 사항이 있다면 사과드리며, 이후 쇄에서 정확하게 수정할 것을 약속드립니다.

그림 5 Public Domain/Nicolaus Copernicus | 그림 6 Public Domain/Nordisk familjebok (1904), vol. 2, p.287~288. | 그림 9 The Chandra observations | 그림 10 Galileo Galilei | 그림 21 Public Domain/Aristarchus | 그림 25 Public Domain/Thomas Digges | 그림 27 왼쪽: Dominique Francois Jean Arago. *Popular Astronomy*. Vol. 1, 1855. 오른쪽: Lille observatory/Peter Potrowl | 그림 32 Public Domain/Caroline Herschel | 그림 34 ©NOAO/AURA/NSF | 그림 39 Pictorial Press | 그림 41 http://www-supernova.lbl.gov | 그림 42 ©High-Z Supernova Search Team | 그림 47 Public Domain/Case Western Reserve University | 그림 48 ©Schweizer Landesbibliothek(SLB), Bern | 그림 56 왼쪽: ©Bettmann/CORBIS | 그림 63 왼쪽: www.alternativephysics.org | 그림 71 ©George Paget Thomson | 그림 73 ©Dr. Tonomura | 그림 84 wikipedia user: PoorLeno | 그림 85 Public Domain/Pieter Zeeman | 그림 87 ©Niels Bohr Archive | 그림 101 ©C. D. Anderson(*Physical Review* 43, p.49, 1933). | 그림 102 ©Cecil Frank Powell | 그림 103 ©Peter Galison and published by The University of Chicago Press | 그림 109 ©Lieven Le Bruyn

컬러 그림 1 ©The Chandra observations | 컬러 그림 2 ©ESO/S. Brunier | 컬러 그림 3 ©NASA/Lorenzo Comolli | 컬러 그림 4 ©NASA/ESA | 컬러 그림 5 ©SDSS | 컬러 그림 6 ©NASA | 컬러 그림 7 ©High Redshift Supernova Search Supernova Cosmology Project | 컬러 그림 8 Public Domain | 컬러 그림 9 ©Johannes Kepler Observatory | 컬러 그림 10 pinterest user: elements | 컬러 그림 14 (1), (2), (4): Lawrence Berkeley National Laboratory Photo Archives; (3) Public Domain/National Archives and Records Administration; (5) Brookhaven National Laboratory; (6) Public Domain/©Fermi Lab; (7) ©1987-2016 CERN | 컬러 그림 15 NGC5584: NASA, ESA, A. Riess (STScI/JHU), L. Macri (Texas A & M Univ.) et al., Hubble Heritage (STScI/AURA); coma cluster: ©NASA/JPL-Caltech/L. Jenkins(GSFC); perseus cluster: ©Ken Crawford(Rancho Del Sol Observatory), The 6dF Galaxy Survey: S2PLOT visualisation of the 6dF Galaxy Survey. Data courtesy 6dF Team/AAO. ©Swinburne | 컬러 그림 16 ©ESA and the Planck Collaboration | 컬러 그림 17 ©NASA/JPL-Caltech/ESA | 컬러 그림 18 ©Andrew Fruchter(STScI) et al., WFPC2, HST, NASA | 컬러 그림 19 ©CERN | 컬러 그림 20 ©NASA

14 ©ESA/NASA/JPL-Caltech | 60 ©NASA | 116 ©CERN | 222 http://www.kohlhammer-schulversuche.de/wasserwellen-1.html | 342 ©CERN | 500 ©NASA/JPL-Caltech | 622 ©Ken Crawford (Rancho Del Sol Observatory)

그림 1, 2, 3, 4, 7, 8, 11, 12, 13, 14, 15, 16, 17, 18, 19, 20, 22, 23, 24, 26, 28, 29, 30, 31, 33, 35, 36, 38, 40, 43, 44, 45, 46, 49, 50, 51, 52, 53, 54, 55, 56(오른쪽), 57, 58, 59, 60, 61, 62, 63(오른쪽), 64, 65, 66, 67, 68(오른쪽), 69, 70, 72, 74, 75, 76, 77, 78, 79, 80, 81, 82, 83, 86, 88, 89, 90, 91, 92, 93, 94, 95, 96, 97, 98, 99, 100, 104, 105, 106, 107, 108, 110, 111, 114, 115, 116, 117, 118, 119, 120, 121, 122, 123, 124, 125, 126, 127, 128, 129, 130, 131, 132, 133; 컬러 그림 11, 12, 13: 컬처룩(그래프와 그림 중 일부는 저자가 제공한 것을 바탕으로 컬처룩/에디토리얼 렌즈에서 작업한 것입니다.)

찾아보기

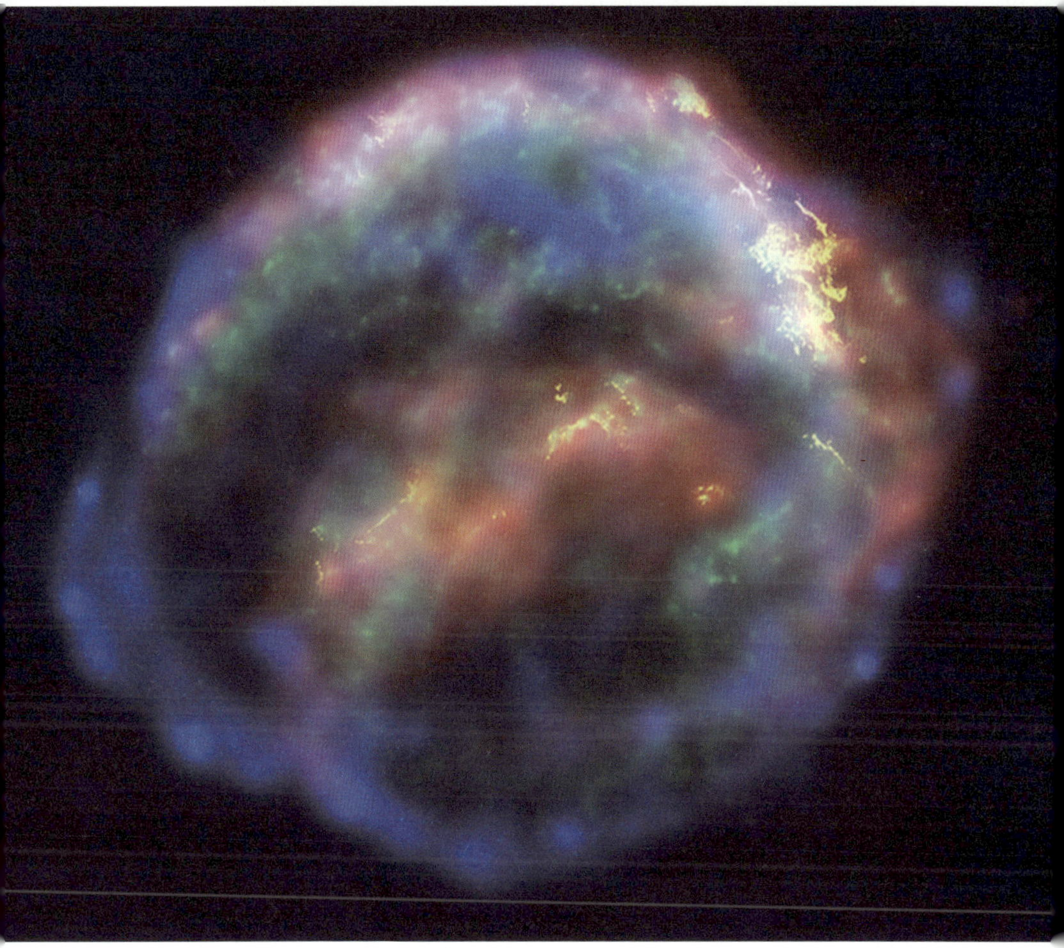

컬러 그림 1 SN 1604 폭발 후 남은 성운.

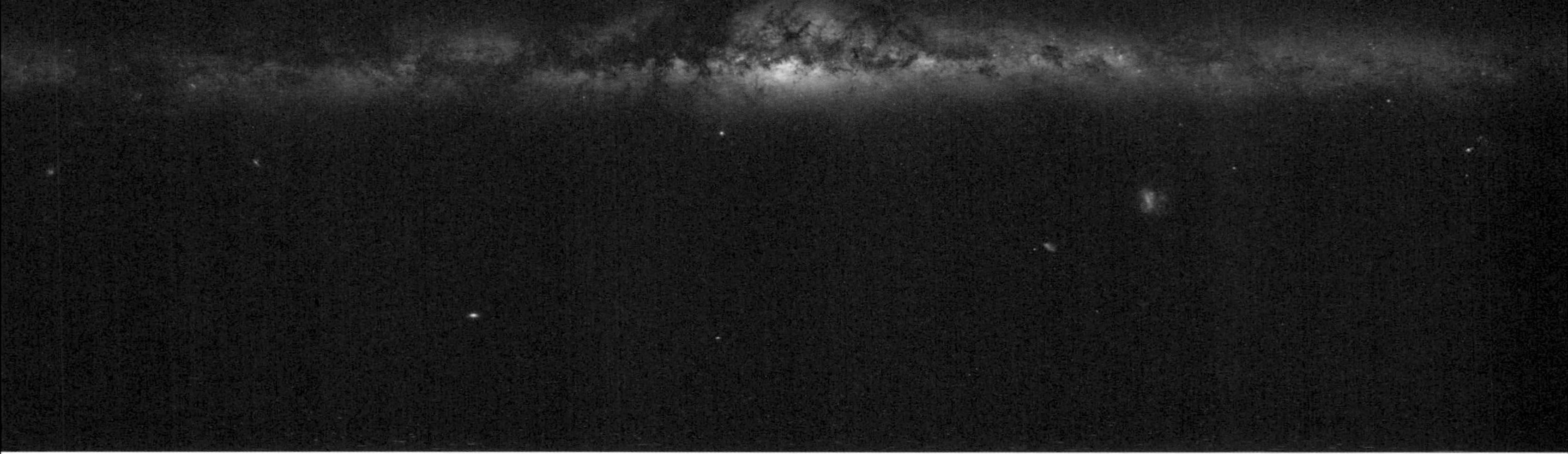

컬러 그림 2 우리 은하의 360도 파노라마. 여러 방향에서 찍은 은하수의 사진을 합성한 것이다.

컬러 그림 3 안드로메다 은하(M31). 우리 은하에서 가장 가까운 큰 나선 은하로 250만 광년 떨어져 있다.

컬러 그림 4 허블 딥 필드Hubble Deep Field. 사진에 보이는 수많은 천체들은 모두 은하다.

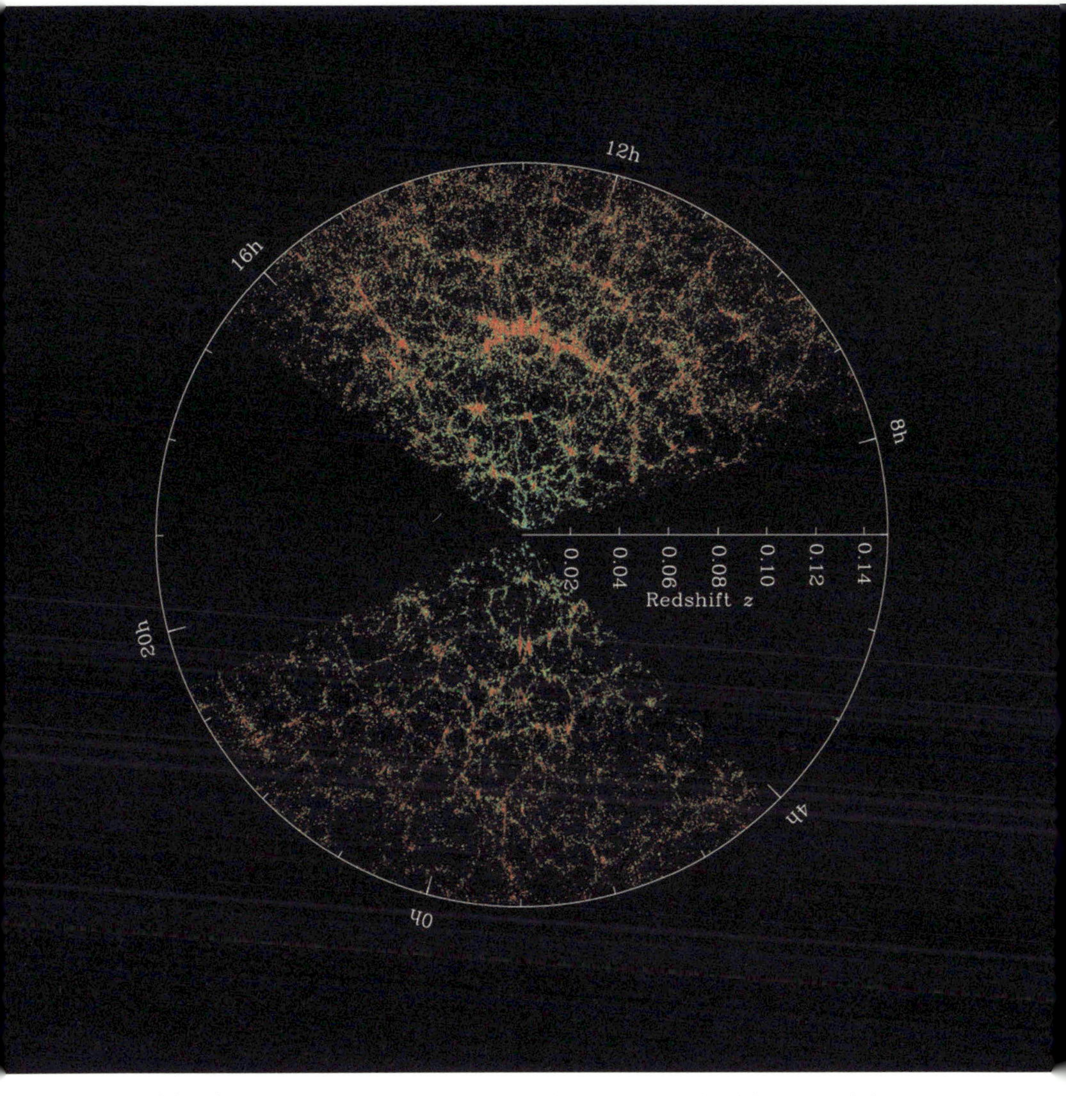

컬러 그림 5 SDSS 단면 샘플. 적도면 북쪽의 2.5도 두께의 하늘에 있는 은하의 적색 이동 분포. 각 점은 은하의 위치를 나타내고 색은 은하의 밝기를 나타낸다.

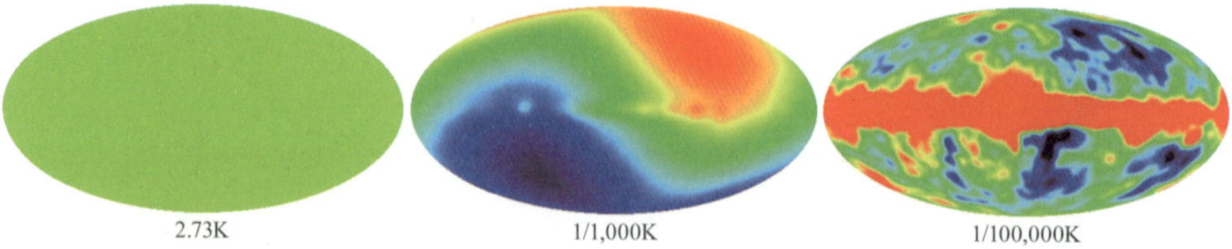

컬러 그림 6 우주 배경 복사의 비등방성. 우주 배경 복사에는 우주 거대 구조의 씨앗이 되는 원시 밀도 요동의 흔적이 비등방성으로 남아 있다. 우주 배경 복사의 온도를 10만 분의 1° 이상의 정밀도로 보면 비등방성이 나타난다. 우주 배경 복사의 비등방성은 우주의 구조 형성과 우리의 존재를 이해하는 데 있어 중요한 단서다.

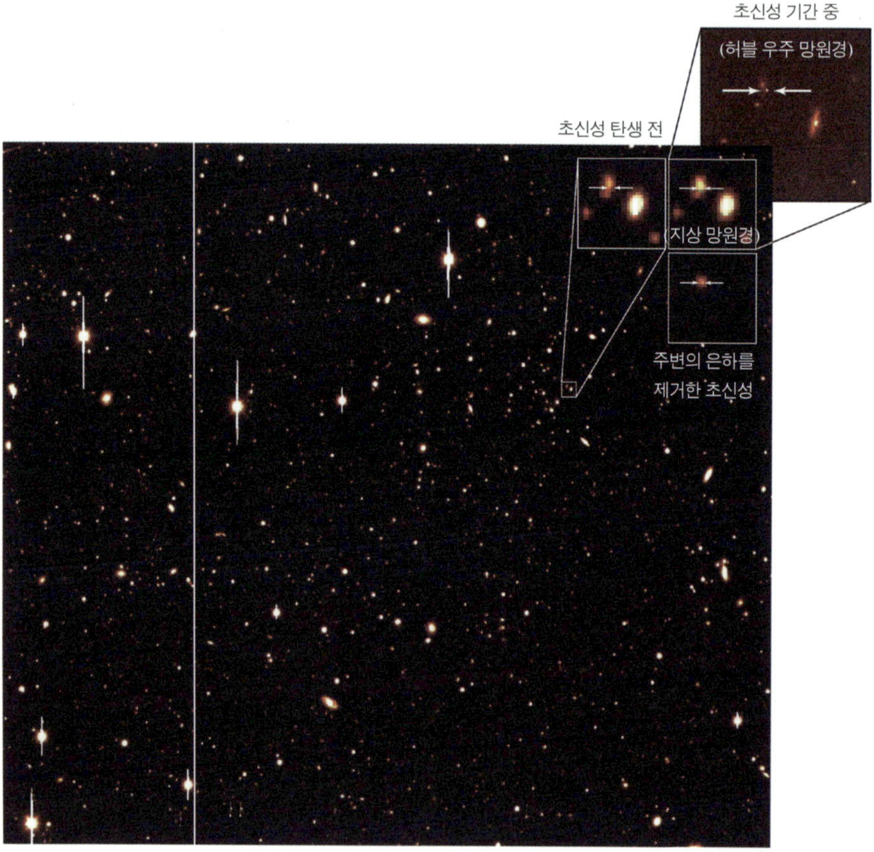

컬러 그림 7 Ia형 초신성 찾기. 정확한 광도 곡선을 얻기 위해서는 폭발 초기에 발견하는 것이 중요하다. 먼 거리에 있는 초신성을 발견하기 위해서는 달이 없는 밤을 이용하여 전 하늘을 주기적으로 추적 관찰, 새로운 별이 나타난 곳을 찾아낸다. 이렇게 발견한 별을 허블 망원경으로 지속적으로 관찰해 광도 곡선과 스펙트럼을 얻는다.

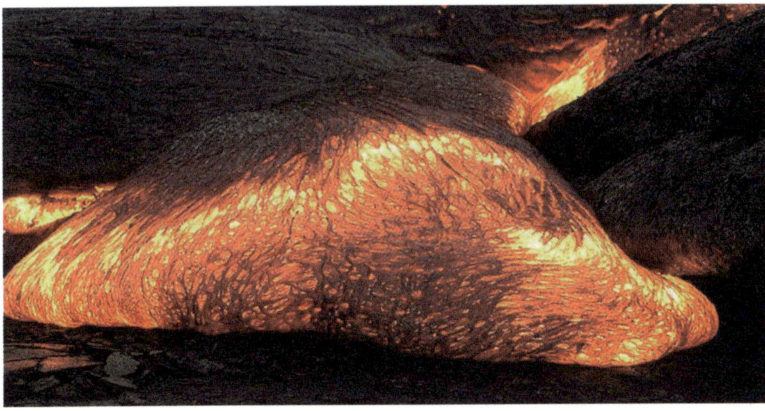

컬러 그림 8 뜨거운 용암에서 나오는 빛은 용암의 온도에 따라 다른 색으로 보인다. 뜨거운 물체에서 나오는 빛의 스펙트럼을 이해하는 것은 19세기 말 물리학의 중요한 과제였고, 이 과정에서 발견된 빛 에너지의 양자화는 양자 역학의 발단이 되었다.

컬러 그림 9 헤일밥 혜성과 혜성의 이온 꼬리와 먼지 꼬리의 형성. 하얗게 보이는 것이 먼지 꼬리이고 파랗게 보이는 것이 이온 꼬리다.

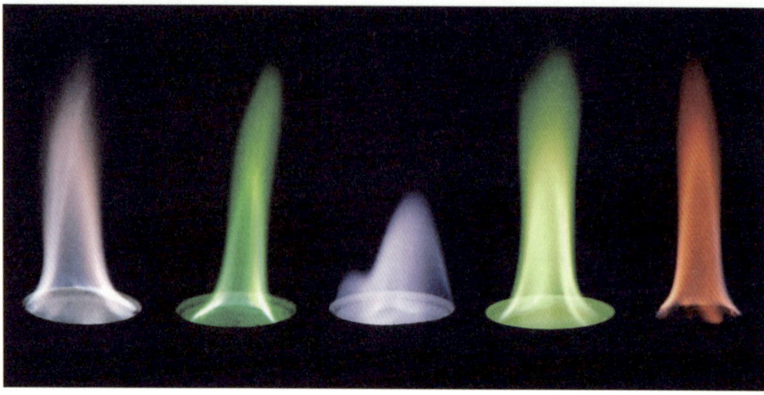

컬러 그림 10 원자들이 내는 빛.

컬러 그림 11 원자들의 방출 스펙트럼.

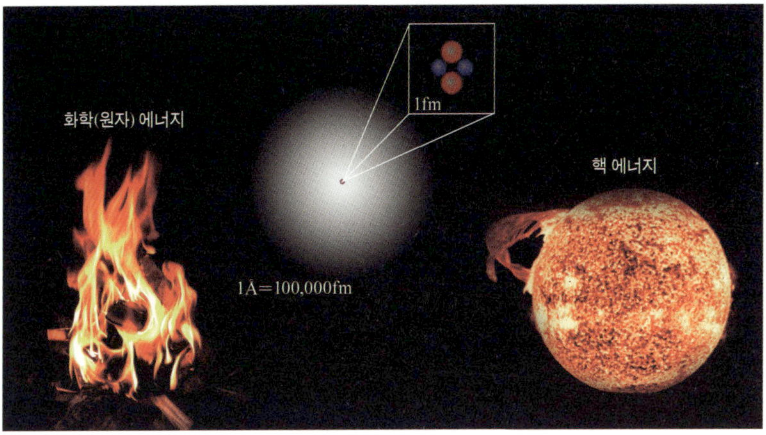

컬러 그림 12 원자 에너지와 핵 에너지의 비교. 원자의 반응에 관련된 에너지와 핵의 반응에 관련된 에너지의 크기 비는 불확정성 원리에 의해 원자와 핵의 크기 비에 반비례해서 $1:10^5$ 정도가 된다.

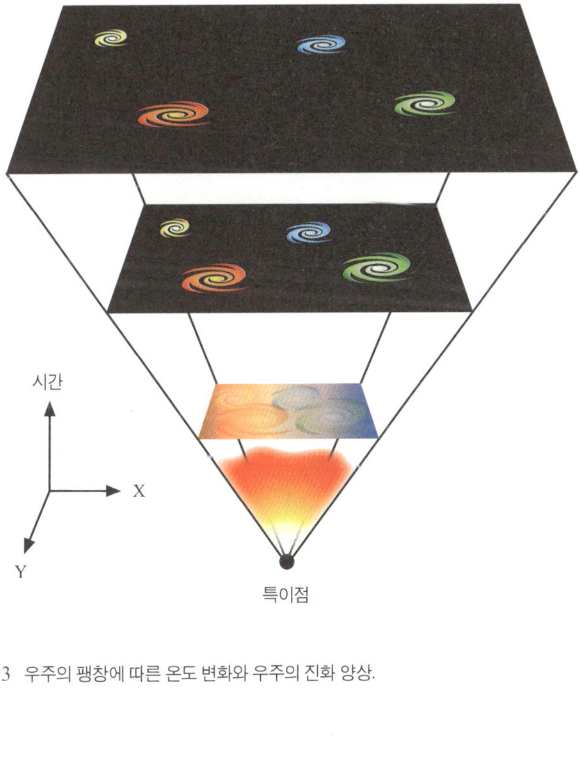

컬러 그림 13 우주의 팽창에 따른 온도 변화와 우주의 진화 양상.

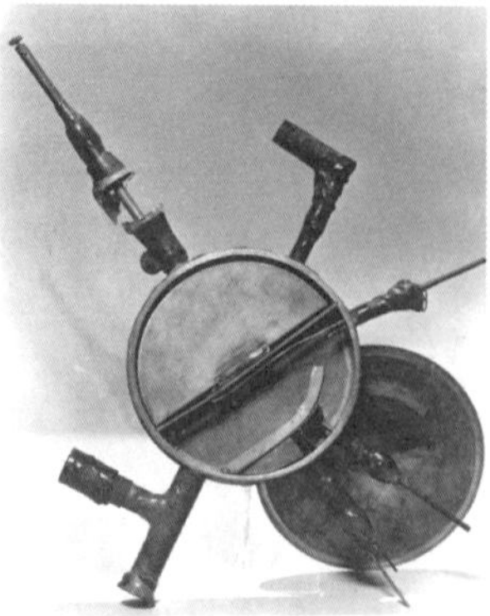

컬러 그림 14 가속기의 발전 역사. 왼쪽 위부터 (1) 최초의 사이클로트론, (2) 37.5인치 사이클로트론을 살펴보는 미국의 물리학자 어니스트 로렌스, (3) 버클리 60인치 사이클로트론, (4) 베바트론, (5) 브룩헤이븐연구소의 A. G. 싱크트론, (6) 페르미연구소의 테바트론, (7) CERN의 LHC. 가속된 입자의 에너지를 키우기 위해서는 가속기의 크기도 커져야 한다. 현재 최대의 가속기인 LHC는 둘레가 27㎞에 이르고 양성자를 14TeV까지 가속할 수 있다.

컬러 그림 15 우리 우주에 보이는 다양한 구조물들: 왼쪽 위부터 은하(처녀자리 은하 NGC5584), 은하단(코마 은하단), 초은하단(물고기-페르세우스 초은하단의 일부)의 모습과 거대 규모에서 은하의 분포(6dF Galaxy Survey)를 보여 준다. 은하는 별들과 물질이 직접된 곳이며, 은하들의 분포에서도 구조가 나타난다.

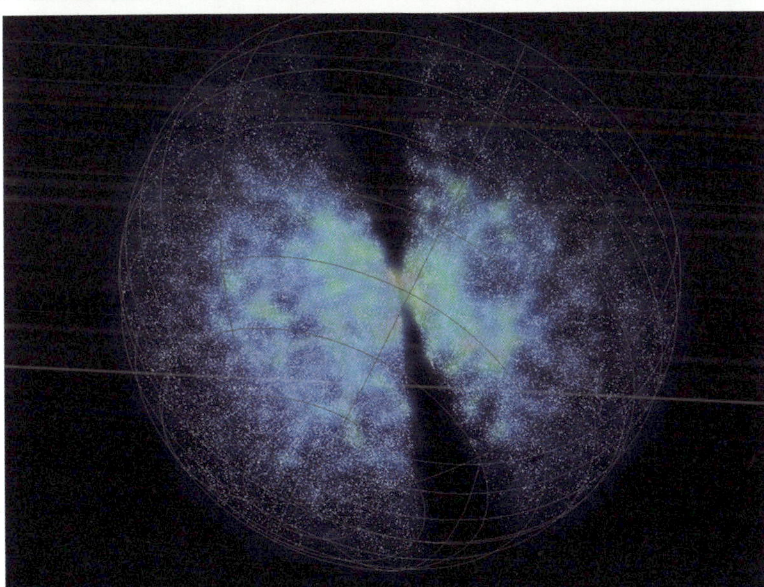

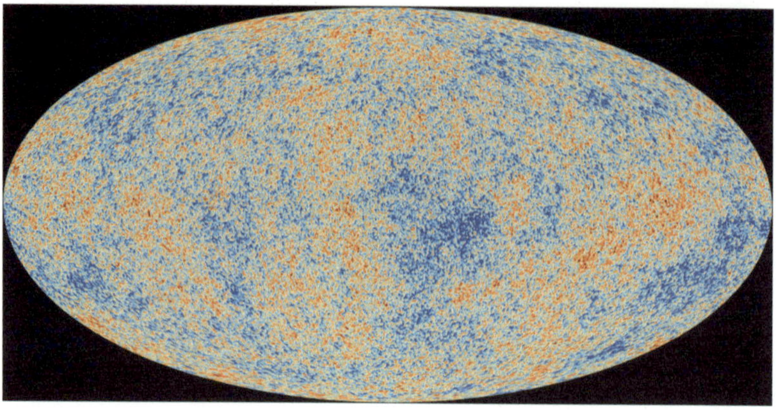

컬러 그림 16 플랑크 실험의 우주 배경 복사 비등방성 관측 결과. 온도 정밀도는 $\delta T/T \sim 2\times10^{-6}$, 각해상도는 $\delta\theta \sim 10'$ 진동수 범위는 30–850GHz이다.

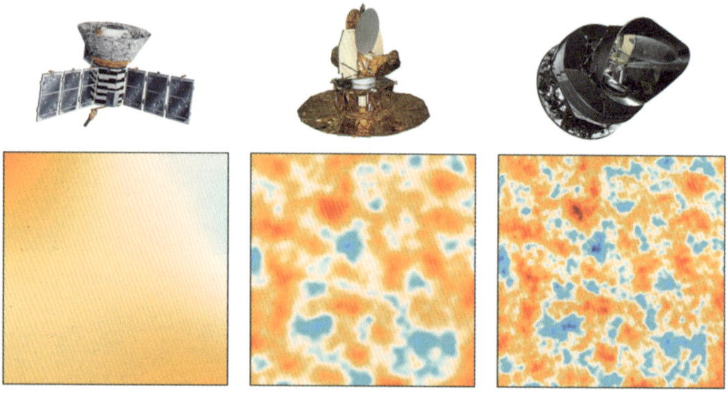

컬러 그림 17 우주 배경 복사 비등방성 관측 실험의 각해상도 비교. 각해상도가 높을수록 더 작은 척도의 요동에 대한 정보를 얻을 수 있고, 우주 매개 변수들을 더 정확하게 결정하는 데 도움이 된다.

컬러 그림 18 중력 렌즈 효과는 빛을 내는 천체(은하)와 우리 사이에 눈에 보이지는 않지만 중력을 작용하는 암흑 물질이 존재함을 알려 준다.

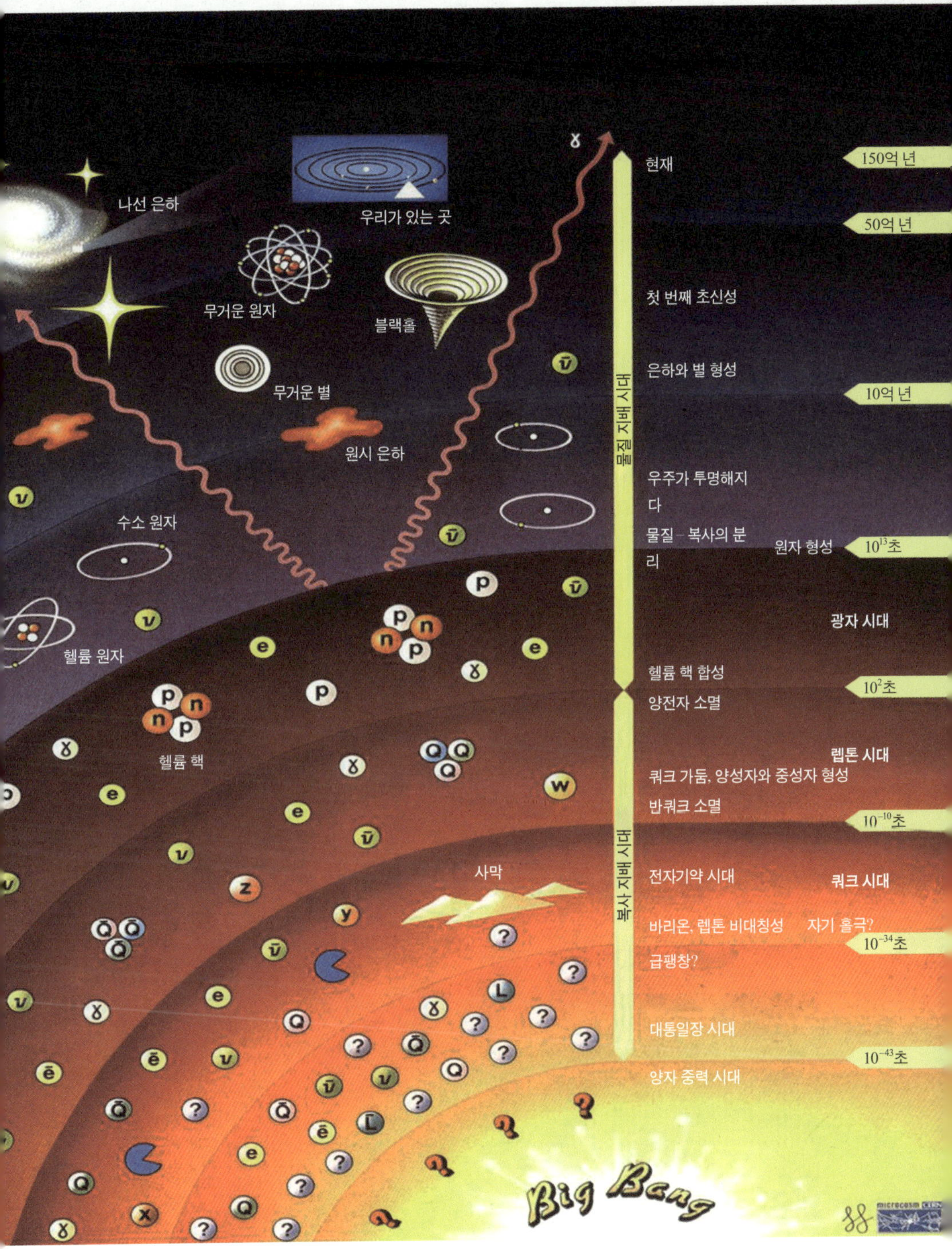

컬러 그림 19 빅뱅 우주의 역사.

→ 컬러 그림 20 총알 은하단이 보여 주는 은하단 충돌 과정. 바리온(붉은색, X-선)과 암흑 물질(푸른색, 중력 렌즈)의 분포가 일치하지 않음을 보여 준다. 은하들이 암흑 물질의 분포와 일치하는 것은 중력 렌즈 효과 관측으로 확인된다.